摄于二〇二〇年

戴金星文集

综合卷——卷五

戴金星／著

科学出版社
北京

内 容 简 介

本书收录了戴金星院士从事天然气研究和勘探工作近 60 年来，在天然气地质和地球化学方面公开发表的独著或第一作者合著的近五年来为主的中文论文。主要内容包括我国古代发现油气的地理分布，中国 70 年来天然气勘探开发重大进展，煤成气在产气大国中的重大作用，无机成因气及其气藏，中国页岩气发展战略对策建议，超深层天然气地球化学，中国天然气水合物的成因类型，中国海、陆相页岩气地球化学特征，鄂尔多斯盆地和渤海湾盆地 He 与 CO_2 地球化学特征及应用等。这些近五年来的论述是戴金星院士耄耋之年继续从事天然气地质和地球化学研究的结晶，为我国天然气工业的迅速发展做出了重要贡献。

本书可供从事石油天然气地球科学工作者、石油院校师生、油田现场生产部门的技术和管理人员阅读参考。

审图号：GS（2020）5039 号

图书在版编目(CIP)数据

戴金星文集. 5，综合卷／戴金星著. —北京：科学出版社，2020. 11

ISBN 978-7-03-066921-6

Ⅰ. ①戴…　Ⅱ. ①戴…　Ⅲ. ①戴金星-文集②石油天然气地质-文集　Ⅳ. ①P5-53

中国版本图书馆 CIP 数据核字（2020）第 226131 号

责任编辑：韦　沁　李　静／责任校对：张小霞

责任印制：肖　兴／封面设计：黄华斌

科学出版社 出版

北京东黄城根北街 16 号

邮政编码：100717

http://www.sciencep.com

北京汇瑞嘉合文化发展有限公司 印刷

科学出版社发行　各地新华书店经销

*

2020 年 11 月第　一　版　　开本：787×1092 1/16

2020 年 11 月第一次印刷　　印张：27 1/4

字数：647 000

定价：398.00 元

（如有印装质量问题，我社负责调换）

前　　言

《戴金星文集》卷一、卷二包含以天然气地质学为内容的 88 篇论文；卷三包含以天然气地球化学为内容的 48 篇论文，此三卷均为中文，于 2015 年出版。卷四包含以天然气地质学和天然气地球化学为内容的 52 篇论文，这些论文均发表在英文期刊上，故卷四是英文文集——*Collected works of Dai Jinxing — Natural Gas Geology and Natural Gas Geochemisty*（Ⅳ），2017 年出版。卷一、卷二、卷三和卷四中所有论文均为我独著或以我为第一作者合著，非第一作者合著的论文均未入选《戴金星文集》系列。

《戴金星文集》卷五与前四卷有所不同：其一，除以天然气地质学和天然气地球化学内容的 21 篇论文外，还包括科普论文；怀念中学、大学老师和校友的文章；应相关学者所邀为其著作撰写的“序”；以及 12 首“打油诗”。后四类归入综合篇，并把此卷称为综合卷。其二，“四川盆地南部下志留统龙马溪组高成熟页岩气地球化学特征”“中国海、陆相页岩气地球化学特征”“中国最大的致密砂岩气田（苏里格）和最大的页岩气田（涪陵）天然气地球化学对比研究”三篇论文为从英文译中文。卷一至卷五中论文原均有摘要，为节省篇幅，文集中均删去了。

《戴金星文集》卷一至卷五共 209 篇论文，主要研究方向是天然气地质学和天然气地球化学，核心是煤成气地质学及其地球化学，其中有中国煤成气理论起始论文——“成煤作用中形成的天然气和石油”（1979 年）和“我国煤系地层含气性的初步研究”（1980 年），王鸿祯、李德生、翟裕生院士分别给予高度评价：“一般作为中国天然气地质学开端”“开启了煤成烃地质学研究的先驱”“第一次系统阐明了中国煤成气理论的核心要点，是中国煤成气理论研究的里程碑”。煤成气理论出现不久就得到党的高度重视和关怀，1982 年 1 月 2 日时任中共中央总书记胡耀邦，对我和戚厚发撰写的《煤成气概况》报告，作了批示：“印成政治局参阅文件，分送政治局、书记处和副总理、能委各同志”，有了总书记的批示，各相关部委和有关领导非常重视煤成气的研究。1983 年，“煤成气的开发研究”作为“六五”国家重点科技攻关项目立项，从此开始了中国煤成气的勘探与开发。至今中国天然气工业快速发展，煤成气理论起了重要作用。马永生院士评价“1978 年，以戴金星为代表的中国学者首次提出煤成气概念，打破了‘一元论’油型气理论认为产煤地区是不可能产生天然气的传统认识”“我国勘探家应用煤成气理论先后成功预测和指导了苏里格等一批万亿立方米级大气田的发现，煤成气占天然气比重不断提高，为中国天然气工业快速发展做出了重大基础性贡献。”1978 年煤成气理论之前，中国天然气总地质储量为 2284 亿 m^3（其中煤成气 203 亿 m^3，占 8.9%），年产气 137 亿 m^3（其中煤成气 3.43 亿 m^3，占 2.5%），至 2018 年全国天然气总地质储量为 167600.4 亿 m^3（其中煤成气为 92556 亿 m^3，煤成气占 55.2%），2018 年产气 1602.7 亿 m^3（其中煤成气 929 亿 m^3，占 58%）。也就是说煤成气理论出现与应用勘探开发 40 年来，中国的天然气储量、煤成气储量、天然气产量和煤成气产量分别是1978年的73倍、456倍、11.7倍和270.8倍，使中国从贫气国迈向世界第六产气大国。

倪云燕、黄士鹏、廖凤蓉、龚德瑜、于聪、房忱琛博士，洪峰高级工程师，张延玲和严增民博士参与了文字和插图校核，在此深表感谢。

我的夫人夏映荷和我均在耄耋之年，十分感谢她，对我工作上积极支持和生活上无微不至的照顾。

戴金星

2020年11月22日

目　　录

学　术　篇

天然气地质学组

天然气地球化学组

综　合　篇

科　普　组

怀　念　组

“序”　组

“诗”　组

学　术　篇

天然气地质学组

我国古代[①]发现天然气的地理分布[*]

我国古代常称天然气为："火井"[1]、"井火"、"阴气"、"毒气"、"火山"、"池火"、"火池"、"地火"、"圣灯"和"火龙"等。

我国古代劳动人民在生产实践与洞察自然现象中，对天然气很早就有认识，是世界上最早利用天然气的国家。年代越趋现今，记载有关天然气的发现、利用、钻井、开采工艺等方面就更为繁多。在此仅就古代发现天然气的地理分布做一综合概述。

我国古代有关发现天然气的记载，分布于现时十八个省（市、区），占全国一级政区的2/3，其中以四川省最多。古书上有时对同一处天然气有重复记载，在此只选择最早或最详的记载。因为气喷比油喷起火可能性大得多，所以不见其他踪迹的"池中有火"和"地中忽出火"等记载，均认为是天然气喷出的迹象。

一、北京市

大安二年（1210年）[②]"十一月，京师民周修武宅前渠内火出，高二尺，焚其板桥。又旬日，大悲阁幡竿下石隙中火出，高二三尺，人近之即灭，凡十余日。自是都城连夜燔爇二三十处。"[2]1209～1210年北京发生过多次地震，尤其是1210年3月23日"地大震有声如雷，殷殷然"[2]是强度大的地震，又"六月，七月至九月晦，其震不一。"所以可认为"渠内火出""石隙中火出"是天然气沿由地震形成的活断裂运移上喷的结果。

二、上海市

正德七年（767年）"冬至，海上有火如列火炬，西抵北蔡，且闻金革声。望者以为寇至，空巷出走。"[3]

三、四川省

古代在川中、川西、川南普遍发现了天然气。《自流井记》指出："蜀中各邑产盐惟火井烧盐。"成都"宵瞻火井之光"[4]。

"火井，邛州（今邛崃县一带）、蓬溪、富顺咸有之。"[5]

在邛崃县一带，古代由于发现了大量天然气，所以曾在此设置火井县。"临邛县郡西南二百里""火井江有火井，光映上昭。民欲其火光，以家火引之。顷许如雷声，火焰出，通耀数十里。以竹筒盛其光藏之，可拽行终日不灭也。井有二水，取井火煮之，一斛水得

---

* 原载于《石油勘探与开发》，1979，第2期：73～77。

① 所谓古代系指清朝及其以前。

② 括号内为笔者注。

五斗盐。"[6]《清一统志》指出："博物志，火井纵广五尺，深二三丈，在临邛县南百里。旧志，在州西南八十里，相台山西南"，"下有火井，又有盐井。"[7]《旧唐书》指出："有火井铜官山也。"

"异物记云：蓬溪（今县）西北长江县（今蓬溪县辖）界，古有珠玉村，其下为珠玉溪，又有火井。在长江县客馆镇之北二里伏龙山下，地洼若池，以火引之，则有声隐隐然发于池中，少顷，炽炎，夏月积雨停水，则焰生水上，水为之沸，而寒如故。水涸，则土上有焰，观者至焚其衣裙也。"[8]"火井沟有火井煮水为盐。"[4]

《四川通志》指出："火井在富顺县（今县）西九十里。县志，井深四五丈，大径五六寸，中无盐水，井气如雾，熢焞上腾。以竹去节入井中，用泥涂口，家火引之即发火。根离地寸许，甚细，至上渐高大数尺。光芒异于常火。声隆隆如雷殷地中，周围砌灶盐锅重千斤，嵌灶上煮盐，恒昼夜不熄。"

仪陇县"若夫龙车之穴，四时发花，六涧之水，相扶合流，火井天寒，焰从地出"[8]，《太平寰宇记》指出："蓬州蓬池县（今仪陇县东南）火井在县南三十里。水涸之时，以火投其中，焰从地中出。可以御寒。移时方灭，若掘深一二丈，颇有水出。"在蓬州"圣灯志云：圣灯现处凡五：北山、凤凰山、连翘山、大蓬山、小蓬山。其在大蓬者尤灵异。"[8]

"宋太宗端拱元年（988 年），泸州（治所在今泸州市）盐井竭，遣工入视，忽有声如雷，火焰突出，工被伤"[9]。

"汶川什邡（今县）井中有火龙，腾空而去"[10]。

"陵州（州治在今仁寿县）盐井，深五百余尺，皆石也。""岁久井干摧败，屡欲新之，而井中阴气袭人，入者辄死，无缘措手。惟候有雨入井，则阴气随雨而下，稍可施工，雨晴复止。"[11]"投以火，则烟气上冲，溅泥漂石，沸吼如雷。"[8]这里的"阴气"大概是指从含气盐水层出来的含硫化氢的天然气。

"中江县（今县）""今下村十一乡雷家沟、送包沟、龙怀寺等处间出火井，此兴彼灭"。[4]

"按火井有大火有微火"，"中以磨子井（在今自贡市）为最久，亦最盛。又有贫民于大火井旁掘地数尺辄得火"[4]。

"荣县（今县）""火井九眼"[4]。

"火井在蜀之""嘉定犍为（今县）有之"[4]。

四、云南省

"阿迷州（今开远县）东有火井。"[7]洱海"冬月海风，水面起火高数丈，莫知其故。"[12]"禄劝（今县），有洪治山，巅有火池，阴雨则炽然。"[13]

五、广西壮族自治区

"梧州对岸西火山"，"山下有澄潭，水深无极。其火，每三五夜见于山顶，每至一更初，火起，匝其顶如野花之状，少顷而息，或言其下有宝珠，光照于上如火。上有荔枝，四月先熟。以其地热，故为火山也。"[14]其他处产荔枝"五六月方熟"。乍看夜间火起，并少顷而熄，似像磷火，然而磷火的热量显然不能"以其地热"。十分可能是间断性天然气沿断裂喷出摩擦经常起火而使土壤变热，故周围荔枝比别处提前 1 ~ 2 个月先成熟，这与我国近代川南曾因某井天然气井喷失火长期燃烧，而使周围庄稼比它处提前一个多月成熟非常相似，当然两者起火规模是不一的。

六、湖南省

“嘉禾（今县）志：颐亭林庵中，有忠烈二祠，近宋忽地裂数尺，常有风涛声。以物应之，应手而火起，至今尚然。”王嘉荫指出：“现嘉禾是出煤的地方，可能煤里放出一些天然气来”[15]。近年来采煤实践证明嘉禾县附近的湘南一带，龙潭煤系煤层形成过大量的天然气，所以在此多次发生世界上最大型的“瓦斯突出”。

七、广东省

“韶州（治所在今韶关市）岑水场，往岁铜发，掘地二十余丈即见铜。今铜益少，掘地益深，至七八十丈。役夫云：地中变怪至多。有冷烟气中人即死。役夫掘地，而人众以长竹筒端置火先试之，如火焰青，即是冷烟气也，急避之勿前乃免。又有地火，自地中出。一出数百丈，能燎人。役夫亟以面合地，令火自背而过乃免。有臭气至腥恶，人间所无者也。忽有异芬馥，亦人间所无者也。地中所出沙土，运置穴外，为风所吹，即火起煜煜然。”[16]从“臭气至腥恶”，又“有异芬馥”，“地火”“一出数百丈，能燎人”，而采矿工人“以面合地，令火自背过”等现象分析，可以认为在此间断性喷出含有硫化氢与芳香族轻质油组分的天然气。

八、湖北省

“道光三年（1823年）三月，蕲州（今蕲春县），清江（流经鄂西长江的支流）水中出火。”[17]道光“二十二年（1842年）十一月，郧西（今县）地中出火。”[17]

九、河南省

河平四年（公元前25年）“山阳火生石中，改元为阳朔。”[1]汉代山阳位于今焦作市东面，这一带如今是个重要的产煤区，同时焦作煤矿山西组煤层有的瓦斯含量相当高。汉成帝之所以把“河平”纪年号改为“阳朔”，可见这是一场震动全国的大火，它可能主要与煤变质生成的天然气喷出有关，也可能还掺杂着煤自燃的因素。

十、河北省

“晋光熙元年（306年）六月，范阳国（今定兴县）地燃，可以爂。”[9]“孝昌二年（526年）夏，幽州遒县（今涞水县）地燃。”[18]“幽州（辖境相当武清、永清、安次及北京市的通县、大兴、房山等县）坊谷地常有火，长庆三年（823年）夏，遂积水为池。”[19]“武宗时（1506～1521年），霸州文安县（今县），一夕大风，河水忽然僵立高起者二丈余，冻成冰柱，中多空隙，阔数尺以至于数十丈者，沿河七八十里皆然。”[20]这是一次天然气沿河流（断裂）喷出绝妙的描述：沿着河长有既宽又高的冰柱，是由于天然气喷出把水冲溅出河面，一方面是由于天然气喷出地面迅速膨胀而大量吸热而使附近气温急剧下降，另一方面也可能是一场凛冽寒风吧，所以使被喷冲上的河水迅速结冻成冰柱。由于天然气连续喷发，而使冰柱墙规模日益增大。冰柱中多空隙也是天然气喷发又一证据。

“丙午（1726 年）七月，保定府（治所在今保定市）街市砖壁内忽出火，三日夜方息。”[21]砖是非燃之物，它能“出火”，又烧三天三夜，只能以地下天然气喷出着火解释为妥。“弘州（今阳原县）”“有桑乾河、白道泉、白登山，亦曰火烧山，有火井。”[22]

十一、山西省

“高祖太和八年（234 年）五月戊寅，河内沁县（今县）泽自燃，稍增至百余步，五日乃灭。”[18]“祥符四年（1012 年）二月己未，河中府宝鼎县（今万荣县）瀵泉有光，如烛焰四五炬，其声如雷。”[23]“武周县（今左云县南）有黄水合火山水，有火井、火鼠。火井之旁有温井”[20]，“云中县（今大同市）”“火山在县西五里，山有火井，深不见底，以草投之，则烟腾火发，有火井祠。”[24]上述两处正是目前大同煤田范围之内，这里“火井”可能是煤变质生成的天然气与煤自燃两者兼之产物。

十二、陕西省

“鸿门，有天封苑火井祠，火从地出也。”[1]“符坚时（365～385 年），关中土燃，无火而烟气大起，方数十里中，月余不灭。”[9]

十三、甘肃省

“晋穆帝升平三年（359 年）二月，凉州（今武威县）城东池中有火；四年（360 年），姑臧（今武威县）泽水中又有火。”[25]371 年凉州“连年地震山崩，水泉涌出，柳化为松，火生泥中。”[26]

十四、江西省

乾隆二十年（1755 年）十一月，“彭泽（今县）江心洲有穴出火，投苇辄燃，久而不息。”[17]

十五、安徽省

天祐九年（912 年）“冬，浚杨林江（今和县境内），水中出火，可以燃。”[27]

十六、浙江省

康熙十二年（1673 年）“五月，宁波（今市）仙镇庙井中有火光上腾。”[17]

十七、台湾省

康熙五十五年（1716 年）“夏诸罗（今嘉义）十八重溪出火数日乃熄。溪内石洞三孔，水泉围绕，忽火出其上高二三尺，后至壬寅岁（1722 年）亦有见者。此处水热或即谓温泉盖磺气鬱蒸，水石相激而生火焉。”“淡水在磺山下，口出磺气上腾，东风一发感触易病；雨则磺水入河，食之往往得病以死。”[28]前者大概为含相当多硫化氢的天然气；后者主要是硫化氢气体，由于它溶于水，所以吃了含其之河水“往往得病以死”。诸罗县的“火山，在县治东南二十五里，山多石，石隙泉涌，火出水中”，“玉案山后山之麓有小山，其下水石相错，石罅泉涌，火出水中有焰无烟，焰发高三四尺，昼夜不绝，置草木其上，则烟生焰烈，皆化为烬”，“诸罗蓊罗蓊雾二山之东山上，昼常有烟，夜常有火。”[28]康熙“六十一年（1722 年）夏凤山县（今高雄）赤山裂，长八丈，阔四丈，涌出黑泥至次日，夜出火光高丈余。”“港西里赤山顶不时山裂涌泥，如火焰随之，有火无烟。取薪刍置其上则烟起”[28]，“雍正癸卯（1723 年）六月二十六日，赤山边酉戌二时，红光烛天，地冲开二孔，黑泥水流出，四围草木，皆成煨烬。”[29]这里多次生动记载了赤山泥火山喷出大量天然气而燃烧的现象。

十八、黑龙江省

“墨尔根（今嫩江县）东南，一日地中忽出火，石块飞腾，声震四野，越数日火熄，其地遂成池沼。此康熙五十八年（1719 年）事，至今传以为异。”[30]

参 考 文 献

[1] 班固．汉书，卷二十八（下）、二十五（下）．
[2] 脱脱．金史，卷三十二．
[3] 叶挺春．上海县志（同治），卷三十．
[4] 丁宝桢．四川盐法志，卷四、五．
[5] 何宇度．益都读资，卷上．
[6] 常璩．蜀志・成都郡．
[7] 张廷玉．明史，卷四十三、四十六．
[8] 曹学佺．蜀中名胜记，卷八、二十八、三十．
[9] 马端临．文献通考，卷二百九十八．
[10] 宋居白．幸蜀记．
[11] 沈括．梦溪笔谈．北京：人民文学出版社，1975：103 ~ 104.
[12] 许缵曾．东还纪程．
[13] 陈鼎．滇游记．
[14] 刘询．岭表录异，卷上、中．
[15] 王嘉荫．中国地质史料．北京：科学出版社，1963：216 ~ 225.
[16] 邓淳．岭南从述，卷四．
[17] 赵尔巽．清史稿，卷四十一．
[18] 魏收．魏书，卷一百一十二．
[19] 欧阳修．新唐书，卷三十四．
[20] 方以智．物理小识，卷二．
[21] 孙之騄．二申野录，卷五．
[22] 脱脱．辽史，卷四十一．
[23] 脱脱．宋史，卷六十二．
[24] 李吉甫．元和郡县志，卷十四．
[25] 沈约．宋书，卷三十三．
[26] 房玄龄．晋书，卷八十六．
[27] 欧阳修．新五代史，卷六十一．
[28] 余文仪．台湾府志，卷一、十三、十九．
[29] 黄叔璥．台湾使槎录，卷四．
[30] 西清．黑龙江外记，卷一．

我国古代[①]发现石油和天然气的地理分布[*]

我国古代劳动人民在生产实践与观察自然现象中，很早就对油、气有所认识。我国是世界上最早发现和利用油、气的国家之一。远在公元前 11 世纪—公元前 771 年西周时期的《易经》中就记载了“泽中有火”的现象，可能就是油气在水上燃烧所致。公元初班固首次记述了天然气：在陕西省“鸿门（今神木县西南）[②]，有天封苑火井祠，火从地出也”［图 1（a）、（b）］[1]，同时也描写了延安延河上有石油［图 1（c）］。在 15 世纪以前，四川盆地已普遍发现天然气，在 11 ~ 15 世纪开始大规模用天然气煎盐[2]，世界上开发最早的自流井气田[3]，早在 13 世纪已大规模投入开采[4]（图 2）。宋朝的沈括在《梦溪笔谈》一书中最早起用“石油”［图 1（c）］。我国古代常称石油为“火井油”[5]、“井油”[6]、“火油”[7]、“油”[8]、“硫黄油”[9,10]、“雄黄油”[10]、“猛火油”[8,11]、“黑香油”[12]、“石脑油”[13]、“泥油”[14]、“原油”[15]、“地腊”[14]、“石漆”[9]、“脂水”[16]、“黑脂”[16]、“石烛”[17,18]、“石脂”[18]、“石液”[18] 和“水肥”[18]；而称天然气为“火井”[1]、“井火”[19]、“煤气”[15]、“阴气”[20]、“毒气”[21]、“火池”[22]、“地火”[23]、“圣灯”[24]、“火龙”[25] 和“火泉”[26]。

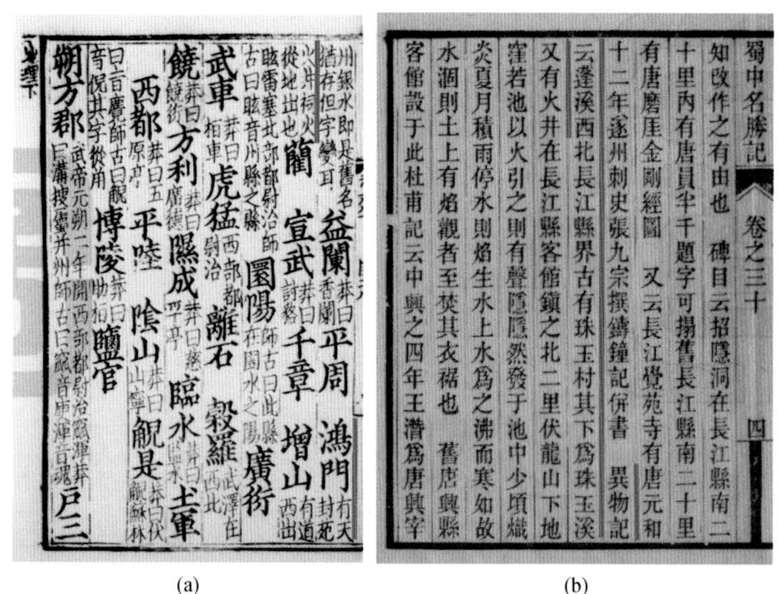
益蘭 平周 鴻門
宣武 千章 增山
圁陽 廣衍
武車 虎猛 離石 穀羅
饒 方利 隰成 臨水 土軍
西都 平陸 陰山 觬是
博陵 鹽官
朔方郡

蜀中名勝記　卷之三十　四
知改作之有由也　碑目云招隱洞在長江縣南二
十里內有唐貟半千題字可搨舊長江縣南二十里
有唐磨厓金剛經圖　又云長江覺苑寺有唐元和
十二年遂州刺史張九宗撰鑄鐘記併書　異物記
云蓬溪西北長江縣界古有珠玉村其下爲珠玉溪
又有火井在長江縣客館鎮之北二里伏龍山下地
窪若池以火引之則有聲隱隱然發于池中少頃熾
炎夏月積雨停水則焰生水上水爲之沸而寒如故
水涸則土上有焰觀者至焚其衣裾也　舊唐輿縣
客館設于此杜甫記云中興之四年王濳爲唐輿宰

(a)　　(b)

---

* 原载于《石油与天然气地质》，1981，第 2 卷，第 3 期，292 ~ 298。

① 指清朝及其以前。

② 括号内为作者注，下同。

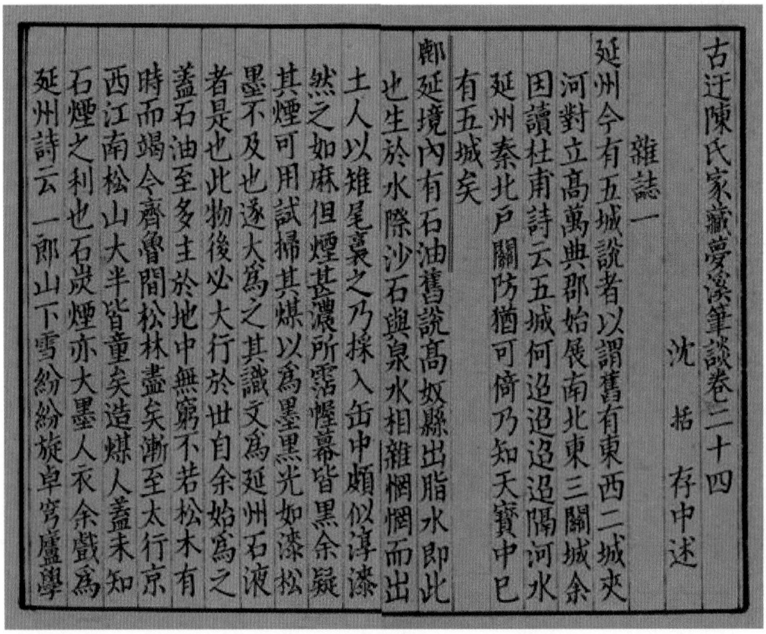

古迂陳氏家藏夢溪筆談卷二十四
沈　括　存中述
雜誌一
延州今有五城説者以謂舊有東西二城夾河對立高萬興郡始展南北東三關城余因讀杜甫詩云五城何迢迢迢迢隔河水延州秦北戶關防猶可倚乃知天寶中已有五城矣
鄜延境內有石油舊説高奴縣出脂水即此也生於水際沙石與泉水相雜惘惘而出土人以雉尾裛之乃採入缶中頗似淳漆然之如麻但煙甚濃所霑幄幕皆黑余疑其煙可用試掃其煤以爲墨黑光如漆松墨不及也遂大爲之其識文爲延州石液者是也此物後必大行於世自余始爲之蓋石油至多生於地中無窮不若松木有時而竭今齊魯間松林盡矣漸至太行京西江南松山大半皆童矣造煤人蓋未知石煙之利也石炭煙亦大墨人衣余戲爲延州詩云二郎山下雪紛紛旋卓穹廬學

(c)

图 1　古人对油、气发现的记录

（a）东汉班固著《汉书・地理志》里有关“火井”的记述（据吴兴刘氏嘉业堂影刻宋嘉定十七年白鹭洲书院本）；（b）明曹学佺著《蜀中名胜记》中关于“火井”特征的记载（据四川官印刷局刻行明崇祯四年刻本）；（c）北宋沈括著《梦溪笔谈》中关于“石油”的记载（据文物出版社影印元大德九年《古遇陈氏家藏梦溪笔谈》《元刊梦溪笔谈》）

图 2　人类开发的第一个气田——自流井气田大坟堡竹制钻塔群（洪中摄，1934 年）

晚清时对我国石油地理展布已有概括总述：“我国石油矿区域，自新疆北部起，沿祁连山而东至甘肃之玉门、墩煌（敦煌），复经甘肃东境、陕西北境，转而南逾秦岭，入四川之中部，绕西藏高原之半，是我国主要石油矿之所在。至直隶（大部分在今河北省境）、奉天

（相当今辽宁省大部分，黑龙江和吉林两省的一部分）、山东、山西、热河（相当今冀东北，辽西南）等地亦产石油，多为油页岩而非寻常油田。石油与煤气有密切关系，故产石油区往往亦产煤气。惟四川为产煤气最丰之地，它处石油矿未闻有多量煤气发现"[15]。

有时某地的油、气往往在许多古书中皆有记载，在此，由于目的是研究油、气古代地理分布，故仅择最早的或最详的记述条目。现在，研究我国古代的油、气地理分布，因它是有意义的"古报矿录"，使人们能温故知新，为油气普查勘探提供一些信息。

历史文献证实我国油、气资源丰富，分布在现今的23个省（市、区）。

一、北京市

大安二年（1210年）"十一月，京师民周修武宅前渠内火出，高二尺，焚其板桥。又旬日，大悲阁幡竿下石隙中火出，高二三尺，人近之即灭，凡十余日。自是都城连夜燔爇二三十处"[27]。1209～1210年北京发生过多次地震，尤其是1210年3月23日"地大震有声如雷，殷殷然"[27]是强度大的地震，又"六月，七月至九月晦，其震不一"。所以可认为"渠内火出"、"石隙中火出"是天然气沿由地震形成的断裂上喷的结果。

二、上海市

正德七年（767年）"冬至，海上有火如列火炬，西抵北蔡，且闻金革声。望者以为寇至，空巷出走"[28]。

三、天津市

"乾隆四十二年（1777年）六月，烧海凡三、四日不熄"[29]。

四、陕西省

"陕西石油矿，油田甚多，以延长为最重要"[15]。光绪三十二年（1906年）"购机器凿井，即官厂第一井也，每日出油三、四千斤，可炼成半量以上之火油"[15]。"除延长外，尚有同官、宜君、中部洛川、鄜（富县）、甘泉、肤施、安塞、安定（今属子长县）、延川、宜川、定边、保安（今志丹）、靖边、怀远（今横山）、榆林、神木、府谷、绥德、清涧、葭（佳县）、吴堡、淳化、栒邑、长武等县"[15]。"高奴"（今延安一带）有洧水（延河一支流），可爇（燃）"[1]。"鄜（今富县一带）延（今延安一带）境内有石油，旧说高奴县出脂水，即此也。生于水际，沙石与泉水相杂，惘惘而出，土人以雉尾裛之，乃采入罐中，颇似淳漆。燃之如麻，但烟甚浓，所霑幄幕皆黑。余疑其烟可用，试扫其煤（系指烟焰上腾时凝集的烟炱，即炭黑）以为墨，黑光如漆，松墨不及也。遂大为之，其识文为'延川石液'（墨名）者是也。此物后必大行于世，自余始为之。盖石油至多，生于地中无穷，不若松木有时而竭"[20]。这是1080～1082年沈括担任陕北地方的军政首长——鄜延经略史时，对该地区的石油作了深入研究，对石油的产状、物性及其化工产品炭黑的特征及用途作了精辟的总结。《延安府志》指出："延安县北九十里，有石油井，出石油，六月收，以涂疮痏"。《元一统志》指出"延长县南迎河有凿开石油一井，其油可燃，兼治六畜疥癣"；"石油，在宜君县西二十里姚曲村石井中，汲水澄而取之，气虽臭而味可疗驼马羊牛疥癣"；"石脂在鄜州（今富县）东十五里采铜川，有一石窟，就窟可灌成烛，一支敌蜡烛之三”。延安县“南：锦屏山，下旧有石油井，光绪三十二年，用新法凿取，油旺质佳”[30]。肤施县（今榆林县东南）“南石油泉”[30]。延川县“西北：永平村（今永坪镇），有石油井”[30]。神木县“东北：响石崖、石马河出，入府谷注河（黄河）。河水折西南入，受屈野河、芹河、泗沧河、大柏油河、柏林河诸水，西南入葭”[30]。《大清一统志》指出：“平泉在永寿（今县），又漆泉在县东北四十五里，色黑如漆”。

“祠天封苑火井于鸿门（今神木县西南）”，“火从地中出”[1]。“符坚时（365～385年），关中土燃，无火而烟气大起，方数十里中，月余不灭”[31]。

五、四川省

“油井，在嘉州（今乐山、峨眉等地）、眉州（今眉山、彭山等县一带）、青神、井研、洪雅、犍为诸县（皆为今县），居人皆用之燃灯，官长夜行，则以竹筒贮而燃之，一筒可行数里，价减常油之半，光明无异”[32]。“火井油出嘉定（今乐山、犍为一带），犍为火井中，井泉皆油，人取之为灯极明，正德中，（1513年前后）方出”[5]。石油“四川之叙州（相当今大凉山及雷波县以东，富顺以南，隆昌、兴文等县以西地区）皆产之”[15]。“油矿多在富顺县东北，自流井、青井一带，井盐最多之区，亦即在此。石油皆盐水浮面利得，故采油并无专井。盐井多至千余，不过五十处产油。产量自流井最多，泰丰井次之，龙华井又次之，双全井最少”[15]。《自流井记》指出：“水、火、油三者并出，曰磨子井，水油二种经二三年而涸，火可烧锅四百余口，经二十余年犹旺也”。

古代在川中、川西、川西北和川南普遍发现了天然气。《自流井记》指出“蜀中各邑产盐惟火井烧盐”。“火井，邛州（今邛崃县一带）、蓬溪、富顺咸有之”[32]。

成都“宵瞻火井之光”[19]。

在邛崃县一带，古代由于发现了大量天然气，所以曾在此设置火井县。“临邛县郡西南二百里”“文井江有火井，夜时光映上昭。民欲其火，先以家火投之。顷许如雷声，火焰出，通耀数十里，以竹筒盛其光，藏之可拽行，终日不灭也”[33]。《清一统志》指出：“博物志，火井纵广五尺，深二三丈，在临邛县南百里。旧志，在州西南八十里，相台山西南”，“下有火井，又有盐井”[34]。《旧唐书》指出“有火井铜官山也”。“火井县”“有孤石山火井”[19]。

“异物记云：蓬溪（今县）西北长江县（今蓬溪县辖）界，古有珠玉村，其下为珠玉溪，又有火井。在长江县客馆镇之北二里伏龙山下，地窪若池，以火引之，则有声隐隐然发于池中，少顷，炽炎，夏月积雨停水，则焰生水上，水为之沸，而寒如故。水涸，则土上有焰，观者至焚其衣裾也［图1（b）］”[24]。“火井沟有火井煮水为盐”[19]。

《四川通志》指出：“火井在富顺县西九十里。县志，井深四五丈，大径五六寸，中无盐水，井气如雾，熢焞上腾。以竹去节入井中，用泥涂口，家火引之即发火。根离地寸许，甚细，至上渐高大数尺，光芒异于常火。声隆隆如雷殷地中，周围砌灶盐锅重千斤，嵌灶上煮盐，恒昼夜不熄”。

仪陇县“若夫龙车之穴，四时发花，六涧之水，相扶合流，火井无寒，焰从地出”[24]。《太平环宇记》指出：“蓬州蓬池县（今仪陇县东南）火井在县南三十里。水涸之时，以火投其中，焰从地中出。可以禦寒。移时方灭，若掘深一二丈，颇有水出”。在蓬州“圣灯志云：圣灯现处凡五：北山、凤凰山、连翘山、大蓬山、小蓬山。其在大蓬者尤灵异”[24]。

“宋太宗端拱元年（988 年），泸州（治所在今泸州市）盐井竭，遣工入视，忽有声如雷，火焰突出，工被伤”[31]。

“汉川什邡（今县）井中有火龙，腾空而去”[25]。

“陵州（今仁寿县）盐井，深五百余尺，皆石也”。“岁久井干摧败，屡欲新之，而井中阴气袭人，入者辄死，无缘措手。惟候有雨入井，则阴气随雨而下，稍可施工，雨晴复止”[20]。“投以火，则烟气上冲，溅泥漂石，沸吼如雷”[24]。这里的“阴气”大概是指从含气盐水层出来的含硫化氢的天然气。

中江县“今下村十一乡雷家沟、送包沟、龙怀寺等处间出火井，此兴彼灭”[19]。

“按火井有大火有微火”，“中以磨子井（在今自贡市）为最久，亦最盛。又有贫民于大火井旁掘地数尺辄得火”[19]。

荣县“火井九眼”[19]。

“火井在蜀之临邛，嘉定犍为（今县）有之”[19]。

六、河北省

“晋光熙元年（306 年）六月，范阳国（今定兴县）地燃，可以爨”[31]。“孝昌二年（526 年）夏，幽州遒县（今涞水县）地燃”[35]。“幽州（辖相当今武清、永清、安次及北京市的通县、大兴、房山等县）坊谷地常有火，长庆三年（823 年）夏，遂积水为池”[36]。“滦州（辖相今滦县、乐亭县等地）”1624 年“二月地大震四十余日，坏庐舍无数，地裂涌出水火竹木各异物”[37]。“丙午（1726 年）七月，保定府（治所在今保定市）街市砖壁内忽出火，三日夜方息”[38]。砖是非燃之物，它能“出火”，又烧三天三夜，只能以地下天然气喷出着火解释为妥。嘉庆“十六年（1811 年）夏，抚宁（今县）夜遍地起火”[30]。“弘州（今阳原县）”“有桑乾河、白道泉、白登山，亦曰火烧山，有火井”[39]。

七、山西省

石油在“我国山西之潞安（相当今长治、襄垣、黎城、长子、屯留、壶关等县），陕西之延安、四川之叙州皆产之”[15]。《山西通志》指出：“山西府州惟石炭（煤）不缺”，“出广灵（今县）者佳，精腻而细碎，埋鑪中可日夜不灭。霍山（主峰位于霍县之东，山脉作东北—西南走向，长 200 余千米）以南，炭硬而多烟，内含油，燃之则融结为人，作枯炭最良，即兰炭也”。霍山之南东，属沁水煤田的西部，在此太原统煤种为焦煤，山西统及大同统煤种为焦煤及肥煤[40]，这与煤“多烟”及“燃之则融结为人”特征相吻合。根据成煤作用中生成气、油关系的阶段性，焦煤与肥煤属气油兼生期[41]，故这里煤“内含油”，油是成煤作用过程中形成的。

“高祖太和八年（234 年）五月戊寅，河内沁县泽自燃，稍增至百余步，五日乃灭”[35]。“祥符四年（1012 年）二月己未，河 中府宝鼎县（今万荣县）瀵泉有光，如烛焰四五炬，其声如雷”[42]。太原“至正丁未（1367 年）地大震，凡四十余日。后又大震裂，居民屋宇皆倒坏，火从裂地中出，烧死者数万人”[43]。“武周县（今左云县南）有黄水合火山水，有火井、火鼠。火井之旁有温井”[14]，“云中县（今大同市）”“火山在县西五里，山有火井，深不见底，以草投之，则烟腾火发，有火井祠”[16]。上述两处正是目前大同煤田范围之内，这里“火井”可能是煤变质生成的天然气与煤自燃两者兼之产物。

八、山东省

淄水出县（淄川县）理东南原山，去县六十里，俗传禹治水功毕，土石黑，数里之中，波流若漆，故谓之淄水”[16]。

九、安徽省

黟县“牛泉山南行，为石油山，山壁巉岩。宋嘉定时建菴或方其时有石油流出供僧厨。僧欲以卖钱，油乃止，今流泉尚有油香，断碑犹存”[44]。

天祐九年（912 年）“冬，濬杨林江（今和县境内），水中出火，可以燃”[45]。

十、浙江省

“寿昌县”（今建德县辖）西万松山下觅得油井数处，油如泉涌，其质清洁，与洋油无二”[46]。

康熙十二年（1673 年）“五月，宁波（今市）仙镇庙井中有火光上腾”[30]。

十一、江西省

《江西通志》指出：“乐安县滴油岩在县西三十里石桥侧。或云昔出油。今出五色水”。

乾隆“二十年（1755 年）十一月，彭泽（今县）江心洲有穴出火，投苇辄燃，久而不息”[30]。

十二、福建省

“今闽中近海（福建中部的海滨）诸处夜望海波动荡若细火，天黑弥烂，以石遥掷之，水光飞溅如明珠倾散水面，良久方灭亦阴火也”[47]。可能是油气在燃烧。

十三、台湾省

苗栗“磺油山”“山下有矿油窟，矿油层出不竭”[48]，邱苟曾用土法掘井采油，“煎炼之，为用甚广”，“同治三年（1864 年），初一戈与吴姓，每年百余圆；四年（1865 年）复改麟宝顺洋行，每年千余圆”。“磺油窟，在铜锣湾东十余里牛鬬山下。油夹水而出，其色黄；以木瓢盛之，挹注不竭”[48]。

“磺油山：城（苗栗）南二十里。其山上有火穴；每见烟不见火，以草引之，其火即发”[48]。在“苗栗”由磺溪东行十余里，山腰辟一穴。值阴雨时，有火焰从中出，腾腾如釜上气，久而不灭。两旁草木皆焦。按此与蜀中火井相类”[48]。苗栗的“火焰山，在三叉河界，南临伯公坑。尖起如火焰；春时常北出浓烟，至是山辄止”[48]。康熙“五十五年（1716 年）夏诸罗（今嘉义县）十八重溪出火数日乃熄。溪内石油三孔，水泉围绕，忽火出其上高二三尺，后至壬寅岁（1722 年）亦有见者。此处水热或即谓温泉盖磺气鬱蒸，水石相激而生火焉”。“淡水在磺山下，口出磺气上腾，东风一发感触易病；雨则磺水入河，食之往往得病而死”[49]。前者大概为含相当多硫化氢的天然气；后者主要是硫化氢气体，由于它溶于水成氢硫酸，所以吃了含其之河水“往往得病而死”。诸罗县的“火山，在县治东南二十五里，山多石，石隙泉涌，火出水中”，玉案山后之麓有小山，其下水石相错，石罅泉涌，火出水中有焰无烟，焰发高三四尺，昼夜不绝，置草木其上，则烟生焰烈，皆化为烬”，“诸罗蕃罗蕃雾二山之东山上，昼常有烟，夜常有火”[49]。康熙“六十一年（1722 年）夏凤山县（今高雄县）赤山裂，长八丈，阔四丈，涌出黑泥至次日，夜出火光高丈余”。“港西里赤山顶不时山裂涌泥，如火焰随之，有火无烟。取薪刍置其上则烟起”[49]，“雍正癸卯（1723 年）六月二十六日，赤山边酉戌二时，红光烛天，地冲开二孔，黑泥水流出，四围草木，皆成煨烬”[50]。这里多次生动地记载了赤山泥火山喷出大量天然气而燃烧的现象。

十四、广东省

《明一统志》指出：“南雄府（今南雄县）油山，在府城东一百二十里，高数千仞，其势突屹，旁有一小穴出油，人多取为利”。

“韶州岑水场（在曲江县城内），往岁铜发，掘地二十余丈即见铜。今铜益少，掘地益深，至七八十丈。役夫云：地中变怪至多。有冷烟气中人即死。役夫掘地，而人众以长竹筒端置火先试之，如火焰青，即是冷烟气也，急避之勿前乃免。又有地火，自地中出。一出数百丈，能燎人。役夫亟以面合地，令火自背而过乃免。有臭气至腥恶，人间所无者也。忽有异芬馥，亦人间所无者也。地中所出沙土，运置穴外，为风所吹，即火起熛熛然”[23]。这些现象，可能是含有硫化氢与芳香族轻质油组分的天然气间断性喷出所致。

十五、广西壮族自治区

“梧州对岸西火山”，“其火，每三五夜见于山顶，每至一更初，火起，匝其顶如野花之状，少顷而息，或言其下有宝珠，光照于上如火。上有荔枝，四月先熟。以其地热，故为火山也”[51]。其他处产荔枝“五六月方熟”[51]。乍看夜间火起，并少顷而息，似像磷火，然而磷火的热量显然不能“以其地热”。十分可能是间断性天然气沿断裂出来摩擦经常起火而使土壤变热和局部空间气温稍高它处，故周围荔枝比别处提前 1 ~ 2 个月先成熟。

十六、湖南省

“嘉禾（今县）志：颐亭林庵中，有忠烈公祠，近岁忽地裂数尺，中有风涛声。以物探之，应手火起，至今尚然”[52]。王嘉荫指出：“现嘉禾是出煤的地方，可能煤里放出一些天然气来”[53]。近年来采煤证明嘉禾县附近的湘南一带，龙潭煤系煤层形成过大量天然气，所以在此多次发生世界上最大型的“瓦斯突出”[41]。

十七、湖北省

“道光三年（1823 年）三月，蕲州（今蕲春县），清江水中出火”[30]。道光“二十二年（1842 年）十一月，郧西（今县）地中出火”[30]。

十八、河南省

河平四年（公元前 25 年）“山阳火生石中，改元为阳朔”[1]。汉代山阳位于今焦作市东面，这一带如今是个重要的产煤区，同时焦作煤矿山西组煤层有的瓦斯含量相当高。汉成帝之所以把“河平”纪年号改为“阳朔”，可见这是一场震动全国的大火，它可能主要与煤变质生成的天然气喷出有关，也可能还掺杂着煤自燃的因素。

十九、云南省

“方镇编年录谓之：地脂时珍以为石脑油，一曰硫黄油。今云南”“有之”[14]。

“阿迷州（今开远县）东有火井”[34]。洱海“冬月海风，水面起火高数丈，莫知其故”[54]。“禄劝（今县），有洪治山，巅有火池，阴雨则炽然”[22]。

二十、新疆维吾尔自治区

“龟兹”（今库车县一带）“西北大山（今哈尔克山）中有如膏者（像油脂）流出成川，行数里入地，状如醍醐（奶酪），甚臭。服之齿发已落者，能令更生，万人服之，皆愈”[55]。“新疆石油矿，在迪化（今乌鲁木齐市）、沙湾、乌苏、库车、温宿、莎车、塔城、疏勒等处。迪化石油矿，在西境四十里之四岔沟前，东西共开七井，今止存二，每日取油七八斤至十余斤。沙湾之矿，在西南境，每日涌出之油约七十斤。乌苏附近产油甚多……，库车之矿，以北境九十里之喀拉玉根，涌油最多，油泉有五，旺时日可得油约一百二十余斤。莎车油矿，在西南境之上窝铺，旺时日可得油七八十斤。塔城油矿，在东南境青石峡之黑油山，昔发现油泉甚多，见存九泉，以山顶一泉为最大，油旺时，每日可取二百数十斤。疏勒西境，亦有石油矿”[15]，“据《新唐书·地理志》：‘北庭大都护府（今新疆吉木萨尔县北）’条下，述轮台至碎叶城道路：‘……渡里移得建河（玛纳斯河），……又渡黑水，七十里，有黑水守捉（乌苏县），……渡石漆河，……至碎叶界’”。唐代新疆的石漆河在今精河县境内。今精河县南部有第三系砂岩出露，与独山子油田含油层的层位相同。据此，可以认为准噶尔含油区南缘精河一带，早在唐代就曾经发现了油气显示（石漆）[56]。“伊罗卢城（今库车县治），北倚阿羯田山，亦曰白山，常有火”[36]。

二十一、甘肃省

较早晋人张华在《博物志》指出：延寿县（今玉门市）有“石漆”。后刘锦藻较详细记述“甘肃玉门石油矿，在玉门东南一百七十里之石油河地方，西北约六十里，为上赤金堡，东北三十里，为白杨河。产油处，在南山坡之深谷中。除挖油小工外，无居民，日用所需，及牲口草料，皆须筹备充足。矿见经赤金堡居民用土法采挖，闻每年约产二万斤”[15]。

“酒泉延寿县南，山名火泉，火出如炬”[26]。“晋穆帝升平三年（359 年）二月，凉州（今武威县）城东池中有火；四年（360 年），姑臧（今武威县）泽水中又有火”[57]。371 年凉州“连年地震山崩，水泉涌出，柳化为松，火生泥中”[58]。

二十二、辽宁省

“奉天抚顺油页岩矿，发见于宣统元年（1909 年），在抚顺（今市）之古城子与杨柏堡间，总量为五十五吨，惟含油量不高”[15]。

二十三、黑龙江省

“墨尔根（今嫩江县）东南，一日地中忽出火，石块飞腾，声震四野，越数日火熄，其地遂成池沼。此康熙五十八年（1719 年）事，至今传以为异”[59]。

参考文献

[1] 班固．汉书，卷二十五下、二十八下（地理志下）．
[2] 胡礪善．四川盆地自流井构造天然气开采的研究．北京：石油工业出版社，1957.
[3] Meyerhoff A A. AAPG，1970，54（8）．
[4] 游气．新中国的新兴工业．香港：经济导报社出版，1977.
[5] 杨慎．丹铅总录．
[6] 宋永岳．志异读编．
[7] 林禹，范垌．吴越备史，卷二．
[8] 康誉之．昨梦录．
[9] 杨慎．艺林伐山，卷三．
[10] 曹学佺．蜀中广记，卷六十六．
[11] 王泌．东朝记．
[12] 玄奘．大唐西域记，卷一．
[13] 曹昭．新增格古要论，卷七．
[14] 方以智．物理小识，卷二．
[15] 刘锦藻．皇（清）朝续文献通考，卷三百八十七、三百九十．
[16] 李吉甫．元和郡县志，卷十一、十四．
[17] 陆凤藻．小知录，卷二．
[18] 杨慎．丹铅续录，卷六．
[19] 丁宝桢．四川盐法志，卷二、四、五．
[20] 沈括．梦溪笔谈，卷十三、二十四．
[21] 宋应星．天工开物．钟广言注释．广州：广东人民出版社，1976.
[22] 陈鼎．滇游记．
[23] 邓淳．岭南从述，卷四．
[24] 曹学佺．蜀中名胜记，卷八、二十八、三十．
[25] 宋居白．幸蜀记．
[26] 张华．博物志，卷九．
[27] 脱脱．金史，卷三十二．
[28] 叶挺春．上海县志（同治），卷三十．
[29] 吴惠元．续天津县志，卷一．
[30] 赵尔巽．清史稿，卷四十一、六十三、一百二十四．
[31] 马端临．文献通考，卷二百九十．
[32] 何宇度．益都谈资，卷上．
[33] 常璩．华阳国志，卷三．
[34] 张廷玉．明史，卷四十三．
[35] 魏收．魏书，卷一百一十二．
[36] 欧阳修．新唐书，卷三十四、二百二十一（上）．

［37］中国科学院地震工作委员会历史组．中国地震资料年表（上册）．北京：科学出版社，1956.
［38］孙之騄．二申野录，卷五．
［39］脱脱．辽史，卷四十一．
［40］山西省煤炭管理局．山西煤田地质．北京：煤炭工业出版社，1960.
［41］戴金星．我国煤系地层的含气性初步研究．石油学报，1980，1（4）．
［42］脱脱．宋史，卷六十二．
［43］叶子奇．草木子，卷三．
［44］吴甸华．黟县志，卷二．
［45］欧阳修．新五代史，卷六十一．
［46］瞢蓉室．中国矿产志略．
［47］施鸿保．闽杂记，卷二．
［48］沈茂荫．苗栗县志，卷二、五、六、十六．
［49］余文仪．续修台湾府志，卷一、十三、十九．
［50］黄叔璥．台湾使槎录，卷四．
［51］刘恂．岭表录异，卷上、中．
［52］鲁应龙．括异记．
［53］王嘉荫．中国地质史料．北京：科学出版社，1963.
［54］许缵曾．东还纪程．
［55］李延寿．北史，卷九十七．
［56］夏湘蓉，等．中国古代矿业开发史．北京：地质出版社，1980.
［57］沈约．宋书，卷三十三．
［58］房玄龄．晋书，卷八十六．
［59］西清．黑龙江外记，卷一．

科技攻关加速了我国天然气工业的发展*

从“六五”的“煤成气的开发研究”以来，国家计委先后组织了三次（“七五”和“八五”）国家天然气科技攻关。由于国家计委抓准了方向、抓住了关键、抓好了环节、抓出了成效，天然气科技攻关的效益一次比一次好；发现大中型气田的数目一次比一次多。

1949～1982年，即“六五”天然气科技攻关之前34年，我国新增天然气总储量只有2883.44亿m^3；年平均探明天然气储量84.81亿m^3；而“六五”“七五”和“八五”（至1994年年底，下同）天然气科技攻关12年来则新增总储量9198.53亿m^3（其中：中国石油天然气总公司为7645.15亿m^3，占83%），年平均探明天然气储量766.54亿m^3，即攻关年份是非攻关年份平均探明储量的9倍多。“六五”期间新增天然气探明储量1345.14亿m^3，平均年增加269.02亿m^3；“七五”期间新增天然气储量3082.34亿m^3，平均年增616.47亿m^3，比“六五”增加一倍；“八五”期间至1994年年底新增天然气储量为5037.94亿m^3，平均年增1259.49亿m^3，比“七五”又增加一倍，预计“八五”整个时期天然气新增探明储量可达6000亿m^3以上。

一个国家天然气工业发展的速度很大程度上取决于发现大中型气田的多少。我国三次天然气攻关发现大中型气田一次比一次多。自“六五”天然气攻关以来，我国共发现储量大于100亿m^3的大中型气田23个，占我国大中型气田数的80%，总探明储量6841.96亿m^3，占三次攻关累增天然气探明储量（9198.53亿m^3）的74%。并且，发现的大中型气田个数由“六五”至“八五”逐渐增加，“六五”发现2个，“七五”发现10个，“八五”至1994年年底已发现11个。

以上成绩的取得与攻关进行的超前研究有关：为开辟天然气勘探新领域提供了理论依据；为开辟天然气勘探的新盆地、新地区和新层系提供科学依据和方向。

一、天然气攻关为开辟天然气勘探新领域提供理论依据

20世纪80年代以前，我国天然气勘探的指导理论是“油型气”论，即一元成气论，认为天然气是腐泥型有机质（包括Ⅰ、$Ⅱ_1$干酪根）的产物，故勘探天然气是在海相和湖相地层中进行。70年代末煤成气理论开始在我国诞生，煤成气理论认为不仅腐泥型有机质能生气，而且沼泽相和湖沼相的腐殖型有机质（包括Ⅲ、$Ⅱ_2$干酪根）也能生气，可以形成工业气田。80年代初国家计委抓住了新苗头、抓住了新理论，及时组织“煤成气的开发研究”我国的第一次科技攻关，使刚出现的但当时相当薄弱的煤成气理论，得到有力

* 原载于《中国石油天然气前景》，专家座谈会发言材料，1995年4月4日。

的支持，并大力的推广，为我国开辟煤系及其有关的煤成气勘探新领域提供了理论依据，大大扩大了天然气勘探范围、新地区、新层系。使我国天然气勘探指导理论从“油型气”的一元论，进入油型气和煤成气的两元论。煤成气理论应用在天然气勘探十多年来，使我国煤成气探明储量从占全国气层气储量的9%上升到38%，目前我国探明两个世界级大气田，有1个半气源为煤成气，同时煤成气理论也起到促进煤成油理论在我国接踵而来的作用，社会经济效益斐然。

二、科技攻关为开辟天然气勘探新盆地、新地区、新层系提供了科学依据和方向

我国三次天然气科技攻关，一次比一次理论水平高，一次比一次理论与生产结合上做得好，一次比一次取得社会经济效益佳。“八五”的天然气科技攻关许多重要成果与理论，为我国天然气勘探开辟新盆地、新层系、新地区提供了科学依据和方向，使我国天然气勘探进入最好的时期，以下事实可为证。

1. 四川盆地川东高陡构造天然气勘探和成藏模式的建立

经过天然气科技攻关，从地质调查、地震采集处理和地质构造模型的综合研究，总结了川东高陡背斜带天然气的富集规律，建立了高陡构造带天然气成藏模式（二次成藏富集）。研究认为川东地区石炭系天然气的富集条件是储层有效厚度大、盖层完整的圈闭、具有古隆起背景和现今水势过渡区与低势区的叠合等。

2. 我国第一大气田的超前预测和鄂尔多斯奥陶系古风化壳储集层综合攻关研究

“六五”攻关时就指出“靖边至绥德一带是煤成气最有利勘探区”，“七五”攻关研究指出该盆地奥陶系岩溶古风化壳是形成气藏的有利场所。这一系列的超前攻关研究预测了我国第一大气田的位置及气藏类型，为该气田发现提供了科学依据和方向。“八五”则从岩石学、矿物学、岩溶学、地球化学、地球物理（主要是测井和地震横向预测）多学科相互交叉对奥陶系风化壳储集层进行综合攻关，并发现了风化壳标志矿物地开石，在横向上较可靠圈定和预测风化壳储集层展布特征和优劣，为风化壳气藏富集和成藏研究打下基础。

3. 中亚气聚集域提出推动西北与侏罗系有关煤成气（烃）的大发现

“六五”煤成气攻关期间，我们发现中亚地区从里海之东卡拉库姆盆地过塔吉克-阿富汗盆地、费尔干纳盆地，进入我国塔里木盆地、准噶尔盆地和吐哈盆地存在一个巨型的中、下侏罗统含煤带，并在卡拉库姆盆地等发现与该煤系有关的煤成气田，但在我国境内上述盆地与其有关煤成气当时没有重大发现，但根据含煤性与含气性的统一性。我们指出我国境内这些含煤盆地“发现煤成气可能性很大”“煤成气远景最佳”，“七五”攻关时间，我们再三强调勘探这些盆地煤成气的重大意义。“八五”攻关前期我们进一步研究了中亚巨型中、下侏罗统含煤带，提出了中亚煤成气聚集域，并在1992年前就预测塔北隆起北缘和库车拗陷南缘交互带上存在煤成气聚集带。这一系列研究为西北三大盆地侏罗系煤成气（烃）大发现提供科学依据和方向。

4. 莺–琼盆地第三系异常温、压天然气形成规律研究

通过研究气田形成和地温梯度的关系，确定气田存在于高地温异常带；通过研究泥拱、泥底辟和天然气富集的关系，确定由泥底辟和泥拱形成的圈闭利于成藏；通过天然气 $R/R_a<1$，确定了莺歌海 CO_2成因以壳源变质成因为主。这些研究为初步探明 4 个大中型气田提供了科学依据。

5. 提出了生物–热催化过渡带理论，扩大了天然气的勘探领域

在 R_o 为 0. 3%~0. 6% 存在一个生物–热催化过渡带气，Ⅱ-Ⅲ有机质为主要成气物质，有机碳丰度下限为 0. 3% 。成气机理为：温度不高（50 ~ 80℃），一定矿物（特别是蒙脱石、伊利石等黏土矿物）参与下的微催化作用，使有机质降解，发生脱羧、脱官能团和缩聚等作用形成烃类气体。该理论对我国许多以Ⅱ-Ⅲ型母质为主的低成熟区天然气勘探有重要指导意义。

6. 东部油区中浅层天然气藏分布规律和勘探技术研究取得明显进展

在东部不同盆地和拗陷，建立起有各自特征的中浅层天然气成藏分布规律：松辽盆地北部 1200m 以下天然气生成后以水溶和油溶为主，在压力降低过程中，天然气逐渐释放成藏，存在五种成藏模式；松辽南部有三种成藏模式（隆升的煤成气成藏模式、油型气低势区脱气成藏模式和生物气压实水排出成藏模式）；辽河拗陷存在“船舱式油气运移系统”，其中以中舱天然气最富集；济阳拗陷天然气藏具三元环带对应结构，气藏具有东西分带格局。

攻关中完善了浅中层气藏地震预测认识的三项技术（亮点技术、AVO 技术和多波技术），并用其发现了 46 个气藏。

“八五”天然气科技攻关还取得许多研究成果，在此不一一介绍。

中国含油气盆地的无机成因气及其气藏*

从1763年俄国学者洛蒙诺索夫注意到油气的成因与火山活动有关，提出了无机成因油气的启蒙思想以来，无机成因油气说几度兴衰。长期的生产实践和科学研究证明：油气中有相当大的部分，特别是石油是有机成因的，但这并不排除在油气中，特别是天然气有无机成因的。油气无机成因理论出现两个多世纪以来，形成了多种无机成因油气观点，概括起来有五种：宇宙说、碳化说、岩浆说、变质说和核变说。

近几十年来，由于现代科学技术的进步，核科学、宇航技术和宇宙化学的发展，深部地质和海洋地质新成果不断积累，特别是气体地球化学和同位素地球化学的新进展，以及与之相关的新仪器的出现，使以推测为基础的古典无机成因天然气假说发展为有科学依据的现代无机成因天然气假说。

一、无机成因气的地球化学依据

稀有气体都是无机成因的。人们长期争论无机成因气存在与否，主要指烷烃气和二氧化碳等。绝大部分无机成因气形成或来源与高温有关。因此，某气组分是否为无机成因，与其在高温条件下可否存在或者耐温极限或死亡温度有关。

以下分析烷烃气和二氧化碳的死亡温度，可为判断这些气是否为无机成因提供地球化学依据。

1. 烷烃气的死亡温度

有关甲烷死亡温度的实验如下：

(1) 杨天宇、王涵云（1983）：461℃（实验1200℃）[①]。

(2) Высоцкий（1979）：不低于600℃。

(3) Hunt J. M.（1979）：1000℃以上。

自然界甲烷存在最高温度实际大于500℃（新西兰白兰喷气孔）；山东日照地幔岩-辉绿岩（形成温度600～1000℃），包裹体有甲烷、乙烷、丙烷和丁烷。

总之，甲烷死亡温度在700℃左右，深度约20km。不超过此温度和深度，甲烷是可存在的，也就是说在相当于酸性岩浆和高温热液中甲烷可存在。

2. 二氧化碳的死亡温度

二氧化碳的死亡温度为2000℃（Высоцкий，1979），相当于上、下地幔交界处的

---

* 原载于《天然气工业》，1995，第15卷，第3期，22～27。

① 实验得甲烷死亡温度为1200℃，相当地层条件下甲烷死亡温度为461℃。

温度。

甲烷（烷烃气）和二氧化碳的死亡温度说明它们有在高温即地球很深处存在和形成的可能，无机成因气的存在是客观事实。

二、烷烃气、二氧化碳的成因鉴别

1. 有机成因和无机成因烷烃气的鉴别

1）甲烷的鉴别

划分无机成因和有机成因甲烷的 $\delta^{13}C_1$，界限值，各专家认识不一。$\delta^{13}C_1$ 界限值主要有两个代表值：一是大于-20‰；另一个是大于-30‰。我们认为划分无机成因和有机成因甲烷的 $\delta^{13}C_1$ 界限值取大于-30‰较合理与实用。理由：①国内外判定无机成因甲烷，虽有采用 $\delta^{13}C_1$>-20‰的；但更多的，特别在地热区无机成因甲烷的 $\delta^{13}C_1$ 则多数为-20‰～-30‰（表1）。如果把界限值定为 $\delta^{13}C_1$>-20‰，必然把大量无机成因甲烷误划在有机成因气范畴；②$\delta^{13}C_1$>-20‰也不是划分两种成因甲烷的绝对值，因为在-10‰～-20‰也还有少量过成熟的煤成甲烷，如我国四川省南桐煤田鱼田堡4煤上分层的煤层气 $\delta^{13}C_1$ 值最重为-13.3‰；苏联无烟煤煤层气的 $\delta^{13}C_1$ 值为-10‰。虽然-10‰～-30‰既包括有机成因的部分高（过）成熟煤成甲烷，同时也包括无机成因甲烷，但前者量少，而且可利用 $\delta^{13}C_1$ 与甲烷含量关系区别之（图1）。

表1 世界上一些无机成因甲烷的碳同位素组成

地点	$\delta^{13}C_1$/‰（PDB）
中国云南省腾冲县澡塘河	-16.61～-29.289
中国云南省腾冲县黄瓜箐温泉	-20.51
中国云南省腾冲县硫磺塘	-20.21
中国云南省腾冲县大滚锅温泉	-19.48
中国云南省腾冲县小滚锅温泉	-20.58
中国云南省腾冲县叠水河冷泉	-29.99
中国云南省弥渡县石咀温泉	-28.40
中国四川省甘孜县拖坝镇温泉	-23.48～-26.60
中国内蒙古克什克腾旗热水镇温泉	-21.76～-22.74
中国吉林省长白山天池温泉	-24.04～-36.24
加拿大安大略省萨德伯里 N3640A 等 5 个气样	-25.0～-28.4
美国黄石公园	-10.4～-28.4
菲律宾三描礼士	-6.11～-7.50
俄罗斯希比尼地块岩浆岩	-3.2
俄罗斯勘察加热水天然气	-21.4～-32.6
新西兰提科物雷地热区	-27.3～-29.5
新西兰布罗兰兹地热区	-25.6～-26.9

续表

地点	$\delta^{13}C_1$/‰（PDB）
新西兰白岛喷气孔	−16.1～−23.3
新西兰北岛喷气孔	−27.9～−28.5
东太平洋北纬21°处中脊热液喷出口	−15.0～−17.6

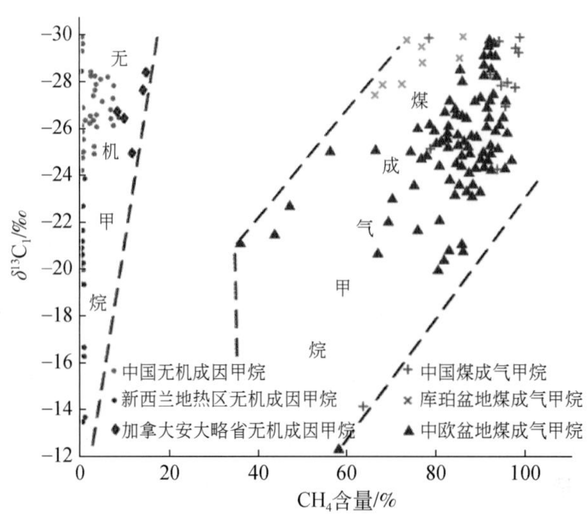

图1 −30‰<$\delta^{13}C_1$<−10‰的甲烷判别图

适用于不含乙烷、丙烷的无机成因气

2）烷烃气的鉴别

有机成因烷烃气碳同位素值随烷烃气分子中碳数增加而增大，被称为正碳同位素系列（表2），即$\delta^{13}C_1<\delta^{13}C_2<\delta^{13}C_3<\delta^{13}C_4$，而无机成因烷烃气碳同位素值则随烷烃气分子中碳数增加而减少，被称为负碳同位素系列（表2），即$\delta^{13}C_1>\delta^{13}C_2>\delta^{13}C_3>\delta^{13}C_4$。据此，易于分别出有机成因和无机成因烷烃气。

表2 中国各盆地烷烃气碳同位素特征和气的成因

盆地	井号	$\delta^{13}C$/‰（PDB）				同位素特征	气的类型
		$\delta^{13}C_1$	$\delta^{13}C_2$	$\delta^{13}C_3$	$\delta^{13}C_4$		
松辽	朝57	−51.68	−48.51	−33.96	−30.87	正碳同位素系列	有机成因
渤海湾	岐414	−49.26	−29.57	−27.66	−27.01		
	文23	−27.80	−24.31	−24.11	−23.90		
鄂尔多斯	任11	−33.37	−25.95	−25.08	−24.39		
	洲1	−32.17	−25.20	−23.87	−23.12		
四川	角4	−46.26	−32.81	−30.00	−29.82		
	中31	−36.44	−25.61	−24.01	−23.64		
柴达木	南5	−38.57	−25.60	−24.06	−23.86		

续表

盆地	井号	$\delta^{13}C$/‰（PDB）				同位素特征	气的类型
		$\delta^{13}C_1$	$\delta^{13}C_2$	$\delta^{13}C_3$	$\delta^{13}C_4$		
吐哈	陵 4	-40.23	-26.95	-25.50	-25.25	正碳同位素系列	有机成因
准噶尔	火南 1	-47.6	-41.1	-35.0	-32.7		
塔里木	东河	-41.28	-36.88	-33.46	-30.38		
苏北	东 60	-50.00	-42.97	-29.06	-28.91		
三水	水深 44	-46.79	-33.10	-28.26	-28.00		
松辽	苏深 2	-18.9	-19.9	-34.1		负碳同位素系列	无机成因
	四深 1	-28.0	-34.0	-34.1			
	五深 1	-28.0	-28.1	-28.8			
东海	天 1	-17.0	-22.0	-29.0			

2. 有机成因和无机成因二氧化碳的鉴别

根据我国不同成因的 212 个气样的 CO_2 含量及其对应 $\delta^{13}C_{CO_2}$ 值，同时还利用了澳大利亚、泰国、新西兰、菲律宾、加拿大、日本和苏联各种成因 100 多个样品的 CO_2 含量及其对应 $\delta^{13}C_{CO_2}$ 值资料，编绘了不同成因 CO_2 鉴别图（图 2）。由图 2 可知：Ⅰ区是有机成因 CO_2，Ⅱ区为无机成因 CO_2，Ⅲ区是有机成因和无机成因 CO_2 共存区，Ⅳ区为有机成因和无机成因 CO_2 混合气区。因此，从整体上看，CO_2 含量小于 15%，$\delta^{13}C_{CO_2}<-10‰$是有机成因的 CO_2，$\delta^{13}C_{CO_2}>-8‰$，都是无机成因的 CO_2，当 CO_2 含量大于 60% 都是无机成因的 CO_2。

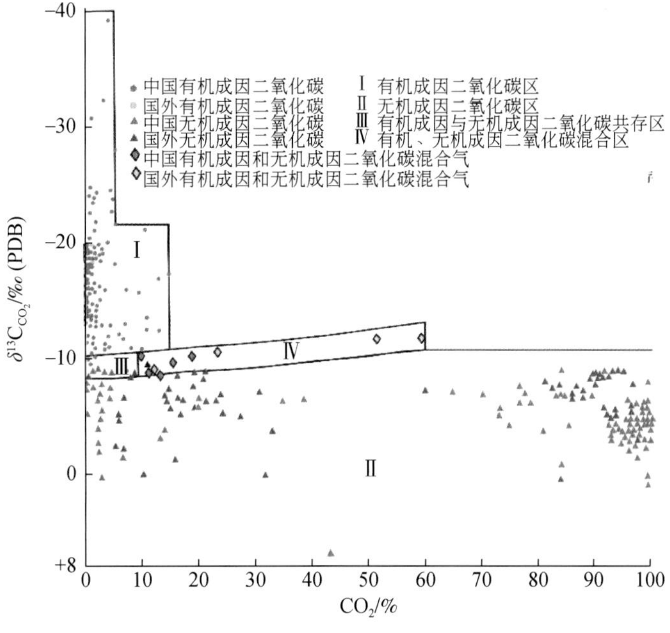

图 2　有机与无机成因二氧化碳的鉴别图

无机成因二氧化碳中，由碳酸盐岩变质成因的 CO_2 其 $\delta^{13}C_{CO_2}$ 值接近于碳酸盐岩的 $\delta^{13}C$ 值，为 0±3‰。火山-岩浆成因和幔源 CO_2 其 $\delta^{13}C_{CO_2}$ 值为-6‰±2‰。

三、我国各主要含油气盆地中的无机成因气及其气藏

本书仅讨论在天然气中含量高并能形成气藏的无机成因气——烷烃气和二氧化碳。

利用上述鉴别指标量度、确定和统计了我国主要含油气盆地烷烃气和二氧化碳成因状态、成藏分布情况（表 3）。

表 3　中国主要含油气盆地烷烃气和二氧化碳成因指标对比

盆地（拗陷）		$\delta^{13}C_1$ 区间值/‰ / 样品数	$\delta^{13}C_1$>-30‰样品数（无机成因样品数）	烷烃气碳同位素系列		CO_2 含量分析		$\delta^{13}C_{CO_2}$	
				正样品数	负样品数	分析总样品数	含量>60%样品数	<-10‰样品数	>-8‰样品数
松辽		-14.09～-77.99 / 149	15（6）	63	5	111	12	32	12
渤海湾	黄骅	-28.60～-67.50 / 156	1（1）	76	0	130	8	23	22
渤海湾	冀中	-25.11～-58.60 / 103	1（0）	58	0	78	0	28	6
渤海湾	济阳	-32.17～-91.73 / 375	0	163	0	113	29	22	32
渤海湾	东濮	-23.59～-45.40 / 54	11（0）	7	0	12	0	6	0
苏北		-37.83～-71.89 / 70	0	25	0	29	6	8	6
三水		-44.04～-61.02 / 10	0	3	0	15	7	3	5
鄂尔多斯		-29.23～-77.90 / 102	1（0）	49	0	73	0	25	1
四川		-29.42～-46.24 / 187	3（0）	77	0	148	0	59	2
吐哈		-39.43～-49.42 / 24	0	17	0	14	0	2	0
柴达木		-31.00～-68.78 / 19	0	7	0	12	0	6	0
准噶尔		-29.30～-47.60 / 68	2（0）	26	0	71	0	12	2
塔里木		-30.80～-45.68 / 65	0	47	0	39	0	6	2

注：样品数的单位均为个。

分析表 3 可得出以下结论。

(1) 我国中西部主要含油气盆地（鄂尔多斯、四川、吐哈、柴达木、准噶尔和塔里木）虽发现 6 个 $\delta^{13}C_1$>-30‰甲烷样品，但结合其所在盆地天然气地球化学和地质条件综合分析，这些甲烷均不属无机成因，而是高-过熟煤成气型甲烷；这些盆地分析烷烃气碳

同位素组成中，有223个正碳同位素系列样品，未发现负碳同位素系列样品，这说明这些盆地烷烃气是有机成因的，不存在无机成因的烷烃气；在这些盆地分析 CO_2 含量的357个样品中，未发现一个含量大于60%的样品，说明缺乏形成 CO_2 气藏的地质条件（因为要形成工业性 CO_2 气藏，CO_2 含量必须在60%以上，最佳的在90%以上）；在分析 $\delta^{13}C_{CO_2}$ 的117样品中，其中 $\delta^{13}C_{CO_2}<-10‰$ 属有机成因的有110个，占总样品数的90%，占绝对优势，$\delta^{13}C_{CO_2}>-8‰$ 属无机成因的只有7个，处于从属地位。根据所在盆地天然气地球化学和地质条件综合分析，这些无机成因的二氧化碳是碳酸盐水解或被地下水中酸类溶解形成的，不属于岩浆–幔源成因或变质成因的无机成因气。

综上可见，我国中西部主要含油气盆地，缺乏形成无机成因烷烃气藏和二氧化碳气藏的基本天然气地球化学和地质条件。

（2）我国东部裂谷带的含油气盆地（松辽、渤海湾、苏北和三水），则与中西部主要含油气盆地不同；不仅发现了 $\delta^{13}C_1>-30‰$ 的7个无机成因甲烷样品，而且在松辽盆地还发现5个一般被认为属无机成因的负碳同位素系列的烷烃气（表2）样品。松辽盆地三肇凹陷的昌德气藏，从烷烃气同位素系列看，属于无机成因烷烃气藏。与中西部主要含油气盆地不同，东部裂谷带含油气盆地的各盆地都发现有 CO_2 含量大于60%的天然气，许多井 CO_2 含量达90%以上（表4）。这些都属无机成因的二氧化碳。例如，在分析 $\delta^{13}C_{CO_2}$ 的205个样品中，$\delta^{13}C_{CO_2}<-10‰$ 属有机成因的有122个；$\delta^{13}C_{CO_2}>-8‰$ 属无机成因的有83个，占总样品数的40%。根据有关天然气地球化学和天然气地质条件分析（表4），这些无机成因 CO_2 以岩浆–幔源成因为主，以变质成因为辅。

我国东部含油气盆地二氧化碳气藏或含 CO_2 气构造分布见图3，其中具有代表性气藏可见图4。由图4可见，我国东部二氧化碳气藏与断裂构造密切相关。表4的 $\delta^{13}C_{CO_2}$ 值清楚表明表中所有的二氧化碳气均属无机成因。

表4 中国东部含油气盆地二氧化碳气藏（含气构造）地球化学参数

盆地	气藏或含气构造	井号	气的主要组分/%					$\delta^{13}C_{CO_2}$ /‰（PDB）	R/R_a
			N_2	CO_2	CH_4	C_2H_6	C_3H_8		
松辽	万金塔	万5	2.67	93.43	3.74			-4.95	3.34
	弧店	弧9		97.05	2.65	0.20		-8.44	3.22
渤海湾	翟庄子	港151	0.19	98.61	1.17			-3.77	3.62
	大中旺	旺古1	2.96	95.09	1.95				
	平方王气顶	平4	0.46	75.33	20.89	1.25	1.12	-4.52	2.75
	花沟	花17	2.06	93.54	3.86	1.00	0.34	-3.35	3.18
	阳25	阳25	3.06	96.50	0.44			-4.38	2.94
	高青	高气3	5.43	94.36	0.14	0.01	0.07	-4.41	
苏北	黄桥	苏174	0.36	98.85	0.68	0.05	0.02	-2.94	3.96
	丁庄垛	苏东203	5.09	92.06	2.65	0.11		-3.82	2.74
三水	沙头圩	水深9	0.26	99.55	0.19	0.02	0.02	-4.60	4.30

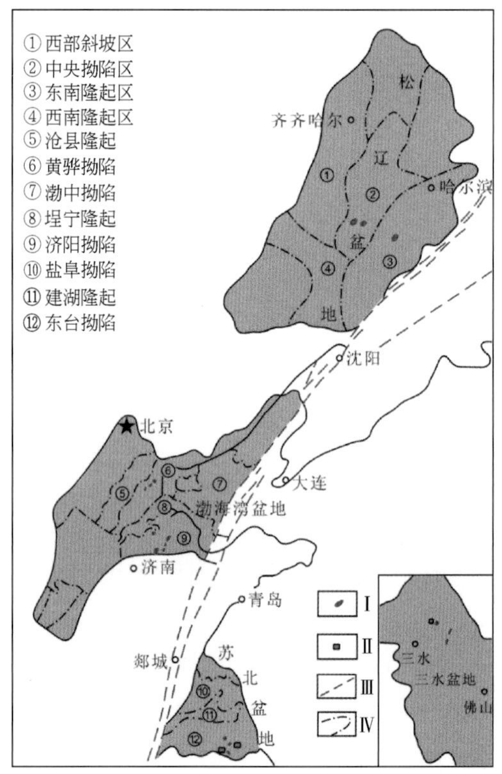

图3 中国东部无机成因 CO_2 气藏分布示意图

Ⅰ. CO_2 气藏（田）；Ⅱ. He气藏（He含量大于0.1%）；Ⅲ. 郯庐断裂；Ⅳ. 构造单元

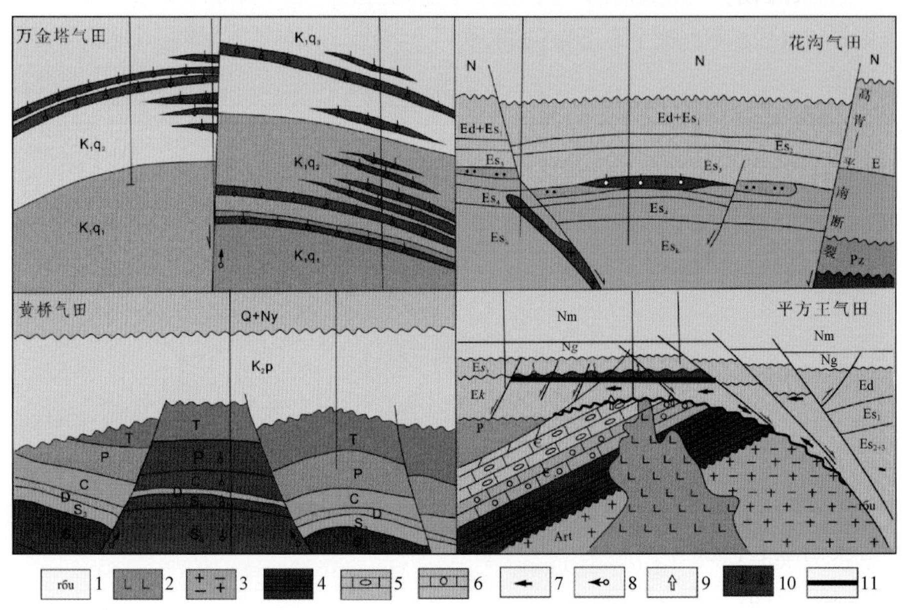

图4 中国东部典型 CO_2 气藏剖面

1. 闪长玢岩；2. 侵入岩；3. 结晶基地；4. 页岩；5. 鲕状灰岩；6. 竹叶灰岩；7. 有机成因油型气运移方向；8. 幔源-岩浆成因气运移方向；9. 变质成因气运移方向；10. CO_2 气藏；11. 油藏

中国晚古生代煤系相关的气田及其在天然气工业上的重要意义*

一、引言

煤主要由腐泥煤和腐殖煤组成。腐泥煤是由浅海中藻类为主的低等生物形成，寒武纪、奥陶纪和志留纪有煤系出现，目前中国均为无烟煤，占整个煤中比例很少，分布地域有限；腐殖煤是由沼泽和陆上高等植物形成且是煤系主要组成部分。世界上已知最早陆生植物群出现在志留纪末到早泥盆世。此类植物群在我国新疆阿尔泰、广西上林、广东封开、云南禄劝等地形成早、中泥盆世煤线或薄煤层。早泥盆世植物群虽已开始出现在大地上，但分布较稀疏，尚未发现有价值的煤层[1]。由于早古生代腐泥煤和泥盆系腐殖煤分布地区有限，未形成规模煤系，故至今世界上均未发现与之相关的煤成气田。

二、晚古生代与煤成气关联的煤系

中国从早寒武世至第三纪有 8 个主要聚煤期，其中晚古生代的晚石炭世—早二叠世和晚二叠世两个聚煤期，是中国 4 个最强聚煤作用期中的两个[1]。晚古生代含煤地层在中国分布普遍，发育良好。与目前探明煤成气田相关的含煤地层，主要是分布于华北和西北东部的上石炭统本溪组、下二叠统太原组和山西组；新疆准噶尔盆地下石炭统滴水泉组和上石炭统巴塔玛依内山组；华南上二叠统龙潭组。

1. 华北煤盆地与煤成气关联的煤系

华北晚古生代聚煤盆地简称华北煤盆地，是中国重要的聚煤区。该煤盆地的原始范围北起阴山之南，南至秦岭和大别山之北，西至贺兰山以东，东侧面临日本海，面积达 $120\times10^4\text{km}^2$，是个特大型的含煤盆地。盆地主体部分自下而上地层为湖田组（铁铝岩组）、本溪组、太原组、山西组、石盒子组和石千峰组[2]。其中本溪组、太原组和山西组为含煤地层而遍布北部，盆地南部即北纬 35°以南的平顶山和淮南地区上石盒子组含煤，且埋藏较浅为现今重要采煤区，除煤层气外，未发现煤成气田。

华北煤盆地受中、新生代构造运动的影响发生显著的变化，在中部形成了北北东向的太行山–吕梁山隆起构造带，晚古生代煤系上升埋深变浅，成为中国主要产煤区，在其南部沁水地区成为目前中国煤层气产区，但至今在该隆起带未发现煤成气田。在隆起带东部渤海湾盆地中–新生代构造活动强烈，断裂多而成为裂谷型，使原连片展布煤系许多地区

---

* 原载于《天然气地球科学》，2016，第 27 卷，第 6 期，960～973，作者还有房忱琛、吴伟、刘丹、冯子齐。

因上升被剥蚀，在断陷深处煤系才得保存，并发现与其相关的煤成气田。在太行山-吕梁山隆起带以西地区主要是鄂尔多斯盆地，是克拉通型构造稳定区[3]，在地腹极好保存了连片的晚古生代煤系。

1）鄂尔多斯盆地晚古生代煤系的成气成藏条件

鄂尔多斯盆地是中国大陆上最早（1907 年）开始机械化钻井（延 1 井）勘探油气的盆地。但此后由于业内传统认为煤系不是烃源岩，不把石炭-二叠系煤系作为勘探目标，直至 1978 年天然气勘探无大进展。1979 年我国煤成气理论诞生后[4]，从 1980 年开始众多学者指出盆地中本溪组、太原组和山西组含煤地层是好的气源岩，应加强煤成气勘探[5~10]。

鄂尔多斯盆地晚古生代煤系煤和泥岩均为Ⅲ型干酪根，煤层主要分布在太原组和山西组，厚度一般为 2~20m，暗色泥岩在盆地西部一般厚 140~150m，东部厚 70~140m，南部和北部为 20~50m[11]。本溪组、太原组和山西组煤和暗色泥岩地球化学参数[12,13]见表 1。由表 1 可见盆地三组煤系为好的气源岩。

盆地山西组和下石盒子组中发育砂岩储层，砂岩孔隙小于 8% 的占 63.71%，8%~12% 的占 28.58%，大于 12% 的只占 7.70%。渗透率小于 $1\times10^{-3}\mu m^2$ 占 86.38%，故是典型的致密砂岩储集层。这些储集层平面上连续分布，展布范围广；纵向上多层砂体叠置，砂层厚度大，一般厚 30~100m，主力气层段砂泥比大于 60%，为大面积致密砂岩气提供了良好储集空间[14,15]。

晚古生代上石盒子组和石千峰组横向稳定分布的湖相泥岩为重要的区域盖层。上石盒子组湖相泥质岩以砂质泥岩、粉砂质泥岩和泥岩为主，厚度一般为 150~200m，泥岩气体绝对渗透率一般为 $(10^{-4}\sim10^{-5})\times10^3\mu m^2$，饱含气突破压力 1.5~2.0MPa，具有很强的封盖能力。

表 1 鄂尔多斯盆地上古生界烃源岩地球化学参数[12,13]

类别		有机碳/%	氯仿沥青 A/%	总烃/ppm	显微组分/%		
					镜质组	惰质组	壳质组
		最大值/最小值 平均值					
山西组	煤	89.17/49.28 73.6	2.45/0.1 0.8	6699.93/519.9 2539.8	90.2/43.8 73.6	54/6.3 24	12.3/0 4.6
	泥岩	19.29/0.07 2.25	0.5/0.0024 0.04	524.96/519.85 163.8	47/8 20.5	87/51.8 72	20.3/0 7.4
太原组	煤	83.2/3.83 74.7	1.96/0.03 0.61	4463/222 1757.1	98.8/21.2 64.2	63.7/1.3 32.1	15.1/0 3.7
	泥岩	23.38/0.1 3.33	2.95/0.003 0.12	1904.64/15 361.6	82/8.3 38	89.3/15.3 53.3	34.5/0.3 8.4
	灰岩	6.29/0.11 1.41	0.43/0.0026 0.08	2194.53/88.92 493.2			
本溪组	煤	80.26/55.38 70.8	0.97/0.41 0.77		93.3/72 87.2	25.2/6.7 16	2.8/0 1.4
	泥岩	11.71/0.05 2.54	0.44/0.0024 0.065	1466.34/12.51 322.73	47.8/12.3 24.5	59.8/12.3 44	39.5/0.3 18.2

鄂尔多斯盆地晚古生代连续大面积稳定分布的煤系气源岩在底部，中间有平面上连片展布范围广，纵向上多层砂体叠置厚度大致密砂岩，上部被上石盒子组和石千峰组两套横向稳定分布，厚度大并封盖性好湖相泥岩盖封而形成纵向良好生-储-盖层组合，故利于在下石盒子组、山西组和太原组中煤成气大量成藏。故至今发现许多煤成气田（苏里格、大牛地、榆林、神木、乌审旗、子洲、米脂、柳杨堡、东胜、胜利井）（图1）。此外还有由煤成气和油型气聚集在奥陶系马家沟组碳酸盐岩古岩溶风化壳中的靖边气田。关于靖边气田中煤成气是由晚古生代煤系生成通过马家沟组溶沟等运移来的，众多学者观点一致[16~19]；而气田中油型气的气源岩则有两种意见：其一认为是来自太原组和山西组中具有生气条件的石灰岩夹层（表1）[11,17~19]；其二认为气源岩是下奥陶统马家沟组碳酸盐岩[20~22]。

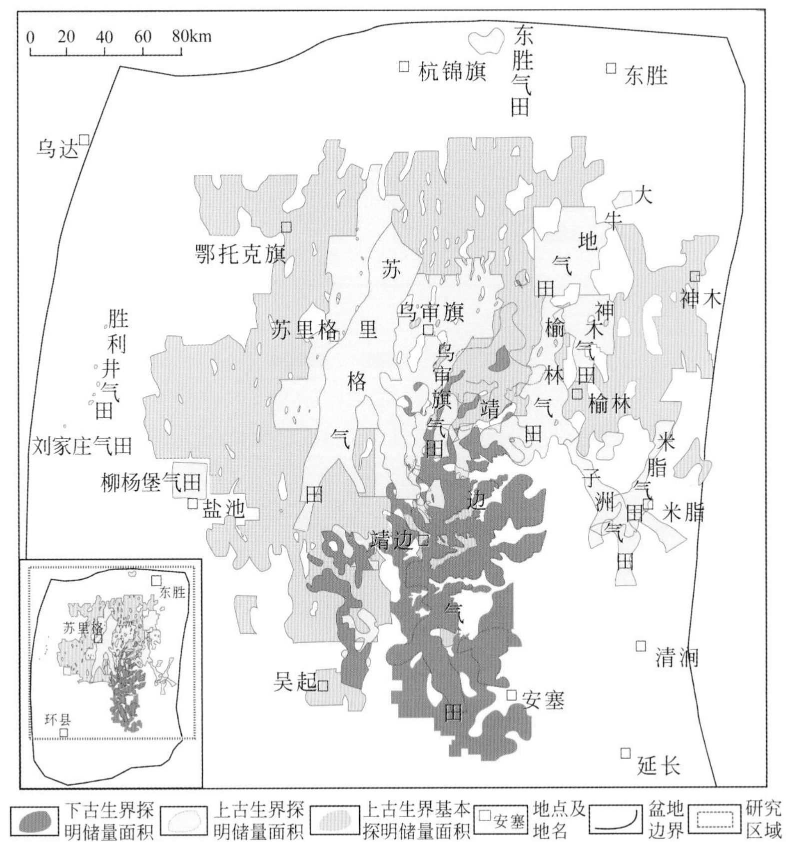

图1 鄂尔多斯盆地晚古生代煤系相关气田连续型分布

2）*渤海湾盆地晚古生代煤系的成气成藏*

渤海湾盆地是华北煤盆地的一部分，晚古生代煤系成煤环境、煤系层组、沉积条件、构造背景、生气优越条件与鄂尔多斯盆地基本一致。但因受中—新生代构造运动强烈改造为裂谷型盆地，原连片广布的晚古生代本溪组、太原组和山西组煤系被支离升降受强烈改造，大部分煤系被剥蚀掉，仅在断（凹）陷得以保存，如冀中凹陷煤系只分布在凹陷东南部，展布面积不到凹陷的1/3，故煤系生气成藏地域大为偏少，导致成藏规模变小而分散[23]，而且气藏与断裂关系密切（图2）。目前发现已生产气藏（田）有苏桥凝析油气田、文留气田、户部寨气藏，还有埕海、王官屯、孤北等许多小气藏[24~26]。

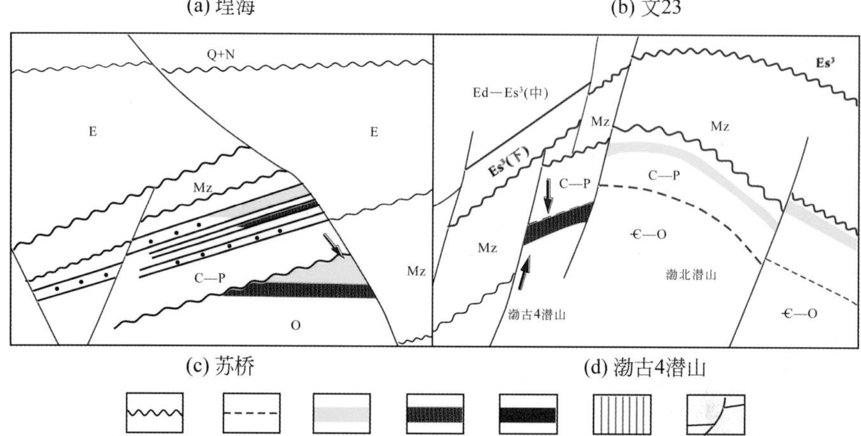

(a) 埕海　(b) 文23

(c) 苏桥　(d) 渤古4潜山

图2　渤海湾盆地晚古生代煤系形成气藏与断裂的关系图

2. 准噶尔盆地石炭纪煤系的成气成藏

准噶尔盆地石炭纪构造活动强烈，由于火山喷发频繁，导致同一时期地层岩性变化很大同时各区命名不一。以下仅就发现克拉美丽大气田所在准东地区的气源岩滴水泉组（C_1d）和巴塔玛依内山组（C_2b）的成气成藏作用作剖析。很多学者都指出石炭纪煤系是有效烃源岩[27~32]：主要烃源岩为巴塔玛依内山组中段，其次是滴水泉组，两者均为含煤地层。滴水泉组为滨海-滨岸过渡相沉积环境，以陆源碎屑及火山碎屑为主，在盆地中部克拉美丽气田南北的滴水泉断陷、东道海子-五彩湾断陷该组发育，在彩参1井等揭示该组厚度49~623m，烃源岩49~291m，主要为暗色泥岩，也有少量碳质页岩和煤。在陆东-五彩湾地区钻井揭示巴塔玛依内山组厚124~3060m，烃源岩厚200~520m，以暗色泥岩为主，其次为碳质泥岩、煤，再次为沉凝灰岩。在帐3井烃源岩厚140.5m，其中暗色泥岩厚106m，碳质泥岩厚21.5m，煤层厚13m。两组有机质为II_2和Ⅲ型，其有机质丰度[33]见表2。

表2　陆东-五彩湾地区石炭系烃源岩有机质丰度表[33]（2013年）

层位	岩性	TOC/%	S_1+S_2/(mg/g)
巴塔玛依内山组 C_2b	凝灰岩和沉凝灰岩	0.4~8.36，平均1.75	0.2~49.12，平均4.27
	泥岩和碳质泥岩	0.46~19.26，平均4.07	0.05~27.2，平均3.56
	煤	15.95~37.59，平均21.96	0.55~53.27，平均18.5

续表

层位	岩性	TOC/%	S_1+S_2/(mg/g)
滴水泉组 C_1d	凝灰岩和沉凝灰岩	0.46～2.43，平均1.01	0.1～0.74，平均0.34
	泥岩和碳质泥岩	0.4～2.51，平均1.06	0.07～10.71，平均0.65

巴塔玛依内山组是主要烃源岩，其中火山岩也是主要储层。巴塔玛依内山组火山岩分为上下两段，中间为沉积岩分隔，上段火山岩后期剥蚀严重分布有限，下段火山岩是火山强烈喷发产物，以爆发相、溢流相为主的中酸性火山岩，储集空间以次生溶蚀孔隙和裂缝为主，在克拉美丽气田孔隙度0.80%～28.80%，平均为8.85%，渗透率0.01～522.00mD（1mD=0.987×$10^{-3}\mu m^2$），平均0.618mD。区域性盖层为二叠系泥岩。在以上生-储-盖组合中发现克拉美丽大气田，由于储层是岩相多变而连续差的火山岩，故该大气田是由多个气藏组成（图3）[34]。

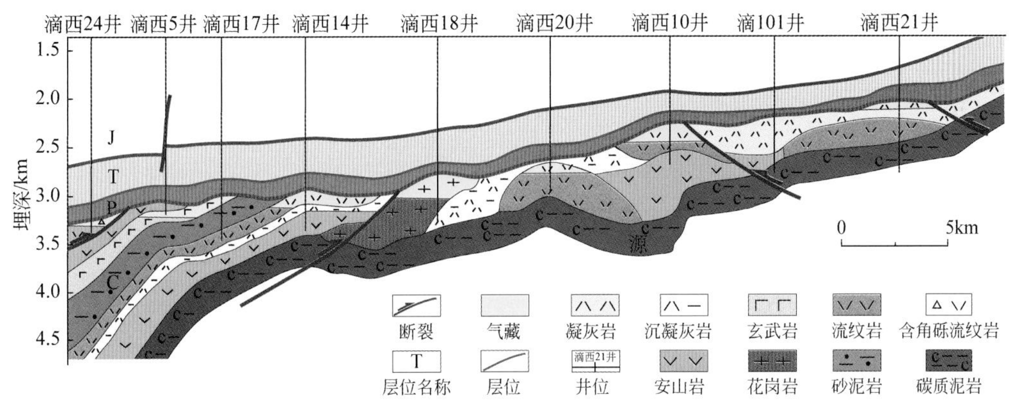

图3　克拉美丽气田横剖面图（据文献［34］，补充）

3. 四川盆地晚二叠世龙潭组煤系的成气成藏

华南晚二叠世龙潭组煤系主要分布在扬子地区。扬子地区晚二叠世平面上分布同期异相两个组：龙潭组和吴家坪组。吴家坪组是海相以碳酸盐岩为主夹泥页岩，主要分布在四川盆地东部和中扬子地区，由于与本书主题无关不予论述。龙潭组多形成于海湾潟湖和三角洲平原沼泽中，上部和中部以黑色泥岩、页岩、粉砂质泥岩和煤（煤线）为主，局部夹有薄层粉砂岩，主要分布下扬子区和上扬子区四川盆地中西部[35,36]。下扬子区龙潭组虽发现许多油气显示[4]，但至今未发现与之相关煤成气油田，故在此不赘述。在上扬子区的四川盆地龙潭组厚度一般为20～250m，煤有的达2～10层[35]，仪陇附近龙潭煤层厚达3m[37]，川东北云安19井发育典型龙潭型地层，泥岩TOC含量为1%～10%，绝大多数大于2%，平均5.04%，烃源岩厚170m；重庆、自贡和资阳一带烃源岩厚80～120m，TOC含量为1%～4%。干酪根类型为Ⅲ型和Ⅱ型，煤和煤质泥岩平均原始生烃潜量为5～12mg/g，最大可达46mg/g，R_o为1.3%～3.4%[35,36]。长兴组中礁滩相白云岩为龙潭组储集层，其中溶孔残余生物碎屑白云岩、溶孔白云岩为元坝地区的主要储集层，以中孔、中低渗储集层为主，孔隙度最大值为6.28%，最小值为2.36%，平均值为3.76%；渗透率最大值为0.73×$10^{-3}\mu m^2$，最小值为0.01×$10^{-3}\mu m^2$，平均值为0.21×$10^{-3}\mu m^2$。嘉陵江组和雷口坡组膏岩为区域盖层，飞四段膏岩、泥灰岩为直接盖层。目前四川盆地在长兴组中发现元坝(图4)[38]和龙岗两个大气田。

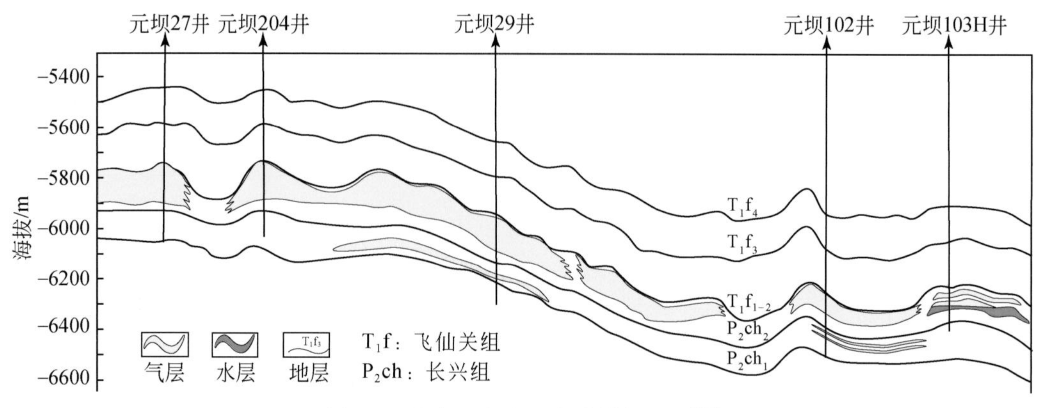

图4 元坝气田长兴组气藏横剖面图[38]

三、在册气田和气源对比

在册气田系指国家公布的和晚古生代煤系相关的气田（至2013年年底）。

1. 鄂尔多斯盆地

鄂尔多斯盆地本溪组、太原组和山西组煤系形成12个气田（图5），这些气田的主要

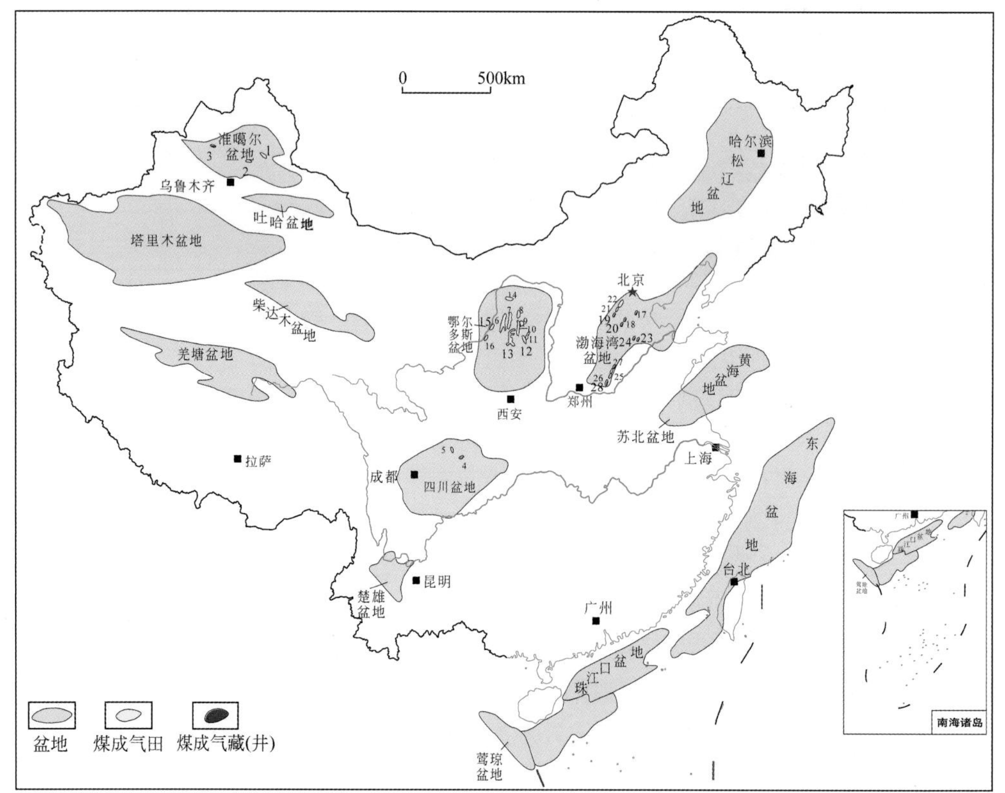

图5 中国晚古生代煤系形成的气田（藏）分布

气田（藏）：1. 克拉美丽；2. 五彩湾；3. 克拉玛依五区南；4. 龙岗；5. 元坝；6. 苏里格；7. 乌审旗；8. 大牛地；9. 神木；10. 榆林；11. 米脂；12. 子洲；13. 靖边；14. 东胜；15. 胜利井；16. 刘家庄；17. 埕海；18. 王官屯；19. 孔西；20. 乌马营；21. 深县；22. 苏桥；23. 孤北潜山；24. 渤古4潜山；25. 文23；26. 白庙；27. 户部寨；28. 马厂

勘探开发概况见表3。从表3可总结出鄂尔多斯盆地煤成气田在全国具有3个“最”：最大煤成气田（苏里格）、最小煤成气田（刘家庄）和最高年产量煤成气田（苏里格）。

表3 鄂尔多斯盆地煤成气田勘探开发概况表

气田	主力产层	探明年份	2013年年底探明总地质储量/10^8m^3	2013年产量/10^8m^3	累计产量/10^8m^3
苏里格	P_1x_8，P_1s_1	2001	12725.9	212.20	771.82
靖边	O_2，P_1x_8	1992	5528.04	41.76	510.53
大牛地	P，C	2002	4545.63	34.34	236.31
榆林	P_1s_2	1997	1807.50	59.85	438.88
子洲	P_1x_8，P_1s_2	2005	1151.97	13.87	51.63
乌审旗	P_1x_8，O_2	1999	1012.1	6.95	46.75
神木	P_1s，P_1s_2，C_3	2007	934.99	未生产	0
柳杨堡	C_3t^2	2012	549.65	未生产	0
米脂	P_1x	1999	358.43	0.22	1.42
东胜	P_1x^3，P_1x^2	2010	162.87	0.10	0.10
胜利井	P_2s	1982（发现）	18.25	0	0
刘家庄	P_1x^5	1969（发现）	1.9	0	0

表4为鄂尔多斯盆地正在或已生产气田的天然气地球化学参数[11,18,39~44]，该表给出了所载气田的气源对比大量信息。众多学者指出$\delta^{13}C_2$值是鉴别煤成气和油型气好指标：张士亚等指出$\delta^{13}C_2$组成受烃源岩成熟度的影响比$\delta^{13}C_1$小，可将-29‰作为判别油型气与煤成气的界线：煤成气的$\delta^{13}C_2$一般重于-29‰，油型气的$\delta^{13}C_2$一般轻于-29‰[45]；王世谦指出$\delta^{13}C_2>-29‰$为煤成气[46]；戴金星指出煤成气的$\delta^{13}C_2$值基本上重于-28‰，油型气的$\delta^{13}C_2$值基本上轻于-28.5‰，-28‰～-28.5‰为以上两类气共存区，且以煤成气为主[47]。以上述指标鉴读表4中$\delta^{13}C_2$值，除靖边气田陕5和陕17井为油型气外，所有井的天然气均具煤成气的特征。陕5井、陕17井的油型气是由太原组和山西组中石灰岩夹层生成[11,17~19]。

应用$\delta^{13}C_1$-$\delta^{13}C_2$-$\delta^{13}C_3$鉴别图（图6）[48]，把表4中$\delta^{13}C_1$值、$\delta^{13}C_2$值和$\delta^{13}C_3$值投入图6中，可见除陕5和陕17井外，所有井均落在鉴别图版的煤成气区。苯和甲苯的碳同位素[49,50]，轻烃研究[51]也证明是煤成气。

2. 渤海湾盆地

渤海湾盆地晚古生代煤系原始沉积时和鄂尔多斯盆地相似，但由于受到中、新生代强烈构造运动的改造，现分布范围小，成气成藏比鄂尔多斯盆地大为逊色，仅形成面积小、储量小、产量低的中小型气藏（表5）。

表 4 鄂尔多斯盆地石炭-二叠系煤系相关的天然气地球化学参数

气田	井	深度/m	层位	天然气主要组分/%					$\delta^{13}C$/‰(VPDB)					参考文献
				CH_4	C_2H_6	C_3H_8	C_4H_{10}	CO_2	N_2	CH_4	C_2H_6	C_3H_8	C_4H_{10}	
苏里格	苏 21		P_1s,P_2x	92. 39	4. 48	0. 83	0. 27	0. 99	0. 68	-33. 4	-23. 4	-23. 8	-22. 7	[11]
	苏 75		P_2x	92. 47	3. 92	0. 66	0. 22	1. 30	1. 10	-33. 2	-23. 8	-23. 4	-22. 4	
	苏 139		P_1s,P_2x	93. 16	3. 05	0. 51	0. 14	1. 31	1. 45	-30. 4	-24. 2	-26. 8	-23. 7	
	苏 75-64-5X		P_2x	89. 45	6. 36	1. 26	0. 46	0. 13	0. 93	-33. 5	-24. 0	-23. 3	-22. 8	
	SU4-J1	3550. 2	P_1s	92. 46	4. 68	1. 22	0. 53			-32. 9	-23. 6	-22. 9	-22. 4	[39]
	SUDONG37-44	3028. 5	P_2h^8	94. 18	3. 36	0. 54	0. 19			-33. 3	-24. 3	-23. 7	-22. 5	
榆林	陕 117		P_1s	64	3. 99	0. 63	0. 11	1. 51	0. 51	-32. 2	-26. 0	-24. 9	-23. 5	[40]
	陕 215		P_1s	93. 60	3. 79	0. 55	0. 15	0. 76	0. 64	-30. 8	-25. 8	-24. 4	-23. 1	
	榆 43-10	2781. 4～2798. 3	P_1s	94. 94	2. 70	0. 35	0. 10	1. 16	0. 68	-31. 9	-26. 4	-23. 0	-24. 1	[41]
	榆 45-10	2726. 7～2736. 0	P_1s	94. 26	3. 39	0. 51	0. 15	0. 99	0. 54	-30. 2	-26. 1	-23. 8	-21. 9	
	召 4		石盒子							-31. 3	-23. 7	-23. 0	-22. 5	[42]
	麒 2		P_1t							-31. 6	-25. 2	-22. 8	-21. 4	
大牛地	D11	2600. 5～2602. 5	P	93. 84	3. 38	0. 52	0. 19	0. 19	1. 27	-34. 5	-26. 2	-24. 7	-23. 0	本文
	D13	2702～2731. 5	P_1s^2	89. 81	6. 02	1. 65	0. 59	0. 52	0. 90	-36. 0	-25. 7	-24. 5	-22. 7	
	D16	2698～2703	盒 2	94. 24	3. 43	0. 54	0. 21	0. 33	0. 84	-35. 2	-27. 1	-26. 0	-23. 9	
	D24	2659～2685	盒 1	89. 12	6. 70	1. 89	0. 59	0. 33	0. 86	-37. 2	-26. 1	-25. 3	-24. 0	
靖边	陕 5	3457～3484	O_1m_5	93. 96	0. 53	0. 07	0. 02	3. 81	1. 60	-32. 2	-31. 2	-25. 7		[18]
	Shan2	3364. 4～3369. 4	$O_1m_5^+$	96. 09	1. 09	0. 13	0. 04	2. 60		-35. 3	-26. 2	-25. 5	-23. 2	
	Shan17	3176. 9～3182	$O_1m_5^4$	93. 89	0. 69	0. 08	0. 01	4. 55	0. 62	-33. 3	-30. 2	-27. 8	-22. 3	
	Shan21	3226～3230	$O_1m_5^2$	95. 87	1. 28	0. 17	0. 04	2. 83	0. 21	-34. 9	-24. 5	-24. 7	-23. 0	
	Shan34	3410～3413	$O_1m_5^{1-2}$	94. 02	1. 28	0. 15	0. 06	0. 36	4. 11	-35. 3	-25. 5	-24. 4	-21. 9	
	Shan65	3149～3154	P_1x	95. 74	2. 54	0. 29	0. 07	0. 13	1. 10	-29. 1	-23. 5	-25. 5	-24. 1	
	Shan85	3266. 6～3287	O_1m_5	95. 27	0. 47	0. 05	0. 02	3. 56	1. 46	-33. 1	-26. 7	-20. 9	-19. 0	

续表

气田	井	深度/m	层位	天然气主要组分/%					$\delta^{13}C$/‰(VPDB)					参考文献
				CH_4	C_2H_6	C_3H_8	C_4H_{10}	CO_2	N_2	CH_4	C_2H_6	C_3H_8	C_4H_{10}	
东胜	伊深 1			93.96	3.62	0.87	0.37	0.20	0.81	-33.5	-25.1	-24.6		本文
	ESP2			93.74	3.64	0.85	0.29		1.32	-33.2	-25.3	-24.9		
	锦 11			93.69	3.57	0.87	0.34		1.34	-33.8	-25.0	-24.5		
胜利井	任 4	2299～2303	盒 3	91.09	4.79	0.70		0.19	3.23	-33.8	-26.4	-24.1		
	任 9	2240～2243	石盒子组	91.84	3.86	1.21	0.51		2.40	-35.2	-26.6	-24.7		
	任 11	2534～2537	盒 4	93.78	3.36	1.07	0.43	0.09	1.19	-35.1	-26.7	-24.8		
乌审旗	YU22-7	3119.8～3142.0	P_1x	92.51	4.10	0.69	0.22	0.55	1.67	-32.6	-23.7	-24.2	-21.9	
	G01-9	3038.0～3053.2	P_1x	93.46	3.92	0.54	0.14	0.45	1.38	-33.7	-23.1	-24.8	-22.7	
	陕 165	3103.2～3133.7	P_1x	93.17	3.46	0.60	0.19	0.65	1.67	-33.0	-24.0	-24.5	-22.3	
	陕 243	3042.2～3080.2	P_1x	90.85	5.46	1.03	0.35	0.54	1.55	-35.0	-24.0	-23.6	-22.5	
子洲	Zhou16-19	2712.5	P_1s	91.53	5.22	1.16	0.39			-34.5	-24.3	-21.7	-21.7	[39]
	Zhou17-20	2644.45	P_1s	91.55	5.07	1.13	0.40			-33.0	-24.5	-22.0	-21.7	
	Zhou19-22	2635	P_1s	93.00	4.43	0.84	0.31			-33.3	-24.7	-21.9	-21.6	
	Zhou22-18	2592	P_1s	93.12	4.22	0.76	0.27			-31.1	-25.7	-24.3	-23.1	
米脂	Mi4	2208	P_2h_8	93.73	4.44	0.09	0.02			-28.1	-22.0	-22.7	-21.6	[43]
	Mi17	2544	P_2h_8	92.75	4.39	0.86	0.33			-34.0	-23.7	-22.4	-21.2	
	Mi18	2303	P_2h_8	93.32	5.09	0.19	0.08			-34.1	-23.5			
	Mi21	2303.5	P_2h_8	95.18	3.38	0.50	0.16			-35.1	-22.7			
神木	神 1		P_2x	92.86	4.69	1.23	0.34		0.73	-37.1	-24.7	-24.5	-23.9	[44]
	双 15	2753.0～2756.5	P_1s	93.65	3.59	0.75	0.29	1.45	0.42	-35.9	-23.6	-22.6	-22.3	
	双 20		P_1s	93.06	3.22	0.56	0.21	2.47	0.82	-35.8	-25.6	-24.0	-23.0	

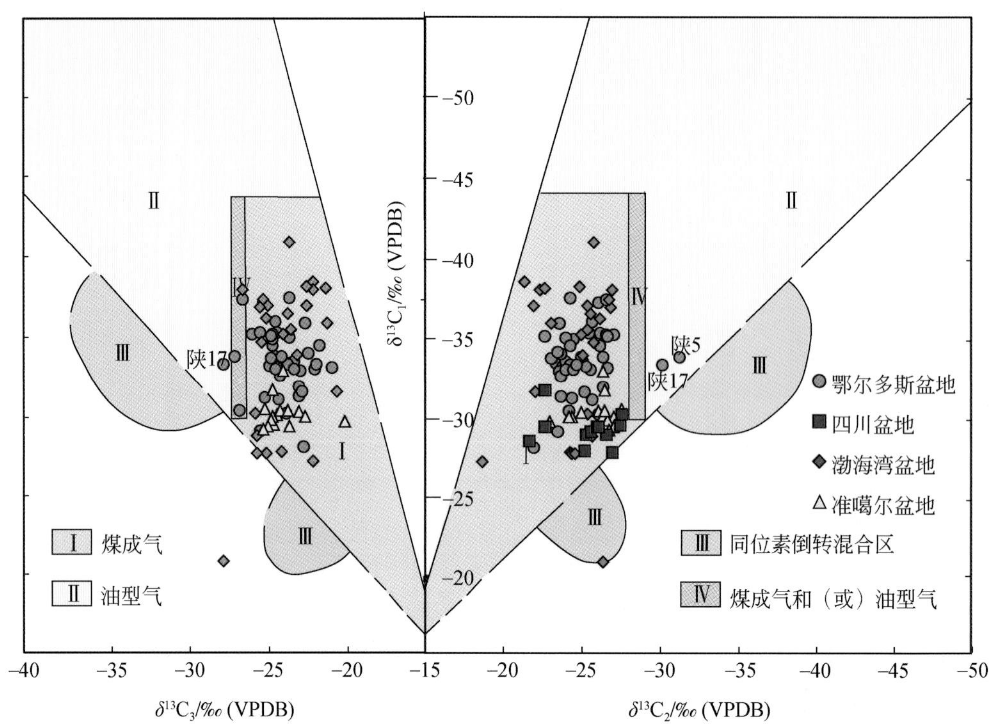

图6 $\delta^{13}C_1$-$\delta^{13}C_2$-$\delta^{13}C_3$鉴别图[48]判别鄂尔多斯盆地、渤海湾盆地、准噶尔盆地和四川盆地的天然气类型

表5 渤海湾盆地煤成气（油）田勘探开发概况表

气田	主力产层	发现年份	2013年年底探明总地质储量/10^8m^3	2013年产量/10^8m^3	累计产量/10^8m^3
苏桥	O，P	1982	108.81	0.01	33.34
文安	P_2s	1979	20.61	0	7.67
顾辛庄	O	1977	9.71	0.12	3.52
文23（文留）	E_3s^4	1977	154.12	0.64	108.28
白庙	E_3s^3	1980	126.23	0.30	8.18

表6是渤海湾盆地中大港油田、胜利油田、华北油田和中原油田发现与石炭-二叠系煤系相关气田气井天然气的地球化学参数[24,52~54]。根据鄂尔多斯盆地运用$\delta^{13}C_2$值指标和应用$\delta^{13}C_1$-$\delta^{13}C_2$-$\delta^{13}C_3$鉴别图（图6）来判别，表6中各井的天然气也是煤成气，相关学者研究得出相同结论[23,55~57]。

3. 准噶尔盆地

准噶尔盆地下石炭统滴水泉组和上石炭统巴塔玛依内山组两套含煤地层形成了克拉美丽气田和五彩湾气田（图5，表7），其具有异于中国所有煤成气的两个特点：一是中国最老煤系形成的煤成气田；二是储层为火山岩（图3）。

表 6 渤海湾盆地石炭–二叠系煤系相关的天然气地球化学参数

气藏	井	深度/m	层位	天然气主要组分/%						$\delta^{13}C$/‰(VPDB)					参考文献
				CH_4	C_2H_6	C_3H_8	C_4H_{10}	H_2S	CO_2	N_2	CH_4	C_2H_6	C_3H_8	C_4H_{10}	
埕海	海古 1	4510~4587.7	O	50.43	0.22	0.03	0.02	11.79	33.6	3.86	-27.2	-18.7	-22.1		[24]
	海古 101	5110~5187	O	55.64	0.15			6.03	33.33	1.95	-26.8	-14.1			
孔西	王古 1	3830.2~3867	P	84.09	6.29	1.98	0.93		3.84	2.06	-35.5	-25.4	-23.5	-24.7	
乌马营	乌深 1	5456~5515	O	87.82					3.84		-38.5	-21.4	-22.1		
		5460~5496		88.86					2.54		-38.0	-22.4	-22.1		
孤北潜山	义 132	3374.0~3387.0	C—P	82.10	8.10	3.43	1.79		1.87		-37.0	-25.4	-25.0	-25.5	[52]
	孤北古 1	4020.9~4139.5	P	86.67	5.44	1.28	0.40		5.45		-35.9	-23.1	-21.2	-21.2	
	孤北古 2	3689.0~3731.0	C—P								-41.0	-25.8	-23.6	-23.6	
	渤 93	3230.0~3249.4	C—P	88.99	6.30	1.03	0.38		2.29		-38.1	-22.7	-21.3	-21.8	
渤古 4 潜山	渤古 4	4375.0~4460.0	O	81.96	6.83	2.20	0.88		7.39		-38.2	-24.9	-22.5	-23.6	
苏桥–文安	文 23	2710~2762.4	P	79.40	12.28	4.35	1.66		0.35	1.09	-36.9	-26.9	-25.5		本文
	苏 20	3344.6~3392.4	P	79.50	10.40	4.32	2.14		1.68	1.08	-37.4	-26.8	-25.3	-24.3	
	苏 401	4848~4912.73	O	86.76	5.94	2.38	1.29		1.20	1.79	-36.5	-25.6	-23.7		
	苏 402	4568~4700	O	86.02	7.25	2.28	0.94		1.37	1.88	-36.2	-26.2	-25.1		
	苏 1-7	4145~4177	O_2	82.02	10.00	4.05	1.39		1.71	0.53	-38.0	-27.0	-26.6	-26.8	
	坝 21	3390.67~3553.6	O						2.80	8.59	-37.0	-22.0	-22.5	-23.8	
深县	泽 79	3658.7~3720	O	64.21	10.85	4.92	2.27		12.84	3.32	-35.2	-25.0	-24.0	-23.7	
	泽 85	3939.4~3941.1	O	87.66	3.70	1.33	1.06		3.27	0.98	-33.9	-25.1	-23.1		

续表

气藏	井	深度/m	层位	天然气主要组分/%							$\delta^{13}C$/‰(VPDB)				参考文献
				CH_4	C_2H_6	C_3H_8	C_4H_{10}	H_2S	CO_2	N_2	CH_4	C_2H_6	C_3H_8	C_4H_{10}	
文留	文 23	2813.2～3026.8	Es_4	93.61	1.81	0.35	0.21		0.99	2.34	-27.8	-24.3	-24.1	-23.9	本文
	文 23	2969.8～2987.0	Es_4	95.20	2.39	0.64	0.67		0.46	0.19	-28.8	-25.7	-25.7	-26.1	
	文 31	2968～2987	Es_4	96.50	0.60	0.17	0.12		0.48	2.07	-27.7	-24.4	-25.1	-26.1	
	文 105	2800～2890	Es_4								-27.7	-24.6	-25.7	-26.0	
户部寨	卫 112	2741～2807	Es_3^1	81.56	6.51	2.32	1.79		1.19	1.05	-34.7	-25.8	-25.4	-25.7	
	卫 79-9		Es_4	92.80	3.04	0.75	0.27				-30.2	-25.4	-25.8		[53]
	卫 351-2	3342～3346	Es_3	92.86							-20.9	-26.4	-27.8		
马厂	开 33	3344～3346.5	Es_4	95.70	0.83	0.13	0.05		0.38	2.93	-31.6	-22.1	-20.6		[54]

表7　准噶尔盆地和四川盆地煤成气田勘探开发概况表

盆地	气田	主力产层	探明年份	2013年年底探明总地质储量/10^8m^3	2013年产量/10^8m^3	累计产量/10^8m^3
准噶尔	克拉美丽	C_2b	2008	1053.34	6.96	29.87
	五彩湾	C_2b		8.33	未生产	0
四川	元坝	P_2ch、T_1f	2011	2194.57	未生产	0
	龙岗	P_2ch、T_1f	2010	720.33	9.15	55.54

表8中的克拉美丽气田和五彩湾气田是上、下石炭统两套煤系形成的天然气，克拉玛依五区南佳木河组气藏（P_1j，克82井）和乌尔禾组气藏（P_2w，克75井）是佳木斯河组Ⅲ型烃源岩[30]形成的天然气。同样用$\delta^{13}C_2$值指标和$\delta^{13}C_1$–$\delta^{13}C_2$–$\delta^{13}C_3$鉴别图（图6）来判别，表8中各井天然气均属煤成气，许多学者也具此论点[11,29,30,32]。

表8　准噶尔盆地与石炭系煤系相关煤成气地球化学参数

气田（藏）	井	深度/m	层位	天然气主要组分/%						$\delta^{13}C$/‰（VPDB）				参考文献
				CH_4	C_2H_6	C_3H_8	C_4H_{10}	CO_2	N_2	CH_4	C_2H_6	C_3H_8	C_4H_{10}	
克拉美丽	滴西10	3024	C_2b	90.97	2.48	0.73	0.41	0.38	4.05	-29.5	-26.6	-24.6	-24.5	[11]
	滴西14	3582	C_2b	92.32	3.51	1.07	0.54	0.09	2.14	-30.5	-27.6	-25.2	-25.3	
	滴西17	3662	C_2b	85.44	6.12	2.10	1.36	0.28	3.48	-30.1	-26.4	-24.4	-24.8	
	滴西18	3510	C_2b	83.95	6.31	2.55	1.51	0.02	3.74	-30.0	-27.1	-24.7	-24.7	
	滴西20	3313	C_2b	81.91	4.79	1.94	1.18	0.06	9.45	-29.8	-26.7	-24.8	-25.1	
	滴西21	2849	C_2b	86.08	3.24	1.52	0.74	0.11	8.11	-29.4	-27.1	-25.0	-24.4	
	滴西171	3670	C_2b	90.07	4.17	1.41	0.86	0.05	0.81	-30.4	-26.1	-24.2	-24.2	
	滴西172	3552	C_2b	88.14	4.56	1.40	1.14	0.21	3.90	-29.4	-25.9	-23.6	-24.0	
	滴西182	3635	C_2b	84.83	5.84	2.45	1.59	0.04	4.45	-30.4	-26.5	-23.7	-23.7	
	滴西5	3650～3665	C_2b							-29.2	-26.8	-25.3	-25.2	[30]
五彩湾	彩25	3028～3080	C_2b	94.37	2.13	0.46		0.11	2.60	-30.0	-24.4	-22.6	-22.3	
	彩27	2778～2790	C_2b	73.71	6.89	4.33		0.03	11.53	-30.3	-25.0	-23.0	-22.6	
克拉玛依五区南	克75	2604.9～2672	P_2w	93.20	3.70	0.90	0.37			-31.7	-26.5	-24.7	-24.5	
	克77	2763～2768	P_2w	91.50	4.30	1.10	0.49			-32.9	-26.4	-24.0	-24.8	
	克82	4070～4084	P_1j							-29.7	-23.0	-20.1	-20.0	
	克82	4184～4166	P_1j							-30.0	-24.2	-22.6	-20.0	

4. 四川盆地

四川盆地龙潭组含煤地层形成元坝气田和龙岗气田长兴组气藏（图5，表7），具有两个特征：一是有异中国所有煤成气田（藏），储集层均为海相礁、滩相碳酸盐岩（图4）[11,38,58,59]；二是天然气中含有较多的H_2S（表9）[37,38,60]。

表9是元坝气田和龙岗气田长兴组天然气地球化学参数表[37,38,60]，根据$\delta^{13}C_2$值指标

和应用$\delta^{13}C_1$-$\delta^{13}C_2$-$\delta^{13}C_3$鉴别图（图6）来判别，表9中各井天然气也属煤成气，一些学者也指出龙岗气田长兴组气和元坝气田长兴组气是煤成气[11,37,59]。但也有学者认为元坝气田长兴组气藏是油型气[58]。

表9 元坝气田和龙岗气田长兴组天然气地球化学参数表

气田	井	深度/m	层位	天然气主要组分/%						$\delta^{13}C$/‰（VPDB）		参考文献
				CH_4	C_2H_6	C_3H_8	H_2S	CO_2	N_2	CH_4	C_2H_6	
元坝	YB1-1	7330～7367.6	P_2ch^2	86.72	0.04	0	6.61	6.25	0.28	-28.9	-25.3	[60]
	YB27	7330.7～7367.6	P_2ch^2	90.71	0.04	0	5.14	3.12	0.83	-28.9	-26.6	
	Y104	6700～6726	P_2ch^2	87.09	0.04	0	7.04	5.23	0.52	-29.1	-25.6	[38]
	Y204	6523～6590	P_2ch^2	91.23	0.04	0.005	2.36	4.32	1.54	-29.4	-26.0	
	Y205	6448～6480	P_2ch^2	89.14	0.05	0	5.33	5.03	0.00	-29.5	-27.5	
	Y27	6262～6319	P_2ch^2	89.03	0.09	0.002	4.08	5.06	1.22	-28.9	-26.6	
	YB1	7081～7150	P_2ch^2	53.25	0.09	0.09	13.33	30.20	3.04	-30.2	-27.6	[37]
	YB11	6797～6917	P_2ch^2	80.55	0.05	0	11.80	0.23	7.37	-27.9	-25.2	
龙岗	LG1	6202～6204	P_2ch^2	92.33	0.07	0	2.50	4.40	0.70	-29.4	-22.7	
	LG2	6112～6132	P_2ch^2	89.03	0.06	0	4.53	6.07	0.31	-28.5	-21.7	
	LG9	6353～6373	P_2ch^2	63.50	0.26	0.04	6.19	30.00	0.01	-31.7	-22.7	
	LG11	6045～6143	P_2ch^2	84.56	0.07	0.01	9.11	6.08	0.17	-27.8	-27.0	
	LG27	4904～4953	P_2ch^2	95.28	0.27	0.01	0	3.90	0.54	-29.4	-26.1	

四、晚古生代煤系相关气田在天然气工业上的重要意义

1. 晚古生代煤系相关气田的地质储量和年产量约占全国地质储量和年产量1/3

图7、图8为近10年来中国天然气总地质储量和年产量与晚古生代、中生代及新生代煤成气所占比例变化，2013年晚古生代煤成气储量和年产量分别占全国的33.9%和31.94%，说明晚古生代相关煤系气田在中国储量和年产量上起举足轻重的作用。

2. 晚古生代煤系相关气田和大气田的平均储量比全国气田和大气田的高

2013年年底发现晚古生代煤系相关气田16个，其中12个大气田，分别探明总地质储量$32773.77\times10^8m^3$和$32590.73\times10^8m^3$，各气田和各大气田平均地质储量分别为$2048.4\times10^8m^3$和$2715.9\times10^8m^3$。2013年年底中国累计发现253个气田，其中有51个大气田，分别探明总地质储量$98006.64\times10^8m^3$和$81683.77\times10^8m^3$，因此中国气田和大气田平均地质储量分别为$387.4\times10^8m^3$和$1601.6\times10^8m^3$。由此可见，晚古生代煤系相关的气田和大气田平均地质储量，分别是全国气田和大气田的5.3倍和1.7倍。在我国成为年产超$1000\times10^8m^3$产气大国后，只有储量大的晚古生代相关气田和大气田，对天然气工业继续发展才能做出更大的贡献。

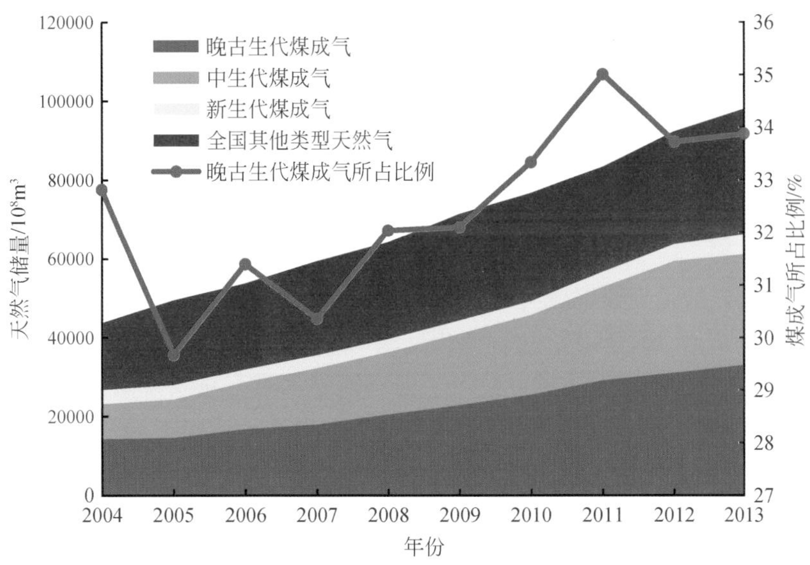

图 7　2004 ~ 2013 年全国天然气和晚古生代、中生代、新生代煤成气储量变化图

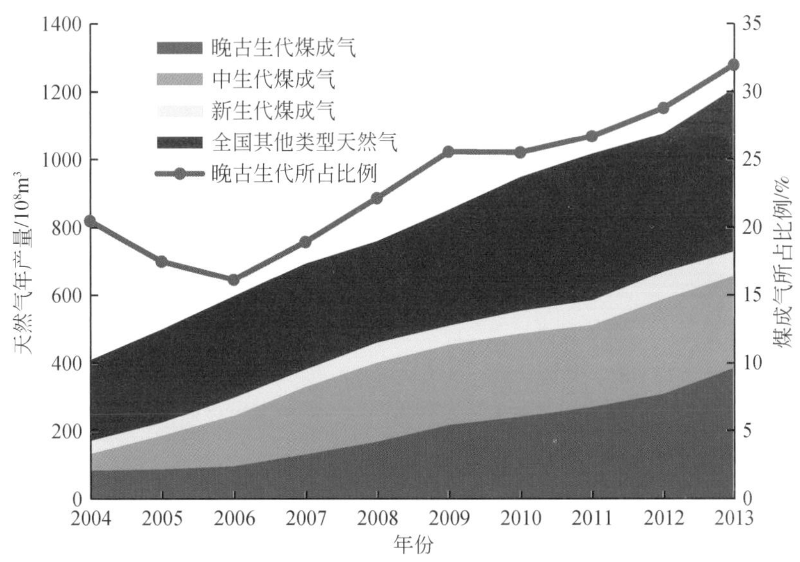

图 8　2004 ~ 2013 年全国天然气和晚古生代、中生代、新生代煤成气年产量变化图

3. 晚古生代煤系形成了支持我国成为产气大国的 3 个关键大气田

所谓关键大气田系指支持国家成为产气大国的大气田，它往往是储量和产量均位于国家前列大气田。中国 2011 ~ 2013 年有 5 个关键大气田（苏里格、靖边、大牛地、普光和克拉 2）。2013 年这些关键大气田的产量占全国天然气产量的 38.0%[61]，是我国成为产气大国的基石。其中苏里格、靖边和大牛地 3 个关键大气田的气源均为晚古生代煤成气。苏里格气田是全国最大气田，2013 年产气量达 $212.2\times10^8m^3$（表 3），占全国天然气总产量的 17.6%。

五、结论

中国晚古生代煤系相关气田的气源岩为下石炭统滴水泉组，上石炭统巴塔玛依内山组、本溪组，下二叠统太原组和山西组，以及上二叠统龙潭组，储层主要为砂岩类，次之为礁滩碳酸岩，还有火山岩，形成煤成气在奥陶系、石炭系、二叠系和古近系成藏，并分布在鄂尔多斯盆地、渤海湾盆地、准噶尔盆地和四川盆地，共发现 16 个气田，其中 12 个为大气田。

根据 99 个气样的组分和烷烃气碳同位素组成，以 $\delta^{13}C_2$ 值大于-28.5‰为煤成气及应用 $\delta^{13}C_1$-$\delta^{13}C_2$-$\delta^{13}C_3$ 鉴别图判识，上述气田气源均来自煤成气。

晚古生代煤系相关气田对中国天然气工业迅速发展具有重要意义：一是至 2013 年年底中国天然气探明地质总储量和年产量，其占 1/3；二是支持中国成为产气大国的 5 个关键大气田中有 3 个（苏里格、靖边和大牛地）大气田的气源为该类气；三是晚古生代煤系形成各气田和各大气田平均储量，分别是全国各气田和各大气田的 5.3 倍和 1.7 倍，说明晚古生代煤系相关气田和大气田，对天然气工业继续发展能做出更大贡献和作用。

参考文献

[1] 韩德馨，杨起．中国煤田地质学（下册）．北京：煤炭工业出版社，1980：19.

[2] 中国煤田地质总局．中国煤岩学图鉴．徐州：中国矿业大学出版社，1996：46～61.

[3] 陶明信，徐永昌，陈践发，等．中国煤型气区的构造环境、典型气藏及勘探方向 Ⅰ——上古生界煤型气．沉积学报，1998，16（3）：25～30.

[4] 戴金星．成煤作用中形成的天然气和石油．石油勘探与开发，1979，6（3）：10～17.

[5] 戴金星．我国煤系地层含气性的初步研究．石油学报，1980，1（4）：27～37.

[6] 王少昌，刘雨金．鄂尔多斯盆地上古生界煤成气地质条件分析．石油勘探与开发，1983，（1）：13～23.

[7] 王少昌．陕甘宁盆地上古生界煤成气资源前景．见：中国石油学会石油地质专业委员会．天然气勘探．北京：石油工业出版社，1986：125～136.

[8] 田在艺，戚厚发．中国主要含煤盆地天然气资源评价．见：中国石油学会石油地质专业委员会．天然气勘探．北京：石油工业出版社，1986：1～14.

[9] 裴锡古，费安琦，王少昌．鄂尔多斯地区上古生界煤成气藏形成条件及勘探方向．见：《煤成气地质研究》编委会．煤成气地质研究．北京：石油工业出版社，1987：9～20.

[10] 张洪年，罗荣，李维林．中国煤成气资源预测．见：地质矿产部石油地质研究所．石油与天然气地质文集（第 1 集）．中国煤成气研究（1）．北京：地质出版社，1988：270～283.

[11] 戴金星，邹才能，李伟，等．中国煤成大气田及气源．北京：科学出版社，2014：32～109，197～202，273～280.

[12] 何自新，费安琦，王同和，等．鄂尔多斯盆地演化与油气．北京：石油工业出版社，2003：155～173.

[13] 何自新，付金华，席胜利，等．苏里格大气田成藏地质特征．石油学报，2003，24（2）：6～12.

[14] 杨华，付金华，刘新社，等．鄂尔多斯盆地上古生界致密气成藏条件与勘探开发．石油勘探与开发，2012，39（3）：295～303.

[15] 邹才能，陶士振，侯连华，等．非常规油气地质（第 2 版）．北京：地质出版社，2013：114～117.

[16] 关德师，张文正，裴戈．鄂尔多斯盆地中部气田奥陶系产层的油气源．石油与天然气地质，1993，

14（3）：191～199.

[17] 夏新宇. 碳酸盐岩生烃与长庆气田气源. 北京：石油工业出版社，2000：28～122.

[18] Dai J, Li J, Luo X, *et al*. Stable carbon isotope compositions and source rock geochemistry of the giant gas accumulations in the Ordos Basin, China. Organic Geochemistry, 2005, 36 (12): 1617～1635.

[19] 杨华，张文正，昝川莉，等. 鄂尔多斯盆地东部奥陶系盐下天然气地球化学特征及其对靖边气田气源再认识. 天然气地球科学，2009，20（1）：8～14.

[20] 徐雁前，徐正球，王少飞. 鄂尔多斯盆地中部气田奥陶系天然气中生物标记物的特征及气源探讨. 天然气地球科学，1996，7（5）：7～14.

[21] 黄第藩，熊传武，杨俊杰，等. 鄂尔多斯盆地中部气田气源判识和天然气成因类型. 天然气工业，1996，16（6）：1～5.

[22] 李贤庆，侯读杰，胡国艺，等. 鄂尔多斯盆地中部地区下古生界碳酸盐岩生烃潜力探讨. 矿物岩石地球化学通报，2002，21（3）：152～157.

[23] 黄士鹏，龚德瑜，于聪，等. 石炭系—二叠系煤成气地球化学特征——以鄂尔多斯盆地和渤海湾盆地为例. 天然气地球科学，2014，25（1）：98～108.

[24] 杨池银，于学敏，刘岩，等. 渤海湾盆地黄骅坳陷中南部煤系发育区煤成气形成条件及勘探前景. 天然气地球科学，2014，25（1）：23～32.

[25] 王力，金强，林腊梅，等. 济阳坳陷孤北-渤南地区渤古4潜山天然气地球化学特征及气源探讨. 天然气地球科学，2007，18（5）：715～719.

[26] 许化政. 东濮凹陷气藏类型及天然气分布特征. 见：《煤成气地质研究》编委会. 煤成气地质研究. 北京：石油工业出版社，1987：53～59.

[27] 张朝军，石昕，吴晓智，等. 准噶尔盆地石炭系油气富集条件及有利勘探领域预测. 中国石油勘探，2005，10（1）：11～15.

[28] 国建英，李志明. 准噶尔盆地石炭系烃源岩特征及气源分析. 石油实验地质，2009，31（3）：275～281.

[29] 李剑，姜正龙，罗霞，等. 准噶尔盆地煤系烃源岩及煤成气地球化学特征. 石油勘探与开发，2009，36（3）：365～374.

[30] 王绪龙，支东明，王屿涛，等. 准噶尔盆地烃源岩与油气地球化学. 北京：石油工业出版社，2013：7～8，18～30，471～481.

[31] 何登发，陈新发，况军，等. 准噶尔盆地石炭系烃源岩分布与含油气系统. 石油勘探与开发，2010，37（4）：397～408.

[32] 王屿涛，杨迪生，张健，等. 准噶尔盆地天然气形成与成藏. 北京：石油工业出版社，2014：25～26，30～43.

[33] 陈建平，孙永革，钟宁宁，等. 湖相优质烃源岩排烃效率与排烃模式. 见：中国矿物岩石地球化学学会. 中国矿物岩石地球化学会议第14届年会论文摘要专辑，2013：562～563.

[34] 邹才能，侯连华，陶士振，等. 新疆北部石炭系大型火山岩风化体结构与地层油气成藏机制. 中国科学：地球科学，2011，41（11）：1613～1626.

[35] 周东升，许林峰，潘继平，等. 扬子地块上二叠统龙潭组页岩气勘探前景. 天然气工业，2012，32（12）：6～10.

[36] 梁狄刚，郭彤楼，陈建平，等. 中国南方海相生烃成藏研究的若干新进展（一）：南方四套区域性海相烃源岩的分布. 海相油气地质，2008，13（2）：1～16.

[37] Hu G, Yu C, Gong D, *et al*. The origin of natural gas and influence on hydrogen isotope of methane by TSR in the Upper Permian Changxing and the Lower Triassic Feixianguan Formations in northern Sichuan Basin, SW China. Energy, Exploration & Exploitation, 2014, 32 (1): 139～158.

[38] 郭旭升，郭彤楼，黄仁春，等．四川盆地元坝大气田的发现与勘探．海相油气地质，2014，19（4）：57～64.

[39] Li J，Li J，Li Z，*et al.* The hydrogen isotopic characteristics of the Upper Paleozoic natural gas in Ordos Basin. Organic Geochemistry，2014，74：66～75.

[40] 戴金星，陈践发，钟宁宁，等．中国大气田及其气源．北京：科学出版社，2003：120～122.

[41] 戴金星，李剑，罗霞，等．鄂尔多斯盆地大气田的烷烃气碳同位素组成特征及其气源对比．石油学报，2005，26（1）：18～26.

[42] 冯乔，耿安松，廖泽文，等．煤成天然气碳氢同位素组成及成藏意义：以鄂尔多斯盆地上古生界为例．地球化学，2007，36（3）：261～266.

[43] Zhao J，Zhang W，Li J，*et al.* Genesis of tight sand gas in the Ordos Basin，China. Organic Geochemistry，2014，74：76～84.

[44] 戴金星，倪云燕，胡国艺，等．中国致密砂岩大气田的稳定碳氢同位素组成特征．中国科学：地球科学，2014，(4)：563～578.

[45] 张士亚，郜建军，蒋泰然．利用甲、乙烷碳同位素判别天然气类型的一种新方法．见：地质矿产部石油地质研究所．石油与天然气地质文集（第1集）．中国煤成气研究．北京：地质出版社，1988：48～58.

[46] 王世谦．四川盆地侏罗系—震旦系天然气地球化学特征．天然气工业，1994，14（6）：1～5.

[47] 戴金星．天然气中烷烃气碳同位素研究的意义．天然气工业，2011，31（12）：1～6.

[48] Dai J X，Ni Y Y，Hu G Y，*et al.* Stable carbon and hydrogen isotopes of gases from the large tight gas fields in China. Science China：Earth Sciences，2014，57（1）：88～103.

[49] 李剑，罗霞，李志生，等．对甲苯碳同位素值作为气源对比指标的新认识．天然气地球科学，2003，14（3）：177～180.

[50] 蒋助生，罗霞，李志生，等．苯、甲苯碳同位素组成作为气源对比新指标的研究．地球化学，2000，29（4）：410～415.

[51] Yu C，Gong D，Huang S，*et al.* Characteristics of light hydrocarbons of tight gases and its application in the Sulige gas field，Ordos Basin，China. Energy，Exploration & Exploitation，2014，32（1）：211～226.

[52] 林武，李政，李钜源，等．济阳坳陷孤北潜山带天然气成因类型及分布规律．石油与天然气地质，2007，28（3）：419～426.

[53] 李宗亮，蒋有录，鲁雪松．东濮凹陷户部寨气田天然气成藏地球化学特征．西南石油大学学报（自然科学版），2008，30（2）：57～60.

[54] 徐永昌，沈平，刘文汇，等．天然气成因理论及应用．北京：科学出版社，1994：206～215.

[55] 戚厚发，朱家蔚，戴金星．稳定碳同位素在东濮凹陷天然气源对比上的作用．科学通报，1984，29（2）：110～113.

[56] 徐永昌，沈平．中原-华北油气区"煤型气"地球化学特征初探．沉积学报，1985，3（2）：37～46.

[57] 秦建中，郭树之，王东良．苏桥煤型气田地化特征及其对比．天然气工业，1991，11（5）：21～25.

[58] Li P，Hao F，Guo X，*et al.* Processes involved in the origin and accumulation of hydrocarbon gases in the Yuanba gas field，Sichuan Basin，southwest China. Marine and Petroleum Geology，2015，59：150～165.

[59] 赵文智，徐春春，王铜山，等．四川盆地龙岗和罗家寨-普光地区二、三叠系长兴-飞仙关组礁滩体天然气成藏对比研究与意义．科学通报，2011，56（28）：2404～2412.

[60] 郭旭升，郭彤楼．普光、元坝碳酸盐岩台地边缘大气田勘探理论与实践．北京：科学出版社，2012：287～289.

[61] 戴金星，吴伟，房忱琛，等．2000年以来中国大气田勘探开发特征．天然气工业，2015，35（1）：1～9.

关于加强我国页岩气勘测开发与管理的建议*

近 10 年以来，全球掀起了一场“页岩气革命”。我国于 2005 年开始进行页岩气理论研究，2009 年进行页岩气勘探开发生产试验，2010 年以来局部地区取得了重大突破或重要进展，2013 年实现了页岩气年产量 $2\times10^8m^3$。据初步研究判断，我国页岩气资源丰富，对页岩气资源进行有效、规模勘探开发对缓解我国能源短缺形势，以及提供优质、清洁能源具有非常重要的意义。但由于我国页岩气勘探开发工作起步晚，在地质理论、工程技术与资源管理等方面尚存在诸多急需解决的重大问题。

一、基本情况

页岩气为高效优质的天然气资源，2013 年，美国页岩气产量达到近 $3000\times10^8m^3$，已占其天然气总产量的 40%。美国利用页岩气资源的规模开发已经在改变着全球能源的供应格局，并将助推美国实现液化天然气净出口，使全球天然气供应更加充足。作为重要的天然气勘探开发新目标，我国近年来已将其放在极其重要的位置，正积极寻找我国页岩气有利勘探开发领域与目标，探索我国页岩气资源有效的发展模式。我国陆上从前寒武纪到新生代发育丰富的富有机质页岩，广泛分布于北方主要含油气盆地及南方广大地区，初步预测有可利用页岩气勘探面积 $150\times10^4km^2$，地质资源量 $134.42\times10^{12}m^3$，可采资源量 $25.1\times10^{12}m^3$。

2005 年以来，我国借鉴北美页岩气勘探开发成功经验，开展了我国页岩气地质综合评价和勘探开发技术攻关。2009 年，在南方古生界海相页岩中率先开展了页岩气勘探开发先导性试验。2010 年在四川盆地威远地区古生界海相实现了页岩气突破，此后已陆续在四川盆地长宁、富顺–永川、礁石坝，重庆黔江，贵州道真、同仁、习水，湖南涟源等地区的古生界、鄂尔多斯盆地下寺湾的中生界等发现页岩气，并在四川盆地威远、长宁、富顺–永川、礁石坝，贵州习水等区块获得工业性页岩气产量，不仅证实了我国页岩气普遍存在，而且可以建成工业产能，具有良好的勘探开发前景。2009～2013 年我国累计钻探页岩气井 130 余口（年均 26 口），压裂页岩气流井 60 余口，初始单井日产页岩气量$(0.12\sim54.7)\times10^4m^3$。至 2013 年年底，在四川盆地、鄂尔多斯盆地分别建立了 3 个古生界海相和 1 个湖相共 4 个页岩气产业化生产示范区，在四川盆地礁石坝地区形成了一个 $50\times10^8m^3$ 产能区块。2013 年四川盆地威远、长宁、富顺–永川及礁石坝 4 个区块实现页岩气年产量 $2\times10^8m^3$。与此同时，我国页岩气勘探开发初步优先形成了关键主体技术，也包括页岩气形成与富集条件研究方法、页岩气地质评价与综合选区技术、页岩气资源评价预测方法、页

---

* 原载于《中国科学家思想录（第十三辑）》，北京：科学出版社，2017，208～212，作者还有马永生、邹才能等（2014 年院士建议）。

岩气测井识别与评介技术、地震资料采集处理与优质储层识别方法、水平井钻井与完井技术、水平井大型分段体积压裂技术与配套工艺、微地震裂缝监测与评估技术等。

我国页岩气勘探开发虽然起步较晚，但发展较快、形势较好，目前已初见曙光。找到了一套页岩气资源非常富集的层系——南方古生界上奥陶统五峰组—下志留统龙马溪组页岩，圈定了包括蜀南-川东、滇东北、黔北及鄂西地区等有利范围，有利面积超过 $5\times10^4km^2$，可采资源量达 $4.5\times10^{12}m^3$。初步建成 3 个较大规模的页岩气田——川东南焦石坝页岩气田、蜀南长宁-威远页岩气田及富顺-永川页岩气田。3 个页岩气田均处于常规天然气区，可以建成有效示范区并形成经验。陆相页岩气虽在鄂尔多斯东南部获得发现，但仍属探索阶段，需要持续攻关。

二、存在的问题

与北美页岩气发展历程相比，我国页岩气发展所处阶段、页岩气形成与富集地质条件、页岩气勘探开发理论与技术，页岩气发展的地理环境、页岩气发展的相关管理及对页岩气资源的相关理念等方面存在着差异，我国对页岩气资源的认识存在很大的误区：有页岩就有页岩气，有页岩气就能商业开发；常规油气技术可以开发页岩气；海相、海陆过渡相、陆相页岩气无差别；只重视勘探开发技术而忽视地质综合评价与选区等。就目前勘探开发形势而言，我国虽已证实存在页岩气资源，但资源规模、质量、分布还不清楚；虽已有部分适用技术，但还未掌握主体关键技术；虽局部有了页岩气产量，但远未到达经济、规模化生产。归纳起来，存在以下问题。

1. 我国页岩气形成与富集条件尚不明确，优质资源的规模与分布认识不清

目前我国仅有页岩气钻井 130 余口，且主要集中在四川盆地和鄂尔多斯盆地，区域上勘探程度非常低，存在页岩气形成与富集条件认识局限、资源整体落实程度差、“甜点区”与优质资源分布不明确等问题。

2. 没有掌握页岩气勘探开发关键技术，装备不配套

页岩气勘探开发不能用常规天然气勘探开发的方法与技术。中美两国地质条件差异大，不同页岩气赋存条件、开发技术参数不同，也不能单靠引进、简单照搬北美的现成技术。我国在优质储层预测与评价技术、水平井钻井与完井技术、大型多级储层压裂改造与评估等页岩气勘探开发关键技术上总体不成熟，装备不配套，尤其是对国外公司技术的依赖性还较强。

3. 页岩气勘探开发处于高成本、低产量、无（或低）效益阶段

我国页岩气富集区地质、地表条件复杂（主要为山区），在技术上尚不成熟、关键技术没有掌握、资源“甜点区”不明确的情况下，无论是四川盆地的海相页岩气，还是鄂尔多斯盆地的陆相页岩气，无论是国内自主勘探开发的区块，还是与国外合作勘探开发的区块，目前单井费用都在 5000 万～9000 万元以上，个别井费用甚至超过 1 亿元，而单井页岩气产量直井为 1500～150000m^3/d，水平井为 5000～550000m^3/d，按我国当前的天然气价格估算，我国页岩气井的成本非常高，单井页岩气产量又较低，故页岩气勘探开发无效

益或只有较低效益。

4. 页岩气勘探开发管理机制、扶持政策有待完善

我国把页岩气列为独立新矿种，初衷是想通过开放矿权来加快页岩气发展，但从试行结果看矛盾明显。一是把页岩气列为新矿种，增加了与常规油气矿权的重叠，可能导致重叠区不必要的矿权纠纷，徒增两种矿权的管理难度，也会阻碍常规油气的勘探开发。二是拥有页岩气矿权的企业为了保持矿权，不得不在基础工作不扎实的地区盲目投入，造成社会资本的浪费，增加企业负担。页岩气勘探开发普遍采用丛式井，需要大量钻井，井场占地面积大，现阶段土地征用手续繁杂、周期长（往往需要6～8个月），一定程度上制约了勘探开发的进程。国家已经出台的《页岩气产业政策》明确了2013～2015年的补贴和减免矿产资源补偿费、矿权使用费、资源税、增值税、所得税等激励政策，但2015年以后及各地方财政对页岩气勘探开发扶持的优惠配套政策等尚需完善。

三、建议

1. 尽快摸清资源家底，掌握“甜点区”分布，制定科学发展规划

引起目前我国页岩气发展前景众说纷纭的根源在于对页岩气资源家底与“甜点区”分布规律的认识不统一。因此，建议充分利用已钻页岩气井取得的大量地下资料和4个示范区的勘探开发成果，深入总结页岩气形成与富集主控因素，建立工业化的页岩气资源评价与“甜点区”评选标准，统一页岩气资源评价与“甜点区”评选关键参数，尽快摸清家底，掌握“甜点区”分布规律，使我国页岩气“资源有而不清”，变成“有而渐清”。在此基础上，制订出科学、合理的发展规划，指导我国页岩气健康、有序发展。

2. 加强与推进页岩气勘探开发示范区建设，尽快形成有效经验

非常规油气资源勘探开发中示范区的作用非常重要，我国页岩气勘探开发建立的4个示范区，虽然都取得了明显效果，但远未发挥出示范区应有的作用。建议进一步加强与推进页岩气勘探开发示范区建设，尽快形成有效经验。示范区要进一步发挥示范理论、示范技术、示范政策和示范管理机制等作用。示范区实际上也是试验区，国家既要有政策鼓励，也要有明确任务、要求和严格的监督、检查机制。

3. 加强技术攻关，坚持自主创新，减少对外技术依赖

美国依靠持续技术突破实现了页岩气商业化开发，并逐步转向向外输出技术，希望用技术控制资源。我国煤层气勘探开发实践表明受制于对外技术依赖，已导致其发展速度较缓慢，页岩气应以此为鉴，在技术上要走自主研发之路。建议在引进、学习国外先进技术的同时，要立足于国内，坚持自主创新，构建适合我国页岩气地质特征的技术体系，杜绝或减少以资源换技术的做法。加强持续的技术攻关，技术终会突破，而资源一旦落入他人之手将无法挽回。关键技术自主突破也是低成本勘探开发的关键。

4. 建立科学管理机制，完善扶持政策，有效推进页岩气发展

我国页岩气发展尚处于起步阶段，风险大、成本高、效益低，要想快速实现产业化，政府必须有科学的管理机制、优惠的扶持政策和有效的激励措施。建议国家加强页岩气管理研究，尽快形成适宜页岩气发展的管理机制，维持油气矿权秩序，避免一哄而上，无序竞争，充分发挥国有大型石油公司的积极性和引领作用。加快页岩气扶持政策完善与配套，包括增加补贴、减免税收和引进设备关税等。加快相关标准的制定，尽快形成页岩气储量、安全、环保包括减少土地征用手续、调整耕地占补平衡指标、简化安环评价程序等。在国家层面设立“页岩气科技攻关”专项，组织国内外优势科技力量，加强页岩气基础地质理论与勘探开发关键技术攻关，尽快形成具有中国特色的页岩气地质理论，建立适宜、配套的勘探开发技术体系，快速形成中国页岩气勘探开发资源“有而不清”变为“有而渐清”、技术“能而不精”变为“能而渐精”的新局面。

中国陆上四大天然气产区*

一、引言

根据中国天然气工业现状，凡年产气在$60\times10^8m^3$，（相当年产油500×10^4t）以上盆地（地区）称为大产气区。大产气区的天然气储量和年产量往往是一个国家天然气工业发展的主要保证和基地，而大气区中大气田则是大气区或某国储量和产量主要支柱。例如，世界最大产气区俄罗斯西西伯利亚盆地（北部）探明7个原始可采储量大于$1\times10^{12}m^3$的超大型气田，总共原始可采储量$283838\times10^8m^3$，至2015年年底其中5个超大型气田累积产气$145978\times10^8m^3$，对俄罗斯国民经济和天然气工业发展起重大作用[1]。当然中国大产气区储量和年产量规模比西西伯利亚盆地大产气区小，但其对中国天然气工业的发展也起关键作用。我国鄂尔多斯盆地、四川盆地、塔里木盆地和柴达木盆地四个产气区，2017年年底累计共探明气层气地质储量和年产气量，分别占全国气层气地质储量和年产量的82.97%和85.99%，这充分说明四大产气区对中国天然气工业发展起支撑作用。所以要重视大产气区的研究、勘探和开发。

二、鄂尔多斯盆地产气区

鄂尔多斯盆地面积$37\times10^4km^2$，其中古生界面积$25\times10^4\ km^2$。盆地油气分布的总格局为古生界聚气，主要气田分布在北部；中生界聚油，油田分布于南部[2]。2017年年底为止，该盆地发现了苏里格、靖边、大牛地、神木、延安、榆林、子洲、乌审旗、东胜、柳杨堡和米脂11个$300\times10^8m^3$以上的大气田，还有宜川、黄龙、胜利井、直罗和刘家庄5个小气田（图1），共计16个气田。所有气田中仅直罗气田产层在中生界，是一个唯一油型气田，气源岩为中生界延长组。靖边气田是以下古生界马家沟组碳酸盐岩储层为主气田，天然气类型有煤成气又有油型气与两者混合气。其他所有气田均为煤成气，储层为砂岩，气源岩为本溪组、太原组和山西组煤系。这些气田至2017年年底历年共产气$3783\times10^8m^3$，其中煤成气占90%以上。苏里格气田探明地质储量$16448\times10^8m^3$超大型气田，2017年产气$212.58\times10^8m^3$，占全国年产气量的14.2%，同时该气田的历年产气总量为$1564.23\times10^8m^3$，为鄂尔多斯盆地历年产气总量的41.3%。苏里格超大型气田，是中国目前探明地质储量最多的气田，也是气田年产量最高的气田。鄂尔多斯盆地至2017年年底累计探明气层气储量$4.16\times10^{12}m^3$，年产气层气$435.36\times10^8m^3$，分别占全国气层气地质储量和年产量的34.4%和35.3%，故成为中国第一产气区[1]。

---

* 原载于《天然气与石油》，2019，第37卷，第2期，1～6。

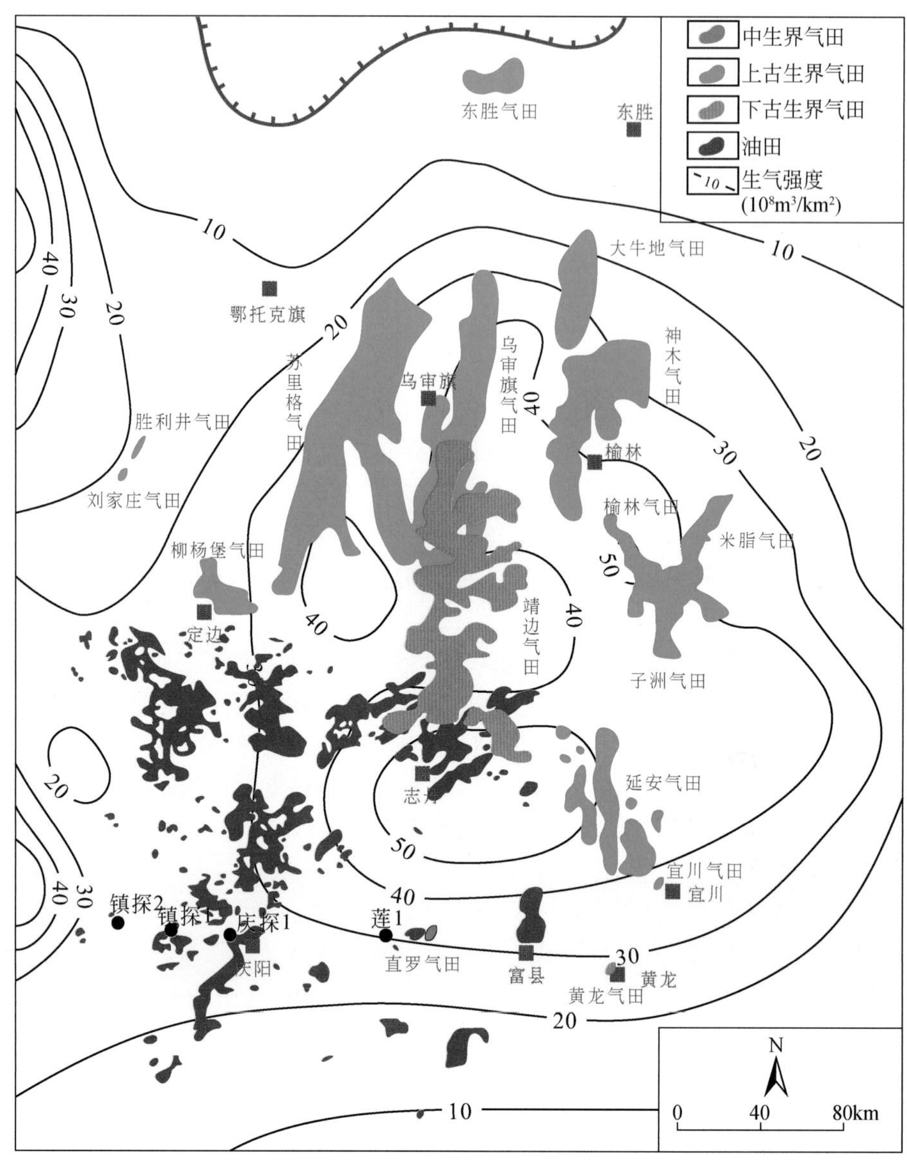

图1 鄂尔多斯盆地气田分布图

此外，盆地还发现韩城、鄂东、延川南、柳林和临兴5个煤层气田，产层为太原组、山西组和本溪组，前4个煤层气田2017年共产气$11.32\times10^8m^3$，历年累产气$39.42\times10^8m^3$。

该大气区天然气95%以上为烷烃气，非烃气N_2和CO_2含量一般为1%~3%，毒性不大的H_2S无需脱硫（表1），所以天然气是经济效益高的优质气。

表1 鄂尔多斯盆地大气田天然气主要组分表

气田	井号	层位	天然气主要组分/%						
			CH_4	C_2H_6	C_3H_8	iC_4H_{10}	nC_4H_{10}	N_2	CO_2
苏里格	苏1	P_1s	92.47	4.26	0.86	0.20	0.16	0.51	1.25
	苏6	P_1x	95.15	2.20	0.42	0.07	0.08	0.08	2.02

续表

气田	井号	层位	天然气主要组分/%						
			CH_4	C_2H_6	C_3H_8	iC_4H_{10}	nC_4H_{10}	N_2	CO_2
大牛地	DP14	P_1x	87.91	8.07	2.32	0.34	0.43	0	0.42
	DK16	P_2s	94.24	3.43	0.54	0.09	0.12	0.84	0.33
神木	台1	P_1t	91.50	4.70	1.21		0.29	0.16	1.83
	双18	P_1t	94.46	3.00	0.60	0.13	0.11	0.63	0.36
延安	Sh2	P_2h	96.68	0.73	0.09	0.02	0.06	1.07	1.41
榆林	榆37	P_1s	94.66	2.93	0.42	0.06	0.06	0.66	1.11
子洲	洲21-24	P_1s	94.22	3.12	0.48	0.08	0.07	0.32	1.58
乌审镇	陕221	P_1s	82.73	10.95	2.59	0.75	0.38	1.73	0.39
东胜	伊深1	P_1x	90.04	6.49	1.92	0.31	0.50	0.24	0.00
米脂	米10	P_2s	96.14	1.96	0.39	0.07	0.07	0.62	0.60
靖边	林1	O_1m	94.16	0.66	0.10	0.01	0.01	3.45	1.53

鄂尔多斯盆地产气区的特征是产出以煤成致密砂岩气为主，气源岩为石炭–二叠系含煤地层；天然气的组分烷烃气占95%以上，是不含 H_2S 的优质气。

三、四川盆地产气区

四川盆地面积18.8×$10^4$$km^2$，是世界上最早勘探开发天然气的盆地之一，早在秦汉时期就出现了人工钻凿盐井，且伴随天然气生产的记录[3]。震旦系至中三叠统发育海相地层，上三叠统至第四系发育陆相地层。盆地工业性油气层系多，常规、致密油气产层25个（海相18个），页岩气产层2个，是中国迄今发现工业性油气层最多的盆地[4]。威远气田是中国储集层时代最老的震旦系气田。四川盆地产气区是我国陆上大产气区中天然气类型最多的，产的气中以油型气最多，页岩气其次，煤成气最少。2017年年底为止，产气区共发现探明地质储量300×$10^8$$m^3$以上大气田23个（包括涪陵、长宁、威远3个页岩气田）(图2)。2017年年底累计探明天然气地质储量46006×$10^8$$m^3$（其中页岩气9208.89×$10^8$$m^3$），该年产气层气304.54×$10^8$$m^3$，历年累计产气5287.56×$10^8$$m^3$，为我国累计产气最多的盆地。四川盆地最大气田安岳气田2017年年底共探明地质储量达10569.7×$10^8$$m^3$而属超大型气田，年产气102.74×$10^8$$m^3$，不仅成为四川盆地第一个年产上百亿立方米的气田，也是中国第三个年产上百亿立方米的气田。雄厚的地质储量，众多大气田的开发，使四川盆地成为我国第二大产气区。

四川产气区的气储层有碳酸盐岩、砂岩和页岩。同时一些碳酸盐岩和硫酸盐岩组合共生，该组合地温已达100～140℃具备形成热化学硫酸盐还原（TSR）而生成毒性大的 H_2S[5]，人吸入浓度为1g/m^3（相当天然气含0.064% H_2S）的 H_2S 在数秒钟内即可死亡[6]，四川盆地具有这套组合的中三叠统至震旦系碳酸盐岩气藏往往含 H_2S 高（表2），需要脱硫后才可施用，故 H_2S 气藏开发成本高。从表2可知，煤成气和页岩气几乎不含 H_2S，所以这些气不需要脱硫就可外输应用，相对经济价值就高了。

四川盆地产气区的特征为我国五大产气区中产出气的类型最多（H_2S 型油型气、煤成

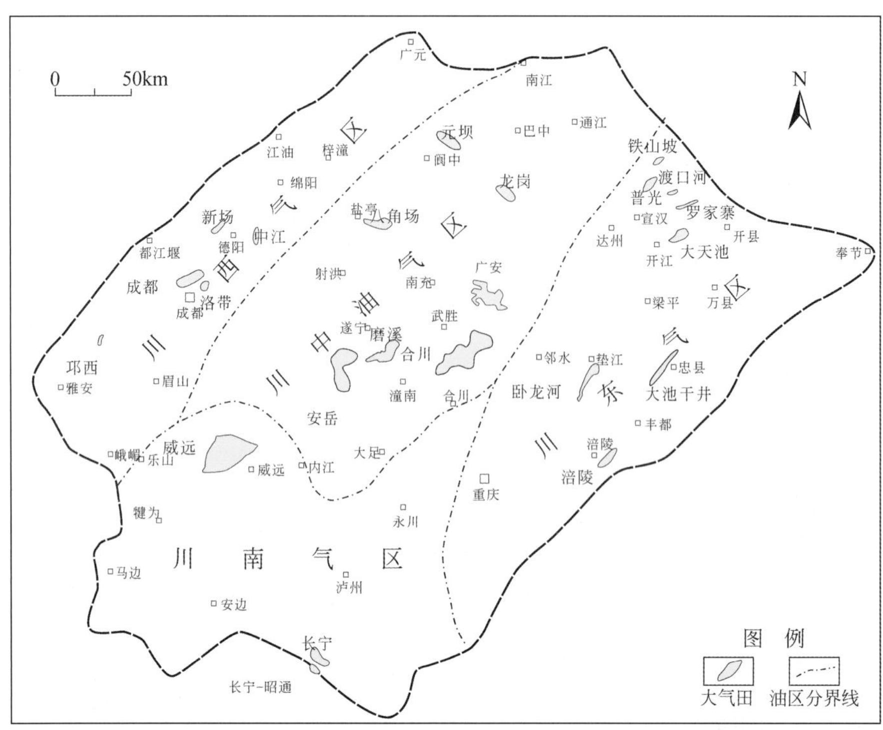

图2 四川盆地大气田分布图

气和页岩气)，唯一产页岩气的产气区；是中国发现工业性气层最多和气源岩层系最多的产气区。

表2 四川盆地大气区天然气主要组分表

气类型	气田	井号	层位	储层岩性	天然气主要组分/%								文献
					CH_4	C_2H_6	C_3H_8	iC_4H_{10}	nC_4H_{15}	N_2	CO_2	H_2S	
H_2S型油型气	普光	普光4	T_1f	碳酸盐岩	73.80	0.03	0.00	0.00	0.00	0.59	8.47	17.10	[7]
		普光6	P_3ch	碳酸盐岩	75.90	0.05	0.00	0.00	0.00	0.49	8.74	14.70	
	元坝	元坝1	P_3ch	碳酸盐岩	53.25	0.09	0.00	0.00	0.00	3.04	30.20	13.33	[8]
			T_1f_2	碳酸盐岩	78.30	0.05	0.25		0.016	12.82	7.70	0.20	
	龙岗	龙岗2	T_1f_{1-3}	碳酸盐岩	79.39	0.04	0.01	0.00	0.00	3.52	1.93	14.96	[4]
		龙岗8	P_3ch	碳酸盐岩	83.80	0.05	0.00	0.00	0.00	0.25	8.63	7.24	
	威远	威远2	Z_1d	碳酸盐岩	85.07	0.11				8.33	4.66	1.31	本文
	卧龙河	卧63	T_1g_4	碳酸盐岩	64.91	0.35	0.07	0.05	0.05	0.69	0.69	31.95	
	渡口河	渡1	T_1f	碳酸盐岩	80.10	0.08	0.03			0.43	6.54	12.80	[9]
	罗家寨	罗家1	T_1f	碳酸盐岩	75.30	0.11	0.06			0.18	10.40	10.50	
	铁山坡	坡1	T_1f	碳酸盐岩	78.40	0.05	0.02			0.92	6.36	14.20	
	中坝	中47	T_2l_4	碳酸盐岩	74.45	3.73	1.37	1.40		1.56	3.58	13.30	本文
煤成气		中34	T_3x^2	砂岩	90.71	5.53	1.65	0.31	0.36	0.70	0.44	0.00	

续表

气类型	气田	井号	层位	储层岩性	天然气主要组分/%								文献
					CH_4	C_2H_6	C_3H_8	iC_4H_{10}	nC_4H_{15}	N_2	CO_2	H_2S	
煤成气	新场	CX480-1	J_2s	砂岩	91.65	5.70	1.34	0.27	0.30	0.32	0.00	0.00	[10]
	广安	GA56	T_3x^6	砂岩	88.98	6.16	2.51	0.57	0.60	0.40	0.29	0.00	
	安岳	岳101	T_3x^2	砂岩	84.38	7.87	2.50	0.69	0.79	0.71	0.35		
	八角场	角33	T_2X^4	砂岩	92.25	4.93	1.14	0.20	0.24	0.38	0.00		
	洛带	Loug3	J_2p	砂岩	86.41	5.00	1.76	0.39	0.51	5.33	0.00		
页岩气	威远	威201		页岩	98.32	0.46	0.01	0.00	0.00	0.81	0.36		[11]
	长宁	宁211		页岩	98.53	0.32	0.03	0.00	0.00	0.17	0.91		
	涪陵	焦页1		页岩	98.52	0.67	0.05	0.00	0.00	0.43	0.32		

四、塔里木盆地产气区

塔里木盆地面积约 $56\times10^4km^2$，是中国最大的含油气盆地，是个典型的叠合盆地。台盆区发育震旦系至泥盆系为海相地层，石炭系至二叠系为海陆交互相地层，三叠系至第四系为陆相沉积。寒武系至奥陶系烃源岩目前以产油为主，也部分成气，如塔中1号气田；中下侏罗统煤系为主要气源岩[12]。塔里木盆地气藏从寒武系至新近系均有分布，但储量主要集中在古近系、白垩系、新近系吉迪克组和中奥陶统。台盆区天然气主要为凝析气，来自海相源岩的油裂解气[13]；煤成气主要分布于库车坳陷和塔西南地区，库车坳陷是煤成气最丰富的地区，已探明了克拉2、迪那2、大北和克深大气田，以及许多中小型气田。2017年累计探明气层气地质储量 $18307.5\times10^8m^3$，当年产气层气 $258\times10^8m^3$，累计共产气层气 $2496\times10^8m^3$。盆地探明大气田10个（克拉2、迪那2、大北、克深、柯克亚、阿克莫木、玉东、和田河、塔中1号和塔河）（图3），大气田探明总储量为 $16276.8\times10^8m^3$，年

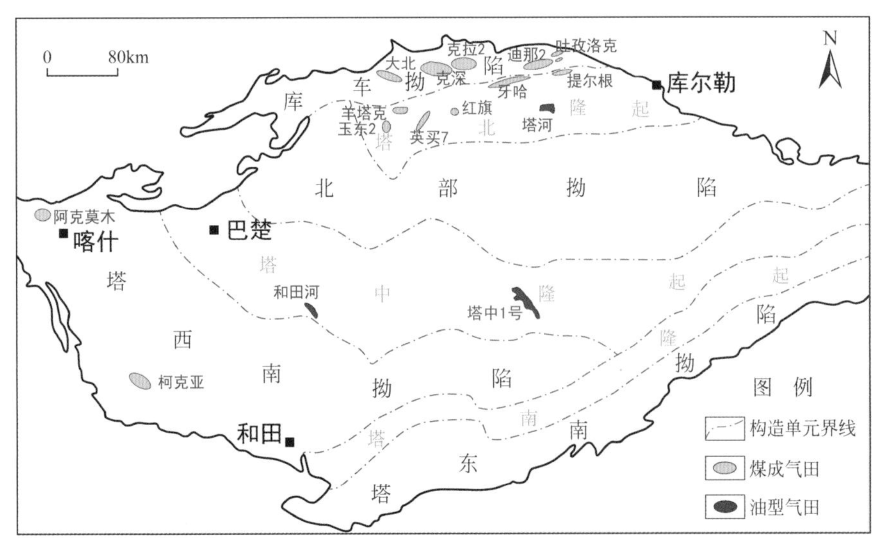

图3 塔里木盆地气田分布图

产量为$218\times10^8m^3$，大气田总储量占盆地总储量的88.9%，年产量占盆地的84.5%。2017年盆地气层气储量和年产量中，煤成气分别占69.7%和86.0%。由此可见，煤成气在塔里木盆地产气区中起主宰作用。

塔里木盆地产气区产出天然气以煤成气为主，而煤成气组分以几乎不含H_2S的烷烃气含量95%以上（表3），是经济效益高的优质气，但也有少部分是产自碳酸盐岩储量的油型气，一般的含不等量的H_2S，塔中1号大气田H_2S含量高达23.10%（表3），所以要脱硫，故这类天然气开发成本就较高了，不如煤成气。

表3 塔里木盆地天然气主要组分表

气类型	气田	井号	层位	储层岩性	天然气主要组分/%							
					CH_4	C_2H_6	C_3H_8	iC_4H_{10}	nC_4H_{15}	N_2	CO_2	H_2S
煤成气	克深	KS131	K_1bs	砂岩	95.95	1.86	0.23	0.05	0.05	0.69	1.13	
		KS9	K_1bs	砂岩	98.73	1.01	0.14	0.03	0.05			
	大北	DB101-2	K_1bs	砂岩	94.14	2.25	0.41	0.09	0.10	0.46	0.47	
	迪那2	DN102	E	砂岩	88.90	6.86	1.41	0.28	0.27	1.32	0.62	
	克拉2	克拉201	K_2b	砂岩	97.70	0.59	0.50	0.00	0.00	1.21	0.50	
	牙哈	YH701	E	砂岩	86.20	5.66	2.24	0.47	0.67	4.00	0.22	
	柯克亚	KS102	E_2k	砂岩	88.84	5.58	1.30	0.30	0.66	1.89	0.00	
H_2S型油型气	塔中1号	TZ86	O	碳酸盐岩	81.90	3.27	1.52	0.46	0.88	4.07	4.94	1.33
		ZG6	O	碳酸盐岩	70.70	2.31	1.15	0.47	0.57	3.05	5.07	23.10
	和田河	玛8	O_1	碳酸盐岩	72.84	0.50	0.02			12.24	14.39	0.11
	古城	GC12	$O_{1-2}y$	碳酸盐岩	98.80	0.48	0.02			0.97	0.06	0.07

塔里木盆地产气区产出以下—中侏罗统煤系为气源岩的煤成气为主，是烷烃气含量95%以上的优质气，以寒武系—奥陶系为源岩的油裂气产储量居次要地位，往往含H_2S需要脱硫。

五、柴达木盆地产气区

柴达木盆地是世界上海拔最高的大型含油气盆地，面积为$10.4\times10^4m^3$，盆地有两个主要气源岩，一个是第四系涩北组（Q_1），分布在三湖拗陷中，既是区域主要气源岩分布段又是主要气藏发育段，岩性以深灰色、灰色泥岩和砂质泥岩为主，浅灰色粉砂岩，泥质粉砂岩次之，呈现为频繁间互的不等厚互层，成为自生自储成藏的基础。暗色泥岩平均累计厚达1000m左右，以Ⅲ型有机质为主，平均有机碳5%以上。三湖拗陷有利生气范围约$15000km^2$，其中最有利生气范围$4500km^2$，最大生气强度$80\times10^8m^3/km^2$，生气总量$680661\times10^8m^3$。因处于未熟阶段，同时为Ⅲ型有机质故形成气为煤型生物气[14]。目前在此发现了世界第四系中3个最大气田（台南、涩北一号、涩北二号），台南气田探明地质储量$1061.9\times10^8m^3$。柴达木盆地产气区绝大部分天然气产自此三大气田。另一个主要气源岩是下—中侏罗统含煤地层，近年来阿尔金山前发现东坪大气田气源岩就是这套含煤地层，在主力生烃凹陷坪东凹陷等生气中心生气强度达$200\times10^8m^3/km^2$，具备强大的生气能力。东坪地区基岩储集层主要为花岗岩和花岗片麻岩，发现两类基岩储集层气藏：一种为基岩顶部裂缝孔隙型（风化壳）气藏；另一种为基岩内部裂缝、内部裂缝-孔隙型气藏，气源为煤成气[15,16]。柴达木盆地产气区 2017 年年底累计探明天然气地质储量为 3700.75×10^8m^3，当年产气 62.52×10^8m^3，历年累计产气 713.67×10^8m^3，共发现 4 个大气田（台南、涩北一号、涩北二号和东坪）（图 4）。

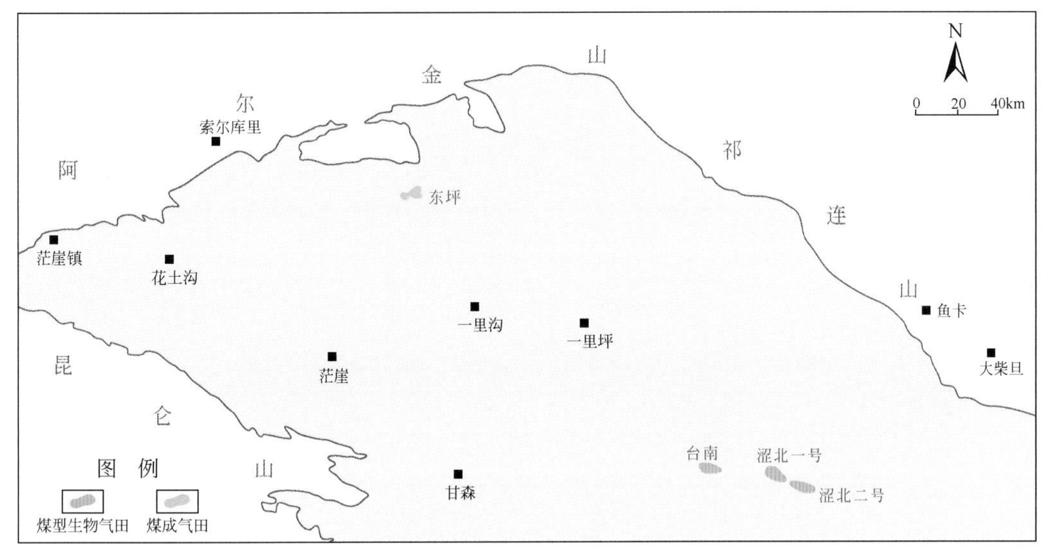

图 4　柴达木盆地大气田分布图

柴达木盆地产气区产出干气，烷烃气主要在 93% 以上，非烃气含量以 8% 以下为主，不含 H_2S（表 4），故是经济效益高的优质气。

表 4　柴达木盆地天然气主要组分表

气类型	气田	井号	层位	天然气主要组分/%							文献
				CH_4	C_2H_6	C_3H_8	iC_4H_{10}	nC_4H_{10}	N_2	CO_2	
煤型生物气	台南	台南 4	Q_1	89.61	0.08	0.01	0	0	8.15	0	本文
		台南 6		98.24	0.05	0.03	0	0	1.05	0.59	
	涩北一号	涩深 13		99.24	0.06	0.02	0	0	0.68	0	
		涩 4-15		98.23	0.97	0.02			0.007	0.40	
	涩北二号	涩中 3		97.84					2.05	0.11	
		涩 21		99.21	0.25	0.06			0	0.44	
煤成气	东坪	东坪 1	D 花岗岩、花岗片麻岩	91.79	1.93	0.33	0.10	0.10	5.28	0.01	[15]

柴达木盆地产气区特点以产第四系Ⅲ型泥质岩为源岩的煤型生物气占绝对优势，而中下侏罗统含煤地层为源岩煤成气产量仅占总产量 4.1%。

六、结论

我国陆上四大产气区 2017 年共探明气层气地质储量 100450.16×10^8m^3，年气层气产量

$10605\times10^8m^3$，分别占全国气层气地质储量（$121059.96\times10^8m^3$）和年产量（$1233.19\times10^8m^3$）的82.97%和85.99%。因此，陆上四大气区气层气的储量和年产量是我国天然气工业发展的主要保证和基地。

我国陆上四大产气区中，鄂尔多斯盆地和柴达木盆地两个产气区产出气层气几乎以煤成气为主；塔里木盆地产气区产出气层气中煤成气占86%；仅四川盆地产气区产出天然气中以油型气为主，页岩气次之，煤城气最少。四大产气区2017年共产出煤成气$757.63\times10^8m^3$，占气层气年总产量的61.43%，由此可见，煤成气是四大产气区的主力气。

参考文献

[1] 戴金星，倪云燕，廖凤蓉，等. 煤成气在产气大国中的重大作用. 石油勘探与开发，2019，46（3）：417～432.

[2] 戴金星，李剑，罗霞，等. 鄂尔多斯盆地大气田的烷烃气碳同位素组成特征及其气源对比. 石油学报，2005，26（1）：18～26.

[3] 王宓君，包茨，李懋钧，等. 中国石油地质志（卷十、四川油气区）. 北京：石油工业出版社，1989：6～9.

[4] 戴金星，倪云燕，秦胜飞，等. 四川盆地超深层天然气地球化学特征. 石油勘探与开发，2018，45（4）：588～597.

[5] Machel H G. Gas souring by thermochemical sulfate reduction at 140℃：discussion. AAPG Bulltin，1998，82（10）：1870～1873.

[6] 戴金星，胡见义，贾承造，等. 科学安全勘探开发高硫化氢天然气田的建议. 石油勘探与开发，2004，31（2）：1～4.

[7] 马永生，郭彤楼，赵雪凤，等. 普光气田深部优质白云岩储层形成机制. 中国科学D辑：地球科学，2007，37（增Ⅱ）：43～52.

[8] Hu G Y，Yu C，Gong D Y，*et al.* The origin of natural gas and influence on hydrogen isotope of methane by TSR in the Upper Permian Changxing and the Lower Triassic Feixienguan Formations in northern Sichuan Basin，SW China. Energy Exploration and Exploitation，2014，32（1）：139～158.

[9] 胡安平. 川东北高含硫化氢气藏有机岩石学与有机地球化学研究. 浙江大学博士学位论文，2009.

[10] Dai J X，Ni Y Y，Hu G Y，*et al.* Stable Carbon and hydrogen isotopes of gases from the targe tight gas fields in China. Scrience China，Earth Scriences，2014，57（1）：88～103.

[11] Dai J X，Zou C N，Dong D Z，*et al.* Geochemical characteristics of marine and terrestrial shale gas in China. Marine and Petroleum Geology，2016，76：444～463.

[12] Dai J X，Zou C N，Li W. Giant Coal Derived Gas Fields and Their Gas Sources in China. Beijing：Science Press，2016：269～399.

[13] Wang Z M，Su J，Zhu G Y，*et al.* Characteristics and accumulation mechanism of quasilayered ordovician carbonate reservoirs in the Tazhong area，Tarim Basin. Energy Exploration and Exploitation，2013，31（4）：545～567.

[14] 戴金星，陈践发，钟宁宁，等. 中国大气田及其气源. 北京：科学出版社，2003：73～93.

[15] 曹正林，魏志福，张小军，等. 柴达木盆地东坪地区油气源对比分析. 岩性油气藏，2013，25（3）：17～20.

[16] 马峰，阎存凤，马达德，等. 柴达木盆地东坪地区基岩储集层气藏特征. 石油勘探与开发，2015，42（3）：266～273.

煤成气在产气大国中的重大作用*

一、引言

广义煤成气系指腐殖型有机质在成煤作用中产生的天然气，腐殖型有机质有集中型（煤层）和分散型（碳质页岩和泥岩）两种存在形式，此两种形式的有机质均为成气母质[1]。广义煤成气根据生-储关系可分为两类：生-储一体的天然气，它们是目前非常规天然气的主体，即煤层气和页（泥）岩气；生-储分离的天然气，即从成气母质运移出来的为狭义煤成气，是目前常称的煤成气。实际上煤成气中既有常规气也有部分非常规气（致密气）。世界第二大气田尤勒坦（Yoloten）气田、世界第三大气田乌连戈伊（Urengoy）气田、中国储量丰度最高且最高产的克拉 2 大气田[2]均为常规砂岩煤成气田，中国储量最大、产量最高的苏里格大气田则为致密砂岩非常规煤成气田[2~6]。

“成煤作用中形成的天然气和石油”[7]是完整的煤成气理论创立的标志，至今已整整 40 年，其出现完善和发展了的“纯朴的煤成气理论”和“煤成油理论”，发现煤系成烃以气为主、以油为辅的总规律[8]。王鸿祯、李德生、孙枢、赵文智等院士，以及俄罗斯科学院 Galimov 院士高度评价该理论的代表作“成煤作用中形成的天然气和石油”，“一般作为天然气地质学的开端”[9]“开启了煤成烃地质研究的先驱”[2]“建立了成熟的煤成气（烃）理论”[10]“是中国煤成气理论研究的里程碑”[11]“对全球天然气勘探意义重大”[2]。

中国、俄罗斯、土库曼斯坦、荷兰和澳大利亚等产气大国，煤成气是天然气工业的主角。煤成气理论创立之前，1978 年，中国天然气地质储量为 $2284\times10^8m^3$（其中煤成气 $203\times10^8m^3$），年产气 $137\times10^8m^3$（其中煤成气 $3.43\times10^8m^3$）；至 2016 年年底，全国天然气的地质总储量为 $118951.2\times10^8m^3$（其中煤成气为 $82889.32\times10^8m^3$，占全国 69.7%），年产气 $1\,384\times10^8m^3$（其中煤成气 $742.91\times10^8m^3$，占全国 53.7%）。天然气储量、煤成气储量、天然气产量和煤成气产量分别是 1978 年的 52 倍、408 倍、10 倍和 216.6 倍，使中国从贫气国迈入世界第六大产气大国[8]。俄罗斯西西伯利亚盆地是世界煤成气储量最大、产量最高、发现 $1\times10^{12}m^3$ 以上超大型气田最多的盆地，该盆地探明原始可采储量超 $1\times10^{12}m^3$ 超大型气田 7 个，其中最大的、也是世界第三的乌连戈伊大气田原始可采储量达 $107526.6\times10^8m^3$，至 2015 年已累计产气 $63043.9\times10^8m^3$，是世界累计产气量最多的一个超大型气田，其累计产量相当于近两年世界天然气的总产量。中亚的阿姆河盆地主要在土库曼斯坦和乌兹别克斯坦境内，该两国均是年产超 $500\times10^8m^3$ 的世界产气大国，所产气来源为中、下侏罗统含煤地层。在土库曼斯坦境内发现 3 个原始可采储量 $1\times10^{12}m^3$ 以上超大型

* 原载于《石油勘探与开发》，2019，第 46 卷，第 3 期，417～432，作者还有倪云燕、廖凤蓉、洪峰、姚立邈。

气田，尤勒坦超大型气田为世界第二大气田，原始可采储量为 $123105\times10^8m^3$。由此可见，煤成气支撑了该两国成为世界产气大国并向中国出口气。澳大利亚以“气多油少”为特点，截至 2017 年 9 月，发现油气 2P（探明+控制）储量约 800×10^8 桶油当量（约 109.6×10^8t），其中气占 80%，约 $13.5904\times10^{12}m^3$[12]，在西北大陆架上的卡纳尔文盆地、波拿巴特盆地和布劳斯盆地是该国 3 个最大含气盆地，探明可采储量共计 $51671\times10^8m^3$，卡纳尔文盆地天然气储量占该国总储量的 50.4%[13]，而这些气主要为煤成气，故煤成气支持澳大利亚成为年产气超千亿立方米的大国。

二、煤成气的核心理论

1. 煤成气核心理论是煤系为气源岩，煤系成烃以气为主以油为辅

1）腐殖煤原始物质以木本植物为主而利于成气

木本植物以生气为主的低 H/C（原子）值纤维素和木质素占 60%~80%，而生油为主的高 H/C（原子）值的蛋白质和类脂类含量一般不超过 5%[14]，这种原始物质组成特征，决定了煤系以生气为主成油为辅。煤系有机质的镜质组、惰质组和壳质组 H/C（原子）的模拟成烃的气/油当量比说明，占腐殖煤绝大部分含量的镜质组和惰质组 H/C（原子）值低。成烃以气为主，即气/油当量比均大于 1，最大超过 6，壳质组 H/C（原子）值高则利于生油，但在腐殖煤中壳质组含量一般很低，故形成油很少（图 1）[15]。

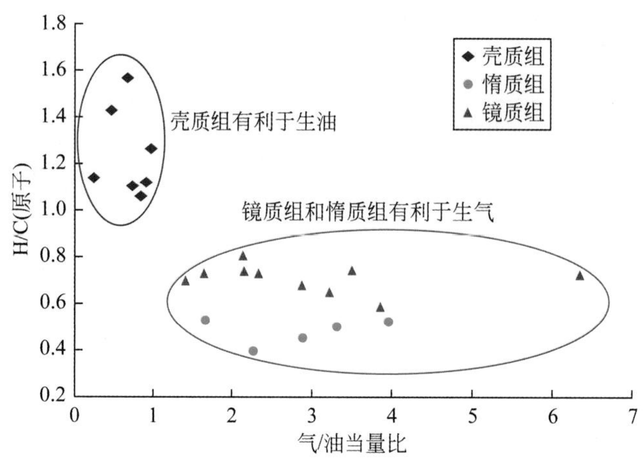

图 1 腐殖煤的不同显微组分 H/C（原子）与气/油当量比关系

2）腐殖煤的模拟实验

中国许多学者[16~24]从 20 世纪 80 年代至 21 世纪初，从未熟的褐煤（R_o 值为 0.240%~0.409%）、泥岩、Ⅲ型干酪根和煤的各有机显微组分，进行成煤作用模拟，实验温度从 300℃到最高温 600℃（R_o 值为 2.5%~5.1%），获得无烟煤的煤气发生率为 218~590m^3/t，平均为 435m^3/t，同时获得少量油，主要是凝析油和轻质油。从中国不同地质时代不同煤热模拟生烃曲线（图 2）可见，煤成烃以生气为主成油为辅。

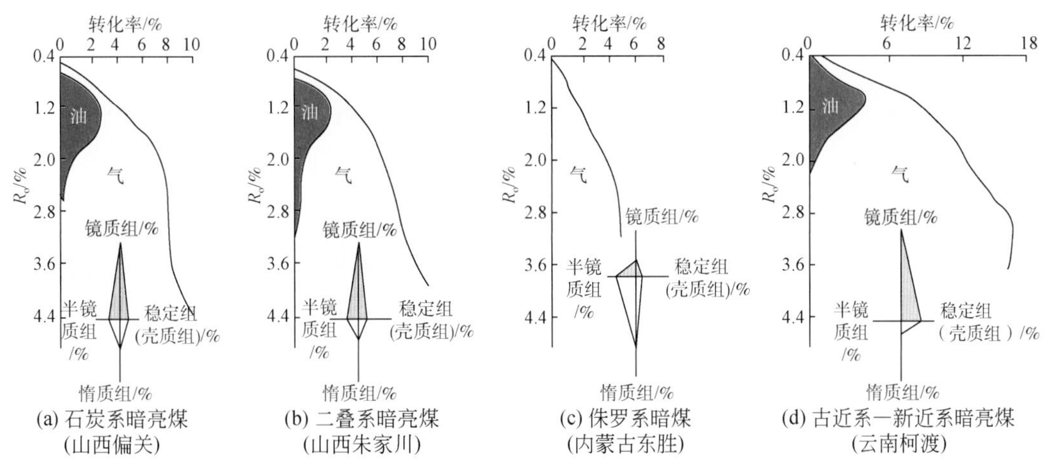

图2 中国不同时代煤模拟生烃曲线（据文献［20］修改）

3）气孔是煤成气作用的产物与痕迹

根据山西、陕西、内蒙古和新疆等12个（省、区）33个煤矿和6口钻井岩心，选取了褐煤、长焰煤、气煤、肥煤、焦煤、瘦煤、贫煤和无烟煤等85个煤样，应用扫描电镜进行观察研究，在这8个煤种中均发现了气孔，这说明了所有煤种在成煤作用中都在成气。气孔一般呈圆形，部分为椭圆形，其直径大者在3.5μm左右，小者约0.2μm。有的出现大小不一两组气孔，可能是两期成气作用的标志[25]。

4）化学结构上腐殖型干酪根利于生气

腐殖型干酪根在化学结构上含有大量的甲基和缩合芳环，少量短侧链，利于生成烷烃气及一定量轻烃，而腐泥型干酪根则含很多长侧链，有利形成石油[26]。

腐殖煤成烃以气为主以油为辅，既体现在未熟的前干气期，即处于泥炭化和褐煤阶段，形成的烃气几乎全为甲烷，如柴达木盆地三湖拗陷台南气田等，西西伯利亚盆地北部波库尔组大量生物气；也体现在过熟阶段的后干气期，即处于瘦煤至无烟煤阶段为主，形成烃气也以甲烷为主，并有微量乙烷和丙烷，如鄂尔多斯盆地南部延安气田[27]、库车拗陷克拉2气田和克深气田，以及德国西北盆地雷登气田等。由上述可见，前干气期和后干气期腐殖煤成烃均表现为几乎以成气为主，又体现在湿气期或气、油兼生期，即处于长焰煤至焦煤阶段，包括部分瘦煤阶段[28]，相当于腐泥型有机质成烃“生油窗”期；此阶段除形成大量甲烷外，同时有大量重烃气，还有不等量轻质油和凝析油，总的特征是气、油当量比为气大于油，如琼东南盆地崖1-3气田等、台西盆地铁砧山气田等、东海盆地春晓气田等、四川盆地广安气田等、俄罗斯维柳伊盆地中维柳伊气田[29]、阿姆河盆地与中下侏罗统煤系烃源岩相关众多煤成气田[17]。在个别情况下，气、油兼生期含煤区也出现煤成油田。但腐泥型在“生油窗”阶段的成烃则以油为主以气为辅。

2. 气、油下兼生期含煤盆地出现煤成油田的原因

1）内因——壳质组含量高

煤的成烃物质主要是有机显微组分中的镜质组和壳质组。从H/C（原子）和氢指数等地球化学指标衡量，壳质组中树脂体、角质体、孢子体和藻质体可划归Ⅰ型干酪根，镜

质组属Ⅲ型干酪根[30]。故在气、油兼生期，镜质组以成气为主成油为辅，壳质组则以成油为主成气为辅。一般煤的有机显微组分中利于成油的壳质组含量低，仅为1%~3%[31]，故一般煤系在气、油兼生阶段发现煤成气田，唯煤系在壳质组含量高时才可形成煤成油田。戴金星等[32]曾指出：决定煤系发现煤成油田的内因有二：①壳质组含量高（大于7%）；②处在成煤作用初—中阶段。表1综合了吐哈盆地、吉普斯兰盆地和印度尼西亚Barito盆地古近系和新近系两套煤系的 R_o 和有机显微组分数据。由表1可见，3个盆地 R_o 均值为0.52%~1.00%，处于气、油兼生期内，壳质组均值为5%~15%，是一般壳质组含量1%~3%以成气为主腐殖煤的2~5倍，所以此3个盆地由于煤的壳质组含量高的原因，发现煤成油田为主。至2017年年底吐哈盆地发现与侏罗系煤系烃源岩有关的鄯善、温米、丘陵等18个油田、丘东和红台2个气田，气、油储量的当量气/油为0.28。从发现气田和油田数及气、油储量的当量气/油上，明显表示了以煤成油田为主。近年来Gong等[33~37]发现吐哈盆地煤成油中的轻烃化合物和金刚烷类化合物指标的成熟度远高于侏罗系煤系烃源岩，故煤成油中也有下伏二叠系和石炭系腐泥型烃源岩的贡献。吉普斯兰盆地和Barito盆地煤系形成气、油储量的当量气/油均为0.14[17]，这也是由于此两盆地煤系烃源岩中壳质组高（5%~14%）（表1）所致。

表1　吐哈、吉普斯兰盆地和Barito盆地煤 R_o 和有机显微组分表

盆地	煤层位		R_o/%		镜质组/%		惰质组/%		壳质组/%		文献
			范围值	平均值	含量	平均值	含量	平均值	含量	平均值	
吐哈	J		0.34~1.83	0.75	4.8~98.4	74.0	0~67.4	15.3	0~94.6*	10.7	[17]
					60~95		5~40		5~30*	10	[30]
					50~90	70	2~67	20	<10	7	[33]
					40~95	60~80	0.4~39.0	10~25	0.8~23.0	5~15	[34]
吉普斯兰	K_2—E	Ⅰ	0.46~1.20	1.00	87~92	89	1~5	2.5	1~5	6	[35]
		Ⅱ			30~85	61	5~60	32	2~15	5	
		Ⅲ			60~95	86	0~5	2	2~25	8	
		Ⅳ			50~98	92	0~4	1	2~45	8	
Barito	N_1			0.52	72~99	83	0~7	3	1~24	13	[36]
	E_2				40~100	83	6~7	3	0~52	14	

*壳质组+腐泥组。

2）外因——煤成气田埋深变浅扩散

处在气、油兼生期，壳质组含量不高的含煤盆地边缘散落着个别储量不大的煤成油田，而盆地中部则分布许多煤成气田。这类煤成油田是由原埋藏深的煤成气田，因储集层变浅、天然气扩散导致大量烷烃气消失，而原气中轻烃和油相对含量占优势而形成。例如，塔里木盆地库车拗陷东北缘依奇克里克油田、台西盆地东北缘山子脚煤成油田[38]、阿姆河盆地东北缘一些煤成油田[39]。

塔里木盆地库车拗陷是中国陆上四大气区之一，发现煤成气田和凝析气田12个，煤成油田2个（依奇克里克、大宛齐）（图3）。该拗陷东部的阳霞凹陷中—下侏罗统煤系烃源岩 R_o 值为0.6%~1.4%，处于气、油兼生期阶段，煤的壳质组均值为1.92%（130个样品)，故具备形成煤成气田条件，并发现了迪那2、吐孜洛克、提尔根和大涝坝4个凝析气田，但在北部的天山南缘发现了依奇克里克煤成油田，油层为克孜勒努尔组，目前深度为150~550m。今日依奇克里克油田，地史上与现今埋深数千米的迪那2和吐孜洛克煤成凝析气田一样，但由于后期其储集层随天山抬升强烈变浅过程，促使原深埋煤成凝析气田演变为现今的煤成油田。对烃类而言，由于分子含碳数不同其扩散能力相差悬殊，物质的扩散能力随分子量变大而呈指数级减小，实际上只有碳原子在 C_1—C_{10} 的烃才真正具有扩散运移作用[40]，也即气分子扩散能力强而石油的扩散能力很弱或者可忽略不计。赋存于气藏中的天然气随其分子变小和埋藏变浅其扩散的量变大，扩散时间变短，如在1737m深处的气藏中甲烷、乙烷、丙烷和丁烷由于扩散运移，从离开气藏到地面所需时间分别为14Ma、170Ma、230Ma和270Ma[41]。所以由于储集层变浅与扩散的复合作用，促成了依奇克里克煤成油田的形成。库车拗陷西部大宛齐煤成油田新近系康村组和库车组储集层深度主要在200~650m，其形成机理类似于依奇克里克油田。陈义才等研究指出[42]，经4.5Ma的扩散，大宛齐埋深300~400m的上部油层溶解气中甲烷散失率为54%，甲烷浓度为12.82m^3/m^3，而埋深450~650m的下部油层甲烷散失率为13%，甲烷浓度为17.94m^3/m^3。此实例充分证明储集层由深变浅导致深者散失率小，浅者则散失率大，上部油层甲烷大量散失是大宛齐油田形成的主要原因。外因形成的煤成油田均为小油田，依奇克里克油田是1958年发现，储量为346×10^4t，是塔里木盆地发现的第一个油田，累计产原油95.79×10^4t，天然气0.48×10^8m^3，1987年停产，也是中国第一个废弃的油田。大宛齐油田储量为605×10^4t。

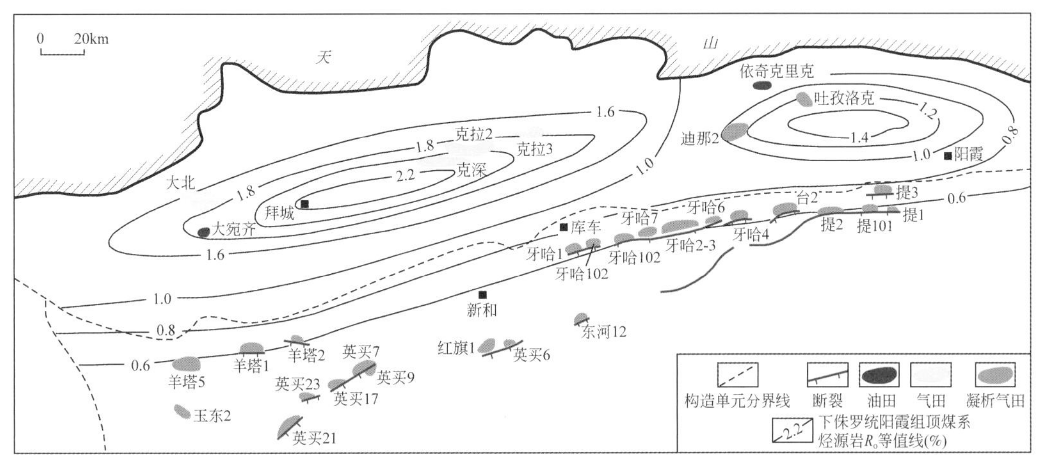

图3 塔里木盆地库车拗陷煤成气油田分布图

三、煤成大气田对世界产气大国的重大意义

中国和俄罗斯把探明地质储量大于300×10^8m^3的气田称为大气田，本文据此标准来划分中国大气田。20世纪60~70年代在西西伯利亚盆地发现一大批探明储量大于300×$10^{12}m^3$的大气田，故将大气田又划分为大型、特大型和超大型。超大型气田储量下限为1.0×10^8m^3，特大型气田一般认为储量为(0.1~1.0)×$10^{12}m^3$的大气田[43]。产气大国系指年产气量大于500×10^8m^3的国家[44]。

发现与开发大气田是快速成为产气大国的主要途径。苏联在20世纪50年代初，探明天然气储量不足$2230\times10^8m^3$，年产气仅$57\times10^8m^3$，是个贫气国。但从1960～1990年，由于发现和开发了40多个超大型、特大型和大型气田，天然气储量从$18548\times10^8m^3$增加到$453069\times10^8m^3$，这些大气田主要分布在西西伯利亚盆地，由赛诺曼阶煤成气构成。1983年苏联（俄罗斯）天然气年产量超过美国，成为世界第一大产气大国，特别是超大型乌连戈伊气田和亚姆堡气田（表2）在1999年共产气$3407\times10^8m^3$，是当时世界年产气量最多的两个气田，此两气田产气量分别占该年俄罗斯和世界总产气量的58.8%和14.4%[45]。由此可知，超大型气田的发现和开发是决定一个国家成为产气大国的关键。

表2 世界原始可采储量大于$1\times10^{12}m^3$煤成气超大型气田统计表[46]

国家	气田名称	盆地	发现年份	原始可采储量/10^8m^3	投产年份	累计产气/10^8m^3	截至年份
俄罗斯	乌连戈伊	西西伯利亚	1966	107526.6141	1978	63043.9612	2015
	亚姆堡		1969	60738.8467	1984	37735.5851	2015
	波瓦尼柯夫		1971	38355.4145	2012	13936.7255	2015
	扎波里杨尔		1965	31374.8799	2001	12738.4062	2015
	梅德维热		1967	21618.7379	1971	18523.5873	2015
	哈拉萨威		1974	12454.9998			
	克鲁津什坚诺夫		1976	11768.5267			
土库曼斯坦	道列塔巴特	阿姆河	1973	14217.2408	1983	4983.5301	2004
	尤勒坦		2004	123105			
	亚什拉尔		1979	18678			
荷兰	格罗宁根	德国西北	1959	29516.9	1963	23090.6917	2017
莫桑比克	曼巴	鲁伍马	2011	14150			
中国	苏里格	鄂尔多斯	2000	16448*	2005	1564	2017

*为原始地质储量。

表2为位于亚洲、欧洲和非洲5个盆地中的世界13个煤成气超大型气田，及其所在国家、盆地、发现和开发年代、原始可采储量和累计采出气量。由表2可见，除鲁伍马盆地曼巴超大型气田未开发外，其余气田均已开发。荷兰的格罗宁根超大气田是目前超大型气田中采收率最高的，达78.2%，目前仍继续开发中，采收率还将会提高，由此可见煤成气超大型气田采收率很高。在世界天然气产、储量中煤成气占有重要地位，截至2017年年底全世界共发现煤成超大型气田13个，总原始可采储量为$49.99528\times10^{12}m^3$（表2），为该年世界天然气总剩余可采储量（$193.5\times10^{12}m^3$）的25.8%；2017年世界有产气大国15个，共产气$28567\times10^8m^3$，其中6个以产煤成气为主国家（俄罗斯、中国、澳大利亚、荷兰、土库曼斯坦和乌兹别克斯坦）共产气$11369\times10^8m^3$，占产气大国总产量的39.8%。

四、煤成超大型气田和产气大国

1. 格罗宁根煤成超大型气田和产气大国荷兰

德国西北盆地面积为$5.6\times10^4km^2$，发现了与上石炭统维士法阶煤系气源岩相关的气田 70 个[46,47]。该煤系厚2000～2500m，含煤程度3%，是一套很好的气源岩层系。气源岩之上赤底统砂岩是煤成气的主要储集层，赤底统储集层之上为上二叠统蔡希斯坦统盐岩，这套盐岩盖层在格罗宁根地区厚610～1463m，构成很好生-储-盖组合。格罗宁根气田在德国西北盆地北荷兰隆起北翼一个短轴断背斜上。根据盆地中埃姆斯河流域至威悉河以西地区 36 个气田或产气点的上石炭统、赤底统、蔡希斯坦统斑砂岩中 119 个天然气的地球化学分析，其 $\delta^{13}C_1$ 值为-31.8‰～-20.0‰，一般为-28‰～-23‰，同时 $\delta^{13}C_2$ 和 $\delta^{13}C_3$ 值均较重，具有明显的煤成气特征[48]。但格罗宁根气田 $\delta^{13}C_1$ 值要轻一些，为-36.6‰，这是因为其气源主要从气田东面威廉港凹陷运移而来，随着运移距离变大 $\delta^{13}C_1$ 值变轻，即从-29.5‰变轻为-36.6‰[49]。荷兰在 1959 年发现可采储量近 $3\times10^{12}m^3$（表 2）的格罗宁根煤成超大型气田之前，其 1958 年天然气可采储量不足 $740\times10^8m^3$，年产气量仅 $2.0\times10^8m^3$，需要进口能源。该超大型气田 1963 年投产，1970 年全面投入开发并于 1975 年年产气量攀升至 $828.8\times10^8m^3$，占当年荷兰总产气量的 92.3%。由此荷兰从能源进口国一跃成为向德国、法国和比利时出口天然气的国家。

2. 乌连戈伊等煤成超大型气田和产气大国俄罗斯

西西伯利亚盆地是台地型盆地，面积约 $230\times10^4km^2$，其中海域面积 $35\times10^4km^2$，是世界上面积最大的含油气盆地。西西伯利亚盆地以北纬64°为界，界限以南是世界著名产油区，界限以北是世界最大的产气区（图 4）[50]。油藏主要分布于南部下白垩统凡兰吟阶、戈尔米黑夫阶和巴列姆阶中；气藏则集中在北部上白垩统赛诺曼阶中，油藏与气藏的横向分布特征主要与分散有机质类型、丰度、含煤地层发育与否和程度，或海相、陆相地层平面分布与其纵向上数量的配置相关[29]。西西伯利亚盆地最重要的生油岩是上侏罗统海相巴热诺夫组，有机质全部由浮游和细菌类物质、胶质藻类物质组成，钙质、硅质泥岩有机碳平均含量超过 10%，但 TOC 和 R_o 平面上分布有变化：在北纬 64°以南巴热诺夫组 TOC 值为 7%～11% 或更高，R_o 值为 0.5%～1.1%，处于主生油带中，故主要形成油藏，石油累计产量占全俄 51%；在北纬 64°以北，该组 TOC 值下降为 3%～7%，R_o 值则升高处于主要生油带的下限至主要生气带上部[51,52]，而成为北纬 64°以北次要生气岩。白垩系中上部亚普第阶、阿尔必阶和赛诺曼阶（基本相当波库尔组），除北纬 64°以南的西南部汉特-曼西斯克拗陷既有腐泥型又有腐殖型有机质外，盆地中均为以腐殖有机质占优势的含煤和亚含煤地层。该 3 个阶含有 $48.4\times10^{12}t$ 以腐殖型占优势的有机质，比盆地中任何其他沉积层的含量都大，其泥岩 TOC 值平均为 1.31%，最高可达 6%。但盆地中泥岩的有机质丰度平面分布不均，盆地边缘部分为 0.3%～1.0%，盆地中部和北部为 1.5%～2.0%，并从南向北有增大趋势，含煤程度也南差北好。这决定了地层中的甲烷生成浓度从南向北增大，从盆地边缘向中央升高，与波库尔组中含煤程度及腐殖型为主的有机质变化规律相吻合，它制约着气田北多南少，西西伯利亚盆地储量巨大的煤成气的形成，主要是波库尔组含煤地层成煤作用的产物[29,53～55]。波库尔组形成的煤成气主要在赛诺曼阶砂岩中成藏，赛诺曼阶之上沉积了厚 40～600m 的土伦阶大面积分布泥岩良好盖层，为西西伯利亚盆地各类天然气聚集成藏提供了良好条件。

截至目前俄罗斯累计探明石油 $392.8\times10^8m^3$，凝析油 $30.3\times10^8m^3$，天然气 $640000\times10^8m^3$，其中西西伯利亚盆地油气储量最丰富，占全俄已探明油气储量的 67.7%[52]。西西

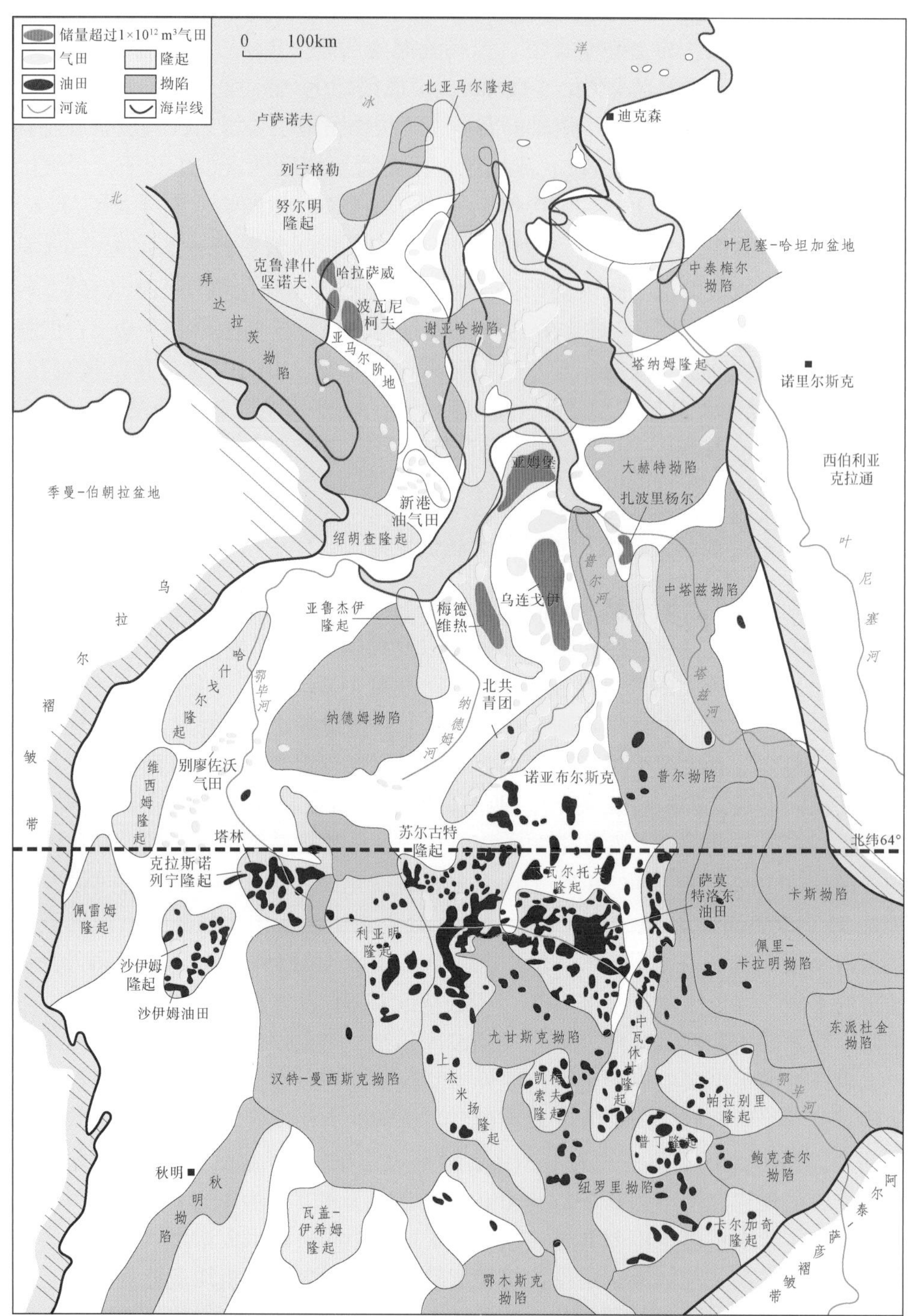

图4 西西伯利亚盆地气油田分布图［据文献［50］修改］

伯利亚盆地有58个大气田，主要集中在盆地北部地区喀拉-亚马尔、纳德姆-塔兹等含油气圈闭，其天然气储量和产量分别占全盆地的93%和92.9%[56]。目前已发现大约80%天然气储量在波库尔组及其相当地层中，而天然气储量全部分布在构造型圈闭中。

西西伯利亚盆地天然气储量和产量主要在纳德姆–塔兹含油气圈闭，以超大型气田为主（表2）。从表2可见，该盆地7个超大型气田（乌连戈伊、亚姆堡、波瓦尼柯夫、扎波里杨尔、梅德维热、哈拉萨威、克鲁津什坚诺夫）于2017年总原始可采储量达28.3838×$10^{12}m^3$，占该年世界发现总剩余可采储量的15.2%，占该年俄罗斯总原始可采储量的81.1%。乌连戈伊、亚姆堡、波瓦尼柯夫、扎波里杨尔、梅德维热5个超大型气田截至2015年年底累计产气量14.5978×$10^{12}m^3$，分别是该年世界和俄罗斯总产量的4.1倍和25.5倍。世界第三大气田乌连戈伊超大型气田主要产层（ПК1-6）为波库尔组，占该气田总储量的75%，是全世界累计产气量最高气田，截至2015年年底累计产气63043.96×10^8m^3（表2），也是世界年产气量最高的气田，1989年产气3300×10^8m^3[52]，分别占当年苏联和世界产气量的41.4%和15.7%。由此可见，勘探开发超大型气田对世界天然气工业高速发展及一个国家成为产气大国起着主导作用。

3. 尤勒坦等煤成超大型气田和产气大国土库曼斯坦及乌兹别克斯坦

阿姆河（卡拉库姆）盆地位于中亚地区，主要在土库曼斯坦和乌兹别克斯坦境内，部分在阿富汗北部和伊朗东北部，面积为437319km^2。阿姆河盆地是中亚地区最大含气盆地，也是世界上仅次于西西伯利亚盆地和波斯湾盆地的第三大富气盆地[57]（图5）。

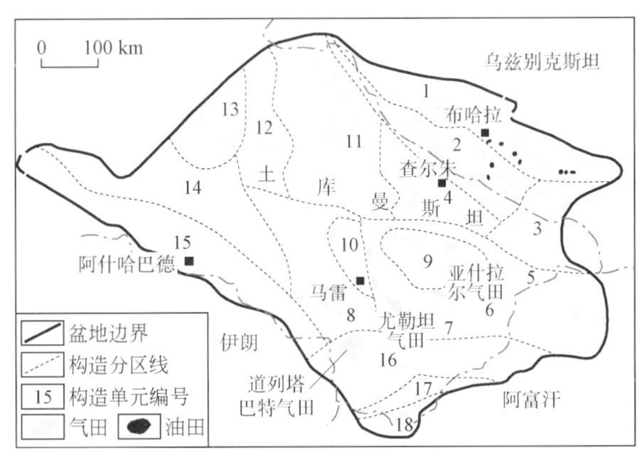

图5 阿姆河盆地气油田分布图（据文献［58］修改补充）

1. 布哈拉阶地；2. 查尔朱阶地；3. 别什肯特凹陷；4. 马莱–加巴真隆起；5. 阿伯鲁切夫拗陷；6. 木尔加布拗陷；7. 北卡拉尔拗陷；8. 北巴德赫兹拗陷；9. 乌恰真隆起；10. 马雷隆起；11. 希文–扎翁古兹拗陷；12. 别乌尔杰希阶地；13. 卡拉库姆隆起；14. 巴哈尔多克斜坡；15. 科佩特山前拗陷；16. 巴德赫北–卡拉比尔隆起；17. 卡拉伊莫尔拗陷；18. 库什卡区

阿姆河盆地是在海西期向斜背景上发育而成的中生代盆地，盆地基底由二叠系—三叠系花岗岩类、中基性火山岩、大理岩、片岩和石英岩等组成。地台沉积盖层由侏罗系、白垩系—古近系和新近系—第四系组成。阿姆河盆地有3套烃源岩：下—中侏罗统腐殖型煤系，为主要烃源岩；上侏罗统牛津阶—基末利阶海相碳酸盐岩和泥质灰岩，为次要烃源岩；下白垩统亚普第阶—阿尔必阶页岩[56,58]。

1）下—中侏罗统烃源岩

下—中侏罗统陆相和海陆交互相含煤地层，岩性为砂泥岩互层，夹有薄煤层和煤透镜体、富含分散岩屑。泥岩厚度占烃源岩总厚度的50%，中侏罗统含煤碎屑岩厚度可达

1000～1600m，在中侏罗统中含有一些藻类有机质[59]。烃源岩有机碳含量为0.04%～4.35%，平均为1.5%；氯仿沥青“A”含量为0.042%～0.065%；干酪根类型为Ⅲ-Ⅱ型，有机质类型为腐殖型，地温达130～190℃，R_o值为1.3%～2.3%，其底部已达3.6%[60]，是一套良好的气源岩，成烃处于凝析油、湿气和干气阶段，煤成气原始生气量超1600×$10^{12}m^3$。下—中侏罗统虽成气条件优良，但储-盖组合不理想，缺乏可靠的区域性和局部性盖层，天然气保存条件差，仅在局部地带发现小气田。所以大量煤成气沿断层和不整合面呈阶梯状运移，聚集在上侏罗统卡洛夫阶—牛津阶的碳酸盐岩储集层中成藏。

2）上侏罗统烃源岩

上侏罗统牛津阶—基末利阶海相碳酸盐岩和泥质灰岩，厚度为20～400m，有机碳含量为2.5%～5.0%，干酪根类型为Ⅱ型，牛津阶烃源岩R_o值一般不高，为0.50%～1.55%，处在生油期，以生油为主。这套碳酸盐岩在整个盆地中均有分布，也是盆地中最重要的气、油储集层之一[61]。该储集层之上为基末利阶—提塘阶盐膏岩盖层，厚400～1200m，是盆地中一套主要区域盖层，故在上侏罗统形成了一套生-储-盖组合。在西乌兹别克斯坦和东土库曼斯坦境内阿姆河地区，主要油气藏都集中分布在卡洛夫阶—牛津阶生物礁成因圈闭中。苏联的石油地质工作者认为，上侏罗统是该盆地主要烃源岩，但通过油/岩对比表明，目前该盆地发现的气田、凝析油气田的源岩可能为中—下侏罗统含煤地层。上侏罗统烃源岩成熟度低，难以形成大量的纯气藏和高成熟凝析油气藏[62]。

3）下白垩统烃源岩

下白垩统亚普第阶—阿尔必阶海相页岩为一套可能的烃源岩，厚5～120m，有机碳含量为0.3%～1.5%，干酪根类型为Ⅱ型，氯仿沥青“A”为0.023%，分布于盆地西南科佩特山前拗陷。

按照1240m^3天然气相当于1t石油当量换算，以上侏罗统基末利阶—提塘阶盐膏层为界，统计了盐上各层系石油、凝析油和天然气探明储量分别为29.04×10^6t、30.88×10^6t和38377×10^6t[58]，其气油比为640∶1，由于盐上各层系中只有下白垩统亚普第阶—阿尔必阶海相页岩为可能烃源岩，而较局限地主要分布于科佩特山前拗陷，且成熟度较低，不可能成烃，故盐上岩系目前形成油气不是自身产物，应来自下伏更深烃源岩；盐下各层系石油、凝析油和天然气探明储量分别为98.44×10^6t、204.48×10^6t和33390×10^6t[58]，其气油比为110∶1，由于盐下层系中有两套烃源岩，即上侏罗统牛津阶—基末利阶海相碳酸盐岩和泥质灰岩，干酪根为Ⅱ型，处在生油期，故成烃产物应以油为主以气为辅，所以目前盐下层位产出以气为主以油为辅产物不是该套烃源岩的产物。盐下层位另一套烃源岩为下—中侏罗统陆相和海陆交互相含煤层系，煤系成烃以气为主以油为辅。所以阿姆河盆地盐膏层上、下层产的天然气和石油应主要是这套煤系烃源岩的产物[56,58,62～65]。根据上侏罗统和白垩系5个凝析油样品研究显示：凝析油富含二环倍半萜类，表明其烃源应是高含高等植物输入的沉积岩；凝析油R_o值已进入高成熟-过成熟阶段，说明这些凝析油不是来源于上侏罗统而是来源于埋深更大的下—中侏罗统；凝析油$\delta^{13}C$值为-24.57‰～-21.22‰，说明其烃源岩应为含煤地层[62]，同时无论深部或浅部的气藏，其$\delta^{13}C_1$值为-38.1‰～-24.6‰。以上从烃类油气比和地球化学特征两方面均证明了阿姆河盆地气、油主要是煤成烃，并以煤成气占优势。

根据IHS数据库统计，截至2017年年底[46]，阿姆河盆地发现气油田357个，其中气田（气田、凝析气田和带油的气田）296 个，油田（油田、带气的油田和带凝析气的油田）61 个。气油田绝大部分分布在土库曼斯坦和乌兹别克斯坦。其中土库曼斯坦气田 149 个，油田 9 个；乌兹别克斯坦有气田 128 个，油田 43 个；还有阿富汗有气田 17 个，油田 9 个；伊朗有气田 2 个。2017 年土库曼斯坦产气 $620\times10^8m^3$，乌兹别克斯坦产气 $534\times10^8m^3$，两国均为世界产气大国。该盆地发现的 3 个超大型气田（表 2）均在土库曼斯坦，尤勒坦气田为世界第三大气田，原始可采储量达 $12.3106\times10^{12}m^3$。

4. 苏里格煤成超大型气田和产气大国中国

鄂尔多斯盆地面积 $37\times10^4km^2$，其中古生界分布面积 $25\times10^4km^2$[66]。盆地内部构造平稳，沉积稳定，断裂较少[67]。盆地油气分布的总格局为古生界聚气，气田主要分布于北部；中生界聚油，油田分布于南部[68]。鄂尔多斯盆地是中国年产气量最高的盆地，2017 年年产气 $424.45\times10^8m^3$，占全国天然气年产量的 28.9%，是中国第一产气区。鄂尔多斯盆地发育以下两套气源岩。

1）*石炭系—二叠系煤系烃源岩*

石炭纪—二叠纪是中国乃至全球重要的成煤期。该盆地石炭系—二叠系烃源岩主要在本溪组、太原组和山西组中，由煤层、暗色泥岩和含泥的生物灰岩构成。烃源岩在盆地内分布具东西部厚，中部薄而稳定的特点。煤层主要发育于太原组和山西组，煤层厚度一般为 2～20m。在盆地西北部乌达聚煤中心厚度超过 25m，在苏里格气田厚度为 6～12m，乌审旗以南厚度较薄，一般为 5m 左右。暗色泥岩在盆地西部厚度一般为 140～150m，东部厚 70～148m，南部和北部厚 20～50m[2]。上古生界烃源岩地球化学参数见表 3。由表 3 可见，山西组、太原组和本溪组的煤和暗色泥岩高含镜质组和惰质组而低含壳质组等，是腐殖型的气源岩。石炭系—二叠系气源岩面积超过 $24\times10^4km^2$，整体进入大量生气阶段的气源岩面积超过 $18\times10^4km^2$[69]。山西组煤系气源岩生气强度一般超过 $15\times10^8m^3/km^2$，太原组煤系气源岩生气强度一般超过 $5\times10^8m^3/km^2$[70]。鄂尔多斯盆地石炭系—二叠系气源岩具有“广覆式”生烃特点，生气强度超过 $12\times10^8m^3/km^2$ 的地区占盆地总面积的 71.6%，大部分地区处于有效的供气范围，其中苏里格气田及其附近的烃源岩生气强度为 $(12\sim30)\times10^8m^3/km^2$[69,71]，并为连续型成藏[72]。许多学者对苏里格气田、榆林气田、神木气田、乌审旗气田、子洲气田、米脂气田、大牛地气田、延安气田和东胜气田石炭系—二叠系主要气层山西组及石盒子组气层中烷烃气碳同位素组成进行了大量研究[27,73～81]，把以上气田 $\delta^{13}C_1$、$\delta^{13}C_2$、$\delta^{13}C_3$ 值，投入 $\delta^{13}C_1$-$\delta^{13}C_2$-$\delta^{13}C_3$ 值煤成气和油型气鉴别图版中（图 6），从图 6 可见，鄂尔多斯盆地石炭系—二叠系中天然气均为煤成气，其中延安气田由于气源岩 R_o 值大于 2.2%，故 $\delta^{13}C$ 发生倒转。

表 3 鄂尔多斯盆地上古生界烃源岩地球化学参数表[67,82]

组	岩性	有机碳/%	氯仿沥青“A”/%	总烃/(μg/g)	显微组分/%		
					镜质组	惰质组	壳质组
山西组	煤	49.28～89.17 73.60	0.10～2.45 0.80	519.90～6699.93 2539.80	43.8～90.2 73.6	6.3～54.0 24.0	0～12.3 4.6
	泥岩	0.07～19.29 2.25	0.0024～0.5000 0.0400	519.85～524.96 163.80	8.0～47.0 20.5	51.8～87.0 72.0	0～20.3 7.4

续表

组	岩性	有机碳/%	氯仿沥青“A”/%	总烃/(μg/g)	显微组分/%		
					镜质组	惰质组	壳质组
太原组	煤	3.83~83.20 74.70	0.03~1.96 0.61	222.0~4463.0 1757.1	21.2~98.8 64.2	1.3~63.7 32.1	0~15.1 3.7
	泥岩	0.10~23.38 3.33	0.003~2.950 0.120	15.00~1904.64 361.60	8.3~82.0 38.0	15.3~89.3 53.3	0.3~34.5 8.4
	灰岩	0.11~6.29 1.41	0.0026~0.4300 0.080 0	88.92~2194.53 493.20			
本溪组	煤	55.38~80.26 70.80	0.41~0.97 0.77	12.51~1466.34 322.73	93.3~72.0 87.2	25.2~6.7 16.0	0~2.8 1.4
	泥岩	0.05~11.71 2.54	0.0024~0.4400 0.0650		12.3~47.8 24.5	12.3~59.8 44.0	0.3~39.5 18.2

注：表中数值为$\frac{最小值\sim最大值}{平均值}$。

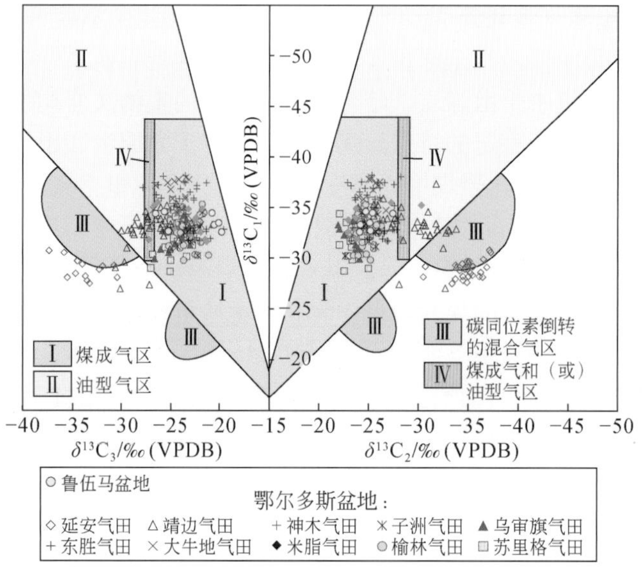

图6 鄂尔多斯、鲁伍马盆地 $\delta^{13}C_1$-$\delta^{13}C_2$-$\delta^{13}C_3$ 天然气成因鉴别图

石炭系—二叠系除了煤系为主要气源岩外，还有次要的石灰岩烃源岩。本溪组石灰岩厚度一般为2~5m，分布局限。太原组中上部石灰岩较发育，一般有3~5层，在盆地中东部最厚达50m。太原组石灰岩为深灰色生物碎屑泥晶灰岩，富含生物化石，属腐泥-腐殖型干酪根[2]，生烃指标见表3。

鄂尔多斯盆地南部延安-吴起一带，石炭系—二叠系烃源岩 R_o 值最高达2.8%，并向南北两边及盆地边缘呈环状降低。盆地大部分地区 R_o 值都大于1.5%，表明烃源岩已进入高成熟-过成熟成气阶段。山西组和下石盒子组为一套典型的致密砂岩储集层，主力气层分布于山西组下部和下石盒子组下部进积三角洲砂体，区域盖层是上石盒子组和石千峰组横向稳定分布的湖相泥岩，以上生-储-盖组合决定了石炭系—二叠系气藏主要发育在下石盒子组，其次在山西组和太原组中[2]。

2）下古生界气源岩

鄂尔多斯盆地下古生界仅发育寒武系和奥陶系，在盆地内部广泛分布中、下寒武统和下奥陶统马家沟组。寒武系碳酸盐岩为动荡的浅水陆表海沉积，有机质含量很低。盆地西缘中奥陶统平凉组碳酸盐岩有机质主要为Ⅰ－$Ⅱ_1$型，有机碳含量一般为0.4%～1.2%，泥灰岩有机碳含量平均为0.31%[2]；马家沟组碳酸盐岩可否为气源岩则存在两种观点：一种认为其不是工业性气源岩，因其有机碳平均含量仅0.24%[66,68,83,84]；另一种认为是气源岩，2016年以来马家沟组碳酸盐岩相关研究发现，存在TOC值为0.30%～8.40%的有效烃源岩，围绕米脂盐洼分布，马家沟组天然气以自源型油型气为主，只在局部地区存在上生下储天然气聚集[85,86]；以TOC值大于0.4%评定马家沟组有效烃源岩，表明奥陶系盐下有效烃源岩发育相对较好，具备自生自储天然气勘探潜力，但鄂尔多斯盆地下古生界天然气以来源于上古生界的煤成气为主[87]。

在马家沟组顶部碳酸盐岩古风化壳中发现马家沟组五段以白云岩为主气藏，气藏顶部为石炭系铝土质泥岩及泥质岩区域性盖层，是大型气田。天然气中甲烷含量为91.51%～97.50%，重烃气含量一般为0.1%～1.5%，为干气。由图6可见：气田中既有煤成气也有油型气。研究者认为煤成气来自气田上覆石炭系—二叠系煤系气源岩，油型气也来自上覆太原组中石灰岩气源岩；黄第藩等则认为靖边气田70%天然气来源于下奥陶统油型气，仅约有13%为煤成气[88]。陈安定则认为靖边气田约82%油型气来自奥陶系碳酸盐岩，平均混入18%的煤成气[89]。

截至2017年年底，鄂尔多斯盆地发现苏里格、靖边、大牛地、神木、延安、榆林、子洲、乌审旗、东胜、柳杨堡、米脂11个$300×10^8m^3$以上的气田，还有宜川、黄龙、胜利井、直罗和刘家庄5个小气田（图7）。这些气田至2017年年底历年共产气$3783×10^8m^3$，其中煤成气占90%以上。苏里格气田是探明地质储量$16448×10^8m^3$的超大型气田（表2），2017年产气$212.58×10^8m^3$，占全国年产气量的14.2%；同时该气田截至2017年的总产气量为$1564.23×10^8m^3$，占鄂尔多斯盆地历年总产气量的41.3%。因此，苏里格超大型气田的勘探和开发对中国成为世界第六大产气大国，对鄂尔多斯盆地成为中国第一大产气区起了重大作用。鄂尔多斯盆地煤成气勘探开发取得重大成果，但还有相当大的潜力，如应当在伊陕斜坡西南部油区勘探煤成气，这里以往以勘探开发中生界油田为主，未着力勘探深部煤成气，但其具有煤成气成藏有利条件：①石炭系—二叠系煤层厚4～8m，暗色泥岩厚50～60m，TOC值为0.99%～7.33%，R_o值为1.8%～2.2%，气源条件好，主要区生气强度超$20×10^8m^3/km^2$，有利于发现大气田；②上、下石盒子组和山西组砂岩较发育，砂岩单层和总厚度较大（镇探1井砂岩累计厚度达103.5m），有利于大型砂岩岩性气藏形成；③多口探井（镇探1、镇探2、庆探1和莲1）在上、下石盒子组、山西组发现多层测井解释含气层和微含气层。含油区的煤成气远景有利区面积为$32400km^2$（图7），预测可探明煤成气$1.0×10^{12}m^3$，开辟一个新煤成气区，可建产能$100×10^8m^3/a$。

5. 曼巴煤成超大型气田和将成产气大国莫桑比克

鲁伍马盆地位于东非莫桑比克和坦桑尼亚两国陆上与印度洋西缘交接地区，盆地面积为$7.4×10^4km^2$，其中陆上面积$3.2×10^4km^2$，海上面积为$4.2×10^4km^2$，在莫桑比克境内面积约为$3104km^2$。盆地发育在石炭系结晶岩基底上，最大沉积地层厚度超过16km[90]。该盆地是21世纪初期以来发现的一个新的煤成气大气区。目前对该盆地的烃源岩还没有明确的认识，存在3套[91]或4套[92,93]烃源岩的不同观点，且对哪套为主力烃源岩也意见不一。

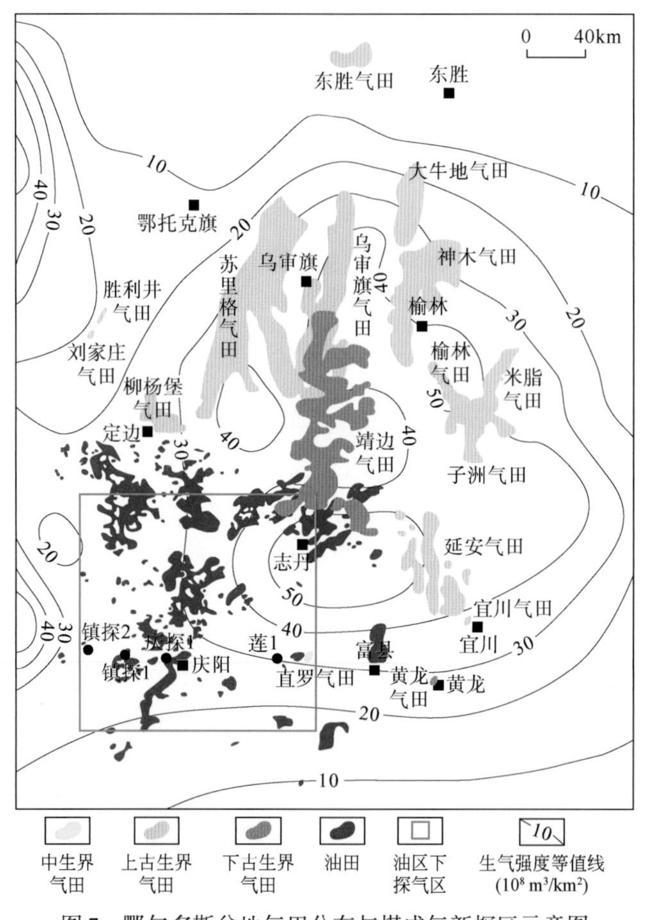

图7 鄂尔多斯盆地气田分布与煤成气新探区示意图

1）二叠系—下三叠统烃源岩

二叠系—下三叠统卡鲁组（Karoo）煤系和页岩烃源岩，为东非卡鲁裂谷中的产物。在盆地陆地上发现河道砂岩和煤层互层[94]。页岩主要为Ⅲ型干酪根，在盆地西北部陆上Lukuledi 1井（图8），页岩TOC值达7%，氢指数为386mg/g[56]。在埃塞俄比亚Karoo组页岩和煤层具有倾气性，是Calub气田的主要烃源岩[95]。

2）侏罗系烃源岩

尽管鲁伍马盆地内没有侏罗系烃源岩的地球化学数据，但盆地北部相邻坦桑尼亚盆地的曼德瓦次盆中（图8），有7口井钻遇了厚约400m的黑色页岩，TOC值为0.6%~10.9%，平均为4.7%，干酪根以Ⅱ-Ⅲ型为主，夹Ⅰ、Ⅲ型。由于鲁伍马盆地和曼德瓦次盆的侏罗系具有相似的地震反射特征，故推断鲁伍马盆地也发育侏罗系烃源岩。有研究认为其是盆地天然气的主力烃源岩[91,93]。

3）白垩系烃源岩

鲁伍马盆地陆上Lindi-2井（坦桑尼亚）和Mocimboa-1井（莫桑比克）（图8）分别

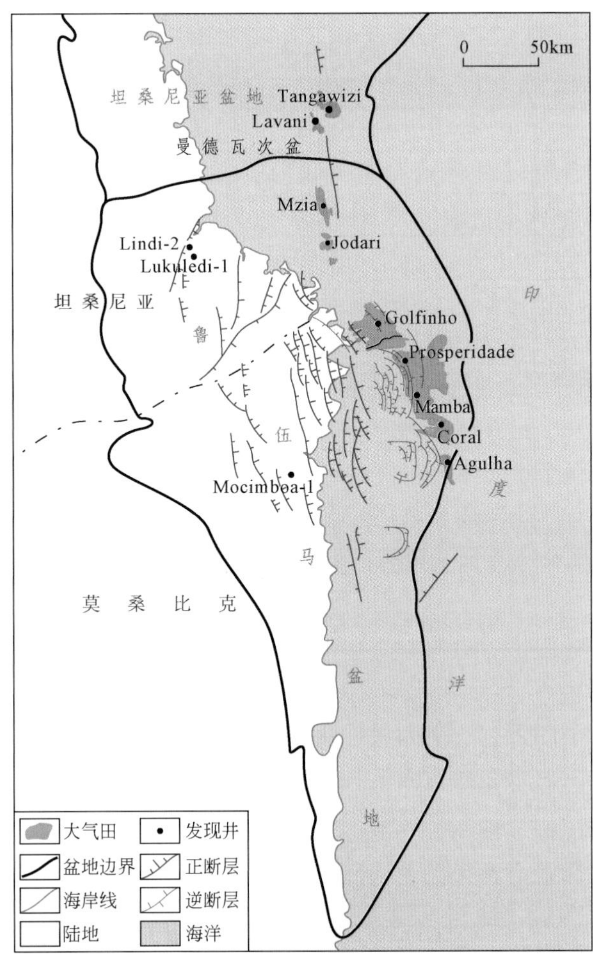

图 8 鲁伍马盆地主要气田分布图

钻遇了白垩系烃源岩。Lindi-2 井下白垩统的深灰色粉砂质页岩，TOC 值为 1.34%。Mocimboa-1 井阿尔必阶—赛诺曼阶页岩，TOC 值大于 1%，干酪根为Ⅲ型。

以上 3 套烃源岩干酪根均以Ⅲ型为主，皆为气源岩。

此外，在 Mnagibay-1 井始新统、古新统和白垩系中获少量液态烃，在 Mnagibay-3 井获得 1.9~2.1t 轻质油，其油的地球化学特征与古近系烃源岩具有相关性，故古近系是一套成油烃源岩[94]，与鲁伍马盆地目前大量发现气田的烃源岩关联性不大。

盆地在古新统、始新统和渐新统均发育面积大（200~360km^2）、物性好［孔隙度为 11%~33%，渗透率为（20~1560）×10^{3}μm^2］、层厚大（单井累厚 107~217m）的砂岩储集层，而在渐新统上覆一套 60~450m 的区域性泥岩盖层，故盆地已发现气藏集中在古新统、始新统和渐新统，而中新统及以上层虽有储集层但无成藏[92]。二叠系—下三叠统卡鲁组、侏罗系和白垩系 3 套气源岩的烃类，均可通过断裂和不整合面向上运移在古近系中成藏，个别在上白垩统成藏（Mzia 气田），主力气藏在古新统、始新统和渐新统浊积砂岩中。大气田主要分布于远岸深水逆冲断层带及其前缘，而近岸陆上和浅水带正断层发育区没有大气田发现[91]（图 8）。

以往对鲁伍马盆地天然气地球化学特征缺乏研究，但根据 3 套烃源岩干酪根以Ⅲ型为主，推测发现天然气为煤成气[56]。最近曹全斌等研究指出天然气中甲烷含量超过 95%，根据 $\delta^{13}C_1$、$\delta^{13}C_2$和 $\delta^{13}C_3$值分析（仅在图中，未列具体数据），R_o 平均值超过 2.5%，判定天然气为煤成气及煤成气与油型气的混合气，并综合认为上述 3 套泥页岩均可作为成藏的烃源岩[92]。作者应用相关软件对图[92]中 $\delta^{13}C_1$、$\delta^{13}C_2$ 和 $\delta^{13}C_3$点进行分析而得 $\delta^{13}C_1$、$\delta^{13}C_2$和 $\delta^{13}C_3$值，之后把这批数据投入 $\delta^{13}C_1$-$\delta^{13}C_2$-$\delta^{13}C_3$值鉴别图中（图 6）。由图 6 可见，鲁伍马盆地所有点均落在鄂尔多斯盆地典型煤成气田，即子洲气田、米脂气田、大牛地气田、乌审旗气田等点群范围内，故鲁伍马盆地的天然气是典型的煤成气。

自 2010 年 8 月开始，在鲁伍马盆地深水、超深水钻探获得一系列天然气重要发现，至 2013 年 8 月共发现可采储量超过 $1000\times10^3 m^3$ 的特大型气田 6 个和超大型气田 1 个（曼巴超大型气田）（表 4），共计可采储量 $35736\times10^3 m^3$[91]，但目前未投入开发。这些大气田总可采储量与西西伯利亚盆地波瓦年科夫超大型气田及扎波利亚尔超大型气田相当，或与曼巴超大型气田和阿姆河盆地道列塔巴特超大型气田可采储量相当（表 2），故鲁伍马盆地的投入开发后可使莫桑比克成为世界产气大国。

表 4 鲁伍马盆地特大型气田和超大型气田统计表[91]

国家	气田	发现时间	水深/m	可采储量/$10^8 m^3$
莫桑比克	Mamba	2012 年 3 月	1690	15576
	Coral	2012 年 5 月	2261	3054
	Agulha	2013 年 8 月	2492	1461
	Prosperidade	2010 年 11 月	1548	7311
	Golfinho	2012 年 5 月	1027	5597
坦桑尼亚	Mzia	2012 年 5 月	1639	1530
	Jodari	2012 年 3 月	1295	1207

五、结论

煤成气核心理论为煤系是气源岩，煤系成烃以气为主以油为辅，故与其相关盆地的发现以气田为主，但在气、油兼生期的个别含煤盆地或地区出现煤成油田，原因有二：其一，有机显微组分中壳质组含量增高，是一般腐殖煤壳质组含量的 2 ~ 5 倍以上；其二，煤成气田埋深变浅，天然气分子扩散因重分子慢、轻分子快的差异扩散所致。

发现与开发大气田，特别是可采储量超过 $1\times10^{12} m^3$ 的超大型气田，是决定一个国家成为年产 $500\times10^8 m^3$ 以上产气大国，迅速发展天然气工业的主要途径和关键。世界煤成气资源丰富，并对世界和某些国家天然气工业发展做出重大贡献。目前已在世界 5 个含煤盆地（西西伯利亚、阿姆河、德国西北、鲁伍马和鄂尔多斯）发现 13 个煤成超大型气田。在世界天然气储量和产量中煤成气占有重要地位，截至 2017 年年底全世界发现的 13 个煤成超大型气田，其总原始可采储量达 $49.99528\times10^{12} m^3$，为该年世界总剩余可采储量 $193.5\times10^{12} m^3$ 的 25.8%；2017 年世界有产气大国 15 个，共产气 $28567\times10^8 m^3$，其中 6 个以产煤成气为主国家（俄罗斯、中国、荷兰、澳大利亚、土库曼斯坦和乌兹别克斯坦）共产气

$11369 \times 10^8 m^3$，煤成气占世界产气大国总产量的39.8%。

研究煤成气及其富集规律，勘探与开发煤成气大气田，特别是煤成超大型气田，对一个国家快速发展天然气工业具有重大意义：荷兰在发现格罗宁根煤成超大型气田之前的1958年，年产气量仅 $2.0 \times 10^8 m^3$，是能源进口国，但1975年该气田产气 $828.8 \times 10^8 m^3$，占当年荷兰总产气量92.3%，成为能源输出国；俄罗斯在西西伯利亚盆地发现了乌连戈伊等7个煤成超大型气田，使俄罗斯30年来稳坐世界产气第一大或第二大国位置，乌连戈伊气田成为世界累计产气最多、年产气量最高的气田；中国在鄂尔多斯盆地发现苏里格超大型气田和一批大气田，使该盆地成为中国天然气年产气量最高的盆地；莫桑比克在鲁伍马盆地发现曼巴超大型气田及一批大气田，将来开发后定会使该国成为产气大国。

参考文献

[1] 戴金星. 煤成气涵义及其划分. 地质论评，1982，28（4）：370～372.

[2] 戴金星，邹才能，李伟. 中国煤成大气田及气源. 北京：科学出版社，2014：42～50.

[3] 戴金星，倪云燕，吴小奇. 中国致密砂岩气及在勘探开发上的重要意义. 石油勘探与开发，2012，39（3）：275～264.

[4] Zou C N. Unconventional Petrolume Geology. Amsterdam：Elsevier，2013：99～108.

[5] 杨华，付金华，刘新社，等. 苏里格大型致密砂岩气藏形成条件及勘探技术. 石油学报，2012，33（S1）：27～36.

[6] Fu J H，Fan L Y，Liu X S，*et al*. Gas accumulation conditions and key technologies for exploration and development of Sulige gasfield. Petroleum Research，2018，3（2）：91～109.

[7] 戴金星. 成煤作用中形成的天然气和石油. 石油勘探与开发，1979，6（1）：10～17.

[8] 戴金星. 煤成气及鉴别理论研究进展. 科学通报，2018，63（14）：1290～1305.

[9] 孙鸿烈. 20世纪中国知名科学家学术成就概览：地学卷地质分册：卷二. 北京：科学出版社，2013：53～56.

[10] 戴金星，戚厚发，王少昌，等. 我国煤系的气油地球化学特征、煤成气藏形成条件及资源评价. 北京:石油工业出版社，2001.

[11] 赵文智，王红军，钱凯. 中国煤成气理论发展及其在天然气工业发展中的地位. 石油勘探与开发，2009，36（3）：280～289.

[12] 祝厚勤，赵文芳，白振华，等. 澳大利亚西北大陆架石油地质特征. 北京：石油工业出版社，2018.

[13] 朱伟林，胡平，季洪泉，等. 澳大利亚含油气盆地. 北京：科学出版社，2013：1～4，112～153.

[14] 王启军，陈建渝. 油气地球化学. 武汉：中国地质大学出版社，1988：75～79.

[15] 戴金星，倪云燕，黄士鹏，等. 煤成气研究对中国天然气工业发展的重要意义. 天然气地球科学，2014，25（1）：1～22.

[16] 傅家谟，刘德汉，盛国英. 煤成烃地球化学. 北京：科学出版社，1990：31～32，37～76，103～113.

[17] 戴金星，钟宁宁，刘德汉，等. 中国煤成大中型气田地质基础和主控因素. 北京：石油工业出版社，2000：24～76.

[18] 杨天宇，王涵云. 褐煤干酪根煤化作用成气的模拟实验及其地质意义. 石油勘探与开发，1983，10（6）：29～36.

[19] 方祖康，陈章明，庞雄奇，等. 大雁褐煤在煤化模拟实验中的产物特征. 大庆石油学院学报，1984，8（3）：1～9.

[20] 张文正，刘桂霞，陈安定，等. 低阶煤岩显微组分的成烃模拟实验. 北京：石油工业出版社，

1987：222～228.

[21] 关德师，戚厚发，甘利灯．煤和煤系泥岩产气率实验结果讨论．北京：石油工业出版社，1987：182～193.

[22] 张文正，徐正球．低阶煤热演化生烃的模拟试验研究．天然气工业，1986，6（2）：1～7.

[23] 程克明，王铁冠，钟宁宁，等．煤成烃地球化学．北京：科学出版社，1995：108～111.

[24] 秦建中．中国烃源岩．北京：科学出版社，2005：311～334.

[25] Dai J X，Qi H F. Gas pores in coal measures and their significance in gas exploration. Chinese Science Bulletin，1982，27（12）：1314～1318.

[26] Hunt J. Petroleum Geochemistry and Geology. New York：W H Freeman and Company，1979：109～110，178.

[27] Feng Z Q，Liu D，Huang S P，*et al.* Geochemical characteristics and genesis of natural gas in the Yan'an gas field，Ordos Basin，China. Organic Geochemistry，2016，102：67～76.

[28] 戴金星．我国煤系地层含气性的初步研究．石油学报，1980，1（4）：27～37.

[29] 戴金星，戚厚发，郝石生．天然气地质学概论．北京：石油工业出版社，1984：163～180.

[30] 黄第藩，秦匡宗，王铁冠，等．煤成油的形成和成烃机理．北京：石油工业出版社，1995：83～84，294～309.

[31] 戴金星．加强天然气地学研究，勘探更多大气田．天然气地球科学，2003，14（1）：3～14.

[32] 戴金星，夏新宇，秦胜飞，等．中国天然气勘探开发的若干问题．见：中国石油天然气股份有限公司．2000年勘探技术座谈会报告．北京：石油工业出版社，2001：186～192.

[33] 王昌桂，程克明，徐永昌，等．吐哈盆地侏罗系煤成烃地球化学．北京：科学出版社，1998：60～66.

[34] 程克明．吐哈盆地油气生成．北京：石油工业出版社，1994：6～14.

[35] Smith G C，Cook A C. Petroleum occurrence in the Gippsland Basin and its relationship to rank and organic matter type. APPEA Journal，1984，24：196～216.

[36] Panggabean H. Tertiary source rocks，coals and reservoir potential in the Asem Asem and Barito Basins，Southeastern Kalimantan，Indonesia. Doctor Dissertation. New South Wales：University of Wollongong，1991.

[37] Gong D Y，Cao Z L，Ni Y Y，*et al.* Origins of Jurassic oil reserves in the Turpan-Hami Basin，northwest China：evidence of admixture from source and thermal maturity. Journal of Petroleum Science and Engineering，2016，146：788～802.

[38] 戴金星．我国台湾油气地质梗概．石油勘探与开发，1980，7（1）：31～39.

[39] 戴金星，倪云燕，周庆华，等．中国天然气地质与地球化学研究对天然气工业的重要意义．石油勘探与开发，2008，35（5）：513～525.

[40] 李明诚．石油与天然气运移：第4版．北京：石油工业出版社，2013：56～58.

[41] 陈锦石，陈文正．碳同位素地质学概论．北京：地质出版社，1983：128～129.

[42] 陈义才，沈忠民，李延均，等．大宛齐油田溶解气扩散特征及其扩散量的计算．石油勘探与开发，2002，29（2）：58～60.

[43] 戴金星，陈践发，钟宁宁，等．中国大气田及其气源．北京：科学出版社，2003：1～3.

[44] 戴金星．中国从贫气国正迈向产气大国．石油勘探与开发，2005，32（1）：1～5.

[45] 戴金星．加强天然气地学研究 勘探更多大气田．天然气地球科学，2003，14（1）：3～14.

[46] IHS. Field general report of the IHS International database. https：//ihsmarkit. com/index. html [2019-04-09].

[47] 李国玉，金之钧．新编世界含油气盆地图集（下册）．北京：石油工业出版社，2005：416～417.

[48] Stahl W J U A. Geochemische daten nordwest-deutscher Obrekarbor，Zechstein and Bunt sand stein

gas. Erdoel and Kohle-Erdgas-Petrochemic，1979，32：65～70.

[49] Krouse H R. Stable isotope geochemistry of nonhydrocarbon constituents of natural gases. Bucharest，Romania：10th World Petroleum Congress，1979.

[50] Ulmishek G F. Petroleum geology and resources of West Siberian Basin，Russia. US Geological Survey Bulletin，2003，2201-G：1～53.

[51] Kohtorovich A E. Oil and Gas Geology in West Siberia. Mineral Press，1975.

[52] 朱伟林，王志欣，宫少波，等．俄罗斯含油气盆地．北京：科学出版社，2012：121～202.

[53] 甘克文，李国玉，张亮成．世界含油气盆地图集．北京：石油工业出版社，1982.

[54] Zhabrev I P，Ermakov V I，Oryol V E，*et al*. Genesis of gas and gas potention prediction. Oil and Gas Geology，1974，9：1～8.

[55] Bandlowa T. Zim Auftreter von Erdgas in verbreitungs gebieten kohlefuhrendes Albagerungen. Zeitschrift for Augarmotle Geologic，Baud，1975，21（10）：10～20.

[56] 何登发，童晓光，温志新，等．全球大油气田形成条件与分布规律．北京：科学出版社，2015：299～368.

[57] 白国平，殷进垠．中亚卡拉库姆盆地油气分布特征与成藏模式．古地理学报，2007，9（3）：209～301.

[58] 何登发，童晓光，杨福忠，等．中亚含油气区构造演化与油气聚集．北京：科学出版社，2016：73～159.

[59] Aksenov A A. Amu-Darya gas oil province. Petroleum Geology，1986，22（2）：69～75.

[60] Umishek G F. Petroleum geology and resources of the Amu-Darya Basin，Turkmenistan，Uzbekistan，Afghanistan and Iran. US Geological Survey Bulletin，2004，2201-H：1～84.

[61] Clarke J W. Petroleum geology of the Amu-Darya gas oil province of Soviet Central Asia. Virginia：United States Geological Survey，1988.

[62] 中俄土合作研究项目组．中俄土天然气地质研究新进展．北京：石油工业出版社，1995：164～208.

[63] 戴金星，何斌，孙永祥，等．中亚煤成气聚集域形成及其源岩：中亚煤成气聚集域研究之一．石油勘探与开发，1995，22（3）：1～6.

[64] Epmakov V I. The Formation of Hydrocarbon Natural Gas in Coal-bearing and Sub-coal-bearing Strata. Moscow：Mineral Press，1984：23～67.

[65] 戴金星．国外的煤成气和主要的聚煤气盆地．煤田地质情报，1982，10（1）：1～5.

[66] 杨俊杰，裴锡古．中国天然气地质学：卷四．北京：石油工业出版社，1996：1～8.

[67] 何自新，费安琦，王同和，等．鄂尔多斯盆地演化与油气．北京：石油工业出版社，2003：155～173.

[68] 戴金星，李剑，罗霞，等．鄂尔多斯盆地大气田的烷烃气碳同位素组成特征及其气源对比．石油学报，2005，26（1）：18～26.

[69] 赵文智，卞从胜，徐兆辉．苏里格气田与川中须家河组气田成藏共性与差异．石油勘探与开发，2013，40（4）：400～408.

[70] 邹才能，陶士振，侯连华，等．非常规油气地质：2版．北京：地质出版社，2013：114～117.

[71] 李贤庆，冯松宝，李剑，等．鄂尔多斯盆地苏里格大气田天然气成藏地球化学研究．岩石学报，2012，28（3）：836～846.

[72] Zou C N，Yang Z，Tao S Z，*et al*. Continuous hydrocarbon accumulation over a large area as a distinguishing characteristic of unconventional petroleum：the Ordos Basin，North-Central China. Earth Science Reviews，2013，126：358～369.

[73] Dai J X，Li J，Luo X，*et al*. Stable carbon isotope compositions and source rock geochemistry of the giant

gas accumulations in the Ordos Basin, China. Organic Geochemistry, 2005, 36: 1617 ~ 1635.

[74] 于聪，黄士鹏，龚德瑜，等．天然气碳、氢同位素部分倒转成因：以苏里格气田为例．石油学报，2013，34（S1）：92 ~ 101.

[75] Hu G Y, Li J, Shan X Q, *et al.* The origin of natural gas and the hydrocarbon charging history of the Yulin gas field in the Ordos Basin. International Journal of Coal Geology, 2010, 81 (4): 381 ~ 191.

[76] Huang S P, Fang X, Liu D, *et al.* Natural gas genesis and sources in the Zizhou gas field in the Ordos Basin, China. International Journal of Coal Geology, 2015, 152: 132 ~ 140.

[77] Liu Q Y, Jin Z J, Meng Q Q, *et al.* Genetic types of natural gas and filling patterns in Daniudi gas field, Ordos Basin, China. Journal of Asian Earth Sciences, 2015, 107: 1 ~ 11.

[78] Wu X Q, Liu Q Y, Zhu J H, *et al.* Geochemical characteristics of tight gas and gas-source correlation in the Daniudi gas field, the Ordos Basin, China. Marine and Petroleum Geology, 2017, 79: 412 ~ 425.

[79] 胡安平，李剑，张文正，等．鄂尔多斯盆地上、下古生界和中生界天然气地球化学特征及成因类型对比．中国科学：地球科学，2007，37（增刊Ⅱ）：157 ~ 166.

[80] Feng Z Q, Liu D, Huang S P, *et al.* Geochemical characteristics and genesis of natural gas in the Yan'an gas field, Ordos Basin, China. Organic Geochemistry, 2016, 102: 67 ~ 76.

[81] 倪春华，刘光祥，朱建辉，等．鄂尔多斯盆地杭锦旗地区上古生界天然气成因及来源．石油实验地质，2018，40（2）：193 ~ 199.

[82] 何自新，付金华，席胜利，等．苏里格大气田成藏地质特征．石油学报，2003，24（2）：6 ~ 12.

[83] 李延钧，陈义才，杨远聪，等．鄂尔多斯下古生界碳酸盐烃源岩评价与成烃特征．石油与天然气地质，1999，20（4）：349 ~ 353.

[84] 夏新宇．碳酸盐岩生烃与长庆气田气源．北京：石油工业出版社，2000：28 ~ 122.

[85] 涂建琪，董义国，张斌，等．鄂尔多斯盆地奥陶系马家沟组规模性有效烃源岩的发现及其地质意义．天然气工业，2016，36（5）：15 ~ 24.

[86] 李伟，涂建琪，张静，等．鄂尔多斯盆地奥陶系马家沟组自源型天然气聚集与潜力分析．石油勘探与开发，2017，44（4）：521 ~ 530.

[87] 刘丹，张文正，孔庆芬，等．鄂尔多斯盆地下古生界烃源岩与天然气成因．石油勘探与开发，2016，43（4）：540 ~ 549.

[88] 黄第藩，熊传武，杨俊杰，等．鄂尔多斯盆地中部气田气源判识和天然气成因类型．天然气工业，1996，16（6）：1 ~ 6.

[89] 陈安定．论鄂尔多斯盆地中部气田混合气的实质．石油勘探与开发，2002，29（2）：33 ~ 38.

[90] Danforth A, Cranath J W, Gross J S, *et al.* Deepwater fans across a transform margin, offshore East Africa. Geo ExPro, 2012, 9 (4): 72 ~ 74.

[91] 张光亚，刘小兵，温志新，等．东非被动大陆边缘盆地构造-沉积特征及其对大气田富集的控制作用．中国石油勘探，2015，20（4）：71 ~ 80.

[92] 曹全斌，唐鹏程，吕福亮，等．东非鲁伍马盆地深水浊积砂岩气藏成藏条件及控制因素．海相油气地质，2018，23（3）：65 ~ 72.

[93] 孔祥宇．东非鲁武马盆地油气地质特征与勘探前景．岩性油气藏，2013，25（3）：21 ~ 27.

[94] Catuneanu O, Wopfenr H, Eriksson P G, *et al.* The Karoo Basin of south-central Africa. Journal of African Earth Sciences, 2005, 43: 211 ~ 253.

[95] 金宠，陈安清，楼章华，等．东非构造演化与油气成藏规律初探．吉林大学学报（地球科学版），2012，42（S2）：121 ~ 130.

塔里木盆地英吉苏凹陷煤成气前景良好*

一、引言

煤成气在中国天然气工业发展中起了重大作用，2017 年中国天然气探明地质储量和年产量中煤成气分别占 60.6% 和 61.2%。中国第一大产气区鄂尔多斯盆地、第三大产气区塔里木盆地，2017 年所产气中煤成气分别占 90% 以上和 86%[1]。在俄罗斯、荷兰、澳大利亚、土库曼斯坦和乌兹别克斯坦等产气大国中，在储量和产量上均以煤成气占绝对优势[2]。中国和国外天然气勘探实践证明，凡是有大片连续埋藏含煤地层的盆地，往往可探明大量煤成气田而成为煤成气产气区，如中国鄂尔多斯盆地、塔里木盆地库车拗陷、莺琼盆地、西西伯利亚盆地、维柳伊盆地、德国西北盆地、西荷兰盆地、阿姆河盆地、库珀盆地、吉普斯兰盆地、卡纳尔文盆地、鲁伍马盆地等。因此，有大片连续埋藏含煤地层或地区，基本都是表征为煤成气前景或潜力良好的地区。在煤成气理论形成之前，由于未认识到煤系是气源岩，虽然鄂尔多斯盆地分布有连续的石炭系—二叠系，但不被作为天然气勘探目标，因此，在该盆地几乎没有发现天然气。在煤成气理论的推动下，如今鄂尔多斯盆地已成为中国第一大产气区。渤海湾盆地石炭纪—二叠纪时与鄂尔多斯盆地同属大华北盆地，石炭系—二叠系煤系也是良好气源岩，在中原油田公司和华北油田公司作业区局部有该煤系深埋的地区发现了文留气田和苏桥凝析气田。在渤海湾盆地大港油田公司作业区有 $10000km^2$ 连续分布深埋的石炭系—二叠系煤系，生气强度可达 $(20\sim100)\times10^8m^3/km^2$，且以往在乌马营、王官屯等已发现与煤系相关的气油井，故应该是勘探煤成气潜力大的地区[3,4]。但由于在很长时期内未充分认识到连续分布的地腹煤系的煤成气潜力，有的放矢勘探煤成气力度还不够，故未发现规模煤成气田。近几年来，大港油田公司对地腹连续石炭系—二叠系煤系勘探加强了，就发现了莲花气田[5]。塔里木盆地英吉苏凹陷地腹侏罗系含煤地层连续分布，虽曾针对煤成气开展过有限勘探，但未获突破，近 20 年少有勘探，实际上该区煤成气前景良好，应重新认识并开展勘探，将会有突破。

二、英吉苏凹陷地质背景与天然气勘探简况

英吉苏凹陷是位于塔里木盆地中部的北部拗陷最东部的一个凹陷（图 1），由于勘探与研究程度低，故各家估计面积相差较大，为 $(2.36\sim1.18)\times10^4km^2$[5~8]。尽管如此，在该凹陷已发现一套中生界侏罗系煤系烃源岩[5~7,9~12]、一套下古生界奥陶系—寒武系海相烃源岩[8,11~13]形成的油型气。由于煤成气占塔里木盆地产气量的 86%[1]，目前主要产自

---

* 原载于《天然气地球科学》，2019，第 30 卷，第 6 期，771～782，作者还有洪峰、倪云燕、廖凤蓉。

库车拗陷中与侏罗系含煤地层气源岩有关的古近系—新近系、白垩系和侏罗系。从图 1 可见：塔里木盆地有两个侏罗系残余厚度为 1000 ~ 2000m 的大的煤系连续分布地区：一是库车拗陷；二是英吉苏凹陷，故英吉苏凹陷煤成气勘探的前景良好。所以本文主要论述英吉苏凹陷的煤成气潜力，为今后加强对其勘探提供理论支持。

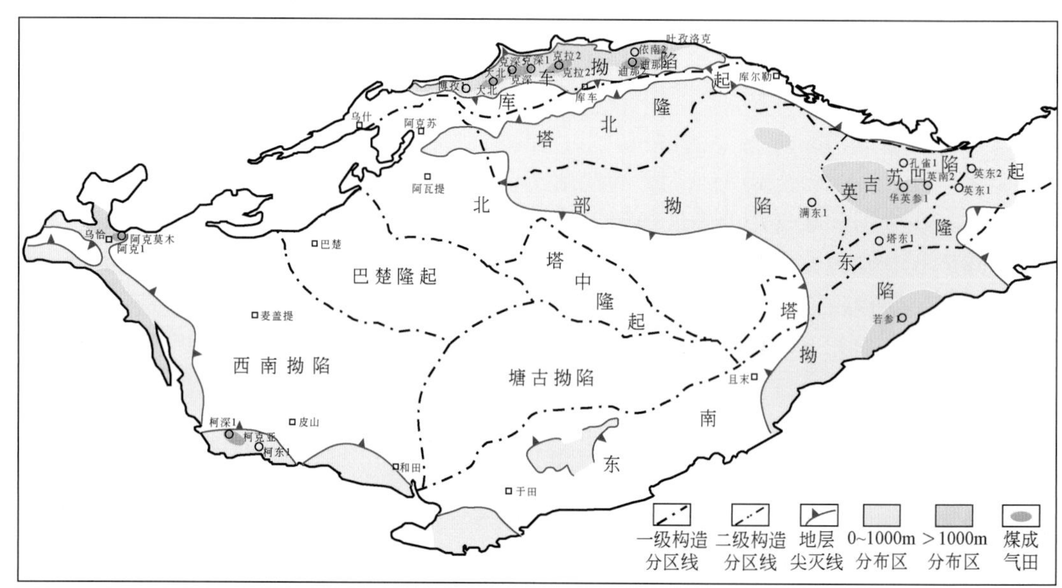

图 1 塔里木盆地侏罗系残余厚度（据中国石油塔里木油田公司①，2016，补充）

1. 英吉苏凹陷地层概况

英吉苏凹陷在前震旦系结晶基底之上主要发育震旦系，下古生界寒武系、奥陶系、志留系，中生界侏罗系、白垩系和新生界古近系、新近系、第四系[14~18]。震旦系仅在北部库鲁克塔格断隆雅尔当山出露[14]，全区缺失泥盆系—二叠系[19]，三叠系分布局限，仅个别井钻遇（铁南 2 井）。

寒武系主要为一套碳酸盐岩、泥页岩、硅质岩，中统、下统以大套灰、黑色泥页岩、硅质岩、灰质泥岩为主，夹硅质灰岩和泥质白云岩，上统为大套的灰色、灰黑色泥晶-微晶白云岩和泥质灰岩，区域上分布稳定，厚度在 400 ~ 700m，英东 2 井钻揭 629.5m。中—上奥陶统主要为褐灰色、灰色的厚层细砂岩、粉砂岩、泥岩、不等厚互层，中—下奥陶统主要为巨厚层灰色、灰黑色、黑色泥岩、页岩为主夹中厚层灰岩，英南 2 井和英东 2 井钻达该层，厚度分别为 383m 和 1238.5m。志留系主要为灰绿色、褐灰色、灰色砂泥岩互层，厚度为 0 ~ 1500m，龙口 1 井、华英参 1 井和英南 2 井钻遇该层，厚度分别为 389m、80m 和 704.5m。其中奥陶系—寒武系暗色碳酸盐岩和泥岩，分布广、有机质丰度高，为一套海相烃源岩[12]。

侏罗系主要发育中统克孜勒努尔组和下统阳霞组，上与白垩系、下与志留系均为角度

① 中国石油塔里木油田公司，塔里木盆地第四次油气资源评价，内部报告，2016。

不整合接触[16,17]，以灰绿色、灰色、暗紫色砂岩、泥岩及煤层沉积为主，其厚度变化大，英南2井和华英参1井厚度分别为1183m和2259m，英东2井为739.5m，塔东1井仅为88m[18]，煤层主要分布于克孜勒努尔组上煤组（1段）和下煤组（3段），华英参1井、龙口1井、英东2井、铁南1井和铁南2井均钻遇煤层，煤层厚度为6～56.37m，英南2井则未见含煤层段；白垩系主要发育下白垩统，主要为褐灰色含砾细砂岩、细砂岩、粉砂岩、杂色砂砾岩夹褐色泥岩，厚度一般在200～1100m。侏罗系主要是河流、滨浅湖相含煤沉积，其中暗色泥岩、碳质泥岩和煤岩为一套潜在的煤成气源岩，其与库车拗陷相比，主要差别是该区煤层主要发育于侏罗系克孜勒努尔组，而库车拗陷在侏罗系克孜勒努尔组、阳霞组和三叠系塔里奇克组均有煤层（图2），煤层累厚一般为20～60m，是库车拗陷克拉2、迪那2等煤成大气田的气源岩[20]。由此可见，英吉苏凹陷侏罗纪含煤地层应是一套值得重视的煤成气源岩。

新生界古近系—新近系主要为河流-浅湖相褐黄色、灰绿色砂砾岩、粉细砂岩、泥岩，含有少量泥质膏岩[15]，厚度一般在1500～2000m。维马1井、龙口1井仅见薄层石膏，龙口1井石膏厚仅为2m，相比库车拗陷膏盐岩的发育程度要差（图2）。

2. 勘探简况

英吉苏凹陷油气勘探始于1961年，1965～1966年以中生界为主要勘探目的层的铁南1、铁南2、阿南1和阿南2等4口探井，未见油气显示。2000～2002年共完成钻井英南1、英南2、维马1、华英参1及龙口1等5口井。英南2井侏罗系见油气层132.5m（差气层28.5m、气-水同层40.5m、气层63.5m），在3624.8～3667.5m井段获轻质油4.72m^3/d、天然气69268m^3/d；志留系油气显示59.5m（差气层44.0m、气-水同层13.0m、气层2.5m），在3805.47～3833.9m井段获气627m^3；奥陶系有8.5m差气层，在风化壳中。龙口1井侏罗系见油气层23.5m（差油气层19.0m、含油水层4.5m）；在志留系见油气显示20.5m（差油气层18.5m、油气层1.0m、含油水层1.0m），获低产油流。在华英参1井获得2000mL轻质油。

三、侏罗系成气的有利条件

1. 侏罗系残余厚度

由图1可见，塔里木盆地有4个侏罗系残余厚度大于1000m的地区，3个在盆地北东区，即库车拗陷、英吉苏凹陷和若羌（若参1井）地区；另一个在盆地西南拗陷乌恰地区。库车拗陷已探明与侏罗系煤成气有关的克拉2、迪那2、大北和克深大气田，以及许多中小型气田。2017年累计探明气层气地质储量为18307.5×10^8m^3，当年产气为258×10^8m^3，历年累计产气2496×10^8m^3[1]。乌恰侏罗系残余厚度1000m以上地区虽然面积不大，但也发现了地质储量446×10^8m^3的阿克莫木大气田。英吉苏凹陷侏罗系残余厚度为1000～2000m连续分布面积约为8000km^2，故应是煤成气有利区。

1）*煤岩烃源岩*

由图3可见，侏罗系残余厚度>1000～2000m区域（图1）几乎与煤岩烃源岩最大厚度分布区重合，煤层最薄处也大于10m，一般厚度为30～40m，最厚可达60m。维马1井

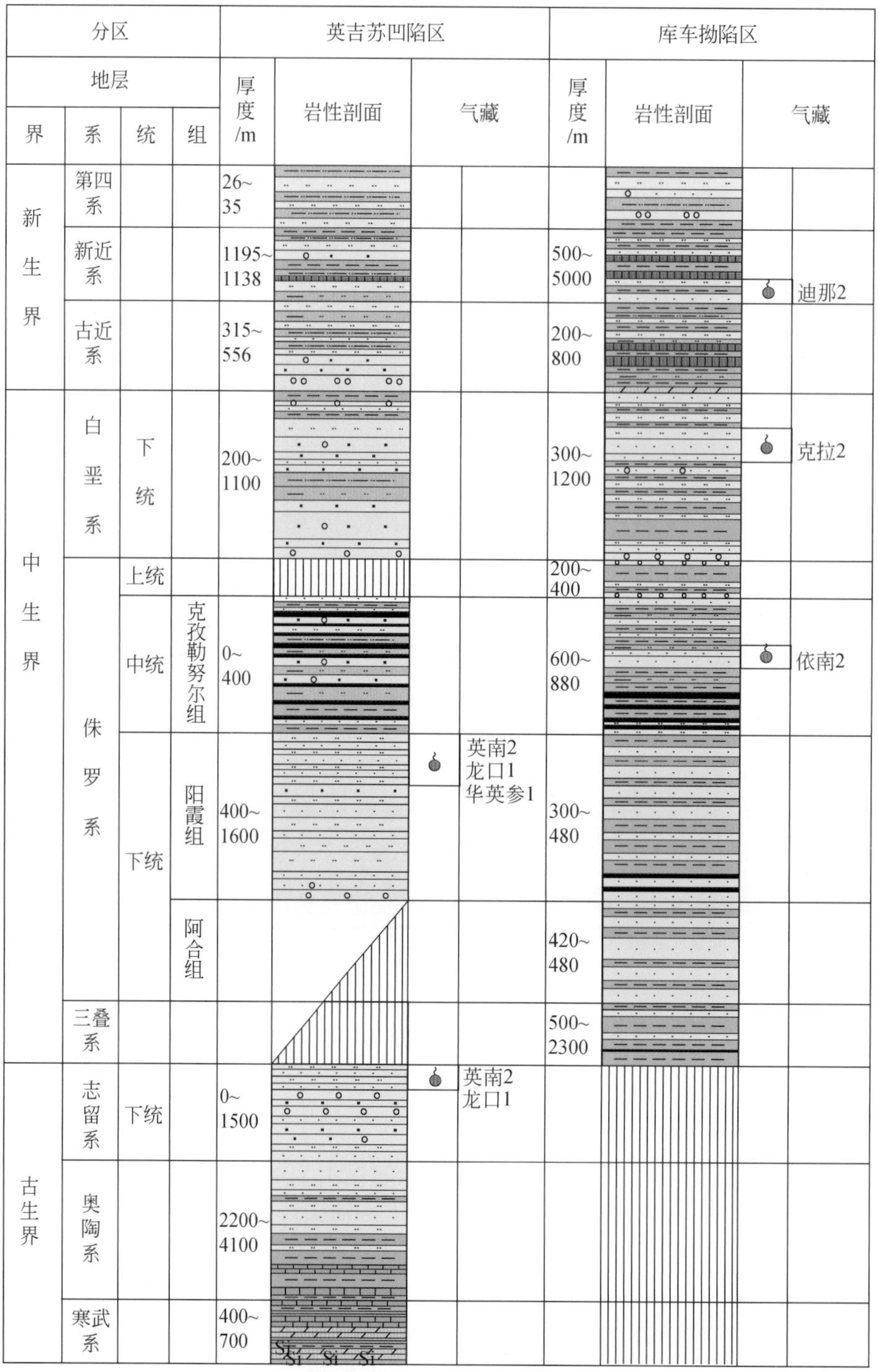

分区				英吉苏凹陷区			库车拗陷区		
地层				厚度/m	岩性剖面	气藏	厚度/m	岩性剖面	气藏
界	系	统	组						
新生界	第四系			26~35					
	新近系			1195~1138			500~5000		迪那2
	古近系			315~556			200~800		
中生界	白垩系	下统		200~1100			300~1200		克拉2
	侏罗系	上统					200~400		
		中统	克孜勒努尔组	0~400			600~880		依南2
		下统	阳霞组	400~1600		英南2 龙口1 华英参1	300~480		
			阿合组				420~480		
	三叠系						500~2300		
古生界	志留系	下统		0~1500		英南2 龙口1			
	奥陶系			2200~4100					
	寒武系			400~700					

图2 塔里木盆地英吉苏凹陷与库车拗陷侏罗纪地层及气藏发育层位对比图（据文献［19］、［21］编制）

煤层厚13.5m，R_o 值为0.42%~0.54%；龙口1井煤层厚34.5m，R_o 值为0.58%~0.69%；华英参1井煤层厚55.5m[9]，R_o 值为0.46%~0.64%[10]。从以上3口井 R_o 最高值为

0.54%~0.69%已处于长焰煤阶段，长焰煤的视煤气发生率为（100~130）m^3/t[22]，由此可见仅煤层在英吉苏凹陷就能形成大量的煤成气。

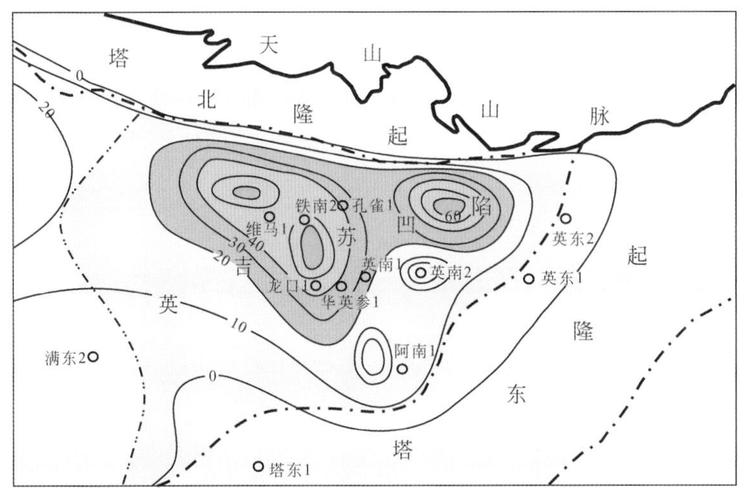

图3 英吉苏凹陷煤岩烃源岩厚度图（单位：m）（据中国石油塔里木油田公司①，2016，修改）

2）碳质泥岩烃源岩

由图4可见，在英吉苏凹陷侏罗系残余厚度为1000~2000m（图1）、煤层厚度最大分布区（图3）与碳质泥岩最大厚度分布区几乎重合，这对煤成气生成和聚集具有重要意义。碳质泥岩一般厚度为10~30m，最厚可达40m左右。华英参1井碳质泥岩厚32m。

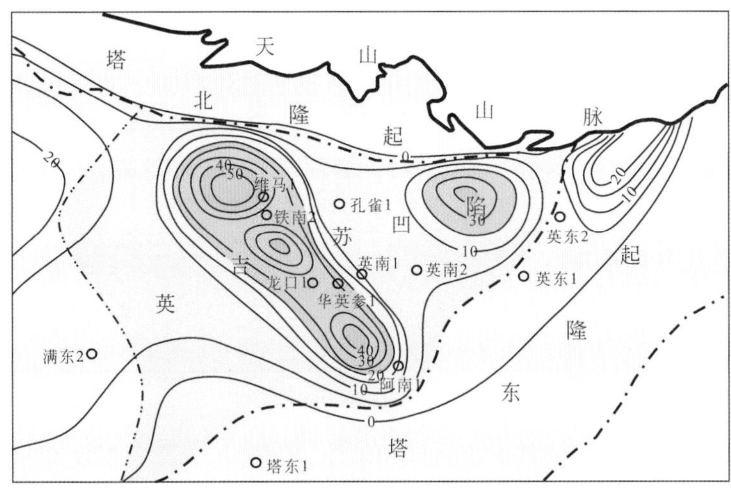

图4 英吉苏凹陷碳质泥岩烃源岩厚度图（单位：m）（据中国石油塔里木油田公司①，2016，修改）

3）暗色泥岩烃源岩

由图5可见：英吉苏凹陷侏罗系暗色泥岩厚度中心在南部，最大厚度大于200m。阿

① 中国石油塔里木油田公司，塔里木盆地第四次油气资源评价，内部报告，2016。

南1井附近厚度最大365m；华英参1井厚度199.5m[8]，暗色泥岩和侏罗系残余厚度中心（图1）基本叠合，但比煤岩（图3）和碳质泥岩（图4）厚度中心稍偏南。

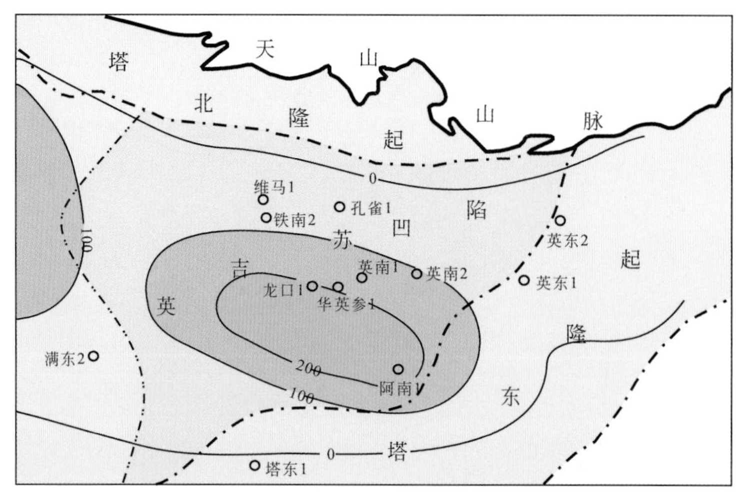

图5 英吉苏凹陷暗色泥岩烃源岩厚度图（单位：m）（据中国石油塔里木油田公司①，2002，修改）

2. 侏罗系烃源岩有机质丰度

表1是英吉苏凹陷侏罗系泥岩、碳质泥岩和煤的有机质丰度，与库车拗陷中侏罗统恰克马克组（J_2q）、中侏罗统克孜勒努尔组（J_2k）和下侏罗统阳霞组（J_1y）的泥岩、碳质泥岩和煤的有机质丰度对比：TOC值两地区对应岩性几乎相近，以煤系烃源岩生油气潜力评价标准（表2），应为中等烃源岩；氯仿沥青“A”英吉苏凹陷为非烃源岩而库车拗陷则为中等烃源岩；S_1+S_2值英吉苏凹陷和库车拗陷侏罗系烃源岩均为中-好烃源岩；I_H值英吉苏凹陷为中-好烃源岩而库车拗陷为差-中烃源岩。总的来说两地区以中等烃源岩为主。目前库车拗陷已发现$1\times10^{12}m^3$以上煤成气并已发展成为中国大产气区，故从烃源岩对比英吉苏凹陷煤成气开发应有好前景。CNPC油气地球化学重点实验室②对塔东地区（主要包括英吉苏凹陷）侏罗系煤系泥岩I_H指数、TOC和S_1+S_2作了对比分析，泥岩中有39.1%～54.8%为中等烃源岩和好烃源岩（表3）。

表1 英吉苏凹陷和库车拗陷侏罗系烃源岩有机质丰度对比

地区	层位	岩性	TOC/%	氯仿沥青“A”/%	$(S_1+S_2)/(mg/g)$	$I_H/(mg/g)$	文献
英吉苏凹陷	J	泥岩	1.27（71）	0.0679（12）	1.74（39）	137（12）	[5]
		碳质泥岩	20.21（16）	0.0679（12）	36.68（13）	137（12）	
		煤	57.08（18）	1.2056（3）	72.82（17）	4702（3）	

① 中国石油塔里木油田公司，塔里木盆地油气资源评价，内部报告，2002。

② 中国石油油气地球化学重点实验室，塔里木盆地东部地区烃源岩评价与油气源对比，内部报告，2003。

续表

地区	层位	岩性	TOC/%	氯仿沥青“A”/%	$(S_1+S_2)/(mg/g)$	$I_H/(mg/g)$	文献
库车坳陷	J_2q	泥岩	1.54（44）	1.151（10）	3.1	109	[23]
	J_2k		2.15（195）	0.401（22）	2.67	82	
	J_1y		2.58（171）	0.550（23）	3.2	90	
	J_2q	碳质泥岩	14.62（4）		3.07	21	
	J_2k		15.69（97）	1.266（3）	27.18	152	
	J_1y		16.86（94）	1.962（4）	34.52	180	
	J_2k	煤	58.98（90）	10.263（4）	84.32	136	
	J_1y		57.86（45）	13.667（6）	78.08	132	

注：括号内为样品数，其前为平均数。

表 2 煤系地层烃源岩生油潜力评价标准[24]

<table>
<tr><td colspan="2">类别</td><td>非生油岩</td><td>差生油岩</td><td>中等生油岩</td><td>好生油岩</td><td colspan="2">很好</td></tr>
<tr><td>煤系</td><td>TOC/%</td><td><0.75</td><td>0.75～1.5</td><td>1.5～3.0</td><td>3.0～6.0</td><td colspan="2">3.0～6.0</td></tr>
<tr><td rowspan="3">泥岩</td><td>$(S_1+S_2)/(mg/g)$</td><td><0.5</td><td>0.5～2.0</td><td>2.0～6.0</td><td>6.0～20</td><td colspan="2">>20</td></tr>
<tr><td>氯仿沥青“A”/%</td><td><0.15</td><td>0.15～0.3</td><td>0.3～0.6</td><td>0.6～1.2</td><td colspan="2">>1.2</td></tr>
<tr><td>$I_H/(mg/g)$</td><td><65</td><td>65～180</td><td>180～400</td><td>400～700</td><td colspan="2">>700</td></tr>
<tr><td>煤系</td><td>有机质类型</td><td>$Ⅲ_3$</td><td>$Ⅲ_2$</td><td>$Ⅲ_1$</td><td>Ⅱ</td><td>$Ⅰ_2$</td><td>$Ⅰ_1$</td></tr>
<tr><td rowspan="3">碳质泥岩</td><td>$I_H/(mg/g)$</td><td><65</td><td>65～110</td><td>110～200</td><td>200～400</td><td>400～700</td><td>>700</td></tr>
<tr><td>$(S_1+S_2)/(mg/g)$</td><td><10</td><td>10～18</td><td>18～35</td><td>35～70</td><td>70～120</td><td>>120</td></tr>
<tr><td>TOC/%</td><td colspan="2">6～10</td><td>10～18</td><td>18～35</td><td colspan="2">35～40</td></tr>
<tr><td rowspan="4">煤岩</td><td>有机质类型</td><td>$Ⅲ_2$</td><td>$Ⅲ_1$</td><td>Ⅱ</td><td colspan="3">Ⅰ</td></tr>
<tr><td>$I_H/(mg/g)$</td><td><150</td><td>150～275</td><td>275～400</td><td colspan="3">>400</td></tr>
<tr><td>$(S_1+S_2)/(mg/g)$</td><td><100</td><td>100～200</td><td>200～300</td><td colspan="3">>300</td></tr>
<tr><td>氯仿沥青“A”/%</td><td><7.5</td><td>7.5～20</td><td>6.0～25</td><td colspan="3">>25</td></tr>
</table>

表 3 库车坳陷侏罗系泥岩中等和好烃源岩参数对比①

地区	库车坳陷			塔东地区		
项目	样品/个	中等烃源岩/%	好烃源岩/%	样品/个	中等烃源岩/%	好烃源岩/%
TOC	330	14.9	24.2	186	30.6	24.2
S_1+S_2	397	18.2	23.4	186	17.8	14.5

四、天然气地球化学及成因

目前在英吉苏凹陷仅有华英参 1 井、龙口 1 井和英南 2 井有气组分和碳同位素组成资

① 中国石油油气地球化学重点实验室，塔里木盆地东部地区烃源岩评价与油气源对比，内部报告，2003。

料，为研究此3口井天然气成因和特征，利用塔里木盆地其他已确定天然气成因井进行对比研究（表4）。

1. 组分

由表4可见：英吉苏凹陷3口井甲烷含量为69.01%~87.46%，重烃气（C_{2-4}）含量从3.41%（华英参1井，4461~4482m）至19.11%（华英参1井，4413m），一般在9%~14%，也就是说这些井都是湿气，与西西伯利亚盆地由赛诺曼阶含煤地层生成煤成气的甲烷含量为95.20%~98.20%，重烃气含量仅为0.04%~1.75%的干气迥然不同，因后者是赛诺曼阶含煤地层在泥炭化、褐煤阶段和部分长焰煤阶段形成的[2]。在非烃组分中CO_2含量低，为0.05%~1.10%，但N_2含量较高，为3.91%~17.30%。

由表4可知：塔里木盆地其他地区，不论是煤成气或油型气，英吉苏凹陷3口井甲烷含量相似，均低于90%，从77.73%（牙哈701井）至89.40%（博孜1井）。重烃气含量一般煤成气较高，为湿气，而油型气中重烃气含量稍低，既有湿气也有干气。

2. 烷烃气碳同位素组成

烷烃气碳同位素组成具有极丰富的科学信息，可用以揭开天然气的成因、成熟度、原生性、次生变化、运移诸多方面的奥秘。

1）乙烷碳同位素（$\delta^{13}C_2$）值

中国诸多学者对$\delta^{13}C_2$值及鉴别煤成气和油型气进行详细研究。张士亚等[25]指出：$\delta^{13}C_2$值受烃源岩成熟度的影响比$\delta^{13}C_1$值小，不同类型烃源岩生成的天然气$\delta^{13}C_2$值有显著的差别，煤成气的$\delta^{13}C_2$值一般高于-29‰，油型气的$\delta^{13}C_2$值一般低于-29‰。王世谦[26]研究了四川盆地侏罗系—震旦系天然气的地球化学特征后，指出煤成气$\delta^{13}C_2$>-29‰。戴金星等[27,28]对国内外大量煤成气的和油型气的$\delta^{13}C_2$值综合对比研究后指出：煤成气的$\delta^{13}C_2$值基本上高于-28‰，油型气的$\delta^{13}C_2$值基本上低于-28.5‰，介于-28.0‰~-28.5‰的为两类气共存区，且以煤成气为主。根据以上$\delta^{13}C_2$值鉴别标准，英吉苏凹陷华英参1井、龙口1井和英南2井中，仅华英参1井4个样品天然气均为煤成气（$\delta^{13}C_2$=-22.8‰~-25.3‰），其$\delta^{13}C_2$值比前人研究[20,29]塔里木盆地其他地区煤成气的$\delta^{13}C_2$值-20.9‰~-26.2‰基本相近（表4）。龙口1井和英南2井共8个样品天然气均为油型气（$\delta^{13}C_2$=-30.9‰~-35.5‰），其$\delta^{13}C_2$值比前人[20,30~32]研究塔里木盆地其他地区油型气的$\delta^{13}C_2$值-31.5‰~-42.0‰稍高一点（表4）。

2）图版鉴别天然气成因

把表4各井$\delta^{13}C_1$值、$\delta^{13}C_2$值和$\delta^{13}C_3$值投入$\delta^{13}C_1$-$\delta^{13}C_2$-$\delta^{13}C_3$煤成气和油型气鉴别图版（图6）中。由图6可见：塔里木盆地其他地区煤成气各井与华英参1井的天然气基本落在煤成气区内；塔里木盆地其他地区油型气各井与龙口1井、英南2井的天然气也基本落在油型气区内，仅个别井因$\delta^{13}C_3$值倒转发生错位。

表 4　英吉苏凹陷和塔里木盆地其他地区天然气地球化学参数对比

气来源	地区	井号	深度/m	层位	天然气主要组分/%						$\delta^{13}C$/‰(VPDB)				文献
					CH_4	C_2H_6	C_3H_8	C_4H_{10}	CO_2	N_2	CH_4	C_2H_6	C_3H_8	C_4H_{10}	
煤成气	其他地区	柯 18	3194.6～3272.4	N_1x	82.41	8.75	2.29	0.83	0.11	5.39	-38.0	-26.0	-25.3	-26.1	[20]
		柯 2	3318.0		85.66	9.64	2.26	1.02			-38.2	-26.2	-25.9		
		柯 243	3839.0		83.99	10.50	3.00	1.53	0.03		-37.8	-25.8	-27.4		[25]
		柯 701	3939.0		79.88	9.42	2.65	2.65	3.99		-38.1	-26.2	-28.1		
		博孜 1	7014～7084		89.40	6.80	1.56				-35.3	-23.3	-21.3		
		DN2	4875.6	N_1j	87.93	7.25	1.40	0.59	0.81	1.55	-34.3	-20.9	-15.6	-24.7	[20]
		ND202	4846.5～4897	$E_{2-3}S$	88.50	7.22	1.50	0.59	0.49	1.44	-34.7	-23.3	-21.0	-21.1	
		英买 9	4945～4949	K	77.98	7.01	3.50	1.74	1.05	8.94	-34.1	-25.0	-26.4		
		牙哈 3	4980～4983	N_1j	88.15	2.98	1.72	0.84	0.97	0.79	-38.7	-25.7	-22.3	-22.0	
		牙哈 3	5912.5～5915	€							-37.3	-24.0	-23.7	-24.0	
	英吉苏凹陷	华英参 1	4413.0	J	80.32	11.57	4.94	2.60			-33.1	-22.8	-19.6	-26.4	[6]
			4461～4482		87.46	2.75	0.43	0.23	0.17	8.95	-38.6	-25.3	-17.4	-27.3	*
			4461～4482								-37.8	-23.2	-29.8	-23.2	
			4903.8	S							-37.3	-24.7	-29.2	-23.9	
油型气		龙口 1 井	4265～4305	J							-40.0	-35.0	-30.0	-33.3	
			4471.77～4488.24		80.86	9.28	3.22	1.50	0.11	3.91	-39.0	-35.4	-28.9	-33.6	
			4474.33～4488.24		84.45	7.9	2.34	0.90		3.72	-40.4	-35.5	-28.8	-34.3	
		英南 2 井	3470.79～3510.85		72.21	6.85	2.32	1.11	0.05	16.90	-36.3	-30.9	-28.8	-29.5	[13]
			3505～3517.85		69.01	7.15	2.98	1.67	0.06	17.30	-36.2	-31.5	-28.2	-27.6	
			3626.02～3667.56		75.10	6.45	1.46	0.99	0.10	15.09	-37.3	-33.3	-29.3	-30.3	
			3725.85～3776.0	S	76.74	5.99	1.84	0.95	0.13	13.83	-37.2	-34.6	-29.1	-27.6	
			3805.47～3833.99		75.06	6.63	2.03	1.16	1.10	13.31	-37.5	-34.7	-28.9	-27.3	
	其他地区	牙哈 701	5942～5951	€	77.73	8.94	4.24	2.11	6.46	0.00	-47.2	-42.0	-37.8	-36.2	[20]
		英买 2-11	5776.5～5870	O							-46.6	-40.4	-34.6	-33.2	
		玛 2	1462～1501	C	84.85	0.53	0.17		1.88	12.57	-36.2	-35.7	-33.3	-29.9	[26]
		玛 4	2235～2355	O	82.94	1.31	0.49		1.19	13.63	-38.0	-35.5	-33.2	-30.3	
		塔中 45	6150.0		85.63	4.44	1.24		3.20	4.78	-54.4	-38.2	-32.0	-30.7	[27]

* 中国石油油气地球化学重点实验室，塔里木盆地东部地区烃源岩评价与油气源对比，内容报告，2003。

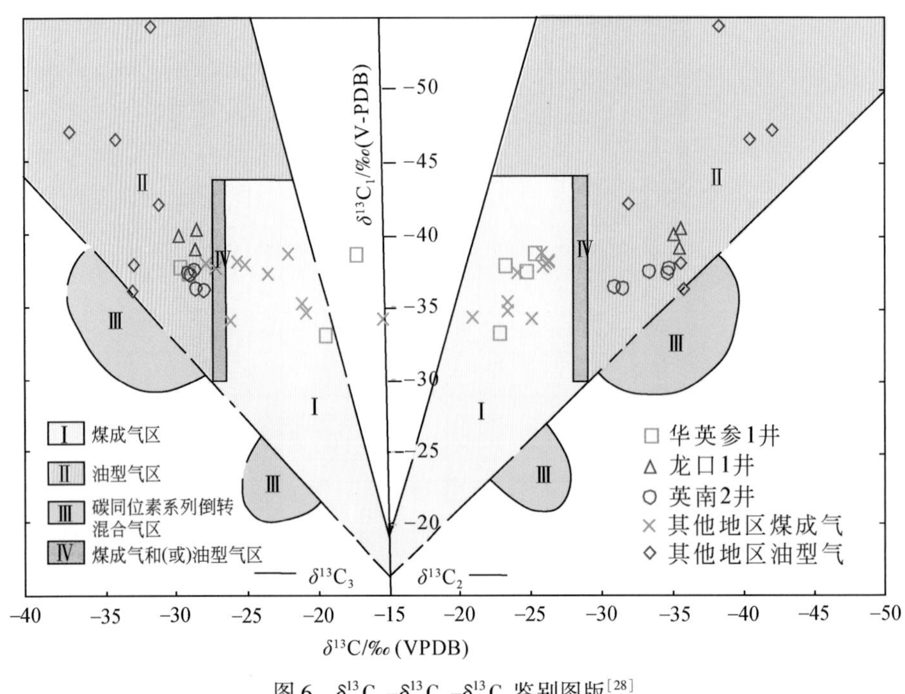

图 6 $\delta^{13}C_1$–$\delta^{13}C_2$–$\delta^{13}C_3$鉴别图版[28]

五、侏罗系烃源岩成熟度和资源潜力

1. 烃源岩成熟度

王飞宇等[10]对塔东地区 10 口探井 110 个侏罗系样品进行了系统的镜质组反射率（R_o）测试，其 R_o 主体为 0.50%~0.65%（表 5），均处于未熟–低熟阶段。塔东地区现今地温梯度为 19~22℃/km，为低地温梯度区。

表 5 塔东地区单井侏罗系源岩镜质组反射率和热解峰温的分布范围[10]

井号	深度/m	镜质组反射率/%	热解峰温/℃
华英参 1 井	3011.0~3434.5	0.46~0.64	422~439（432）
塔东 1 井	2942.0~3220.0	0.57~0.70	426~438（429）
维马 1 井	1910.0~2190.0	0.42~0.54	367~499（427）
普惠 1 井	3106.0~3485.0	0.57~0.65	422~438（431）
龙口 1 井	2987.5~3181.0	0.58~0.69	422~441（430）
群克 1 井	2350.0~2610.0	0.33~0.46	379~432（423）
学参 1 井	3008.0~3271.0	0.41~0.51	422~434（429）
英南 2 井	3112.0~3808.0	0.55~0.69	—
塔东 2 井	2347.0~2750.0	0.49~0.57	—
铁南 2 井	2350.0~3305.0	0.49~0.62	—

注：英南 2 井镜质组反射率数据测自砂岩中的镜煤条带。

表 6　国内外煤成气主要组分、烷烃气碳同位素与 R_o 关系对比

盆地	井号或气田	层位	R_o/%	天然气主要组分/%						$\delta^{13}C$/‰(VPDB)				文献
				CH_4	C_2H_6	C_3H_8	C_4H_{10}	CO_2	N_2	CH_4	C_2H_6	C_3H_8	C_4H_{10}	
准噶尔	彩参 1	C_2b	1.90	77.85	2.12	0.14		0.17	19.73	-29.9	-22.7			本文
琼东南	崖 13-1-2	陵水二段	1.09	88.95	2.01	0.55	0.26	8.00		-35.6	-25.1	-24.2	-24.1	
鄂尔多斯	色 1	P_1s^1	1.04	94.32	2.49	0.84	0.27	0.14	2.01	-32.0	-25.6	-24.2	-23.1	
吐-哈	陵 5-5	J_2s	0.81	81.49	9.76	5.39	2.66		0.00	-42.3	-27.8	-26.5	-25.9	[33]
	温 5-317	J_2s	0.72	78.57	11.95	5.95	2.86		0.01	-40.8	-27.0	-25.2	-24.7	
	鄯 13-61C	J_2x	0.62	75.55	9.23	7.17	6.00		0.00	-43.2	-28.2	-27.1	-26.7	
	巴 23	J_2s—J_2x	0.57	89.07	8.38	1.29	1.07		0.01	-44.9	-25.4	-18.0	-22.1	
西西伯利亚	乌连戈伊	K_2(赛诺曼阶)	0.4~0.6	95.60	0.09	0.005	0.001	0.49	3.40	-59.0				[28]
	扎波里杨尔			98.80	0.07	0.10	0.004	1.00	0.13	-60.3				
	梅德维热			98.50	0.17	0.01	0.02	1.00	0.22	-58.3				
柴达木	涩新深 1	Q_1	0.33	86.85	0.07	0.03		0.68	2.17	-67.0	-37.6			[26]
塔里木	华英参 1	J		80.32	11.57	4.94	2.60			-33.1	-22.8	-19.6	-26.4	[6]
				77.14	11.43	5.00	5.00			-38.6	-25.3	-17.4	-27.3	

前文已述英吉苏凹陷华英参1井天然气为煤成气。根据表6和表4中华英参1井天然气烷烃气碳同位素、组分及已知源岩 R_o 对比，讨论华英参1井和表6中信息。表6中以已知气源岩 R_o 从大至小，即从准噶尔盆地彩参1井 R_o 为1.90%到柴达木盆地涩新深1井 R_o 为0.33%。彩参1井 R_o 值为1.90%而 $\delta^{13}C_1$ 值为-29.9‰；色1井 R_o 值为1.04%而 $\delta^{13}C_1$ 值为-32.0‰；崖13-1-2井 R_o 值为1.09%而 $\delta^{13}C_1$ 值为-35.6‰；吐哈盆地陵5-5井和巴23井等4口井 R_o 值为0.81%~0.57%，而对应 $\delta^{13}C_1$ 值从-40.8‰~-44.9‰；西西伯利亚盆地乌连戈伊等3个气田气源岩为褐煤、部分为长焰煤，而对应 $\delta^{13}C_1$ 值为-58.3‰~-60.3‰而属煤型生物气[32]；柴达木盆地涩新深1井气源岩为涩北组（Q_1）R_o 值为0.33%，而三湖拗陷涩北组 R_o 值在0.25%~0.45%，故形成煤型生物气[26]。根据以上气源岩 R_o 值与对应 $\delta^{13}C_1$ 值对比，华英参1井 $\delta^{13}C_1$ 值为-31.1‰~-38.6‰，与色1井的-32.0‰、崖13-1-2井的-35.6‰相近，故其气源岩 R_o 值推测也应与其相近，即在1.04%和1.09%左右，这比表5中实测 R_o 值高，可能说明华英参1井煤成气可能由埋藏更深 R_o 值大的含煤地层生成。华英参1井所在龙口构造带两侧的侏罗系烃源岩埋深在4500~4800m时，其 R_o 值最高可达1.0%~1.17%，从而进入第二生烃高峰期[9]。

杨瑞财等[5]曾指出华英参1井煤成气源岩为侏罗系含煤地层，根据碳同位素值推断的烃源岩 R_o 值最高可达0.9%~1.1%，与本文基本一致。

2. 侏罗系煤成气资源潜力

对英吉苏凹陷侏罗系煤系资源潜力有两种主要观点：一种认为下—中侏罗统煤系有良好生烃条件，油气资源潜力大，中生界资源量为（10~18）×10^8t[9]。英吉苏凹陷是塔里木盆地一个重要的下—中侏罗统沉积中心，煤系烃源岩发育，是勘探大中型气田的有利地区[7]。另一种观点认为，由于英吉苏凹陷侏罗系源岩 R_o 主体为0.50%~0.65%，处于未熟-低熟阶段，“侏罗系有效烃源岩（R_o>0.7%）的分布有限”，而目前认为该地区“发现的天然气或原油并非源于侏罗系烃源岩的根本原因”[10]观点的影响，对英吉苏凹陷侏罗系资源潜力评价不高。塔东地区（主要是英吉苏凹陷）侏罗纪煤系天然气资源量为(740~1470)×10^8 m^3，中值1100×10^8 $m^3$①；英吉苏凹陷常规油气可采资源量：天然气655.15×10^8m^3，油0.16×10^8t，其中侏罗系气可采资源量为245.13×$10^8m^3$②。由上可见英吉苏凹陷侏罗系天然气资源评价的资源量随时间的推迟，一次比一次少。这是值得商榷的，一些评价观点值得讨论。

1）*只有源岩成熟度 R_o>0.7%才能形成工业性油气藏[10]的观点*

从表6可知：吐哈盆地巴喀油田（巴23井，R_o=0.57%）和鄯善油田（鄯13-61C井，R_o=0.62%）、西西伯利亚盆地乌连戈伊、扎波里杨尔、梅德维热3个储量在1×$10^{12}m^3$以上大气田，其波库尔组气源岩处于褐煤和部分为长焰煤阶段（R_o=0.4%~0.6%）成气的[2]，这些说明烃源岩 R_o<0.7%可以形成油气田，还可以形成超大型气田。

---

① 中国石油油气地球化学重点实验室，塔里木盆地东部地区烃源岩评价与油气源对比，内部报告，2003。

② 中国石油塔里木油田公司，塔里木盆地第四次油气资源评价，内部报告，2016。

2）页岩气资源评价不可忽视

英吉苏凹陷暗色泥岩厚度为100～365m（阿南1井附近）分布范围占凹陷面积近一半（图5）。无论其 R_o 值为0.9%～1.17%[6,9]，或 R_o 值主体在0.50%～0.65%[10]，都要进行资源潜力评价，因在美国密执安盆地泥盆系Antrim页岩气是 R_o 值为0.4%～0.6%页岩形成的生物气，目前已开发。说明非常规页岩气也可低 R_o 值成藏。

3）凡是有大片连续深埋含煤地区是煤成气潜力佳和气田发现处

在英吉苏凹陷侏罗系残余厚度大于1000～2000m连续分布区，煤岩最大厚度分布区（图3）、碳质泥岩最大厚度分布区（图4）和暗色泥岩最大厚度分布区（图5）基本重合而连续展布面积约8000km²，并是煤成气资源最富集区和勘探有利区，估计将会发现煤成气田。

六、结论

塔里木盆地英吉苏凹陷侏罗系煤岩实测 R_o 值主体在0.50%～0.65%；根据华英参1井 $\delta^{13}C_1$、$\delta^{13}C_2$ 推测 R_o 值为0.9%～1.17%。两类 R_o 值烃源岩均能生气成藏。

英吉苏凹陷和库车拗陷侏罗纪煤系泥岩、碳质泥岩和煤的TOC值相近，以煤系烃源岩生油气潜力评价标准为中等烃源岩，故成气成藏潜力应是良好的。该凹陷侏罗系残余厚度为1000～2000m的分布区，煤岩两地区最大厚度分布区、碳质泥岩最大厚度分布区和暗色泥岩最大厚度分布区基本重合且连续展布面积约为8000km²，并是煤成气资源最富集区和勘探有利区，估计将会发现煤成气田，必须加强勘探钻井。

致谢：本文应用中国石油塔里木油田公司“塔里木盆地第四次油气资源评价（2016年）”、中国石油（CNPC）油气地球化学重点实验室“塔里木盆地东部地区烃源岩评价与油气源对比（2003年）”两份报告中一些图件和数据，在此深表感谢。

参考文献

[1] 戴金星．中国陆上天然气四大产气区．天然气与石油，2019，37（2）：1～6.

[2] 戴金星，倪云燕，廖凤蓉，等．煤成气在产气大国中的重大作用．石油勘探与开发，2019，46（3）：416～432.

[3] 杨池银，于学敏，刘岩，等．渤海湾盆地黄骅拗陷中南部煤系发育区煤成气形成条件及勘探前景．天然气地球科学，2014，25（1）：23～32.

[4] 肖庆晖，于飞．大港南部首个规模气田诞生．中国石油报［2019-01-24］.

[5] 杨瑞财，高伟中，杨彩虹，等．塔里木盆地英吉苏凹陷中生界油气勘探潜力．新疆石油地质，2000，21（3）：184～187.

[6] 戴金星．中国煤成气潜在区．石油勘探与开发，2007，34（6）：641～645.

[7] 李先奇，秦胜飞，戴金星．塔里木盆地英吉苏凹陷煤成气勘探前景分析．石油勘探与开发，1996，23（3）：6～10.

[8] 杨晓宁，王国林，张丽娟，等．塔里木盆地英南2井侏罗系气藏性质．新疆石油地质，2003，24（3）：218～220.

[9] 梁生正，马郡，汪剑，等．塔东英吉苏拗陷中生界油气勘探前景．勘探家，1999，4（3）：31～35.

[10] 王飞宇，李谦，张水昌，等．塔东地区侏罗系生烃史．新疆石油地质，2004，25（1）：19～21.

[11] 时保宏，张艳，赵靖舟，等．塔里木盆地英吉苏凹陷天然气成藏主控因素分析．石油实验地质，2007，29（5）：482～485.
[12] 刘玉魁，胡剑风，闵磊，等．塔里木盆地英吉苏凹陷成藏机理分析．天然气工业，2004，24（10）：6～9.
[13] 张水昌，赵文智，王飞宇，等．塔里木盆地东部地区古生界原油裂解气成藏历史分析——以英南2气藏为例．天然气地球科学，2004，15（5）：441～451.
[14] 梁生正，曹广营，梁宏斌，等．塔东上元古界—下古生界碳酸盐岩天然气藏预测．勘探家，1998，3（2）：18～23.
[15] 刘玉魁，邬光辉，闵磊，等．塔里木盆地英吉苏凹陷构造特征．天然气地球科学，2005，16（3）：310～313.
[16] 曹清古，于炳松，刘宗保，等．塔里木盆地东部地区侏罗系层序地层学研究．中国西部油气地质，2006，2（1）：45～49.
[17] 李艳霞，钟宁宁，张枝焕，等．塔里木盆地英南2气藏成藏机理．石油学报，2005，26（2）：53～57.
[18] 胡剑风，李曰俊，郑多明，等．塔里木盆地东北部英吉苏凹陷侏罗系沉积-构造背景．地质科学，2006，41（1）：27～34.
[19] 贾承造，张师本，吴绍祖，等．塔里木盆地及周边地层（下册）．北京：科学出版社，2004：205～226.
[20] 戴金星，邹才能，李伟．中国煤成大气田及气源．北京：科学出版社，2014：212～265.
[21] 周兴熙，张光亚，李洪辉，等．塔里木盆地库车油气系统的成藏作用．北京：石油工业出版社，2002：8～11.
[22] 戴金星．我国煤系地层含气性的初步研究．石油学报，1980，1（4）：27～37.
[23] 梁狄刚，陈建平，张宝民，等．塔里木盆地库车坳陷陆相油气的生成．北京：石油工业出版社，2004：67～68.
[24] 陈建平，赵长毅，何忠华．煤系有机质生烃潜力评价标准探讨．石油勘探与开发，1997，24（1）：1～5.
[25] 张士亚，郜建军，蒋泰然．利用甲、乙烷碳同位素判识天然气类型的一种新方法．见：石油与天然气地质文集：第一集．北京：地质出版社，1988：48～58.
[26] 王世谦．四川盆地侏罗系—震旦系天然气的地球化学特征．天然气工业，1994，14（6）：1～5.
[27] 戴金星．天然气中烷烃气碳同位素研究的意义．天然气工业，2011，31（12）：1～6.
[28] 戴金星，倪云燕，黄士鹏，等．煤成气研究对中国天然气工业发展的重要意义．天然气地球科学，2014，25（1）：1～22.
[29] Chen J F，Xu Y C，Huang D F. Geochemical characteristics and origin of natural gas in Tarim Basin，China. AAPG Bulletin，2000，84（5）：591～608.
[30] 戴金星，陈践发，钟宁宁，等．中国大气田及其气源．北京：科学出版社，2003：56～65，73～82.
[31] Zhu G Y，Zhang B T，Yang H J，*et al.* Origin of deep strata gas of Tazhong in Tarim Basin，China. Organic Geochemistry，2014，74（5）：85～97.
[32] 戴金星，戚厚发，郝石生．天然气地质学概论．北京：石油工业出版社，1989：168～180.
[33] 倪云燕，廖凤蓉，龚德瑜，等．吐哈盆地台北凹陷天然气碳氢同位素组成特征．石油勘探与开发，2019，46（3）：509～520.

新中国天然气勘探开发 70 年来的重大进展*

一、引言

新中国成立 70 年来，中国天然气勘探开发取得了重大进展，从贫气国跃升为世界第六大产气大国。从人均拥有气量和天然气储量呈量级陡升足以说明中国从贫气国到产气大国的历程。1949 年中国年产气 $1117\times10^4\ m^3$[1,2]，年人均用气 $0.0206m^3$，2018 年产气 $1602.7\times10^8m^3$[3]，年人均用气（国产）$114.8576m^3$，70 年内人均年用气量增加 5575 倍；1949 年中国天然气探明地质储量为 $3.85\times10^8m^3$[4]，人均天然气地质储量为 $0.7107m^3$，2018 年天然气累计探明地质储量 $167600.24\times10^8m^3$，人均天然气地质储量 $12011.08m^3$，70 年内人均享有天然气地质储量增加了 16900 倍；1949 年中国仅在四川盆地发现了自流井、石油沟和圣灯山气田，台湾省发现锦水、竹东、牛山和六重溪等小气田[5]，2018 年中国共计发现了 313 个气田（包括页岩气田 5 个、煤层气田 24 个和二氧化碳气田 3 个），其中储量超 $300\times10^8m^3$ 的大气田 72 个，苏里格气田和安岳气田地质储量均超 $1\times10^{12}m^3$，这两大气田目前年产气量均超过 $100\times10^8m^3$。

70 年来中国在产气量、储量和发现气田数量上的辉煌业绩，主要与地震勘探和钻井技术飞速发展密切相关。1951 年中国组建了第一个地震队，并在鄂尔多斯盆地延长矿区首次开展了中国石油地震勘探[6,7]，至 2018 年中国有 191 个石油勘探地震队。中国地震勘探技术发展可划分为 4 个阶段：①光点地震（1964～1971 年），应用“五一”型光点地震仪，在感光纸上以光点照相记录地震波信息，单点接收，不可回放，只能发现背斜圈闭和隆起，且效率低、精度低；②模拟地震（1965～1981 年），应用模拟磁带地震仪，多次覆盖，可回放记录解释，主要用于构造解释，尝试用速度谱资料识别特殊岩性体；③数字地震（1974～1997 年），使用数字地震仪，覆盖次数提高+全数字处理解释扩大应用领域，用于构造、岩性、含油气性综合评价等研究；④两宽一高（2000 年至今），两宽一高（宽频带、宽方位、高密度）增加方位地震信息，解决裂缝和应力等造成的各向异性问题，应用领域从常规储集层到非常规储集层，如烃源岩品质和工程品质预测，水平井优化部署与现场跟踪。全数字三维可视化+虚拟现实，实现所见即所得。

1949 年中国仅有 8 台浅、中型钻机[5]，2018 年中国共有石油钻机 2719 台，以中、深型钻机为主，还有超深型钻机。近年来通过深度达 6000m 的超深层钻探，在塔里木盆地发现了克深、大北、塔中 1 号大气田，在四川盆地发现元坝和龙岗大气田[8]，在塔

* 原载于《石油勘探与开发》，2019，第 46 卷，第 6 期。作者还有秦胜飞、胡国艺、倪云燕、甘利灯、黄士鹏、洪峰。

里木盆地完成了亚洲陆上第一深井轮探1井（8882m）[8,9]。钻井技术由直井发展至水平井及酸化压裂作业。水平井技术保障了页岩气产出，使中国涪陵、长宁和威远页岩气田得以开发。

二、从贫气国到天然气大国

中国天然气工业从中华人民共和国建立初期的一穷二白，经过漫长地艰苦探索，走向快速发展的道路，使中国天然气探明储量从微不足道到跻身于世界前列，天然气产量也从微乎其微跃升为世界第六大产气大国。

1. 天然气资源大国的形成

1949年中国天然气探明储量仅为$3.85\times10^8m^3$[1]，在之后的数十年里，天然气储量增长缓慢，但从1979年之后的40年增长明显，特别是最近的20年增长迅速。1949～1993年，中国天然气累计探明储量才上升到$1\times10^{12}m^3$（不包括台湾省，下同），而储量增加到$2\times10^{12}m^3$，仅用了6年时间。2009年，天然气累计探明储量突破$7\times10^{12}m^3$[10]，到2014年天然气探明储量突破了$10\times10^{12}m^3$，2018年更是突破了$15\times10^{12}m^3$（不包括页岩气、煤层气等非常规气）（图1）。从图1还可以看出，中国天然气储量的快速增长与煤成气的储量增长息息相关，煤成气是中国天然气储量增长的主力军。煤成气在1999年累计探明储量突破$1\times10^{12}m^3$，仅过了两年，储量达到$2\times10^{12}m^3$，至2018年累计储量突破了$9\times10^{12}m^3$。

全国发现煤成气田188个（包括煤层气田24个），煤成气田占全国气田313个的60.1%。2018年年底全国煤成气田累计探明储量为$92556\times10^8m^3$，占当年全国气层气累计探明储量$150622.6\times10^8m^3$的61.4%，这与前人研究中国从气田个数上和探明储量上都以煤成气为主的结论一致[11～18]。

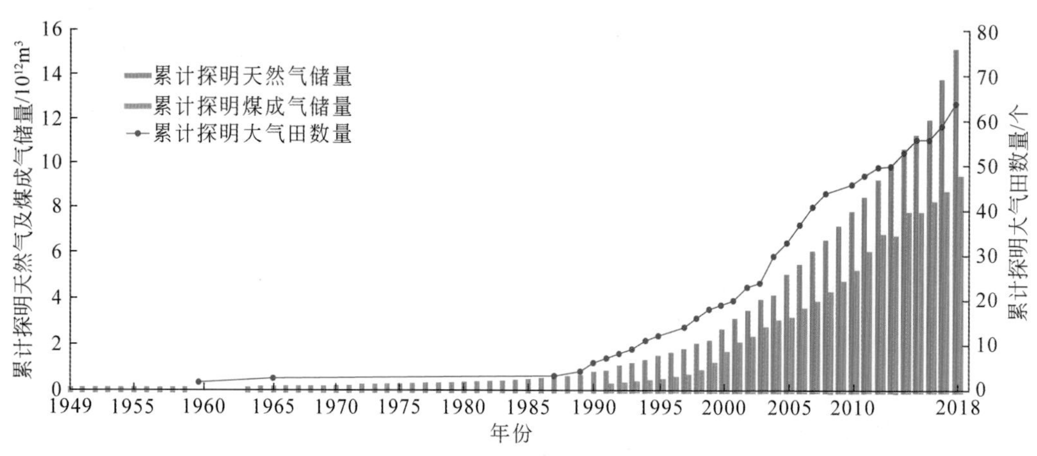

图1　1949～2018年中国天然气和煤成气累计探明储量及与大气田关系

2. 天然气产量大国的形成

1949年中国天然气产量只有$1117\times10^4m^3$[1,2]，直至1957年中国天然气年产量均在1×

10^8m^3以下；1958 年产气量达 $1.0643\times10^8m^3$，1976 年产量突破百亿立方米（$100.9501\times10^8m^3$）。1998 年产气 $222.8\times10^8m^3$，是年中国人均用气仅 $17.9m^3$，为贫气国。产气大国标准是年产气达 $500\times10^8m^3$或更多的国家[19]。1929 年美国产气 $541\times10^8m^3$成为世界上第一个产气大国；1960 年苏联产气 $452.8\times10^8m^3$，之后成为世界第二个产气大国。1929～2003 年，世界年产气达 $500\times10^8m^3$的产气大国只有 11 个。分析这些成为产气大国的基本条件主要有两项：①天然气可采资源量大于 $13\times10^{12}m^3$；②剩余可采储量最低要达 $1.2462\times10^{12}m^3$[19]。2003 年，中国天然气可采资源量为（13.32～17.00）$\times10^{12}m^3$，剩余可采储量为 $2.0894\times10^{12}m^3$，据此，戴金星[19,20]、贾文瑞等[21]、张抗等[22]和赵贤正等[23]推断中国 2005 年可成为产气大国。果然 2005 年中国年产气 $499.5\times10^8m^3$（其中煤成气 $261.16\times10^8m^3$，占 52.3%），成为当年世界第 11 位产气大国（图 2），该年全世界有 12 个产气大国。分析图 2 得知：①2005 年成为产气大国之前中国各年天然气中煤成气产量占比均低于 50% 甚至更低，2005 年之后各年煤成气产量占比均高于 50%，年均为 56.5%，最多的 2008 年占 66.2%；②2005 年之后，年产气上升率变大。

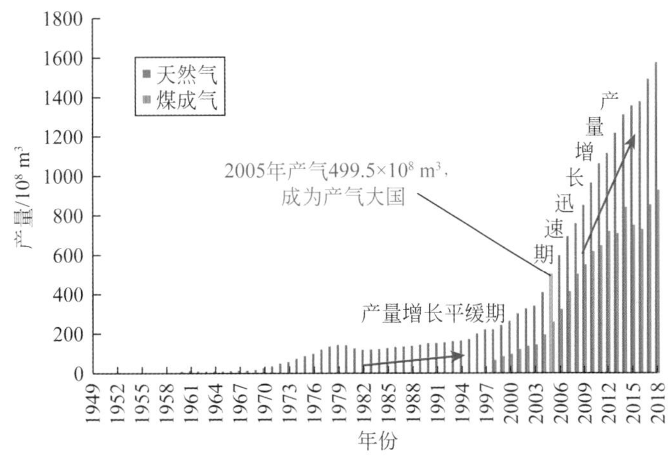

图 2　1949～2018 年中国天然气（包括煤成气）年产量

1949～2010 年，中国累计产气量达到 $1\times10^{12}m^3$（$1.017\times10^{12}m^3$），之后历经 8 年至 2018 年累计产量就上升至 $2\times10^{12}m^3$（$2.068\times10^{12}m^3$），可见中国年产气量日益增加。

三、勘探开发和研究大气田是快速发展天然气工业的主要途径

1. 大气田是天然气工业的支柱

截至 2018 年年底，中国共发现大气田 72 个（包含 4 个页岩气田和 4 个煤层气田），中国第一个大气田是发现于 1959 年的卧龙河气田，地质储量 $380\times10^8m^3$[19]，中国大气田的分布如图 3 所示。由图 3 可知，中国大气田主要分布在三大盆地：四川盆地共有 25 个（4 个页岩气田）、鄂尔多斯盆地 13 个（1 个煤层气田）、塔里木盆地 10 个，同时，这 3 个盆地也是中国主产气区[24]。2018 年，鄂尔多斯盆地大气田天然气产量为 $408.69\times10^8m^3$，四川盆地大气田产量为 $399.15\times10^8m^3$，塔里木盆地大气田产量为 $231.42\times10^8m^3$，大气田产量占各自盆地总产量的比例分别为 87.9%、92.9% 和 85.4%。这 3 个盆地大气田产量共

计 $1039.26\times10^8m^3$，占中国天然气总产量的65%，因此这3个盆地大气田在中国天然气产量中占主体地位。

储量大于 $1\times10^{12}m^3$ 的超大型气田对产气大国起重大作用，中国苏里格和安岳两个气田均属超大型气田，2018年产气量均超 $100\times10^8m^3$，共产气 $302.8\times10^8m^3$，占全国产气量的18.9%。目前世界产气大国荷兰和俄罗斯均勘探开发大气田从贫气国变为产气大国。荷兰在1958年天然气可采储量不足 $740\times10^8m^3$，年产气仅 $2\times10^8m^3$，但1959年发现可采储量近 $3\times10^{12}m^3$ 格罗宁根超大型气田，1975年产气 $828.8\times10^8m^3$，由此向德国、法国和比利时出口天然气，成为产气大国[19]。苏联在20世纪50年代初天然气储量不足 $2230\times10^8m^3$，年产气仅 $57\times10^8m^3$，是个贫气国，1960～1990年由于发现40多个大气田，使天然气储量达 $453069\times10^8m^3$，天然气年产量从 $453\times10^8m^3$ 增长到 $8150\times10^8m^3$，使其由贫气国一跃成为当时世界第一大天然气大国[19]。

2. 大气田发现高峰期也是中国储量和产量快速增长期

1949年中国累计探明天然气地质储量和年产气量都极低，直至1990年中国累计探明天然气储量仍仅有 $7045\times10^8m^3$，年产量 $152\times10^8m^3$，在这40多年的时间里，中国天然气储量和产量增长缓慢，主要原因是这期间发现的大气田数量很少，全国仅探明6个大气田[25]，而且没有一个大气田的储量超过 $1000\times10^8m^3$[26]。但从1991～2018年的28年间，平均每年发现2.4个大气田，而且单个大气田的储量规模也很大，超过 $1000\times10^8m^3$ 的大气田33个，苏里格和安岳大气田的储量规模超过 $10000\times10^8m^3$，这些大气田的发现促进了中国天然气储量和产量的快速增长（图1）。至2018年年底中国72个大气田累计探明天然气地质储量达 $124504\times10^8m^3$，占全国探明天然气储量 $16.7\times10^{12}m^3$ 的75%。

从图1与图2对比可见，1991～2000年大气田发现数与天然气储量增长率正相关性显著，但同期大气田发现数与天然气年产量增加率正相关性不显著，这是由于大气田开发和运输管线建设需要时间的缘故，这种滞后性从2001年之后就消退了，且显示大气田发现率与储量和天然气产量具有显著正相关性。

3. 大气田主控因素和形成条件研究加速了大气田的发现

自从“六五”期间以来，借助国家天然气科技攻关等项目，中国学者持续开展大气田形成主控因素研究[27～34]，在大气田形成的众多影响因素中，总结出大气田形成的7项定量和半定量的主控因素[32]，并预测中国大气田有利勘探领域，加速了一大批大气田的发现。概括形成大气田的定量和半定量主控因素主要包括[32]：①生气中心及其周缘生气强度大于 $20\times10^8m^3/km^2$ 的区带，有利于大气田的形成；②大气田成藏期晚，主要在新生代，若多次成藏则指最后一次成藏期；③有效气源区存在古隆起圈闭；④大气田多形成于煤系或其上、下圈闭中；⑤大气田生气区内以孔隙型储集层为主；⑥低气势区是大气田聚集的有利地区；⑦异常压力封存箱外（间）或箱内有利于大气田形成。利用上述大气田形成的主控因素研究成果，成功地提前预测了中国大气田展布情况，为中国大气田发现和勘探提供了理论基础，加速了大气田的勘探开发。图4是“六五”以来天然气攻关专题所预测的鄂尔多斯盆地天然气有利区或气聚集带与其后不同时期探明大气田对比图。早期研究成果成功地预测了鄂尔多斯盆地天然气有利地区，至2018年年底鄂尔多斯盆地共发现大气田

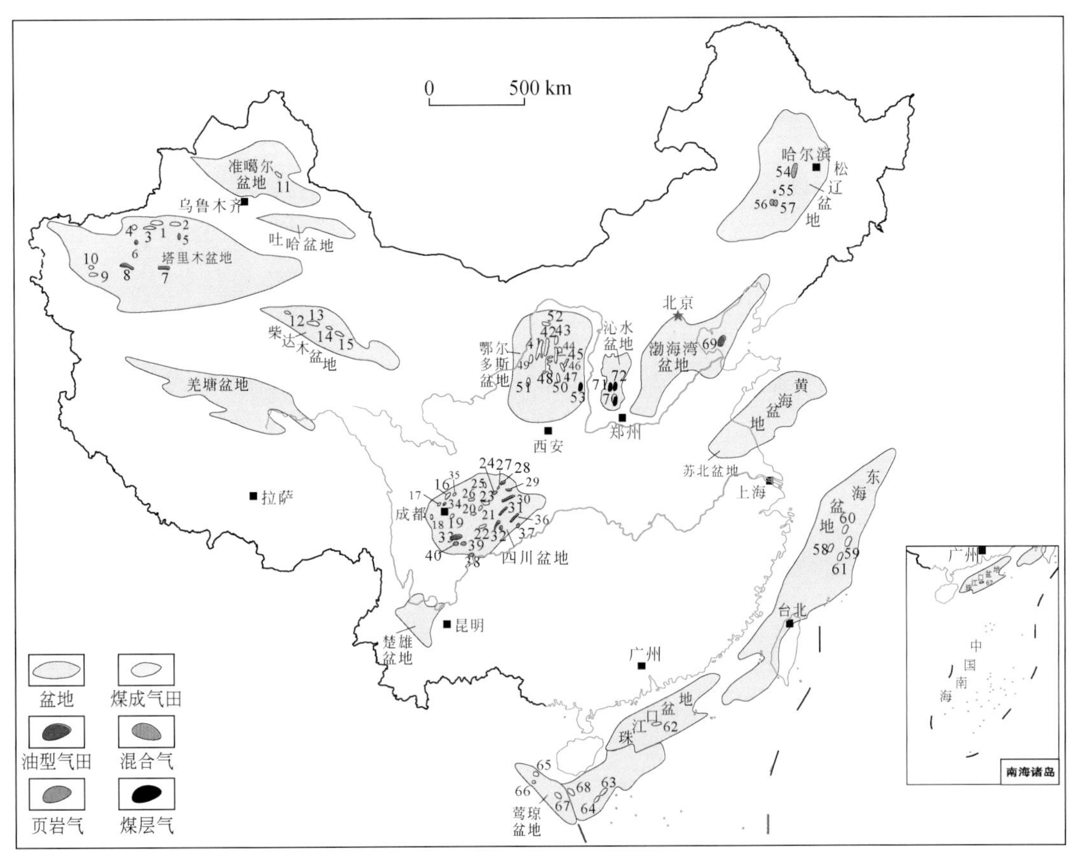

图3 中国大气田分布示意图

塔里木盆地10个：1. 克拉2；2. 迪那2；3. 克拉苏；4. 大北；5. 塔河；6. 玉东；7. 塔中1号；8. 和田河；9. 柯克亚；10. 阿克莫木。准噶尔盆地1个：11. 克拉美丽。柴达木盆地4个：12. 东坪；13. 台南；14. 涩北1；15. 涩北2。四川盆地25个：16. 新场；17. 成都；18. 邛西；19. 洛带；20. 安岳；21. 磨溪；22. 合川；23. 广安；24. 龙岗；25. 元坝；26. 八角场；27. 普光；28. 铁山坡；29. 渡口河；30. 罗家寨；31. 大天池；32. 卧龙河；33. 威远；34. 川西；35. 中江；36. 大池干；37. 涪陵；38. 长宁；39. 威远（页岩气）；40. 威荣。鄂尔多斯盆地13个：41. 苏里格；42. 乌审旗；43. 大牛地；44. 神木；45. 榆林；46. 米脂；47. 子洲；48. 靖边；49. 柳杨堡；50. 延安；51. 庆阳；52. 东胜；53. 鄂东。松辽盆地4个：54. 徐深；55. 龙深；56. 长岭1号；57. 松南。东海盆地4个：58. 春晓；59. 宁波22-1；60. 宁波17-1；61. 太外天C。珠江口盆地1个：62. 荔湾3-1。莺琼盆地6个：63. 陵水17-2；64. 陵水25-1；65. 东方1-1；66. 东方13-2；67. 乐东22-1；68. 崖13-1。渤海湾盆地1个：69. 渤海。沁水盆地3个：70. 沁水潘庄区；71. 沁水；72. 沁水柿庄南区

12个（煤层大气田除外），天然气探明地质储量达43461.89×10^8m^3，其中超过千亿立方米的大气田有9个，这些大气田均分布在早期预测的天然气有利勘探区范围内，并且基本上位于生气强度大于20×$10^8m^3/km^2$的区带内，生气强度控制着大气田的分布。

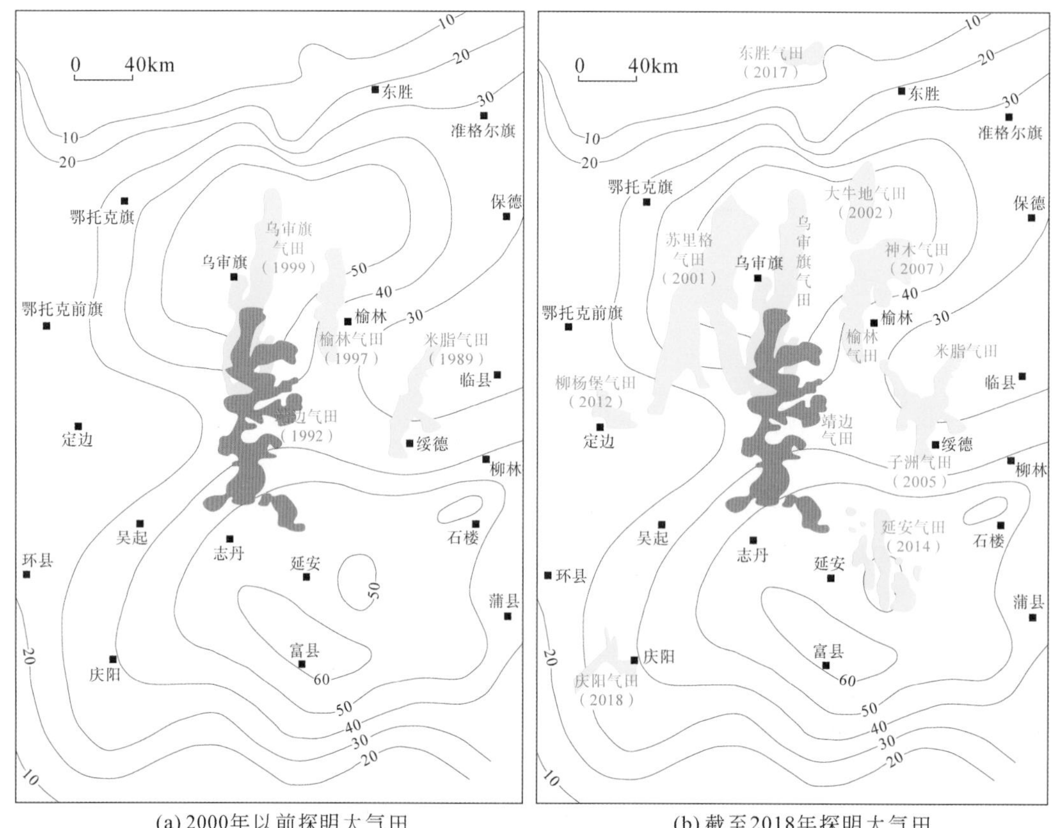

(a) 2000年以前探明大气田　　(b) 截至2018年探明大气田

上古生界气田　下古生界气田　生气强度等值线($10^8 m^3/km^2$)　1999 探明年份

图4　鄂尔多斯盆地不同年代探明大气田对比

四、天然气新理论推动天然气工业更快发展

分类原则不同，可以划分出不同的天然气理论。根据气组分中原子来源于有机质或无机质，形成了天然气有机成因理论和无机成因理论；根据烷烃气来源于腐泥型干酪根或腐殖型干酪根，形成了油型气理论和煤成气理论；主要根据储源分离或储源共体，形成了常规天然气理论和非常规天然气理论，后者还包括储源分离如致密砂岩气。

油型气理论和煤成气理论，是以往指导天然气工业发展的功勋型理论。非常规气理论在“页岩气革命”推动下，对今后天然气工业更好的发展显示出强大的潜力。

1. 煤成气理论促进了中国从贫气国走向产气大国

19 世纪 70 年代开始形成海相生油理论萌芽，之后一直在发展和完善；20 世纪 20 年代以中国学者研究为主开始形成陆相生油理论[35,36]。无论是海相生油理论或陆相生油理论均认为腐泥型泥页岩和碳酸盐岩是油气的源岩，区别是前者源岩为海相，后者源岩为陆相，故两者均在油型气理论范围之内。由此可见，指导世界天然气勘探最早的传统理论是油型气理论。

20 世纪 40 年代德国学者提出煤系能够形成大量天然气，并能聚集成工业性气田[37]，但未注意煤系可否成油而建立了纯朴的煤成气理论。此新理论的出现并首先在西欧指导天然气勘探而取得了丰硕成果：在德国西北盆地发现格罗宁根超大型气田等大批煤成气田[17]；在英荷盆地至少发现455个煤成气田[38]。

中国近代石油工业从1878年开始，经过100年至1978年[19]，均以油型气理论即“一元论”指导天然气勘探，天然气工业极其薄弱，天然气储量和产量均很少。中国煤成气研究始于20世纪70年代末，1979年“成煤作用中形成的天然气与石油”[39]指出煤系成烃的气、油主次关系，煤成气核心理论是煤系为气源岩，煤系成烃以气为主油为辅[17,40]。煤成气新理论的出现，使指导中国天然气勘探的理论从油型气“一元论”发展成煤成气和油型气的“二元论”。煤成气理论开辟了中国天然气勘探新领域，促进了中国天然气工业大发展，由以下几方面足以可见：①煤成气促进了中国成为产气大国，2005年中国成为世界第11位产气大国。众所周知：储量是产量的基础，在煤成气储量和产量在天然气中比例均超过50%时，中国才成为产气大国；2005年中国以上两者比例分别为62.4%和52.3%，这说明煤成气储量和产量是中国成为世界产气大国的基础。②煤成大气田是产气大国的主力，截至2018年年底中国共发现常规大气田64个（累计探明天然气储量109425.21×10^8m^3，不包括4个页岩和4个煤层气大气田），其中煤成大气田45个，累计探明天然气储量82912.42×10^8m^3，全国累计探明天然气储量167600.24×10^8m^3，故煤成大气田储量分别占全国天然气储量和大气田总储量的49.47%和75.77%。2018年全国天然气产量为1602.7×10^8m^3，大气田产量为1081.56×10^8m^3，其中煤成气大气田产量为816.27×10^8m^3，故煤成气大气田产量分别占全国产气量和大气田产气量的50.93%和75.47%。③煤成气新理论指导天然气勘探开发建成中国最大产气区。鄂尔多斯盆地是中国最早用现代化钻机勘探油气的盆地，从1907年延1井开始至70年代末一直以海相和陆相生油理论指导勘探，不把石炭系—二叠系含煤地层作为气源岩进行勘探，天然气勘探未有进展，1980年年初尤其是“六五”“煤成气开发研究”天然气科技攻关开始，长庆油田和众多学者[41~46]指出石炭系—二叠系煤系是良好气源岩，其至今仍是长庆油田天然气勘探重要目标。鄂尔多斯盆地勘探开发取得重大进展，成为中国第一个大气区。2018年产气464.96×10^8m^3，是中国第一个年产气超400×10^8m^3盆地，占全国产气量的29%。其中中国储量和产量最高的苏里格气田，2018年累计探明天然气储量18598×10^8m^3，年产气量188.68×10^8m^3，占全国产气量的11.77%。全盆地共发现12个大气田（图4），除靖边气田是煤成气和油型气混源外其他均为煤成大气田，其中9个储量超1000×10^8m^3。鄂尔多斯大气区为京津冀和西北东部地区改善环境污染起了重大作用。④克拉2煤成大气田发现和开发，催生了西气东输管线建设和中国第三大气区塔里木气区的诞生。尽管当时一种意见认为要西气东输管线年输120×10^8m^3天然气，塔里木盆地储量保证还不足，储采比仅为28，不宜建设该管线；但另一种意见认为可建该工程[46]，因为有天然气地质和开发优越的“三最”的克拉2大气田作基础：最大的储量丰度（59.05×$10^8m^3/km^2$）、最高的气柱高度（468m）、最大的单井（克拉2-7井）产量（495.6×$10^4m^3/d$）。同时库车拗陷煤成气潜力大，还可找到更多储量。之后迪那2、大北、克深等一批煤成气大气田发现，使西气东输的储量保证更充足，塔里木盆地现今已成为中国第三大气区，证明煤成气理论对中国天然气工业发展意义重大。

2. 页岩气理论为中国天然气工业更快发展增添了新动力

页岩气是产自极低孔渗、暗色富有机质页岩地层系统中源储一体的天然气，以吸附或游离状态为主要聚集方式，本质上为连续生成的生物成因气、热成因气或两者的混合气[47~49]。页岩气由于其分布广、储量大等特点，近10年来迅速崛起，受到越来越多国家的重视。美国自1821年钻探第一口井深仅8m的页岩气井以来，经过了近200年的发展，主要经历了4个阶段[50]：第一阶段（1821~1978年），偶然发现阶段；第二阶段（1978~2003年），认识创新与技术突破阶段；第三阶段（2003~2006年），水平井与水力压裂技术推广应用阶段（大发展阶段）；第四阶段（2007年至今），全球化发展阶段。美国是世界上唯一实现页岩气大规模商业开采的国家。1981年被誉为Barnett页岩气之父的乔治·米歇尔对C. W. Slay No. 1井页岩段实现大规模压裂导致Barnett页岩成为美国第一个大规模商业化开采的页岩气田，由此推动了美国页岩气勘探开发的蓬勃发展和重大突破，在全球掀起了页岩气勘探开发的热潮[51]。目前在美国、中国、加拿大和阿根廷已取得可喜的开发成果（图5）。2018年，美国页岩气产量$6072\times10^8m^3$[52]，页岩气探明储量占天然气总探明储量的66%[53]，使美国从进口天然气的产气大国，跃变为出口天然气的产气大国。

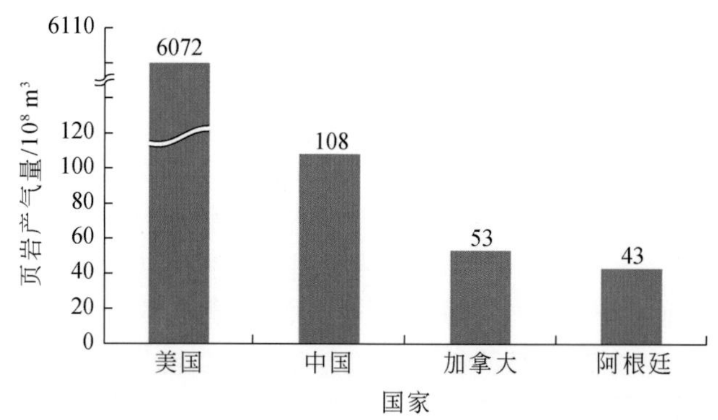

图5 2018年世界页岩气产气国的页岩气产量图[52]

中国与北美都广泛发育海相页岩，但中国还发育海陆过渡相和陆相页岩。中国和北美海相页岩有机质类型都以Ⅰ型或$Ⅱ_1$型为主[54]，中国海相页岩时代老、埋深大（1500~5000m）、热成熟度高（R_o值为2.0%~3.5%），成藏条件复杂，历经多期构造运动，保存条件差，勘探风险较大。中国陆相页岩埋藏深度大，但热成熟度低（R_o值为0.4%~1.3%）[55]。中国页岩储集层含有大量脆性矿物，脆性系数可达46.15%[56]，北美的储集层脆性系数为38.27%[57]，总体上中国页岩比美国页岩脆性更好。

中国页岩与美国页岩相比，由于埋深大，经历多期构造运动，保存条件差。海相页岩年代老，成熟度高；陆相页岩时代新，成熟度低，多数处于生油窗阶段，中国页岩气地质条件比美国差。美国1980年就启动了页岩气开发理论技术攻关项目，而中国则晚了约30年。中国页岩气勘探开发大致经历了3个阶段[58]：①学习借鉴阶段（2003~2008年）；②选区评价与探井实施阶段（2009~2012年）；③规模建产阶段（2013年至现今）。中国在2008年与国际合作完成第一口页岩气井——长芯1井，2009年中国石油实施页岩气威201直井，2010年发现了五峰组—龙马溪组和筇竹寺组两套页岩气目的层段，并获得工业性页岩气流，由此推动了四川盆地南部自2013年以来先后发现并开发了涪陵、威远、长宁、威荣等页岩气田。2018年年底中国页岩气累计探明地质储量为10455.67×10^8m^3，其中经济可采储量为1313.29×10^8m^3，累计产气量为335.24×10^8m^3。由于中国页岩气地质资源量为（83.3～166.0）×$10^{12}m^3$，技术可采资源量为（10.0～36.1）×$10^{12}m^3$，总体上页岩气资源量丰富，具有较好的发展前景[59]，目前中国已成为世界第二大页岩气产气大国，同时页岩气也是中国天然气工业发展的新动力。

3. 煤层气

全球有74个国家有煤层气资源，其中90%的煤层气资源分布在12个主要产煤国家。煤层气产业发展相对较早的国家有美国、俄罗斯、德国、澳大利亚、英国、印度等，其中美国是煤层气开发最成功和采气量最大的国家[60]。中国煤层气资源开发分为3个阶段：矿井抽放瓦斯阶段（1952～1989年）、煤层气开发技术引进阶段（1989～1995年）和煤层气产业形成阶段（1996年至今）[61]。1995年以来，中国建立了国家煤层气开发利用工程研究中心和煤矿瓦斯治理研究中心，1997年钻探了沁南枣园第一口煤层气井，到2015年，已经建成了沁水、鄂东、阳煤等10个煤层气产业示范工程项目基地。

中国煤层气资源丰富，2006年国土资源部组织的“新一轮煤层气资源评价”结果显示，中国埋深2000m以浅煤层气地质资源总量为36.81×$10^{12}m^3$，可采资源量为10.87×$10^{12}m^3$。2015年国土资源部油气战略研究中心组织的“煤层气资源动态评价”结果显示，中国埋深2000m以浅煤层气总资源量约为30×$10^{12}m^3$，可采资源量约为12.5×$10^{12}m^3$，居世界第三位（表1）。截至2018年年底，全国累计探明煤层气地质储量6521.9×10^8m^3，技术可采储量超过3253×10^8m^3，经济可采储量超过2625×10^8m^3。

表1　世界各国煤层气资源量与煤炭量[62]

国家	煤层气资源量/$10^{12}m^3$	煤炭量/$10^{12}t$
俄罗斯	17.0～113.0	6.50
加拿大	6.0～76.0	7.00
中国	30.0～36.8	5.60
美国	21.0～28.0	3.95
澳大利亚	8.0～14.0	1.70

中国煤层气资源具有“多个煤阶、多个深度、多期生气、多源叠加、多期改造”的地质特征。煤阶煤质种类多、煤层埋深跨度大、成煤条件多样、成煤时代多期、煤变质作用叠加、构造变动多幕，导致煤层气成藏作用复杂和气藏类型多样[63]。煤层气赋存总体特征可概括为“四低一高”，即含气饱和度低、渗透率低、资源丰度低、储集层压力低和变质程度高。与美国、澳大利亚等国的煤层气主力产区的储集层特征相比，中国的煤层气储集层既有煤层厚度大、含气量高、埋藏深度适中等有利特征，又有形成时代晚、构造复杂、压力系数低、渗透率低等不利因素[64]，故中国煤层气开发难度大，条件和产量不及美国，2018年仅产51.5×10^8m^3。

五、结论

新中国成立70年来天然气勘探开发取得重大进展，从贫气国跃升为世界第六大产气大国。1949年中国年产气$1117\times10^4m^3$，探明天然气储量为$3.85\times10^8m^3$，人年均国产气和储量分别为$0.0206m^3$和$0.7107m^3$。而至2018年人年均国产气$114.8576m^3$，天然气储量为$12011.08m^3$，人均国产气量和储量分别增加5575倍和16900倍。

勘探开发和研究大气田是快速发展天然气工业的主要途径。截至2018年年底，中国共发现大气田72个，其中苏里格和安岳两个大气田探明地质储量超$1\times10^{12}m^3$，也是年产气量超$100\times10^8m^3$的大气田。大气田主要分布于四川（25个）、鄂尔多斯（13个）和塔里木（10个）3个盆地。2018年这三个盆地大气田共产气$1039.26\times10^8m^3$，占中国天然气总产量的65%，可见大气田在中国产气量中占主体地位。至2018年年底中国72个大气田累计探明天然气储量共$124504\times10^8m^3$，占全国探明天然气储量$16.7\times10^{12}m^3$的75%，足以说明大气田在天然气工业中举足轻重的作用。

天然气新理论推动中国天然气工业更好更快的发展。1979年之前指导天然气勘探的是传统的油型气理论即“一元论”，1979年以来煤成气成为指导天然气勘探新理论，指导中国天然气勘探理论从“一元论”发展为“二元论”（油型气和煤成气），使中国天然气工业获得快速发展。煤成气是中国成为产气大国的主力气。2018年中国天然气产量为$1602.7\times10^8m^3$，大气田产气$1081.56\times10^8m^3$，其中煤成大气田产量为$816.27\times10^8m^3$，煤成气大气田产量分别占中国产气量和大气田的产气量的50.93%和75.47%；2018年年底中国煤成气田累计探明储量为$92556\times10^8m^3$，占当年全国累计探明储量$150622.6\times10^8m^3$的61.4%。页岩气理论21世纪初才在中国出现，但至2018年已取得重要进展，目前页岩气年产量达$108.8\times10^8m^3$，探明开发了涪陵、长宁、威远和威荣页岩气田，共计探明天然气地质储量$10455.67\times10^8m^3$，累计产气$335.24\times10^8m^3$，在世界产气四国（美国、中国、加拿大和阿根廷）中年产量仅次美国，显示了中国页岩气有较好的前景。

致谢：苏义脑院士、何治亮教授和张功成教授提供了有关钻井队和地震队数据，深表感谢。

参考文献

[1]《百年石油》编写组．百年石油（1878—2000）．北京：当代中国出版社，2002：39～51.

[2] 傅诚德．石油科学技术发展对策与思考．北京：石油工业出版社，2010：54～87.

[3] 国家统计局．中华人民共和国2018国民经济和社会发展统计公报．光明日报，2019-03-01（1）.

[4] 戴金星，夏新宇，洪峰．天然气地学研究促进了中国天然气储量的大幅度增长．新疆石油地质，2002，23（5）：357～365.

[5] 戴金星，黄士鹏，刘岩，等．中国天然气勘探开发60年的重大进展．石油与天然气地质，2010，31（6）：689～698.

[6] 陆邦干．石油工业地球物理勘探早期发展史大事记（1939—1952年）．石油地球物理勘探，1985，20（4）：338～343.

[7] 张德忠．陆上石油地球物理勘探技术进步50年．石油地球物理勘探，2000，35（5）：545～558.

[8] 戴金星，倪云燕，秦胜飞，等．四川盆地超深层天然气地球化学特征．石油勘探与开发，2018，

45（4）：588～597.
[9] 李东，高向东．亚洲陆上第一深井在塔里木诞生．中国石油报，2019-07-19（1）．
[10] 戴金星．中国煤成气研究30年来勘探的重大进展．石油勘探与开发，2009，36（3）：264～279.
[11] Qin S F，Dai J X，Liu X W. The controlling factors of oil and gas from coal in the Kuqa Depression of Tarim Basin，China. International Journal of Coal Geology，2007，70（1-2-3）：255～263.
[12] Qin S F，Li F，Li W，*et al.* Formation mechanism of tight coal-derived-gas reservoirs with medium-low abundance in T_3x Formation. Marine and Petroleum Geology，2018，89（Part 1）：144～154.
[13] Qin S F，Zhang Y H，Zhao C Y，*et al.* Geochemical evidence for in situ accumulation of tight gas in the Xujiahe Formation coal measures in the central Sichuan Basin，China. International Journal of Coal Geology，2018，196：173～184.
[14] Dai J X，Zou C N，Li J，*et al.* Carbon isotopes of Middle-Lower Jurassic coal-derived alkane gases from the major basins of northwestern China. International Journal of Coal Geology，2009，80（2）：124～134.
[15] Dai J X，Ni Y Y，Zou C N. Stable carbon and hydrogen isotopes of natural gases sourced from the Xujiahe Formation in the Sichuan Basin，China. Organic Geochemistry，2012，43：103～111.
[16] Dai J X，Gong D Y，Ni Y Y，*et al.* Stable carbon isotopes of coal-derived gases sourced from the Mesozoic coal measures in China. Organic Geochemistry，2014，74：123～142.
[17] 戴金星，倪云燕，廖凤蓉，等．煤成气在产气大国中的重大作用．石油勘探与开发，2019，46（3）：417～432.
[18] 杨计海，黄保家．莺歌海凹陷东斜坡L气田天然气成因及运移模式．石油勘探与开发，2019，46（3）：450～460.
[19] 戴金星．中国从贫气国正迈向产气大国．石油勘探与开发，2005，32（1）：1～5.
[20] 戴金星．我国天然气资源及其前景．天然气工业，1999，19（1）：3～6.
[21] 贾文瑞，徐青，王燕灵，等．1996—2010年中国石油工业发展战略．北京：石油工业出版社，1999：77～314.
[22] 张抗，周总瑛，周庆凡．中国石油天然气发展战略．北京：地质出版社，石油工业出版社，中国石化出版社，2002：327～332.
[23] 赵贤正，李景明，李东旭，等．中国天然气资源潜力及供需趋势．天然气工业，2004，24（3）：1～4.
[24] 戴金星．中国陆上天然气四大产气区．天然气与石油，2019，37（2）：1～6.
[25] 戴金星，陈践发，钟宁宁，等．中国大气田及其气源．北京：科学出版社，2003：83～93，123～126，136～163.
[26] 戴金星．中国煤成气大气田及其气源．北京：科学出版社，2014：2～8.
[27] 石宝珩，戚厚发，戴金星，等．加速天然气勘探步伐努力寻找大中型气田．见：天然气地质研究论文集．北京：石油工业出版社，1989：1～7.
[28] 戴金星，宋岩，张厚福．中国大中型气田形成的主要控制因素．中国科学：地球科学，1996，26（6）：481～487.
[29] 徐永昌，傅家谟，郑建京，等．天然气成因及大中型气田形成的地学基础．北京：科学出版社，2000：103～106.
[30] 王庭斌．中国大中型气田分布的地质特征及主控因素．石油勘探与开发，2005，32（4）：1～8.
[31] 戴金星，邹才能，陶士振，等．中国大气田形成条件和主控因素．天然气地球科学，2007，18（4）：473～484.
[32] 李剑，胡国艺，谢增业，等．中国大中型气田天然气成藏物理化学模拟研究．北京：石油工业出版社，2001：20～36.

[33] 戴金星，倪云燕，周庆华，等．中国天然气地质与地球化学研究对天然气工业的重要意义．石油勘探与开发，2008，35（5）：513～525.
[34] 张水昌，胡国艺，柳少波．中国天然气形成与分布．北京：石油工业出版社，2019：303～416.
[35] 戴金星．油气地质学的若干问题．地质科学进展，2001，16（5）：710～718.
[36] 石宝珩，张抗，姜衍文．中国石油地质学五十年．见：王鸿祯．中国地质科学五十年．武汉：中国地质大学出版社，1999：220～230.
[37] 史训知，戴金星，王则民，等．联邦德国煤成气的甲烷碳同位素研究和对我们的启示．天然气工业，1985，5（2）：1～9.
[38] 朱伟林，杨甲明，杜栩．欧洲含油气盆地．北京：科学出版社，2011：391～432.
[39] 戴金星．成煤作用中形成的天然气和石油．石油勘探与开发，1979，6（1）：10～17.
[40] 戴金星．煤成气及鉴别理论研究进展．科学通报，2018，63（14）：1291～1305.
[41] 戴金星．我国煤系地层含气性的初步研究．石油学报，1980，2（1）：27～37.
[42] 田在艺，戚厚发．中国主要含煤盆地天然气资源评价．见：中国石油学会石油地质专业委员会．天然气勘探．北京：石油工业出版社，1986：1～14.
[43] 王少昌．陕甘宁盆地上古生界煤成气资源远景．见：中国石油学会石油地质专业委员会．天然气勘探．北京：石油工业出版社，1986：125～136.
[44] 戚厚发，张志伟，付金华．我国主要含煤盆地煤成气资源预测与勘探方向选择．见：《煤成气地质研究》编委会．煤成气地质研究．北京：石油工业出版社，1987：229～237.
[45] 裴锡古，费安琦，王少昌，等．鄂尔多斯地区上古生界煤成气藏形成条件及勘探方向．见：《煤成气地质研究》编委会．煤成气地质研究．北京：石油工业出版社，1987：9～20.
[46] 戴金星，夏新宇，卫延召．中国天然气资源及前景分析：兼论“西气东输”的储量保证．石油与天然气地质，2001，22（1）：1～8.
[47] Curtis J B. Fractured shale-gas systems. AAPG Bulletin，2002，86（11）：1921～1938.
[48] 张金川，薛会，张德明，等．页岩气及其成藏机理．现代地质，2003，17（4）：466～470.
[49] 董大忠，邹才能，李建忠，等．页岩气资源潜力与勘探开发前景．地质通报，2011，30（2-3）：324～336.
[50] 孙赞东，贾承造，李相方，等．非常规油气勘探与开发（下册）．北京：石油工业出版社，2011：866～869.
[51] Mehmet M. Shale gas：analysis of its role in the global energy market. Renewable and Sustainable Energy Reviews，2014，37：460～468.
[52] US Energy Information Administration. Annual energy outlook 2019 with projections to 2050. https://www.eia.gov/outlooks/aeo/pdf/aeo2019.pdf［2019-8-20］.
[53] US Energy Information Administration. U. S. crude oil and natural gas proved reserves，year-end 2018. Washington：US Energy Information Administration，2019.
[54] 李昌伟，陶士振，董大忠，等．国内外页岩气形成条件对比与有利区优选．天然气地球科学，2015，26（5）：986～1000.
[55] 邹才能，董大忠，王玉满，等．中国页岩气特征、挑战及前景（二）．石油勘探与开发，2016，43（2）：166～178.
[56] 唐颖，邢云，李乐忠，等．页岩储层可压裂性影响因素及评价方法．地学前缘，2012，19（5）：356～363.
[57] Gale J F W，Reed R M，Holder J. Natural fractures in the Barnett Shale and their importance for hydraulic fracture treatments. AAPG Bulletin，2007，91（4）：603～622.
[58] 金之钧，白振瑞，高波，等．中国迎来页岩油气革命了吗．石油与天然气地质，2019，40（3）：

451～458.

[59] 邹才能，陶士振，侯连华，等．非常规油气地质学．北京：地质出版社，2014：292～293.

[60] 陈懿，杨昌明．国外煤层气开发利用的现状及对我国的启示．中国矿业，2008，17（4）：11～14.

[61] 冯云飞，李哲远．中国煤层气开采现状分析．能源与节能，2018，(5)：26～27.

[62] 葛坤，朱卫中，张卫珂，等．煤层气开发利用现状及展望．内蒙古煤炭经济，2016，(24)：38～40.

[63] 孙杰，王佟，赵欣，等．我国煤层气地质特征与研究方向思考．中国煤炭地质，2018，30（6）：30～40.

[64] 熙时君．煤层气能否逆袭成为"中国版页岩气"．新能源经贸观察，2019，68：30～34.

中国页岩气发展战略对策建议*

页岩气是从黑色页岩地层中开采出来的天然气。页岩地层超级致密，钻井后页岩气不能自行产出，需要借助特殊工艺技术用高压将岩层压开形成裂缝才能有效生产。页岩气的开采具有储层致密、技术要求高、产量下降快、投资回收期长等特点。美国经过近 50 年的勘探开发与技术攻关才实现规模化开采，2014 年页岩气产量已高达 $3700\times10^8m^3$，占天然气总产量的 48%，有效助推了美国“能源独立”战略的实施，对世界能源格局和地缘政治产生了重大影响。

借鉴美国经验，我国于 2010 年正式启动页岩气勘探开发，在陆上众多地区开展评价、钻探和开发试验，证实我国页岩气资源丰富，勘探开发前景大。短短 5 年，我国就在四川盆地初步实现海相页岩气规模化开采，3500m 以浅关键勘探开发技术与装备基本实现国产化，令人振奋。然而，在其他地区虽然也取得一些发现，但尚未取得实质性进展。同时，随着勘探开发进程的推进，页岩气勘探开发前景预测与目标制定意见尚不统一、现有技术与装备对深层开发不适应、单井费用居高不下、管理运行机制体制不完善等矛盾和挑战日益突出。为促进我国页岩气开发有序、健康、持续发展，咨询组经过两年多的调研、研究，基本理清了我国页岩气勘探开发现状，明确了页岩气发展面临的关键问题，提出了有针对性的战略建议。

一、我国页岩气勘探开发进展

1. 我国是世界上页岩气种类多、资源丰富的国家

1）*发育 3 种类型页岩气，海相页岩气最为现实*

我国页岩类型复杂，包括海相、海陆过渡相和陆相 3 种，都具备页岩气形成与富集的基本地质条件，但勘探前景差异较大，目前以海相页岩气勘探开发最为现实。海相页岩主要分布在四川盆地及周边、中下扬子区、塔里木盆地等南方和中西部地区，以龙马溪组为重点层段；海陆过渡相页岩主要分布于鄂尔多斯盆地、准噶尔盆地、塔里木盆地等中西部地区，以石炭系—二叠系为重点层系；陆相页岩主要分布于四川盆地、松辽盆地、渤海湾盆地、鄂尔多斯盆地等北方地区，以三叠系—侏罗系、青山口组、沙河街组和延长组为重点层系。

2）*页岩气资源丰富，有待进一步落实*

2011 年以来，不同机构对我国页岩气资源潜力进行了预测，其中，2011 年和 2013

---

* 原载于《中国科学家思想录（第十四辑）》，北京：科学出版社，2020，作者还有陈旭、彭平安、马永生、邹才能等 57 人。

年，美国能源信息署两轮估算我国页岩气地质资源量分别为 $144.50\times10^{12}m^3$ 和 $134.40\times10^{12}m^3$，可采资源量分别为 $36.10\times10^{12}m^3$ 和 $31.57\times10^{12}m^3$，资源前景分别位列全球第一位和第二位；2012 年，我国国土资源部估算我国页岩气地质资源量为 $134.42\times10^{12}m^3$，可采资源量 $25.08\times10^{12}m^3$；2012 年，中国工程院估算我国页岩气可采资源量 $11.50\times10^{12}m^3$；2014 年，中国石油勘探开发研究院估算我国页岩气地质资源量为 $81.86\times10^{12}m^3$，可采资源量为 $12.85\times10^{12}m^3$。地质资源量预测值区间为 $(81.86\sim144.5)\times10^{12}m^3$，可采资源量预测值区间为 $(11.5\sim36.1)\times10^{12}m^3$。

预测结果表明，我国页岩气资源总体较为丰富，现阶段勘探、认识程度较低，预测结果差异较大。资源潜力不会在一次评价中完全被确定，会随着勘探开发实践而不断完善。就现阶段勘探成效而言，基本达成 3 点共识。

(1) 海相页岩气资源较为落实。南方海相龙马溪组页岩分布面积 $(10\sim20)\times10^4km^2$；具有厚度大、有机质丰富、含气量高、脆性好等特点；初步建立中国海相页岩气地质理论；确定四川盆地、中扬子两大“甜点区”，落实有利含气面积 $12\times10^4km^2$，估算可采资源量 $8.8\times10^{12}m^3$。

(2) 海陆过渡相页岩气资源前景不明朗。过渡相页岩分布面积 $(15\sim20)\times10^4km^2$；多与煤层伴生，具有厚度小、连续性差、含气量变化大、脆性一般等特点；资源潜力估算量变化大，最小 $2.2\times10^{12}m^3$，最大 $8.97\times10^{12}m^3$。

(3) 陆相页岩气资源潜力有限。陆相页岩分布面积 $(20\sim25)\times10^4km^2$；具有厚度较大、有机质丰度高、以生油为主、生气潜力小、含气量低、脆性差等特点；资源潜力估算量较小且变化大，最小 $0.5\times10^{12}m^3$，最大 $7.9\times10^{12}m^3$。

2. 四川盆地初步实现页岩气工业化开采，其他地区处于探索准备阶段

至 2015 年 8 月底，我国陆上累计设置页岩气探矿权区块 54 个（包括 21 个招标区），面积 $17\times10^4km^2$，建立了重庆涪陵焦石坝、四川威远、长宁-昭通 3 个海相页岩气示范区。

陕西延长陆相页岩气示范区和四川富顺-永川对外合作区累计投资近 300 亿元，钻探页岩气井 705 口，其中水平井 445 口，投入生产井 179 口，累计建成页岩气产能 $66\times10^8m^3$，铺设页岩气专输管线 235km，探明页岩气地质储量 $5441.29\times10^8m^3$，2014 年页岩气产量 $12.47\times10^8m^3$，2015 年已产气 $20.37\times10^8m^3$，累计生产页岩气约 $33.87\times10^8m^3$。页岩气探明地质储量及产量全部来自四川盆地海相龙马溪组页岩。除此之外，南方其他地区、南华北盆地、柴达木盆地、鄂尔多斯盆地等地区三类页岩气都有发现，但未能形成产能，勘探前景还在进一步探索中。

1) 四川盆地

四川盆地是我国页岩气勘探开发的重点地区，已发现筇竹寺组和龙马溪组两套主力海相页岩产气层。鉴于筇竹寺组具有埋深大、产量低、技术要求高等特点，目前勘探开发工作主要集中在埋深浅、产量高的龙马溪组，初步落实 4500m 以浅有利勘探面积 $3.7\times10^4km^2$，可采资源量 $4.3\times10^{12}m^3$；已钻探页岩气井 473 口，发现重庆涪陵焦石坝、四川长宁-昭通、威远、富顺-永川 4 个千亿立方米级页岩气大气田，落实地质储量超 $1\times10^{12}m^3$，其中，探明储量 $5441.28\times10^8m^3$，累计投入生产井 179 口，生产页岩气 $33.87\times10^8m^3$，2015 年预计建成 $75\times10^8m^3$ 生产能力，建成 2 条专输管线 235km。

2）其他地区

除四川盆地外，国土资源部在其他地区招标20个区块。其中包括云南、贵州、重庆、江西、内蒙古等地，同时延长石油在各自招标区块进行自主勘探评价，钻探150口井，发现了一些好的苗头。例如，陕西延长石油（集团）有限公司（简称“延长石油”）2011年以来在鄂尔多斯盆地东南部先后近30口井发现页岩气，建立我国陆相页岩气工业化生产示范区，累计投资10.95亿元，钻井59口，初步落实地质储量$677\times10^8m^3$，建成$1.18\times10^8m^3$生产能力，单井日产气$(0.17\sim4)\times10^4m^3$。

另外，在陆相、海陆过渡相及四川盆地以外的海相页岩气勘探也取得了一些发现。在陆相页岩气勘探方面，2011～2012年，中石化在四川盆地不同陆相页岩层段钻探近20口井，获日产气$(0.26\sim51)\times10^4m^3$；2013年，中国地质调查局在柴达木盆地北缘钻探柴页1井发现陆相页岩气。迄今，累计已有近50口井获气，少数井进行试产，但产量总体偏低、差异大、递减很快，未能形成工业产能，资源前景正在进一步落实。在海陆过渡相页岩气勘探方面，华北地区普遍获气；鄂尔多斯盆地鄂页1井增产改造后获日产气$1.95\times10^4m^3$，云页平1井增产改造后获日产气$2\times10^4m^3$，神木0-5井增产改造后获日产气$6695m^3$；河南开封尉参1井发现厚465m、含气量$4.5m^3/t$的页岩。迄今仅有少数井获气，且产量极不稳定，还没有生产井和正式开采的区块，资源前景不明确。在四川盆地以外的海相页岩气勘探方面，广西柳州罗富组、贵州六盘水大塘组分别获日产气$(2\sim5)\times10^4m^3$，勘探前景可期。

总体看来，在四川盆地龙马溪组海相页岩气以外的广大地区和层系，出气井较多，但单井产量偏低，产量不稳定，尚未形成实际生产能力，说明其他地区和层系的页岩气资源虽然丰富，但需进一步落实，实现工业化开采任重道远。

3. 3500m以浅关键技术与装备基本实现国产化

通过技术引进、消化吸收和自主创新，我国已经基本掌握适用于页岩气勘探开发的地球物理、钻井、完井、压裂改造等关键技术，自主研发的可移动式钻机、3000型压裂车、可钻式桥塞等装备已投入规模化生产应用，水平井钻完井周期从150天减至60天，最短35天，分段压裂增产改造由最初的10段达到目前的21段，完全具备3500m以浅水平井钻完井及分段压裂增产改造能力，初步形成了“工厂化”生产作业模式，水平井单井成本从1亿元下降到6500万～7500万元。

二、我国页岩气发展面临的主要挑战

目前，我国天然气勘探开发以常规气为主，页岩气勘探在四川盆地初见曙光，在其他地区尚处于探索阶段。我国页岩气有特殊性，与北美页岩气有很大差别。北美页岩气以海相为主，“甜点区”分布面积大、储层厚度横向稳定、压裂后易形成缝网系统、埋藏适中、地表平坦、水资源丰富；我国海相页岩气埋藏较深、破坏较强、优质“甜点区”面积较小、压裂难度大。非海相页岩含气量低，厚度较薄。地表条件多为山地沙漠、水资源总体缺乏。

1. 对页岩气发展阶段认识存在“误区”

随着涪陵焦石坝、长宁-昭通、威远等页岩气田的突破，对我国页岩气前景“过于乐观”的情绪在爆棚蔓延。其根源在于没有充分认识到页岩气资源的特殊性，一定范畴和程度上还存在“有页岩就有页岩气”“有页岩气就能商业开发”和“常规技术就能开发页岩气”的偏颇认识；没有充分认识到海相和陆相页岩气存在很大差异性，认为只要海相和陆相富集条件相同，勘探开发技术就相似；实践中把工作重心和关注度更多聚焦在钻井、分段压裂增产改造等工艺技术的突破上，造成“工艺成功、产量不高”的尴尬局面不在少数，归根是忽视了优质“甜点区”资源的评价与优选。认识的偏差和工作的不均衡，导致对我国页岩气发展阶段的定位不够客观，甚至认为当下已经进入大规模开发阶段，不少机构在产量预测上期望过高，制定出可望而不可即的发展目标，工作部署有些急于求成。

美国页岩气和中国煤成气对各自国家天然气工业做出了重大贡献。2014 年，美国页岩气占该国天然气总产量的48%，中国煤成气占我国天然气产量的64%，二者均为地质勘探开发项目。地质勘探开发项目取得成功不是一蹴而就的，需要经历相当长时间的探索才能见成效。北美页岩气发展经历了技术攻关、先导试验、技术突破和规模开发 4 个阶段。美国自 1981 年开始，历经 20 多年试验攻关才突破水平井钻井、分段压裂增产改造和“工厂化”作业等关键技术，2005 年以后方进入大规模开发期，钻井数超过 5×10^4 口。加拿大借用美国模式，经历十余年才步入商业开采阶段。类比煤成气产业，我国煤成气理论从 1979 年创立，经历了三十余年发展才实现工业化开发。我国页岩气勘探始于 2010 年四川盆地威 201 井的钻探，迄今不过 6 年，钻井数不到 600 口，在建气田开采不足两年，优质资源分布区不够落实、富集主控因素与气田生产规律尚不清楚、关键开发技术不尽掌握、“工厂化”开采模式不够精密等问题不容回避，实现真正意义上的规模化开发尚需时日。

2. 非海相（海陆过渡相、陆相）页岩气资源及经济效益不确定性大

非海相页岩气是我国页岩气资源的一大特色和重要组成部分，广泛分布于渤海湾、四川、鄂尔多斯、准噶尔、塔里木、吐哈等盆地或地区，尽管分布面积高达 $(30\sim40)\times10^4km^2$，可采资源量达 $4.03\times10^{12}m^3$，但资源禀赋条件普遍比海相差，突出表现为页岩储气能力不足，仅为海相的 1/4 ~ 1/2。针对此类资源开发，国外尚无成功先例，我国仅在鄂尔多斯盆地进行勘探试验，虽已钻探 59 口井，近半数井获气，但没有单井日产气量超过 $5\times10^4m^3$。根据目前勘探实践和认识程度，无法确定此类资源的经济效益和勘探开发前景。

3. 3500m 以深核心技术与装备未取得突破

水平井钻井、分段压裂增产改造、“工厂化”作业是页岩气勘探开发的 3 项核心技术。北美地区主要开发 3500m 以浅的页岩气，我国页岩气 3500m 以深资源占 65% 以上，没有成熟的技术、装备可借鉴，主要存在三大技术难点：一是目标页岩埋深大，构造复杂，“甜点区”预测难；二是钻井事故率高，井眼轨迹控制难，分段改造施工难度大，增产效果不理想；三是地层突破压力高，目前配套工具与设备不能满足高温高压环境作业需求。四川威 204H1-2 井和丁页 2HF 井等超过 3500m 的井，虽地表条件较好，但钻井过程中井壁垮塌严重、井眼轨迹变化大，现有压裂车功率不足，压开段数少，改造体积小，单井产量不理想。

4. 页岩气勘探开发成本居高不下

现有的4个页岩气开发区块中，重庆涪陵焦石坝区块开发效果最好，平均钻井深度2300m，水平井段1500m，平均单井日产量$10\times10^4m^3$以上，单井费用7000万~8500万元，开发成本为1.85元/m^3。威远-长宁-昭通区块，平均钻井深度2500m，水平井段1500m，平均单井日产量$6\times10^4m^3$，单井费用6500万~7500万元，开发成本为2.03元/m^3，处于无效-低效水平。类比美国巴奈特（Barnett）页岩，平均钻井深度2500m，水平井段1000m，平均单井日产量$6\times10^4m^3$左右，单井费用3500万元左右，开发成本仅为0.81元/m^3。上述数据表明，近似条件下，我国页岩气勘探开发成本是美国的2~3倍，如何尽快降本增效是实现效益规模开发不得不跨越的“门槛”。

5. 非技术因素严重制约页岩气快速发展

1）地表条件复杂

与北美相比，我国页岩气资源多位于山区、沙漠、黄土塬等环境恶劣地区，交通不便，地形复杂，管网稀少，开发难度大，大幅增加了非技术成本。例如，涪陵焦石坝、长宁-昭通等在建气田均位于地形起伏大、远离输气管线的四川盆地边远山区，“工厂化”生产作业、平台井场布设等十分困难，地面建设前期投资大，建设周期长。

2）水资源总体不足

从目前所掌握的技术，页岩气开发需消耗大量的水资源。据统计，北美页岩气平均单井钻井、压裂等耗水$(1.5\sim3.2)\times10^4m^3$，四川盆地页岩气平均单井钻井、压裂等耗水$(1.8\sim4.3)\times10^4m^3$。页岩气增产和稳产主要依赖大量钻井和压裂改造，$100\times10^8m^3$页岩气产量需生产井800~1500口。现有数据显示，我国人均可再生水资源为$2100m^3$，仅为美国的1/10、加拿大的1/42。我国大部分地区年度降水不均，即便是在年均降水较丰沛的重庆和四川等南方地区也常出现久旱不雨的情况。北方的中西部地区水资源更是相对匮乏，鄂尔多斯盆地、新疆等地区的页岩气勘探区块位于黄土塬、戈壁和沙漠，水资源严重匮乏，现有压裂增产改造技术无法规模施工，不具备规模开发条件。

3）环境生态的影响

页岩气开采中大量使用压裂液，压裂液主要由稠化剂、交联剂、高温稳定剂等系列助剂组成。施工过程中，遗留在地层中的压裂液可能对地下水资源造成危害，施工后返排至地面的废压裂液中，除原有的添加剂外，会新增来自地层的物质，其组成比原压裂液更复杂，不经处理必将对地表人文自然环境造成危害。经压裂、注水等一系列施工后的地层，产生了较多人工缝网，打破了地层原有的平衡，地层内部构造发生变化，这些变化有引起地面坍塌、微（小）型地震、山体滑坡等潜在危险的可能。页岩气开采中，靠大量新钻井增产稳产会产生大量噪声，也会破坏植被，影响动物生存环境。设备不达标、排气及压裂施工等环节还存在甲烷泄漏风险，甲烷泄漏融入水层中可污染地层水，进入大气会危害人体健康，增加臭氧层被破坏的可能性。

4）非油气企业助推能力有限

美国中小企业依靠灵活的运行机制和创新体制，经过长期摸索，为页岩气的规模化开发做出了重要贡献，而我国页岩气正处投入大、风险大、技术要求高的起始阶段，非油气企业对油气勘探行业特点了解程度较低，对页岩气勘探开发的技术特点和经济风险认识不够，参与页岩气勘探开发存在较大的盲目性和盲从性。从非油气企业中标的20个区块的运行情况来看，尽管投入巨大，但绝大多数进展缓慢，勘探成效与期望目标相去甚远，这严重挫伤了非油气企业的积极性，对行业发展造成了较大负面影响。

5）企地关系协调难度大

四川盆地页岩气开发区块人口稠密，施工井场距离居民区较近。尽管企业前期与地方就土地征用、安全生产、环境保护等达成协议，但在实际施工过程中，当地居民仍然以噪声、水消耗、压裂震动诱发地震灾害等为理由，以堵路方式向企业提出额外补偿要求，双方僵持严重影响了施工进程，造成巨大经济损失。例如，滇黔北昭通示范区的四个平台，因堵路耽误压裂施工长达3个月之久，仅赔偿斯伦贝谢公司和川庆井下公司压裂设备的租赁费预计将高达1亿元之多；四川长宁–威远示范区，因堵路影响了23个平台井组钻前工程进度，耽误的时间少则17天，多则96天，平均每个平台影响46天。

三、我国页岩气发展战略对策建议

1. 针对在页岩气发展阶段认识上存在“误区”问题

我国页岩气勘探开发目前仅在四川盆地先导试验区取得突破，全国整体仍为起步阶段，与北美发展差距甚大。不提倡超越现实发展阶段，不提倡不切实际的产量目标，不提倡不顾效益的盲目发展，建议制定符合我国国情的页岩气发展战略与目标。2020年前后，我国页岩气发展阶段、发展战略与目标定位如下。

（1）到2020年，全国页岩气年产量力争达到$300\times10^8m^3$，确保达到$200\times10^8m^3$，在四川盆地实现常规与非常规气产量合计达到$(550\sim600)\times10^8m^3$，建成我国的“气大庆”。

（2）当前乃至今后5～10年，我国页岩气发展阶段总体仍以起步探索为主，四川盆地局部为工业化生产。

（3）以“立足四川盆地海相，强化理论创新，攻克关键技术，突破非海相、深层、非水压裂三大理论技术瓶颈，实现页岩气产量跨越”为发展战略，在四川盆地建立一批页岩气勘探开发试验区，实现南方页岩气勘探开发整体发展，以南方海相页岩气勘探带动全国陆相页岩气勘探，将在浅层、超压区取得的成功经验和有效做法逐渐推广至深层、常压–低压区，逐步形成并实现海相页岩气勘探开发地质理论、自主核心技术和主要装备国产化。

2. 针对低产低压区及非海相页岩气经济资源不确定性大的问题

（1）重视海相已发现低产低压页岩气区的地质理论和工程技术研究，强化资源“甜点区”优选与评价，优化勘探开发技术，提高组织管理，逐步实现低压低产区效益勘探开发。

（2）强化非海相页岩气资源评价与“甜点区”优选。鉴于我国页岩气勘探程度较低，绝大部分地区没有钻探工作的现实，建议由国土资源部牵头，建立国家页岩气勘探基金，以四川盆地、鄂尔多斯盆地、中下扬子地区等为重点，以非海相页岩气为目标，按不同类型，钻探20～30口页岩气科学评价井，取全、取准资料，落实非海相页岩气资源丰富的

“甜点”盆地、资源富集的“甜点”层段和有利建产的“甜点”区带。

（3）有序推动非海相页岩气示范区建设。2015 年以后，非海相页岩必须为页岩气大规模发展做出贡献，建立非海相页岩气示范区势在必行。建议借鉴现有的 4 个海相页岩气示范区成功经验，在四川、鄂尔多斯等盆地选择 2～3 个非海相页岩气有利区建设示范区，开展试验攻关，创新发展非海相页岩气富集地质理论、关键技术与装备，形成一定规模产量。

3. 针对 3500m 以深核心技术与装备未取得突破的问题

强化 3500m 以深页岩气技术、装备、工艺等技术体系研发，推动深层页岩气实现规模突破，建议国家出台政策并设立专项创新基金支持企业开展相关技术与装备的研发。由科技部等部门在国家重大专项设置中支持 4000 型及以上大型压裂泵车的研发与制造，由国家出台政策并设立专项创新基金支持企业发展高温压裂液、高强度支撑剂、旋转导向等技术和装备，以解决压裂车组的压力不足、现有压裂液体系效果不佳等瓶颈问题，推动 3500m 以深页岩气开发利用。

4. 针对页岩气勘探开发成本居高不下的问题

美国页岩气攻坚过程中，政府综合补贴力度达气价的 51%，时限长达 20 多年，有利促进了美国页岩气的初期发展。目前我国页岩气开发成本较高且仍将维持较长时间。2013 年起中央政府对页岩气勘探开发利用实施 0.4 元/m^3 的财税补贴。2016～2018 年补贴 0.3 元/m^3，2019～2020 年补贴 0.2 元/m^3。为进一步促进页岩气的勘探开发，建议页岩气勘探开发企业持续推动技术与管理创新，强化钻井、压裂等全过程成本控制机制，努力实现页岩气经济规模开发。

5. 针对非技术因素严重影响页岩气快速发展的问题

（1）根据页岩气勘探开发技术特点，改革矿权管理制度。常规天然气分为勘探阶段和开采阶段，勘探阶段以发现、评价和提交探明储量为目的，开采阶段以产能建设、产气为目标，探矿权证、采矿权证分开管理方式对常规天然气是可行的，但页岩气通常是边勘探边开发，在提交探明储量之前需要 1～2 年或更长时间的试采期，而目前允许的试采期仅为 1 年，普遍存在持探矿权证采气或无采矿权证开采的现象。建议国土资源部在页岩气矿权管理中，实行探矿证、采矿证合二为一，延长试采期，提高开发效益。

（2）国家制定严格的管理办法，监督页岩气勘探开发中可能对环境生态的影响。在对页岩气勘探开发区地质情况充分认识基础上，通过采用先进技术和工艺装备，严格控制压裂液和甲烷泄漏，全面处理好废水、废气、废渣，加强水资源回收、再利用和废渣综合利用、变废为宝。减少地层破坏、水资源污染和地表植被破坏，督导、鼓励企业积极发展少水压裂或无水压裂技术。在页岩气勘探开发区，加强地震、滑坡等地质灾害监测，根据监测结果，及时提出治理对策。

（3）国家制定明确政策，引导非油气企业参与页岩气开发。建议在风险较高的勘探阶段，非油气企业尽量不介入或少介入；在风险相对低的开采阶段，非油气企业可以各种形式广泛介入。

（4）由国家有关部门牵头建立页岩气勘探开发资料数据和信息平台，统一规范页岩气勘探资料数据管理与信息共享。将页岩气勘探开发资料数据的提交与矿业权挂钩，建立页岩气勘探资料数据采集、储存、信息化系统，形成涵盖国内外页岩气勘探开发的大数据信息平台，实现页岩气矿业权管理和数据共享。

中国页岩气地质和地球化学研究的若干问题*

一、引言

“页岩气革命”源于美国，有两大创新：其一在理论上，勘探开发天然气从储层移师至页（泥）岩气源岩；其二在经济上，美国从天然气进口国跃变为出口天然气的产气大国，页岩气成为产量之冠。

2018 年美国页岩气产量为 $6244\times10^8m^3$[1]，占该国天然气总产量的 64.71%。页岩气储量占该国天然气总储量的 67.92%。美国目前稳坐世界天然气产量头把交椅，主要原因包括：一是页岩气产量不断提高，如 2008 年产量为 $599\times10^8m^3$，2018 年产量是 2008 年的 10.4 倍；二是页岩气剩余可采储量不断增加而丰富，2018 年达 $9.6883\times10^{12}m^3$[1]；三是经济页岩气层组（具有商业开采价值、储量和面积的页岩气地层）多且展布盆地多：美国在 29 个盆地古生界—中生界发现至少 30 套经济页岩气层组。以上有利条件为美国页岩气大突破奠定基础。美国页岩气勘探开发取得巨大成果，是近 2 个世纪来勘探上不断探索，研究上不断深入，开发上不断突破的结果。美国页岩气发展经历了 4 个阶段[2]：①1821～1978 年，偶然发现阶段；②1978～2003 年，认识创新与技术突破阶段；③2003～2006 年，水平井与水力压裂技术推广应用阶段（大发展阶段）；④2007 至今，全球化发展阶段。

中国页岩气勘探和开发经历时间仅为美国约 1/10，可分三个阶段：①2003～2008 年，学习借鉴阶段；②2009～2012 年，选区评价与探井实施阶段；③2013 至今，规模建产阶段[3]。尽管中国页岩气勘探开发史短，但也取得重大进展：至 2018 年年底中国累计探明页岩气地质储量 $10455.67\times10^8m^3$，占全国天然气总地质储量的 6.9%；2018 年产页岩气 $108.8\times10^8m^3$，占全国产气总量的 6.8%。随着时间推进，中国页岩气在全国天然气储量和产量中比例将逐渐上升。

为了促进中国页岩气更大的发展，本文拟对中美页岩气勘探开发对比分析，从地质和地球化学研究角度探讨中国页岩气勘探开发中亟待解决的若干科学问题，借他山之石为我所用。

二、中国要突破当前单一的经济页岩气层组

1. 中国经济页岩气层组及其盆地单一

中国目前仅在四川盆地及毗邻南缘地区发现一个经济页岩气层组（五峰组—龙马溪

---

* 原载于《天然气地球科学》，2020，第 31 卷，第 6 期，745～760，作者还有董大忠、倪云燕、洪峰、张素荣、张延玲、丁麟。

组）（图 1），若要使页岩气在中国天然气工业中发挥更大作用，必须在我国更多盆地寻找和发现更多经济页岩气层组。中国有在更多盆地（图 2）发现更多经济页岩气层组（表 1）的有利地质条件。由图 1 和表 1 可见：四川盆地及其紧邻南缘及东南缘发现并探明储量、面积和产量的五峰组—龙马溪组经济页岩气层组，同时还有在海相筇竹寺组和陡山沱组等、海陆过渡相梁山组—龙潭组、陆相须家河组和自流井组等页岩探井中发现页岩气显示。威 5 井筇竹寺组页岩产气量为 $2.46\times10^4 m^3/d$[4]；新页 2 井在须家河组五段页岩中产气量为 $4811 m^3/d$[5]；在四川盆地之东宜昌地区陡山沱组页岩产气量为 $5.53\times10^4 m^3/d$（鄂阳页 2HF 井）、牛蹄塘组产气量为 $7.84\times10^4 m^3/d$（鄂阳页 1HF 井）[6]。这些踪迹显示四川盆地南东缘是中国突破单一经济页岩气层组及盆地的有利地区。由图 2 和表 1 可见，中国多富有机质海相、海陆过渡相和陆相页岩分布广泛，地质上展布年代长（从古近纪至元古宙的 12 个系），多达 43 层组，因此，为勘探突破单一经济页岩气层组及其盆地提供了优良的地质条件。

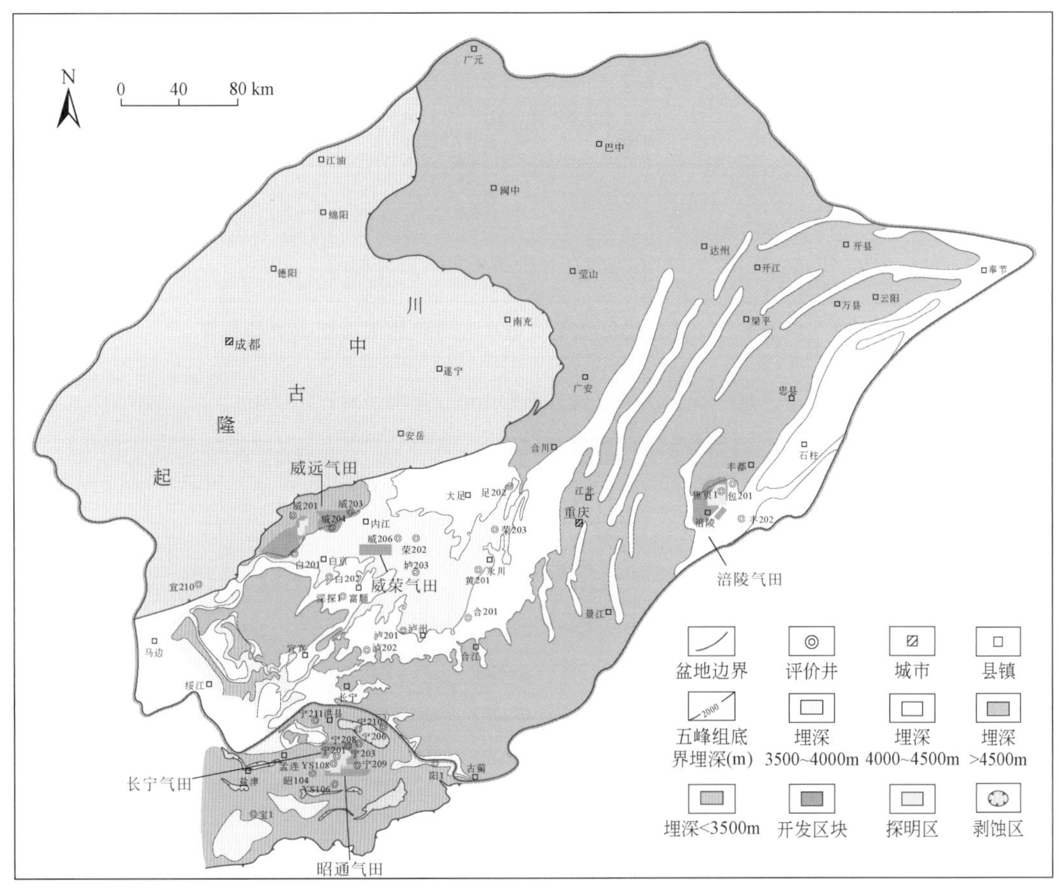

图 1　四川盆地及其毗邻南缘地区五峰组—龙马溪组及页岩气田分布图

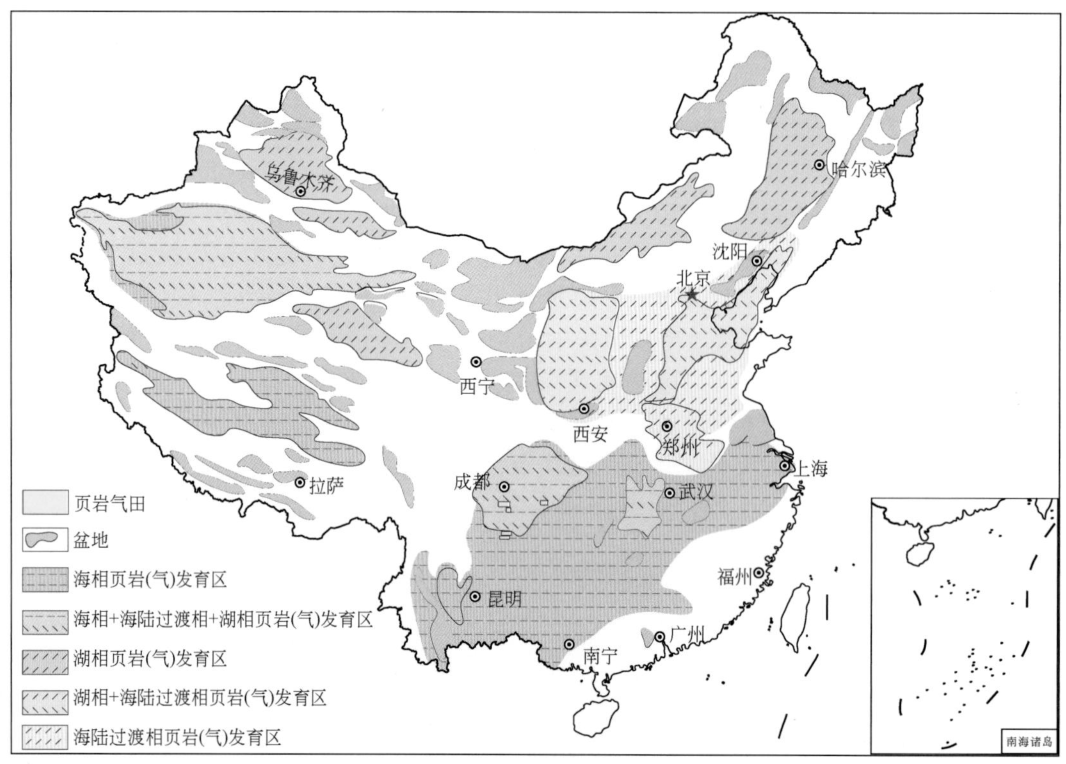

图2 中国主要富有机质黑色页岩分布图

表1 中国主要盆地或地区重要页岩和经济页岩气层组有关参数表

沉积类型	盆地或地区	页岩名称	时代	面积/km^2	厚度/m	TOC/%	有机质类型	热成熟度 R_o/%
海相	华北地区	平凉组	O_2p	15000	50～392.4	0.10～2.17	Ⅰ-Ⅱ	0.57～1.5
		洪水庄组	Pt_3jx	>20000	40～100	0.95～12.83	Ⅰ	1.10
		下马岭组	Pt_3jx	>20000	50～170	0.85～24.30	Ⅰ	0.60～1.65
	四川盆地及南方地区	旧司组	C_1j	97125	50～500	0.61～15.90	Ⅰ-Ⅱ	1.34～2.22
		应堂组—罗富组	$D_{2-3}y—l$	236355	50～1113	0.53～12.10	Ⅰ-Ⅱ	0.99～2.03
		五峰组—龙马溪组	$O_3w—S_1l$	389840	23～847	0.41～25.73	Ⅰ-Ⅱ	1.60～4.91
		筇竹寺组	$∈_1q$	873555	20～465	0.35～22.15	Ⅰ	1.28～5.20
		陡山沱组	Z_2d	290325	10～233	0.58～12.00	Ⅰ	2.00～4.50
	塔里木盆地	印干组	O_3y	99178	0～120	0.50～4.40	Ⅰ-Ⅱ	0.80～3.40
		萨尔干组	$O_{2-3}s$	101125	0～160	0.61～4.65	Ⅰ-Ⅱ	1.20～4.60
		玉尔吐斯组	$∈_1y$	130208	0～200	0.50～14.21	Ⅰ-Ⅱ	1.20～5.00
	羌塘盆地	布曲组	J_2b	79830	25～400	0.30～9.83	Ⅲ	1.79～2.40
		夏里组	J_2x	114200	78～713	0.13～26.12	Ⅱ	0.69～2.03
		肖茶卡组	T_3x	141960	100～747	0.11～13.45	Ⅱ	1.13～5.35

续表

沉积类型	盆地或地区	页岩名称	时代	面积/km^2	厚度/m	TOC/%	有机质类型	热成熟度 R_o/%
海陆过渡相	四川盆地	梁山组—龙潭组	$P_1l—P_2l$	18900	20 ~ 170	0. 50 ~ 12. 55	Ⅲ	1. 80 ~ 3. 00
	滇东-鄂西	龙潭组	P_2l	132000	20 ~ 200	0. 35 ~ 6. 50	Ⅲ	2. 00 ~ 3. 00
	中-下扬子	龙潭组	P_2l	65700	20 ~ 600	0. 10 ~ 12. 00	Ⅲ	1. 30 ~ 3. 00
	华南	龙潭组	P_2l	84400	50 ~ 600	0. 10 ~ 10. 00	Ⅲ	2. 00 ~ 4. 00
	鄂尔多斯盆地	山西组	P_2sh	250000	30 ~ 180	0. 50 ~ 31. 00	Ⅲ	0. 60 ~ 3. 00
		太原组	P_1t	250000	30 ~ 180	0. 50 ~ 36. 79	Ⅲ	0. 60 ~ 3. 00
		本溪组	C_2b	250000	30 ~ 180	0. 50 ~ 25. 00	Ⅲ	0. 60 ~ 3. 00
	渤海湾盆地	二叠系	P	200000	20 ~ 160	0. 50 ~ 3. 00	Ⅲ	0. 50 ~ 2. 60
		石炭系	C	200000	20 ~ 180	0. 50 ~ 3. 00	Ⅲ	0. 50 ~ 2. 80
	准噶尔盆地	滴水泉组—巴山组	$C_1d—C_2b$	50000	120 ~ 300	0. 17 ~ 26. 76	Ⅲ	1. 6 ~ 2. 626
陆相	松辽盆地	青一段	K_1q_1	184673	50 ~ 500	0. 40 ~ 4. 50	Ⅰ-Ⅱ	0. 50 ~ 1. 50
		青二三段	$K_1q_{2—3}$	164538	25 ~ 360	0. 20 ~ 1. 80	Ⅱ	0. 50 ~ 1. 40
	渤海湾盆地	沙一段	E_3s_1	8816	50 ~ 250	0. 80 ~ 27. 30	$Ⅱ_2$	0. 70 ~ 1. 80
		沙三段	E_3s_3	8874	10 ~ 600	0. 50 ~ 13. 80	Ⅰ-$Ⅱ_1$	0. 40 ~ 2. 00
		沙四段	E_3s_4	7911	10 ~ 400	0. 80 ~ 16. 70	$Ⅱ_1$	0. 60 ~ 3. 00
	四川盆地	须家河组	T_3x_1	41800	50 ~ 300	1. 00 ~ 4. 00	Ⅲ+$Ⅱ_2$	1. 60 ~ 3. 60
			T_3x_3	45000	20 ~ 100	1. 50 ~ 8. 00	Ⅲ	1. 20 ~ 3. 60
			T_3x_5	63900	10 ~ 200	1. 00 ~ 9. 00	Ⅲ	1. 20 ~ 3. 30
		自流井组	$J_{1—2}zh$	90000	40 ~ 180	0. 80 ~ 2. 00	Ⅰ-$Ⅱ_1$	0. 60 ~ 1. 60
	鄂尔多斯盆地	长 7	T_3ch_7	37000	10 ~ 45	0. 30 ~ 36. 22	Ⅰ-$Ⅱ_1$	0. 60 ~ 1. 16
		长 9	T_3ch_9	14000	10 ~ 15	0. 36 ~ 11. 30	Ⅰ-$Ⅱ_1$	0. 90 ~ 1. 30
	吐哈盆地	西山窑组	J_2x	18870	100 ~ 600	0. 50 ~ 20. 00	Ⅲ	0. 40 ~ 1. 6
		八道湾组—三工河组	$J_1b—s$	20050	100 ~ 600	0. 50 ~ 20. 00	Ⅲ	0. 50 ~ 1. 80
	塔里木盆地	克孜勒努尔组	J_2k	130480	50 ~ 700	1. 90 ~ 15. 86	Ⅲ	0. 60 ~ 1. 60
		阳霞组	J_1y	83400	40 ~ 120	2. 50 ~ 20. 00	Ⅲ	0. 40 ~ 1. 60
		塔里奇克组	T_3t	125500	100 ~ 600	15. 50 ~ 23. 70	Ⅲ	—
		黄山街组	T_3h	133450	200 ~ 550	1. 00 ~ 30. 00	Ⅲ	0. 60 ~ 2. 80
	准噶尔盆地	西山窑组	J_2x	90500	25 ~ 250	0. 50 ~ 20. 00	Ⅲ	0. 50 ~ 2. 30
		三工河组	J_1s	93430	25 ~ 240	0. 50 ~ 31. 00	Ⅲ	0. 50 ~ 2. 40
		八道湾组	J_1b	97100	50 ~ 350	0. 60 ~ 35. 00	Ⅲ	0. 50 ~ 2. 50
		乌尔禾组	$P_{2—3}w$	63400	50 ~ 450	0. 70 ~ 12. 08	Ⅰ-$Ⅱ_1$	0. 80 ~ 1. 00
		夏子街组	P_2x	57200	50 ~ 150	0. 41 ~ 10. 80	Ⅰ-$Ⅱ_1$	0. 56 ~ 1. 31
		风城组	P_1f	31800	50 ~ 300	0. 47 ~ 21. 00	Ⅰ-$Ⅱ_1$	0. 54 ~ 1. 41

2. 美国多经济页岩气层组及其盆地保障了世界产气之冠的地位

图3展示了美国主要的经济页岩气层组及其盆地[7]：美国在29个盆地发现至少30套经济页岩气层组。美国经济页岩气层组有如下特点：①分布在古生界和中生界7个系（∈、O、D、C、P、J、K）海相地层中；②除阿巴拉契亚（Appalachian）盆地和福特沃斯（Fort Worth）盆地外，经济页岩气层组仅分布在盆地的部分地区；③储量大和产量高或地质资源量和可采资源量大的经济页岩气层组分布美国中部和东部的前陆盆地和克拉通盆地中[8]（表2），科迪勒拉山脉中众多裂谷型盆地中经济页岩气层组则表现为页岩气储量小且产量相对低。以2018年为例，中部和东部8个盆地9个经济页岩气层组总剩余可采储量9.5655×$10^{12}m^3$，年共产页岩气$6144×10^8 m^3$（表3）[1,9]，分别占美国经济页岩气总可采储量和总年产量98.73%和98.40%；④一般一个盆地发现1个或2个经济页岩气层系，但面积大的盆地可发现多个页岩气层系，如阿巴拉契亚盆地发现至少4个（Marcellus、Uitca、Ohio、Antrim）页岩气层系（图3）。其中Marcellus组是美国目前储量最大年产量最高的经济页岩气层组（表3）；Antrim组是美国最早开发的页岩，19世纪30年代就开始开发，在1980年早期就有10000口井，年产$(30\sim40)×10^8 m^3$[2]；⑤与常规超大型气田相似，超大型经济页岩气层组对一个国家天然气工业具有重大意义[10]。常规大气田根据储量分为大型［$(300\sim1000)×$

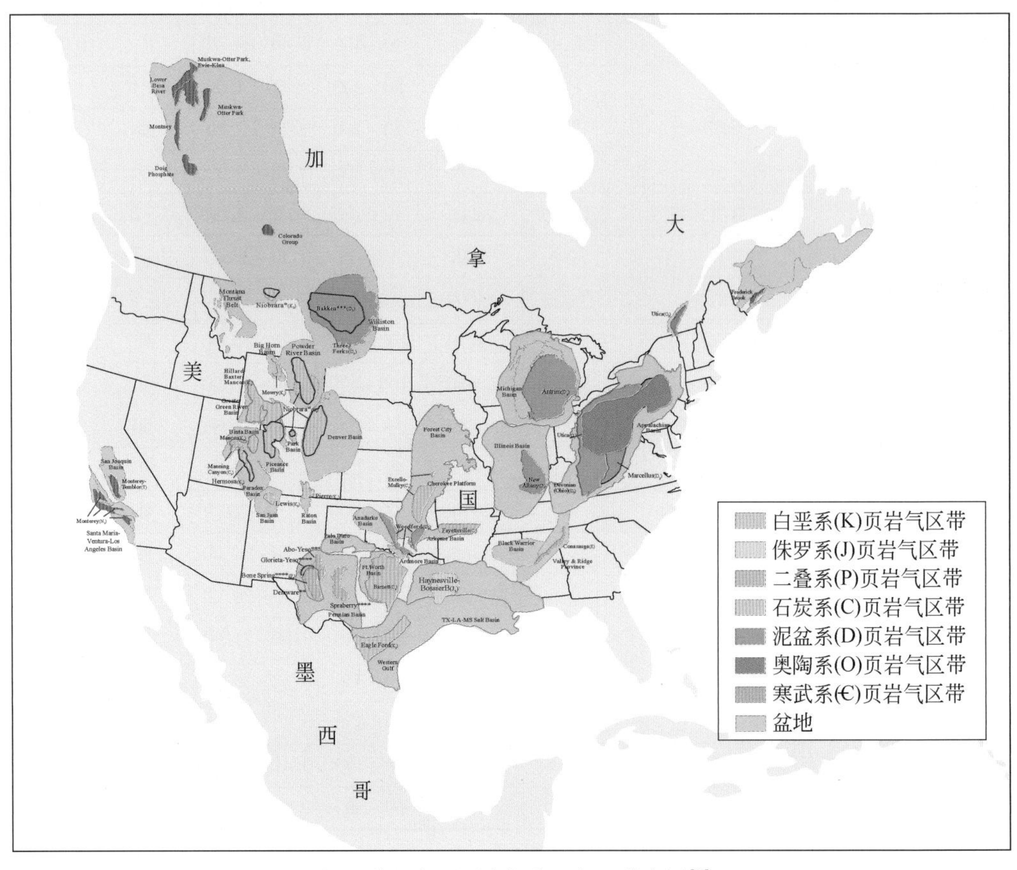

图3 美国主要页岩气盆地气田分布图[7]

10^8m^3]、特大型[$(0.1\sim1.0)\times10^{12}m^3$]和超大型($1.0\times10^{12}m^3$以上)。目前未见根据储量对经济页岩气层组的分类，作者在此采取类比法按储量级别，把经济页岩气层组也划分为与之对应的大型、特大型和超大型。例如，Marcellus 组、Haynesville 组和 Wolfcamp 组都是超大型经济页岩气层组，对美国页岩气生产具有举足轻重的作用（表3）。

表2 美国中、东部主要盆地经济页岩气层组相关参数

盆地	经济页岩气层组	时代	面积/10^4km^2	深度/m	净厚度/m	TOC/%	有机质类型	R_o/%	2018年产气/10^8m^3[1,8,9]
阿巴拉契亚	Ohio	D_3	4.14	600~1500	9~30	0~4.7	Ⅰ-Ⅱ	0.4~1.3	34(1999年)
	Marcellus	D_2	2.5	914~4511	15~61	3.0~12.0	Ⅱ、Ⅲ	1.5~3.0	2152
	Utica	O_3	1.3	2500	30~50	2.5	Ⅱ	2.2	651
二叠	Wolfcamp	P	17.4	2500~3000	60~2150	2.0~9.0	Ⅰ、$Ⅱ_1$	0.7~1.5	934
阿科玛	Fayetteville	C_1	2.3	457~2591	6~61	4.0~9.8	Ⅰ、$Ⅱ_1$	1.2~4.5	142
	Woodford	D_3	1.2	1220~4270	37~67	1.0~14.0	Ⅰ、$Ⅱ_1$	1.1~3.0	368
福特沃斯	Barnett	C_1	1.7	1981~2591	15~60	2.0~6.0	$Ⅱ_1$	1.1~2.1	340
路易斯安那	Haynesville	J	2.3	3048~4511	61~91	0.7~6.2	Ⅰ、$Ⅱ_1$	2.2~3.2	736
西墨西哥湾	Eagle Ford	K_2	0.3	1220~4270	61	4.3	Ⅱ	0.5~2.0	566
阿纳达科	Woodford	D_3	0.18	3500~4420	60	4.0~7.0	Ⅱ	1.1~3.5	375
密执安	Antrim	D_1	0.3	183~671	21~37	1.0~2.0	Ⅰ	0.4~0.6	22
伊利诺斯	New Albany	D_3—C_1	11.13	180~1500	30~122	1.0~25.0	Ⅱ	0.4~0.8	8.5(2011年)
威利斯顿	Bakken	D_3—C_1	1.69	1370~2290	20~50	10.0~20.0	Ⅱ	0.7~1.3	243

表3 美国主要经济页岩气层组及其盆地近五年来页岩气年产量和储量[1,9]

(单位：$10^{12}m^3$)

盆地	经济页岩气层组	2014年		2015年		2016年		2017年		2018年	
		产量	储量	产量	储量	产量	储量	产量	储量	产量	储量
阿巴拉契亚	Marcellus	0.1388	2.3928	0.1642	2.0586	0.1784	2.3814	0.1954	3.5056	0.2152	3.8256
福特沃斯	Barnett	0.0517	0.6888	0.0453	0.4820	0.0396	0.4757	0.0340	0.5437	0.0340	0.4870
西墨西哥湾	Eagle Ford	0.0533	0.6698	0.0623	0.5558	0.0595	0.6428	0.0538	0.7759	0.0566	0.8722
路易斯安娜	Haynesville、Bossier	0.0396	0.4701	0.0396	0.3626	0.0425	0.3681	0.0510	1.0166	0.0736	1.2658
阿纳达科	Woodford	0.0240	0.4700	0.0283	0.5260	0.0311	0.5720	0.0368	0.6371	0.0368	0.6060
阿科玛	Fayetteville	0.0293	0.3307	0.0261	0.2022	0.0198	0.1784	0.0170	0.2010	0.0142	0.1699
阿巴拉契亚	Utica、Pt. Pleasant	0.0125	0.1808	0.0283	0.3520	0.0400	0.4389	0.0481	0.7504	0.0651	0.6768
二叠	Wolfcamp、Cline			0.0085	0.0857	0.0481	0.5409	0.0623	0.9033	0.0934	1.3224
威利斯顿	Bakken、Three Forks							0.0198	0.2888	0.0255	0.3398
小计		0.3492	5.2030	0.4026	4.6249	0.4590	5.5982	0.5182	8.6224	0.6144	9.5655
其他页岩气		0.0315	0.4515	0.0281	0.3475	0.0223	0.3426	0.0082	0.0964	0.0100	0.1228
美国所有页岩气		0.3807	5.6545	0.4307	4.9724	0.4813	5.9408	0.5264	8.7188	0.6244	9.6883

3. 中美经济页岩气层组对比及启示

1）经济页岩气层组仅分布在部分盆地中

目前美国已发现经济页岩气盆地29个，占该国面积≥35000km^{2}的31个沉积盆地[11]的93.5%，盆地发现经济页岩气层组率为90.3%。中国有面积≥35000km^{2}的沉积盆地16个[11]，目前仅发现经济页岩气盆地1个（四川盆地），盆地发现经济页岩气层组率6.3%。因此，中国在沉积盆地发现经济页岩气盆地潜力大，今后可发现一批经济页岩气层组。

2）储量大产量高的经济页岩气层组分布在构造稳定或相对稳定的大盆地

由图3、表2与上述文可知：美国储量大产量高的经济页岩气层组分布在构造稳定或相对稳定的大盆地中，如阿巴拉契亚盆地、二叠（Permian）盆地、路易斯安那盆地等。因此，中国四川盆地、塔里木盆地、鄂尔多斯盆地和准噶尔盆地有利发育和勘探储量大产量高的经济页岩气层组。

3）超大型经济页岩气层组是勘探研究的主攻大目标

美国Marcellus组、Wolfcamp组和Haynesville组是超大型经济页岩气层组（表3），是美国页岩气产、储量的骄子。中国五峰组—龙马溪组有超大型经济页岩气层组预兆，中国今后争取探明几个超大型经济页岩气层组是目标，这样才能使页岩气成为中国天然气工业重要支柱之一。

三、经济页岩气层组的 R_o 区间值

1. 页岩气田 R_o 及其经济页岩气层组 R_o 的关系

中国仅有五峰组—龙马溪组一个经济页岩气层组，该层组井下的 R_o 最小的为1.6%（黔浅1井）[12]，最大的为4.91%，而盆地外露头区最小值为1.28%[13]，区间值为3.31%。至2019年年底在五峰组—龙马溪组中共发现4个气田（涪陵、长宁-昭通、威远和威荣），R_o 值为2.1%~4.44%（表4、图4），均是过熟阶段的裂解气[14,15]。由上可见，页岩气田 R_o 值只是该经济页岩气层组 R_o 区间值中的一段值可称为气田段值。

表4 五峰组—龙马溪组页岩气田相关井 R_o 表

气田	地质储量 /10^8m^3	井号	井深/m	R_o/%	气田	地质储量 /10^8m^3	井号	井深/m	R_o/%
长宁-昭通	1361.8	宁211	2313~2341	3.2	威远		威202	2591	2.4
		宁201	2463.1~2500	3.15~3.62			威204	3519.3~3536	2.4~2.5
		宁203	2130~2400	3.15~3.24			自201	3659.3~3671	2.1~2.2
		昭101	1700~1760	4.08~4.44			自202	3628.3~3648.2	2.3~2.4
		昭104	2035~2037	3.4	涪陵	6008.14	焦页1	2408~2416	2.9
		昭104	2117.5	3.3			焦页8-2	2622	3.1
		YSL1-1H	2002~2028	3.2			焦页4	2609.35	3.85
		YS109	2180~2210	2.18~3.8			焦页1	2395~2535.3	2.57~3.78
威远	1838.95	威201	1520~1523	2.1			焦页1	2370~2416	2.20~3.06

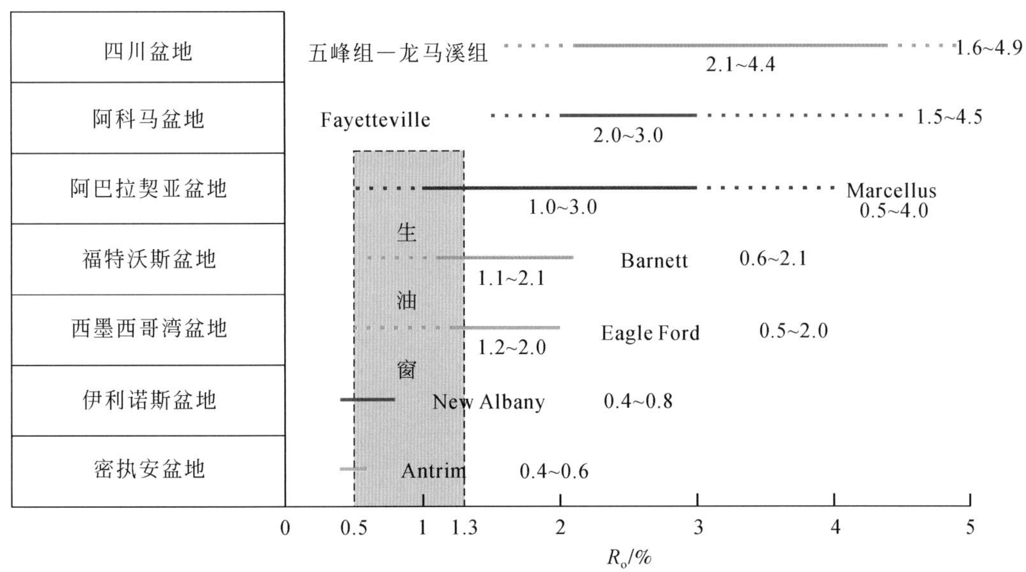

图4 中国和美国主要经济页岩气层组及其气田 R_o 对比图（单位:%）

美国热成因页岩气田（区）的 R_o 值也是该经济页岩气层组区间值中的一段值（图4），如阿科玛（Arkoma）盆地 Fayetteville 页岩 R_o 的区间值为 1.5%~4.5%（表2，图4），页岩气田 R_o 段值为 2.0%~3.0%[16]，阿巴拉契亚盆地 Marcellus 页岩的 R_o 区间值为 0.5%~4.0%，其有两个页岩气核心区：在盆地西南部核心区，R_o 段值为 1.0%~2.0%，东部为干气，而西部是干气-凝析油气；在盆地东北部 R_o 段值为 2.0%~3.0% R_o，产干气[8,17]。Marcellus 页岩的 R_o 值在 0.5%~1.0% 区间中则产油。福特沃斯盆地 Barnett 和西墨西哥湾（Western Gulf）盆地 Eagle Ford 中页岩气田（核心区）的段值也均是位于上述两项经济页岩气层组 R_o 区间值中(图4)。但未熟阶段生物气型页岩气，不属热成因气，是生物化学成因气，经济页岩气层组（Antrim 和 New Albany）R_o 区间值小[18]，不具热成因页岩气 R_o 区间值和气田 R_o 段值的关系（图4）。

2. 腐泥型页岩生油窗高阶段内的页岩气

腐泥型烃源岩生油窗系指液态烃能够大量生成并保存区间，其 R_o 值上、下限一般确定为 0.5%~1.3%[19,20]。当 R_o 值达到 1.3%~2.0%，烃源岩进入湿气-凝析油阶段，此时液态烃生成量降低，而气态烃的生成量则迅速增加[20]，烃源岩处于成气阶段。以上说明腐泥型烃源岩形成热解气为主的阶段在生油窗之后，即 $R_o \geq 1.3\%$ 时期。

但美国发现的一些页岩气在 $R_o<1.3\%$ 之前即为“生油窗”的高阶段。图5[21]为福特沃斯盆地 Barnett 页岩组油、气井分布与 R_o 关系图。从图5可知：R_o 值在 1.1%~1.3% 的传统生油窗高阶段以发现页岩气井为主，R_o 值为 0.6%~1.1% 的 Barnett 页岩处于生油窗而生油，湿气在 R_o 值为 1.1%~1.4% 区域，干气在 $R_o>1.4\%$ 的区域。Zumberge 等认为 Barnett 页岩产气区 R_o 值为 1.0%~2.0% 区域[16]，也就是说 R_o 值为 1.0% 就开始生成页岩气。Marcellus 页岩 R_o 值为 1.0% 区域也产页岩气[8,17]、Eagle Ford 页岩 R_o 值为 1.2% 地区也产页岩气。西加拿大盆地富有机质的 Davernay 组，R_o 值在 1.01%~1.20% 产湿气和凝析油气，R_o 值从 1.21%~2.00% 产干气型页岩气[8]。以上说明在北美地区经济页岩气层组在“生油窗”高阶段即 R_o 值在 1.0%~1.3% 有一定的产页岩气规模。关于生油窗 R_o 上限值降低而成为页岩气成气区的原因，未见有关研究，这应是个重要研究课题，可能和页岩沉积相和有机组分等多种综合因素相关。作者推测 Barnett 页岩有机组分以腐泥型为主，但含相对较高的 5% 腐殖组可能是其原因之一，由于腐殖组成烃以气为主以油为辅而没有生油窗[22,23]，含一定量腐殖组的腐泥型源岩会使生油窗 R_o 下限值变小。

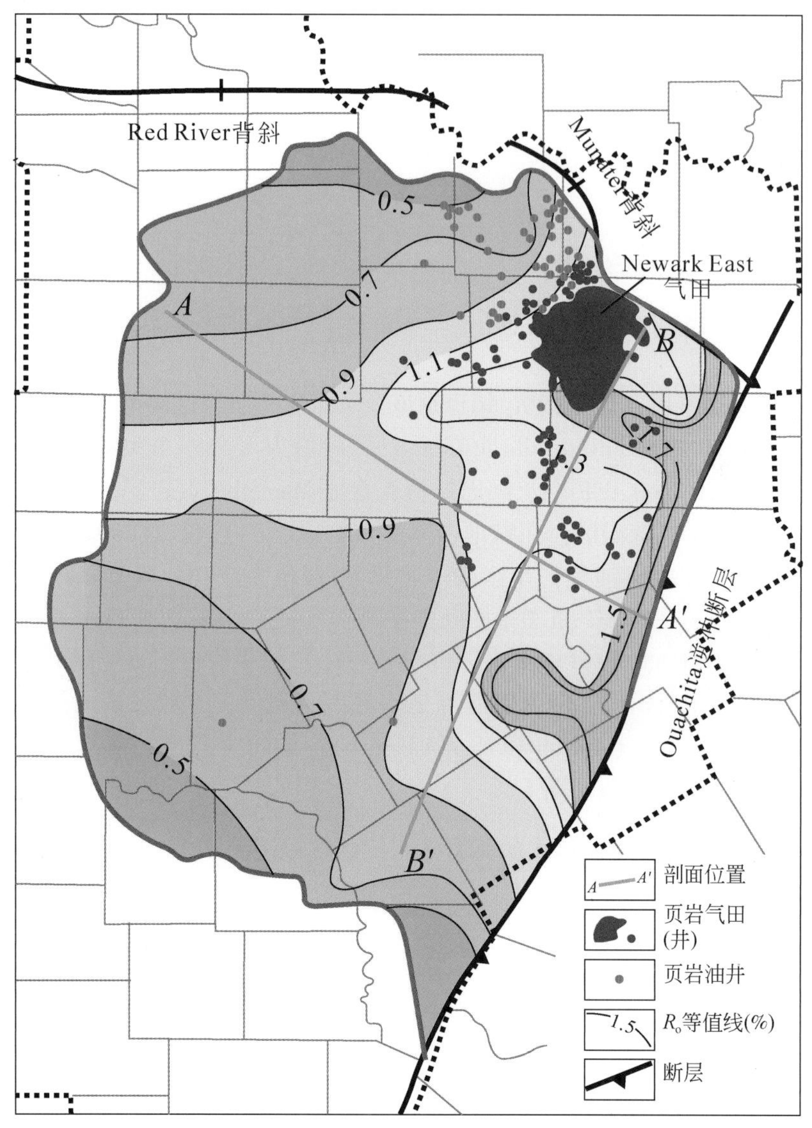

图 5 Fort Worth 盆地 Barnett 页岩成熟度图[21]

3. 中美页岩气 R_o 对比及其启示

1）中美页岩气田 R_o 及中国有利勘探区

由表 1、表 2 和图 4 可见：中国仅有五峰组—龙马溪组一个经济页岩气层组，其 R_o 区间值3.31%，气田R_o段值为2.34%，页岩气为过熟裂解干气；美国至少有30个经济页岩气层组，从表2和图4几个重要经济页岩气层组R_o值在0.4%（Antrim和New Albany）~4.5%（Fayetteville），区间值为4.1%。美国页岩气田：①R_o段值为0.4%~0.8%，区间值为0.4%，以生物化学成因气为主，即为生物气和过渡带气；②R_o段值为1.0%~4.5%，R_0区间值为3.5%，为热解气和裂解气。由上分析对比可见：中国R_o区间值和R_o段值小，气的类型少，仅有过成熟裂解气；而美国R_o区间值和R_o段值大，气的类型多，有生物气、热解的湿气、裂解的干气。中国要发挥页岩气在天然气工业上的更大作用，必须勘探扩大经济页岩气层组R_o区间值和气田R_o段值；要勘探突破生物气型和热解湿气型页岩气。

柴达木盆地三湖拗陷第四纪涩北组R_o值为0.25%~0.47%，暗色泥岩平均累积厚度达1000m，有利生气范围近15000km^2，其中最有利生气范围约为4500km^2，总生气量为680661×10^{8}m^3。由于涩北组构造不发育，仅在拗陷北部台南、涩北一号、涩北二号发育低缓背斜探明生物气型大气田[24,25]。此外，广布的涩北组无圈闭而产状平缓，故涩北组源岩成气后难于运移聚集，而是找生物气型页岩气十分有利地区。预测渤中拗陷是强烈气测异常的高压东营组泥页岩是低熟型页岩气的有利层组。

从经济页岩气层组R_o区间值和气田的R_o段值分析，我国重要页岩中平凉组、旧司组、应堂组—罗富组、筇竹寺组、印干组、萨尔干组、玉尔吐斯组、肖茶卡组和风城组，是有利勘探湿气型和干气型页岩气层组（表1）。

2）中国生油窗高阶期勘探页岩气探讨

陆相成油是中国石油地质一个重要特点。中国陆相泥页岩成熟度低（R_o值为0.4%~1.3%）[26]，主要处于生油窗阶段，如表1中松辽盆地青一段、青二段、青三段，渤海湾盆地沙一段、沙二段、沙三段，鄂尔多斯盆地长7段、长9段，准噶尔盆地夏子街组和风城组，从R_o分析这些重要泥页岩正处于生油窗期或稍跨入生气期。如果按北美页岩气在R_o值为1.0%~1.3%也可探明页岩气的标准，上述这些重要泥页岩勘探页岩气领域就扩大了，这是值得重视的。例如，鄂尔多斯盆地长7段目前已探明页岩油大油田了，如果R_o值在1.0%~1.3%（图6）[27]可找页岩气的话，也将可探明相当量的页岩气。松辽盆地青一段、青二段、青三段（表1）的生油窗高阶段也可能是页岩气有利区。

4. 勘探研究煤系经济页岩气层组

至今世界上发现和开发页岩气田都在腐泥型经济页岩气层组中。综上所述及由图4可见页岩气田既在热演化R_o值为1.0%~4.4%，也在生物地球化学作用期。煤系或腐殖型泥页岩成烃以气为主以油为辅[22,23,28~30]，在热演化中没有生油窗，也就是说R_o值在0.5%~1.3%也处于生气窗中，同时生物化学作用期也生气，所以煤系暗色泥页岩是“全天候”气源岩，是勘探发现煤系经济页岩气层组及其气田有利层位，但至今世界上未发现这种类型经济页岩气层组。目前煤成气是我国探明储量和产量最多的气种[28]，所以我国煤系中泥页岩是好的气源岩，故具有勘探发现煤系经济页岩气层组及其气田优越条件。从表1可见：龙潭组、山西组、太原组、本溪组、滴水泉组—巴山组、须家河组、西山窑组、八道湾组、三工河组、克孜勒努尔组、阳霞组、塔里奇克组、黄山街组均是发现煤系经济页岩气层组有利目标。上述一些组在鄂页1井、云页1井和SMO-5井分别获得1.95×10^{4}m^3/d、2.00×10^{4}m^3/d和0.67×10^{4}m^3/d的页岩气流，牟页1井获得1256m^3/d稳定页岩

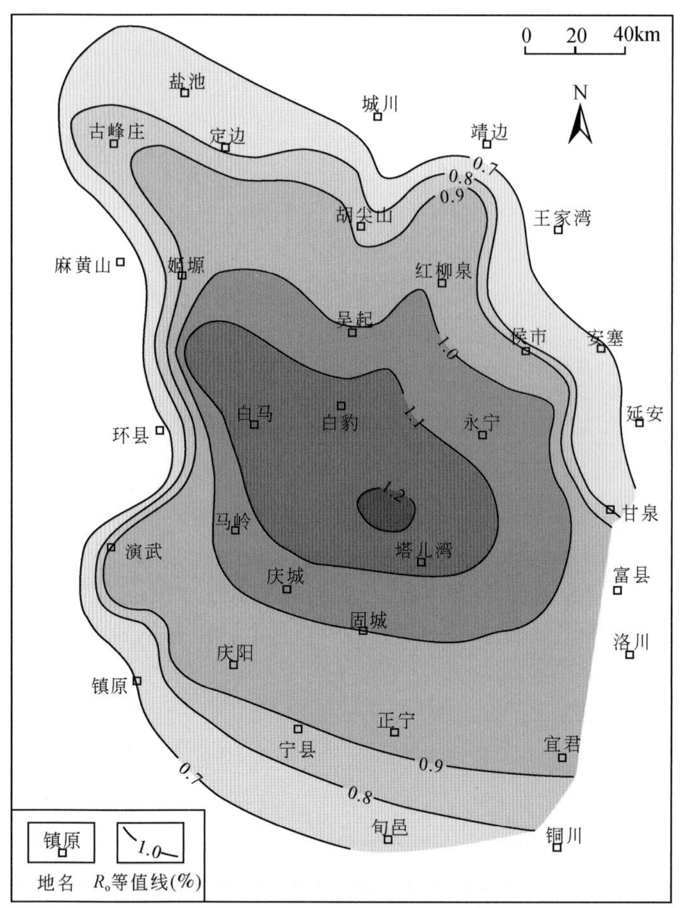

图6 鄂尔多斯盆地长7段 R_o 等值线图

气流[31]，显示出中国将有煤系经济页岩气层组的预兆。

四、世界首个页岩气大气田开发启示

1. Barnett 页岩气田勘探开发历程

美国自1821年偶然发现页岩气以来，经历了近200年的发展才实现了页岩气大规模商业化开发[32]。Barnett 页岩气田作为美国页岩气勘探开发的“先驱者”，基本上完整地见证了这一发展历程，对其深入研究将对中国页岩气勘探开发具有重要启示作用。

Barnett 页岩气田位于美国 Fort Worth 盆地（图5），是一个东部边缘陡且东为深拗陷、西南为抬升的大型前陆盆地（图7）[32,33]，面积约38100km^2。Barnett 页岩为下石炭统一套富含有机质和硅质的黑色页岩，厚度为15～305m，在盆地东北部厚度较大（图7），一般为90～305m，埋藏深度为1982～2592m[34]。1981年10月15日，Mitchell 能源公司在 Newark East 区带钻探的 C. W. Slay No. 1 井在 Barnett 页岩下段取得页岩气突破并首次发现 Barnett 页岩气田[35]。1990年，Barnett 页岩气田正式开发生产。2000～2010年，核心区 Newark East 页岩气田成为美国当时最大的天然气产区。2004年，美国地质调查局

(USGS) 评价认为 Barnett 页岩气田可采资源量为 $7560\times10^8m^3$，而 Newark East 页岩气田的可采资源量为 $4134\times10^8m^3$，占页岩气可采资源总量的 55%[36]。至 2006 年前后，有 162 家公司对 Barnett 页岩气田开展勘探开发。Barnett 页岩气田开发成功具有里程碑意义，推动了美国页岩气勘探开发的蓬勃发展和重大突破，在全球掀起了页岩气勘探开发的热潮。

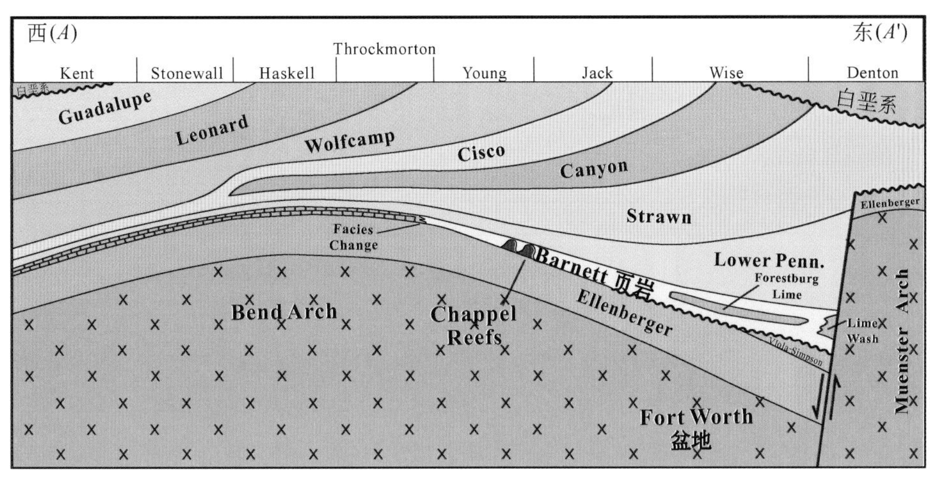

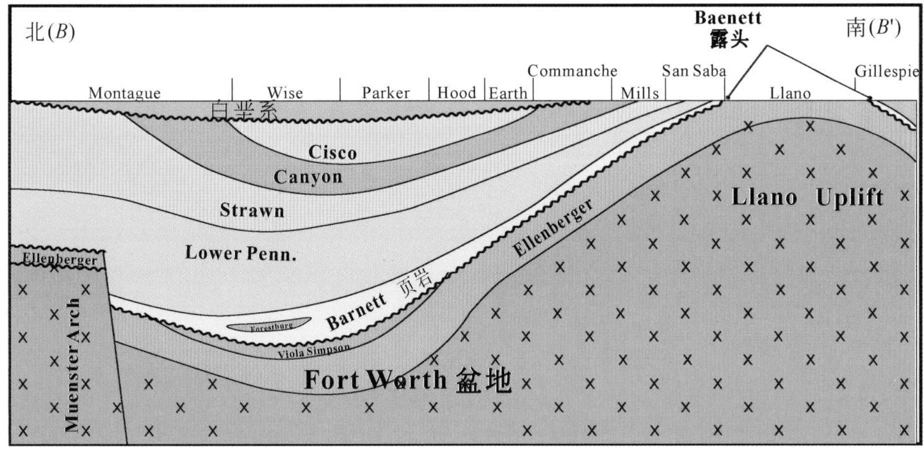

图 7 美国 Fort Worth 盆地 Barnett 页岩气田地质剖面图（剖面位置见图 5）[33]

2. Barnett 页岩气田产量变化与趋势

纵观 Barnett 页岩气田的勘探开发史，页岩气产量变化大致可以划分为 3 个阶段：早期沉寂期（1981 ~ 2000 年）、中期迅猛增长期（2001 ~ 2012 年）和后期缓慢下降期（2013 年至今）（图 8）。早期阶段，由于钻完井等技术尚未取得突破，仅钻探少数垂直生产井 300 余口，产量微乎其微。2001 ~ 2012 年，随着压裂液、水平钻井和分段压裂技术等工艺的突破与“工厂化”作业模式的应用，钻井数量激增（表 5），此时 Barnett 页岩气田的产量开始出现井喷式增长，由 2001 年总产量 $33\times10^8m^3$迅速增加到 2012 年产量峰值$521\times10^4m^3$，成为世界第一个页岩气大气田。2012 年产量峰值时累计钻井数量 17922 口，年钻井 1531 口（表 5）[34,37,38]，其中 98% 为水平井。目前，Barnett 页岩气田产量受钻井数量、成本和“甜点区”范围等因素制约而平稳递减（图 8），处于开发后期阶段，产量平均年递减幅度 6. 52%，图 8 揭示 Barnett 页岩气田产量约以 $40\times10^4m^3/a$ 的速度由峰值产量逐年递减。至 2019 年的产量为 $249\times10^4 m^3$，不足高峰期 2012 年产量的 50%。按此预测，Barnett 页岩气田保持年产量 $100\times10^8m^3$ 以上高峰期约 20 年（图 8）。

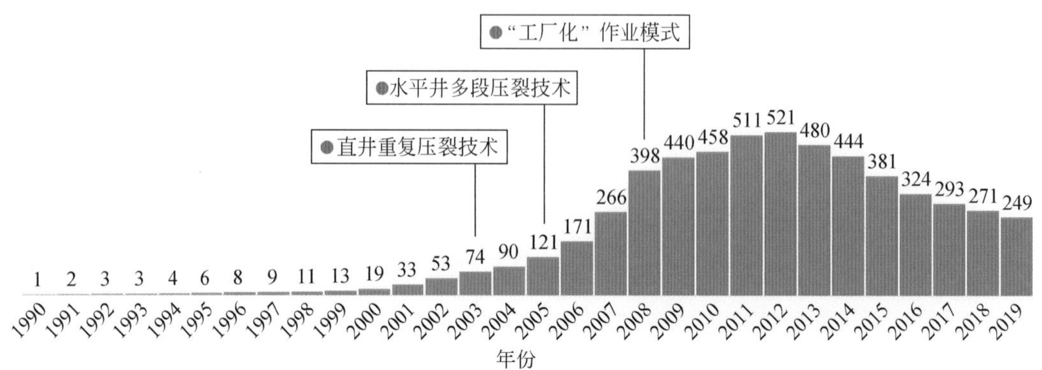

图 8 美国 Fort Worth 盆地 Barnett 页岩气田产量统计直方图（单位：10^4m^3）[34,37,38]

3. Barnett 页岩气田“规模效益”特征

与常规气井相比，页岩气单井具有相对成本高、产量低和开采时间长的特点，页岩气的效益区往往主要集中在页岩区带的核心区，但整个页岩气区具有“规模效益”特征。据统计，Barnett 页岩气田单井产量以低产井为主，其中 60% 的井单井产量无利可图。截至 2019 年年底，累计生产页岩气 $5408\times10^8m^3$，平均单井产量 $3400\times10^4m^3$[34,37,38]。其中核心区水平井单井产量变化平均为 $3.23\times10^4m^3/d$，平均单井最终可采储量（EUR）为 $8500\times10^4m^3$，具有一定的经济效益；而外围区，水平井单井产量变化平均为 $0.99\times10^4m^3/d$，平均单井 EUR 为 $3400\times10^4m^3$，基本上无效益。

目前 Barnett 页岩气田产量已过峰值期，总体呈现缓慢下降趋势。2019 年年底，累计投产井数 23309 口（表 5），由于核心区范围等因素制约，随后投产井数逐年递减，预计 2030 年投产不足 300 口（图 9），总投产气井 29217 口[34]。在此过程中，钻完井的数量和成本急剧下降，而页岩气井的产量下降相对缓慢，能够有效地缓冲前期的投资成本。图 9[39] 预计 2030 年 Barnett 页岩气田日产量可达 $7362.4\times10^4m^3/d$，与核心区平均单井产量相近，整体上 Barnett 页岩气田具有良好的“规模效益”。

表 5 Barnett 页岩 1990 ~ 2019 年页岩气产量与钻井数统计表[34,37,38]

年份	1980	1981	1982	1983	1984	1985	1986	1987	1988	1989	1990	1991	1992	1993	1994	1995	1996	1997	1998	1999
当年钻井数/口	0	1	0	1	6	11	8	4	7	9	20	18	14	27	42	76	56	74	72	77
累计钻井数/口	0	1	1	2	8	19	27	31	38	47	67	85	99	126	168	244	300	374	446	523
产量/10^8m^3											1	2	3	3	4	6	8	9	11	13

续表

年份	2000	2001	2002	2003	2004	2005	2006	2007	2008	2009	2010	2011	2012	2013	2014	2015	2016	2017	2018	2019
当年钻井数/口	109	517	789	938	877	1085	1606	2560	2921	1637	1804	1025	1531	1506	1002	850	602	513	461	453
累计钻井数/口	632	1149	1938	2876	3753	4838	6444	9004	11925	13562	15366	16391	17922	19428	20430	21280	21882	22395	22856	23309
产量/10^8m^3	19	33	53	74	90	121	171	266	398	440	458	511	521	480	444	381	324	293	271	249

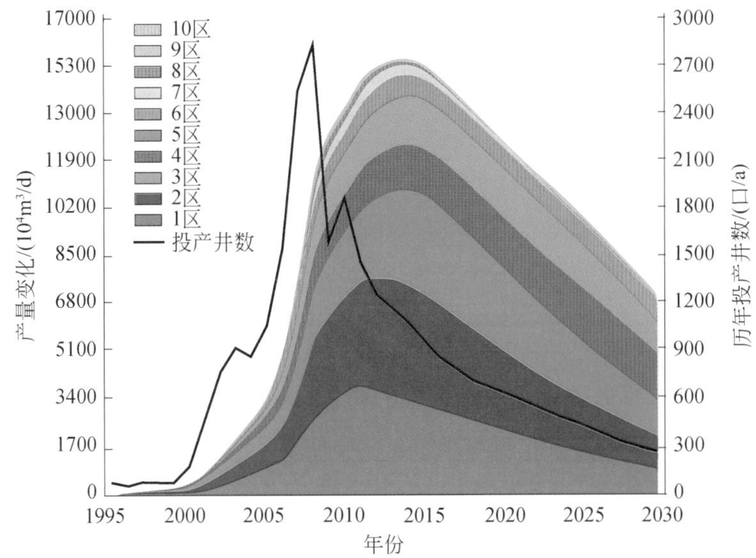

图 9 Barnett 页岩气田 1995～2030 年（预计）投产井数与产量变化[39]

五、断裂与页岩气的保存和开发

北美地台整体稳定，页岩气盆地构造运动比较简单，一次抬升，断裂较少；中国页岩气盆地构造运动复杂，多次抬升，断裂发育[40,41]。北美页岩气盆地的保存条件比中国的优越。

1. 断裂对页岩气富集与否的控制作用

所谓断裂包括断层和裂缝，断裂对页岩气的富集与否具有双重性：一是可以对页岩气储层进行改造，形成有利于储存天然气的裂缝网络；二是对页岩气藏及其顶底板的破坏作用，导致天然气的逸散而使页岩含气量减少，影响页岩气的保存。断裂对页岩气藏顶底板的破坏，改变了顶底板岩石的孔渗性，产生通畅运移通道。页岩气顶底板的封闭性与常规天然气盖层一样，稳定连续分布的顶底板对页岩气有更好的封闭性。据吕延防等[42]研究，断层对盖层的破坏实质上是减小了盖层的连续封盖面积和厚度，当断层垂直断开盖层或以错动方式将盖层完全断开，均相当于盖层的连续性范围减少了，这类断层越多，盖层连续分布的面积就越小，封盖油气的能力也就越弱；盖层的裂缝发育，也相当形成了油气穿盖层向上运移的通道，实际上是减小了盖层的有效封盖面积，盖层封闭性减弱。因此，后期断裂的发育对页岩气的富集弊大于利。与北美相对稳定的构造环境相比，中国含油气盆地均经历了多期构造运动的叠加改造，尤其是中国南方大陆构造隆升剥蚀强烈，断裂极其发育，导致页岩气保存条件复杂[43]。断裂对页岩气藏的控制在四川盆地表现显著，如威荣页岩气田，位于川西南低褶构造带威远构造和自流井背斜之间白马镇向斜内，受威远大型穹窿背斜的控制和制约，区内构造平缓，断裂不发育，仅在向斜外有与自流井背斜伴生的北东向断层，五峰组—龙马溪组页岩埋深大（3550～3880m）、分布稳定，并未受到断裂的破坏，保存条件好，含气量较高（2.3～5.05m^3/t）[44]；而渝东南濯河坝地区，断裂高度发育，五峰组—龙马溪组页岩含气量普遍较低（0.32～2.54m^3/t）[45]。涪陵页岩气田主体在焦石坝似箱状断背斜，位于齐岳山断裂西侧，构造顶部宽缓、两翼陡倾，主体部位构造稳定，断裂不发育，断裂主要发育于焦石坝地区东侧及西南侧边缘（图10）[4,46]。该页岩气田总体保存条件好，但断裂对页岩的含气量有影响，如位于构造宽缓区的焦页1井、焦页2井、焦页4井五峰组—龙马溪组页岩含气量较高，测井解释的优质页岩气层平均含气量分别为6.03m^3/t，6.46m^3/t，5.93m^3/t，而位于断裂附近的焦页5井为4.72m^3/t[47]。焦页3井尽管测井解释的平均含气量也较高，但在实际钻井中，焦页3井以及西侧焦页9-3井等靠近断裂井钻进过程中却发生了漏失、溢流、含气量降低等现象，其原因可能是边部断层及其附近大型高角度构造裂缝发育、保存条件变差所致[46]。

由图10可见，构造变形及断裂发育程度无疑会对页岩气富集程度产生明显影响，构造的后期改造成为页岩气区带评价的重要指标。马永生等[4]对涪陵页岩气田焦石坝背斜不同构造变形区页岩的孔隙度、含气性、单井产量统计进行了区带分类，认为Ⅰ类变形带：地层产状平缓，构造简单，孔隙度大于4.6%，含气量大于6.0m^3/t，单井平均无阻流量大于$50\times10^4m^3/d$；Ⅱ类变形带：构造变形较复杂，断裂封堵性较好，孔隙度大于4.0%，含气量大于6.0m^3/t，单井平均无阻流量大于$40\times10^4m^3/d$；Ⅲ类变形带：构造变形较复杂，断裂封堵性较差，平均孔隙度为3.8%，平均含气量为5.5m^3/t，单井平均无阻流量小于$20\times10^4m^3/d$；Ⅳ类变形带：构造复杂，乌江断裂封堵性差，平均孔隙度为2.9%，平均含气量5.0m^3/t，单井平均无阻流量小于$10\times10^4m^3/d$。

2. 断裂对页岩气开发的影响

断裂不仅影响页岩的含气量，同时对开发也有不同程度的影响。北美页岩气区的开发根据不同的岩性组合来选择有利开发区块，Barnett页岩硅质和钙质含量高，对压裂敏感，有利开发，但在断裂区，断裂沟通顶底板，水力压裂易导致流体沟通断层，影响压裂效果，因此开发要远离断裂带[48]；Fayetteville页岩富有机质页岩与燧石、粉砂岩、灰岩薄层互层为特征，微裂缝为有利开发区，受逆冲的影响，断层封堵和切割页岩储层，限制了流体的运移，不利于水力压裂规模实施，开发也需要避开断裂带[48]。福特沃斯盆地Newwark East页岩气田在重要断层带附近Barnett页岩都发生了强烈的破裂，形成的天然裂缝被方解石胶结而处于闭合状态，削弱了断层带内Barnett页岩的物理完整性，从而使水力压裂液及其能量可以沿着断层面进入下伏的碳酸盐岩，在距断层带仅为152.4m的位置钻了些井，但未成功获得天然气[49]。

中国页岩气田开发受断裂影响也比较明显，如四川盆地涪陵页岩气田页岩气产能相对

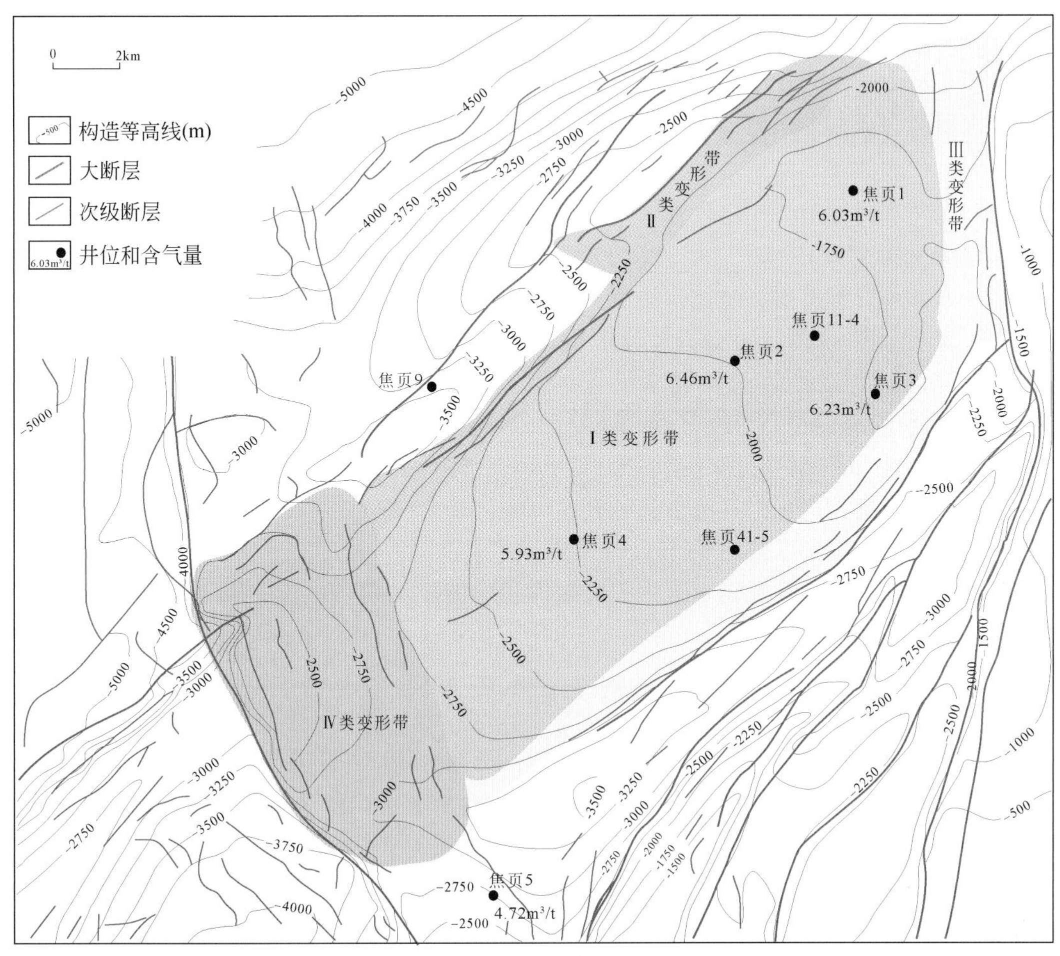

图10 四川盆地涪陵页岩气田焦石坝背斜构造变形带划分图（据文献［4］补充）

高的井基本分布于焦石坝构造主体部位，产能相对低的井则紧靠大耳山断裂带，统计表明靠近断裂发育带已测试井的平均产量为 $17.1\times10^4m^3/d$，只有主体区的49.01%[47]。同时产能相对较低井具有钻井漏失量大、实测压力略偏低等特征，说明断裂附近的宏观裂缝对页岩气产能没有积极的贡献，反而造成页岩气逸散导致含气丰度和单井产量降低，断裂带对单井产量影响深度范围可达5～6km[4,47]。又如川东南的丁山构造龙马溪组，丁页1井离齐岳山断裂更近，造成气体部分侧向逸失更多，后期压裂产量仅有 $3.4\times10^4m^3/d$，而远离断裂的丁页2井产量达到 $10.2\times10^4m^3/d$[43]。

3. 断裂对页岩气赋存状态和渗流的影响

页岩气以吸附气、游离气和水溶气形式赋存于页岩孔隙和裂缝中，主要是吸附气和游离气，溶解在页岩孔隙束缚水或沥青中的溶解气只占极少部分[50,51]。页岩的吸附能力符合Langmuir单分子层吸附理论模型[51]，页岩气藏吸附气模拟实验揭示，吸附气含量与气藏压力具有正相关性，相关系数可达99%[52,53]。断裂对页岩气藏的破坏，实质上是地层压力的释放过程，如四川盆地涪陵页岩气区在断裂不发育的稳定区，地层压力系数为1.67，而在断裂发育的复杂构造区地层压力系数为 0.93[54]。因此，当断层断开页岩层或顶底板时，伴生的构造裂缝，使气藏压力降低，导致吸附气解吸成游离气释放到孔缝空间或者逸散，吸附气量减少、游离气增加，如果保存条件差，游离气逸散导致页岩气藏的总含气量降低，如涪陵气田断裂不发育区测井解释含气量为 5.93m^3/t，断裂发育区为 4.25m^3/t[54]。

若断裂作用使页岩储层具有丰富构造裂缝，则可增加天然裂缝的密度，有利于改善储层的渗透性。页岩储层非均质性强，水平渗透率远高于垂直渗透率，水平扩散能力较垂直扩散能力强，在同等条件下，水平扩散系数为垂直扩散系数的 1.23 ~27.21 倍[55]。储层中微裂缝的发育可以显著提高气体扩散能力，根据川南龙马溪组页岩微裂缝与扩散能力关系研究，发育有可见微裂缝的页岩样品水平扩散系数为无可见微裂缝样品的 62.5 ~ 322.2 倍，发育有可见微裂缝的页岩样品垂直扩散系数为无可见微裂缝样品的 3.54 ~ 25.10 倍[55]。可见裂缝的存在大大改善页岩储层的渗流能力，但也并非裂缝越多越好，如果裂缝过于发育，独立封闭体系容易遭受破坏，页岩气很容易通过裂缝散失[40]。

综上所述，断裂对页岩气的富集和开发影响比较大，同时对经济页岩气层组是否可连续、连片成大区域聚气形成页岩气大气田有重要作用。中国页岩气区经多期构造活动改造，被碎块化，从而大大影响页岩气藏的规模和增加开发难度，这是与北美页岩气稳定的地质条件相比的不足之处。

六、结论

中国页岩气在天然气工业中要上更大台阶，勘探、研究中应重点解决 4 个地质和地球化学问题：①突破单一的经济页岩气层组。美国在 29 个盆地发现至少 30 套经济页岩气层组。中国仅有一套经济页岩气层组（五峰组—龙马溪组）产气，需要突破当前的单一层组，若能发现更多套经济页岩气层组，势必会使中国页岩气产出更多页岩气而成为天然气工业重大支柱，目前世界发现的都是腐泥型经济页岩气层组及其气田。中国产气最多储量最大是煤成气，故煤系泥页岩是好气源岩，应加强勘探和研究煤系经济页岩气层系，开发新类型页岩气。②经济页岩气层组的 R_o 区间值及其气田的段值：中国的 R_o 区间值为 3.31%，R_o 段值为 1.75%，两值较小，产出为过熟裂解干气型页岩气；美国的 R_o 区间值为 4.1%，R_o 段值为 3.4%，两值较大，产出为高和过熟的湿气型和干气型页岩气。中国缺湿气型页岩气，应加强勘探和研究。美国一些重要腐泥型页岩气田，发现在 R_o 值为 1.0%~1.3% 生油窗高阶段页岩中，中国要注意该段值中是否有页岩气田勘探和研究，包括鄂尔多斯盆地长 7 段、长 9 段，松辽盆地青一段、青二段、青三段 R_o 值为 1.0%~1.3% 层位中的页岩气田。③世界第一个开发页岩气大气田（Barnett）启示：1981 年发现，1990 年开发，2012 年高峰期产气 $521\times10^8m^3$，当年钻井 1531 口，累计钻井 17922 口，是多井低产气田，至 2019 年年底累积产气 $5408\times10^8m^3$，累积投产井总数达 23309 口。预测气田年产 $100\times10^8m^3$ 以上高峰期还可持续 20 年。④断裂和页岩气的保存与开发具有重要关系：断裂（断层和裂缝）对页岩气的富集与否具有双重性，一般断开页岩和盖层的断层及伴生裂缝不利于页岩气保存，而发育于页岩中裂缝则利于页岩气富集和保存。由于美国页岩气盆地构造环境稳定而断裂较少，而中国页岩气盆地构造活跃而断裂发育，故总体上断裂对中国页岩气弊大于利，断裂使连续分布的五峰组—龙马溪组碎块化，如涪陵页岩气田四周断裂限制了气田面积，若无断层气田面积就扩大多了。

参考文献

[1] US Energy Information Administration. U. S. Crude oil and natural gas proved reserves. https://www. eia. gov/naturalgas/crudeoireserves/ [2020-02-28].

[2] 孙赞东，贾承造，李相方，等．非常规油气勘探与开发（上、下册）．北京：石油工业出版社，2011：69～75，865～871，876～888，1103～1108.

[3] 金之钧，白振瑞，高波，等．中国迎来页岩油气革命了吗．石油与天然气地质，2019，40（3）：451～458.

[4] 马永生，蔡勋育，赵培荣．中国页岩气勘探开发理论认识与实践．石油勘探与开发，2018，45（4）：561～574.

[5] Dai J, Zou C, Dong D, *et al.* Geochemical characteristics of marine and terrestrial shale gas in China. Marine and Petroleum Geology, 2016, 26: 444～463.

[6] 张君峰，许浩，周志，等．鄂西宜昌地区页岩气成藏地质特征．石油学报，2019，40（8）：887～889.

[7] US Energy Information Administration. Shale gas and oil plays, North America. https://www. eia. gov/maps/maps. htm#shaleplay [2020-02-28].

[8] 黎茂稳，马晓潇，蒋启贵，等．北美海相页岩油形成条件、富集特征与启示．油气地质与采收率，2019，26（1）：13～28.

[9] US Energy Information Administration. U. S. Crude oil and natural gas proved reserves. https://www. eia. gov/naturalgas/crudeoireserves/archive/2016/ [2020-02-28].

[10] Dai J X, Ni Y Y, Liao F R, *et al.* The significance of coal-derived gas in major gas producing countries. Petroleum Exploration and Development, 2019, 46 (3): 435～450.

[11] 李国玉，金之钧，等．新编世界含油气盆地图集（下册）．北京：石油工业出版社，2005，599～641.

[12] 胡曦．渝东地区下志留统龙马溪组页岩地质特征研究．西南石油大学硕士学位论文，2016.

[13] 王晔，邱楠生，仰云峰，等．四川盆地五峰－龙马溪组页岩成熟度研究．地球科学，2019，44（3）：953～971.

[14] Dai J X, Zou C N, Liao S M, *et al.* Geochemistry of the extremely high thermal maturity Longmaxi shale gas, southern Sichuan Basin. Organic Geochemistry, 2014, 74, 3～12.

[15] Feng Z, Hao F, Dong D, *et al.* Geochemical anomalies in the Lower Silurian shale gas from the Sichuan Basin, China: insights from a Ragleigh-type fractionation model. Organic Geochemistry, 2020, 103981.

[16] Zumberge J, Ferworn K, Brown S. Isotopic reversal (rollover) in shale gases produced from the Mississppian Barnett and Fayetteille Formations. Marine and Petroleum Geology, 2012, 31: 43～52.

[17] Zagorski W A, Wrightstone G R, Bowman D G. The Appalachian Basin Marcellus gas play: its history of development, geologic controls on production, and future potential as a world-class reservoir. In: Breyer J A (ed). Shale Reservoirs- Giant Resources for the 21st Century: AAPG Memoir 97. Tulsa: American Association of Petroleum Geologists, 2012: 172～200.

[18] Martni A M, Walter L M, Mclntosh J C. Indentification of microbial and thermogenic gas components from Upper Devonian black shale cores, lllinois and Michigan Basins. AAPG Bulletin, 2008, 92: 327～339.

[19] 程克明，王铁冠，钟宁宁，等．煤成烃地球化学．北京：科学出版社，1995：105～108.

[20] Tissot B P, Welte D H. Petroleum Formation and Occurrence. New York: Springer-Verlag Berlin Heidelberg, 1984: 135～137.

[21] Hill R J, Jarvie D M, Zumberge J, *et al.* Oil and gas geochemistry and petroleum systems of the Foet

Worth Basin. AAPG Bulletin，2007，91：445 ~ 473.

[22] 戴金星，倪云燕，黄士鹏，等. 煤成气研究对中国天然气工业发展的重要意义. 天然气地球科学，2014，25（1）：1 ~ 22.

[23] 戴金星. 煤成气及鉴别理论研究进展. 科学通报，2018，63（14）：1291 ~ 1305.

[24] 戴金星，陈践发，钟宁宁，等. 中国大气田及其气源. 北京：科学出版社，2003：73 ~ 93.

[25] 康竹林，傅诚德，崔淑芬，等. 中国大中型气田概论. 北京：石油工业出版社，2000.

[26] 邹才能，董大忠，王玉满，等. 中国页岩气特征、挑战及前景（二）. 石油勘探与开发，2016，43（2）：166 ~ 178.

[27] 付金华. 鄂尔多斯盆地致密油勘探理论与技术. 北京：科学出版社，2018：165 ~ 166.

[28] Dai J X，Qin S F，Hu G Y，*et al.* Major progress in the natural gas exploration and development in the past seven decades in China. Petroleum Exploration and Development，2019，46（6）：1100 ~ 1110.

[29] Ni Y，Liao F，Gao J. *et al.* Hydrogen isotopes of hydrocarbon gases from different organic facies of the Zhongba gas field，Sichuan Basin，China. Journal of Petroleum Science and Engineering，2019，179：776 ~ 786.

[30] Qin S，Zhang Y，Zhao C，*et al.* Geochemical evidence for *in-situ* accumulation of tight gas in Xujiahe Formation coal measures in the central Sichuan Basin，China. International Journal of Coal Geology，2018，196：173 ~ 784.

[31] 郭旭升，胡东风，刘若冰，等. 四川盆地二叠系海陆过渡相页岩气地质条件及勘探潜力. 天然气工业，2018，38（10）：11 ~ 18.

[32] 邹才能. 非常规油气地质学. 北京：地质出版社，2013：159 ~ 161.

[33] Pollastro R M，Jarvie D M，Hill R J，*et al.* Geologic framework of the Mississippian Barnett Shale，Barnett Paleozoic total petroleum system，Bend Arch-Fort Worth Basin，Texas. AAPG Bulletin，2007，91（4）：405 ~ 436.

[34] Mohamed O A，Roger M S. Lithofacies and sequence stratigraphy of the Barnett Shale in east-central Fort Worth Basin，Texas. AAPG Bulletin，2012，96（1）：1 ~ 22.

[35] Curtis J B. Fractured shale-gas systems. AAPG Bulletin，2002，86（11）：1921 ~ 1938.

[36] Pollastro R M. Total petroleum system assessment of undiscovered resources in the giant Barnett Shale continuous（unconventional）gas accumulation，Fort Worth Basin，Texas. AAPG Bulletin，2007，91（4）：551 ~ 578.

[37] U. S. Energy Information Administration. Drilling Productivity Report. https：//www. eia. gov/petroleum/drilling/#tabs-summary-1 [2020-02-28].

[38] U. S. Energy Information Administration. Technology drives natural gas production growth from shale gas formations. https：//www. eia. gov/todayinenergy/detail. php? id=2170 [2020-02-28].

[39] Browning J，Gulen G. Barnett Shale reserves and production forecast. http：//www. beg. utexas. edu/files/energyecon/think-corner/2013/Browning%20Presentation%20June%207%202013. pdf [2020-02-28].

[40] 李建忠，李登华，董大忠，等. 中美页岩气成藏条件、分布特征差异研究与启示. 中国工程科学，2012，14（6）：56 ~ 63.

[41] 李昌伟，陶士振，董大忠，等. 国内外页岩气形成条件对比与有利区优选. 天然气地球科学，2015，26（5）：986 ~ 1000.

[42] 吕延防，万军，沙子萱，等. 被断裂破坏的盖层封闭能力评价方法及其应用. 地质科学，2008，43（1）：162 ~ 174.

[43] 翟刚毅，王玉芳，包书景，等. 我国南方海相页岩气富集高产主控因素及前景预测. 地球科学，2017，42（7）：1057 ~ 1066.

[44] 庞河清，熊亮，魏力民，等．川南深层页岩气富集高产主要地质因素分析——以威荣页岩气田为例．天然气工业，2019，39（增刊1）：78～84.
[45] 赵文韬，荆铁亚，吴斌，等．断裂对页岩气保存条件的影响机制——以渝东南地区五峰组—龙马溪组为例．天然气地球科学，2018，29（9）：1333～1344.
[46] 王志刚．涪陵大型海相页岩气田成藏条件及高效勘探开发关键技术．石油学报，2019，40（3）：370～382.
[47] 郭旭升，胡东风，魏志红，等．涪陵页岩气田的发现与勘探认识．中国石油勘探，2016，21（3）：24～37.
[48] 王红军，马锋，等．全球非常规油气资源评价．北京：石油工业出版社，2017：91～167.
[49] Bowker K A. Barnett Shale gas production，Fort Worth Basin：issues and discussion. AAPG Bulletin，2007，91（4）：523～533.
[50] 李波．北美页岩气成藏机理研究．中国石油和化工标准与质量，2016，（13）：94～95.
[51] Rezace R. 页岩气基础研究．董大忠，邱振，等译．北京：科学出版社，2018：320～348.
[52] Daniel J K R，Bustin R M. The importance of shale composition and pore structure upon gas storage potential of shale gas reservoirs. Marine and Petroleum Geology，2009，26（6）：916～927.
[53] 刘树根，曾祥亮，黄文明，等．四川盆地页岩气藏和连续型-非连续型气藏基本特征．成都理工大学学报（自然科学版），2009，36（6）：578～592.
[54] 舒逸，陆永潮，包汉勇，等．四川盆地涪陵页岩气田 3 种典型页岩气保存类型．地质勘探，2018，38（3）：31～40.
[55] 唐鑫．川南地区龙马溪组页岩气成藏的构造控制．中国矿业大学博士论文，2018：127～152.

天然气地球化学组

四川盆地南部下志留统龙马溪组高成熟页岩气地球化学特征*

一、页岩气地质及其勘探开发概况

四川盆地面积达 18.1×10^4km^2，是中国最稳定的大型沉积盆地之一及重要天然气产区（图1），目前已发现含气层系21个、气田136个，2012年年产天然气242.1×10^8m^3。该盆地基底由中、新元古界变质岩、岩浆岩及部分沉积岩构成，厚1000～10000m，盆地边缘分布元古宇、古生界构成环绕盆地周边的龙门山、米仓山、大巴山等大型造山带，中生界遍及盆地内部，新生界主要分布在盆地西北部（Zhai，1989；Dai *et al.*，2009；Zou，2013）。

本文研究区位于盆地南部，总面积约 8.8×10^4km^2，包括长宁–威远、云南昭通和富顺–永川等主要页岩气勘探区（图1）。

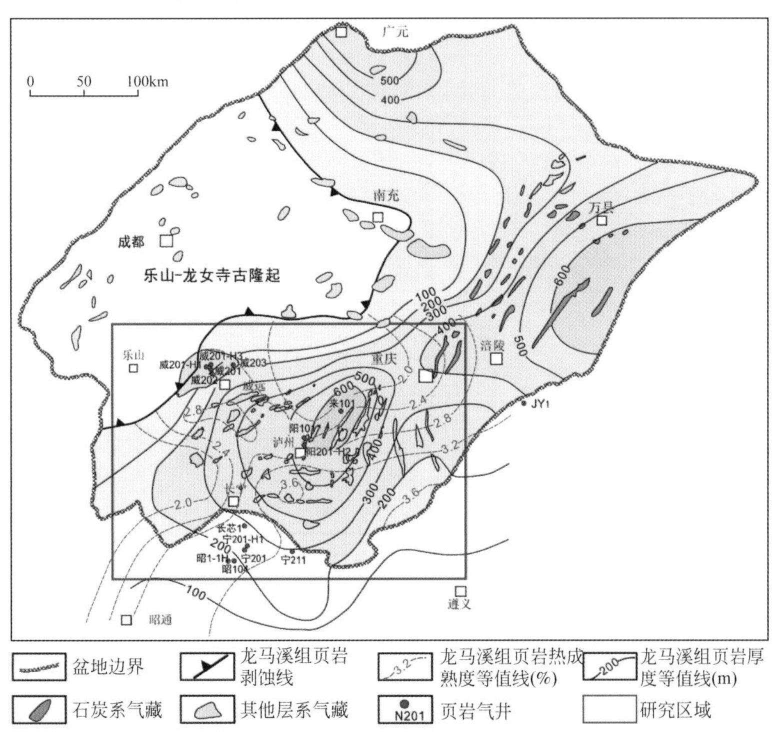

图1　四川盆地龙马溪组页岩厚度和 R_o 等值线图及气田分布图

---

* 原载于 *Organic Geochemistry*，2014，第74卷，3～12，作者还有邹才能、廖仕孟、董大忠、倪云燕、黄金亮、吴伟、龚德瑜、黄士鹏、胡国艺。

研究区内共发育 8 套黑色页岩（图 2），自下而上分别是元古宇下震旦统陡山沱组，古生界下寒武统筇竹寺组、下奥陶统大乘寺组、下志留统龙马溪组、下二叠统梁山组、上二叠统龙潭组，中生界上三叠统须家河组及下—中侏罗统自流井组—沙溪庙组。其中龙马溪组（S_1l）页岩具有厚度大、有机质丰富、成熟度高、生气能力强、岩石脆性好等特点，有利于页岩气形成与富集，是页岩气勘探开发重要目的层，研究区已经成为中国页岩气勘探开发前沿地区。

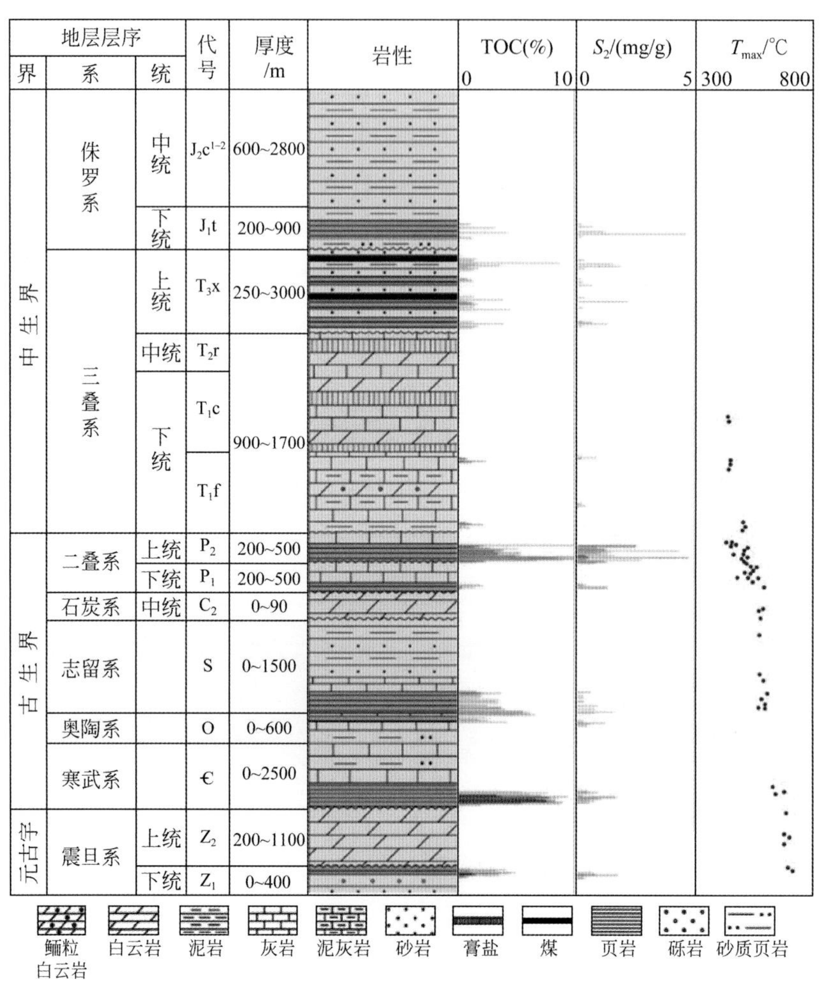

图 2 四川盆地地层综合柱状图

据不完全统计，截止到 2013 年 7 月底，四川盆地及其周缘（主要为盆地南部地区）已完钻页岩气井 32 口，获工业性气流 19 口，显示出良好的页岩气勘探前景。中石油在盆地南部的长宁-威远、云南昭通地区的龙马溪组、筇竹寺组页岩气勘探中获得突破，并与荷兰壳牌公司在富顺-永川地区合作开发龙马溪组页岩气获得高产气流，单井初始产量为 $(0.3\sim43)\times10^4m^3/d$。中石化在四川盆地东北部下侏罗统自流井组—大安寨组陆相页岩、东部龙马溪组与西南部筇竹寺组海相页岩中获得工业性气流，单井初始产量 $(0.3\sim50)\times10^4m^3/d$。在上述地区取得突破的页岩层系中，证实四川盆地南部地区海相页岩是目前最现实的页岩气勘探开发目的层系。目前勘探开发中，从页岩气单井产量工业价值和层位上，以龙马溪组最佳。因此，本文仅研究龙马溪组页岩气地质、地球化学特征。

1. 龙马溪组页岩分布特征

早志留世龙马溪期，四川盆地发育川东北、川东–鄂西、川南 3 个深水陆棚区（Liang *et al.*，2008，2009）。龙马溪组因加里东运动抬升遭受区域性剥蚀，在盆地西南部缺失，围绕乐山–龙女寺古隆起向南、东部逐渐增厚，最厚 400 ~ 600m（Zou *et al.*，2013）（图 1）。

龙马溪组页岩下部由深灰–黑色砂质页岩、碳质页岩、笔石页岩夹生物碎屑灰岩组成，上部为灰绿、黄绿色页岩及砂质页岩夹粉砂岩及泥灰岩。研究区内龙马溪组页岩除在威远构造西南部缺失，其他地区均分布广泛，厚 50 ~ 600m（图 1）；富有机质页岩（TOC 含量大于 2%）主要发育于龙马溪组底部，厚 20 ~ 70m，向西北、向南逐渐变薄，威远构造厚 0 ~ 40m，长宁构造厚 30 ~ 50m，天宫堂构造厚约 40m（图 3）。

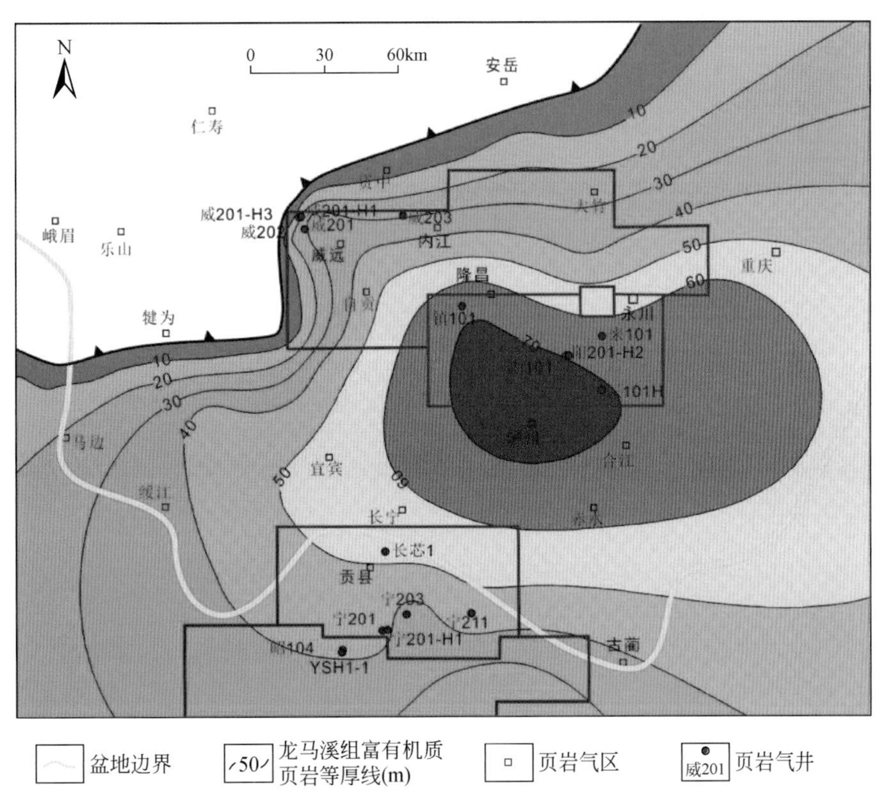

图 3　四川盆地南部龙马溪组富有机质页岩等厚图

2. 页岩地球化学特征

四川盆地油气勘探实践表明，龙马溪组页岩是盆地东部石炭系黄龙组气田的主力气源岩（Hu and Xie，1997；Dai *et al.*，2010），具有以下几个特征。

（1）页岩有机质含量丰富。龙马溪组页岩 TOC 含量为 0.35%~18.4%，平均为 2.52%，TOC 含量大于 2% 以上占 45%。如图 4 所示，在四川长宁–威远、云南昭通，以及重庆涪陵地区，龙马溪组优质页岩储层（TOC 含量大于 2%）主要发育在页岩层系的下部，向上随着粉砂质、钙质的增加，页岩颜色变浅，TOC 含量随之降低。

（2）页岩热成熟度高，已达高-过成熟裂解成气阶段，以生成干气或油型裂解气为主。龙马溪组由盆地西北部到东南缘埋深逐渐增大，热成熟度 R_o 值也相应由西北部到东南缘逐渐增高（图 1），成熟度 R_o 值为 1.8%~4.2%（图 1、图 4）。

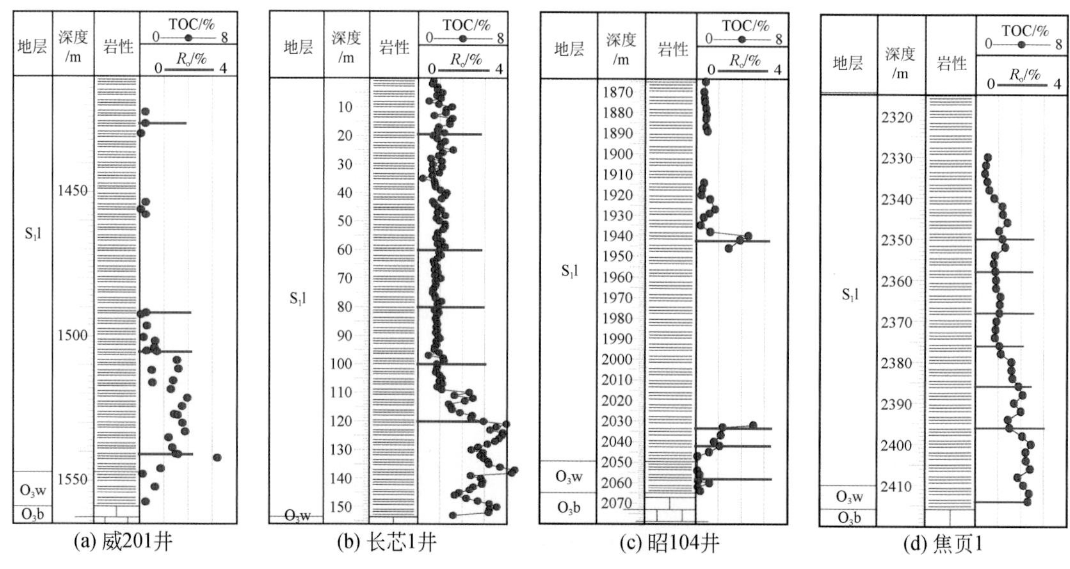

图 4 龙马溪组页岩单井 TOC 和 R_o 纵向分布图

（3）页岩有机质类型较好，有机质呈无定形状，以Ⅰ、$Ⅱ_1$ 型为主，母质来源于低等水生生物；有机显微组分中，腐泥质组分占 72%~78.4%，属典型的腐泥型干酪根（图 5）。

3. 页岩储层特征

龙马溪组页岩具有一定的孔渗条件（Wang *et al.*，2009，2012；Zou *et al.*，2010；Zou，2013；Huang *et al.*，2012）。龙马溪组页岩孔隙度 1.15%~10.8%，平均 3.0%，渗透率为 0.00025~1.737mD，平均为 0.421mD。

龙马溪组页岩主要发育无机矿物基质微-纳米孔、有机质纳米孔和微裂缝 3 种孔隙类型，无机矿物基质孔隙类型为粒间孔、晶间孔、溶蚀孔、黏土矿物层间孔等（图 6），孔隙直径一般小于 2μm，以 0.1~1μm 大小孔隙为主，部分小于 0.1μm，孔隙结构复杂，比表面积大，是页岩气的主要储集空间。有机质纳米孔包括有机质内孔、有机质间孔及有机质与无机矿物颗粒间孔 3 种类型，形态以圆形、椭圆形、不规则多边形、复杂网状、线状或串珠状为主，孔隙直径 5~750nm，平均 100nm。微裂缝在三维空间呈网状分布，部分被方解石、沥青等次生矿物充填。

龙马溪组页岩储层脆性矿物含量较高，易于压裂，与美国 Barnett 页岩、Haynesville 页岩脆性矿物分布具有可比性（Montgomery *et al.*，2005；Zou *et al.*，2010；Zou，2013；Hammes *et al.*，2011）。区域上，龙马溪组页岩的矿物成分变化不明显，页岩脆性矿物含量为 47.6%~74.1%，平均为 56.3%，黏土矿物含量为 25.6%~51.5%，平均为 42.1%，黏土矿物以伊利石、绿泥石为主（图 7）。

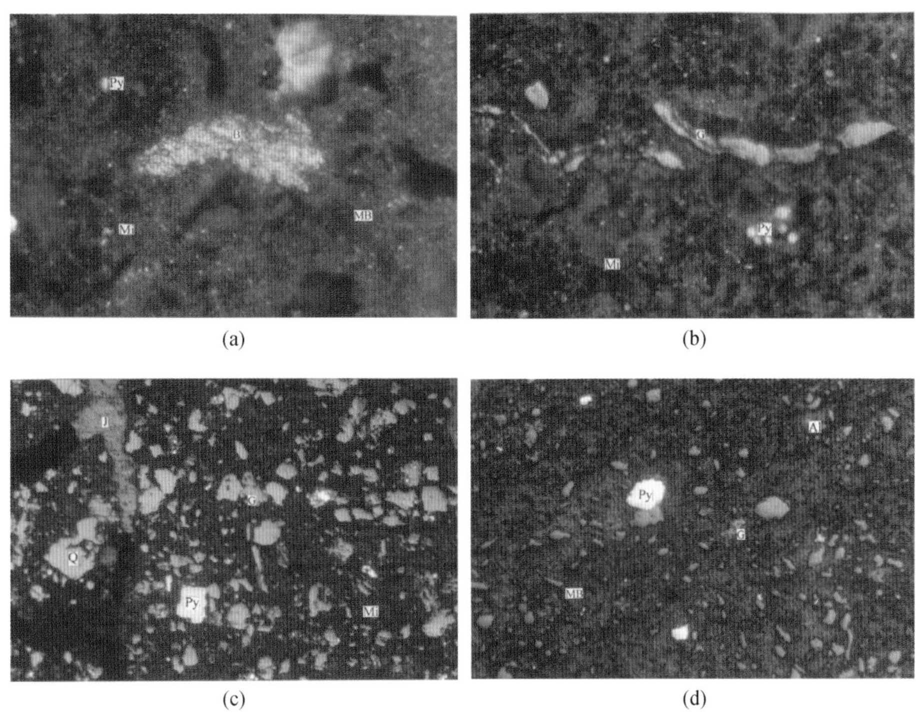

(a) (b)

(c) (d)

图5 龙马溪组页岩有机显微组分特征

(a) 碳质粉砂质页岩，孔洞中充填碳沥青（B），微粒集合体，外形不规则，单颗粒非均质性显著。矿物沥青基质（MB）见微粒体（Mi）、黄铁矿（Py）等。光片，油浸，×480；长芯1井，S_1l，100m。(b) 碳质粉砂质页岩中平行层面分布的笔石壳层体（G），具双层结构，部分破碎成粒状；黄铁矿（Py）成堆产出，少量微粒体（Mi）分散分布。光片，油浸，×300；长芯1井，S_1l，120m。(c) 含粉砂质碳质页岩，碎屑主要为陆源碎屑石英（Q），也见笔石壳层体（G）碎屑、微粒体（Mi）及黄铁矿（Py）微裂隙空留或被胶结物（J）充填。光片，×120；长芯1井，S_1l，140m。(d) 含粉砂质碳质页岩，少量笔石壳层体（G）碎屑零星分布，微孔结构；藻类体（Al）碎屑与矿物沥青基质（MB）边界不清；见黄铁矿（Py）球粒集合体。光片，×120；长芯1井，S_1l，153m

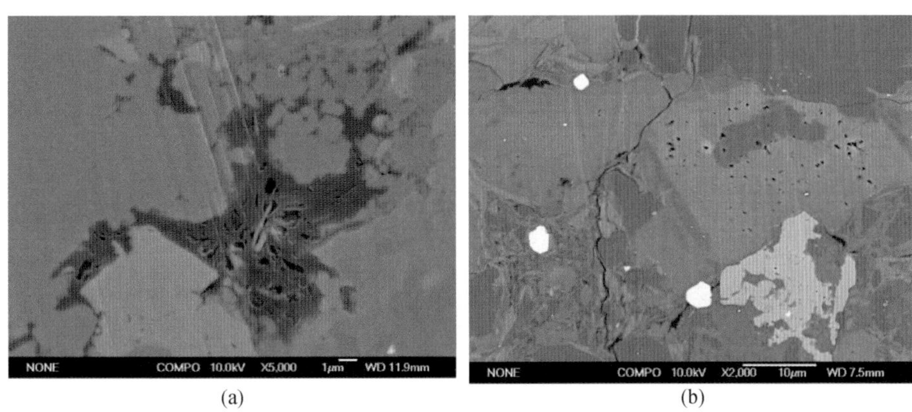

(a) (b)

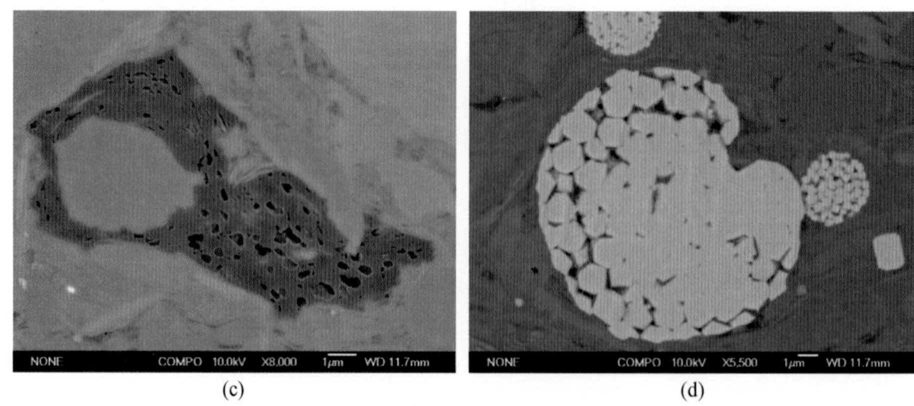

(c) (d)

图6 龙马溪组页岩孔隙结构的扫描电镜镜下特点

（a）有机质孔，S_1l，N201 井，×5000；（b）溶蚀孔，S_1l，N201 井，×2000；（c）有机质孔，S_1l，N201 井，×8000；（d）粒间孔，黄铁矿莓球体，S_1l，N201 井，×5500

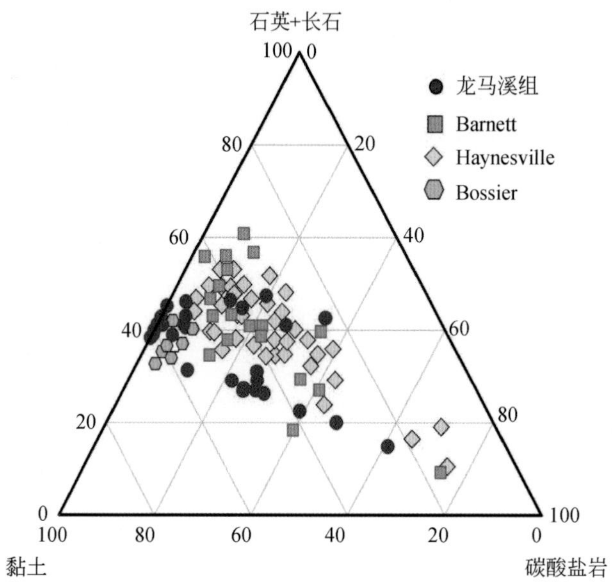

图7 四川盆地南部龙马溪组与美国主要页岩矿物组成对比图

二、分析方法

页岩气组分分析采用配有火焰离子化检测器和热导检测器的 Agilent 6890N 气相色谱仪。单个烃类气体组分（C_1—C_5）通过毛管细柱分离（PIOT Al_2O_3，50m×0. 53mm），气相色谱仪炉温首先设定在 30℃，保持 10min，然后以 10℃/min 的速率升高到 180℃并维持 20 ~ 30min。

稳定碳同位素组成测定在 HP 5890II 气相色谱和 Finnigan Mat Delta S 同位素质谱联用仪上进行。载气为 He，分离后的气体被氧化为 CO_2 进入质谱分析。单个烃类气体组分

(C_1—C_5)通过毛管细柱分离(PIOT，30m×0.32mm)。气相色谱仪设定初始温度为35℃，以8℃/min的升温速率从35℃升到80℃，然后以5℃/min的升温速率升温到260℃，在最终温度保持炉温10min。每个样品分析3次以上取平均值，分析精度保持为±0.5‰，采用VPDB标准。

页岩气氢同位素组成分析应用赛默飞MAT 253同位素质谱仪与UltraTM色谱仪联用。气体组分通过色谱柱(HP-PLOTQ柱30m×0.32mm×20μm)分离，载气为He，流速为1.4mL/min。进样口温度为180℃，甲烷氢同位素检测设置分流比为1∶7，升温程序设定为，40℃稳定5min，以5℃/min升温至80℃，再以10℃/min升温至140℃，最后以30℃/min升温至260℃。热解炉温设置为1450℃。气体组分被转化为C和H_2以便检测。氢同位素标准气为来自中国石油勘探开发研究院廊坊分院和国外实验室共同制备的NG1(煤成气)和NG3(油型气)。样品均分析两次，分析精度需达到±3‰以内，采用V-SMOW标准。

氦同位素分析是在中国石油勘探开发研究院廊坊分院的VG5400质谱仪上进行的。气体样品被输送到一条制备线中，该制备线可将惰性气体与其他气体分子分离并净化，而后进入分析仪。$^3He/^4He$值标准为兰州空气中氦的绝对值($R_a=1.4\times10^{-6}$)。分析精度可达到±3‰以内。

三、页岩气地球化学

表1为10口井13井次(图1)龙马溪组页岩气的地球化学参数。龙马溪组页岩也是四川盆地东部石炭纪黄龙组众多气田(大天池等)的气源岩(Hu and Xie，1997；Dai *et al.*，2010)(图1)。

1. 页岩气组分特征

由表1可见页岩气组分以甲烷占绝对优势，从95.52%(威201-H1井)至99.59%(阳201-H2井)。贫重烃气，没有丁烷，无或者痕量丙烷(0~0.03%)，乙烷含量为0.23%(来101井)至0.68%(威202井)。无H_2S，含低量的CO_2(0.01%~1.48%)和N_2(0~2.95%)。页岩气烷烃气与由其为气源岩生成的四川盆地东部黄龙组常规气田烷烃气含量有相似的特征(Dai *et al.*，2009)，也与高成熟的Fayetteville页岩气和Barnett页岩气高成熟阶段烷烃气相似，但与成熟阶段Barnett页岩气高含重烃气(C_{2-5})的湿气不同(Rodrigues and Philp，2010；Zumberge *et al.*，2012；Tilley and Muehlenbach，2013)(图8、图9)。从图9可知龙马溪组页岩气是目前世界上甲烷含量最高、乙烷含量最低的页岩气，阳201-H2井是世界上页岩气甲烷含量最高的。

2. 烷烃气碳同位素组成特征

由表1可见，龙马溪组页岩气$\delta^{13}C_1$值从-26.7‰(昭104井)至-37.3‰(威201井)，$\delta^{13}C_2$值从-31.6‰(昭1-1H井)至-42.8‰(威202井)。除来101井$\delta^{13}C_1<\delta^{13}C_2$外，所有龙马溪组页岩气烷烃气的碳同位素组合具有$\delta^{13}C_1>\delta^{13}C_2>\delta^{13}C_3$的特征。由此可见，研究区基本上是$\delta^{13}C_1>\delta^{13}C_2$，这与龙马溪组页岩的高-过成熟度有关(图9)，由$R_o$值为1.6%~4.2%、湿度($\sum C_2$—$C_5/\sum C_1$—$C_5$)小两指标体现出来。阿科玛(Arkoma)盆地$R_o$

表 1 龙马溪组页岩气主要地球化学参数

井名	深度/m	主要组分/%					湿度/%	$\delta^{13}C$/‰（VPDB）				δD/‰（SMOW）		$^{3}He/^{4}He/10^{-8}$	R/R_a	$\delta^{13}C_2-\delta^{13}C_1$
		CH_4	C_2H_6	C_3H_8	CO_2	N_2		$\delta^{13}C_1$	$\delta^{13}C_2$	$\delta^{13}C_3$	$\delta^{13}C_{CO_2}$	δD_1	δD_2			
威 201	1520 ~ 1523	98. 32	0. 46	0. 01	0. 36	0. 81	0. 48	-36. 9	-37. 9			-140		3. 594±0. 653	0. 03	-1. 0
威 201 *	1520 ~ 1523	99. 09	0. 48		0. 42		0. 48	-37. 3	-38. 2		-0. 2	-136				-0. 9
威 201-H1	2840	95. 52	0. 32	0. 01	1. 07	2. 95	0. 34	-35. 1	-38. 7			-144		3. 684±0. 697	0. 03	-3. 6
威 201-H1 *	2840	98. 56	0. 37		1. 06	0. 43	0. 37	-35. 4	-37. 9		-1. 5	-138				-2. 5
威 202	2595	99. 27	0. 68	0. 02	0. 02	0. 01	0. 70	-36. 9	-42. 8	-43. 5	-2. 2	-144	-164	2. 726±0. 564	0. 02	-5. 9
威 203 *	3137 ~ 3161	98. 27	0. 57		1. 05	0. 08	0. 58	-35. 7	-40. 4		-1. 2	-147				-4. 7
宁 201-H1	2745	99. 12	0. 50	0. 01	0. 04	0. 3	0. 51	-27. 0	-34. 3			-148		2. 307±0. 402	0. 02	-7. 3
宁 201-H1 *	2745	99. 04	0. 54		0. 40		0. 54	-27. 8	-34. 1							-6. 3
宁 211	2313 ~ 2341	98. 53	0. 32	0. 03	0. 91	0. 17	0. 35	-28. 4	-33. 8	-36. 2	-9. 2	-148	-173	1. 867±0. 453	0. 03	-5. 4
昭 104	2117. 5	99. 25	0. 52	0. 01	0. 07	0. 15	0. 53	-26. 7	-31. 7	-33. 1	3. 8	-149	-163	1. 958±0. 445	0. 01	-5. 0
YSL1-1H	2002 ~ 2028	99. 45	0. 47	0. 01	0. 01	0. 03	0. 48	-27. 4	-31. 6	-33. 2		-147	-159	1. 556±0. 427	0. 01	-4. 2
阳 201-H2	4568	99. 59	0. 33	0. 01	0. 06	0. 01	0. 34	-33. 8	-36. 0	-39. 4	5. 4	-151	-140	3. 263±0. 636	0. 02	-2. 2
来 101	4700	97. 64	0. 23		1. 48	0. 61	0. 24	-33. 2	-33. 1			-151	-130	2. 606±0. 470	0. 02	0. 1

* 数据为 2012 年 10 月取样，其他数据为 2013 年 4 月取样。

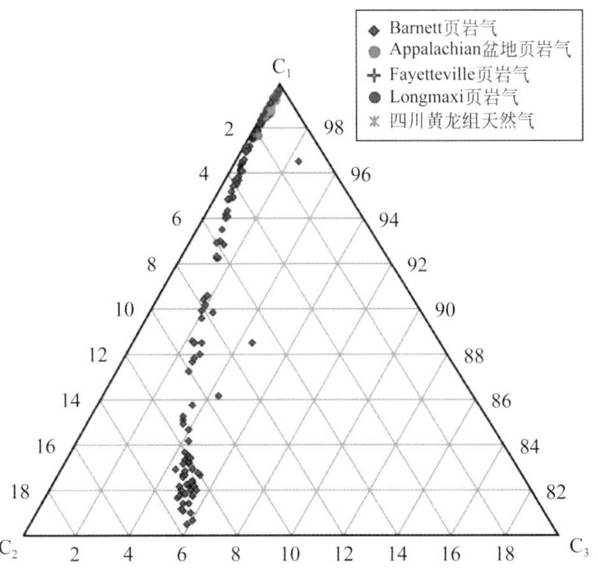

图8 中国四川盆地蜀南地区龙马溪组页岩气和美国主要页岩气的烷烃气含量对比

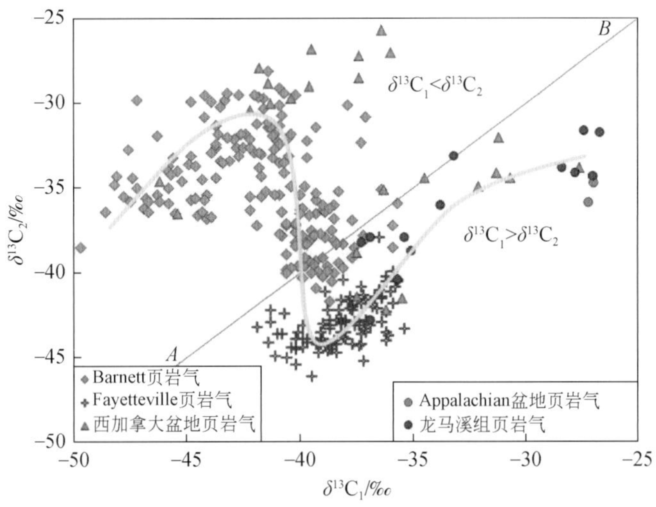

图9 中国、美国和加拿大海相主要页岩气 $\delta^{13}C_1$–$\delta^{13}C_2$ 图

2.5%~3.0%的Fayetteville页岩气、Fort Worth盆地东部 R_o 值1.2%~1.7%的Barnett页岩气（Zumberge *et al.*，2012）、西加拿大盆地湿度小于或等于1的高过成熟度Horn River页岩气，Doig组页岩气（Tilley and Muehlenbachs，2013）等均具有 $\delta^{13}C_1>\delta^{13}C_2$ 的特征，但成熟阶段的页岩气则具有 $\delta^{13}C_1<\delta^{13}C_2$ 的特征，如Fort Worth盆地西部众多页岩气（Zumberge *et al.*，2012）、西加拿大盆地部分页岩气（Tilley and Muehlenbachs，2013）。

1）$\delta^{13}C_1$ 和 $\delta^{13}C_2$ 值

根据表1中国龙马溪组页岩气 $\delta^{13}C_1$ 值与 $\delta^{13}C_2$ 值，并利用美国Barnett页岩气、Fayetteville页岩气（Rodriguez and Philp，2010；Zumberge *et al.*，2012）及西加拿大盆地

Horn River 页岩气（Tilley and Muehlenbachs，2013）的相应数据，编制的 $\delta^{13}C_1-\delta^{13}C_2$图见图 9。从图 9 中可见：*AB* 连线代表 $\delta^{13}C_1=\delta^{13}C_2$，在 *AB* 线上方是成熟阶段页岩气，其特征是 $\delta^{13}C_1<\delta^{13}C_2$；在 *AB* 线下方是高-过成熟阶段页岩气，其特征是 $\delta^{13}C_1>\delta^{13}C_2$。

2）$\delta^{13}C_2$和湿度

根据表 1 中国龙马溪组页岩气 $\delta^{13}C_2$和湿度值，并利用美国 Barnett 页岩气、Fayetteville 页岩气（Rodriguez and Philp，2010；Zumberge *et al.*，2012），Appalachian 盆地奥陶系页岩气（Burruss and Laughrey，2010）及西加拿大盆地 Horn River 页岩气（Tilley and Muehlenbachs，2013）的相应数据，编制了图 10。发现该图同图 9 相似，也呈卧“S”形，第一个拐点在 5.8% 处，有可能是二次裂解的开始（Hao and Zou，2013；Xia *et al.*，2013），第二个拐点在 1.2% 处，反映出非常高的成熟度，为二次裂解高峰。

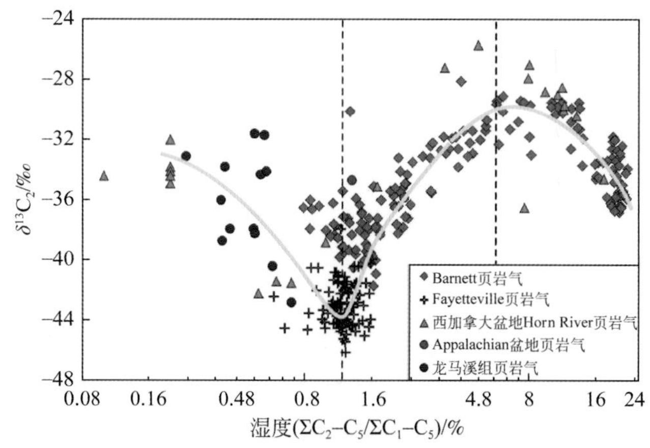

图 10 中国、美国和加拿大海相主要页岩气 $\delta^{13}C_2$-湿度关系图呈卧 S 形

3. 烷烃气氢同位素组成

1）$\delta D_1-\delta^{13}C_1$

由表 1 可见，龙马溪组页岩气 δD_1值从-140‰（威 201 井）至-151‰（阳 201-H2 井和来 101 井）。δD_2值从-130‰（来 101 井）至-173‰（宁 211 井）。龙马溪组页岩气烷烃气的氢同位素组成以 $\delta D_1<\delta D_2$为主，仅有两个样品表现为 $\delta D_1>\delta D_2$。

根据表 1 龙马溪组页岩气 δD_1 值和 $\delta^{13}C_1$ 值，Barnett 页岩气、Fayetteville 页岩气、Antrim 页岩气、New Albany 页岩气和 Appalachian 盆地页岩气的 δD_1值和 $\delta^{13}C_1$值（Rodriguez and Philp，2010；Zumberge *et al.*，2012；Martini *et al.*，2003，2008；Strapoć *et al.*，2010；Burruss and Laughrey，2010），编制了 $\delta D_1-\delta^{13}C_1$图（图 11）。从图 11 可知，中国龙马溪组有目前世界上一批 $\delta^{13}C_1$值最重的甲烷碳同位素井。其中，昭 104 井 $\delta^{13}C_1$值为-26.7‰，比美国页岩气中 $\delta^{13}C_1$值最重的-26.97‰还高（Appalachian 盆地 Utica 页岩 MLU#2）。

2）δD_1-湿度

根据表 1 中国龙马溪组页岩气 δD_1值和湿度值，同时利用 Barnett 页岩气、Fayetteville 页岩气和 Appalachian 盆地页岩气的相关值，编制了 δD_1-湿度图（图 12）。图 12 展现了从

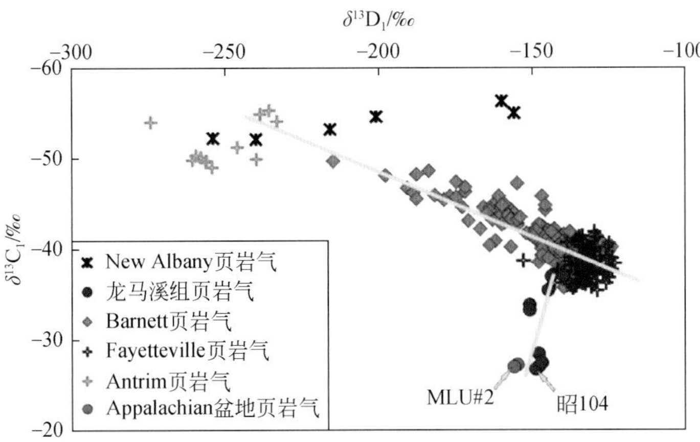

图 11 中国龙马溪组页岩气与美国主要页岩气的 δD_1-$\delta^{13}C_1$ 图

干气至湿气，δD_1 值呈抛物线演变的特点，龙马溪组页岩气填补最干段的空白，并表现出随湿度增加 δD_1 值增长之势。

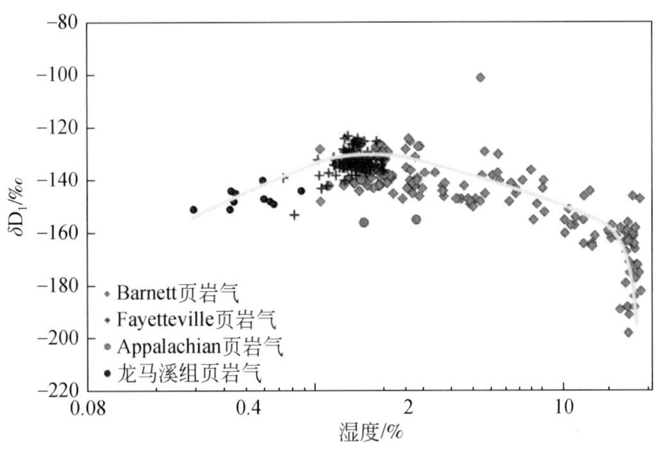

图 12 中国龙马溪组页岩气与美国主要页岩气的 δD_1-湿度图

4. 氦同位素组成

由表 1 可见：龙马溪组页岩气中 $^3He/^4He$ 值为（2.3 ~ 3.6）$\times10^{-8}$。R/R_a 从 0.01 ~ 0.03。壳源氦 R/R_a 值为 0.01 ~ 0.1（Wang，1989）。Jenden 等（1993）指出当 $R/R_a>0.1$ 时指示有幔源气的存在。应用这些参数鉴别研究区龙马溪组页岩气中的氦属于壳源氦。壳源氦的存在表示所在处构造稳定，如四川盆地 57 个 $^3He/^4He$ 平均值为 1.89×10^{-8}，R/R_a 为 0.01；鄂尔多斯盆地 25 个 $^3He/^4He$ 平均值为 3.74×10^{-8}，R/R_a 为 0.04；塔里木盆地 32 个 $^3He/^4He$ 平均值 6.07×10^{-8}，R/R_a 为 0.04；以上 3 个盆地的 He 均属壳源气，说明此 3 个盆地属稳定的沉积盆地（Dai *et al.*，2000）。与壳源氦伴生的烷烃气是有机成因，所以龙马

溪组烷烃气也应该如此。阳 201-H2 井和焦页 1 井获得高产稳产页岩气（$>10\times10^4m^3/d$），说明构造稳定区有利于勘探开发高效页岩气。

5. 二氧化碳碳同位素组成

由表 1 可见，龙马溪组页岩气 $\delta^{13}C_{CO_2}$ 值从-9.2‰～5.4‰。关于二氧化碳的成因鉴别，好些学者有研究：Moore 等（1997）指出太平洋中脊玄武岩包裹体中 $\delta^{13}C_{CO_2}$ 值为-6.0‰～-4.5‰；Gould 等（1981）认为岩浆来源的 $\delta^{13}C_{CO_2}$ 值虽多变，但一般在-7‰±2‰；Shangguan 和 Gao（1990）指出，变质成因的 $\delta^{13}C_{CO_2}$ 值应与沉积碳酸盐岩的相近，即在-3‰～1‰，而幔源 CO_2 的 $\delta^{13}C$ 值平均为-8.5‰～-5‰。综合中国大量 CO_2 研究成果，并同时利用国外许多相关文献资料，指出有机成因二氧化碳的 $\delta^{13}C_{CO_2}$ 值小于-10‰，主要在-30‰～-10‰；无机成因二氧化碳的 $\delta^{13}C_{CO_2}$ 值大于-8‰，主要在-8‰～3‰（Dai *et al.*，2000）。无机成因二氧化碳中，由碳酸盐岩变质形成的二氧化碳的 $\delta^{13}C_{CO_2}$ 值接近于碳酸盐岩的 $\delta^{13}C$ 值，在 0±3‰；火山岩浆成因和幔源二氧化碳的 $\delta^{13}C_{CO_2}$ 值大多在-6±2‰。根据上述鉴别指标，龙马溪组页岩气除宁 211 井 $\delta^{13}C_{CO_2}$ 值为-9.2‰外，其余井 $\delta^{13}C_{CO_2}$ 值均为-3.8‰～-2.2‰，即在碳酸盐岩变质成因二氧化碳的 $\delta^{13}C_{CO_2}$ 值范围（0±3‰）之内。由图 7 可知，部分龙马溪组页岩样品中碳酸盐岩矿物含量相当高（20%～60%），含碳酸钙页岩在高温下（龙马溪组 R_o 值为 1.6%～4.2%）分解变质生成无机成因 CO_2，这种无机成因 CO_2 在我国南海莺琼盆地存在，$\delta^{13}C_{CO_2}$ 值一般在-3.4‰～-2.8‰，伴生的 $^3He/^4He$ 值为 $9.8\times10^{-8}\sim6.99\times10^{-7}$，即 R/R_a 为 0.01～0.03（Dai *et al.*，2003），二者十分一致（表 1），也说明两者具有相同的成因。宁 211 井 $\delta^{13}C_{CO_2}$ 值为-9.2‰，相对较轻，可能是高含碳酸钙页岩在高温下热解生成的 $\delta^{13}C_{CO_2}$ 值较重的 CO_2 和页岩中有机质生成的 $\delta^{13}C_{CO_2}$ 值更轻的 CO_2（$\delta^{13}C_{CO_2}<-10‰$）混合所致。

四、结论

中国四川盆地南部下志留统龙马溪组海相页岩厚度大（100～600m）、有机质丰度高（TOC 为 0.35%～18.4%）、类型好（Ⅰ，$Ⅱ_1$ 型为主）、成熟度高（R_o 为 1.8%～4.2%）、岩石脆性好（脆性矿物含量平均为 56.3%）、生气能力强。尤其是该组底部富有机质页岩（TOC>2%），厚度为 20～70m，成为近期中国页岩气开发的主要目的层，并成为中国页岩气突破区。本文根据该区 10 口井 13 井次页岩气的地球化学参数研究了龙马溪组页岩气主要地球化学特征，并与美国 Barnett、Fayetteville 和西加拿大盆地等页岩气进行了比较研究：

（1）气组分以甲烷占绝对优势，含量为 95.52%～99.59%，乙烷含量为 0.23%～0.68%，丙烷含量为 0～0.03%，是世界上页岩气中最干的；无 H_2S，含低量的 CO_2（0.01%～1.48%）和 N_2（0～2.95%）。

（2）烷烃气碳同位素组成表现出正碳同位素系列特征（$\delta^{13}C_1>\delta^{13}C_2>\delta^{13}C_3$）；具有一批目前世界上 $\delta^{13}C_1$ 值最重的页岩气井；$\delta^{13}C_1$ 与 $\delta^{13}C_2$ 存在正相关关系；$\delta^{13}C_2$ 随湿度值变大，呈卧“S”形演变轨迹，本次研究数据填补了该演变轨迹在高-过成熟阶段的空白。

（3）δD_1 值为-151‰～-140‰；δD_2 值为-173‰～-130‰，氢同位素组成特征以 $\delta D_1<$

δD_2为主，δD_1与$\delta^{13}C_1$呈负相关关系。

（4）氦气中$^3He/^4He$值为（2.3～4.3）×10^8，R/R_a为0.01～0.03，是壳源氦。

（5）$\delta^{13}C_{CO_2}$值主要分布在-2.2‰～5.4‰，属于碳酸盐高温变质无机成因。仅有一口井为-9.2‰，是有机和无机成因二氧化碳混合所致。

参考文献

Burruss R, Laughrey C. Carbon and hydrogen isotopic reversals in deep basin gas: evidence for limits to the stability of hydrocarbons. Organic Geochemistry, 2010, 42: 1285～1296.

Dai J, Chen J, Zhong N, *et al.* Large Gas Fields in China and Their Gas Sources. Beijing: Science Press, 2003: 73～83 (in Chinese).

Dai J, Ni Y, Huang S. Discussion on the carbon isotopic reversal of alkane gases from the Huanglong Formation in the Sichuan Basin, China. Acta Petrolei Sinica, 2010, 31 (5): 710～717 (in Chinese).

Dai J, Ni Y, Zou C, *et al.* Carbon isotope features of alkane gases in the coal measures of the Xujiahe Formation in the Sichuan Basin and their significance to gas-source correlation. Oil and Gas Geology, 2009, 30 (5): 519～529 (in Chinese).

Dai J, Song Y, Dai C, *et al.* Conditions Governing the Formation of Abiogenic Gas and Gas Pools in Eastern China. Beijing and New York: Science Press, 2000: 65～66.

Dong D, Cheng K, Wang S, *et al.* An evaluation method of shale gas resource and its application in the Sichuan Basin. Natural Gas Industry, 2009, 29 (5): 33～39 (in Chinese).

Gould K W, Hart G H, Smith J W. Carbon dioxide in the Southern Coalfields-a factor in the evaluation of natural gas potential. Proceedings of the Australasian Institute of Mining and Metallurgy, 1981, 279: 41～42.

Hammes U, Hamlin S, Ewing T. Geologic analysis of the Upper Jurassic Haynesville Shale in east Texas and west Louisiana. AAPG Bulletin, 2011, 95 (10): 1643～1666.

Hao F, Zou H. Cause of shale gas geochemical anomalies and mechanisms for gas enrichment and depletion in high-maturity shales. Marine and Petroleum Geology, 2013, 44: 1～12.

Hu G, Xie Y. Carboniferous Gas Field in Steep Structure Region of Eastern Sichuan Basin, China. Beijing: Petroleum Industry Press, 1997: 47～60 (in Chinese).

Huang J, Zou C, Li J, *et al.* Shale gas accumulation conditions and favorable zones of Silurian Longmaxi Formation in south Sichuan Basin, China. Journal of China Coal Society, 1997, 37 (5): 782～787 (in Chinese).

Jenden P, Kaplan I, Hilton D, *et al.* Abiogenic hydrocarbons and mantle helium in oil and gas fields. The future of energy gases. US Geol Surv Professional Paper, 1993, 1570: 31～56.

Liang D, Guo T, Chen J, *et al.* Someprogresses on studies of hydrocarbon generation and accumulation in marine sedimentary regions, southern China (Part 1): distribution of four suits of regional marine source rocks. Marine Origin Petroleum Geology, 2008, 13 (2): 1～16 (in Chinese).

Liang D, Guo T, Chen J, *et al.* Some progresses on studies of hydrocarbon generation and accumulation in marine sedimentary regions, southern China (Part 3): controlling Factors on the Sedimentary Facies and Development of Palaeozoic Marine Source Rocks. Marine Origin Petroleum Geology, 2009, 14 (2): 1～19 (in Chinese).

Martini A M, Walter L M, Ku T C W, *et al.* Microbial production and modification of gases in sedimentary basins: a geochemical case study from A Devonian shale gas play, Michigan Basin. AAPG Bulletin, 2003, 87: 1355～1375.

Martini A M, Walter L M, McIntosh J C. Identification of microbial and thermogenic gas components from Upper

Devonian black shale cores, Illinois and Michigan basins. AAPG Bulletin, 2008, 92: 327 ~ 339.

Montgomery S, Jarvie D, Bowker K, *et al.* Mississippian Barnett Shale, Fort Worth Basin, north-central Texas: gas-shale play with multi-trillion cubic foot potential. AAPG Bulletin, 2005, 89 (2): 155 ~ 175.

Moore J, Bachlader N, Cunningham C. CO_2 filled vesicle in mid-ocean basalt. Journal of Volcano Geothermal Research, 1977, 2: 309 ~ 327.

Rodriguez N, Paul Philp R. Geochemical characterization of gases from the Mississippian Barnett Shale, Fort Worth Basin, Texas. AAPG Bulletin, 2010, 94 (11): 1641 ~ 1656.

Shangguan Z, Gao S. The CO_2 discharges and earthquakes in Western Yunnan. Acta Seismoloigica Sinica, 1990, 12 (2): 186 ~ 193.

Strapoć D, Mastalerz M, Schimmelmann A, *et al.* Geochemical constraints on the origin and volume of gas in the New Albany Shale (Devonian- Mississippian), eastern Illinois Basin. AAPG Bulletin, 2010, 94: 1713 ~ 1740.

Tilley B, Muehlenbachs K. Isotope reversals and universal stages and trends of gas maturation in sealed, self-contained petroleum systems. Chemical Geology, 2013, 339: 194 ~ 204.

Wang D, Gao S, Dong D, *et al.* A primary discussion on challenges for exploration and development of shale gas resources in China. Natural Gas Industry, 2013, 33 (1): 8 ~ 19.

Wang M, Dong D, Li J, *et al.* Reservoir Characteristics of shale gas in Longmaxi Formation of the Lower Silurian, southern Sichuan. Acta Petrolei Sinica, 2012, 33 (4): 551 ~ 565 (in Chinese).

Wang M, Wang L, Huang J, *et al.* Accumulation conditions of shale gas reservoirs in Silurian of the Upper Yangtze region. Natural Gas Industry, 2009, 29 (5): 45 ~ 50 (in Chinese).

Wang X. Geochemistry and Cosmochemistry of Noble Gas Isotope. Beijing: Science Press, 1989: 112 (in Chinese).

Zhai G. Petroleum Geology of China (Vol. 10). Beijing: Petroleum Industry Press, 1989: 28 ~ 150 (in Chinese).

Zou C, Dong D, Wang S, *et al.* Geological characteristics, formation mechanism and resource potential of shale gas in China. Petroleum Exploration and Development, 2010, 37 (6): 641 ~ 653.

Zou C. Unconventional Petroleum Geology (Second edition). Beijing: Geology Press, 2013: 127 ~ 167.

Zumberge J, Ferworn K, Brown S. Isotopic reversal ('rollover') in shale gases produced from the Mississippian Barnett and Fayetteville Formations. Marine and Petroleum Geology, 2012, 31: 43 ~ 52.

次生型负碳同位素系列成因*

一、引言

天然气中烷烃气碳同位素按其分子中碳数相互关系有一定排列规律：若随烷烃气分子碳数递增，$\delta^{13}C$ 值依次递增（$\delta^{13}C_1<\delta^{13}C_2<\delta^{13}C_3<\delta^{13}C_4$）称为正碳同位素系列，是有机成因烷烃气的一个特征；随烷烃气分子碳数递增，$\delta^{13}C$ 值依次递减（$\delta^{13}C_1>\delta^{13}C_2>\delta^{13}C_3>\delta^{13}C_4$）称为负碳同位素系列；不按以上两规律而出现不规则的增减（$\delta^{13}C_1>\delta^{13}C_2<\delta^{13}C_3>\delta^{13}C_4$）则称为碳同位素倒转[1,2]，可简称为倒转。

二、负碳同位素系列

1. 原生型负碳同位素系列

在岩浆岩包裹体、现代火山岩活动区（美国黄石公园）、大洋中脊和陨石中（澳大利亚）（表1）发现一些烷烃气体的 $\delta^{13}C$ 值具有负碳同位素系列特征，其明显属于无机成因烷烃气[3~7]，这种负碳同位素系列可称为原生型负碳同位素系列[1,2]。

表1　原生型负碳同位素系列

气样位置	$\delta^{13}C$/‰（VPDB）				文献
	CH_4	C_2H_6	C_3H_8	C_4H_{10}	
俄罗斯西比内山岩浆岩	-3.2	-9.1	-16.2		[3]
美国黄石公园泥火山	-21.5	-26.5			[4]
土耳其喀迈拉	-11.9	-22.9	-23.7		[5]
北大西洋洋中脊失落城市	-9.9	-13.3	-14.2	-14.3	[6]
澳大利亚默奇森陨石	9.2	3.7	1.2		[7]

2. 次生型负碳同位素系列

近年来，在一些沉积盆地过成熟地区，发现一些规模性负碳同位素系列，尤其在某些页岩气中，如中国四川盆地蜀南地区（表2）五峰组—龙马溪组页岩气中[8,9]、美国阿科玛（Arkoma）气区 Fayetteville 页岩气中[10]及加拿大西加拿大盆地 Horn River 页岩气中[11]

---

* 原载于《天然气地球科学》，2016，第27卷，第1期：1~7，作者还有倪云燕、黄士鹏、龚德瑜、刘丹、冯子齐、彭威龙、韩文学。

（表3）。这些页岩气均产自高 TOC 值页岩且都处于低湿度和过成熟阶段：从表2可知五峰组—龙马溪组页岩气湿度为 0.34% ~ 0.77%，R_o > 2.2%[12] 或 2.2% ~ 3.13%[13]，Fayetteville 页岩气湿度在 0.86% ~ 1.6%（表3）。R_o 值为 2% ~ 3%[11]；Horn River 页岩气湿度为 0.2%（表3）。而且五峰组—龙马溪组页岩气与 R/R_a 值为 0.01 ~ 0.04 的壳源氦伴生（表2）说明页岩气为有机成因气，所以其负碳同位素系列与原生型无机成因负碳同位素系列不同，是由有机成因烷烃气改造而成，可称为次生型负碳同位素系列。

表2 四川盆地礁石坝、长宁–威远五峰组—龙马溪组页岩气组分及同位素

井位	层位	天然气主要组分/%					湿度/%	$\delta^{13}C$/‰（VPDB）			$^3He/^4He/10^{-8}$	R/R_a	来源
		CH_4	C_2H_6	C_3H_8	CO_2	N_2		CH_4	C_2H_6	C_3H_8			
JY1	O_3l，S_1l	98.52	0.67	0.05	0.32	0.43	0.72	-30.1	-35.5		4.851±0.944	0.03	本文
JY1-2	O_3l，S_1l	98.8	0.7	0.02	0.13	0.34	0.73	-29.9	-35.9		6.012±0.992	0.04	
JY1-3	O_3l，S_1l	98.67	0.72	0.03	0.17	0.41	0.75	-31.8	-35.3				
JY4-1	O_3l，S_1l	97.89	0.62	0.02		1.07	0.65	-31.6	-36.2				
JY4-2	O_3l，S_1l	98.06	0.57	0.01		1.36	0.59	-32.2	-36.3				
JY-2	O_3l，S_1l	98.95	0.63	0.02	0.02	0.39	0.65	-31.1	-35.8		2.870±1.109	0.02	
JY7-2	O_3l，S_1l	98.84	0.67	0.03	0.14	0.32	0.7	-30.3	-35.6		5.544±1.035	0.04	
JY12-3	O_3l，S_1l	98.87	0.67	0.02	0	0.44	0.69	-30.5	-35.1	-38.4			
JY12-4	O_3l，S_1l	98.76	0.66	0.02	0	0.57	0.68	-30.7	-35.1	-38.7			
JY13-1	O_3l，S_1l	98.35	0.6	0.02	0.39	0.64	0.62	-30.2	-35.9	-39.3			
JY13-3	O_3l，S_1l	98.57	0.66	0.02	0.25	0.51	0.68	-29.5	-34.7	-37.9			
JY20-2	O_3l，S_1l	98.38	0.71	0.02	0	0.89	0.74	-29.7	-35.9	-39.1			
JY42-1	O_3l，S_1l	98.54	0.68	0.02	0.38	0.38	0.71	-31	-36.1				
JY42-2	O_3l，S_1l	98.89	0.69	0.02	0	0.39	0.71	-31.4	-35.8	-39.1			
JY1HF	S_1l	97.22	0.55	0.01		2.19	0.56	-30.3	-34.3	-36.4			[8]
	S_1l	98.34	0.68	0.02	0.1	0.84	0.7	-29.6	-34.6	-36.1			
	S_1l	98.34	0.66	0.02	0.12	0.81	0.69	-29.4	-34.4	-36.1			
	S_1l	98.41	0.68	0.02	0.05	0.8	0.71	-30.1	-35.5				
	S_1l	98.34	0.68	0.02	0.1	0.84	0.7	-30.6	-34.1	-36.3			
JY1-3HF	S_1l	98.26	0.73	0.02	0.13	0.81	0.77	-29.4	-34.5	-36.3			
	S_1l	98.23	0.71	0.03	0.12	0.86	0.74	-29.6	-34.7	-35			
威201	S_1l	98.32	0.46	0.01	0.36	0.81	0.48	-36.9	-37.9		3.594±0.653	0.03	[8]
威201-H1	S_1l	95.52	0.32	0.01	1.07	2.95	0.34	-35.1	-38.7		3.684±0.697	0.03	[9]
威202	S_1l	99.27	0.68	0.02	0.02	0.01	0.7	-36.9	-42.8	-43.5	2.726±0.564	0.02	
宁201-HI	S_1l	99.12	0.5	0.01	0.04	0.3	0.51	-27	-34.3		2.307±0.402	0.02	
宁211	S_1l	98.53	0.32	0.03	0.91	0.17	0.35	-28.4	-33.8	-36.2	1.867±0.453	0.03	
昭104	S_1l	99.25	0.52	0.01	0.07	0.15	0.53	-26.7	-31.7	-33.1	1.958±0.445	0.01	
YSL1-1H	S_1l	99.45	0.47	0.01	0.01	0.03	0.48	-27.4	-31.6	-33.2	1.556±0.427	0.01	

注：湿度 = $\sum C_2—C_5/\sum C_1—C_5$。

表3 北美页岩气中次生型负碳同位素系列

盆地	层位	天然气主要组分/%					湿度/%	$\delta^{13}C$/‰（VPDB）				来源
		CH_4	C_2H_6	C_3H_8	CO_2	N_2		CH_4	C_2H_6	C_3H_8	CO_2	
东阿科玛盆地	Fayetteville	98.22	1.14	0.02	0.61		1.17	−38.0	−43.5	−43.5	−17.2	[10]
		98.06	1.34	0.02	0.58		1.37	−41.3	−42.2	−43.6	−19.5	
		95.3	1.14	0.02	3.53		1.20	−36.8	−42.0	−42.6	−9.9	
		95.84	0.82	0.01	3.33		0.86	−36.2	−40.5	−40.6	−8.8	
		98.01	1.28	0.02	0.69		1.31	−41.3	−42.9	−43.5	−19.9	
		97.95	1.1	0.02	0.93		1.13	−38.4	−42.8	−43.2	−11.7	
		93.1	1.25	0.02	5.63		1.35	−35.7	−40.4	−40.4	−10.2	
		93.72	1.16	0.02	5.1		1.24	−37.7	−41.9	−42.3	−12.5	
		98.31	1.19	0.02	0.48		1.22	−40.8	−43.6	−43.6	−17.6	
		97.98	0.96	0.02	1.04		0.99	−41.4	−44.1	−44.3	−15.7	
		97.82	1.23	0.03	0.92		1.27	−41.9	−43.2	−45.2	−17.6	
		96.8	1.51	0.03	1.67		1.57	−39.9	−44.4	−44.6	−11.7	
		92.38	1.11	0.02	6.49		1.21	−36.4	−41.4	−41.5	−8.9	
		95.57	1.11	0.02	3.29		1.17	−36.5	−37.9	−39.7		
		96.28	1.55	0.03	2.14		1.61	−35.9	−39.9	−41.1	−6.2	
		96.51	1.53	0.03	1.94		1.59	−36.2	−40.2	−40.2	−5.7	
		96.47	1.31	0.03	2.2		1.37	−37.9	−41.7	−42.0	−4.7	
		97.08	1.26	0.02	1.64		1.30	−37.3	−41.8	−41.9	−8.9	
		97.01	1.36	0.02	1.61		1.40	−38.1	−40.4	−41.8	−6.9	
西加拿大盆地	Horn River						0.20	−27.6	−33.8			[11]
							0.20	−32.1	−34.9	−38.8		
							0.20	−31.3	−34.1	−37.3		
							0.20	−31.2	−32.0	−35.5		
							0.20	−30.7	−34.4	−36.9		

注：湿度$=\Sigma C_2—C_5/\Sigma C_1—C_5$。

不仅在过成熟页岩气中发现次生型负碳同位素系列，而且在中国鄂尔多斯盆地南部过成熟的煤成气区也发现了规模性次生型负碳同位素系列（表4，图1）。这些煤成气的气源岩是本溪组（C_2b）、太原组（P_1t）和山西组（P_1s）煤系中的煤和暗色泥岩。煤层主要发育于太原组和山西组。煤层厚度一般为2～20m，其残余有机碳平均含量为70.8%～74.7%，氯仿沥青“A”平均为0.61%～0.80%，为腐殖煤。暗色泥岩厚度为20～150m，大部分地区平均残余有机碳含量变化在2.0%～3.0%，氯仿沥青“A”平均值为0.04%～0.12%[14]。从图1可知：这些次生型负碳同位素系列煤成气，出现在鄂尔多斯盆地南部$R_o>$2.2%地区，同时与部分碳同位素系列倒转相伴存。这些具有次生型负碳同位素系列煤成气的湿度为0.46%～1.41%（表4），平均为0.87%，比北美页岩气的次生型负碳同位素系列湿度小（表3），而比四川盆地五峰组—龙马溪组页岩气次生型负碳同位素系列湿度大（表2）。

表4 鄂尔多斯盆地南部过成熟区次生型负碳同位素系列

井号	层位	天然气主要组分/%							湿度	$\delta^{13}C$/‰（VPDB）			$^3He/^4He$	R/R_a
		CH_4	C_2H_6	C_3H_8	C_4H_{10}	C_5H_{12}	CO_2	N_2	/%	CH_4	C_2H_6	C_3H_8	$/10^{-8}$	
试2	盒8	96.68	0.73	0.09	0.08		1.41	1.07	0.92	−29.20	−30.70	−31.90	6.64±0.7	0.06
试225	山2	93.87	0.42	0.03			5.01	0.67	0.48	−28.80	−34.10			
试48	本2	94.89	0.52	0.04			4.29	0.25	0.59	−29.90	−36.50		7.66±1.04	0.07
试37	本1-2	96.60	0.42	0.03			2.74	0.22	0.46	−30.80	−37.10	−37.30	7.49±1.41	0.07
陕380	盒8	90.58	0.94	0.13	0.02	0.01	1.13	7.18	1.20	−24.50	−28.30	−29.30		
陕428	山1	90.20	0.67	0.11	0.02		3.21	5.79	0.88	−28.10	−29.20	−29.30		
苏353	山1—盒8	93.12	1.11	0.17	0.04	0.01	1.86	3.69	1.41	−24.10	−25.60	−28.70		
苏243	盒8	92.81	0.80	0.14	0.02		0.56	5.51	1.02	−26.20	−28.90	−30.60		

注：湿度=$\sum C_2—C_5/\sum C_1—C_5$。

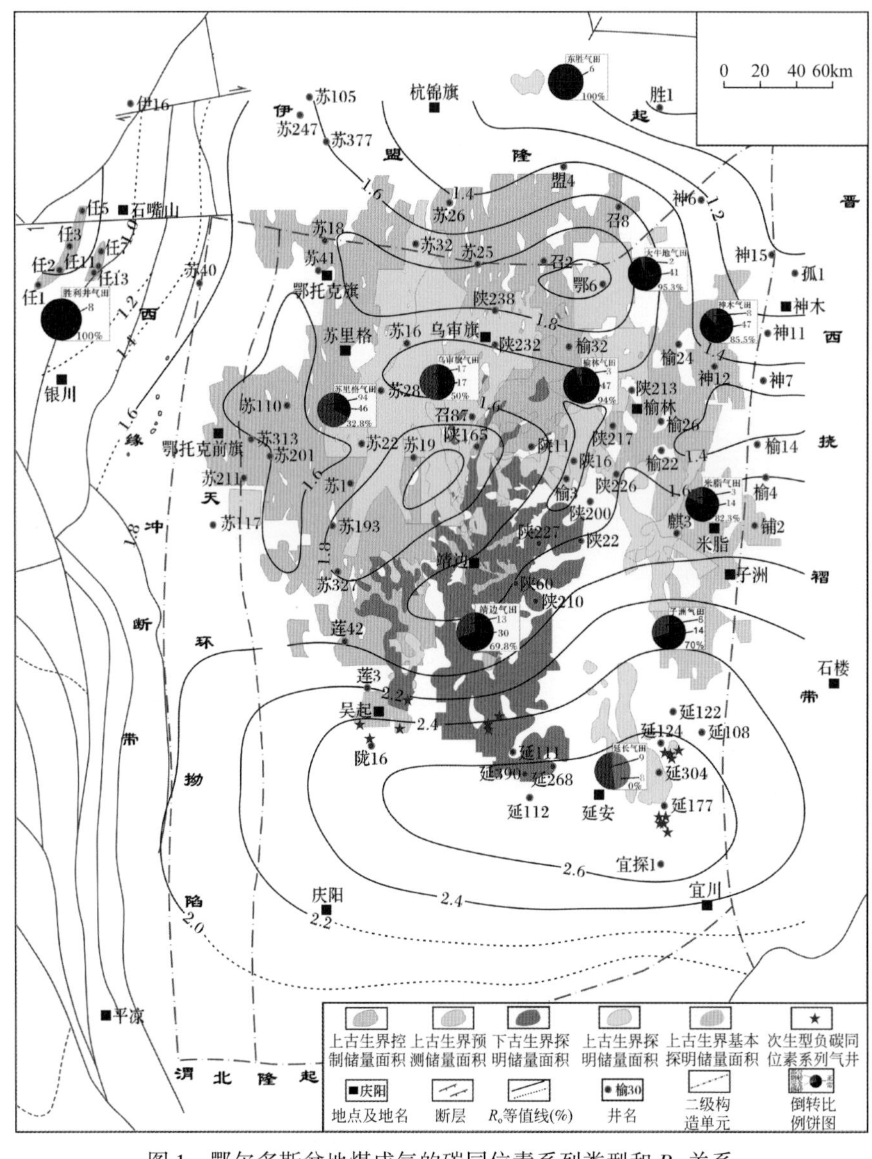

图1 鄂尔多斯盆地煤成气的碳同位素系列类型和 R_o 关系

三、次生型负碳同位素系列成因讨论

此前，关于在煤成气中出现规模性次生型负碳同位素系列未见报道，而在页岩气中次生型负碳同位素系列的成因则有较多的研究，以下对其主要成因观点进行综述和推敲而提出主要控制因素。

1. 页岩气中次生型负碳同位素系列仅出现在过成熟页岩中而低成熟、成熟和高成熟页岩中则未见

表2和表3中次生型负碳同位素系列出现在过成熟页岩中，中国四川盆地南部五峰组—龙马溪组页岩上述已指出均处在过熟阶段，而美国则有不同成熟阶段的页岩气，特别是Barnett页岩有许多成熟和过成熟阶段页岩气（R_o值为0.7%~2.0%），烷烃气碳同位素值[10,15]绝大部分是正碳同位素系列，还有少量碳同位素倒转，仅有个别为次生型负碳同位素系列。Marcellus页岩气当湿度大时（14.7%~20.8%）为正碳同位素系列，当湿度小时（1.49%~1.57%）则出现次生型负碳同位素系列[16]。湿度大为低成熟和成熟阶段，湿度小则为过成熟阶段。在西加拿大盆地Montney页岩中烷烃气湿度大的出现许多正碳同位素系列，只有湿度小的才有碳同位素倒转。Horn River页岩气湿度为0.2时则都为次生型负碳同位素系列（表3）[11]。把表2、表3与上述Barnett、Marcellus和Montney页岩气烷烃气碳同位素和湿度关系编为图2。从图2明显可见：中国、美国和加拿大次生型负碳同位素系列出现在过成熟阶段或湿度小的页岩气中；在低成熟和成熟阶段或者湿度大的页岩气中，正碳同位素系列是主流，而未见次生型负碳同位素系列。大量次生型负碳同位素系列只出现在过成熟页岩气中，说明了其成因受高温控制。

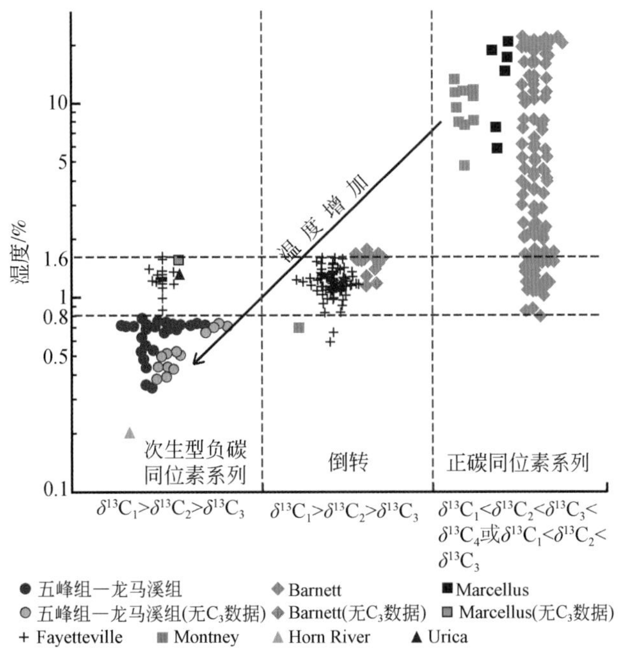

图2 中国、美国和加拿大页岩气的湿度和碳同位素系列类型关系

2. 煤成气中次生型负碳同位素系列仅出现在过成熟源岩区中，而在低成熟、成熟和高成熟区中则未见

由鄂尔多斯盆地433个气样编制的煤成气碳同位素系列类型分布与R_o关系图（图1）可见，该盆地南部过成熟源岩区出现规模性次生型负碳同位素系列（表4），即R_o值在2.3%~2.7%，湿度在0.46%~1.41%。从图1还可看出，次生型负碳同位素系列仅分布在延安气田和靖边气田的南缘。鄂尔多斯盆地煤成气的气源岩成熟度在胜利井气田最低至0.75%，在神木气田最低为1.1%（处于成熟阶段），以及其他从成熟至高熟地区的气田至今未发现次生型负碳同位素系列。在神木气田分析烷烃气碳同位素组成气样55个，正碳同位素系列占47个，占有率达85.5%，仅有8个样品为发生小幅度倒转。同样统计了大牛地、榆林、子洲、靖边、乌审旗、苏里格、东胜和胜利井等气田，发现在成熟和高成熟源岩区煤成气中正碳同位素系列占优势，仅有部分的碳同位素系列倒转，未发现次生型负碳同位素系列（图1）。通过对鄂尔多斯盆地433个碳同位素系列类型与低成熟、成熟、高成熟及过成熟关系的系统研究，确定次生型负碳同位素系列只出现在过成熟区，也说明次生型负碳同位素系列的成因受高温控制。

3. 二次裂解产生次生型负碳同位素系列

在高过成熟演化阶段中，由于二次裂解，页岩气系统内的天然气来自干酪根、滞留油和湿气的同时裂解，其中油或凝析物的裂解可产生轻碳同位素乙烷。此时原天然气中的乙烷含量已经很少，少量的轻碳同位素乙烷的掺入可造成碳同位素系列倒转[17]。

4. 过渡金属和水介质在250~300℃环境中发生氧化还原作用导致乙烷和丙烷瑞利分馏

Burruss和Laughrey[18]指出部分深盆气次生型负碳同位素系列，是在过渡金属和水介质在250~300℃地质环境中发生氧化还原作用，导致乙烷和丙烷瑞利分馏的结果。

5. 烷烃气分子中碳数渐增扩散速度递减，和^{13}C组成分子扩散速度递减，导致次生型负碳同位素系列形成

分子的扩散受分子量和分子大小的影响，分子量大比小的扩散慢。烷烃气分子中随碳数增大分子量增大，分子直径也增大，故扩散速度$CH_4>C_2H_6>C_3H_8>C_4H_{10}$。

CH_4、C_2H_6、C_3H_8和C_4H_{10}中有^{12}C和^{13}C以下分子组构型式：

$$CH_4 \longrightarrow {}^{12}CH_4、{}^{13}CH_4 \tag{1}$$

$$C_2H_6 \longrightarrow {}^{12}C^{12}CH_6、{}^{12}C^{13}CH_6、{}^{13}C^{13}CH_6 \tag{2}$$

$$C_3H_8 \longrightarrow {}^{12}C^{12}C^{12}CH_8、{}^{12}C^{12}C^{13}CH_8、{}^{12}C^{13}C^{13}CH_8、{}^{13}C^{13}C^{13}CH_8 \tag{3}$$

$$C_4H_{10} \longrightarrow {}^{12}C^{12}C^{12}C^{12}CH_{10}、{}^{12}C^{12}C^{12}C^{13}CH_{10}、{}^{12}C^{12}C^{13}C^{13}CH_{10}、{}^{12}C^{13}C^{13}C^{13}CH_{10}、{}^{13}C^{13}C^{13}C^{13}CH_{10} \tag{4}$$

由于^{12}C的质量小于^{13}C，所以$^{12}CH_4$质量小于$^{13}CH_4$而导致前者扩散速度快于后者，使CH_4集群碳同位素产生分馏而使该集群$\delta^{13}C_1$值变大；由式（2）可知C_2H_6集群^{12}C和^{13}C分子组构型式有3种，同理质量上$^{12}C^{12}CH_6<^{12}C^{13}CH_6<^{13}C^{13}CH_6$，故前者扩散速度最快，中者居中，后者扩散速度最慢，结果使C_2H_6集群碳同位素产生分馏而使该集群$\delta^{13}C_2$值也变大；

由式（3）和式（4）可知 C_3H_8集群和 C_4H_{10}集群的^{12}C 和^{13}C 分子组构形式分别为 4 种和 5 种，由于与 CH_4集群、C_2H_6集群同理扩散分馏结果使 $\delta^{13}C_3$值和 $\delta^{13}C_4$值变大。

但由于式（1）～式（4）所代表集群的^{12}C 和^{13}C 组构形式不同，使扩散体（源岩）中产生分馏功能式（1）>式（2）>式（3）>式（4）；同时又存在扩散速度 $CH_4>C_2H_6>C_3H_8>C_4H_{10}$，在此双重作用下，经历相当长时间后可使正碳同位素系列（$\delta^{13}C_1<\delta^{13}C_2<\delta^{13}C_3<\delta^{13}C_4$），改造为次生型负碳同位素系列（$\delta^{13}C_1>\delta^{13}C_2>\delta^{13}C_3>\delta^{13}C_4$）。

腐泥型烃源岩在不同热阶段油气初次运移相态不同：在未成熟和低成熟阶段为水溶相；成熟阶段为油溶相；高成熟阶段为气相；过成熟阶段为扩散相。腐殖型烃源岩在未成熟和低成熟阶段也为水溶相；在成熟阶段和高熟阶段为气相；在过成熟阶段为扩散相[19]。由于不论腐泥型或腐殖型源岩形成的天然气在过成熟阶段初次运移相态均为扩散相，对扩散作用最为有利，故过成熟阶段页岩气利于由扩散作用形成次生型负碳同位素系列。

6. 地温高于 200℃形成次生型负碳同位素系列

Vinogradov 等[20]指出不同温度下碳同位素交换平衡作用有异：地温高于 150℃，出现 $\delta^{13}C_1>\delta^{13}C_2$；高于 200℃则使正碳同位素系列改变为次生型负碳同位素系列，即 $\delta^{13}C_1>\delta^{13}C_2>\delta^{13}C_3$。

以上综合了 6 种次生型负碳同位素系列的成因观点。页岩气和煤成气过成熟阶段出现次生型负碳同位素系列，是综合研究了中国五峰组—龙马溪组页岩和美国 Barnett 页岩、Marcellus 页岩、Montney 页岩、Fayetteville 页岩、Horn River 页岩，以及中国鄂尔多斯盆地石炭系—二叠系煤成气从低成熟—成熟—高成熟—过成熟阶段的整个演化过程，得出次生型负碳同位素系列仅形成于过成熟阶段。二次裂解形成次生型负碳同位素系列，关键是二次裂解只有在高过成熟阶段才出现。过渡金属和水介质氧化还原作用致使乙烷和丙烷瑞利分馏，导致次生型负碳同位素系列形成，关键是水介质温度在 250～300℃。扩散致使出现次生型负碳同位素系列，关键是最利于天然气初次运移时期的过成熟阶段的扩散。Vinogradov 等[20]指出地温高于 200℃出现次生型负碳同位素系列。

综合以上 6 种观点，次生型负碳同位素系列形成的主控因素是高温。只有在高温环境下，可由以上一种或几种作用而形成次生型负碳同位素系列。规模性次生型负碳同位素系列出现，是油气演化进入过成熟阶段的标志。

四、结论

碳同位素系列可分为原生型和次生型两种。原生型负碳同位素系列是无机成因气的标志。次生型负碳同位素系列的天然气，是由有机成因正碳同位素系列在高温条件下次生改造来的，既可形成于过成熟阶段的腐泥型页岩气中，也可形成于腐殖型源岩的过熟阶段的煤成气中。

规模性次生型负碳同位素系列出现，是油气演化进入过熟阶段的标志。

参考文献

[1] 戴金星，夏新宇，秦胜飞，等．中国有机烷烃气碳同位素系列倒转的成因．石油与天然气地质，2003，24（1）：1～6.

[2] Dai J, Xia X, Qin S, *et al*. Origins of partially reversed alkane $\delta^{13}C$ values for biogenic gases in China. Organic Geochemistry, 2004, 35 (4): 405 ~ 411.

[3] Zorikin L M, Starobinets I S, Stadnik E V. Natural Gas Geochemistry of Oil-gas Bearing Basin. Moscow: Mineral Press, 1984.

[4] Marais D J D, Donchin J H, Nehring N L, *et al*. Molecular carbon isotopic evidence for the origin of geothermal hydrocarbons. Nature, 1981, 292 (5826): 826 ~ 828.

[5] Hosgörmez H. Origin of the natural gas seep of Cirali (Chimera), Turkey: site of the first Olympic fire. Journal of Asian Earth Sciences, 2007, 30 (1): 131 ~ 141.

[6] Proskurowski G, Lilley M D, Seewald J S, *et al*. Abiogenic hydrocarbon production at Lost City Hydrothermal Field. Science, 2008, 319 (5863): 604 ~ 607.

[7] Yuen G, Blair N, Marais D J D, *et al*. Carbon isotope composition of low molecular weight hydrocarbons and monocarboxylic acids from Murchison meteorite. Nature, 1984, 307 (5948): 252 ~ 254.

[8] 刘若冰. 中国首个大型页岩气田典型特征. 天然气地球科学, 2015, 26 (8): 1488 ~ 1498.

[9] Dai J, Zou C, Liao S, *et al*. Geochemistry of the extremely high thermal maturity Longmaxi shale gas, southern Sichuan basin. Organic Geochemistry, 2014, 74: 3 ~ 12.

[10] Zumberge J, Ferworn K, Brown S. Isotopic reversal ('rollover') in shale gases produced from the Mississippian Barnett and Fayetteville Formations. Marine & Petroleum Geology, 2012, 31 (1): 43 ~ 52.

[11] Tilley B, Muehlenbachs K. Isotope reversals and universal stages and trends of gas maturation in sealed, self-contained petroleum systems. Chemical Geology, 2013, 339 (339): 194 ~ 204.

[12] Guo T, Zeng P. The structural and preservation conditions for shale gas enrichment and high productivity in the Wufeng-Longmaxi Formation, Southeastern Sichuan Basin. Energy Exploration & Exploitation, 2015, 33 (3): 259 ~ 276.

[13] 张晓明, 石万忠, 徐清海, 等. 四川盆地焦石坝地区页岩气储层特征及控制因素. 石油学报, 2015, 36 (8): 926 ~ 939.

[14] 戴金星, 邹才能, 李伟, 等. 中国煤成大气田及气源. 北京: 科学出版社, 2014: 28 ~ 91.

[15] Rodriguez N D, Philp R P. Geochemical characterization of gases from the Mississippian Barnett shale, Fort Worth basin, Texas. AAPG Bulletin, 2010, 94 (11): 1641 ~ 1656.

[16] Jenden P D, Drazan D J, Kaplan I R. Mixing of thermogenic natural gases in northern Appalachian basin. AAPG Bulletin, 1993, 77 (6): 980 ~ 998.

[17] Xia X, Chen J, Braun R, *et al*. Isotopic reversals with respect to maturity trends due to mixing of primary and secondary products in source rocks. Chemical Geology, 2013, 339 (2): 205 ~ 212.

[18] Burruss R C, Laughrey C D. Carbon and hydrogen isotopic reversals in deep basin gas: evidence of limits to the stability of hydrocarbons. Organic Geochemistry, 2009, 41 (12): 1285 ~ 1296.

[19] 李明诚. 石油与天然气运移. 第四版. 北京: 石油工业出版社, 2013: 93 ~ 94.

[20] Vinogradov A P, Galimor E M. Isotopism of carbon and the problem of oil origin. Geochemistry, 1970, (3): 275 ~ 296.

中国煤成气湿度和成熟度关系*

一、引言

煤成气是中国天然气储量和产量的主体[1~3]。截至2013年年底，中国共发现天然气探明储量大于等于$300\times10^8m^3$的大气田51个，其2013年天然气总产量为$922.72\times10^8m^3$，占全国天然气总产量的76.3%，其中煤成气大气田产量为$710.13\times10^8m^3$，占全部大气田总产量的76.96%[4]。所以煤成气的研究在中国天然气研究中具有重要意义。

由于天然气存在组分中分子种类少、分子结构简单而缺少异构体、分子量小、分子直径小、易扩散、运移距离比石油远得多等特点，致使其可供研究的科学信息有限而造成研究难度大。然而，天然气（煤成气）组分中一般含量最大、分子种类最多且具有相似结构和成因的烷烃气（CH_4、C_2H_6、C_3H_8、C_4H_{10}和C_5H_{10}）组合的湿度（$W=C_{2-5}/C_{1-5}$），比天然气中其他种类分子信息量大，利于相关问题的探索。同时天然气组分分析往往是气井天然气分析的首要工作，是基层单位可以分析的基本项目，故湿度是最易获取的数据。因此，湿度的研究是深化天然气研究的一个重要途径和手段。

Stahl、戴金星、刘文汇等[5~7]研究了天然气$\delta^{13}C_1$值与气源岩R_o值的关系，得出$\delta^{13}C_1$-R_o关系式，对天然气研究具有重要贡献。利用天然气$\delta^{13}C_1$值，可以推算出气源岩R_o值，为天然气勘探确定气源岩提供了重要支撑。但是由于基层单位一般没有测定$\delta^{13}C_1$值的手段，使$\delta^{13}C_1$值无法快速获取。因此，若能确定天然气湿度和气源岩成熟度的相关规律性，可在气井现场或者基层单位迅速获得气源岩成熟度信息，为天然气资源评价提供科学支撑。

二、煤成气 W-R_o 关系

基于中国鄂尔多斯、四川、渤海湾、琼东南、准噶尔和吐哈盆地49口井的W、R_o和碳同位素资料[8~10]（表1），利用$\delta^{13}C_1$-C_1/C_{2+3}鉴别图（图1）[11]对49口井天然气母质类型进行鉴别，确定全部井天然气均为来自Ⅲ型、Ⅱ$_2$型干酪根的煤成气，其R_o值为0.59%~2.54%，涵盖低成熟、成熟、高成熟、过成熟整个热演化阶段；湿度为0.45%~36.61%，随R_o值增大，湿度变小。根据表1编制了煤成气W-R_o关系图（图2），从而导出W-R_o关系式：

$$R_o=-0.419\ln W+1.908 \tag{1}$$

* 原载于《石油勘探与开发》，2016，第43卷，第5期，675~677，作者还有倪云燕、张文正、黄士鹏、龚德瑜、刘丹、冯子齐。

表1 中国不同盆地煤成气烃源岩 R_o 值、天然气湿度和碳同位素组成数据表

盆地	井位	层位	R_o/%	天然气组分/%							W/%	$\delta^{13}C$/‰				资料来源
				CH_4	C_2H_6	C_3H_8	C_4H_{10}	C_5H_{12}	CO_2	N_2		CH_4	C_2H_6	C_3H_8	C_4H_{10}	
鄂尔多斯	任4	P_2h	0.76	90.68	4.77	0.70	0.45		0.19	3.21	6.12	-33.8	-26.4	-24.1		本文
	任6	P_2h	0.73	86.69	4.48	1.12	0.51		2.11	2.10	6.58	-35.3	-26.4	-24.3	-23.2	
	任9	P_2h	0.75	91.83	3.86	1.21	0.51	0.19		2.40	5.91	-35.2	-26.6	-24.7		
	任11	P_2h	0.75	93.78	3.36	1.07	0.43	0.07	0.09	1.19	4.99	-35.1	-26.7	-24.8		
	陕65	P_1h	1.60	95.74	2.54	0.29	0.07		0.13	1.10	2.94	-29.1	-23.5	-25.5	-24.1	
	麒参1	P_1h	1.67	91.29	5.61	0.97	0.24	0.05	0.59		7.00	-29.2	-22.4	-22.1		
	图东1	P_1s	0.87	94.01	2.44	0.95	0.38	0.07	0.27	1.77	3.92	-34.3				
	色1	P_1s	1.04	93.36	2.46	0.83	0.27	0.06	1.03	1.99	3.73	-32.0	-25.6	-24.2	-23.1	
	任13	P_1s	0.91	94.14	2.49	1.84	0.27	0.06	0.14	1.06	4.72	-35.7	-24.6	-23.4		
	陕117	P_1s	1.34	92.64	3.99	0.54	0.21		1.51	0.51	4.87	-32.2	-26.0	-24.9	-23.5	
	陕142	P_1s	1.34	94.24	3.37	0.49	0.13		1.13	0.55	4.06	-32.4	-26.1	-24.9	-23.4	
	陕209	P_1s	1.55	93.61	3.82	0.62	0.18		1.03	0.57	4.70	-33.1	-24.2	-23.1	-22.2	
	陕211	P_1s	1.34	94.07	3.16	0.49	0.18		1.84	0.15	3.91	-32.4	-25.8	-23.8		
	陕215	P_1s	1.55	93.60	3.79	0.55	0.16		0.76	0.46	4.59	-32.9	-26.0	-24.0	-22.3	
	陕217	P_1s	1.55	94.90	2.65	0.35	0.10		1.19	0.68	3.16	-31.6	-26.0	-24.1	-22.6	
	陕240	P_1s	1.31	92.56	4.00	0.69	0.21		0.53	1.75	5.03	-31.4	-24.3	-24.6	-22.9	
	榆24	P_1s	1.46	91.07	3.70	0.87	0.19		3.95	0.01	4.97	-33.0	-25.2	-23.4	-21.4	
	榆37	P_1s	1.66	94.66	2.93	0.42	0.12		1.11	0.66	3.54	-31.8	-26.1	-24.6	-23.0	
	Y268	P_1s	2.51	98.48	0.41	0.03	0.01		0.25	0.37	0.45	-31.5	-38.7	-33.0		
	试6	P_1s	2.54	96.32	0.76	0.07			1.97	0.86	0.85	-28.1	-30.5	-30.4		
	试231	P_1s	2.44	93.14	0.40	0.02			5.96	0.47	0.45	-29.4	-34.4	-34.0		
	镇1	P_1s	1.29	92.15	5.98	0.88	0.30	0.07	0.00	0.62	7.28	-34.9	-23.8	-21.8	-21.0	
	米1	C_3t	1.80	98.23	0.97	0.07	0.02		0.71		1.07	-31.7	-26.4	-25.2		
	陕26	C_3t	1.71	87.22	1.84	0.17	0.04		7.05	3.03	2.30	-33.5	-23.2	-23.0		
	陕19	C_2b	1.71	94.95	1.86	0.24	0.07		2.69	0.12	2.23	-35.4	-25.8	-24.9	-23.2	
	陕12	O_1m_5	1.62	96.79	0.78	0.10	0.02		1.65	0.63	0.92	-34.2	-25.5	-26.4	-20.7	
	陕34	O_1m_5	1.85	97.90	0.82	0.06	0.03		0.69	0.47	0.92	-34.0	-24.5	-22.4	-23.8	
	陕68	O_1m_5	1.71	67.99	0.40	0.06	0.02		0.02	4.08	0.70	-34.0	-23.5	-21.6	-20.5	
	陕参1	O_1m_5	1.85	96.00	1.16	0.10	0.02		1.46	1.26	1.32	-34.1	-27.2	-26.7		
	陕参1	O_1m_5	1.85	93.33	0.67	0.08	0.01		2.71	3.19	0.81	-33.9	-27.6	-26.0	-22.9	
	林1	O_1m_5	1.85	94.16	0.66	0.10	0.01		1.51	3.45	0.81	-33.7	-27.8	-25.6		
	陕141	P_1s	1.20	92.55	4.20	0.89	0.31	0.08	1.69	0.23	5.59	-30.4	-24.8	-22.5	-22.4	[8]
	陕209	P_1s	1.30	92.26	4.41	1.01	0.37	0.09	1.51	0.26	5.99	-32.8	-24.5	-22.2	-20.7	
	陕211	P_1s	1.30	93.36	4.05	0.79	0.27	0.07	1.14	0.27	5.26	-33.0	-25.2	-23.4	-21.4	
	陕217	P_1s	1.40	93.36	3.75	0.64	0.20	0.05	1.73	0.25	4.73	-32.5	-23.8	-24.4	-22.2	
	Tai3	P_1s	1.00	92.63	4.44	0.99	0.36	0.09	1.20	0.23	5.97	-34.5	-24.1	-21.6	-20.8	
	Yu28-12	P_1s	1.20	92.66	4.21	0.84	0.29	0.08	1.63	0.22	5.53	-33.2	-26.3	-23.8	-22.8	
	Yu41-18	P_1s	1.10	92.47	4.60	1.08	0.42	0.12	0.97	0.23	6.30	-33.6	-24.2	-22.0	-21.1	
	Yu46-9A	P_1s	1.30	92.55	4.44	0.92	0.30	0.08	1.39	0.26	5.84	-32.8	-25.3	-23.3	-20.7	
	Yu50-8	P_1s	1.10	92.64	4.31	1.01	0.37	0.09	1.32	0.26	5.87	-33.6	-24.4	-22.3	-21.2	

续表

盆地	井位	层位	R_o/%	天然气组分/%							W/%	$\delta^{13}C$/‰				资料来源
				CH_4	C_2H_6	C_3H_8	C_4H_{10}	C_5H_{12}	CO_2	N_2		CH_4	C_2H_6	C_3H_8	C_4H_{10}	
四川	角 13	T_3x_{2-4}	1.03	94.66	2.35	0.60	0.21	0.07	0.27	1.78	3.30	-38.9	-27.0	-25.6		[9]
	逐 8	T_3x_3	1.04	86.27	7.00	2.33	0.89	0.28	0.54	2.38	10.85	-41.4	-27.3	-22.7		
	文 4	T_3x_3	1.54	92.64	5.24	0.95	0.33	0.09	0.36	0.37	6.66	-37.0	-24.1	-19.9		本文
渤海湾	苏 402	O	0.73	86.01	7.25	2.28	0.94	0.27	1.37	1.88	11.10	-36.2	-26.2	-25.1		
	文 31	Es	1.30	95.20	2.39	0.64	0.67	0.45	0.46	0.19	4.18	-28.0				
琼东南	崖 13-1	E_3l	1.10	88.95	2.01	0.55	0.26	0.10	8.00		3.18	-35.6	-25.1	-24.2	-24.1	[10]
准噶尔	彩参 1	C	1.90	77.84	2.12	0.14			0.17	19.73	2.82	-29.9	-22.8			
吐哈	丘东 3	J_2x	0.59	89.49	5.34	2.65	0.98	0.25	0.43	0.86	9.34	-39.6	-27.6	-26.1	-22.2	本文
	勒 1	J_1b	0.67	60.99	15.15	10.94	7.02	2.12	0.68	3.03	36.61	-43.1	-27.5	-26.8	-25.2	

注：P_2h. 二叠系上石盒子组；P_1h. 二叠系下石盒子组；P_1s. 二叠系山西组；C_3t. 石炭系太原组；C_2b. 石炭系本溪组；O_1m_5. 奥陶系马家沟组五段；T_3x. 三叠系须家河组；Es. 古近系沙河街组；E_3l. 古近系陵水组；J_2x. 侏罗系西山窑组；J_1b. 侏罗系八道湾组。

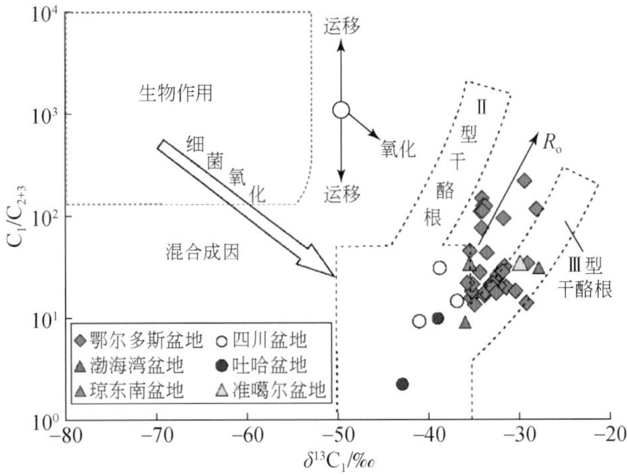

图 1 $\delta^{13}C_1$-C_1/C_{2+3}鉴别图（据文献［11］修改）

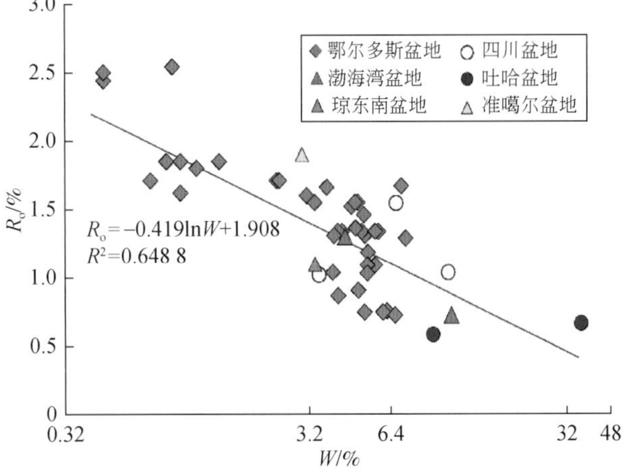

图 2 中国煤成气 W-R_o 关系图

煤成气湿度的变化是烷烃气中各种分子热力学性质不同导致的，随气源岩温度增加（R_o 增大），其生成的天然气中高碳数分子逐渐减少甚至缺失，说明 W 和 R_o 存在相关性。根据 W-R_o 关系式，若已知天然气 W 值则可推导出气源岩 R_o 值。特别是在勘探新区，在获得煤成气湿度后就可推算得到 R_o 值，这为确定煤成气烃源岩层位和天然气资源评价提供了重要的科学支持，具有重要的实践和科学意义。

三、结论

由于煤成气组分具有分子种类少、分子结构单一且缺少异构体、分子量小等特点，造成煤成气地球化学研究中信息量比原油少得多，故研究难度大。煤成气组分中烷烃气（CH_4、C_2H_6、C_3H_8、C_4H_{10}和 C_5H_{10}）是具有相似结构和成因的不同种类分子，其具有随热演化程度增加（即 R_o 值的增大），高碳数分子逐渐减少甚至缺失的特征，所以湿度与 R_o 值应存在相关性。本文研究利用煤成气的湿度（$W=\sum C_2—C_5/\sum C_1—C_5$）和气源岩 R_o 值的关联性，首次提出两者关系式：$R_o=-0.419\ln W+1.908$。

由于天然气组分是天然气探井最先分析得到的基础资料，因此湿度往往是最易获得的天然气参数，利用该参数应用式（1），即可获得气源岩 R_o 值，从而确定气源岩层位，为天然气勘探和天然气资源评价提供理论支撑，具有重要的实践和科学意义。

参考文献

[1] 戴金星. 中国煤成气理论研究30年来勘探的重大进展. 石油勘探与开发，2009，36（3）：264～279.

[2] 赵文智，王红军，钱凯. 中国煤成气理论发展及其在天然气工业发展中的地位. 石油勘探与开发，2009，36（3）：280～288.

[3] 戴金星，倪云燕，黄士鹏，等. 煤成气研究对中国天然气工业发展的重要意义. 天然气地球科学，2014，25（1）：1～22.

[4] 戴金星，吴伟，房忱琛，等. 2000年以来中国大气田勘探开发特征. 天然气工业，2015，35（1）：1～9.

[5] Stahl W J，Gare B D. Source-rock identification by isotope analyses of natural gases from field in the Val Verde and Delaware Basins，West Texas. Chemical Geology，1975，16（4）：257～267.

[6] 戴金星，戚厚发. 我国煤成烃气的 $\delta_{13}C$-R_o 关系. 科学通报，1989，34（9）：690～692.

[7] 刘文汇，徐永昌. 煤型气碳同位素演化二阶段分馏模式及机理. 地球化学，1999，28（4）：359～366.

[8] Hu G Y，Li J，Shan X Q，*et al.* The origin of gas and the hydrocarbon charging history of the Yulin gas field in the Ordos Basin，China. International Journal of Coal Geology，2010，84（4）：381～391.

[9] 戴金星，夏新宇，卫延召，等. 四川盆地天然气的碳同位素特征. 石油实验地质，2001，23（2）：115～121.

[10] 戴金星，裴锡古，戚厚发. 中国天然气地质学：卷一. 北京：石油工业出版社，1992：40～42.

[11] Whiticar M J. Carbon and hydrogen isotope systematics of bacterial formation and oxidation of methane. Chemical Geology，1999，161（1-2-3）：291～314.

中国天然气水合物气的成因类型*

一、引言

化学家在实验室发现天然气水合物差不多有200年了，在前期相当长时间内没有认识到其在能源上的重大意义。当管道堵塞被认为是天然气水合物所致时，20世纪30年代石油工业界开始关注水合物[1]。俄罗斯科学家在60年代首先发现岩石圈存在天然气水合物[2,3]。1968年在西西伯利亚盆地北部发现了世界上第一个天然气水合物气田——Messoyakha气田[4,5]。70年代早期，一些科学家[6,7]推测水合物存在于永久冻土和海洋沉积物中。80年代早期，科学家在深海钻探取心中发现陆缘海外围的沉积物中含有天然气水合物[8,9]，在美国阿拉斯加北坡冻土区发现Tarm和Eileen水合物气藏[10]，加拿大马更些河三角洲冻土区发现Mallik水合物聚集[11]，证实了Stoll等[6]在早期的科学推测。全球天然气水合物聚集体中的天然气资源是巨大的，但评价是推测性的，跨越3个数量级：天然气资源量为$2.8\times10^{15}\sim8.0\times10^{18}\,m^3$[12]。被广泛引用的全球天然气水合物资源量为Kvenvolden[8]提出的$2\times10^{16}m^3$。在世界能源消费日益增长、污染加重的情况下，天然气水合物巨大的资源量引起人们加速勘探开发，在阿拉斯加北部、马更些三角洲、日本Nankai海槽[12]和中国南海神狐海域[13]开展了天然气水合物试采。

中国天然气水合物的研究和调查起步较晚，落后国外大约30年。20世纪80~90年代地质矿产部、中国科学院、教育部有关单位翻译和搜集国外水合物调查和研究成果，为中国海域水合物调查做准备。广州海洋地质调查局于1999~2001年率先在南海北部西沙海槽区开展高分辨率多道地震调查。2002年正式启动了“中国海域天然气水合物资源调查与评价”国家专项[14]。之后，中国不仅在南海北部陆坡，还在冻土区开展水合物研究和调查，2008年在祁连山冻土带天然气水合物钻探中获得重要进展。在天然气水合物试采方面，2017年5月10日—7月9日在神狐海域试采，60天产气超过$30.0\times10^4m^3$，创造了天然气水合物产气时间和总量的世界纪录[13]，比日本2017年6月5~28日在Nankai海槽24天试采产气约$20\times10^4m^3$胜出一筹。

二、天然气水合物形成条件和分布

1. 形成条件

天然气水合物的形成要具备4个条件：①低温。最佳温度是0~10℃。②高压。压力

---

* 原载于《石油勘探与开发》，2017，第44卷，第6期，837~848，作者还有倪云燕、黄士鹏、彭威龙、韩文学、龚德瑜、魏伟。

应大于10.1MPa；温度为0℃时压力不低于3MPa，相当于300m静水压力。在海域水合物也可在较高温度下形成，通常在水深300～2000m处（压力为3～20MPa），温度为15～25℃时水合物仍然可形成并稳定存在，其成藏上限为海底面，下限位于海底以下650m左右，甚至可深达1000m[14]。③充足气源。等深流作用强的海区一般是水合物的有利富集区，因等深流具有充足气源，如布莱克海台水合物可能与等深流作用有关[15]；阿拉斯加北坡[16]和加拿大[17]天然气水合物研究表明，热成因烃源岩对于高丰度的天然气水合物形成是非常重要的，由此可见气源是天然气水合物成藏富集的核心因素。④一定量的水。水是天然气水合物气体赋存笼形结构的物质主体，气体和水共同体才构成天然气水合物，故水是天然气水合物形成的重要物质之一。

2. 分布区域

虽然天然气水合物资源量巨大，但受上述4个形成条件控制，其分布不均。全球已发现天然气水合物资源量的98%分布在海洋陆坡，仅有2%分布于大陆极地、冻土带、内陆海和湖泊[18]。中国在南海北部西沙海槽盆地、琼东南盆地、珠江口盆地和台西南盆地的深水区域均发现了天然气水合物存在的地质、地球物理及地球化学证据[19]，还在东海、台湾东部海域、南沙海槽和南沙海域发现天然气水合物[18,20]。在祁连山冻土带青海省木里地区，2008年以来多井钻获天然气水合物[21～23]。羌塘盆地和东北漠河地区多年冻土区天然气水合物勘探也有良好显示[20,24,25]。

三、天然气水合物气的地球化学特征

气源对比和鉴定是天然气成藏聚集、运移分析和资源评估的重要支撑性研究。与常规天然气，甚至非常规天然气中的致密气相比，天然气水合物资源98%分布在海洋，且大部分为生物成因的干气，往往缺失重烃气和轻烃等科学信息，致使气源对比和鉴定难度增大，只能依靠水合物气中低碳分子气组分及其碳氢同位素有关的参数进行气源研究。中国已取得天然气水合物样品，并报道了其气组分、碳同位素组成的，仅有祁连山冻土带、珠江口盆地和台西南盆地陆坡带的部分区块（图1）。本文将综合研讨这些天然气水合物气地球化学特征及气源问题。

1. 祁连山冻土带

祁连山多年冻土面积达$10\times10^4km^2$，年平均气温低于-2℃，冻土层厚度为50～139m[26]，具有良好的天然气水合物形成条件和勘探前景[27]。2000年至今，在南祁连盆地木里拗陷，即在祁连山南缘青海省天峻县木里镇木里煤田聚乎更矿区，中国地质调查局先后实施天然气水合物科学钻探井共10余口，其中发现天然气水合物探井11口，即DK-1、DK-2、DK-3、DK-7、DK-8、DK-9、DK-12、DK13-11、DK12-13、DK11-14和DK8-19井（图1）。天然气水合物主要储集于中侏罗统江仓组粉砂岩和泥岩中，其次为砂岩，其产状不稳定，与断裂关系较密切，埋深133.0～396.0m[20～23]。对以上发现天然气水合物井，许多学者[20～23,28～30]先后对其水合物气的主要地球化学参数做了研究（表1）。

表 1　祁连山冻土带木里一带天然气水合物气的组分和碳氢同位素组成

井号、样品号	井深/m	组分/%							C_1/C_{2+3}	$\delta^{13}C$/‰（VPDB）					δD/‰（VSMOW）			文献
		CH_4	C_2H_6	C_3H_8	C_4H_{10}	C_5H_{12}	N_2	CO_2		CH_4	C_2H_6	C_3H_8	C_4H_{10}	CO_2	CH_4	C_2H_6	C_3H_8	
DK1	134.0	42.90	5.40	5.68	4.18	1.15	35.98	2.16	3.9	-50.5	-35.8	-31.9	-31.5	-18.0	-262	-240		[21]
	143.0	10.47	1.62	3.38	0.88	0.10	76.76	6.28	2.1	-39.5	-32.7	-30.8	-30.8	-18.0	-266			
		59.01	6.23	9.43	1.94	0.13	19.27	2.16	3.8	-47.4	-35.0	-31.8	-31.4	-17.0	-268	-254		
DK2	141.5	72.89	9.26	8.87	5.73				4.0	-31.3	-27.5	-27.6	-27.5	-6.4				[22，28]
	147.0	69.31	12.33	6.14	8.07				3.8	-37.4	-29.6	-29.2	-29.1	-13.6				
	238.5	86.02	8.34	3.94	1.34				7.0	-42.3	-36.7	-33.6	-31.0	-2.9				
	241.0	76.92	10.92	9.04	2.53				3.9	-40.7	-36.5	-33.5	-31.8	-4.9				
	251.0	80.72	10.19	6.74	1.85				4.8	-47.2	-38.4	-34.5	-32.8	-5.1				
	252.0	69.76	13.69	11.80	3.74				2.7	-36.3	-35.8	-33.6	-31.8	-5.5				
	266.0	71.31	9.09	16.49	2.78				2.8	-40.1	-36.3	-33.4	-30.7					
	274.0	83.49	8.44	5.80	1.80				5.9	-45.7	-37.5	-33.1	-31.2					
DK2	149.0	34.85	6.61	21.15	13.63	11.08		3.83	1.3	-49.0	-33.4	-31.1		2.3	-227	-236	-198	[29]
	253.0	62.61	8.64	22.37	3.75	1.90		0.39	2.0	-48.4	-38.2	-33.8		-24.9	-272	-265	-240	
	266.8	62.45	8.66	20.72	3.31	1.66		2.72	2.1	-49.3	-38.6	-34.7		-14.8	-285	-276	-247	
	336.0	62.98	9.22	21.04	3.78	2.33		0.11	2.1	-48.7	-38.2	-33.9		-27.9	-266	-276	-243	
	363.0	59.02	8.88	19.80	4.75	3.87		1.87	2.1	-48.8	-38.3	-33.8		-19.3	-279	-271	-244	
	372.0	62.52	8.89	21.22	4.16	2.03		0.71	2.1	-48.4	-38.2	-34.1		-18.6	-271	-271	-228	
DK3	142.0	52.20	8.73	16.57	3.90	1.64		16.03	2.1	-48.1	-34.1	-30.9		-9.2	-245	-249	-200	
	395.0	86.95	2.88	0.46	0.30	0.39		8.75	26.0	-52.6	-30.7	-21.2		16.7	-255			
DK8	140.0	69.55	4.08	4.86	0.85	0.06			7.8	-50.0	-34.5	-30.5	-29.6					[20]
	150.0	74.78	4.26	5.09	0.89	0.06			8.0	-50.8	-34.6	-30.5	-29.5					
DK8	160.0	76.00	4.39	5.30	1.03	0.07			7.8	-50.6	-34.1	-30.4	-29.4					
	190.0	71.84	3.42	3.02	0.49	0.05			11.2	-49.7	-35.1	-31.0	-29.9	-18.5				
		82.07	2.42	1.59	0.32	0.06			20.5	-51.4	-35.0	-31.8	-29.4	10.6				
		52.22	4.34	4.60	0.90	0.17			5.8	-48.8	-36.3	-32.2	-31.1	-14.3				

续表

井号、样品号	井深/m	组分/%							C_1/C_{2+3}	$\delta^{13}C$/‰（VPDB）					δD/‰（VSMOW）			文献
		CH_4	C_2H_6	C_3H_8	C_4H_{10}	C_5H_{12}	N_2	CO_2		CH_4	C_2H_6	C_3H_8	C_4H_{10}	CO_2	CH_4	C_2H_6	C_3H_8	
DK8		65. 34	11. 97	9. 69	6. 38	3. 14		0. 64	3. 0	-49. 4	-38. 2	-33. 7		-10. 4	-270	-285	-248	[30]
DK9		67. 00	7. 67	16. 21	4. 66	2. 05		1. 19	2. 8	-49. 6	-35. 0	-31. 0		-15. 2	-242	-266	-217	
DK11		52. 89	5. 74	20. 89	3. 45	1. 53		15. 27	2. 0	-48. 3	-35. 3	-31. 2		-12. 8	-232	-264	-207	
DK12		64. 13	8. 74	21. 10	3. 37	1. 51		0. 35	2. 1	-46. 5	-36. 2	-31. 4		-14. 3	-267	-268	-223	
DK9-0-04										-43. 4	-33. 9	-32. 6						[23] (1)
DK9-0-10										-39. 4	-29. 4	-27. 6						
DK9-0-16										-49. 9	-39. 3	-37. 0						
DK9-0-17										-35. 7	-25. 7	-25. 4						
DK10-16-01										-48. 8	-35. 8	-34. 5						
DK10-16-04										-47. 2	-42. 3	-39. 7						
DK11-14-02										-42. 9	-32. 6	-31. 1						
DK11-14-05										-36. 9	-28. 3	-28. 8						
DK11-14-07										-46. 9	-38. 1	-35. 3						
DK12-13-01										-47. 5	-36. 9	-35. 6						
DK12-13-05										-44. 7	-38. 1	-35. 9						
DK12-13-09										-50. 9	-40. 0	-37. 9						
DK13-11-02										-49. 3	-40. 1	-37. 4						
DK13-11-05										-52. 7	-41. 9	-40. 3						
DK13-11-07										-43. 0	-33. 0	-33. 0						
DK13-11-09										-35. 8	-31. 6	-32. 1						

注：（1）据水合物岩心400℃热解所得气体。

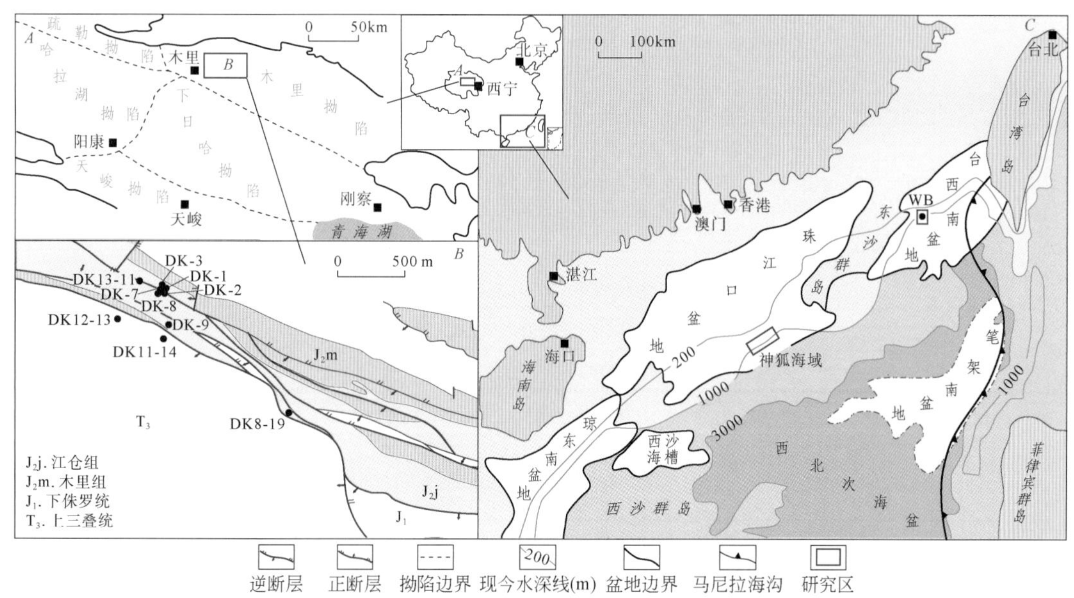

图 1　中国天然气水合物气研究区位置图

2. 南海北部陆坡

广州海洋地质调查局分别于 2007 年、2013 年、2015 年及 2016 年 4 次在南海北部陆坡海域实施天然气水合物钻探，成功钻获天然气水合物，证实了此地区蕴藏着丰富的天然气水合物资源。钻探和调查研究证明，南海北部陆缘西部—中部—东部具有不同地质构造特点，天然气水合物成藏条件的差异性明显，对其成藏过程、成藏模式及空间分布产生深刻影响[31]。

目前，仅在珠江口盆地和台西南盆地有天然气水合物气的地球化学报道。

1）珠江口盆地

神狐海域目前是天然气水合物钻探获样品最多、水合物气地球化学研究成果最多的地区。神狐海域构造上位于珠江口盆地珠二坳陷白云凹陷，地理上位于南海北部陆坡区中段，即西沙海槽与东沙群岛之间海域[32]。新近纪以来，神狐海域发育大量的深水沉积扇，还发育底辟带、气烟囱、海底麻坑[33]。钻井岩心 Be 测年显示，天然气水合物主要赋存于上中新统上部和上新统底部的软性未固结沉积物中。沉积物为细粒有孔虫黏土或有孔虫粉砂质黏土，也有孔渗好、较疏松的粉砂岩。2007 年在神狐海域首次实施天然气水合物钻探，在 SH2、SH3 和 SH7 等 3 口井获得天然气水合物样品[34]。除神狐海域外，在珠江口盆地东部也有几口井获得天然气水合物。许多学者[30,33~37]对上述天然气水合物气的主要地球化学参数做了研究（表 2）。同时对神狐海域 4pc 和 23pc 站沉积物顶空气的甲烷碳同位素组成也做了研究[33]（表 3），可以认为这些沉积物顶空气与天然气水合物气应是同源的。

表 2 珠江口盆地和台西南盆地天然气水合物气的组分和碳氢同位素组成

盆地	海域(地区)	样品	组分/%			C_1/C_{2+3}	$\delta^{13}C$/‰(VPDB)		δD/‰(VSMOW)		文献
			CH_4	C_2H_6	C_3H_8		CH_4	C_2H_6	CH_4	C_2H_6	
珠江口	神狐	SH2B-12R	99.82			575.0	-56.7		-199		[33, 34]
		SH3B-13P	99.87			944.0	-60.9		-191		
		SH3B-7P	99.83			1419.0	-62.2		-225		
		SH5C-11R	97.00			1668.0	-54.1		-180		
		SH-2	99.49	0.49	0.020	195.1	-63.2	-31.1	-194		[30, 35, 36]
			99.66	0.33	0.010	293.1	-65.7				
		SH-7	99.38	0.55	0.070	160.3	-65.1				
		SH-GH	99.49	0.49	0.020	195.1	-63.2	-31.9	-194		
		Hy-2	98.69	0.79	0.520	75.3	-61.8		-220		
		Hy-3	99.45	0.55	0.002	180.2	-64.4	-31.6	-191	-84	
	东部	Hy-15	99.96	0.03	0.005	2856.0	-71.2		-226		
		Hy-19	99.97	0.02	0.008	3570.4	-70.9		-203		
台西南	WB						-69.9				[37]
							-70.7				

表 3 神狐海域 4pc 和 23pc 站沉积物顶空气中的甲烷碳同位素组成[33]

样品编号	海底以下深度/m	$\delta^{13}C_1$/‰(VPDB)	C_1/C_{2+3}	样品编号	海底以下深度/m	$\delta^{13}C_1$/‰(VPDB)	C_1/C_{2+3}
4pc-1/7	0~0.20	-60.7	6.1	23pc-1/7	0~0.20	-57.0	∞
4pc-2/7	1.00~1.20	-62.1	5.8	23pc-2/7	1.00~1.20	-62.4	13.9
4pc-3/7	2.00~2.20	-74.3	7.8	23pc-3/7	2.00~2.20	-64.9	15.3
4pc-4/7	3.00~3.20	-46.2	14.9	23pc-4/7	3.00~3.20	-62.1	21.5
4pc-5/7	4.00~4.20	-56.9	11.1	23pc-5/7	4.00~4.20	-61.7	16.6
4pc-6/7	5.00~5.20	-63.8	14.6	23pc-6/7	5.00~5.20	-59.5	24.5
4pc-7/7	6.05~6.25	-51.0	10.9	23pc-7/7	6.46~6.66	-69.5	49.5

2)台西南盆地

台西南盆地位于南海东北部大陆斜坡，东沙群岛以东地区，天然气水合物气藏主要分布在海域更新统—全新统[19]。研究区内中新世浊流沉积非常发育，上新世以峡谷沉积、天然堤沉积及半远洋沉积为主。峡谷沉积以粗颗粒沉积为主，包括细砂岩、中砂岩及粗砂岩，是天然气水合物非常好的储集层；天然堤沉积以细颗粒沉积为主，包括粉砂岩、泥质粉砂岩、粉砂质泥岩及泥岩；半远洋沉积以块状泥岩为主。2013 年天然气水合物钻探在 WA 钻位和 WB 钻位分别获得天然气水合物实物样品。WB 钻位附近气烟囱和断裂十分发育，有大量的气烟囱群，天然气水合物气的 $\delta^{13}C_1$ 值为 $-70.7‰\sim-69.9‰$(表 2，图 1)。

四、气源鉴别和讨论

近 30 余年来，中国学者在气源鉴别和对比上，从天然气碳氢同位素、组分、轻烃和生物标志化合物 4 个方面对生物成因气、煤成气和油型气气源对比鉴别提出可信度高的系列鉴别指标、图版和公式，使中国气源对比研究处于世界前列，出现许多高水平成果[38~52]。

由于天然气水合物气大部分为贫重烃气的干气，所以缺乏轻烃和生物标志化合物两个方面鉴别指标的科学信息，仅有碳氢同位素和组分两个方面鉴别指标的科学信息可以利用，将表 1 和表 2 中的相关地球化学参数分别投到 $\delta^{13}C_1$-$\delta^{13}C_2$-$\delta^{13}C_3$ 鉴别图[39,41]（图 2）和 $\delta^{13}C_1$-δD_1 鉴别图[53]（图 3）。由于目前中国发现天然气水合物气的相关地球化学参数样品分布地域局限，所以引入国外 14 个地区（盆地）天然气水合物相关地球化学参数[54~71]于上述两鉴别图，首次进行世界性天然气水合物气的气源对比鉴别。

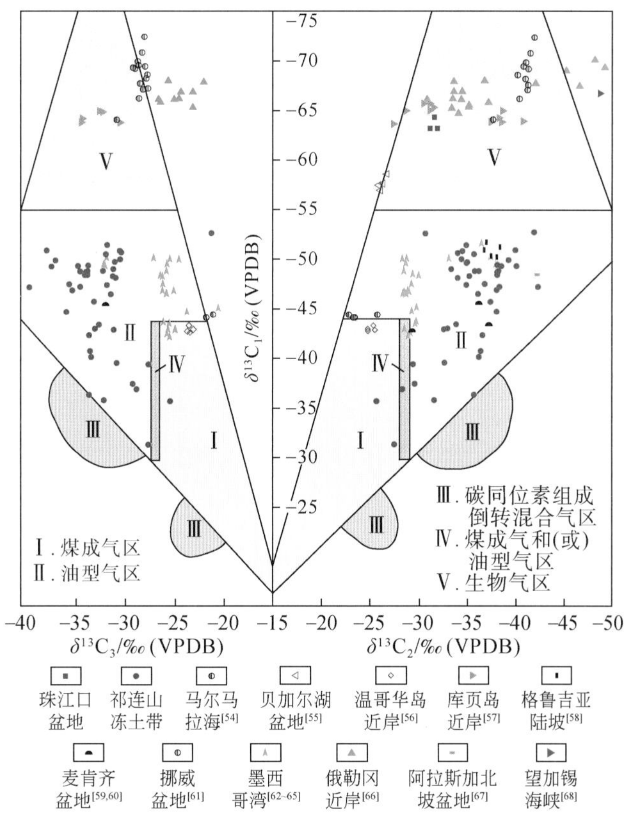

图 2　$\delta^{13}C_1$-$\delta^{13}C_2$-$\delta^{13}C_3$ 天然气成因鉴别图[39,41]

近几年中国许多学者应用 $\delta^{13}C_1$-C_1/C_{2+3} 鉴别图[20~23,25,29,30,33,35,36]来对比天然气水合物气的成因类型，该图的不足之处在于把 $\delta^{13}C_1$ 值为 −55‰ ~ −50‰的天然气水合物气划入混合气，在热解气中不能判别出油型气和煤成气。

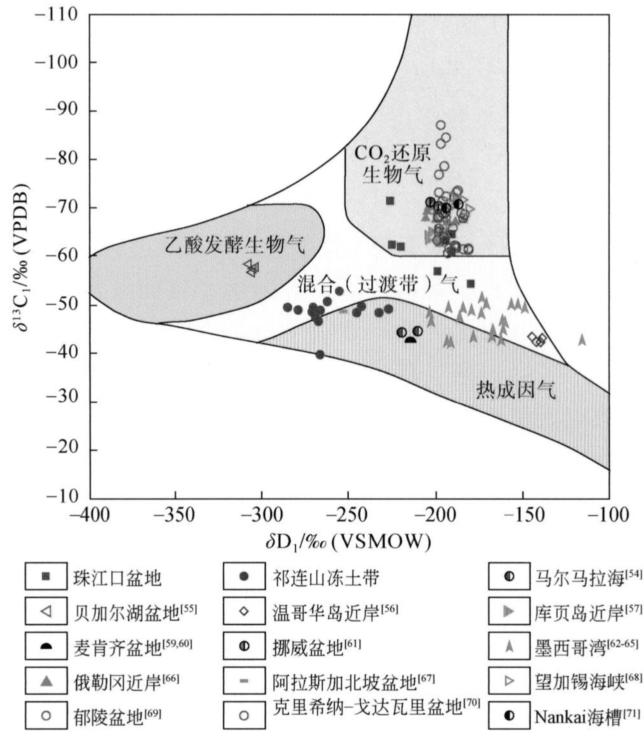

图 3 $\delta^{13}C_1$–δD_1天然气成因鉴别图[53]

1. 祁连山冻土带

以往许多学者[20~23,27~30]对本区天然气水合物气的成因类型和气源作了较多研究，基本有两种观点，本文在前人研究的基础上进行进一步分析讨论。

1）油型气为主

黄霞等根据12口水合物钻井资料研究，指出水合物主要储集于江仓组，为油型气，与煤成气关系不大，气源来自深部上三叠统尕勒得寺组烃源岩[20]（图4）。卢振权等也认为水合物气与油型气密切相关，主要为原油裂解气、原油伴生气，并有少量生物气，而与煤成气关系不大[21]。唐世琪等[72]根据DK-9井天然气水合物岩心顶空气组分和碳同位素组成研究，指出水合物气为油型气，并含有少量生物气。

2）“煤型气源”天然气水合物[73~76]

塔木里天然气水合物位于中侏罗统江仓组油页岩段的细粉砂岩夹层内（图4），天然气水合物中的甲烷主要来自木里煤田的煤层气，故称为“煤型气源”天然气水合物[73,74]。曹代勇等认为该区天然气水合物中烃类气体主要来自侏罗系煤层和煤系分散有机质热演化的产物，也称之为“煤型气源”天然气水合物[75]，还有认为是以广义煤系气为主的混合气[76]。

3）气源、成因类型讨论

表1列出了木里地区9口井45个天然气水合物气样品烷烃气碳同位素组成（$\delta^{13}C_1$、

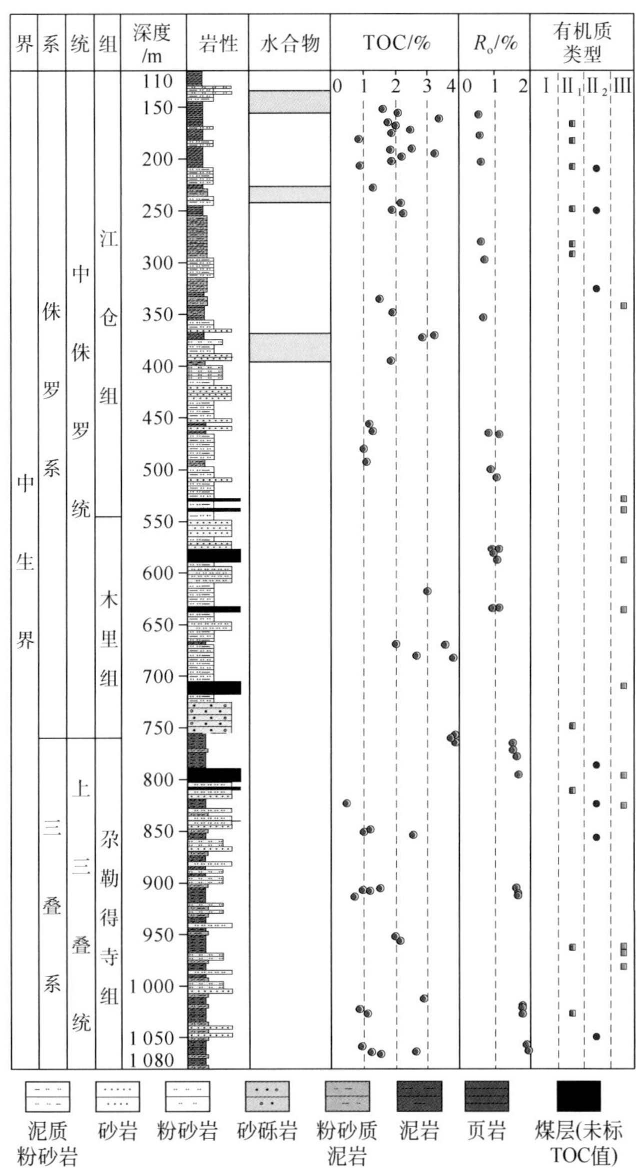

图4 木里地区天然气水合物气综合柱状图

$\delta^{13}C_2$、$\delta^{13}C_3$、$\delta^{13}C_4$），其中42个样品具有$\delta^{13}C_1<\delta^{13}C_2<\delta^{13}C_3<\delta^{13}C_4$正碳同位素组成系列，是未受次生改造的原生型天然气，有利于进行气的成因和气源对比鉴定[77,78]，由此在图2中鉴定祁连山天然气水合物气绝大部分与油型气密切相关的结论[20~23]是正确的。但其中有两个气样（DK2井141.5m深度点和DK9-0-17）的$\delta^{13}C_1$值分别为-31.3‰和-35.7‰，比其他样品的$\delta^{13}C_1$值重得多；$\delta^{13}C_2$值分别为-27.5‰和-25.7‰，而煤成气$\delta^{13}C_2$值重于-28‰[79]，故此两样品是煤成气（图2）。

关于祁连山冻土带天然气水合物的气源岩，王佟等[73]和曹代勇等[75]认为气源主要是侏罗系煤成气，侏罗系煤层、碳质泥岩和油页岩是主要的烃源岩，上石炭统的暗色泥

(灰)岩、下二叠统草地沟组暗色灰岩、上三叠统尕勒得寺组暗色泥岩为次要烃源岩。黄霞等[20]推测天然气水合物的气源岩主要为深部的尕勒得寺组。

上述两个煤成气样的 $\delta^{13}C_1$ 值为-31. 3‰和-35. 7‰，根据煤成气样的 $\delta^{13}C_1=14.13\ \lg R_o-34.39$ 关系式[39]和 $\delta^{13}C_1=22.42\ \lg R_o-34.8$（$R_o$ 值大于 0. 8%）[45]计算，$\delta^{13}C_1$ 值-31. 3‰的源岩 R_o 值为 1. 43%~1. 66%；$\delta^{13}C_1$ 值为-35. 7‰的源岩 R_o 值为 0. 81%~0. 91%，而本区侏罗系煤系源岩 R_o 值实测为 0. 740%~1. 851%[76]，也就是说煤成气的源岩 R_o 值在侏罗系煤系烃源岩实测 R_o 值范围内。从图 4 中 R_o 值分析，煤成气烃源岩基本发育在江仓组、木里组、尕勒得寺组上部煤层段的含煤地层中。本区南部柴达木盆地由中、下侏罗统煤系源岩形成的煤成气的 $\delta^{13}C_1$ 值为-38. 6‰~-25. 3‰，$\delta^{13}C_2$ 值为-28. 8‰~-20. 9‰[80]，本区水合物气中煤成气的 $\delta^{13}C_1$ 值和 $\delta^{13}C_2$ 值（表 1）正好处在柴达木盆地中、下侏罗统煤系源岩形成煤成气 $\delta^{13}C_1$ 值和 $\delta^{13}C_2$ 值的数值范围中，也佐证了水合物煤成气源岩是侏罗系含煤地层。据以上分析，确定天然气水合物气中煤成气的烃源岩为江仓组底部、木里组和尕勒得寺组顶部含煤地层（图 4）。

由表 1 可见：煤成气最轻的 $\delta^{13}C_1$ 值-35. 7‰比油型气最轻的 $\delta^{13}C_1$ 值-52. 7‰重 17. 0‰，说明油型气的烃源岩成熟度应比煤成气的低。由图 4 可知：油型气的烃源岩不可能是木里组，因为该组有机质类型为Ⅲ型；只有江仓组中上部地层可能是油型气的烃源岩，因为该层段具有 $Ⅱ_1$ 型和 $Ⅱ_2$ 型可形成油型气的有机质类型，同时其 R_o 值小于 1. 0%，低于煤成气烃源岩的成熟度。本区天然气水合物气中的油型气具有重烃气（C_{2-4}）含量高、$\delta^{13}C_{2-4}$ 值低的两个特点，与鄂尔多斯盆地中生界（T_3y 和 J_1y）油型伴生气[81]具有相似性（图 5），这说明祁连山冻土带天然气水合物中的油型气即为油型伴生气。

2. 中国南海北部陆坡

南海北部陆坡珠江口盆地白云凹陷神狐海域天然气水合物气的地球化学研究较多，同时对该盆地东部和台西南盆地有少许水合物气的地球化学研究（表 2）。

关于本区天然气水合物气的成因类型，基本有两种观点：①天然气水合物的烃类气主要是生物成因的甲烷[34,36,37]，与热成因甲烷关系不大[34]；②神狐海域天然气水合物的烃类气主要来源于微生物气，同时混合少量热解气[33]。两种观点的共同点在于都认为水合物中的甲烷主要是 CO_2 还原型生物成因气。

生物成因气和热解成因气是完全不同的成气作用的产物，前者是生物作用产物，后者为热降解作用产物，鉴别两者的参数是甲烷碳同位素组成（$\delta^{13}C_1$ 值）。尽管有学者把划分两种气的界限值定为-60‰，但通常认为生物成因气 $\delta^{13}C_1$ 值小于等于-55‰，热解气 $\delta^{13}C_1$ 值大于-55‰[38]，即采用 $\delta^{13}C_1$ 值为-55‰作为划分两者的界限值。

由表 2 可知，研究区天然气水合物气甲烷含量极高，为 97. 00%~99. 97%，为重烃气含量极低的干气。除 SH5C-11R 样品 $\delta^{13}C_1$ 值为-54. 1‰外，其他样品 $\delta^{13}C_1$ 值为-71. 2‰~-56. 7‰，均属生物成因气，其 $\delta^{13}C_2$ 值为-31. 9‰~-31. 1‰。研究区天然气水合物气 δD_1 值为-226‰~-180‰，δD_2 值为-84‰。由图 3 可见研究区天然气水合物气是 CO_2 还原型生物气。

由表 3 中神狐海域 14 个沉积物顶空气样品数据，可以认为这些气样与该区天然气水合物气是同源的。14 个气样中有 12 个是生物成因气，$\delta^{13}C_1$ 值为-74. 3‰ ~ -56. 9‰，另两个气样的（4pc-4/7、4pc-7/7）$\delta^{13}C_1$ 值分别为-46. 2‰和-51. 0‰，显然是热成因气。

由上可见，南海陆坡天然气水合物气主要是 CO_2 还原型生物成因气（图 3），$\delta^{13}C_1$ 值为-74. 3‰ ~ -56. 7‰，同时也有少量热成因气。

中国天然气水合物气地球化学研究有了良好开端，但分析研究项目不全，严重影响了开展天然气水合物气深入研究和经济评价。由表 1 ~ 表 3 可见，仅有 3 个样品进行了天然气常规组分全分析，即除分析烃类气外还分析 N_2 和 CO_2，也就是说其他样品不具备进行水合物经济评价的科学根据。大部分样品只进行烃类气组分分析，甚至连烃类气体也未分析（表 2、表 3），多数样品没有氢同位素分析资料，使得天然气成因研究困难，今后应克服这些弊病。

3. 世界天然气水合物主要分布地区（盆地）

根据中国祁连山冻土带（表 1）和南海北部陆坡（表 2），以及国外天然气水合物 14 个主要地区（盆地）水合物气的烷烃气碳同位素组成（$\delta^{13}C_{1-3}$）和氢同位素组成（δD_1），绘制了图 2 和图 3，解读此两图基本能掌握世界天然气水合物气的成因类型及其特征。

1）热解成因气

以往众多研究者都肯定存在热解成因天然气水合物气，但未深入研究其中的油型气和煤成气的分布。

由图 2 可知：天然气水合物热解气以油型气为主，煤成气目前仅发现在中国祁连山冻土带（表 1）、加拿大温哥华岛附近[56]，还有土耳其马尔马拉海[54]基本是偏煤成气分布的区域。煤成气 $\delta^{13}C_1$ 值较重，即大于等于-45‰，$\delta^{13}C_2$ 值大于-28‰；油型气 $\delta^{13}C_1$ 和 $\delta^{13}C_2$ 值相对煤成气的轻，$\delta^{13}C_1$ 值为-53‰ ~ -35‰，$\delta^{13}C_2$ 值小于-28. 5‰。

2）生物成因气

由图 3 可知：天然气水合物生物气以 CO_2 还原型生物气占绝大部分，仅在俄罗斯贝加尔湖盆地发现乙酸发酵型生物气[55]。CO_2 还原型生物气 δD_1 值重，即大于等于-226‰（表 2），乙酸发酵型生物气 δD_1 值轻，即小于-294‰[55]。

3）生物气、油型气和煤成气 $\delta^{13}C_1$ 值及 δD_1 值展布

Milkov 在 2005 年[66]、贺行良等在 2012 年[82]曾对世界主要地区（盆地）天然气水合物气的地球化学参数作了汇总和研究，从中可知天然气水合物气中含量最高的组分是甲烷，对甲烷碳氢同位素的分析也最多。由此可见甲烷含量及 $\delta^{13}C_1$ 和 δD_1 为天然气水合物气成因对比鉴别提供了重要的科学信息。

根据表 1 和表 2，以及众多科学家[54 ~ 71,82 ~ 87]对世界 20 个地区（盆地）天然气水合物 $\delta^{13}C_1$ 和 δD_1 的研究，绘制了图 5。由图 5 可知：①生物气 $\delta^{13}C_1$ 值最重值为-56. 7‰（表 2）在中国珠江口盆地，最轻值在日本 Nankai 海槽，为-95. 5‰[12]，而出现率高频段在-75‰ ~ -60‰。在全世界 20 个地区（盆地）中 16 个地区（盆地）有天然气水合物生物气，其中有 13 个地区（盆地）的 $\delta^{13}C_1$ 值均在-75‰ ~ -60‰高频段中，此数值段可称为天然气水合物生物气黄金高频段，预测今后新发现的水合物气也主要位于该频段中。②天然气水合物气 $\delta^{13}C_1$ 值最重的为-31. 3‰（表 1），在中国祁连山；最轻的为-95. 5‰，在日本 Nankai 海

槽；其数值域（最重值和最轻值之差）为 64.2‰、分布宽，其中生物气的数值域为 39.2‰，范围最大，油型气的居中为 18.7‰，煤成气的最小为 12.1‰。③天然气水合物气 δD_1 值最重的为-115‰在美国墨西哥湾，最轻的为-305‰在俄罗斯贝加尔湖盆地（图 5）。

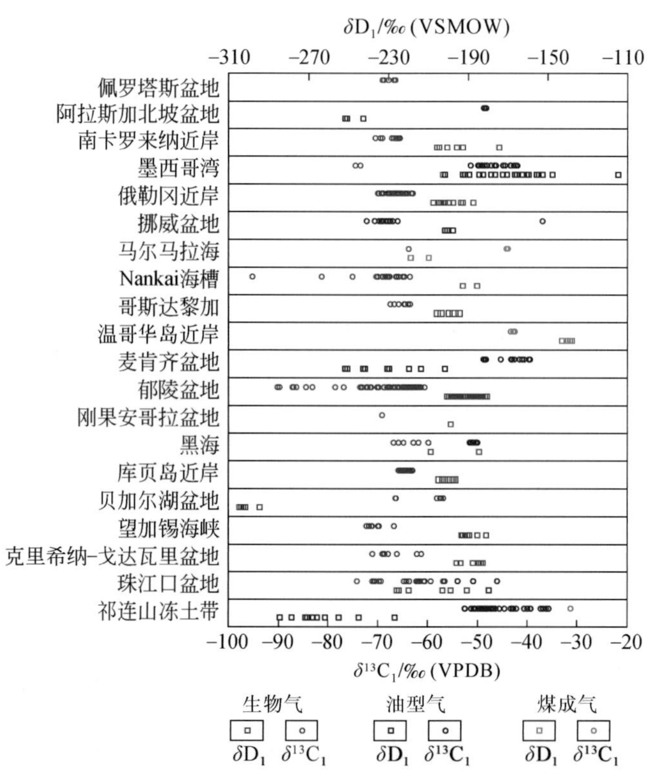

图 5 世界天然气水合物气 $\delta^{13}C_1$ 值和 δD_1 值展布图

五、结论

中国祁连山冻土带天然气水合物分布在中侏罗统江仓组，主要为油型气，是自生自储型，$\delta^{13}C_1$ 值为-52.7‰ ~ -35.8‰，$\delta^{13}C_2$ 值为-42.3‰ ~ -29.4‰；还发现了少量煤成气，气源岩可能主要为江仓组底部、木里组及尕勒得寺组含煤地层，$\delta^{13}C_1$ 值为-35.7‰ ~ -31.3‰，$\delta^{13}C_2$ 值为-27.5‰ ~ -25.7‰。中国南海北部珠江口盆地和台西南盆地陆坡发现天然气水合物气主要为生物成因气，$\delta^{13}C_1$ 值为-74.3‰ ~ -56.7‰，δD_1 值为-226‰ ~ -180‰，为 CO_2 还原型生物气；同时还发现热成因气，$\delta^{13}C_1$ 值为-54.1‰ ~ -46.2‰。

综合了国内外 20 个地区（盆地）相关天然气水合物气地球化学资料，得出世界范围内天然气水合物气热解气中既有油型气也有煤成气，以油型气为主，在中国祁连山和加拿大温哥华岛附近识别出了少量煤成气，煤成气 $\delta^{13}C_1$ 值重，即大于等于-45‰，$\delta^{13}C_2$ 值大于-28‰。油型气 $\delta^{13}C_1$ 值为-53‰ ~ -35‰，$\delta^{13}C_2$ 值小于-28.5‰。世界天然气水合物气主要是生物成因气，并以 CO_2 还原型生物气占绝大部分，仅在俄罗斯贝加尔湖盆地发现乙酸发酵型生物气。CO_2 还原型生物气 δD_1 值重，即大于等于-226‰，乙酸发酵型生物气 δD_1 值轻，即小于-294‰。世界天然气水合物的生物气 $\delta^{13}C_1$ 值最重的为-56.7‰，最轻的为-95.5‰，其中-75‰～-60‰是出现高频段。世界天然气水合物气 $\delta^{13}C_1$ 值最重为-31.3‰，最轻的为-95.5‰。世界天然气水合物气 δD_1 值最重的为-115‰，最轻的为-305‰。

参考文献

[1] Hammerschmidt E G. Formation of gas hydrates in natural gas transmission lines. Industrial and Engineering Chemistry, 1934, 26: 851～855.

[2] Makogon Y F, Trebin F A, Trofimuk A A, *et al*. Detection of a pool of natural gas in a solid (hydrate gas) state. Doklady Academy of Sciences USSR. Earth Science Section, 1972, 196: 197～200.

[3] Trofimuk A A, Chersky N V, Tsaryov V P. The role of continental glaciation and hydrate formation on petroleum occurrence. In: Meyer R F (ed). The Future Supply of Nature-Made Petroleum and Gas. New York: Pergamon Press, 1977: 919～926.

[4] 史斗，郑军卫．世界天然气水合物研究开发现状和前景．地球科学进展，1999，14（4）：330～339.

[5] 肖钢，白玉湖．天然气水合物：能燃烧的冰．武昌：武汉大学出版社，2012：173～176.

[6] Stoll R D, Ewing J, Bryan G M. Anomalous wave velocities in sediments containing gas hydrates. Journal of Geophysical Research, 1971, 76 (8): 2090～2094.

[7] Bily C, Dick J W L. Naturally occurring gas hydrates in the Mackenzie Delta. N W T Bulletin of Canadian Petroleum Geology, 1974, 22 (3): 340～352.

[8] Kvenvolden K A. Methane hydrate: A major reservoir of carbon in the shallow geosphere. Chemical Geology, 1988, 71 (1): 41～51.

[9] Kvenvolden K A. Potential effects of gas hydrate on human welfare. Proceedings of the National Academy of Sciences of the United States of America, 1999, 96 (7): 3420～3426.

[10] Collett T S. Natural gas hydrates of the Prudhoe Bay and Kuparuk River area, North Slope, Alaska. AAPG Bulletin, 1993, 77 (5): 793～812.

[11] Dallimore S R, Collett T S. Intrapermafrost gas hydrates from a deep core hole in the Mackenzie Delta, Northwest Territories, Canada. Geology, 1995, 23 (6): 527.

[12] Collett T S, Johnson A T, Knapp C C, *et al*. Natural Gas Hydrates: Energy Resource Potential and Associated Geologic Hazards. Tulsa: AAPG, 2009: 146～219.

[13] 叶乐峰．我国南海可燃冰试开采60天圆满成功．光明日报［2017-07-10］.

[14] 金庆焕，张光学，杨木壮，等．天然气水合物资源概论．北京：科学出版社，2006：4～6.

[15] Matveeva T, Soloviev V, Wallmann K, *et al*. Geochemistry of gas hydrate accumulation offshore NE Sakhalin Island (the Sea of Okhotsk): results from the KOMEX-2002 cruise. Geo-Marine Letters, 2003, 23 (3-4): 278～288.

[16] Collett T S, Agena W F, Lee M W, *et al*. Assessment of gas hydrate resources on the North Slope, Alaska, 2008. http://energy.usgs.gov/fs/2008/30731 [2017-10-10].

[17] Dallimore S R, Collett T S. Scientific results from the Mallik 2002 gas hydrate production research well program, Mackenzie Delta, Northwest Territories, Canada. Bulletin of the Geological Survey of Canada, 2002, 585: 957.

[18] 邹才能，陶士振，侯连华，等．非常规油气地质．2版．北京：科学出版社，2013：327～330.

[19] 张光学，陈芳，沙志彬，等．南海东北部天然气水合物成藏演化地质过程．地学前缘，2017，24（4）：15～23.

[20] 黄霞，刘晖，张家政，等．祁连山冻土区天然气水合物烃类气体成因及其意义．地质科学，2016，51（3）：934～945.

[21] 卢振权，祝有海，张永勤，等．青海祁连山冻土区天然气水合物的气体成因研究．现代地质，2010，24（3）：581～588.

[22] 黄霞，祝有海，王平康，等．祁连山冻土区天然气水合物烃类气体组分的特征和成因．地质通报，2011，30（12）：1851～1856.

[23] Chen B，Xu J B，Lu Z Q，*et al.* Hydrocarbon source for oil and gas indication associated with gas hydrate and its significance in the Qilian Mountain permafrost，Qinghai，Northwest China. Marine and Petroleum Geology，2017. https：// doi. org/10. 1016/j. marpetgeo. 2017. 02. 019［2017-10-10］.

[24] Fu X G，Wang J，Tan F W，*et al.* Gas hydrate formation and accumulation potential in the Qiangtang Basin，northern Tibet，China. Energy Conversion and Management，2013，73（5）：186～194.

[25] Zhao X M，Deng J，Li J P，*et al.* Gas hydrate formation and its accumulation potential in Mohe permafrost，China. Marine and Petroleum Geology，2012，35（1）：166～175.

[26] 周幼吾，郭东信，邱国庆，等．中国冻土．北京：科学出版社，2000.

[27] 祝有海，刘亚玲，张永勤．祁连山多年冻土区天然气水合物的形成条件．地质通报，2006，25（1-2）：58～63.

[28] 谭富荣，刘世明，崔伟雄，等．木里煤田聚乎更矿区天然气水合物气源探讨．地质学报，2017，91（5）：1158～1167.

[29] 刘昌岭，贺行良，孟庆国，等．祁连山冻土区天然气水合物分解气碳氢同位素组成特征．岩矿测试，2012，31（3）：489～494.

[30] Liu C L，Meng Q G，He X L，*et al.* Comparison of the characteristics for natural gas hydrate recovered from marine and terrestrial areas in China. Journal of Geochemical Exploration，2015，152：67～74.

[31] 杨胜雄，沙志彬．“南海天然气水合物研究进展”专辑特别主编致读者．地学前缘，2017，24（4）：扉页．

[32] 杨胜雄，梁金强，陆敬安，等．南海北部神狐海域天然气水合物成藏特征及主控因素新认识．地学前缘，2017，24（4）：1～14.

[33] 吴庐山，杨胜雄，梁金强，等．南海北部神狐海域沉积物中烃类气体的地球化学特征．海洋地质前沿，2011，（6）：1～10.

[34] 付少英，陆敬安．神狐海域天然气水合物的特征及其气源．海洋地质动态，2010，26（9）：6～10.

[35] Liu C L，Meng Q G，He X L，*et al.* Characterization of natural gas hydrate recovered from Pearl River Mouth Basin in South China Sea. Marine and Petroleum Geology，2015，61（61）：14～21.

[36] 刘昌岭，孟庆国，李承峰，等．南海北部陆坡天然气水合物及其赋存沉积物特征．地学前缘，2017，24（4）：41～50.

[37] 梁劲，王静丽，陆敬安，等．台西南盆地含天然气水合物沉积层测井响应规律特征及其地质意义．地学前缘，2017，24（4）：32～40.

[38] 戴金星，裴锡古，戚厚发．中国天然气地质学：卷一．北京：石油工业出版社，1992：5～92.

[39] Dai J X. Identification of various alkane gases. Science in China（Series B），1992，35（10）：1246～1257.

[40] 戴金星．天然气碳氢同位素特征和各类天然气鉴别．天然气地球科学，1993，（2-3）：1～40.

[41] 戴金星，倪云燕，黄士鹏，等．煤成气研究对中国天然气工业发展的重要意义．天然气地球科学，2014，25（1）：1～22.

[42] 徐永昌，沈平，刘文汇，等．天然气成因理论及应用．北京：科学出版社，1994：334～375.

[43] 徐永昌，沈平．中原，华北油气区《煤型气》地化特征初探．沉积学报，1985，3（2）：37～46.

[44] 刘文汇，徐永昌．天然气成因类型及判别标志．沉积学报，1996，14（1）：110～116.

[45] 刘文汇，陈孟晋，关平，等．天然气成烃、成藏三元地球化学示踪体系及实践．北京：科学出版社，2009：150～171.

[46] 傅家谟，刘德汉，盛国英．煤成烃地球化学．北京：科学出版社，1990：86～88，103～113，287～304.

[47] 彭平安，邹艳荣，傅家谟．煤成气生成动力学研究进展．石油勘探与开发，2009，36（3）：297～306.

[48] 王庭斌．中国含煤-含气（油）盆地．北京：地质出版社，2014：77～90.

[49] 王廷栋，蔡开平．生物标志物在凝析气藏天然气运移和气源对比中的应用．石油学报，1990，11（1）：25～31.

[50] 刘全有，金之钧，张殿伟，等．塔里木盆地天然气地球化学特征与成因类型研究．天然气地球科学，2008，19（2）：234～237.

[51] 王世谦．四川盆地侏罗系—震旦系天然气的地球化学特征．天然气工业，1994，14（6）：1～5.

[52] 李剑，李志生，王晓波，等．多元天然气成因判识新指标及图版．石油勘探与开发，2017，44（4）：503～512.

[53] Whiticar M J. Carbon and hydrogen isotope systematics of bacterial formation and oxidation of methane. Chemical Geology，1999，161（1-2-3）：291～314.

[54] Bourry C，Chazallon B，Charlou J L，*et al.* Free gas and gas hydrates from the Sea of Marmara，Turkey：chemical and structural characterization. Chemical Geology，2009，264（1-2-3-4）：197～206.

[55] Kida M，Hachikubo A，Sakagami H，*et al.* Natural gas hydrates with locally different cage occupancies and hydration numbers in Lake Baikal. Geochemistry Geophysics Geosystems，2013，10（5）：3093～3107.

[56] Pohlman J W，Canuel E A，Chapman N，*et al.* The origin of thermogenic gas hydrates inferred from isotopic（$^{13}C/^{12}C$ and D/H）and molecular composition of hydrate and vent gas. Organic Geochemistry，2005，36（5）：703～716.

[57] Hachikubo A，Krylov A，Sakagami H，*et al.* Isotopic composition of gas hydrates in subsurface sediments from offshore Sakhakin Island，Sea of Okhotsk. Geo-Marine Letters，2010，30（3）：313～319.

[58] Pape T，Bahr A，Rethemeyer J，*et al.* Molecular and isotopic partitioning of low-molecular-weight hydrocarbons during migration and gas hydrate precipitation in deposits of a high-flux seepage site. Chemical Geology，2010，269（3-4）：350～363.

[59] Lorenson T D，Whiticar M J，Waseda A，*et al.* Gas composition and isotopic geochemistry of cuttings，core and gas hydrate from the JAPEX/JNOC/GSC Mallik 2L-38 gas hydrate research well. Scientific results from JAPEX/JNOC/GSC Mallik 2L-38 gas hydrate research well，Mackenzie Delta，Northwest Territories，Canada. Ottawa：Geological Survey of Canada，1999：143～164.

[60] Uchida T，Matsumoto R，Waseda A，*et al.* Summary of physicochemical properties of natural gas hydrate and associated gas-hydrate-bearing sediments，JAPEX/JNOC/GSC Mallik 2L-38 gas hydrate research well，by the Japanese research consortium. Bulletin of the Geological Survey of Canada，1999，544：205～228.

[61] Vaular E N，Barth T，Haflidason H. The geochemical characteristics of the hydrate-bound gases from the Nyegga pockmark field，Norwegian Sea. Organic Geochemistry，2010，41（5）：437～444.

[62] Sassen R，Losh S L，Cathles L，*et al.* Massive vein-filling gas hydrate：Relation to ongoing gas migration from the deep subsurface of the Gulf of Mexico. Marine and Petroleum Geology，2001，18（5）：551～560.

[63] Sassen R，Sweet S T，Milkov A V，*et al.* Thermogenic vent gas and gas hydrate in the Gulf of Mexico slope：Is gas hydrate decomposition significant. Geology，2001，29：107～110.

[64] Sassen R，Roberts H H，Carney R，*et al.* Free hydrocarbon gas，gas hydrate，and authigenic minerals in

chemosynthetic communities of the northern Gulf of Mexico continental slope: relation to microbial processes. Chemical Geology, 2004, 205 (3-4): 195 ~ 217.

[65] Macdonald I R, Bohrmann G, Escobar E, *et al.* Asphpalt volcanism and chemosynthetic life, Campeche Knolls, Gulf of Mexico. Science, 2004, 304: 999 ~ 1002.

[66] Milkov A V. Molecular and stable isotope compositions of natural gas hydrates: A revised global dataset and basic interpretations in the context of geological settings. Organic Geochemistry, 2005, 36 (5): 681 ~ 702.

[67] Stern L A, Lorenson T D, Pinkston J C. Gas hydrate characterization and grain-scale imaging of recovered cores from the Mount Elbert gas hydrate stratigraphic test well, Alaska North Slope. Marine and Petroleum Geology, 2011, 28 (2): 394 ~ 403.

[68] Sassen R, Curiale J A. Microbial methane and ethane from gas hydrate nodules of the Makassar Strait, Indonesia. Organic Geochemistry, 2006, 37 (8): 977 ~ 980.

[69] Choi J Y, Kim J H, Torres M E, *et al.* Gas origin and migration in the Ulleung Basin, East Sea: Results from the Second Ulleung Basin Gas Hydrate Drilling Expedition (UBGH2). Marine and Petroleum Geology, 2013, 47 (47): 113 ~ 124.

[70] Stern L A, Lorenson T D. Grain-scale imaging and compositional characterization of cryo-preserved India NGHP 01 gas-hydrate-bearing cores. Marine and Petroleum Geology, 2014, 58: 206 ~ 222.

[71] Waseda A, Uchida T. Origin of methane in natural gas hydrates from Mackenzie Delta and Nankai Trough. Yokohama, Japan: Fourth International Conference on Gas Hydrates, 2002.

[72] 唐世琪，卢振权，饶竹，等．祁连山冻土区天然气水合物岩心顶空气组分与同位素的指示意义：以DK-9孔为例．地质通报，2015，34（5）：961 ~ 971.

[73] 王佟，刘天绩，邵龙义，等．青海木里煤田天然气水合物特征与成因．煤田地质与勘探，2009，37（6）：26 ~ 30.

[74] Wang T. Gas hydrate resource potential and its exploration and development prospect of the Muli Coalfield in the northeast Tibetan Plateau. Energy Exploration and Exploitation, 2010, 28 (3): 147 ~ 158.

[75] 曹代勇，刘天绩，王丹，等．青海木里地区天然气水合物形成条件分析．中国煤炭地质，2009，21（9）：3 ~ 6.

[76] 曹代勇，王丹，李靖，等．青海祁连山冻土区木里煤田天然气水合物气源分析．煤炭学报，2012，37（8）：1364 ~ 1368.

[77] Dai J X, Xia X Y, Qin S F, *et al.* Origins of partially reversed alkane $\delta^{13}C$ values for biogenic gases in China. Organic Geochemistry, 2004, 35 (4): 405 ~ 411.

[78] Dai J X, Ni Y Y, Huang S P, *et al.* Secondary origin of negative carbon isotopic series in natural gas. Journal of Natural Gas Geoscience, 2016, 1 (1): 1 ~ 7.

[79] 戴金星．天然气中烷烃气碳同位素研究的意义．天然气工业，2011，31（12）：1 ~ 6.

[80] Dai J X, Zou C N, Li J, *et al.* Carbon isotopes of Middle-Lower Jurassic coal-derived alkane gases from the major basins of northwestern China. International Journal of Coal Geology, 2009, 80 (2): 124 ~ 134.

[81] Hu A P, Li J, Zhang W Z, *et al.* Geochemical characteristics and genetic types of natural gas from Upper Paleozoic, Lower Paleozoic and Mesozoic reserviors in the Ordos Basin, China. Science China: Earth Sciences, 2008, 51 (s1): 183 ~ 194.

[82] 贺行良，王江涛，刘昌岭，等．天然气水合物客体分子与同位素组成特征及其地球化学应用．海洋地质与第四纪地质，2012，32（3）：163 ~ 174.

[83] Waseda A, Uchid A T. The geochemical context of gas hydrate in the eastern Nankai Trough. Resource Geology, 2004, 54 (1): 69 ~ 78.

[84] Miller D J, Ketzer J M, Viana A R, *et al.* Natural gas hydrates in the Rio Grande Cone (Brazil): a new

province in the western South Atlantic. Marine and Petroleum Geology, 2015, 67: 187 ~ 196.

[85] Blinova V N, Ivanov M K, Bohrmann G. Hydrocarbon gases in deposits from mud volcanoes in the Sorokin Trough, north-eastern Black Sea. Geo-Marine Letters, 2003, 23 (3): 250 ~ 257.

[86] Stadnitskaia A, Ivanov M K, Poludetkina E N, *et al.* Sources of hydrocarbon gases in mud volcanoes from the Sorokin Trough, NE Black Sea, based on molecular and carbon isotopic compositions. Marine and Petroleum Geology, 2008, 25 (10): 1040 ~ 1057.

[87] Charlou J L, Donval J P, Fouquet Y, *et al.* Physical and chemical characterization of gas hydrates and associated methane plumes in the Congo-Angola Basin. Chemical Geology, 2004, 205 (3): 405 ~ 425.

煤成气及鉴别理论研究进展*

能源是国民经济和社会现代化的重要基础，能源消费结构则是度量一个国家环境清净或污染的指标。2017 年世界和中国能源结构中，化石能源占比分别为 85.05% 和 85.9%，可见世界能源消耗以化石能源占绝对优势，这种优势至少可保持至 22 世纪初。因此，以低碳能源（天然气）替代高碳能源（煤炭和石油）是治理污染的重要途径。世界 2017 年能源结构中，天然气占 24.87%，中国为 7.0%，这导致我国一些城市污染严重，而北美和中东地区则分别为 31.1% 和 52.3%，远离污染。提高中国天然气在能源结构中的比例，关键是勘探开发更多天然气。研究天然气成因，开发新气种（煤成气）是重要一环。

完整的煤成气理论，为中国天然气工业快速发展提供了理论依据，使中国从贫气国迈向世界第六产气大国。

一、煤系成烃以气为主以油为辅

1. 完整的煤成气理论的形成

腐殖煤（煤系）在成煤作用中成烃理论产生于 20 世纪 40 ~ 70 年代。中国和世界的煤均以腐殖煤为主[1]，德国学者在 20 世纪 40 年代指出煤能生气，而且气能从煤中运移出来在煤系中或其外聚集成藏[2]，但未意识到成油，创立了纯朴的煤成气理论[1,3]。60 年代后期，澳大利亚学者指出煤中壳质组对成油有重要贡献，并以吉普斯兰盆地为例说明煤不仅能成气还可以形成煤成油田[4,5]，形成了煤成油理论。煤成油理论及壳质组成油观点丰富了煤成烃理论，但还没有研究煤系成煤作用全过程成烃中油气比例的关系。70 年代戴金星发现煤系成烃以气为主以油为辅的总规律，指出成煤作用全过程中成烃分为 3 期：前干气期，气、油兼生期和后干气期。在长焰煤至瘦煤阶段的气、油兼生期（相当腐泥型源岩“生油窗”），成烃是以气为主以油为辅，煤成油往往是凝析油和轻质油[6,7]，故煤系是“全天候”的气源岩，为煤系勘探天然气提供了理论根据，形成了完整的煤成气（烃）理论或成熟的煤成气（烃）理论[1~3]。王鸿祯、李德生、孙枢、赵文智院士等，以及俄罗斯科学院院士 Galimov 等高度评价该理论的代表作“成煤作用中形成的天然气与石油”，“一般作为天然气地质学的开端”[8]“开启了煤成烃地质研究的先驱”[9]“建立了成熟的煤成气（烃）理论”[10]“是中国煤成气理论研究的里程碑”[11]“对全球天然气勘探意义重大”[9]。

* 原载《科学通报》，2018，第 63 卷，第 14 期，1291 ~ 1305。

2. 煤系成烃以气为主以油为辅的依据

煤系成烃包括其中煤、碳质泥页岩和暗色泥页岩的成烃。

(1) 气孔。苏联学者在 20 世纪 50 年代，应用电子显微镜发现顿涅茨盆地烟煤中一些孔径相近的圆孔相互衔接，构成长链孔，是煤中产生的气泡链现象，表明在成煤作用过程中气体缓慢而均匀逸出的迹象[12]。在 20 世纪 80 年代初，根据山西、新疆等 12 个省、自治区 33 个煤矿和 6 口钻井岩心中，选取了褐煤、长焰煤、气煤、肥煤、焦煤、瘦煤、贫煤和无烟煤 85 个煤样，应用扫描电子显微镜进行观察研究，在这 8 个煤种中均发现了气孔，但不同煤样中气孔率（单位面积内气孔数量）是不同的。气孔一般呈圆形，部分为椭圆形，其直径大者可达 3.5μm 左右，小者约 0.2μm。8 种煤都有气孔说明成煤作用所有煤种都在成气，气孔是成气作用的产物与痕迹[13]。

(2) 腐殖煤原始物质主要为木本植物利于成气。煤的原始物质以木本植物为主，其组成中以生气为主的低 H/C（原子）值的纤维素和木质素占 60%～80%，以生油为主的高 H/C（原子）值的蛋白质和类脂类含量一般不超过 5%[14]。煤的这种原始物质组成特征，决定了以生气为主成油为辅。从煤的不同显微组分 H/C 值（原子）的模拟成烃实验获得的气/油当量比证明，占腐殖煤绝大部分镜质组和惰质组 H/C 值（原子）低，其成烃以气为主，即气/油当量比均大于 1，最大的超过 6（图 1）[15]。

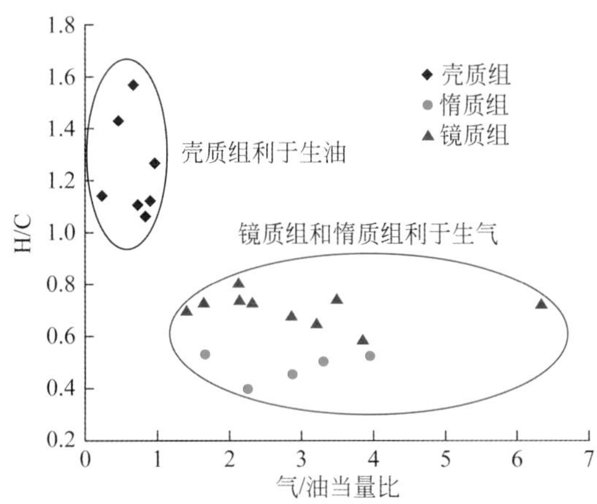

图 1　不同显微组分 H/C 原子比与气/油当量比关系[15]

(3) 化学结构上腐殖型干酪根以利于生气的甲基和缩合芳环为主。在化学结构上，腐殖型干酪根含有大量甲基和缩合芳环，少量短侧链，利于生成烷烃气及一定量轻烃；而腐泥型干酪根则含很多长侧链，有利于形成液态烃[16]。

(4) 模拟实验。20 世纪 60～70 年代，苏联学者从褐煤至无烟煤成煤作用模拟实验中，生成甲烷为 $351m^3/t$，同时确定各煤阶生气量从 17～$100m^3/t$[17]；从泥炭至无烟煤生气量大于 $400m^3/t$[18]。1980 年戴金星综合国外多位学者模拟成煤作用生气量：从植物纤维素或泥炭至无烟煤的煤气发生率为 346～$422m^3/t$；从褐煤至无烟煤的视煤气发生率为 306～$374m^3/t$[7]。中国许多学者[19～27]自 20 世纪 80 年代至 21 世纪初，从未熟的（褐煤）腐殖煤、泥岩或 III 型干酪根和煤的各有机显微组分，进行成煤作用模拟；褐煤 R_o 为 0.24%～

0.409%，最高模拟温度为600℃，R_o 为2.5%~5.1%，获得无烟煤的煤气发生率为218~590m³/t，平均为435m³/t；无烟煤的视煤气发生率为180~500m³/t；平均为303m³/t。由此可见，成煤作用整个过程中能形成大量煤成气。

上述成煤作用模拟实验中，在气、油兼生期也形成少量煤成油，从中选出产油最多点与相当气量的气/油当量比，除个别点外，气/油当量比均大于1，模拟实验证明了煤系成烃作用以气为主以油为辅（表1）。中国不同时代不同煤热模拟生烃曲线（图2），也显示出生气为主、生油为辅的特征。

表1 腐殖型褐煤和泥岩在成烃模拟中产出最多产油点和相当产气量的气/油当量比[24]

样品	实验温度/℃	R_o/%	产气量/(m³/t)	最高产油/(kg/t)	气/油当量比	
					1t油=1000m³ 气	1t油=1225m³ 气
云南柯渡褐煤	300	1.07	92.74	33.87	2.74	2.18
褐煤	280	0.67	50.16	45.70	1.10	0.87
云南柯渡泥岩	400	1.69	363.99	35.83	10.16	8.09
云南小龙潭褐煤	400	1.59	134.91	19.92	6.77	5.40
褐煤	300	0.79	54.96	19.70	2.79	2.22
泥岩	460	1.26	401.68	37.84	10.62	8.46
沈北蒲河褐煤	400	1.59	91.53	19.58	4.67	3.72
褐煤	300	0.59	17.19	10.10	1.70	1.36
泥岩干酪根	400		124.54	0.50	249.08	198.47

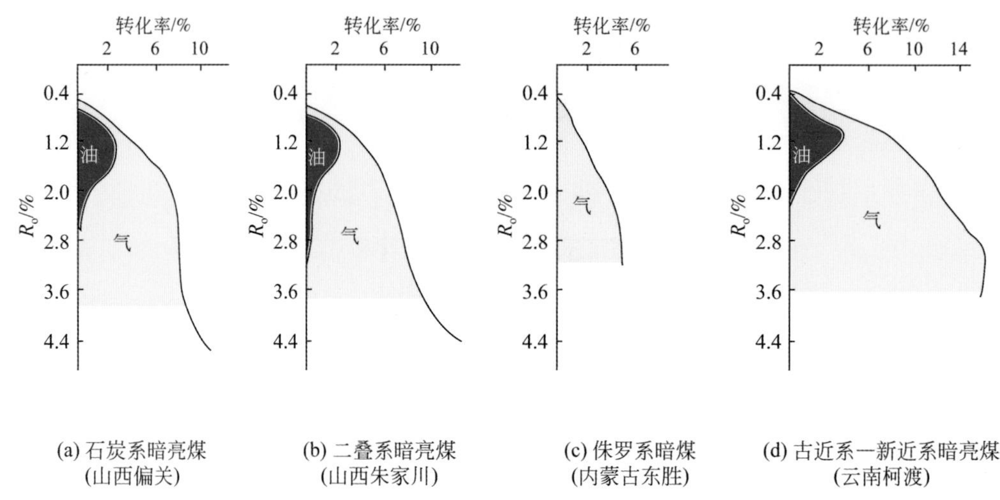

图2 中国不同时代煤热模拟生烃曲线（据文献［23］修改简化）

全球有许多处于气油兼生期的含煤盆地，如中国台西盆地中新统3个含煤组，R_o 在0.7%~1.4%[28~30]；东海盆地古近系和新近系煤系源岩 R_o 范围为0.50%~1.50%，平均0.85%；莺琼盆地古近系和新近系源岩 R_o 为0.80%~2.0%，平均1.5%；俄罗斯维柳伊盆地侏罗系和白垩系煤系源岩 R_o 为0.40%~1.00%，平均0.75%；卡拉库姆盆地中下侏

罗统煤系源岩 R_o 为0.49%~1.70%，平均1.25%[20]，均发现大量煤成气田。

3. 含煤盆地出现煤成油田的原因

在气、油兼生期的含煤盆地大部分发现是煤成气田，出现煤成油田的概率较低，其原因为：

（1）内因。在320℃成煤作用模拟中均质镜质组和腐殖组成烃气/油比为1.5~2；壳质组和藻类体气/油比一般为0.1~0.47；惰性组则产烃很少[20]。一般来说煤的有机显微组分中利于成油的壳质组含量低，仅为1%~3%[30]。故腐殖煤即使在气、油兼生期也是以发现煤成气田为主。

但由于某种地质因素影响，腐殖煤壳质组比例会增加，即在壳质组含量高（>7%）之内因作用下就可形成煤成油田。例如，吐哈盆地侏罗系煤系源岩 R_o 为0.34%~1.83%，均值为0.75%，发现主要是煤成油田。以往认为主要是壳质组含量高，即7.59%~25%[30]导致形成煤成油田为主。最近Gong等[31]发现煤成油中的轻烃化合物和金刚烷类化合物指示的成熟度远高于侏罗系烃源岩，故煤成油也有下伏二叠系和石炭系腐泥型烃源岩的贡献。

印度尼西亚Barito盆地古近系和新近系3套煤系煤岩和泥岩 R_o 均值0.52%，壳质组+腐泥组最高达52%，平均为13%~17%[20,32]，所以也发现煤成油田。吉普斯兰盆地上白垩统和始新统煤系烃源岩 R_o 从0.40%~1.20%，均值1.00%[20]，壳质组均值为8%~12%[4,5]，最高达45%[33]，所以盆地中发现主要为煤成油田，如王鱼大油田和哈利勃特大油田。

（2）外因。处于气、油兼生期，煤中有机显微组分壳质组含量不高的盆地边缘散落着个别储量不大的煤成油田，而盆地中部则分布大量煤成气田。例如，台西盆地东北缘山子脚煤成油田[28]，库车拗陷东部北缘依奇克里克煤成油田，准噶尔盆地南缘古牧地煤成油田，卡拉库姆盆地东南缘和东北缘一些煤成油田[34]。

造成这些“边、小、散”煤成油田主要由天然气扩散作用的外因所致。物质的扩散能力随分子量变大呈指数关系降低。对烃类来说，实际上只有碳数在 C_1—C_{10} 的烃才真正具有扩散运移作用，一般来说碳原子数大于10的液态烃扩散性就很小了，所以分子扩散就成为烃类气体最具特征的运移方式[35]。扩散主要有两种：浓度扩散（高浓度区向低浓度区扩散）和温度扩散（高温度区向低温区扩散）。深部气、油储层处于高浓度和高地温区，浅部气、油储层处于相对低浓度和低地温区。由上述因素控制，故浅储层气态烃易于大量快速扩散，而液态烃基本不受扩散影响而损失，使液态烃比例相对不断增大，扩散随时间增长，可使煤成气田演变为煤成油田。例如，库车拗陷东部阳霞凹陷西北缘依奇克里克煤成气田，克孜勒努尔组储层现埋深150~550m，该油田东南部吐孜洛克气田和西南部迪那2凝析气田储层埋深在4500m，3个气油田气、油均来自下—中侏罗统煤系。依奇克里克油田位于天山南麓，受天山上升而储层变浅，原来深埋的依奇克里克煤成气田，由于储层由深变浅因扩散作用结果而演变为煤成油田。卡拉库姆盆地东北缘布哈尔和恰尔合乌阶地储层埋深600~1200m的卡拉克泰等4个煤成油田，也是由于储层变浅因扩散作用，煤型凝析气田演变为煤成油田[34]。

二、天然气鉴别理论

1. 烷烃气碳同位素组成

天然气中蕴含科学信息多，可见率最高是烷烃气（CH_4、C_2H_6、C_3H_8和 C_4H_{10}），如中国48个大气田1025个气样组分分析：CH_4、C_2H_6、C_3H_8和 C_4H_{10}平均值分别为88.22%、3.31%、0.97%和0.49%，即天然气中烷烃气平均组分占92.99%[36,37]。同时烷烃气的同位素研究中，以碳同位素研究精度最佳而可靠，故烷烃气碳同位素组成（$\delta^{13}C_{1-4}$），成为天然气鉴别的最重要手段。

烷烃气碳同位素组成，按其分子中碳数顺序递增，$\delta^{13}C$值依次递增或递减，或出现排列混乱，可分为3种烷烃气碳同位素系列[38~40]。

（1）正碳同位素系列。烷烃气分子中碳数顺序递增$\delta^{13}C$值依次递增（$\delta^{13}C_1<\delta^{13}C_2<\delta^{13}C_3<\delta^{13}C_4$），它是有机成因原生烷烃气的一个重要特征，各$\delta^{13}C$值是气源鉴定的基础。中国含油气盆地中有大量正碳同位素系列的天然气[41~54]，澳大利亚各含油气盆地[55]、加拿大阿尔伯达盆地、西加拿大深盆[56,57]，以及美国 Val Verde 盆地等[58]，均有大量正碳同位素系列的天然气。

（2）负碳同位素系列。烷烃气分子中随碳数顺序递增，$\delta^{13}C$值依次递减（$\delta^{13}C_1<\delta^{13}C_2<\delta^{13}C_3<\delta^{13}C_4$），过去认为它是无机成因烷烃气的一个标志，但近年来发现在沉积盆地烃源岩过成熟区，不少天然气也具有负碳同位素系列，如中国鄂尔多斯盆地南部[40,59,60]、四川盆地南部龙马溪组页岩气[61~65]、美国东阿科玛盆地 Feyetteville 组页岩气[66]、西加拿大盆地的 Horn River 组页岩气[67]、巴西 Solimões 盆地[68]及波兰 Polish 盆地等[69]。这些含油气盆地过成熟区发现负碳同位素系列天然气称为次生型负碳同位素系列，它是由正碳同位素系列经次生改造而成[40]。关于正碳同位素系列改造转变为次生型负碳同位素系列的成因观点多：①出现在过成熟区，天然气湿度小，地温大于200℃。根据鄂尔多斯盆地433个气样研究，次生型负碳同位素系列出现在R_o值为2.2%~2.7%，湿度在0.46%~1.41%地区[40]。Marcellus 页岩气当湿度大时（14.7%~20.8%）为正碳同位素系列，当湿度小时（1.49%~1.57%）则出现次生型负碳同位素系列[70]。Vinogrador 等[71]指出不同温度下碳同位素交换平衡作用有异，当高于200℃时利于正碳同位素系列转变为次生型负碳同位素系列。②烷烃气分子中碳数渐增扩散速度递减，和^{13}C组成气分子扩散速度递减[40]。③二次裂解[72]。④过渡金属和水介质在250~300℃环境中发生氧化还原作用，导致乙烷和丙烷瑞利分馏[73]。Dai 等[40]把由正碳同位素系列次生改造为负碳同位素系列称为次生型负碳同位素系列，而把在岩浆岩包裹体、超基性岩蛇纹岩化、现代火山活动区（美国黄石公园）、大洋中脊和陨石中一些烷烃气具有负碳同位素系列，其烷烃气明显为无机成因[74~80]的，称为原生型负碳同位素系列。原生型负碳同位素系列是无机成因原生烷烃气的一个重要特征。原生型负碳同位素系列和次生型负碳同位素系列的鉴别：与壳源氦伴生的为次生型负碳同位素系列，与幔源氦、壳幔混合氦伴生的为原生型负碳同位素系列。壳源氦R_a值基本展布范围值为0.013~0.021[81]，一般小于0.05[82]，地幔氦R_a通常大于5[83]，上地幔氦为8.8±2.5，下地幔（deep mantle）氦为5~50[84]，R_a值在壳源气和

幔源气之间为壳幔混合氦，常出现在裂谷型盆地，如渤海湾盆地，壳源氦常出现在克拉通盆地，如鄂尔多斯盆地和四川盆地，前者 93 个气样的 R_a 平均值为 0.033[83]，后者 78 个气样的 R_a 值为 0.002 ~ 0.050[85]。四川盆地五峰组—龙马溪组页岩气具有次生型负碳同位素系列的 R_a 值为 0.01 ~ 0.04[62,63]。原生型负碳同位素系列，在大西洋中脊 Lost City Hydrothermal Field 3871-GT15 气样 $\delta^{13}C_1$ 值-9.9‰，$\delta^{13}C_2$ 值-13.3‰，$\delta^{13}C_3$ 值-14.2‰，$\delta^{13}C_4$ 值-14.3‰，R_a 为 8.73[78]。土耳其 Chimaera K03 气样 $\delta^{13}C_1$ 值-12.3‰，$\delta^{13}C_2$ 值-26.5‰，$\delta^{13}C_3$ 值-26.9‰，氦为壳幔混合型，即 R_a 为 0.41[86]。

（3）倒转碳同位素系列，简称碳同位素倒转。烷烃气碳同位素不符合正碳同位素系列或负碳同位素系列排列，排列发生混乱（$\delta^{13}C_1>\delta^{13}C_2<\delta^{13}C_3>\delta^{13}C_4$，$\delta^{13}C_1<\delta^{13}C_2>\delta^{13}C_3>\delta^{13}C_4$ 等）称为碳同位素倒转，其成因有：①气运移过程中同位素分馏效应；②某一烷烃气组分被细菌氧化；③有机气和无机气的混合；④油型气和煤成气的混合；⑤同一类型成熟度不同的两个层段烃源岩生成气的混合；⑥同一层段烃源岩在不同成熟度生成气的混合[38,39,87]。

2. 煤成气和油型气的碳同位素对比研究

（1）相同或相近成熟度烃源岩形成的天然气，煤成烷烃气的 $\delta^{13}C$ 值比油型烷烃气的 $\delta^{13}C$ 值重[41,88]。

这个规律可由下式表示：

$$\begin{array}{lcccccccl} \text{油型气}\ \delta^{13}C_1 & < & \delta^{13}C_2 & < & \delta^{13}C_3 & < & \delta^{13}C_4 & & \\ \wedge & & \wedge & & \wedge & & \wedge & & \text{相同或相近成熟度} \\ \text{煤成气}\ \delta^{13}C_1 & < & \delta^{13}C_2 & < & \delta^{13}C_3 & < & \delta^{13}C_4 & & \end{array}$$

（2）$\delta^{13}C_1-R_o$ 关系研究。无论煤成气或油型气的 $\delta^{13}C_1$ 均有随 R_o 增大而变重（大）的规律，这是由于 $^{12}C—^{12}C$ 键能比 $^{13}C—^{12}C$ 键能小，故烃源岩中成气母质的有机碳化合物或者干酪根，在温度低（即 R_o 低）热能小的成气阶段，^{12}C 易从成气母质率先分离出参与形成甲烷，故 $\delta^{13}C_1$ 值较轻。随 R_o 增大即热能增大，键能较大 ^{13}C 从成气母质分离出来参与形成甲烷，故 $\delta^{13}C_1$ 值就随 R_o 增大而变重。

Stahl[58] 首先研究 $\delta^{13}C_1$ 和 R_o 之间定量关系，建立以下关系式并编制相关图：

$$\text{煤成气关系式}\ \delta^{13}C_1 \approx 14\lg R_o - 28 \tag{1}$$

$$\text{油型气关系式}\ \delta^{13}C_1 \approx 17\lg R_o - 42 \tag{2}$$

“煤成气的开发研究”“六五”国家天然气科技攻关，戴金星等[89,90] 和沈平等[91] 分别建立了中国 $\delta^{13}C_1-R_o$ 之间关系式（3）~ 式（5），也编制了相关图。

$$\text{煤成气关系式}\ \delta^{13}C_1 \approx 14.12\lg R_o - 34.39 \tag{3}$$

$$\text{油型气关系式}\ \delta^{13}C_1 \approx 15.80\lg R_o - 42.20 \tag{4}$$

$$\text{煤成气关系式}\ \delta^{13}C_1 \approx 8.61\lg R_o - 32.8 \tag{5}$$

式（2）和式（4）及其相关图中的关系式基本一致，但式（1）相关图中关系式比式（3）和式（5）的关系式重约 4‰。Galimov 认为：这是由于 Stahl 关系式为“瞬时”线，而戴金星等和沈平等为“累积”线所造成[92]。

在戴金星等和沈平等建立 $\delta^{13}C_1-R_o$ 关系式后 10 多年，刘文汇等[93] 认为煤成气在 R_o 为 0.9% 前后阶段 $\delta^{13}C_1-R_o$ 关系式不同：

煤成气关系式 $\delta^{13}C_1 \approx 48.77\lg R_o - 34.1$ （$R_o \leqslant 0.9\%$）

煤成气关系式 $\delta^{13}C_1 \approx 22.42\lg R_o - 34.8$ （$R_o > 0.9\%$）

（3）$\delta^{13}C_2$值与煤成气及油型气鉴别。从1988～2016年近30年来，我国许多学者对利用$\delta^{13}C_2$值鉴别煤成气和油型气作了连续性研究[36,41,94～98]，发现不同类型气源岩生成天然气$\delta^{13}C_2$值有着显著差异，一般$\delta^{13}C_2$值受气源岩R_o的影响比$\delta^{13}C_1$值小，而提出鉴别煤成气和油型气$\delta^{13}C_2$不同值：煤成气的$\delta^{13}C_2$值一般重于－29‰，油型气的一般轻于－29‰[94,95]；$\delta^{13}C_2$>－29‰为煤成气[96]；$\delta^{13}C_2$>－26‰为煤成气，$\delta^{13}C_2$<－29‰是油型气，－29‰～－26‰是两者气叠合混合气[97]，$\delta^{13}C_2 > -(10.2\delta^{13}C_1 + 1246)/29.8$的气为煤成气，当$\delta^{13}C_1$>－55‰，$\delta^{13}C_2 < -(10.2\delta^{13}C_1 + 1246)/29.8$的气为油型气[98]，由于其值复杂而难以记忆，同时不是仅以正碳同位素系列为基础，还把负碳同位素系列和碳同位素倒转作为$\delta^{13}C_2$值也作基数，所以此$\delta^{13}C_2$值作为鉴别指标值得商榷。2011年戴金星[36]根据我国600多个油型气正碳同位素系列和中外7个盆地28个煤成气正碳同位素系列综合研究得出：煤成气$\delta^{13}C_2$值基本上重于－28‰，油型气$\delta^{13}C_2$值基本上轻于－28.5‰，－28.5‰～－28‰为两类气共存区，且以煤成气为主，此组$\delta^{13}C_2$值与上述多数学者基本一致，推荐为鉴别指标（表2）。

表2 煤成气和油型气鉴别各项指标（据文献［15］修改补充）

项目	鉴别指标	天然气类型	
		油型气	煤成气
同位素	$\delta^{13}C_1$/‰	$-30>\delta^{13}C_1>-55$	$-10>\delta^{13}C_1>-43$
	$\delta^{13}C_2$/‰	<－28.5	>－28.0
	$\delta^{13}C_3$/‰	<－27	>－25.5
	$\delta^{13}C_1$-R_o关系	$\delta^{13}C_1 \approx 15.80\mathrm{Lg}R_o - 42.21$	$\delta^{13}C_1 \approx 14.13\mathrm{Lg}R_o - 34.39$
	C_{5-8}轻烃$\delta^{13}C$/‰	<－27	>－26
	C_{5-8}单体烃系列$\delta^{13}C$/‰	正构烷烃－31.8～－26.2	正构烷烃－25～－20.6
	与气同源的凝析油$\delta^{13}C$/‰	轻（一般<－29）	重（一般>－28）
	凝析油饱和烃和芳烃$\delta^{13}C$/‰	饱和烃$\delta^{13}C$<－27 芳烃$\delta^{13}C$<－27.5	饱和烃δ^{13}>－29.5 芳烃$\delta^{13}C$>－27.5
	与气同源原油$\delta^{13}C$/‰	轻（$-26>\delta^{13}C>-35$）	重（$-23>\delta^{13}C>-30$）
	苯和甲苯$\delta^{13}C$/‰	$\delta^{13}C_{苯}<-24$ $\delta^{13}C_{甲苯}<-23$	$\delta^{13}C_{苯}>-24$ $\delta^{13}C_{甲苯}>-23$
轻烃	甲基环己烷指数/‰	<50±2	>50±2
	C_{6-7}直链烷烃含量/‰	>17	<17
	甲苯/苯	一般<1	一般>1
	苯/(μg/L)	148	475
	甲苯/(μg/L)	113	536
	凝析油C_{4-7}烃族组成/‰	富含链烷烃，贫环烷烃和芳烃，芳烃一般<5	贫链烷烃，富含烷烃和芳烃，芳烃一般>10

续表

项目	鉴别指标	天然气类型	
		油型气	煤成气
轻烃	C_7 的五环烷、六环烷和 nC_7 族组成	富 nC_7 和五环烷	贫 nC_7，富六环烷
	n-C_7，MCC_6，$DMCC_5$/‰	n-C_7>35，MCC_6>35	n-C_7<35，MCC_6<20
	n-C_6/MCC_6	<1.8	>3.0
	支链化合物/直链化合物	>2.0	<1.8
生物标志物	Pr/Ph 值	一般<1.8	一般>2.7
	杜松烷、桉叶油烷	没有杜松烷，难以检测到桉叶油烷	可以检测到杜松烷和桉叶油烷
	松香烷系列和海松烷系列	贫海松烷和松香烷	成熟度不高时，可检测到海松烷系列和松香烷系列化合物
	二倍半萜 C_{15}/C_{16} 值	<1 和>3	1.1～2.8
	双杜松烷	无	有
	C_{27}—C_{29} 甾烷	一般 C_{27} 和 C_{28} 含量丰富，C_{29} 含量少	一般 C_{29} 含量丰富，C_{27} 和 C_{28} 含量极少

$\delta^{13}C_2$值鉴别指标只能取自和用于正碳同位素系列的气中，负碳同位素系列和碳同位素倒转中的$\delta^{13}C_2$值不能作为$\delta^{13}C_2$值鉴别指标。

3. 轻烃组分鉴别指标

轻烃一般是沸点小于200℃的烃类化合物，包括正构烷烃、异构烷烃、环烷烃和芳香烃。C_1—C_{10}正构烷烃的沸点为-161.5～195℃。C_1—C_4的烃类在常温常压下为气态，故为气态轻烃，C_5—C_{10}烃类在常温常压下为液态，故为液态轻烃。轻烃化合物种类随着碳数的增加而迅速增加。C_5有4种，C_6有8种，C_7有17种，C_8有45种[99]。利用轻烃来鉴别天然气，把天然气鉴别从气组分的气相扩大至液相。20世纪90年代戴金星[100]对轻烃鉴别天然气开始综合研究，近20多年胡国艺等学者对轻烃作了深入研究[99,101～103]，建立了应用轻烃甲基环己烷指数[104]、支链烷烃含量[105]、苯含量、甲苯含量、甲苯/苯[106]等指标鉴别煤成气和油型气（表2）。

4. 生物标志化合物鉴别指标

生物标志化合物鉴别指标应用局限多，因其仅能从与气同源的凝析油和储层沥青中获得，Pr/Ph值是生物标志化合物作为鉴别指标最普遍最易得的指标。应用凝析油中Pr/Ph值[19,89,107]，杜松烷和桉叶油烷是高等植物香精油的组分，多见于煤系烃源岩中。苏桥凝析气田残殖煤中检出4β(H)桉叶油烷[19]；崖13-1气田崖城组泥岩抽提物中发现杜松烷和双杜松烷；澳大利亚一些煤成油中检出杜松烷和桉叶油烷[108]；中坝气田须家河组煤系二段凝析油和砂岩沥青中及三段页岩中，均检出4β(H)-降异海松烷[109]。二环伴半萜C_{15}/C_{16}值[107]等及以上诸生物标志化合物均可用于鉴别煤成气和油型气（表2）。

5. 鉴别图版

近40年来中国学者研编了大量天然气鉴别图，现仅选择几种实用性好、精确度高的予以简介：① $\delta^{13}C_1$-$\delta^{13}C_2$-$\delta^{13}C_3$有机成因烷烃气鉴别图，1992 年首制[110]，2014 年局部完善（图 3）[111]，受广泛应用；② C_7轻烃系列三角鉴别图版[99,104,110]；③ C_{5-7}正构烷烃，异构烷烃，环烷烃三角鉴别图[99,101]，C_{5-7}正构烷烃含量大于 30% 为油型气，小于 30% 为煤成气；④ C_8正构烷烃、异构烷烃和环烷烃三角鉴别图[99]，煤成气环烷烃含量一般大于 30%，油型气异构烷烃含量较高。

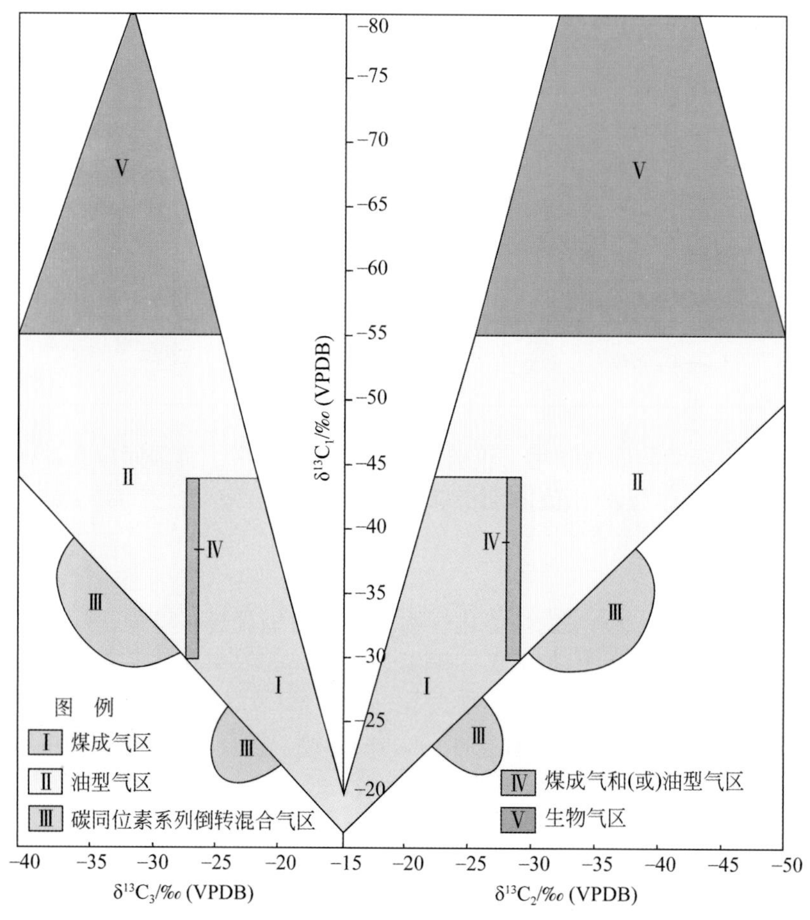

图 3 $\delta^{13}C_1$-$\delta^{13}C_2$-$\delta^{13}C_3$有机成因烷烃气鉴别图版（据文献［110］、［111］完善）

鉴别研究得到李德生院士[9]好评："各类烷烃气的鉴别"，"特别是气源对比精度，可信度进入新高点"，千人计划专家黎茂稳和 Organic Geochemistry 主编 Volkman 等[112]评述"鉴别指标具有全球影响力"，综合指标（表 2）被 Zhai[113]和陈骏[114]院士完整引用，《油气地球化学》[115]等 10 部中国"普通高等教育国家级规划教材"大量引用鉴别指标、图版和关系式，并在油气田勘探中被广泛应用。

三、煤成气、大气田形成因素和气聚集域研究的意义

1979 年之前，中国石油界传统认为油气均由海相和湖泊中低等生物形成腐泥型烃源岩生成，其气称油型气，不把高等植物形成的腐殖煤系作气油源岩和气油勘探的目标。通过

天然气攻关项目发现并论证了煤系是优质烃源岩，成烃以气为主以油为辅，创立了完整的煤成气理论。煤成气理论致使中国勘探天然气理论由一元论（油型气）发展为二元论（油型气和煤成气），开辟了天然气勘探的新领域，开发出煤成气一个新气种，扩大了天然气勘探层位和资源量，为中国天然气大突破提供了理论支持。中国煤成大型气田形成主控因素、成藏富集研究[116~119]，确定了生气中心及周缘（生气强度大于$20\times10^8m^3/km^2$）、晚期成藏、低气势区、古隆起等是大气田聚集区[117]。特别是生气强度大于$20\times10^8m^3/km^2$定量因素研究，有的放矢高效地指导了大气田的发现。煤成气理论出现之前，中国没有一个煤成大气田，至2016年年底，则共发现煤成大气田39个（图4），占全国大气田总数（59个）的66%。全国储量最大、年产气量最高的苏里格气田就是煤成气田。

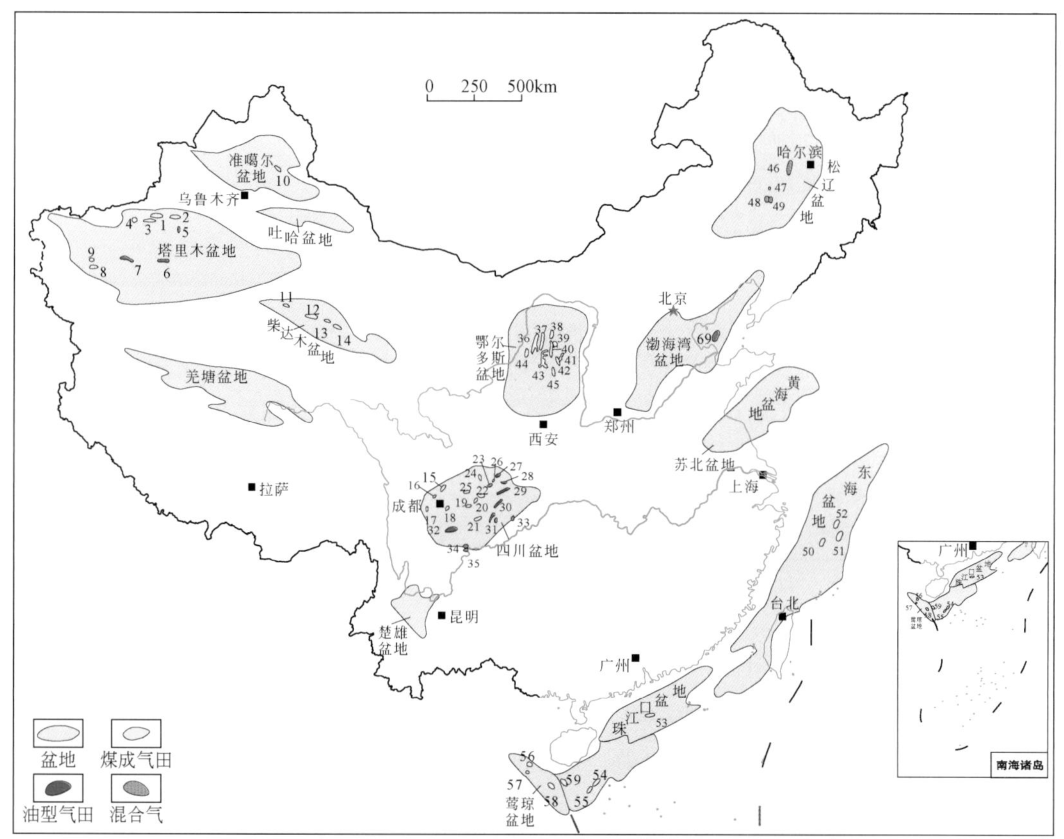

图4 中国含油气盆地与大气田分布示意图（截至2016年年底）

塔里木盆地9个：1. 克拉2；2. 迪那2；3. 克拉苏；4. 大北；5. 塔河；6. 塔中1号；7. 和田河；8. 柯克亚；9. 阿克莫木。准噶尔盆地1个：10. 克位美丽。柴达木盆地4个：11. 东坪；12. 台南；13. 涩北1；14. 涩北2。四川盆地21个：15. 新场；16. 成都；17. 邛西；18. 洛带；19. 安岳；20. 磨溪；21. 合川；22. 广安；23. 龙岗；24. 元坝；25. 八角场；26. 普光；27. 铁山坡；28. 渡口河；29. 罗家寨；30. 大天池；31. 卧龙河；32. 威远；33. 涪陵；34. 长宁；35. 长宁–昭通。鄂尔多斯盆地10个：36. 苏里格；37. 乌审旗；38. 大牛地；39. 神木；40. 榆林；41. 米脂；42. 子洲；43. 靖边；44. 柳杨堡；45. 延安。松辽盆地4个：46. 徐深；47. 龙深；48. 长岭1号；49. 松南。东海盆地3个：50. 春晓；51. 宁波22-1；52. 宁波17-1。珠江口盆地1个：53. 荔湾3-1。莺琼盆地6个：54. 陵水17-2；55. 陵水25-1；56. 东方1-1；57. 东方13-2；58. 乐东22-1；59. 崖13-1

首次发现中亚煤成气聚集域和亚洲东缘煤成气聚集域。煤成气聚集域是大区域、洲际性展布，受相似的天然气地质条件控制的毗邻相接盆地群，盆地群中各盆地发育气源条件基本相同、成藏条件相似、空间分布相近、地质环境相仿的若干气田组成气聚集带[120,121]。根据聚集域内各盆地煤成气田发育分布相似性特征，中亚煤成气聚集域西部卡拉库姆盆地已发现大量煤成气田，故由彼及此预测塔里木盆地是有利勘探煤成气区域[120,121]，并被之后克拉2大气田、大北大气田和克深大气田等发现和建成塔里木大气区所证实。以上研究为中国天然气工业快速发展提供了理论依据和支持。1978年煤成气理论之前，中国天然气总储量$2284\times10^8m^3$（其中煤成气$203\times10^8m^3$），年产气$137\times10^8m^3$（其中煤成气$3.43\times10^8m^3$），至2016年全国气总储量$118951.2\times10^8m^3$（其中煤成气$82889.32\times10^8m^3$），年产气$1384\times10^8m^3$（其中煤成气$742.91\times10^8m^3$），天然气储量、煤成气储量、天然气产量和煤成气产量分别是1978年的52倍、408倍、10倍和216.6倍，使我国从贫气国迈向世界第六产气大国。近12年来共产煤成气$6620.53\times10^8m^3$，相当抵减用煤16.76×10^8t，减排CO_2达28.46×10^8t，对改善环境起了重大作用。

四、总结和建议

中国是世界上煤炭资源量和储量最大的国家之一，并是世界近年来年产量最多的国家（2017年产煤35.2×10^8t），说明煤成气源岩蕴藏量丰富，勘探煤成气潜力巨大。据全国第四次资源评价煤成气资源量为$29.82\times10^{12}m^3$，而我国截止到2016年累计探明的煤成气储量$8.2889\times10^{12}m^3$，仅为资源量的27.8%，说明今后有探明更多煤成气储量和大气田的优良条件。我国第一批国家重点科技攻关项目就把“煤成气的开发研究”列入，但从“六五”至今已有30多年，就再没有把煤成气列为国家级重大科技专项，故建议“十四五”应把煤成气列为国家科技专项，开展深层、超深层煤成气地球化学、深层煤系烃源岩分布、煤成气成藏主控因素和富集规律，以及致密砂岩煤成气田开发等专题研究，如在准噶尔盆地大面积侏罗系、石炭系煤系，鄂尔多斯盆地西南部油区下探明煤成气区，塔里木盆地英吉苏拗陷，渤海湾盆地大港油田连片石炭系—二叠系煤系隐伏区、东海盆地和莺琼盆地探明大气田，探明更多储量。

致谢：感谢中国石油勘探开发研究院胡国艺、朱光有、倪云燕、秦胜飞、黄士鹏、龚德瑜等博士对本文初稿提出了建设性修改意见和建议；彭威龙和韩文学博士协助图件编制和文献检索，在此深表感谢！该文的地图审图号为GS（2018）2159。

参考文献

[1] 戴金星．油气地质学的若干问题．地球科学进展，2001，16：710～718.

[2] 史训知，戴金星，王则民，等．联邦德国煤成气的甲烷碳同位素研究和对我们的启示．天然气工业，1985，5：1～9.

[3] 戴金星．油气与中国．见：科学与中国．济南：山东教育出版社，2004：258～285.

[4] Brooks J D，Smith J W. The diagenesis of plant lipids during the formation of coal，petroleum and natural gas-I. Changes in then-paraffin hydrocarbons. Geochim Cosmochim Acta，1967，31：2389～2397.

[5] Brooks J D，Smith J W. The diagenesis of plant lipids during the formation of coal，petroleum and natural gas-II. Coalification and the formation of oil and gas in the Gippsland Basin. Geochim Cosmochim Acta，

1969，33：1183～1194.
[6] 戴金星．成煤作用中形成的天然气和石油．石油勘探与开发，1979，6：10～17.
[7] 戴金星．我国煤系地层含气性的初步研究．石油学报，1980，1：27～37.
[8] 孙鸿烈．20 世纪中国知名科学家学术成就概览：地学卷地质学分册（卷二）．北京：科学出版社，2013：53～56.
[9] Dai J X. Giant Coal-derived Gas Fields and Their Gas Sources in China. Beijing，London，New York，Paris：Academic Press，Science Press，2016，Foreword I，II，61～69，73～75，108～110，114～116，125～129，181～182，210～211.
[10] 戴金星，戚厚发，王少昌，等．我国煤系的气油地球化学特征、煤成气藏形成条件及资源评价．北京：石油工业出版社，2001.
[11] 赵文智，王红军，钱凯．中国煤成气理论发展及其在天然气工业发展中的地位．石油勘探与开发，2009，36：280～289.
[12] Kasatochkin V P，Shlyatsnikov V F，Nepomniachtchi L L. Osubmikroskopicheskoy structure of coal. Acad Sci，1954，96：547～548.
[13] Dai J X，Qi H F. Gas pores in coal measures and their significance in gas exploration. Kexue Tongbao，1982，27：1314～1318.
[14] 王启军，陈建渝．油气地球化学．武汉：中国地质大学出版社，1988：75～79.
[15] 戴金星，倪云燕，黄士鹏，等．煤成气研究对中国天然气工业发展的重要意义．天然气地球科学，2014，25：1～22.
[16] Hunt J. Petroleum Geochemistry and Geology. New York：W H Freeman and Company，1979：109～110，178.
[17] Koglov V P，Tokarev L V. Gas-forming volume in sedimentary strata（with reference to the Donets Basin）. Soviet Geol，1961，7：19～33.
[18] Zhabrev I. Genesis of Hydrocarbon Gases and the Formation of Deposit. Beijing：Science Press，1977：6～19.
[19] 傅家谟，刘德汉，盛国英．煤成烃地球化学．北京：科学出版社，1990：31～32，37～76，103～113.
[20] 戴金星，钟宁宁，刘德汉，等．中国煤成大中型气田地质基础和主控因素．北京：石油工业出版社，2000：24～76.
[21] 杨天宇，王涵云．褐煤干酪根煤化作用成气的模拟实验及其地质意义．石油勘探与开发，1983，6：29～36.
[22] 方祖康，陈章明，庞雄奇，等．大雁褐煤在煤化模拟实验中的产物特征．大庆石油学院学报，1984，3：1～9.
[23] 张文正，刘桂霞，陈安定，等．低阶煤岩显微组分的成烃模拟实验．北京：石油工业出版社，1987：222～228.
[24] 关德师，戚厚发，甘利灯．煤和煤系泥岩产气率实验结果讨论．北京：石油工业出版社，1987：182～193.
[25] 张文正，徐正球．低阶煤热演化生烃的模拟试验研究．天然气工业，1986，6：1～7.
[26] 程克明，王铁冠，钟宁宁，等．煤成烃地球化学．北京：科学出版社，1995：108～111.
[27] 秦建中．中国烃源岩．北京：科学出版社，2005：311～334.
[28] 戴金星．我国台湾油气地质梗概．石油勘探与开发，1980，7：31～39.
[29] 沈俊卿，郭政隆，周次雄．台湾地区第三纪沉积盆地之有机相及油气潜力．台湾石油地质，1994，16：52～57.
[30] 戴金星．加强天然气地学研究，勘探更多大气田．天然气地球科学，2003，14：3～14.

[31] Gong D Y, Cao Z L, Ni Y Y, *et al.* Origins of Jurassic oil reserves in the Turpan-Hami Basin, northwest China: Evidence of admixture from source and thermal maturity. J Petrol Sci Eng, 2016, 146: 788～802.
[32] Panggabean H. Tertiary source rocks, coals and reservoir potential in the Asem Asem and Barito Basins, Southeastern Kalimantan, Indonesia. Doctor Dissertation, New South Wales: University of Wollongong, 1991.
[33] Smith G C, Cook A C. Petroleum occurrence in the Gippsland Basin and its relationship to rank and organic matter type. APPEA J, 1984, 24: 196～216.
[34] 戴金星，倪云燕，周庆华，等. 中国天然气地质与地球化学研究对天然气工业的重要意义. 石油勘探与开发，2008，35：513～525.
[35] 李明诚. 石油与天然气运移（第四版）. 北京：石油工业出版社，2013：56～58.
[36] 戴金星. 天然气中烷烃气碳同位素研究的意义. 天然气工业，2011，31：1～6.
[37] Dai J X, Yu C, Huang S P, *et al.* Geological and geochemical characteristics of large gas fields in China. Petrol Explor Dev, 2014, 41: 1～13.
[38] 戴金星. 概论有机烷烃气碳同位素系列倒转的成因问题. 天然气工业，1990，10：15～20.
[39] Dai J X, Xia X Y, Qin S F, *et al.* Origins of partially reversed alkane δ^{13}C values for biogenic gases in China. Org Geochem, 2004, 35: 405～411.
[40] Dai J X, Ni Y Y, Huang S P, *et al.* Secondary origin of negative carbon isotopic series in natural gas. J Nat Gas Geosci, 2016, 1: 1～7.
[41] 戴金星，裴锡古，戚厚发. 中国天然气地质学（卷一）. 北京：石油工业出版社，1992：37～43.
[42] Dai J X, Li J, Luo X, *et al.* Stable carbon isotope compositions and source rock geochemistry of the giant gas accumulations in the Ordos Basin, China. Org Geochem, 2005, 36: 1617～1635.
[43] Dai J X, Zou C N, Zhang S C, *et al.* Discrimination of abiogenic and biogenic alkane gases. Sci China Ser D: Earth Sci, 2008, 51: 1737～1749.
[44] Dai J X, Gong D Y, Ni Y Y, *et al.* Stable carbon isotopes of coal-derived gases sourced from the Mesozoic coal measures in China. Org Geochem, 2014, 74: 123～142.
[45] Li J, Li J, Li Z S, *et al.* Characteristics and genetic types of the Lower Paleozoic natural gas, Ordos Basin. Mar Petrol Geol, 2018, 89: 106～119.
[46] Liu Q Y, Jin Z J, Meng Q Q, *et al.* Genetic types of natural gas and filling patterns in Daniudi gas field, Ordos Basin, China. J Asian Earth Sci, 2015, 107: 1～11.
[47] Liu Q Y, Jin Z J, Li H L, *et al.* Geochemistry characteristics and genetic types of natural gas in central part of the Tarim Basin, NW China. Mar Petrol Geol, 2018, 89: 91～105.
[48] Ni Y Y, Zhang D J, Liao F R, *et al.* Stable hydrogen and carbon isotopic ratios of coal-derived gases from the Turpan-Hami Basin, NW China. Int J Coal Geol, 2015, 152: 144～155.
[49] Ni Y Y, Ma Q S, Ellis G S, *et al.* Fundamental studies on kinetic isotope effect (KIE) of hydrogen isotope fractionation in natural gas systems. Geochim Cosmochim Acta, 2011, 75: 2696～2707.
[50] Qin S F, Li F, Li W, *et al.* Formation mechanism of tight coal-derived-gas reservoirs with medium-low abundance in Xujiahe Formation, central Sichuan Basin, China. Mar Petrol Geol, 2018, 89: 144～154.
[51] Huang S P, Feng Z Q, Gu T, *et al.* Multiple origins of the Paleogene natural gases and effects of secondary alteration in Liaohe Basin, northeast China: insights from the molecular and stable isotopic compositions. Int J Coal Geol, 2017, 172: 134～148.
[52] Liu C L, Liu J, Sun P, *et al.* Geochemical features of natural gas in the Qaidam Basin, NW China. J Petrol Sci Eng, 2013, 110: 85～93.
[53] Wu X Q, Liu Q Y, Zhu J H, *et al.* Geochemical characteristics of tight gas and gas-source correlation in

the Daniudi gas field, the Ordos Basin, China. Mar Petrol Geol, 2017, 79: 412 ~ 425.

[54] Hu A P, Li J, Zhang W Z, *et al.* Geochemical characteristics and origin of gases from the Upper, Lower Paleozoic and the Mesozoic reservoirs in the Ordos Basin, China. Chin Sci Bull, 2008, 51: 183 ~ 194.

[55] Boreham C J, Edwards D S. Abundance and carbon isotopic composition of neo- pentane in Australian natural gases. Org Geochem, 2008, 39: 550 ~ 566.

[56] Fuex A N. The use of stable carbon isotopes in hydrocarbon exploration. J Geochem Explor, 1977, 7: 155 ~ 188.

[57] James A T. Correlation of reservoired gases using the carbon isotopic compositions of wet gas components. AAPG Bull, 1990, 74: 1441 ~ 1458.

[58] Stahl W J, Carey B D. Source-rock identification by isotope analyses of natural gases from fields in the Verde and Delaware Basins, West Texas. Chem Geol, 1975, 16: 257 ~ 267.

[59] Liu D, Zhang W Z, Kong Q F, *et al.* Lower Paleozoic source rocks and natural gas origins in Ordos Basin, NW China. Petrol Explor Dev, 2016, 45: 540 ~ 549.

[60] Feng Z Q, Liu D, Huang S P, *et al.* Geochemical characteristics and genesis of natural gas in the Yan'an gas field, Ordos Basin, China. Org Geochem, 2016, 102: 67 ~ 76.

[61] Dai J X, Zou C N, Liao S M, *et al.* Geochemistry of the extremely high thermal maturity Longmaxi shale gas, southern Sichuan Basin. Org Geochem, 2014, 74: 3 ~ 12.

[62] Dai J X, Zou C N, Dong D D, *et al.* Geochemical characteristics of marine and terrestrial shale gas in China. Mar Petrol Geol, 2017, 79: 426 ~ 438.

[63] Dai J X, Ni Y Y, Gong D Y, *et al.* Geochemical characteristics of gases from the largest tight sand gas field (Sulige) and shale gas field (Fuling) in China. Mar Petrol Geol, 2017, 79: 426 ~ 438.

[64] Feng Z Q, Liu D, Huang S P, *et al.* Carbon isotopic composition of shale gas in the Silurian Longmaxi Formation of the Changning area, Sichuan Basin. Petrol Explor Dev, 2016, 43: 769 ~ 777.

[65] Yang R, He S, Hu Q H, *et al.* Geochemical characteristics and origin of natural gas from Wufeng-Longmaxi shales of the Fuling gas field, Sichuan Basin (China). Int J Coal Geol, 2017, 171: 1 ~ 11.

[66] Zumberge J, Ferworn K, Brown S. Isotopic reversal ('rollover') in shale gases produced from the Mississippian Barnett and Fayetteville formations. Mar Petrol Geol, 2012, 31: 43 ~ 52.

[67] Tilley B, Muehlenbachs K. Isotope reversals and universal stages and trends of gas maturation in sealed, self-contained petroleum systems. Chem Geol, 2013, 339: 194 ~ 204.

[68] Milesi V, Prinzhofer A, Guyot F, *et al.* Contribution of siderite- water interaction for the unconventional generation of hydrocarbon gases in the Solimões Basin, North-West Brazil. Mar Petrol Geol, 2016, 71: 168 ~ 182.

[69] Kotarba M J, Nagao K, Karnkowski P H. Origin of gaseous hydrocarbons, noble gases, carbon dioxide and nitrogen in Carboniferous and Permian strata of the distal part of the Polish Basin: Geological and isotopic approach. Chem Geol, 2014, 383: 164 ~ 179.

[70] Jenden P D, Drazan D J, Kaplan I R. Mixing of thermogenic natural gases in northern Appalachian Basin. AAPG Bull, 1993, 77: 980 ~ 998.

[71] Vinogrador A P, Galimov E M. Isotopism of carbon and the problem of oil origin. Geochemistry, 1970, 3: 275 ~ 296.

[72] Xia X Y, Chen J, Braun R, *et al.* Isotopic reversals with respect to maturity trends due to mixing of primary and secondary products in source rocks. Chem Geol, 2013, 339: 205 ~ 212.

[73] Burruss R C, Laughrey C D. Carbon and hydrogen isotopic reversals in deep basin gas: Evidence for limits to the stability of hydrocarbons. Org Geochem, 2010, 41: 1285 ~ 1296.

[74] Zorikin L M, Starobinets I S, Stadnik E V. Natural Gas Geochemistry of Oil Gas Bearing Basin. Moscow: Mineral Press, 1984.

[75] Marais D J D, Donchin J H, Nehring N L, *et al.* Molecular carbon isotopic evidence for the origin of geothermal hydrocarbons. Nature, 1981, 292: 826 ~ 828.

[76] Hosgörmez H. Origin of the natural gas seep of Çirali (Chimera), Turkey: Site of the first Olympic fire. J Asian Earth Sci, 2007, 30: 131 ~ 141.

[77] Proskurowski G, Lilley M D, Seewald J S, *et al.* Abiogenic hydrocarbon production at lost city hydrothermal field. Science, 2008, 319: 604 ~ 607.

[78] Yuen G, Blair N, Marais D J D, *et al.* Carbon isotope composition of low molecular weight hydrocarbons and monocarboxylic acids from Murchison meteorite. Nature, 1984, 307: 252 ~ 254.

[79] Dai J X, Yang S F, Chen H L, *et al.* Geochemistry and occurrence of abiogenic gas accumulations in the Chinese sedimentary basin. Org Geochem, 2005, 36: 1664 ~ 1688.

[80] Ni Y Y, Dai J X. Geochemical characteristics of abiogenic alkane gases. Petrol Sci, 2009, 6: 327 ~ 338.

[81] Poreda R J, Jenden P D, Kaplan I R, *et al.* Mantle helium in Sacramento Basin natural gas wells. Geochim Cosmochim Acta, 1986, 50: 2847 ~ 2853.

[82] Mamyrin B A, Anufriev G S, Kamenskii I L, *et al.* Determination of the isotopic composition of atmospheric helium. Geochem Int, 1970, 7: 498 ~ 505.

[83] Dai J X, Ni Y Y, Qin S F, *et al.* Geochemical characteristics of He and CO_2 from the Ordos (cratonic) and Bohaibay (rift) Basins in China. Chem Geol, 2017, 469: 192 ~ 213.

[84] White W M. Isotopic Geochemistry. Chichester: John Wiley and Sons Ltd, 2015: 436 ~ 438.

[85] Ni Y Y, Dai J X, Tao S Z, *et al.* Helium signatures of gases from the Sichuan Basin, China. Org Geochem, 2014, 74: 33 ~ 43.

[86] Hosgörmez H, Etiope G, Yalçin M N. New evidence for a mixed inorganic and organic origin of the Olympic Chimaera fire (Turkey): Alarge onshore seepage of abiogenic gas. Geofluids, 2008, 8: 263 ~ 273.

[87] 戴金星，夏新宇，卫延召，等．四川盆地天然气的碳同位素特征．石油实验地质，2001，23：115 ~ 121.

[88] Dai J X, Song Y, Wu C L, *et al.* Carbon isotope characteristics of organic alkane gases in China's petroliferous basins. J Petrol Sci Eng, 1992, 7: 329 ~ 338.

[89] 戴金星，宋岩，关德师，等．鉴别煤成气的指标．见：煤成气地质研究．北京：石油工业出版社，1987：156 ~ 170.

[90] 戴金星，戚厚发．我国煤成烃气的 $\delta^{13}C$-R_o 关系．科学通报，1989，34：690 ~ 692.

[91] 沈平，申歧祥，王先彬，等．气态烃同位素组成特征及煤型气判识．中国科学 B 辑，1987，17：85 ~ 94.

[92] Galimov E M. Isotope organic geochemistry. Org Geochem, 2006, 37: 1200 ~ 1262.

[93] 刘文汇，徐永昌．煤型气碳同位素演化二阶段分馏模式及机理．地球化学，1999，28：359 ~ 366.

[94] 张士亚，郜建军，蒋泰然．利用甲、乙烷碳同位素判识天然气类型的一种新方法．见：石油与天然气地质文集（第一集）．北京：地质出版社，1988：48 ~ 58.

[95] 刚文哲，高岗，郝石生，等．论乙烷碳同位素在天然气成因类型研究中的应用．石油实验地质，1997，19：164 ~ 167.

[96] 王世谦．四川盆地侏罗系-震旦系天然气的地球化学特征．天然气工业，1994，14：1 ~ 5.

[97] 宋岩，徐永昌．天然气成因类型及其鉴别．石油勘探与开发，2005，32：24 ~ 29.

[98] 韩中喜，李剑，垢艳侠，等．甲、乙烷碳同位素用于判识天然气成因类型的讨论．天然气地球科学，2016，27：665 ~ 671.

[99] 胡国艺，李剑，谢增业，等．天然气轻烃地球化学．北京：石油工业出版社．2017：1，18～24，93～127.

[100] 戴金星．利用轻烃鉴别煤成气和油型气．石油勘探与开发，1993，25：26～32.

[101] Hu G Y，Li J，Li J，*et al.* Preliminary study on the origin identification of natural gas by the parameters of light hydrocarbon. Chin Sci Bull，2008，51：131～139.

[102] Hu G Y，Yu C，Tian X. The origin of abnormally high benzene in light hydrocarbons associated with the gas from the Kuqa depression in the Tarim Basin，China. Org Geochem，2014，74：98～105.

[103] Hu G Y，Peng W L，Yu C. Insight into the C8 light hydrocarbon compositional differences between coal-derived and oil-associated gases. J Nat Gas Geosci，2017，2：157～163.

[104] 胡惕麟，戈葆雄，张义纲，等．源岩吸附烃和天然气轻烃指纹参数的开发和应用．石油实验地质，1990，12：375～394.

[105] 秦建中，郭树之，王东良．苏桥煤型气田地化特征及其对比．天然气工业，1991，11：21～26.

[106] 陈海树．含煤岩系成因天然气识别和新指标——苯和甲苯．北京：石油工业出版社，1987：171～181.

[107] 沈平，徐永昌，王先彬，等．气源岩和天然气地球化学特征及成气机理研究．兰州：甘肃科学技术出版社，1991：72～122.

[108] 王铁冠．生物标志物地球化学研究．北京：中国地质大学出版社，1990：12～23，42～45，55～65.

[109] 王廷栋，蔡开平．生物标志物在凝析气藏天然气运移和气源对比中的应用．石油学报，1990，11：25～31.

[110] Dai J X. Identification of various alkane gases. Chin Sci Bull，1992，35：1246～1257.

[111] Dai J X，Gong D Y，Ni Y Y，*et al.* Genetic types of the alkane gases in giant gas fields with proven reserves over $1000\times10^8 m^3$ in China. Energ Explor Exploit，2014，32：1～18.

[112] Li M W，Volkman J K，Ni Y Y. Recent advances on natural gas geochemistry in Chinese sedimentary basins. Org Geochem，2014，74：1～2.

[113] 陈骏，王鹤年．地球化学．北京：科学出版社，2004：250～253.

[114] 卢双舫，张敏．油气地球化学．北京：石油工业出版社，2008：138～161.

[115] 石宝珩，戚厚发，戴金星，等．加强天然气勘探步伐努力寻找大中型气田．见：天然气地质研究论文集．北京：石油工业出版社，1989：1～7.

[116] 戴金星，夏新宇，洪峰，等．中国煤成大中型气田形成的主要控制因素．科学通报，1999，44：481～487.

[117] 戴金星，王庭斌，宋岩，等．中国大中型天然气田形成条件与分布规律．北京：地质出版社，1997：184～237.

[118] 王庭斌．中国含煤-含气（内）盆地．北京：地质出版社，2014：319～332.

[119] 戴金星，宋岩，张厚福．中国天然气的聚集区带．北京：科学出版社，1997：1～6.

[120] Dai J X，He B，Sun Y X，*et al.* Formation of the Central-Asia coal-formed gas accumulation domain and its source rocks. Petrol Explor Dev，1995，22：117～124.

[121] 戴金星．我国煤成气藏的类型和有利的煤成气远景区．见：天然气勘探．北京：石油工业出版社，1986：15～31.

四川盆地超深层天然气地球化学特征*

一、引言

中国以往的油气勘探开发主要集中在中、浅层，但目前其勘探开发程度已很高，油气潜力下降。深层和超深层勘探开发程度还较低，油气潜力巨大，成为目前油气勘探开发的重要接替领域，尤其是天然气。有关深层和超深层的定义，不同国家、不同机构和不同学者有所不同。据2005年中国矿产储量委员会《石油天然气储量计算规范》[1]，将埋深3500～4500m定义为深层，大于4500m定义为超深层；中国钻井工程领域把埋深4500～6000m称为深层，大于6000m称为超深层。欧美大部分学者把埋深大于4500m的层系称为深层，因为在平均地温梯度为2.5～3.0℃/100m时，当深度为4000～5000m时，大量液态烃的生成趋于结束而转变为生成气态烃[2]，李小地也持此观点[3]，妥进才等也认为深层指深度大于4500m[4]，刘文汇等指出“深层气是指储于4500m以深的天然气”[5]，Samvelov把深度大于4000m称为深层[6]。许多学者指出深层的深度标准应该考虑所处盆地的地温梯度大小[7,8]，在地温梯度高的盆地，深层的深度相对为浅；在地温梯度低的盆地，深层的深度相对为深。松辽盆地平均地温梯度为3.7℃/100m，最高达6.1℃/100m[9]，华北盆地平均地温梯度为3.58℃/100m[10]，故中国东部地区深层深度门槛值为3500m，超深层门槛值为4500m[8]；中国西部塔里木盆地平均地温梯度为（2.26±0.30）℃/100m[11]，故深层深度门槛值为4500m，超深层门槛值为6500m[8]。四川盆地平均地温梯度为2.28℃/100m[12]，与塔里木盆地几乎一致，故其深层与超深层的深度门槛值与塔里木盆地一样。

由于中国东部盆地地温梯度高、中西部盆地地温梯度低，故东部和中西部盆地深层和超深层的深度标准有别，赵文智等[13]认为中国东部地区埋深3500m以深为深层，深度值大于4500m为超深层；西部地区埋深4500～5500m为深层，深度值大于5500m为超深层。王招明等基于库车拗陷勘探实践，认为埋深大于6500m为超深层[14]。冯佳睿等认为埋深大于7000m为超深层[15]。肖德铭等认为松辽盆地北部深层指下白垩统泉头组二段以下至基底各层[16]，中国石油学会把中国东部地区前新生界定义为深层，中国西部地区古生界以下地层定义为深层[8]。Mielieniexsk认为生油窗以下的天然气统称深层气[17]。何治亮等、李忠和孙玮等认为中国中西部含油气盆地中，深层一般对应深度范围为4500～6000m，超深层埋深大于6000m[18～20]。作者支持何治亮、李忠的深层和超深层的深度划分标准。

四川盆地老关庙中二叠统气藏（7153.5～7175.0m）是中国最早发现的超深层气

---

* 原载于《石油勘探与开发》，2018，第45卷，第4期，588～597，作者还有倪云燕、秦胜飞、黄士鹏、彭威龙、韩文学。

藏[21]。美国阿纳达科盆地 Mills Ranch 气田曾是世界上最深气田，在下奥陶统碳酸盐岩 7663～8083m 深度范围探明储量为 $365\times10^8m^3$[22]。截至 2016 年年底，世界共发现埋深大于 6000m 的工业性油气田 52 个，美国墨西哥湾盆地 Merganser 深水气田是目前世界最深的气田[23]，深度为 8547m，储量仅 $21.89\times10^8m^3$。中国最深气田为塔里木盆地克深气田，该气田克深 9 气藏平均井深 7785m；克深 902 井深 8038m，在未进行储集层改造条件下用 5mm 油嘴产气 $30\times10^4m^3/d$[24]。

二、四川盆地天然气地质概况

四川盆地是在克拉通基础上发育的大型叠合含气盆地，面积约 $18\times10^4km^2$。四川盆地也是世界上最早勘探开发天然气的盆地之一，早在中国秦汉时期就出现了人工钻盐井，且伴随天然气产出[25]。威远气田是中国储集层时代最老的震旦系气田。2016 年盆地产天然气 $300.19\times10^8m^3$，其中页岩气 $78.82\times10^8m^3$。截至 2016 年年底，盆地共发现气田 131 个（包括页岩气田 3 个），其中大气田 21 个（图 1），探明天然气地质储量 $37544\times10^8m^3$（其中页岩气 $5441\times10^8m^3$），仅为盆地天然气总资源量 $38.11\times10^{12}m^3$ 的 9.85%，说明盆地天然气勘探的潜力还很大。盆地工业性油气层系多，常规、致密油气产层 25 个（海相 18 个），页岩气产层 2 个，是中国迄今发现工业性油气层系最多的盆地。前人认为四川盆地有 8 个超深层大气田的观点值得商榷，因为他们把四川盆地超深层的门槛值定为 4500m 显然过小了[26]。元坝气田和龙岗气田为储集层深度大于 6000m 的两个超深层大气田。最近，川西地区双探 3 井在超深层 7569.0～7601.5m 泥盆系观雾山组获得工业气流，填补了中国泥盆系无工业气藏的空白。

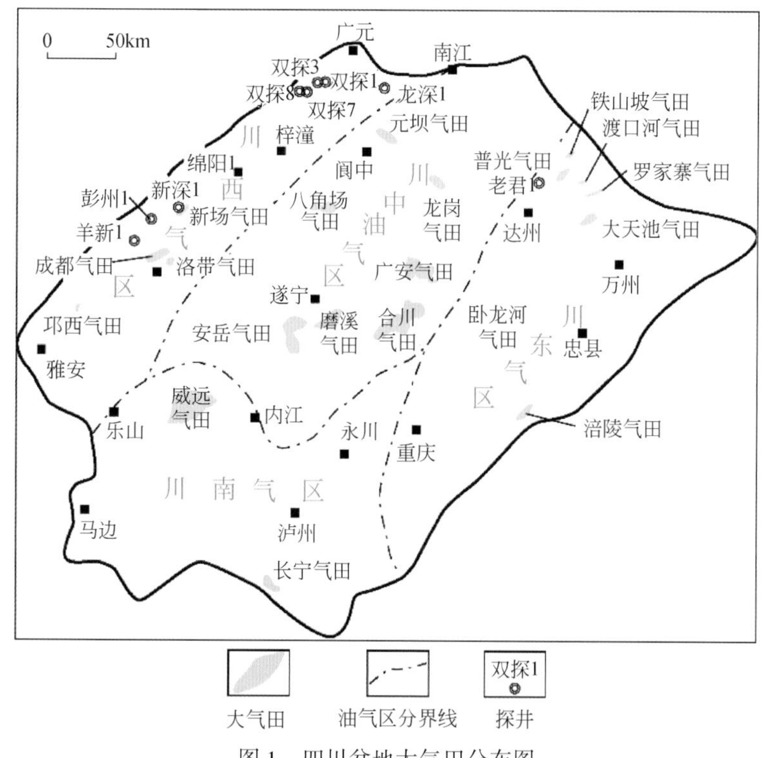

图 1 四川盆地大气田分布图

四川盆地由基底和沉积盖层二元结构组成，前震旦系基底之上的沉积盖层总厚度为6000～10000m，盖层由海相地层和陆相地层叠合而成。震旦系至中三叠统主要发育海相地层，厚2000～5000m，盆地绝大部分气源岩［主要为震旦系陡山沱组（Z_1d）、寒武系筇竹寺组（$€_1q$）、志留系龙马溪组（S_1l）、二叠系龙潭组（P_3l）和大隆组（P_3d）］和气层分布在这套地层中。中三叠统以上为陆相碎屑岩地层，厚2000～5000m，其中上三叠统须家河组（T_3x）煤系、下侏罗统凉高山组（J_1l）和自流井组（J_1z）湖相暗色泥岩为主要烃源岩，四川盆地少量石油与下侏罗统相关。四川盆地油气生-储-盖组合如图2所示。

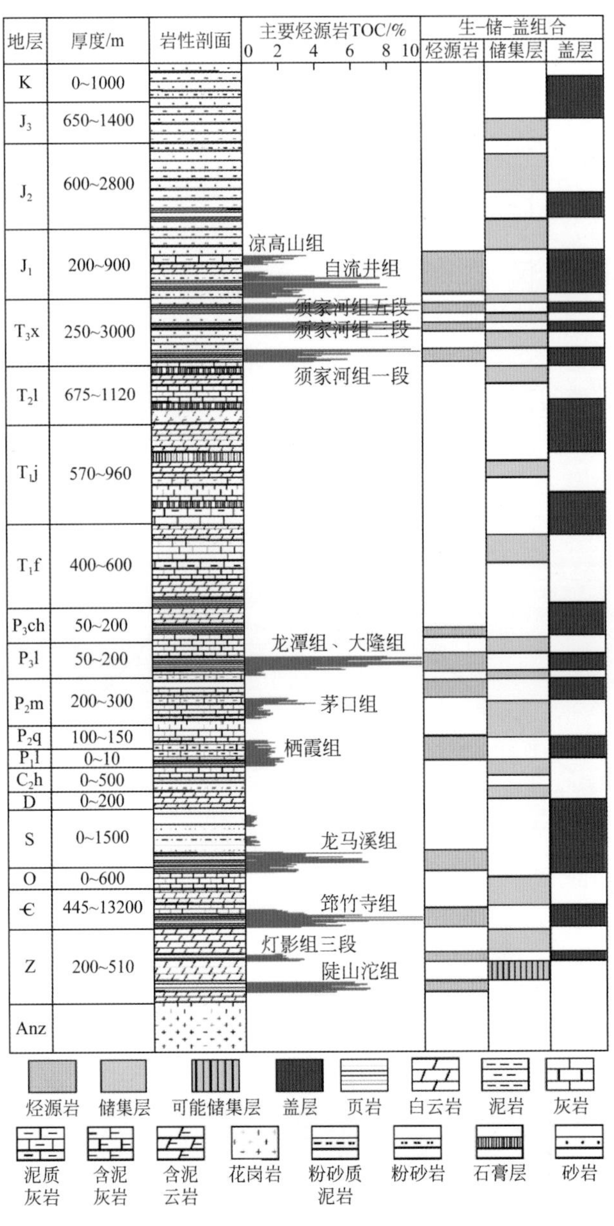

图2 四川盆地生-储-盖层综合柱状图

T_2l. 中三叠统雷口坡组；T_1j. 下三叠统嘉陵江组；T_1f. 下三叠统飞仙关组；P_3ch. 上二叠统长兴组；P_2m. 中二叠统茅口组；P_2q. 中二叠统栖霞组；P_1l. 下二叠统梁山组；C_2h. 中石炭统黄龙组

表 1　四川盆地超深层气井天然气地球化学参数[27~29]

气田/地区	井位	地层	深度/m	气组分/%								湿度/%	$\delta^{13}C$/‰（VPDB）				δD/‰（VSMOW）		参考文献
				CH_4	C_2H_6	C_3H_8	iC_4H_{10}	nC_4H_{10}	N_2	CO_2	H_2S		CH_4	C_2H_6	C_3H_8	CO_2	CH_4	C_2H_6	
龙岗	龙岗 1	P_3ch	6202~6240	92.33	0.07	0.090	0	0	0.70	4.41		0.17	-29.4	-24.3		-17.2			本文
	龙岗 3	P_3ch	6390~6408	77.48	0.07	0.010	0	0	1.53	20.21		0.10	-29.2			-2.3			
	龙岗 8	P_3ch	6713~6731	83.80	0.05	0	0	0	0.25	8.63	7.24	0.06	-29.0	-22.1		1.6			
	龙岗 12	T_1f	6130	97.01	0.12	0	0	0	0.49	2.37		0.12	-30.4	-27.6					
	龙岗 29	P_3ch	6020~6244	88.52	0.10	0.010	0	0	1.46	4.98	4.78	0.12	-29.3	-25.3		-1.5			
	龙岗 39	P_3ch	6459~6490	58.29	0.05	0.010	0	0	0.42	40.05	0.92	0.10	-30.3	-23.8		0.4			
	龙岗 61	T_1f	6261~6330	94.95	0.08	0	0	0	0.09	1.84	3.01	0.08	-27.4	-22.2		1.9			
	龙岗 62	P_3ch	6351~6480	89.86	0.03	0.030	0	0	0.22	4.23	5.61	0.07	-26.9	-29.7		0.6			
	龙岗 001-2	P_3ch	6735~6828	93.88	0.06	0	0	0	2.28	3.76		0.06	-28.8	-25.4		-9.7			
	龙岗 001-3	P_3ch	6353	88.80	0.04	0	0	0	0.44	5.35	5.36	0.05	-30.1	-30.8		0.9			
	龙岗 001-6	T_1f	6090	95.05	0.07	0	0	0	1.15	2.47	1.22	0.08	-28.2	-25.1		-3.9	-115		
	龙岗 001-7	T_1f	6006	94.89	0.06	0	0	0	1.10	2.98		0.06	-29.3	-25.7		0.4	-115		
	龙岗 1	T_1f	6055~6124	94.48	0.06	0	0	0	1.19	2.89		0.06	-30.0	-25.8		-1.8			
	龙岗 2	T_1f_{1-3}	6011	79.39	0.04	0.010	0	0	3.52	1.93	14.96	0.06	-29.4	-23.9					
	龙岗 001-2	P_3ch	6938~7286	92.37	0.06	0	0	0	0.40	4.49		0.06	-29.7	-26.3		-0.9			
	龙岗 001-8-1	P_3ch	6261~6364	93.59	0.07	0	0	0	0.41	3.70		0.07	-29.7	-26.9		-2.4			
	龙岗 1	P_3ch	6202~6204	92.33	0.07	0	0	0	0.70	4.40	2.50	0.08	-29.4	-22.7					[27]
	龙岗 9	P_3ch	6353~6373	63.50	0.26	0.040	0	0	0.01	30	6.19	0.47	-31.7	-22.7		0.7			
	龙岗 11	P_3ch	6045~6143	84.53	0.07	0.010	0	0	0.17	6.08	9.11	0.09	-27.8	-27.0					
元坝	元坝 1	P_3ch_2	7081~7150	53.25	0.09	0	0	0	3.04	30.20	13.33	0.17	-30.2	-27.6					
	元坝 2	P_3ch_2	6545~6593	87.12	0.03	0	0	0	0.65	7.61	4.59	0.03	-30.5						
	元坝 11	P_3ch_2	6797~6917	80.55	0.05	0	0	0	0.23	11.80	7.37	0.06	-27.9	-25.2			-114		
	元坝 101	P_3ch_2	6955~7023	83.35	0.03	0	0	0	2.63	9.46	4.53	0.04	-28.4				-114		
	元坝 1	T_1f_2	6787~6799	78.30	0.05	0.250		0.016	12.82	7.70	0.20	0.38	-27.5		-20.7	0.9			[28]
	元坝 2	P_3ch_2	6445~6593	87.12	0.03	0	0	0	0.65	7.61	4.54	0.03	-30.5						
	元坝 27	P_3ch_2	7367	90.71	0.04	0	0	0	0.83	3.12	5.14	0.04	-28.9	-26.6		-10.9			
	元坝 221	P_3ch_2	6686~6720	61.98	0.04	0	0	0	15.06	22.90		0.06	-29.2	-28.6	-26.9	-0.4	-156		[29]
	元坝 222	P_3ch_2	7020~7030	99.15	0.47	0.020	0	0	0.28	0.07		0.49	-30.9	-29.7	-29.0	-8.1	-131	-103	
	元坝 273	P_3ch_2	6811~6880	92.57	0.05	0	0	0	0.84	6.04	0.44	0.05	-28.6	-25.4		-0.5	-127		

续表

气田/地区	井位	地层	深度/m	气组分/% CH$_4$	C$_2$H$_6$	C$_3$H$_8$	iC$_4$H$_{10}$	nC$_4$H$_{10}$	N$_2$	CO$_2$	H$_2$S	湿度/%	δ^{13}C/‰（VPDB） CH$_4$	C$_2$H$_6$	C$_3$H$_8$	CO$_2$	δD/‰（VSMOW） CH$_4$	C$_2$H$_6$	参考文献
元坝	元坝 224	P_3ch_2	6625～6636	86.17	0.06	0	0	0		4.68	6.67	0.07	-28.3	-25.9		-1.0	-129		[29]
	元坝 1-侧 1	T_1f	7330～7367	86.23	0.04	0	0	0	0.30	6.22		0.05	-28.9	-25.3		-2.4			本文
	元坝 101	P_3ch	6955～7022	83.30	0.03	0	0	0	2.63	9.46		0.04	-28.4				-114		
	元坝 12	T_1f_2	6456～6555	95.24	1.05	0.100	0.01	0.010	0.75	2.30		1.19	-27.9				-113		
	元坝 2	P_3ch	6545～6592	90.72	0.21	0	0	0	0.71	8.36		0.23	-29.7						
普光	普光 9	P_3ch	6110～6130	84.24	0.58	0.290	0.09	0.070	0.12	13.67		1.02	-30.0	-31.5		-1.3	-122	-89	
	普光 10	T_1f_3	6080～6164	88.51	0.14	0	0	0	0.64	10.71		0.16	-29.6						
区探井区	双探 1	P_2m	6853～6881	95.23	0.15	0	0	0	2.20	2.38	0.02	0.16	-30.4	-26.1					
	双探 1	P_2q	7112～7308	96.65	0.10	0	0	0	0.87	2.00	0.34	0.10	-31.1	-25.6					
	双探 3	P_2q	7443～7488	91.27	0.10	0.002	0	0	5.47	1.88		0.11	-30.0	-27.6			-135		
	双探 3	D_2g	7569～7601	96.96	0.23	0.010	0	0	0.61	2.12		0.25	-32.3	-28.4			-139		
	双探 3	D_2g	7569～7601	96.97	0.23	0	0	0	0.58	2.18		0.24	-31.2	-27.3					
	双探 7	C_1z—D_2g	7716～7723 7731～7761	95.72	0.10	0	0	0	0.87	2.70	0.17	0.10							
	双探 7	P_3ch	6921～6929	99.56	0.09	0	0	0	0.19	0.13		0.09	-28.8						
	双探 8	P_2q	7312～7329	97.18	0.10	0	0	0	0.52	1.77	0.41	0.10	-29.9						
			7332～7346										-26.7						
	龙探 1	ϵ_1l	6657～6663										-29.5 -30.0						
	老君 1	T_1f	6020～6080	60.85	0.16	0.050	0.01	0.010	6.87	32.04		0.34	-29.2			-1.6			[28]
	老君 1	P_3ch	6181～6191	86.16	0.03		0	0	3.18	0.39	9.64	0.03	-29.8	-24.8		-2.2			
	老君 1	P_3ch	6230～6244	62.32	0.01		0	0	7.14	0.87	25.21	0.02	-29.7			-3.4			本文
	彭州 1	T_2l_4	6050	90.29	0.12		0	0	1.25	4.59	3.72	0.13	-31.6	-26.4	-22.8		-140	-97	
	新深 1	T_2l_4	6241	89.19	0.34		0	0	0.95	9.48		0.38	-33.6	-30.8	-24.4		-148	-102	
	羊新 1	T_2l_4	6313	92.39	0.12		0	0	0.65	6.82		0.13	-31.7	-32.9			-136		
													-31.8	-32.6			-138		

注：D_2g. 中泥盆统观雾山组；C_1z. 下石炭统总长沟组。

三、天然气的组分特征

四川盆地超深层天然气主要发现于龙岗和元坝大气田（图1），尽管在普光大气田有个别井（普光9、普光10井）已钻入超深层，但井深主要在5259m左右[26]，处于深层大气田范围。由表1可见，区域探井均为超深层气井，超深层气最新层位为中三叠统雷口坡组（彭州1、新深1、羊新1井），最老层位为下寒武统龙王庙组（龙探1井），龙岗大气田和元坝大气田超深层天然气储集层为长兴组和飞仙关组。所有超深层气的储集层岩性均为碳酸盐岩。

由表1和图3可见：超深层天然气的烷烃气中甲烷占绝对优势，根据38口井资料分析，甲烷含量最高的占99.56%（双探7井），最低的占53.25%（元坝1井），平均为86.67%；乙烷含量很低，最高的占1.05%（元坝12井），最低的仅占0.01%（老君1），平均为0.13%；丙烷含量有35个样品为0，个别井达0.29%（普光9井）；丁烷46个样品含量为0。由此可见，四川盆地超深层天然气均为干气，乙烷含量低，丙、丁烷几乎没有，这与处于超深层成熟度高，乙烷、丙烷、丁烷被裂解有关。氮的含量一般较低，最高为15.06%（元坝221井），最低为0.01%（龙岗9井），平均为1.84%。CO_2含量最高的为40.05%（龙岗39井），最低为0.07%（元坝222井），平均为7.72%。H_2S含量最高为25.21%（老君1井），最低为0.02%（双探1井），平均为5.45%。

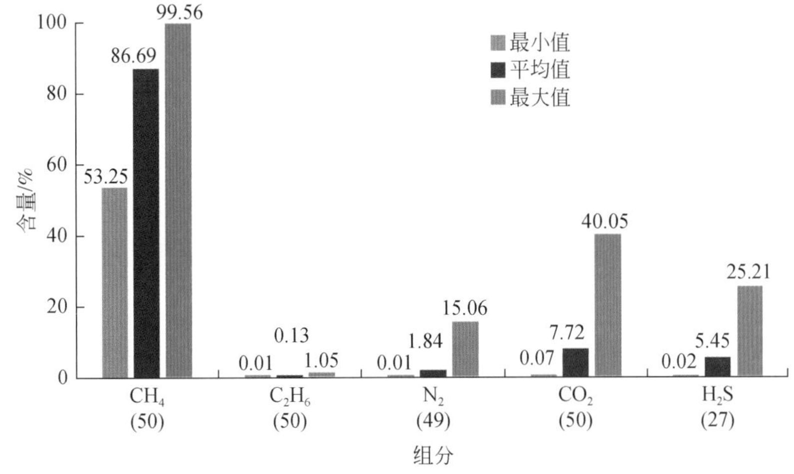

图3 四川盆地超深层天然气组分及含量（括号内数字为样品数）

四、碳氢同位素组成

由表1可见四川盆地超深层所有井烷烃气中最常见组分为甲烷和乙烷，所以烷烃气碳氢同位素组成主要为$\delta^{13}C_1$、$\delta^{13}C_2$和δD_1，碳氢同位素组成信息非常有限，使得天然气成因类型鉴别难度增加。

1. 烷烃气碳同位素组成

由表1可见：$\delta^{13}C_1$值从-33.6‰（新深1井）变化至-26.7‰（双探8井），$\delta^{13}C_2$值从

−32.9‰（羊新1井）变化至−22.1‰（龙岗8井）。从图4可知绝大部分天然气为原生型天然气[27~32]，可用其碳同位素值进行气源对比。

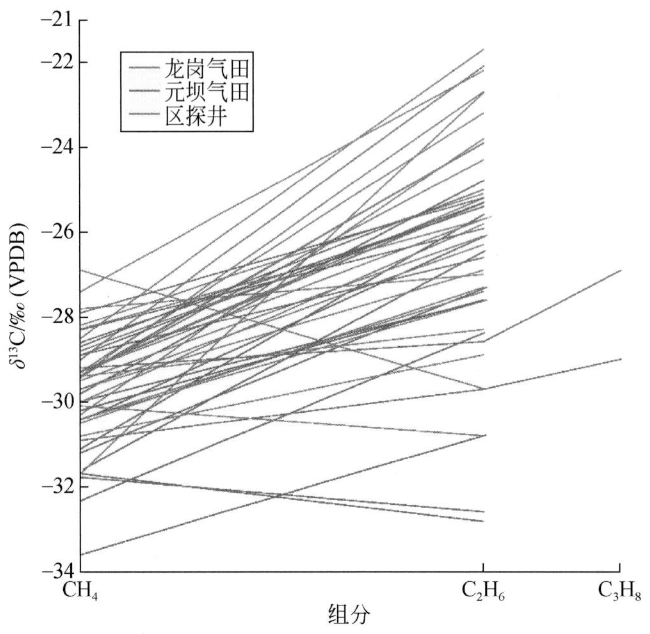

图4 四川盆地超深层天然气碳同位素组成系列类型

2. 烷烃气氢同位素组成

由表1可见：δD_1值从−156‰（元坝221井）变化至−113‰（元坝12井），只有4个样品检测到δD_2值，从−103‰（元坝222井）变化至−89‰（普光9井）。

3. 二氧化碳碳同位素组成

由表1可见：$\delta^{13}C_{CO_2}$值从−17.2‰（龙岗1井）变化至1.9‰（龙岗61井），中国天然气$\delta^{13}C_{CO_2}$值从−39‰变化至7‰[33]，曾认为世界天然气$\delta^{13}C_{CO_2}$值变化范围为−42‰~27‰[34]，最近有学者发现其变化范围更大，为−55.2‰~45.0‰[35]，因此，四川盆地超深层天然气$\delta^{13}C_{CO_2}$值变化范围比前人统计的中国乃至世界的变化范围要小得多。

五、天然气的成因

1. 烷烃气的成因

把表1中$\delta^{13}C_1$、$\delta^{13}C_2$和$\delta^{13}C_3$各值投入图5中，同时根据表1按龙岗气田、元坝气田、普光气田和区探井分别讨论各烷烃气的成因。

由图5可知，除龙岗62和龙岗001-3两口井碳同位素组成倒转外，龙岗气田的烷烃气均为煤成气。胡国艺等[27]和秦胜飞等[30]研究也认为是煤成气；赵文智等[37]指出龙岗台内

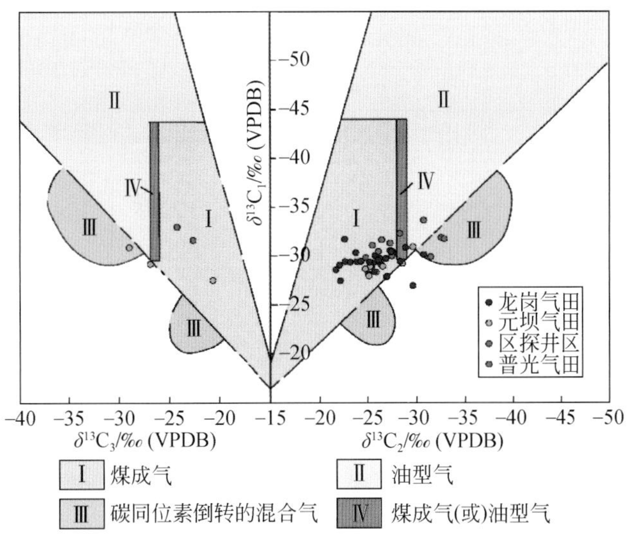

图5 四川盆地超深层天然气 $\delta^{13}C_1$-$\delta^{13}C_2$-$\delta^{13}C_3$鉴别图[36]

礁滩天然气是单一的煤成气聚集，储集层中发育浸染状沥青。导致烷烃气碳同位素组成倒转的可能因素有[32,38]：①天然气运移过程中同位素的分馏效应；②某一烷烃气组分被细菌氧化；③有机气和无机气的混合；④煤成气和油型气的混合；⑤同一类型成熟度不同的两个层段烃源岩生成气的混合；⑥同一层段烃源岩在不同成熟度生成气的混合。由于龙岗62和龙岗001-3两口井天然气组分特征不支持第②种因素；四川盆地稀有气体均为壳源气[39]，不支持第③种因素；该气田天然气以煤成气为主体，不支持第④~⑥种因素，故导致这两口井碳同位素组成倒转的因素可能与煤成气运移过程中碳同位素组成分馏有关，即由于分馏效应使正碳同位素组成系列的煤成气发生倒转。

由表1可知，元坝气田的烷烃气，凡是有 $\delta^{13}C_1$、$\delta^{13}C_2$或 $\delta^{13}C_3$值的，均属正碳同位素组成系列，故是原生型烷烃气，未受次生改造和混合。由图5可见，元坝气田烷烃气主要是煤成气，仅有元坝221和元坝222井显示出油型气特征。关于元坝气田烷烃气成因与烃源岩许多学者有不同观点，一种观点与笔者观点相同，认为烷烃气主要是煤成气，也有少量油型气[27,40]。元坝3井在龙潭组下部有较多暗色泥岩和泥灰岩，TOC值大于0.5%的层段厚度达70m；在距气田不远的东南部仪陇附近的龙潭组煤层达3组[27]，说明存在形成煤成气的烃源岩条件。另一种观点认为烷烃气主要是原油裂解而成的油型气[29,41~43]，烃源岩以大隆组和龙潭组［吴家坪组（P_3w）］为主，TOC值为0.27%~7.20%，元坝3井龙潭组干酪根 $\delta^{13}C$ 在-27.8‰~-24.9‰，平均为-26.8‰，有机质以混合型为主[44,45]。还有学者根据氩同位素特征，判定元坝气藏气源可能是震旦系或下寒武统筇竹寺组形成原油的裂解气[46]。笔者认为元坝气田的烷烃气以煤成气为主，还有少许油型气，气源岩应为龙潭组（吴家坪组）和大隆组。元坝3井龙潭组干酪根 $\delta^{13}C$ 值与Redding等[47]划分的Ⅲ型干酪根 $\delta^{13}C$ 值-26.6‰~-25.4‰基本相当，故元坝气田龙潭组或吴家坪组烃源岩不是混合型而是腐殖型并利于生气。根据表1中 $\delta^{13}C_1$和 $\delta^{13}C_2$值编制图6，由图6可见元坝气田的烷烃气也主要为煤成气。

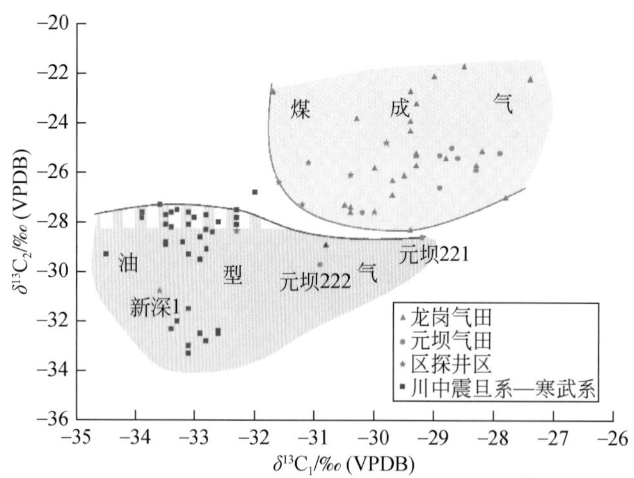

图6 四川盆地超深层天然气煤成气和油型气 $\delta^{13}C_1$-$\delta^{13}C_2$ 对比图

由表1可见，区域探井的烷烃气除羊新1井外，凡有 $\delta^{13}C_1$、$\delta^{13}C_2$ 和 $\delta^{13}C_3$ 值的均属正碳同位素组成系列，根据凡 $\delta^{13}C_2$ 大于-28.0‰属煤成气、$\delta^{13}C_2$ 小于-28.5‰为油型气的鉴别标准[31,32]，彭州1井烷烃气为煤成气，新深1井烷烃气为油型气，图5也验证了此观点。根据凡 $\delta^{13}C_2$ 值大于-28.0‰属煤成气、$\delta^{13}C_2$ 值变化在-28.5‰～-28.0‰主要为煤成气[32]，除无机成因气外，凡 $\delta^{13}C_1$ 值大于-30‰的甲烷是煤成气[33]的鉴别指标，表1中所有双探号井、龙探1井和老君1井的烷烃气也是煤成气。

表1中 $\delta D_{1\sim2}$ 值不多，但从有限数值总观，煤成气的 δD_1 值较重，主要为-129‰～-113‰，而油型气的 δD_1 值轻，主要为-156‰～-131‰。$\delta^{13}C_1$-δD_1 图（图7）就反映出了此特点，特别要指出，四川盆地寒武系筇竹寺组和震旦系腐泥型烃源岩生成、聚集在川中古隆起上的油型气，δD_1 值同样较轻，为-150‰～-131‰[48]（图7）。由图7可见，龙岗气田、元坝气田、除新深1井外所有区域探井烷烃气均为煤成气。$\delta^{13}C_1$-$\delta^{13}C_2$ 对比图也证明区域探井的烷烃气主要是煤成气（图6）。

四川盆地西北部有许多双探号钻井（表1），其中多数井获得工业气流，产层主要为长兴组、茅口组、栖霞组、观雾山组和龙王庙组。以往对川西北地区古生界油气的烃源岩研究较多，根据露头区发现固体沥青、油砂岩、油苗的多种生物标志物研究，认为烃源岩为震旦系陡山沱组[49]、寒武系[50,51]（主要下寒武统）和下志留统黑色页岩[52,53]。腾格尔等指出龙门山北段海相油气藏优质烃源岩主要有筇竹寺组、大隆组泥质岩和栖霞组、茅口组碳酸盐岩[54]；同时还指出，需特别注意上古生界烃源岩，因为川西北地区如果存在与元坝气田一样的大隆组烃源岩，就可解释双探号井烷烃气是煤成气，而不是陡山沱组和下寒武统筇竹寺组来源油型气（图6）。

2. 二氧化碳的成因

四川盆地二氧化碳有无机成因和有机成因两种，$\delta^{13}C_{CO_2}$ 是鉴别两种成因的有效指标。国内外学者对此做过较多研究，沈平等认为无机成因的 $\delta^{13}C_{CO_2}$ 值大于-7‰，有机成因的

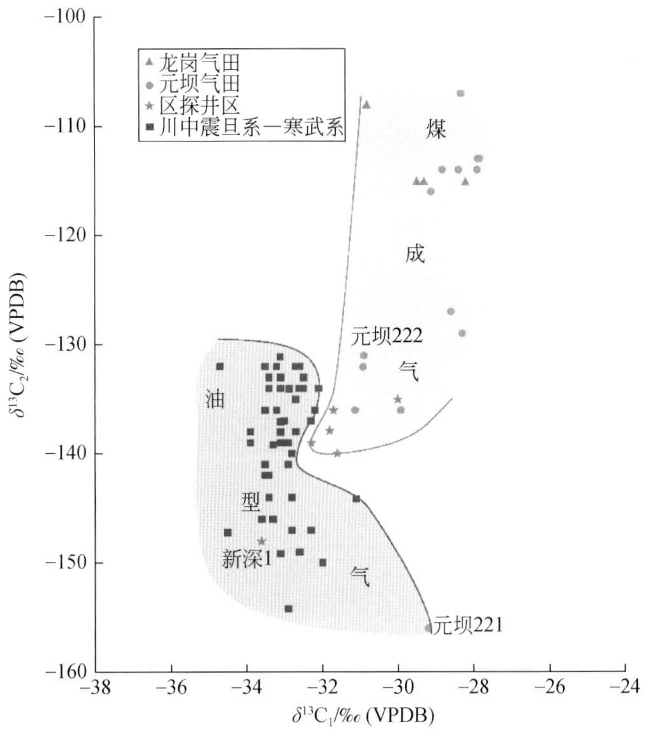

图7　四川盆地震旦系-寒武系与长兴组-飞仙关组天然气 $\delta^{13}C_1$-δD_1 对比图

$\delta^{13}C_{CO_2}$值为-20‰～-10‰[55]；上官志冠等指出：变质成因 $\delta^{13}C_{CO_2}$值为-3‰～1‰，幔源成因的 $\delta^{13}C_{CO_2}$ 值平均为-8.5‰～-5.0‰[56]；Moore 等指出太平洋中脊玄武岩包裹体中 $\delta^{13}C_{CO_2}$值为-6.0‰～-4.5‰[57]；Gold 等认为岩浆来源的 $\delta^{13}C_{CO_2}$ 值虽多变，但一般值在-7‰±2‰[58]；戴金星等综合研究国内外大量 $\delta^{13}C_{CO_2}$值后发现，凡有机成因 $\delta^{13}C_{CO_2}$值小于-10‰，无机成因 $\delta^{13}C_{CO_2}$值大于-8‰。碳酸盐岩变质成因的无机二氧化碳 $\delta^{13}C_{CO_2}$值接近于碳酸盐岩的 $\delta^{13}C$ 值，在 0±3‰；火山-岩浆和幔源相关无机成因二氧化碳 $\delta^{13}C_{CO_2}$值大多在-6‰±2‰，并编制了有机成因和无机成因二氧化碳鉴别图（图8）[59]。

把表1中相关井 $\delta^{13}C_{CO_2}$值与 CO_2 含量投入图8中，从图8可见：除2口井（龙岗1、元坝27井）为标准有机成因外（这些二氧化碳和生烃同期形成），绝大部分二氧化碳为无机成因，是碳酸盐岩储集层在过成熟阶段产生裂解变质形成的，这些井天然气 $\delta^{13}C_{CO_2}$值基本上在碳酸盐岩的 $\delta^{13}C$ 值区间（0±3‰）就是佐证。

3. 硫化氢的成因

1）生物还原型（微生物硫酸盐还原——BSR）

硫酸盐还原菌利用各种有机物（包括油气）作为给氢体来还原硫酸盐而形成硫化氢，可以用以下反应式概括[60]：

$$\sum CH(\text{油气}) + CaSO_4 \xrightarrow{\text{硫酸盐还原菌作用}} CaCO_3 + H_2S + H_2O \tag{1}$$

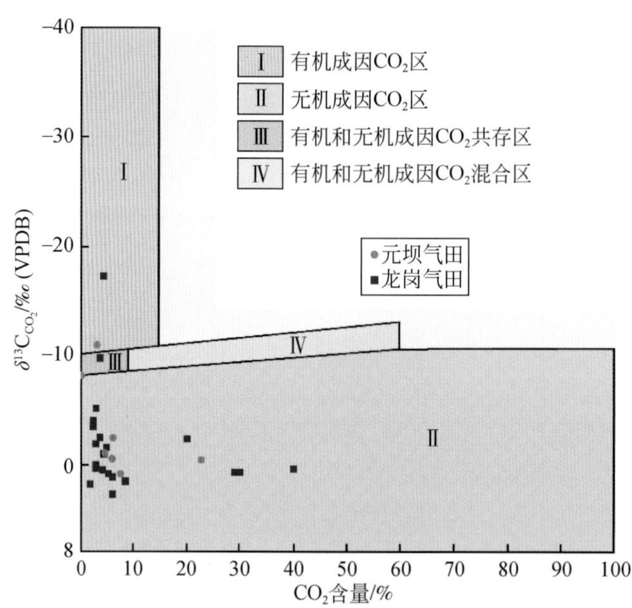

图 8 四川盆地超深层天然气有机成因和无机成因二氧化碳鉴别图

BSR 一般发生在地层温度低于 80℃、R_o 值为 0.2%~0.3%[61~63]的条件下，其硫化氢含量一般小于 5%[64]。由于表 1 中硫化氢处于过成熟阶段的干气中，生气时 R_o 值远大于 0.3%，故四川盆地超深层天然气中硫化氢不属于 BSR 成因。

2）非生物还原型（热化学硫酸盐还原——TSR）

由硫酸盐在烃类或者有机质参与下的高温化学还原作用形成的硫化氢，其形成可用以下反应式概括：

$$2C + CaSO_4 + H_2O \longrightarrow CaCO_3 + H_2S + CO_2 \tag{2}$$

$$\sum CH(\text{油气}) + CaSO_4 \longrightarrow CaCO_3 + H_2S + H_2O \tag{3}$$

式（2）中，C 为生烃源岩中有机化合物的碳；式（3）中，$\sum CH$ 为油气，TSR 所需温度为 100~140℃[65]。中坝气田雷口坡组硫化氢形成时温度高于 119℃[60]，蔡春芳也认为温度高于 120℃[66]。根据天然气特征识别 TSR 的标志，一是硫化氢浓度高（大于 5%），二是反应起始最低温度一般高于 120℃[67]。元坝气田硫化氢含量为 0.20%（元坝 1 井，T_1f_2）~13.33%（元坝 1 井，P_3ch_2），多数大于 5%（表 1），同时飞仙关组气藏地层温度为 149.9℃，长兴组气藏地层温度为 139.2~150.3℃[68]，均显示元坝气田硫化氢为 TSR 型。龙岗气田不少井的硫化氢含量大于 5%，故其硫化氢也为 TSR 型。四川盆地中、下三叠统和震旦系气藏的硫化氢属于 TSR 成因[69]，威远气田震旦系气藏硫化氢为 TSR 成因[70]、普光气田硫化氢也是 TSR 成因[66,70,71]。表 1 中老君 1 和彭州 1 井均为干气，硫化氢含量为 3.72%~25.21%，初步分析硫化氢成因也属 TSR 型。

3）裂解型（硫酸盐热裂解——TDS）

石油或干酪根裂解也可形成硫化氢，其典型特征一是处于过成熟阶段硫酸盐岩地层中；二是硫化氢含量一般小于 2%[60]或者一般不超过 3%[72]。石油与凝析油过热气化形成的气体成分组合是 $4CO_2 \cdot 46CH_4 \cdot N_2 \cdot H_2S$+痕量氢[73]，据此组合气体分子式换算可得过热形式的天然气组合中，硫化氢含量约占该天然气组合总体的 1.9%，这决定了 TDS 成因的 H_2S 含量小于 2%。前述威远震旦系气藏硫化氢成因有学者[69,70]认为是 TSR，但也有学者认为是 TDS 成因，理由如下：该气藏为干气，R_o 最大值为 3.136%~4.640%，硫化氢含量绝大部分为 0.9%~1.5%，仅有两口井大于 2%，少数井含量为 0.5%~0.9%[60]。另一些学者[74]认为其为 TDS 成因的理由是，根据 447 个气样分析，H_2S 含量最大值为 3.44%，平均值为 1.09%。表 1 中双探号各井为甲烷含量很高的干气，硫化氢含量很低，仅 0.02%~0.41%，故初步分析硫化氢可能也属 TDS 成因，但因多口井没有 H_2S 分析结果，故其成因有待进一步研究确定。

六、结论

四川盆地在超深层已发现了龙岗和元坝两个煤成气大气田，除新深 1 井和元坝 222 井为油型气，其他所有超深层井天然气均为具正碳同位素组成系列的煤成气。随着勘探的进行，这批超深层探井能探明一些超深层气田。目前超深层探井主要集中在川东北和川西地区，建议在川南、川中和川东地区开展超深层天然气勘探，将会有新发现和突破。

所有超深层气均为湿度很低（0.02%~1.25%）的干气，说明天然气是过成熟阶段产物。深层气硫化氢成因主要为 TSR 型，双探号探井 H_2S 可能为 TDS 成因。

以往通常发现气藏中有沥青，就认为气藏天然气是原油裂解生成的油型气，此观点值得商榷。例如，龙岗气田储集层中发育有浸染状沥青，但它是煤成气田，这是由于在煤系成烃气、油兼生期，除形成大量煤成气外，还有少量凝析油和轻质油生成，后者在过成熟阶段也产生沥青。故天然气储集层中发现沥青不能就肯定是油型气，要对沥青规模、产状与气同位素组成综合研究后才能有定论。

致谢：感谢刘全有教授和谢邦华高工提供了区探井地球化学数据与有关文献。

参考文献

[1] 中华人民共和国国土资源部. 石油天然气储量计算规范：DZ/T 0217—2005. 北京：中国标准出版社，2005.

[2] 史斗，刘文汇，郑军卫. 深层气理论分析和深层气潜势研究. 地球科学进展，2003，18（2）：236~244.

[3] 李小地. 中国深部油气藏的形成与分布初探. 石油勘探与开发，1994，21（1）：34~39.

[4] 妥进才，王先彬，周世新，等. 深层油气勘探现状与研究进展. 天然气地球科学，1999，10（6）：1~8.

[5] 刘文汇，郑建京，妥进才，等. 塔里木盆地深层气. 北京：科学出版社，2007：1~3.

[6] Samvelov R G. Features of hydrocarbon pools formation at depths. Oil and Gas Geology，1995，（9）：5~15.

[7] 戴金星，丁巍伟，侯路，等. 松辽盆地深层气勘探和研究. 见：贾承造. 松辽盆地深层天然气勘探研讨会报告集. 北京：石油工业出版社，2004：27~44.

[8] 中国石油学会. 深层油气地质学科发展报告. 北京：中国科学技术出版社，2016：5~6.

[9] 侯启军，杨玉峰. 松辽盆地无机成因天然气及勘探方向探讨. 天然气工业，2002，22（3）：5~10.

[10] 陈墨香. 华北地热. 北京：科学出版社，1988：24~31.

[11] 冯昌格，刘绍文，王良书，等. 塔里木盆地现今地热特征. 地球物理学报，2009，52（11）：

2752 ~ 2762.

[12] 徐明，朱传庆，田云涛，等．四川盆地钻孔温度测量及现今地热特征．地球物理学报，2011，54（4）：1052 ~ 1060.

[13] 赵文智，胡素云，刘伟，等．再论中国陆上深层海相碳酸盐岩油气地质特征与勘探前景．天然气工业，2014，34（4）：1 ~ 9.

[14] 王招明，李勇，谢会文，等．库车前陆盆地超深层大油气田形成的地质认识．中国石油勘探，2016，21（1）：37 ~ 43.

[15] 冯佳睿，高志勇，崔京钢，等．深层、超深层碎屑岩储集层勘探现状与研究进展．地球科学进展，2016，31（7）：718 ~ 736.

[16] 肖德铭，迟元林，蒙启安，等．松辽盆地北部深层天然气地质特征研究．见：谯汉生，罗广斌，李先奇．中国东部深层石油勘探论文集．北京：石油工业出版社，2001：1 ~ 27.

[17] Mielieniexsk V N. About deep zonation of oil/gas formation. Exploration and Protection Minerals，1999，11：42 ~ 43.

[18] 何治亮，金晓辉，沃玉进，等．中国海相超深层碳酸盐岩油气成藏特点及勘探领域．中国石油勘探，2016，20（1）：3 ~ 14.

[19] 李忠．盆地深层流体-岩石作用与油气形成研究前沿．矿物岩石地球化学通报，2016，35（5）：807 ~ 816.

[20] 孙玮，刘树根，曹俊兴，等．四川叠合盆地西部中北段深层-超深层海相大型气田形成条件分析．岩石学报，2017，33（4）：1171 ~ 1188.

[21] 戴金星．我国天然气藏的分布特征．石油与天然气地质，1982，3（3）：270 ~ 276.

[22] Jemison R M. Geology and development of Mills Ranch complex：world's deepest field. AAPG Bulletin，1979，63（5）：804 ~ 809.

[23] IHS. IHS energy. https://ihsmarkit. com/country-industry-forecasting. html? ID = 106597420[2018-04-01].

[24] 苏华，田崇辉．超深井如何打出超水平．中国石油报［2017-12-07］.

[25] 王宓君，包茨，李懋钧，等．中国石油地质志（卷十，四川油气区）．北京：石油工业出版社，1989：6 ~ 9.

[26] 李熙喆，郭振华，胡勇，等．中国超深层构造型大气田高效开发策略．石油勘探与开发，2018，45（1）：111 ~ 118.

[27] Hu G Y，Yu C，Gong D Y，*et al.* The origin of natural gas and influence on hydrogen isotope of methane by TSR in the Upper Permian Changxing and the Lower Triassic Feixianguan Formations in northern Sichuan Basin，SW China. Energy Exploration & Exploitation，2014，32（1）：139 ~ 158.

[28] 郭旭升，郭彤楼．普光、元坝碳酸盐岩台地边缘大气田勘探理论与实践．北京：科学出版社，2012：287.

[29] Wu X Q，Liu G X，Liu Q Y，*et al.* Geochemical characteristics and genetic types of natural gas in the Changxing- Feixianguan Formations from the Yuanba Gas Field in the Sichuan Basin，China. Journal of Natural Gas Geoscience，2016，1（4）：267 ~ 275.

[30] Qin S F，Zhou G X，Zhou Z，*et al.* Geochemical characteristics of natural gases from different petroleum systems in the Longgang gas field，Sichuan Basin，China. Energy Exploration & Exploitation，2018，in press.

[31] 戴金星．天然气中烷烃气碳同位素研究的意义．天然气工业，2011，31（12）：1 ~ 6.

[32] 戴金星．煤成气及鉴别理论研究进展．科学通报，2018，63（14）：1291 ~ 1305.

[33] 戴金星，裴锡古，戚厚发．中国天然气地质学（卷一）．北京：石油工业出版社，1992：37 ~ 69.

[34] Barker C. Petroleum Generation and Occurrence for Exploration Geologists. Berlin：Springer，1883.

[35] Bucha M, Jedrysek M O, Kufka D, *et al.* Methanogenic fermentation of lignite with carbon-bearing additives, inferred from stable carbon and hydrogen isotopes. International Journal of Coal Geology, 2018, 186: 65～79.

[36] 戴金星，倪云燕，黄士鹏，等．煤成气研究对中国天然气工业发展的重要意义．天然气地球科学，2014，25（1）：1～22.

[37] 赵文智，徐春春，王铜山，等．四川盆地龙岗和罗家寨-普光地区二、三叠系长兴—飞仙关组礁滩体天然气成藏对比研究与意义．科学通报，2011，56（28/29）：2404～2412.

[38] Dai J X, Xia X Y, Qin S F, *et al.* Origins of partially reversed alkane $\delta^{13}C$ values for biogenic gases in China. Organic Geochemistry, 2004, 35（4）: 405～411.

[39] Ni Y Y, Dai J X, Tao S Z, *et al.* Helium signatures of gases from the Sichuan Basin, China. Organic Geochemistry, 2014, 74: 33～43.

[40] 戴金星，邹才能，李伟，等．中国煤成大气田及气源．北京：科学出版社，2014：197～203.

[41] 郭旭升，黄仁春，付孝悦，等．四川盆地二叠系和三叠系礁滩天然气富集规律与勘探方向．石油与天然气地质，2014，35（3）：295～302.

[42] 郭彤楼．元坝深层礁滩气田基本特征与成藏主控因素．天然气工业，2011，31（10）：1～5.

[43] Li P P, Hao F, Guo X S, *et al.* Processes involved in the origin and accumulation of hydrocarbon gases in the Yuanba gas field, Sichuan Basin, southwest China. Marine & Petroleum Geology, 2015, 59（1）: 150～165.

[44] 朱扬明，顾圣啸，李颖，等．四川盆地龙潭组高热演化烃源岩有机质生源及沉积环境探讨．地球化学，2012，41（1）：35～44.

[45] 黄福喜，杨涛，闫伟鹏，等．四川盆地龙岗与元坝地区礁滩成藏对比分析．中国石油勘探，2014，19（3）：12～20.

[46] 仵宗涛，刘兴旺，李孝甫，等．稀有气体同位素在四川盆地元坝气藏气源对比中的应用．天然气地球科学，2017，28（7）：1072～1077.

[47] Redding C E, Schoell M, Monin J C, *et al.* Hydrocarbon and carbon isotope composition of coals and kerogens. Physics & Chemistry of the Earth, 1980, 12（79）: 711～723.

[48] 魏国齐，谢增业，宋家荣，等．四川盆地川中古隆起震旦系—寒武系天然气特征及成因．石油勘探与开发，2015，42（6）：702～711.

[49] 王广利，王铁冠，韩克猷，等．川西北地区固体沥青和油砂的有机地球化学特征与成因．石油实验地质，2014，36（6）：731～735.

[50] 饶丹，秦建中，腾格尔，等．川西北广元地区海相层系油苗和沥青来源分析．石油实验地质，2008，30（6）：596～599.

[51] 刘春，张惠良，沈安江，等．川西北地区泥盆系油砂岩地球化学特征及成因．石油学报，2010，31（2）：253～258.

[52] 周文，邓虎成，丘东洲，等．川西北天井山构造泥盆系古油藏的发现及意义．成都理工大学学报（自然科学版），2007，34（4）：413～417.

[53] 邓虎成，周文，丘东洲，等．川西北天井山构造泥盆系油砂成矿条件与资源评价．吉林大学学报（地球科学版），2008，38（1）：69～75.

[54] 腾格尔，秦建中，付小东，等．川西北地区海相油气成藏物质基础：优质烃源岩．石油实验地质，2008，30（5）：478～483.

[55] 沈平，徐永昌，王先彬，等．气源岩和天然气地球化学特征及成气机理研究．兰州：甘肃科学技术出版社，1991：120～121.

[56] 上官志冠，张培仁．滇西北地区活动断层．北京：地质出版社，1990：162～164.

[57] Moore J G, Batchelder J N, Cunningham C G. CO_2-filled vesicles in mid-ocean basalt. Journal of Volcanology & Geothermal Research, 1977, 2 (4): 309 ~ 327.

[58] Gold T, Soter S. Abiogenic methane and the origin of petroleum. Energy Exploration & Exploitation, 1981, 1 (2): 89 ~ 103.

[59] 戴金星，宋岩，戴春森，等．中国东部无机成因气及其气藏形成条件．北京：科学出版社，1995：17 ~ 20.

[60] 戴金星．中国含硫化氢的天然气分布特征、分类及其成因探讨．沉积学报，1985，3（4）：109 ~ 120.

[61] Machel H G, Foght J. Products and Depth Limits of Microbial Activity in Petroliferous Subsurface Setting. Berlin: Springer, 2000: 105 ~ 120.

[62] Machel H G. Bacterial and thermochemical sulfate reduction in diagenetic settings: old and new insights. Sedimentary Geology, 2001, 140 (1-2): 143 ~ 175.

[63] Orr W L. Geologic and geochemical controls on the distribution of hydrogen sulfide in natural gas. Advances in Organic Geochemistry, 1977: 571 ~ 597.

[64] Worden R H, Smalley P C. H_2S-producing reactions in deep carbonate gas reservoirs: Khuff Formation, Abu Dhabi. Chemical Geology, 1996, 133 (1-2-3-4): 157 ~ 171.

[65] Machel H G. Gas souring by thermochemical sulfate reduction at 140℃: discussion. AAPG Bulletin, 1998, 82 (10): 1870 ~ 1873.

[66] 蔡春芳．有机硫同位素组成应用于油气来源和演化研究进展．天然气地球科学，2018，29（2）：159 ~ 167.

[67] 蔡春芳，赵龙．热化学硫酸盐还原作用及其对油气与储集层的改造作用：进展与问题．矿物岩石地球化学通报，2016，35（5）：851 ~ 859.

[68] 郭旭升，郭彤楼，黄仁春，等．四川盆地元坝大气田的发现与勘探．海相油气地质，2014，19（4）：57 ~ 64.

[69] 李志生，李谨，王东良，等．四川盆地含硫化氢气田天然气地球化学特征．石油学报，2013，34（Supp. 1）：84 ~ 91.

[70] 朱光有，张水昌，马永生，等．TSR（H_2S）对石油天然气工业的积极性研究：H_2S 的形成过程促进储层次生孔隙的发育．地学前缘，2006，13（3）：141 ~ 149.

[71] 朱光有，张水昌，梁英波，等．川东北飞仙关组高含 H_2S 气藏特征与 TSR 对烃类的消耗作用．沉积学报，2006，24（2）：300 ~ 308.

[72] Orr W L. Changes in sulfur content and isotopic ratios of sulfur during petroleum maturation: study of Big Horn Basin Paleozoic oils. AAPG Bulletin, 1974, 58 (11): 2295 ~ 2318.

[73] Aksenov A A, Anisimot L A. Forecast of the sulphide distribution in subsalt sediments within the Caspian Depression. Soviet Geology, 1982, 10: 46 ~ 52.

[74] 侯路，胡军，汤军．中国碳酸盐岩大气田硫化氢分布特征及成因．石油学报，2005，26（3）：26 ~ 32.

中国海、陆相页岩气地球化学特征*

页岩气1821年在美国东部的Appalachian盆地被发现（Curtis，2002），但直到1976年全球也只有在美国Appalachian盆地的泥盆系和密西西比系页岩生产页岩气（Selley，2012）。近十年来，由于水平井钻井、水力压裂等技术的突破和全面发展，北美掀起了一场“页岩气革命”，并波及全球，中国也卷入了这场“革命”中。美国能源信息署（EIA，2013）预测，中国四川盆地、扬子地台、江汉盆地、苏北盆地、塔里木盆地、准噶尔盆地、松辽盆地等盆地和地区的页岩气地质资源量为$143.39\times10^{12}m^3$，技术可采资源量为$31.57\times10^{12}m^3$，国土资源部2010～2012年也对中国陆上的页岩气资源量前景做了估算：地质资源量为$134.42\times10^{12}m^3$，技术可采资源量为$25.1\times10^{12}m^3$（Zhang *et al.*，2012）。

中国自2005年开始页岩气地质理论研究和勘探开发生产试验，经过近10年的探索，完成了中国陆上页岩气资源潜力初步评价及有利区筛选，开展了广泛的页岩气勘探开发先导性试验；2014年9月，国土资源部报道显示中国页岩气勘探开发总投资已经超过200×10^8元，钻探页岩气井400口（包括240口水平井）；在中国陆上多个地区多个页岩层系发现了页岩气（图1），尤其是在四川盆地南部长宁-昭通、富顺-永川、威远、焦石坝发现了古生界海相页岩气、在鄂尔多斯盆地甘泉下寺湾地区发现了中生界陆相页岩气。在四川盆地探明了中国首个超千亿立方米涪陵五峰组—马溪组页岩气田，2014年年底建成了$25\times10^8m^3/a$工业生产能力，中国页岩气勘探开发初见曙光。

美国和加拿大相关盆地海相页岩气地球化学研究有丰富的成果（Jenden *et al.*，1993a；Martini *et al.*，2003，2008；Hill *et al.*，2007；Burruss and Laughrey，2010；Osborn and Mclntosh，2010；Rodriguez and Philp，2010；Strapoć *et al.*，2010；Hunt *et al.*，2012；Zumberge *et al.*，2012；Hao and Zou，2013；Tilley and Muehlenbachs，2013）。中国对页岩气勘探开发不久，故仅最近戴金星等（Dai *et al.*，2014a）对四川盆地南部西边长宁-昭通、威远-永川一带龙马溪组页岩气地球化学作过初步研究。在高、过成熟阶段，页岩气的碳同位素普遍存在倒转现象（碳同位素随着碳数增加而降低），很多学者都对倒转的现象和原因进行过描述和解释（Jenden *et al.*，1993a；Hill *et al.*，2007；Burruss and Laughrey，2010；Rodriguez and Philp，2010；Zumberge *et al.*，2012；Hao and Zou，2013；Tilley and Muehlenbachs，2013；Xia *et al.*，2013；Gao *et al.*，2014），但是也存在争议。在此基础上，本文根据中国四川盆地海相和鄂尔多斯盆地陆相页岩气的地球化学特征，对碳同位素倒转的原因进行详细探讨。

---

* 原载于*Marine and Petroleum Geology*，2016，第76卷，444～463，作者还有邹才能、董大忠、倪云燕、吴伟、龚德瑜、王玉满、黄士鹏、黄金亮、房忱琛、王淑芳、刘丹。

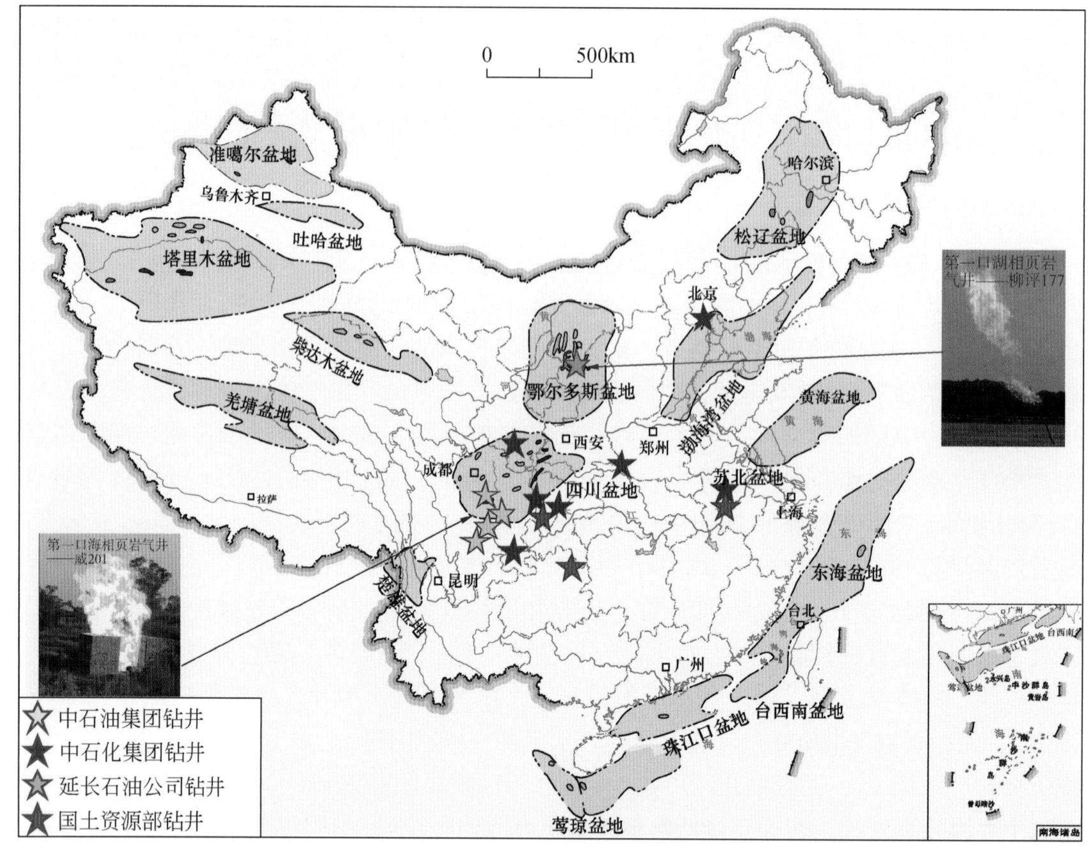

图1 中国页岩气勘探开发形势图

一、中国页岩气地质特征

中国大陆自前寒武纪到新近纪发育了丰富的富有机质页岩地层，主要形成于三大沉积环境（海相、海陆过渡相-湖沼相煤系和湖相）。与北美相比，中国富有机质页岩地质条件复杂，具有埋藏深度大、演化历史复杂、地表条件复杂的特点。

四川盆地（图1）面积达 $18.1\times10^4km^2$，是中国最稳定的大型沉积盆地之一，并是中国产常规天然气最早，也是目前中国主要产气区。盆地主要发育6套黑色页岩，其中海相主要有3套（图2），自下而上分别是元古宇下震旦统陡山沱组、古生界下寒武统筇竹寺组、上奥陶统五峰组—下志留统龙马溪组。其中，五峰组—龙马溪组（O_3w—S_1l）页岩具有厚度大、有机质丰富、成熟度高、生气能力强、岩石脆性好等特点，有利于页岩气形成与富集，是四川盆地页岩气最现实的勘探开发层系，并发现了中国第一个页岩气田——涪陵气田。

五峰组—龙马溪组富有机质页岩（TOC 含量>2%）主要发育于五峰组—龙马溪组底部，除在乐山-龙女寺古隆起缺失外，其他地区均分布广泛，厚0～120m（图3）。四川盆地五峰组—龙马溪组的分布面积超过 $10\times10^4km^2$，4000m 以浅的分布面积约 $5\times10^4km^2$。龙马

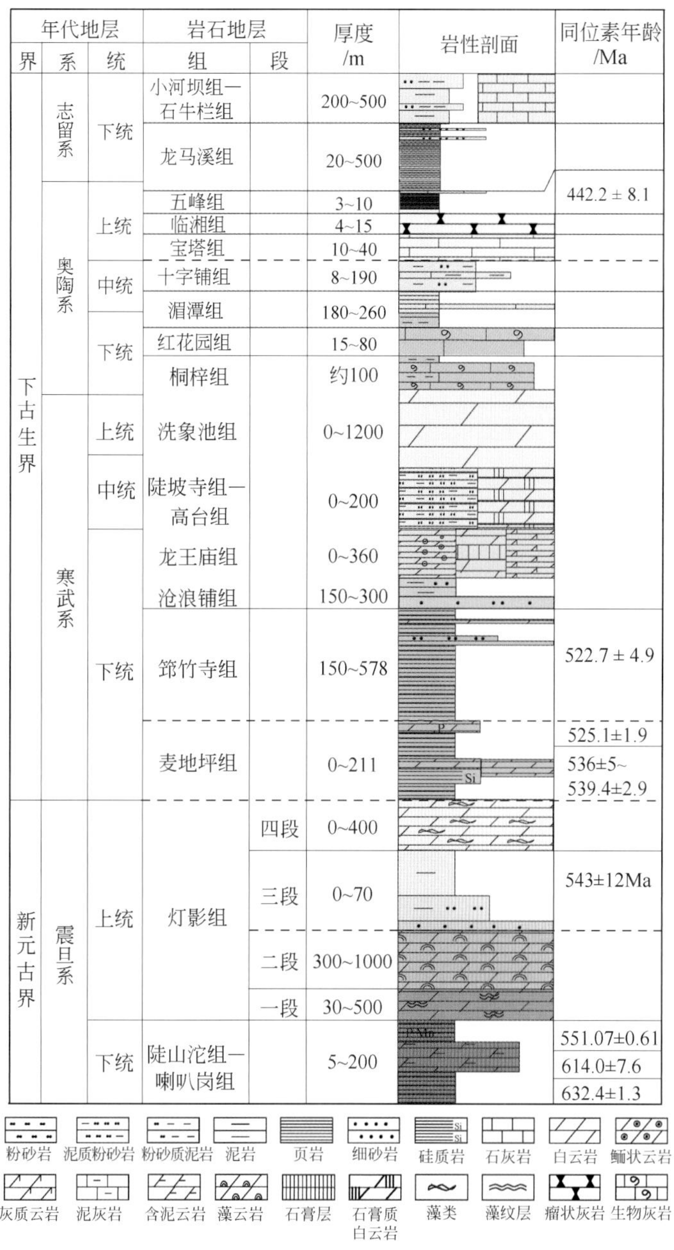

图 2　四川盆地下古生界—新元古界综合地层柱状图

溪组页岩 TOC 含量为 0.35%~18.4%，平均为 2.52%，TOC 含量>2% 以上占 45%。有机质以无定形状为主，属于Ⅰ、Ⅱ_1 型干酪根。页岩热成熟度均高，等效镜质组反射率（R_o,%）在 1.8%~3.6%，为高-过成熟和干气生成阶段。五峰组—龙马溪组页岩具有较好的孔隙度和渗透率（Zou *et al.*, 2010；Huang *et al.*, 2012；Wang *et al.*, 2012；Zou, 2013）。五峰组—龙马溪组页岩孔隙度为 1.15% ~ 10.8%，平均为 3.0%，渗透率为（0.00025 ~ 1.737）$\times10^{-3}\mu m^2$，平均为 $0.421\times10^{-3}\mu m^2$。区域上，五峰组—龙马溪组页岩的矿物成分变化不明显，页岩脆性矿物含量 47.6%~74.1%，平均 56.3%（图 4）。

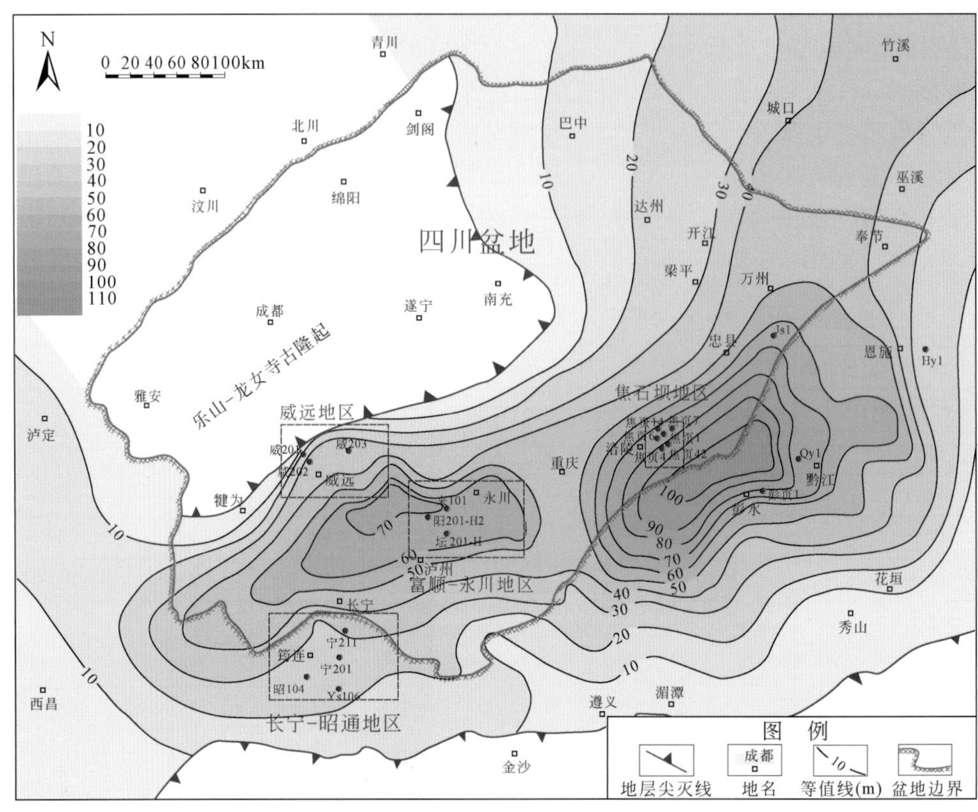

图 3 四川盆地五峰组—龙马溪组底部富有机质页岩厚度图

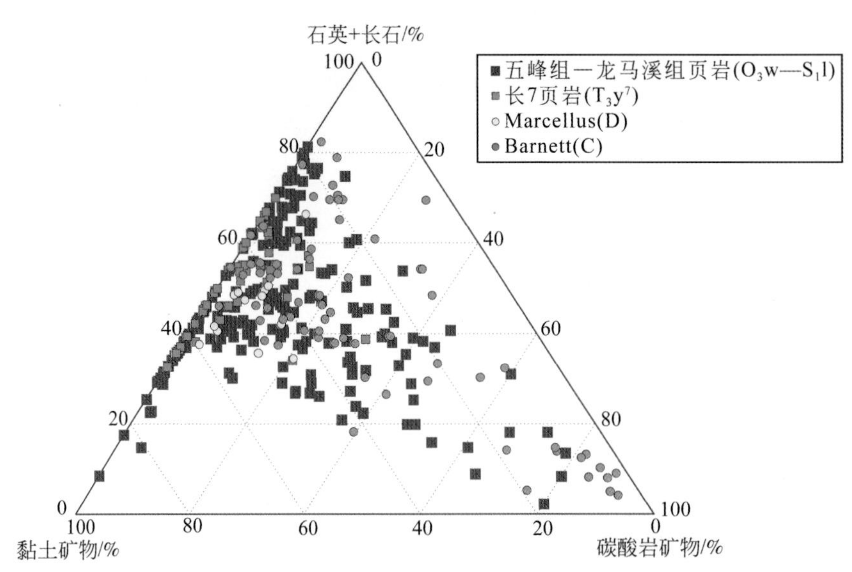

图 4 中国页岩与美国页岩矿物组成对比图

鄂尔多斯盆地位于中国北方，总面积 $37\times10^4km^2$（图 1）。它是中国第二大沉积盆地，但是是中国目前天然气产量最多的盆地。鄂尔多斯盆地太古宙和元古宙结晶基底上自下而上沉积了中新元古界、古生界和中、新生界。从古生代海相、海陆交互相到中生代陆相，主要发育3套黑色页岩，即奥陶系平凉组页岩、石炭系—二叠系含煤煤系页岩和三叠系延长组页岩。陆相延长组第七段页岩（T_3y^7）含优质深湖环境形成的页岩层，通常被称为长7页岩（图5）。迄今，鄂尔多斯盆地长7页岩气勘探开发已完钻井64口。在下寺湾区块（图6）初步探明含气面积130km^2，探明页岩气地质储量290×10^8 m^3，建成页岩气产能1.18×10^8m^3/a。

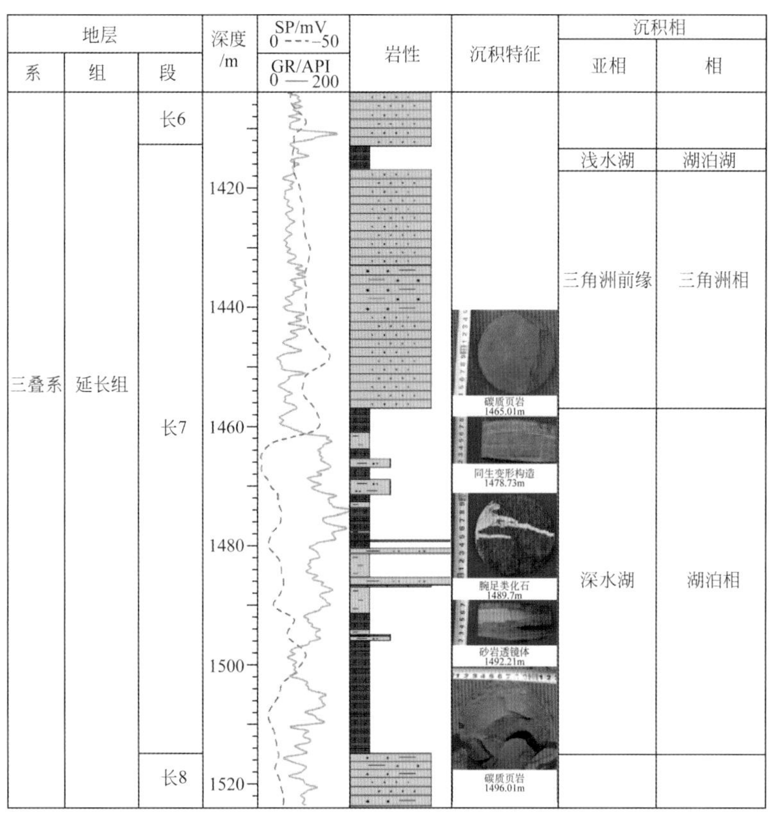

图5　鄂尔多斯盆地延长组长7段综合地层柱状图

长7页岩具有厚度较大（图6）、TOC含量高、岩石脆性好的特征，这些都有利于页岩气形成与富集。长7页岩TOC含量极高，TOC主体为6%~14%，最高可达40%，富含有机质页岩的平均TOC含量为13.81%。纵向上，长7页岩段的上部TOC含量较低，一般小于3%，而其底部页岩段的TOC含量则较高，一般大于10%。长7段页岩形成于水体较深、盐度中等、水体分层不明显、还原的沉积环境（Wang，2014）。长7页岩等效镜质组反射率（R_o,%）普遍为0.7%~1.2%（图7），主要处在生油高峰-生气早期阶段。长7页岩孔隙度和渗透率都相对较低，孔隙度0.5%~3.5%，70%的样品渗透率小于$0.01\times10^{-3}\mu m^2$。孔径通常为6~9nm，平均为7.2nm（Gao *et al.*，2014）。脆性矿物主要是石英和长石，黏土矿物含量较高，为37.4~72.8%，平均为42.1%。

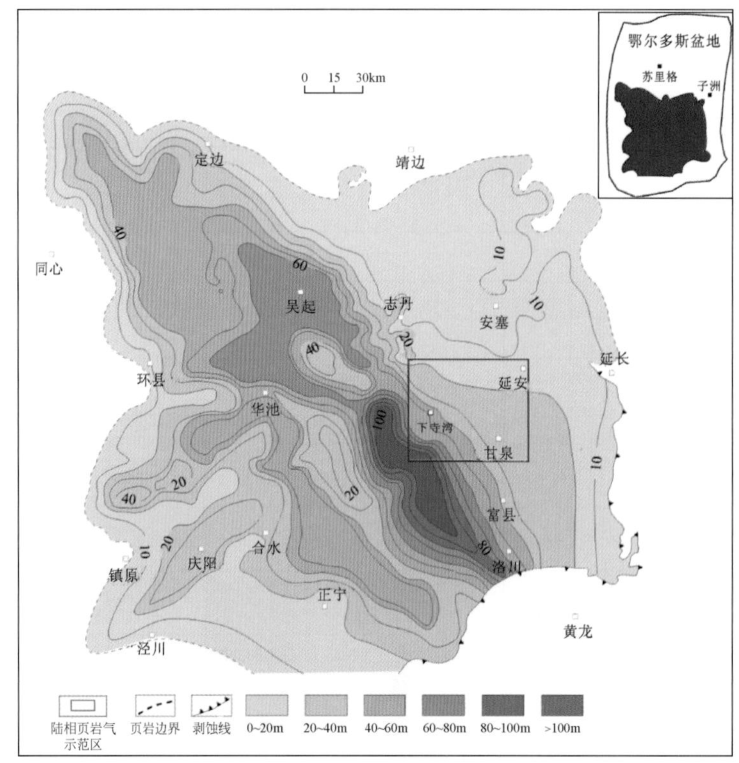

图6 鄂尔多斯盆地延长组长7富有机质页岩等厚图（单位：m）

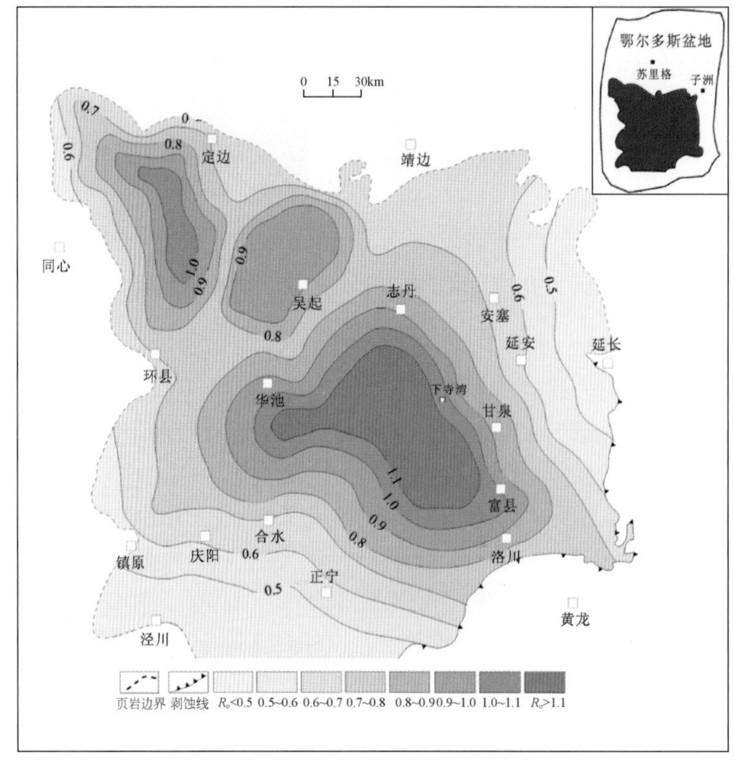

图7 长7页岩有机质成熟度（R_o,%）等值线图

二、样品和分析方法

本文收集了鄂尔多斯盆地三叠系延长组 11 个页岩气样和四川盆地五峰组—龙马溪组 45 个页岩气样，分析了它们的天然气组分和碳、氢、氦同位素（表 1、表 2）。为了便于对比，本文收集并分析了一些常规气样，包括四川盆地须家河组气样 1 个和侏罗系气样 1 个，鄂尔多斯盆地侏罗系、二叠系、三叠系、奥陶系气样 4 个，琼东南盆地古近系气样 1 个，渤海湾盆地奥陶系气样 1 个和准噶尔盆地石炭系气样 1 个（表 2、表 3）。

天然气组分分析，利用中国石油勘探开发研究院的 Agilent 7890 气相色谱仪完成，该气相色谱仪配备了火焰离子化检测仪和热导检测器。气相色谱仪的温度初始值为 70℃，恒温 5min，然后以 15℃/min 的速度升至 180℃，并恒温 15min。所有气组分均进行了氧气和氮气校正，以除去空气的影响。

稳定碳同位素值也是在中国石油勘探开发研究院完成，利用 Thermo Trace GC 联合 Thermo Delta V MS 进行检测。气相色谱仪的毛细管柱（PLOTQ 柱 27.5m×0.32mm×10mm）将单个气体组分（C_1—C_4）和 CO_2 分离，然后燃烧转化为 CO_2，注入质谱仪。气相色谱仪的温度初始值为 33℃，以 8℃/min 的速度升至 80℃，然后以 5℃/min 的速度升至 250℃，恒温 10min。每个气样分析三次，稳定碳同位素值（$\delta^{13}C$）采用 VPDB 标准。对于气体烃类化合物，$\delta^{13}C$ 的分析精度为±0.5‰。稳定氢同位素，利用中国石油勘探开发研究院的 GC/TC/IRMS 进行测定，该质谱由微裂解炉（1450℃）连接 Trace GC 和 Finnigan MAT253 同位素比值质谱而组成。气体组分在流速 1.5mL/min 的氦气（载气）条件下，经由 HP-PLOTQ 柱（30m×0.32mm×20mm）分离，然后经高温热转化裂解为 H_2，注入质谱仪。甲烷采用 1∶7 分流进样，40℃恒温。乙烷和丙烷，以无分流模式注入质谱仪中，升温程序为初始温度 40℃，恒温 4min，然后以 10℃/min 升值 80℃，再以 5℃/min 升至 140℃，最后以 30℃/min 升至 260℃。裂解炉温度为 1450℃。气体组分转化为 C 和 H_2。H_2 进入质谱仪进行测定。稳定氢同位素值 δ^2H 采用 VSMOW 为标准，分析精度为±3‰。我们实验室的氢同位素工作标准，是鄂尔多斯盆地煤成烃气体，该气体已经通过了 10 个实验室的 800 多次在线和离线方法的测量校准（Dai *et al.*, 2012）。采用国际碳同位素比值（NBS19 和 LOSVE CO_2）和氢同位素比值（VSMOW 和 SLAP）测量标准进行了两点校准。$\delta^{13}C$ 值的共识性和不确定性源自基于离线测量的最大似然估计（MLE）；考虑到在线测量的偏差，δ^2H 值的共识性和不确定性同时源自基于离线和在线测量的 MLE（Dai *et al.*, 2012）。以 VSMOW 和 VPDB 为标准，以‰为单位的校准共识值为：甲烷 $\delta^{13}C$ 值为（34.18±0.10)‰，乙烷 $\delta^{13}C$ 值为（24.66±0.11)‰，丙烷 $\delta^{13}C$ 值为（22.21±0.11)‰，异丁烷 $\delta^{13}C$ 值为(21.62±0.12)‰，正丁烷 $\delta^{13}C$ 值为（21.74±0.13)‰，CO_2 $\delta^{13}C$ 值为（5.00±0.12)‰；甲烷 δ^2H 值为（185.1±1.2)‰，乙烷 δ^2H 值为（156.3±1.8)‰，丙烷 δ^2H 值为（143.6±3.3)‰（Dai *et al.*, 2012）。所有这些值都可追溯到 VPDB 的国际碳同位素标准和 VSMOW 的氢同位素标准。

氦同位素测定，由中国石油勘探开发研究院廊坊分院的 VG5400 质谱仪完成。将一定量的气样输送到制备线，该制备线将惰性气体与其他气体分离纯化，并接入 VG5400 装置。$^3He/^4He$ 值是以兰州空气氦（$R_a=1.4\times10^{-6}$）为绝对标准来表示的。$^3He/^4He$ 值的重现性和准确度估计为±3%。

表 1 四川盆地五峰-龙马溪组页岩气组分及同位素

地区	井	深度/m	层位	R_o/%	天然气组分/%					湿度/%	δ^{13}C/‰（VPDB）				δD/‰（VSMOW）		$^3He/^4He$ /10^{-8}	He 浓度 /10^{-6}	R/R_a	$\delta^{13}C_2-\delta^{13}C_1$
					CH_4	C_2H_6	C_3H_8	CO_2	N_2		CH_4	C_2H_6	C_3H_8	CO_2	CH_4	C_2H_6				
威远	威 201	1520～1523	五峰组—龙马溪组	2.1	98.32	0.46	0.01	0.36	0.81	0.48	-36.9	-37.9			-140		3.594±0.653		0.03	-1.0
	威 201	1520～1523	五峰组—龙马溪组	2.1	99.09	0.48		0.42		0.48	-37.3	-38.2		-0.2	-136					-0.9
	威 201-H1	2840	五峰组—龙马溪组		95.52	0.32	0.01	1.07	2.95	0.34	-35.1	-38.7			-144					-3.6
	威 201-H1	2823.48	五峰组—龙马溪组		98.56	0.37		1.06		0.37	-35.4	-37.9		-1.5	-138		3.684±0.697		0.03	-2.5
	威 201-H2	2840.0	五峰组—龙马溪组		95.52	0.32	0.01	1.07	2.95	0.34	-35.1	-38.7			-144				0.03	-3.6
	威 202	2595	五峰组—龙马溪组	2.4	99.27	0.68	0.02	0.02	0.01	0.70	-36.9	-42.8	-43.5	-2.2	-144	-164	2.726±0.564	228±8	0.02	-5.9
	威 203	3137～3161	五峰组—龙马溪组		98.27	0.57		1.05	0.08	0.58	-35.7	-40.4		-1.2	-147					-4.7
长宁-昭通	宁 201-H1	2745	五峰组—龙马溪组		99.12	0.50	0.01	0.04	0.30	0.51	-27.0	-34.3			-148		2.307±0.402	187±6	0.02	-7.3
	宁 201-H1	2745	五峰组—龙马溪组		99.04	0.54		0.40	0.00	0.54	-27.8	-34.1								-6.3
	宁 211	2313～2341	五峰组—龙马溪组	3.2	98.53	0.32	0.03	0.91	0.17	0.35	-28.4	-33.8	-36.2	-9.2	-148	-173	1.867±0.453	353±12	0.03	-5.4
	宁 H2-1	2790	五峰组—龙马溪组		99.07	0.42	0.10	0.00	0.40	0.53	-28.7	-33.8	-35.4		-151	-156				-5.1
	宁 H2-2	2586	五峰组—龙马溪组		99.28	0.47	0.01	0.00	0.23	0.48	-28.9	-34.0			-149	-161				-5.7
	宁 H2-3	2503	五峰组—龙马溪组		98.62	0.42	0.01	0.59	0.37	0.43	-31.3	-34.2	-35.5		-151	-161				-2.9
	宁 H2-4	2568	五峰组—龙马溪组		99.15	0.44	0.01	0.00	0.40	0.45	-28.4	-33.8			-148	-169				-5.4
	昭 104	2117.5	五峰组—龙马溪组	3.3	99.25	0.52	0.01	0.07	0.15	0.53	-26.7	-31.7	-33.1	3.8	-149	-163	1.958±0.445	253±8	0.01	-5.0
	YSL1-1H	2002～2028	五峰组—龙马溪组	3.2	99.45	0.47	0.01	0.01	0.03	0.48	-27.4	-31.6	-33.2		-147	-159	1.556±0.427	258±9	0.01	-4.2
焦石坝	焦页 1	2408～2416	五峰组—龙马溪组	2.9	98.52	0.67	0.05	0.32	0.43	0.72	-30.1	-35.5	-53.2	-1.4	-149	-224	4.851±0.944	362±14	0.03	-5.4
	焦页 1-2	2320	五峰组—龙马溪组		98.80	0.70	0.02	0.13	0.34	0.73	-29.9	-35.9	-50.0	5.9	-147	-199	6.012±0.992	335±13	0.04	-6.0
	焦页 1-3	2799	五峰组—龙马溪组		98.67	0.72	0.03	0.17	0.41	0.75	-31.8	-35.3	-50.5	6.1	-152	-206				-3.5
	焦页 6-2	2850	五峰组—龙马溪组		98.95	0.63	0.02	0.02	0.39	0.65	-31.1	-35.8	-65.7	8.9	-149	-191	2.870±1.109	359±14	0.02	-4.7
	焦页 7-2	2585	五峰组—龙马溪组		98.84	0.67	0.03	0.14	0.32	0.70	-30.3	-35.6	-58.2	8.2	-143	-158	5.544±1.035	418±16	0.04	-5.3
	焦页 8-2	2622	五峰组—龙马溪组	3.1	98.75	0.70	0.02	0.21	0.32	0.72	-30.5	-35.6	-64.8	7.8	-141	-164				-5.1

续表

地区	井	深度/m	层位	R_o/%	天然气组分/%					湿度 /%	$\delta^{13}C$/‰（VPDB）				δD/‰（VSMOW）		$^3He/^4He$ $/10^{-8}$	He 浓度 $/10^{-6}$	R/R_a	$\delta^{13}C_2-\delta^{13}C_1$
					CH_4	C_2H_6	C_3H_8	CO_2	N_2		CH_4	C_2H_6	C_3H_8	CO_2	CH_4	C_2H_6				
焦石坝	焦页 9-2	2588	五峰组—龙马溪组		98.56	0.69	0.02	0.20	0.52	0.72	-30.7	-35.4	-50.1	8.9	-146	-199	5.297±1.086	419±16	0.04	-4.7
	焦页 10-2	2644	五峰组—龙马溪组		98.66	0.70	0.02	0.26	0.36	0.72	-31.0	-35.9	-62.8		-148	-186				-4.9
	焦页 11-2	2520	五峰组—龙马溪组		98.63	0.69	0.02	0.23	0.42	0.72	-30.4	-35.9	-59.4	8.0	-149	-195	5.649±1.225	369±14	0.04	-5.5
	焦页 12-2	2778	五峰组—龙马溪组		98.69	0.74	0.04	0.09	0.43	0.78	-29.8	-35.5	-62.7	5.7	-150	-212				-5.7
	焦页 13-2	2665	五峰组—龙马溪组		98.87	0.65	0.02	0.03	0.42	0.68	-30.3	-35.5	-65.2	3.2	-148	-190				-5.2
	焦页 12-1	2778	五峰组—龙马溪组		97.67	0.68	0.02	1.16	0.47	0.71	-30.8	-35.3		0.8	-163	-219				-4.5
	焦页 12-3	2778	五峰组—龙马溪组		98.87	0.67	0.02	0.00	0.44	0.69	-30.5	-35.1	-38.4	1.7	-149	-166				-4.6
	焦页 12-4	2778	五峰组—龙马溪组		98.76	0.66	0.02	0.00	0.57	0.68	-30.7	-35.1	-38.7		-150	-164				-4.4
	焦页 13-1	2665	五峰组—龙马溪组		98.35	0.60	0.02	0.39	0.64	0.62	-30.2	-35.9	-39.3		-150	-163				-4.3
	焦页 13-3	2665	五峰组—龙马溪组		98.57	0.66	0.02	0.25	0.51	0.68	-29.5	-34.7	-37.9		-149	-165				-3.9
	焦页 20-2		五峰组—龙马溪组		98.38	0.71	0.02	0.00	0.89	0.74	-29.7	-35.9	-39.1		-149	-165				-4.4
	焦页 29-2		五峰组—龙马溪组								-29.6	-35.4		-6.6	-153					-5.8
	焦页 42-1		五峰组—龙马溪组		98.54	0.68	0.02	0.38	0.38	0.71	-31.0	-36.1			-147	-166				-5.1
	焦页 42-2		五峰组—龙马溪组		98.89	0.69	0.02	0.00	0.39	0.71	-31.4	-35.8	-39.1		-148	-167				-4.4
	焦页 4-1	2800	五峰组—龙马溪组		97.89	0.62	0.02	0.00	1.07	0.65	-31.6	-36.2			-147	-165				-4.6
	焦页 4-2	2800	五峰组—龙马溪组		98.06	0.57	0.01	0.00	1.36	0.59	-32.2	-36.3			-150	-167				-4.1
富顺-永川	海 201-H		五峰组—龙马溪组		95.32	0.60	0.02	0.00	4.05	0.65	-32.0	-35.9			-152	-136				-3.9
	洞 202-H1		五峰组—龙马溪组		97.16	0.41	0.03	1.74	0.67	0.45	-35.5	-35.7		-3.6	-151	-135				-0.2
	阳 101		五峰组—龙马溪组	2.8	97.60	0.27	0.01	1.60	0.53	0.28	-34.4	-34.8		-1.5	-150	-128				-0.5
	阳 201-H4	4568	五峰组—龙马溪组		99.59	0.33	0.01	0.06	0.01	0.34	-33.8	-36.0	-39.4	5.4	-151	-140	3.263±0.636		0.02	-2.2
	来 101	4700	五峰组—龙马溪组		97.64	0.23	0.00	1.48	0.61	0.24	-33.2	-33.1			-151	-151	2.606±0.470		0.02	0.1
彭水	彭页 1	2466	五峰组—龙马溪组		98.77	0.71	0.01	0.35	0.15	0.72	-31.0	-34.9	-49.5	3.2	-156	-195	4.430±1.050	1000±39	0.03	3.9
	彭页 3		五峰组—龙马溪组		98.46	0.55	0.01	0.93	0.05	0.57	-30.1	-33.7	-45.4		-155	-209	4.620±0.873	986±38	0.03	3.6

表 2 鄂尔多斯盆地陆相长 7 页岩气和四川盆地新场地区陆相须家河组页岩气组分及同位素

井号	深度/m	层位	母质类型	R_o/%	天然气组分							湿度/%	$\delta^{13}C$/‰（VPDB）					δD/‰（VSMOW）			$^3He/^4He$ /10^{-8}	He 浓度 /10^{-6}	R/R_a	$\delta^{13}C_2-\delta^{13}C_1$	参考文献
					CH_4	C_2H_6	C_3H_8	iC_4H_{10}	nC_4H_{10}	CO_2	N_2		CH_4	C_2H_6	C_3H_8	C_4H_{10}	CO_2	CH_4	C_4H_6	C_3H_8					
延页 13	1225	T_1y^7		1.10	88.95	6.95	2.78	0.21	0.43	0.23	0.27	10.44	-51.0	-38.3	-33.3	-32.4	-20.1	-265	-260	-185	7.649±1.428	203±12	0.05	12.7	
延页 5	1380	T_1y^7		1.10	81.81	9.94	5.72	0.54	1.35	0.02	0.32	17.65	-51.0	-37.9	-33.2	-33.5	-19.6	-277	-286	-201				13.1	
延页 11	1490	T_1y^7		1.11	89.06	5.56	2.29	0.31	0.67	0.03	0.84	9.02	-53.4	-39.1	-34.1	-33.8	-22.7	-261	-244	-187	8.121±1.517	368±23	0.06	14.3	
延页平 1	1310	T_1y^7		1.10	84.86	8.12	3.27	0.23	0.58	0.10	0.32	12.57	-52.3	-39.5	-34.3	-33.2		-277	-277	-195	10.817±1.859	256±26	0.08	12.8	
延页 22		T_1y^7			82.12	4.25	0.95	0.25	0.21	11.26	0.85	6.45	-49.4	-31.9	-29.6	-31.8	-19.3	-245	-225	-174				17.5	
柳评 179	1460	T_1y^7	腐泥型	1.12	77.94	10.85	6.59	0.97	1.92	0.20	0.49	20.69	-46.3	-36.7	-32.3	-32.3		-255	-266	-203	9.340±1.772	78±5	0.07	9.6	本文
柳评 177	1540	T_1y^7		1.10	91.68	5.55	1.77	0.15	0.26	0.49	1.00	7.78	-49.8	-37.1	-32.6	-33.3	-17.7	-256	-248	-182	9.507±1.599	499±28	0.07	12.7	
新 59	1090	T_1y^7		0.92	82.33	8.66	5.30	0.82	1.78	0.38	0.49	16.75	-49.1	-36.9	-32.1	-32.0		-257	-278	-199	10.852±1.1922	256±16	0.08	12.2	
富页 1		T_1y^7											-47.8	-30.8	-19.6		-8.2	-237	-182					17.0	
永页 1		T_1y^7		0.95									-40.8	-36.9	-32.3	-31.1	-20.2	-257	-238	-170				3.9	
柳评 177	1070～1487	T_1y^7			88.93	5.32	1.94	0.32	0.39	0.32	2.15	8.45	-48.7	-35.8	-31.3	-34.6		-243	-221					12.9	
柳评 179	1453～1479	T_1y^7			84.79	6.91	3.13	0.44	0.77	1.29	1.75	12.54	-47.5	-35.9	-30.8	-23.2		-247	-208					11.6	Wang *et al.*, 2015
新 59	1076～1084	T_1y^7		0.92	76.29	8.69	6.05	1.04	2.23	0.87	3.14	20.71	-46.6	-36.1	-31.4	-27.5								10.5	
新页 2	3087	T_3x^5	腐殖型		94.1	3.48	0.85	0.01	0.01	0.63	0.89	4.42	-36.4	-25.1	-22.9	-22.4		-178	-147					11.3	本文

三、海、陆相页岩气地球化学特征对比研究

本文系统取了四川盆地南部海相五峰组—龙马溪组页岩气和晚三叠世陆相须家河组页岩、鄂尔多斯盆地东南部陆相长7页岩（图1、图3、图6）中53口井的56个气样。分析了页岩气的组分、碳、氢和氦同位素（表1、表2），并对海相和陆相页岩气中烷烃气、二氧化碳、碳、氢同位素作了对比研究。

1. 页岩气的烷烃气组分

海相五峰组—龙马溪组（O_3w—S_1l）页岩气中（表1）以甲烷占绝对优势，从95.52%~99.59%，平均含量为98.38%。乙烷含量从0.23%（来101）~0.74%（焦12-2）；丙烷无或者极低，从0~0.05%；丁烷，未检测到。五峰组—龙马溪组页岩气中烷烃气和由龙马溪组为气源岩生成四川盆地东部石炭系黄龙组常规气田中烷烃气的含量有相似的特征（Hu and Xie，1979；Dai *et al.*，2010）。也与美国Fayetteville页岩气、Barnett高成熟阶段页岩气、Utica页岩气、Marcellus页岩气，以及加拿大Horn River页岩气相似（Jenden *et al.*，1993a；Hill *et al.*，2007；Burruss and Laughrey，2010；Rodriguez and Philp，2010；Zumberge *et al.*，2012；Tilley and Muehlenbachs，2013）。值得注意的是，五峰组—龙马溪页岩气中平均甲烷含量是目前世界上最高的，阳201-H2井是世界上页岩气中甲烷含量最高的井（99.59%）。

鄂尔多斯盆地陆相腐泥型长7页岩气中（表2）甲烷含量从76.09%（新59，1076~1084m）~91.68%（柳评177），平均含量为84.90%；乙烷含量从1.15%（富页1）~10.85%（柳评179，1460m），平均含量为6.83%；丙烷含量从0.08%（富页1）~6.59%（柳评179，1460m），平均含量为3.32%；丁烷含量从0.03%（富页1）~3.27%（新59，1076~1084m），平均含量为1.32%。由此可见，长7页岩气中重烃气含量高而是湿气，与美国成熟阶段Barnett页岩高含重烃气的湿气相似。

四川盆地新场致密砂岩气田新页2井须5（T_3x^5）页岩气中烷烃气见表2。须家河组煤系分为6段，其中须1（T_3x^1）、须3（T_3x^3）和须5（T_3x^5）以沼泽相为主的深灰色、灰色泥岩、页岩夹煤层，是腐殖型烃源岩，而须2（T_3x^2）、须4（T_3x^4）和须6（T_3x^6）为四川盆地许多致密砂岩气田（包括新场气田）的储层（Dai *et al.*，2014b）。须五段有机质成熟度与长7页岩相似，镜质组反射率约为1.2%。

由表2可见鄂尔多斯盆地上三叠统腐泥型长7（T_3y^7）页岩气中重烃气（C_{2-5}），比四川盆地上三叠统须5（T_3x^5）的含量大，这是除长7页岩成熟度比T_3x^5低的因素外，主要与两种页岩有机质类型不同有关，因为一般情况下，特别当成熟度基本相同时，腐泥型源岩比腐殖型源岩生成重烃气多，表3明显具有此特征。由表1、表2可见，海相五峰组—龙马溪组页岩气甲烷含量高，平均为98%而重烃气含量很低，而陆相长7和须5页岩气甲烷含量低，平均为85.61%而重烃气含量高，此主要受各自源岩成熟度控制。

表3 相同或相近成熟度烃源岩形成的煤成气和油型气的甲烷及其同系物对应组分 $\delta^{13}C$ 值对比

盆地	井号	层位	气的类型	R_o/%	主要组分/%							湿度/%	$\delta^{13}C$/‰（VPDB）			
					CH_4	C_2H_6	C_3H_8	iC_4H_{10}	nC_4H_{10}	iC_5H_{12}	nC_5H_{12}		$\delta^{13}C_1$	$\delta^{13}C_2$	$\delta^{13}C_3$	$\delta^{13}C_4$
鄂尔多斯	华 11-32	侏罗系	油型气	平均 1.038	57.94	10.05	10.82	2.02	3.49	4.27	4.30	37.63	-46.41	-35.95	-32.30	-31.16
	色 1	二叠系	煤成气	1.04	94.32	2.49	0.84	0.12	0.15	0.03	0.03	3.74	-32.04	-25.58	-24.22	-23.14
	阳 8	三叠系	油型气	1.08~1.10	67.38	10.07	8.38	1.34	1.81	1.81	1.24	26.78	-47.37	-37.20	-33.09	-31.68
琼东南	崖 13-1-2	古近系	煤成气	1.09~1.10	87.00	4.00	2.0	0.80					-35.60	-25.14	-24.23	-24.13
四川	角 2	侏罗系	油型气	平均 1.045	84.34	9.10	3.11	0.29	0.93	0.37	0.43	14.44	-46.26	-32.78	-30.00	-29.82
渤海湾	苏 401	奥陶系	煤成气	1.05±	86.76	5.94	2.38	0.55	0.74	0.64		10.57	-36.5	-25.6	-23.7	
鄂尔多斯	牛 1	奥陶系	油型气	1.90±	96.09	1.81	0.28	0.03	0.02	0.02		2.20	-36.71	-29.30	-27.31	
准噶尔	彩参 1	石炭系	煤成气	1.90±	77.85	1.12	0.14					1.59	-29.90	-22.76		

2. 页岩气 CO_2组分

五峰组—龙马溪组页岩气中 CO_2 含量低，大部分井含量小于1%，最高的含量在洞202-H1 井为1.74%（表1）。长7 和须5 页岩气中 CO_2 含量也低，但个别井含量相对高，如延页22 井达11.26%，富页1 井为7.55%（表2）。由图8 可知：中国无论海相或陆相各页岩气中 CO_2 含量随其 C_2H_6 量减少而增加，此特征在美国海相 Barnett、Antrim 和 Fayetteville 页岩中也存在（Martini *et al.*，2003；Zumberge *et al.*，2012）。

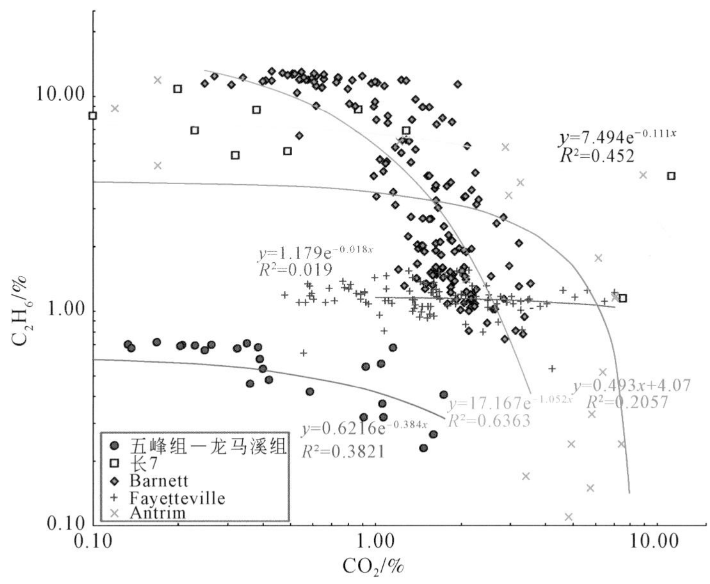

图8 中国和美国主要页岩气 CO_2-C_2H_6 关系图

3. 页岩气的稳定碳氢同位素组成

1）烷烃气的碳同位素组成

五峰组—龙马溪组页岩气 $\delta^{13}C_1$ 值为-26.7‰（昭104）~-37.3‰（威201），平均为-31.3‰。$\delta^{13}C_2$ 值为-31.6‰（YSL1-1H）~-42.8‰（威202），平均为-35.6‰。$\delta^{13}C_3$ 值为-33.1‰（昭104）~-49.5‰（彭页1），平均为-38.9‰（表1）。在长宁-昭通地区除宁H2-3 井外，所有页岩气井 $\delta^{13}C_1$ 值在-26.7‰~-28.9‰，是世界上已知页岩气中 $\delta^{13}C_1$ 值最重地区，因为 Arkoma 盆地 Fayetteville 页岩（R_o=2.5%~3.0%）气中 $\delta^{13}C_1$ 最重值为-35.4‰（Edwards J. 3-36-H），Fort Worth 盆地 Barnett 页岩（R_o = 1.3% ~ 2.1%）气中 $\delta^{13}C_1$ 最重值为-35.7‰（WS Minerals 井4H）（Rodriguez and Philp，2010；Zumberge *et al.*，2012），北 Appalachian 盆地上奥陶统 Queenston 页岩（R_o=1.95%~3.6%）气 $\delta^{13}C_1$ 最重值为-30.9‰（Harris Unit 4079）（Jenden *et al.*，1993a），而该盆地中奥陶统 Utica 页岩气 $\delta^{13}C_1$ 值为-26.97‰（Burruss and Laughrey，2010），西加拿大盆地泥盆系 Horn River 页岩气很干，气中 $\delta^{13}C_1$ 最重值为-27.6‰（HR1）（Tilley and Muehlenbachs，2013）。

Fayetteville、Barnett、Queenston、Utica 和 Horn River 页岩气中 $\delta^{13}C_1$ 最重值均分布于过

成熟的页岩中。长宁-昭通地区龙马溪组 R_o 比国外页岩更高：昭 104 井为 3.4%，对应的 $\delta^{13}C_1$ 最重值为-26.7‰。由此可见，过成熟是形成页岩气 $\delta^{13}C_1$ 值重的一个原因，长宁-昭通地区页岩气 $\delta^{13}C_1$ 值重另一个原因是页岩干酪根碳同位素重，由图 9 可见长宁-昭通地区干酪根 $\delta^{13}C$ 值比威远地区的重。尤其是宁 211 井 2214.65m 干酪根 $\delta^{13}C$ 值为-25.8‰。因此，长宁-昭通地区页岩气的重 $\delta^{13}C_1$ 值可以归因于高成熟度和重干酪根 $\delta^{13}C$ 值。

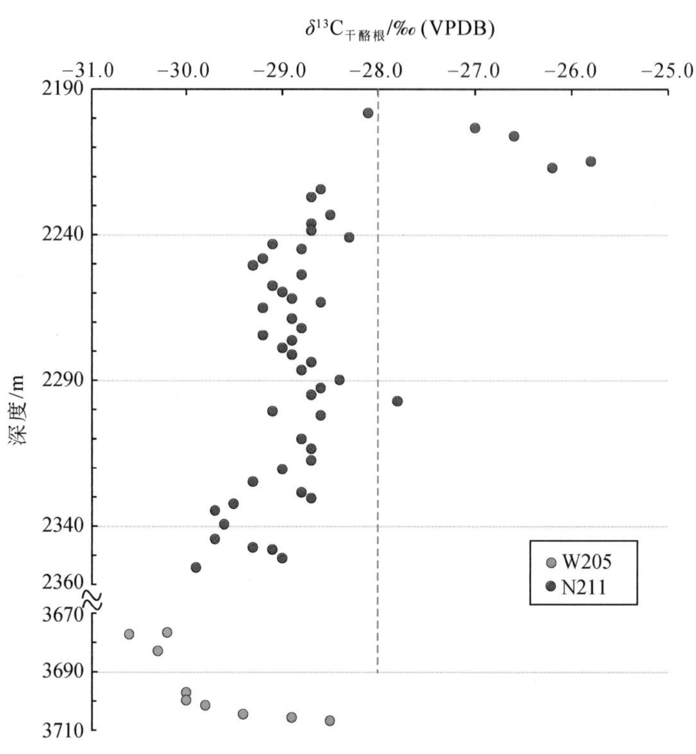

图 9 长宁-昭通地区和威远地区龙马溪组页岩干酪根 $\delta^{13}C$ 对比图

长 7 页岩气 $\delta^{13}C_1$ 值为-40.8‰（永页 1）~-53.4‰（延页 11），平均为-48.7‰；$\delta^{13}C_2$ 值为-30.8‰（富页 1）~-39.5‰（延页平 1），平均为-36.4‰；$\delta^{13}C_3$ 值为-19.6‰（富页 1）~-34.3‰（延页平 1），平均为-31.3‰；$\delta^{13}C_4$ 值为-23.2‰（柳评 179，1453~1479m）~-34.7‰（柳评 177，1070~1487m），平均为-31.6‰（表 2）。须 5 页岩气 $\delta^{13}C_1$ 值为-36.2‰，$\delta^{13}C_2$ 值为-25.1‰，$\delta^{13}C_3$ 值为-22.9‰，$\delta^{13}C_4$ 值为-22.4‰，均比长 7 页岩气 $\delta^{13}C_1$ 值、$\delta^{13}C_2$ 值、$\delta^{13}C_3$ 值和 $\delta^{13}C_4$ 值的平均值重［图 10（a）］，此两页岩成熟度均在相近的成熟阶段（表 2），致使两者不同的是长 7 页岩为腐泥型而须 5 页岩为腐殖型。须 5 干酪根 $\delta^{13}C$ 值变化在-26.9‰~-25.4‰，长 7 干酪根 $\delta^{13}C$ 值变化在-30.0‰~-28.5‰（Yang and Zhang，2005）。这是因为，烷烃气的碳同位素值受多种因素的影响，如烃源岩的热演化、有机质的类型和气体生成机制。因此，在相同和相近成熟度时腐殖型比腐泥型源岩生成甲烷及同系物的碳同位素都重（表 3）（Stahl and Carey，1975；Dai and Qi，1989）；Zheng 和 Chen（2000）指出：相同成熟度的海相腐泥型源岩比陆相腐殖型源岩形成 CH_4 的 $\delta^{13}C_1$ 值轻约 14‰。

海相五峰组—龙马溪组和陆相长 7 及须 5 页岩气的烷烃气碳同位素系列不同(图 10)。Dai 等(2004)将烷烃气碳同位素系列类型划分为三类，把烷烃气分子随碳数逐增 $\delta^{13}C$ 值递增（$\delta^{13}C_1<\delta^{13}C_2<\delta^{13}C_3<\delta^{13}C_4$）者称为正碳同位素系列，是原生型有机成因气的特征；烷烃气分子随碳数逐增 $\delta^{13}C$ 值递减（$\delta^{13}C_1>\delta^{13}C_2>\delta^{13}C_3>\delta^{13}C_4$）者称为负碳同位素系列；当烷烃气的 $\delta^{13}C$ 值不按正、负碳同位素系列规律，排列出现混乱（$\delta^{13}C_1>\delta^{13}C_2<\delta^{13}C_3<\delta^{13}C_4$，$\delta^{13}C_1<\delta^{13}C_2>\delta^{13}C_3>\delta^{13}C_4$），称为碳同位素系列倒转或逆转。由图 10（a）和表 2 可见：长 7 和须 5 页岩气主要是正碳同位素系列，是有机成因原生气，也有部分倒转；相反，由图 10（b）和表 1 可见：五峰组—龙马溪组页岩气均为负碳同位素系列。与五峰组—龙马溪组页岩同是高熟-过熟的 Barnett 和 Fayetteville 页岩气中既有正、负碳同位素系列或有碳同位素系列倒转（Rodriguez and Philp，2010；Zumberge *et al.*，2012)，这是因为 Barnett 和 Fayetteville 页岩的成熟度虽高，但仍低于五峰组—龙马溪组页岩，所以这 3 种同位素分布都存在。

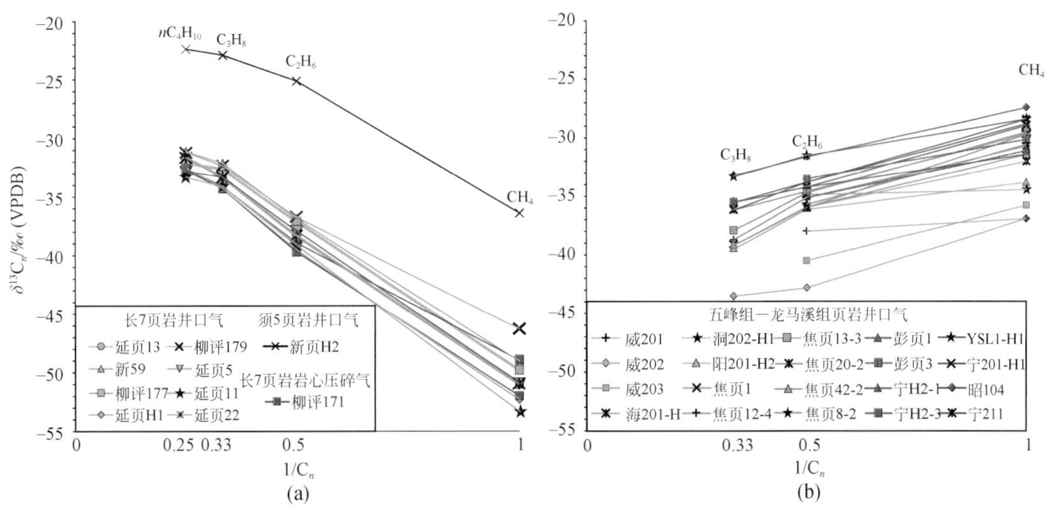

图 10 长 7、须 5（a）和五峰组—龙马溪组（b）烷烃气碳同位素系列类型对比图

2）烷烃气的氢同位素组成

五峰组—龙马溪组页岩气 $\delta^2H_{CH_4}$值为−136‰（威 201）~ −163‰（焦页 12-1），平均为−148‰；$\delta^2H_{C_2H_6}$值为−128‰（阳 101）~ −224‰（焦页 1）。长 7 页岩气 $\delta^2H_{CH_4}$值为−237‰（富页 1）~ −277‰（延页 5、延页平 1），平均为−256‰；$\delta^2H_{C_2H_6}$值为−182‰（富页 1）~ −286‰（延页 5），平均为−244‰；$\delta^2H_{C_3H_8}$值为−170‰（永页 1）~ −203‰（柳评 179，1460m），平均为−188‰。须 5 页岩气 $\delta^2H_{CH_4}$值为−178‰，$\delta^2H_{C_2H_6}$值−147‰（表 2）。海相五峰组—龙马溪组页岩气 $\delta^2H_{CH_4}$值均比陆相长 7 和须 5 页岩气 $\delta^2H_{CH_4}$值重。五峰组—龙马溪组页岩气 $\delta^2H_{C_2H_6}$值大部分重于长 7 和须 5 页岩气 $\delta^2H_{C_2H_6}$值。同为陆相长 7 腐泥型页岩气的 $\delta^2H_{CH_4}$值和 $\delta^2H_{C_2H_6}$值，均比须 5 腐殖型页岩气的 $\delta^2H_{CH_4}$值和 $\delta^2H_{C_2H_6}$值轻。

烷烃气氢同位素系列类型，可采用碳同位素系列划分原则，也划分为三类，即烷烃气分子随碳数逐增 δ^2H 值递增（$\delta^2H_{CH_4}<\delta^2H_{C_2H_6}<\delta^2H_{C_3H_8}<\delta^2H_{C_4H_{10}}$）者称为正氢同位素系

列；递减（$\delta^2H_{CH_4}>\delta^2H_{C_2H_6}>\delta^2H_{C_3H_8}>\delta^2H_{C_4H_{10}}$）者称为负氢同位素系列；当烷烃气的 δ^2H 值不按正、负氢同位素系列规律，排列出现混乱者称为氢同位素系列倒转或逆转。由图 11 和表 1 可见：五峰组—龙马溪组除富顺-永川地区 4 个样品为正氢同位素系列外，四川盆地南部五峰组—龙马溪组所有气样均为负氢同位素系列。由图 11 和表 2 可见，长 7 和须 5 页岩气主要属于正氢同位素系列，也有 3 个气样为氢同位素系列倒转（$\delta^2H_{CH_4}<\delta^2H_{C_2H_6}>\delta^2H_{C_3H_8}$）。

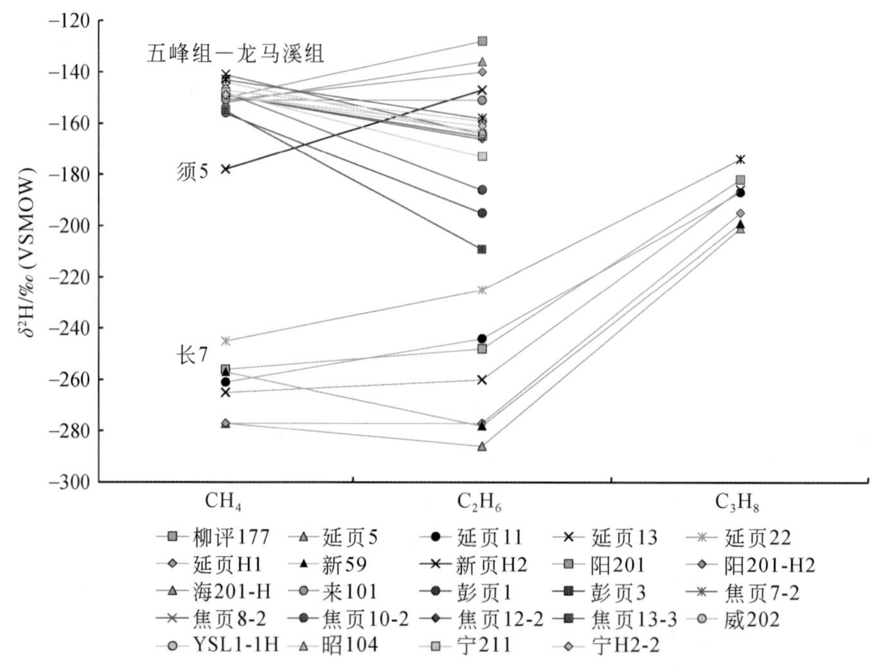

图 11 五峰组—龙马溪组长 7 和须 5 烷烃气氢同位素系列类型对比图

4. 烷烃气组分、碳、氢同位素组合图

根据表 1 中国五峰组—龙马溪组和表 2 长 7 页岩气 $\delta^{13}C_1$ 值与 $\delta^{13}C_2$ 值，并利用美国 Barnett 页岩气、Fayetteville 页岩气（Rodriguez and Philp，2010；Zumberge *et al.*，2012）、New Albany 页岩气、Antrim 页岩气（Martini *et al.*，2003，2008；Strapoć *et al.*，2010）、Marcellus 页岩气、Queenston 页岩气、Organic- rich 页岩气（Jenden *et al.*，1993a；Osborn and Mclntosh，2010）和 Utica 页岩气（Burruss and Langhrey，2010），西加拿大盆地 Doig 页岩气、Montney 页岩气和 Horn River 页岩气（Tilley and Muehlenbachs，2013）$\delta^{13}C_1$ 值与 $\delta^{13}C_2$ 值，编制 $\delta^{13}C_1$-$\delta^{13}C_2$ 图（图 12）。图 12 中 *AB* 连线代表 $\delta^{13}C_1=\delta^{13}C_2$，在 *AB* 线上方是成熟阶段页岩气，其特征是 $\delta^{13}C_1<\delta^{13}C_2$；在 *AB* 线下方是高-过成熟阶段页岩气，其特征是 $\delta^{13}C_1>\delta^{13}C_2$。图 12 显示中国五峰组—龙马溪组页岩气是目前世界上成熟度最高的，并 $\delta^{13}C_1$ 值最重的。Hao 和 Zou（2013）曾以 Barnett 和 Fayetteville 页岩气编制此类图，但图 12 作者结合了中国和北美所有页岩气，清晰地显示了 $\delta^{13}C_1$ 值和 $\delta^{13}C_2$ 值数的关系，提出了 $\delta^{13}C_1$-$\delta^{13}C_2$ 值从低熟—成熟—过熟呈“N”形轨迹变化。

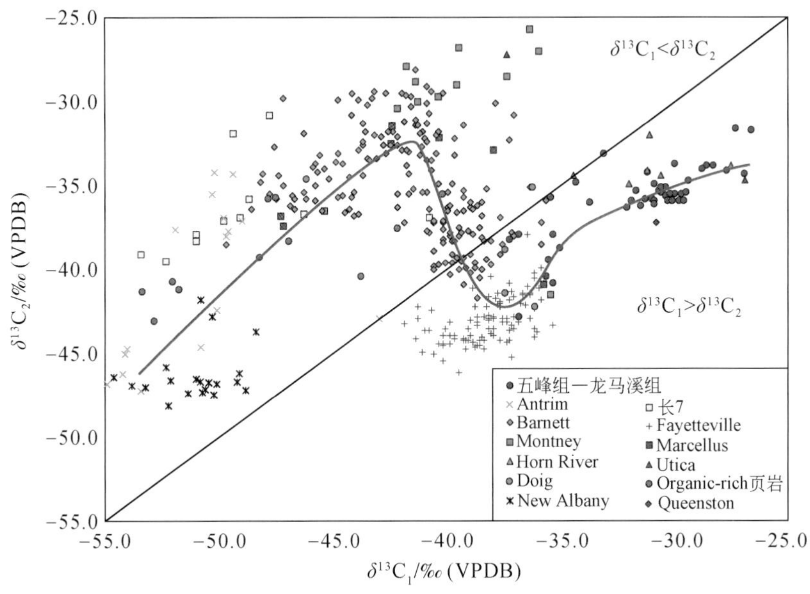

图 12　中国、美国和加拿大主要页岩气 $\delta^{13}C_1$-$\delta^{13}C_2$ 图呈"N"形演变

根据表 1 中国五峰组—龙马溪组和表 2 长 7 页岩气 $^{13}C_1$ 值与湿度值，美国 Barnett 页岩气、Fayetteville 页岩气（Rodriguez and Philp，2010；Zumberge *et al.*，2012）、New Albany 页岩气和 Antrim 页岩气（Martini *et al.*，2003，2008；Strapoć *et al.*，2010）、Marcellus 页岩气、Queenston 页岩气、Organic-rich 页岩气（Jenden *et al.*，1993a；Osborn and McIntosh，2010）和 Utica 页岩气（Burruss and Langhrey，2010），西加拿大盆地 Horn River 页岩气和 Doig 页岩气（Tilley and Muehlenbachs，2013）$\delta^{13}C_1$ 值和湿度相关数据，编制了图 13，显示出 $\delta^{13}C_1$-湿度呈卧"π"形。

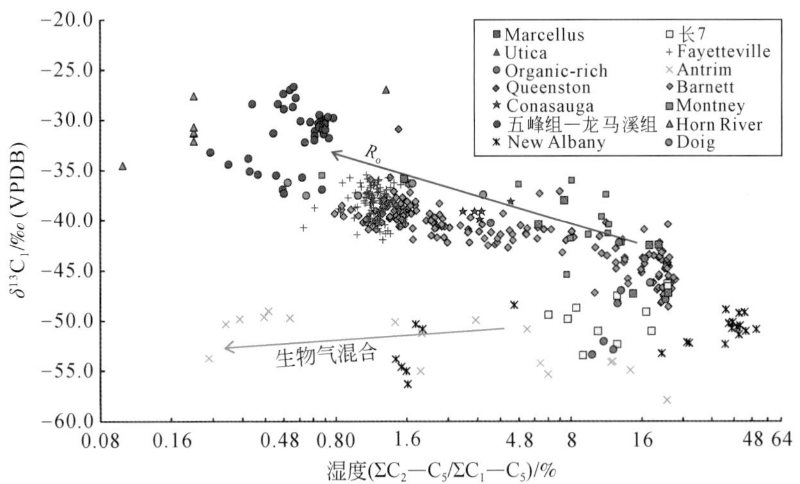

图 13　中国、美国和加拿大主要页岩气 $\delta^{13}C_1$-湿度呈卧"π"形演变

根据表1中国五峰组—龙马溪组和表2长7页岩气 $\delta^{13}C_2$ 值与湿度数据，美国 Barnett、Fayetteville、New Albany、Marcellus、Queenston、Organic-rich、Utica 页岩气及西加拿大盆地 Horn River 页岩气（Jenden *et al.*，1993a；Burruss and Langhrey，2010；Osborn and Mclntosh，2010；Rodriguez and Philp，2010；Zumberge *et al.*，2012；Tilley and Muehlenbachs，2013）$\delta^{13}C_2$ 值和湿度数据，编制了图14。湿度值由大变小表示页岩的成熟度由低熟—成熟—高熟—过熟的过程。特别需要指出的是，中国五峰组—龙马溪组的相关数据，填补了高-过熟区的空白，完美展示了世界页岩气 $\delta^{13}C_2$-湿度整个热演化过程，即随湿度值变大，呈卧"S"形演变特点。卧"S"形左拐点在湿度约1.4%处，右拐点在6%处，具有重要地质地球化学意义，因为湿度约1.4%和6%基本分别标志热解气与裂解气转折、生油窗的结束。

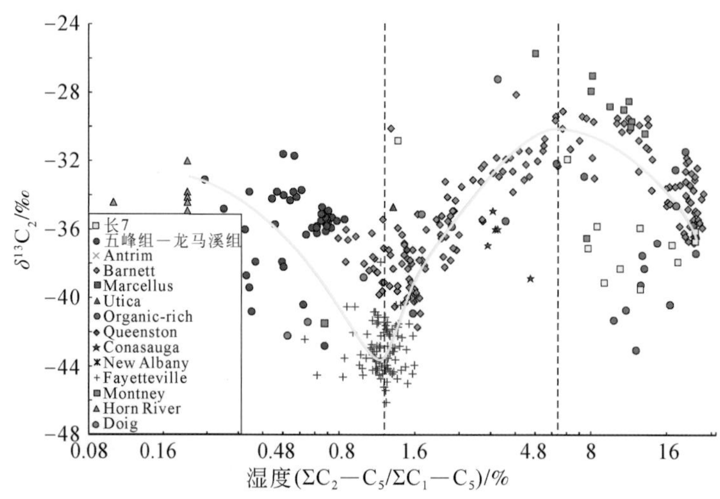

图14 中国、美国和加拿大主要页岩气 $\delta^{13}C_2$-湿度呈卧"S"形演变

根据表1中国五峰组—龙马溪组和表2长7页岩气 $\delta^{13}C_1$ 值与 $\delta^2H_{CH_4}$ 值，美国 Barnett、Fayetteville、Antrim、New Albany、Organic-rich、Marcellus、Queenston 和 Utica（Jenden *et al.*，1993a；Martini *et al.*，2003，2008；Burruss and Langhrey，2010；Osborn and Mclntosh，2010；Rodriguez and Philp，2010；Strapoć *et al.*，2010；Zumberge *et al.*，2012）页岩气 $\delta^{13}C_1$ 值和 $\delta^2H_{CH_4}$ 值编制了图15。图15显示中国页岩气和美国页岩气的 $\delta^{13}C_1$ 和 $\delta^2H_{CH_4}$ 均呈正相关关系，中国五峰组—龙马溪组页岩气处在 $\delta^{13}C_1$ 值最重区内。

根据表1中国五峰组—龙马溪组和表2长7及须5页岩气 $\delta^2H_{CH_4}$ 值和湿度，同时利用美国页岩气的 $\delta^2H_{CH_4}$ 值和湿度编制了图16。与 $\delta^{13}C_1$-湿度图（图13）相似，图16演变轨迹呈卧"π"形。卧"π"形上枝海相页岩气 $\delta^2H_{CH_4}$ 重，而下枝为长7的 $\delta^2H_{CH_4}$ 则轻。这是因为盐度大的海相页岩生成 CH_4 的氢同位素重，而淡水陆相页岩生成 CH_4 的氢同位素轻所决定（Wang，1996）。对海相 Antrim 页岩气而言，较低的 $\delta^2H_{CH_4}$ 值可能与它们的生物成因和冰川融水补给有关（Martini *et al*，2008）。

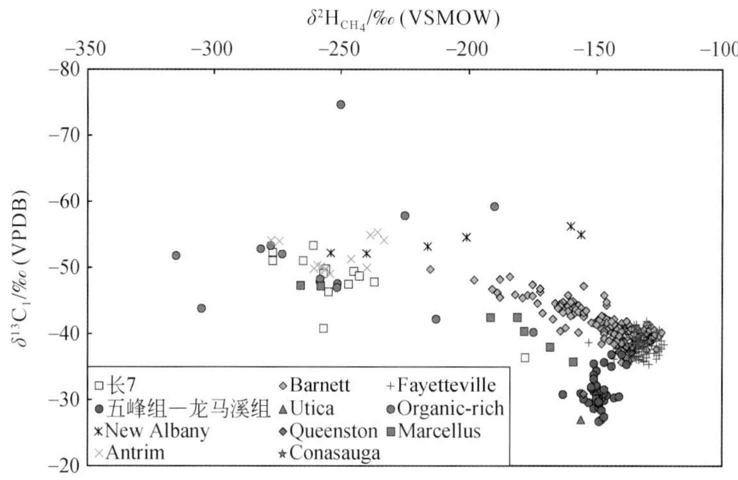

图 15　中国和美国主要页岩气 $\delta^{13}C_1$-$\delta^2H_{CH_4}$ 图

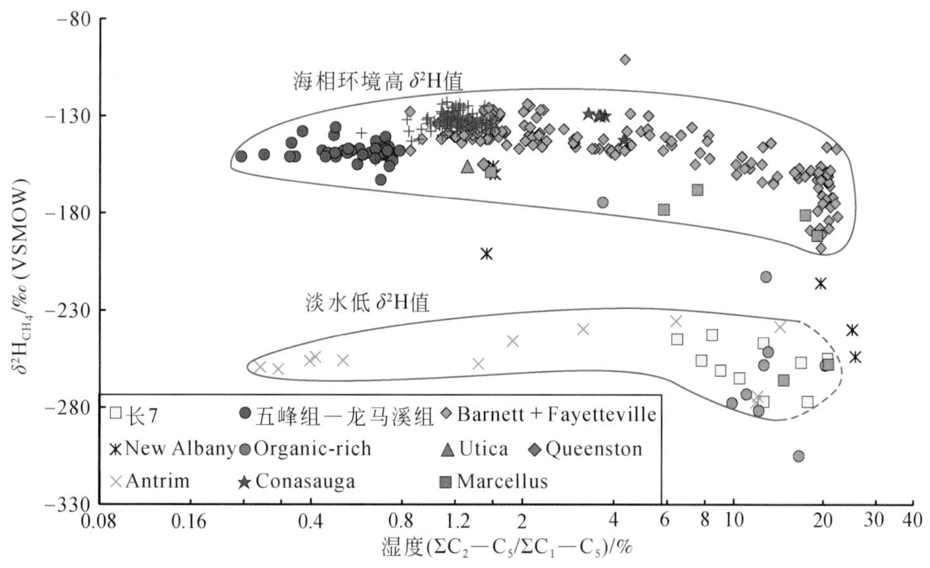

图 16　中国和美国页岩气 $\delta^2H_{CH_4}$-湿度图

5. 页岩气的氦同位素组成

由表 1 可见：四川盆地五峰组—龙马溪组页岩气中 $^3He/^4He$ 值为 1.5×10^{-8}（YSL1-1H）~6.0×10^{-8}（焦页 1-2），R/R_a 为 0.01（昭 104、YSL1-1H）~0.04（焦页 1-2、焦页 7-2、焦页 9-2、焦页 11-2）。从表 2 可见，鄂尔多斯盆地长 7 页岩气中 $^3He/^4He$ 值为 7.6×10^{-8}（延页 13）~10.9×10^{-8}（新 59），R/R_a 为 0.05（延页 13）~0.08（延页平 1、新 59），即长 7 页岩气中 $^3He/^4He$ 和 R/R_a 均比五峰组—龙马溪组的高。Dai 等（2014a）曾研究龙马溪组页岩气 $^3He/^4He$ 为 2.3×10^{-8}~4.3×10^{-8}。对四川盆地和鄂尔多斯盆地常规天然气中

氦同位素曾有研究：四川盆地$^3He/^4He$值为$0.40×10^{-8}$～$8.46×10^{-8}$，平均值为$1.89×10^{-8}$，R/R_a为0.01（Dai *et al.*，2000），另据78个气样发现，R/R_a值从四川盆地东部的0.002至四川盆地西部的0.050（Ni *et al.*，2014）；鄂尔多斯盆地$^3He/^4He$为$1.91×10^{-8}$～$7.7×10^{-8}$，平均值为$3.74×10^{-8}$，R/R_a为0.01～0.06（Dai *et al.*，2000）。壳源氦的确定有不同的标准，如$R/R_a<0.05$（Mamyrin and Tolstikhin，1984；Andrews，1985）、R/R_a为0.01～0.1（Wang，1989）。Jenden等（1993b）指出$R/R_a>0.1$时指示有幔源氦的存在；而当$R/R_a<0.1$时可认为天然气中氦基本来自壳源（Xu，1997）。应用这些参数鉴别五峰组—龙马溪组和长7段页岩中的氦属于壳源氦。

6. CO_2的$\delta^{13}C_{CO_2}$组成

五峰组—龙马溪组页岩气中$\delta^{13}C_{CO_2}$值为8.9‰（焦页6-2、焦页9-2）～-9.2‰（宁211）（表1），平均为2.2‰。长7页岩气中$\delta^{13}C_{CO_2}$值为-8.2‰（富页1）～-22.7‰（延页11）（表2），平均为-18.3‰。由此可见五峰组—龙马溪组页岩气$\delta^{13}C_{CO_2}$值比长7页岩气$\delta^{13}C_{CO_2}$值重得多。

关于二氧化碳的成因，好些学者有研究：Gould等（1981）认为岩浆来源二氧化碳的$\delta^{13}C_{CO_2}$值虽多变，但一般在-7‰±2‰。北京房山花岗岩体包裹体中来源于上地幔或下地壳的CO_2的$\delta^{13}C_{CO_2}$值为-3.8‰～-7.9‰（Zheng *et al.*，1987）。太平洋中脊玄武岩包裹体中$\delta^{13}C_{CO_2}$值-4.5‰～-6.0‰（Moore *et al.*，1977）。Shangguan和Gao（1990）指出：变质成因二氧化碳的$\delta^{13}C_{CO_2}$值与沉积碳酸盐岩的$\delta^{13}C$值相近，在1‰～-3‰，而幔源二氧化碳的$\delta^{13}C_{CO_2}$值平均为-5‰～-8.5‰。Dai等（1996，2000）综合中国大量CO_2研究成果，并同时利用国外许多相关资料，指出有机成因二氧化碳的$\delta^{13}C_{CO_2}$值<-10‰，主要在-10‰～-30‰；无机成因二氧化碳的$\delta^{13}C_{CO_2}$值>-8‰。如图17所示，长7页岩气中CO_2以有机成因气为主，是源岩成烃过程中同生CO_2。而五峰组—龙马溪组页岩气中CO_2以无机成因为主。此外，由于与CO_2伴生氦的R/R_a为0.01～0.04是壳源氦，所以五峰组—龙马溪组CO_2不是来自幔源无机成因的，而是五峰组—龙马溪组源岩在过成熟成烃过程中碳酸盐矿物发生如下高温分解化学反应形成的CO_2：

$$CaCO_3 \rightarrow CaO + CO_2$$

$$CaMg(CO_3)_2 \rightarrow CaO + MgO + 2CO_2$$

这种无机成因CO_2在中国南海莺琼盆地也存在，$\delta^{13}C_{CO_2}$值一般在-2.8‰～3.4‰，伴生的氦气R/R_a为0.01～0.003（Schoell *et al.*，1996；Dai *et al.*，2003；Huang *et al.*，2015）。由图17可见，美国主要页岩气中CO_2含量是低的，和五峰组—龙马溪页岩气及长7页岩气中的含量相似，$\delta^{13}C_{CO_2}$值也基本相近。

7. 负碳同位素系列和碳同位素系列倒转成因的讨论

上述已指出烷烃气的碳同位素系列类型有3种：正碳同位素系列（$\delta^{13}C_1<\delta^{13}C_2<\delta^{13}C_3<\delta^{13}C_4$），其是原生型有机成因气的特征；烷烃负碳同位素系列（$\delta^{13}C_1>\delta^{13}C_2>\delta^{13}C_3>\delta^{13}C_4$）和碳同位素系列倒转或逆转（$\delta^{13}C_1>\delta^{13}C_2$或$\delta^{13}C_2>\delta^{13}C_3$或$\delta^{13}C_3>\delta^{13}C_4$）。负碳同位素系列

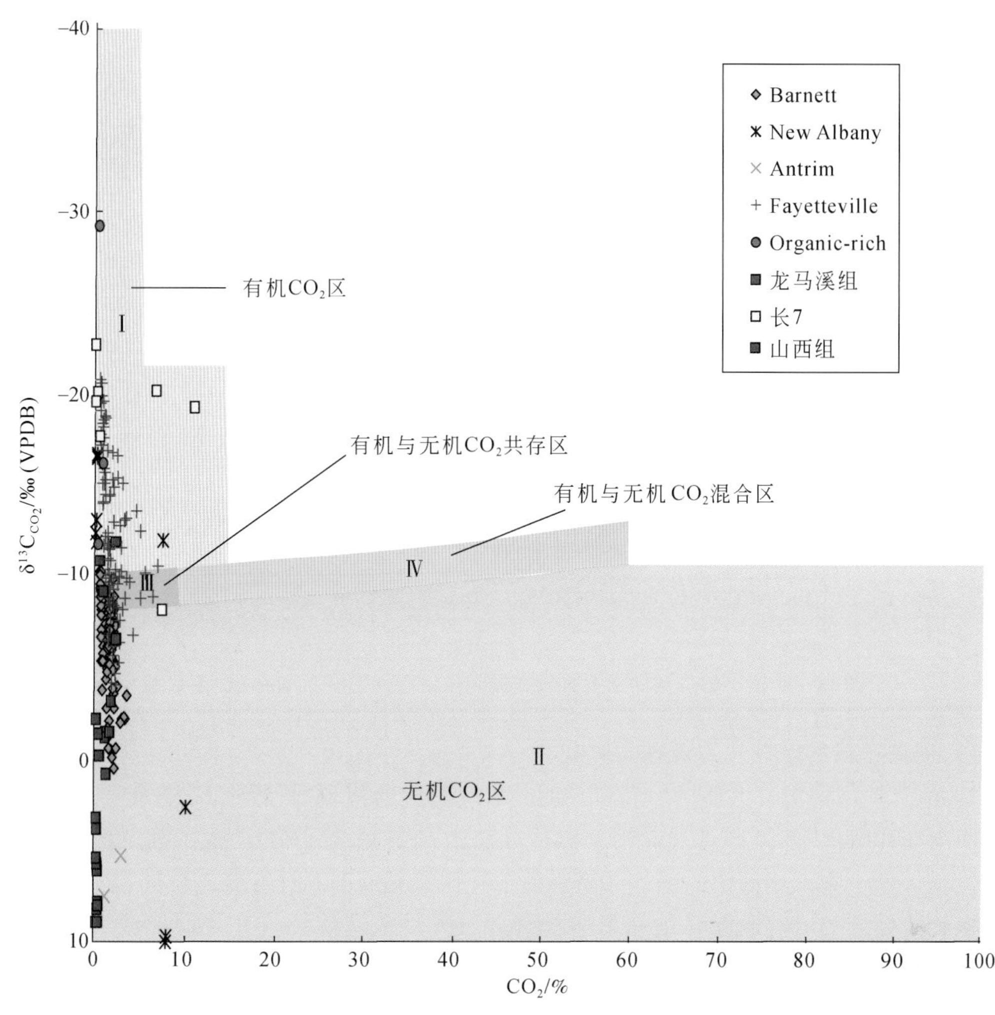

图 17　五峰组—龙马溪组和长 7 页岩气中 CO_2 成因鉴别（据 Dai *et al.*，1996）

对无机成因气是一个标志鉴别指标（Galimov，1973，2006；Dai，1992；Dai *et al.*，2004，2008）。例如，在俄罗斯希比尼地块岩浆岩包裹体天然气的 $\delta^{13}C_1$ 值为 -3.2‰、$\delta^{13}C_2$ 值为 -9.1‰、$\delta^{13}C_3$ 值为 -23.7‰（Zorikin *et al.*，1984）；土耳其喀迈拉蛇绿岩中天然气的 $\delta^{13}C_1$ 值为 -11.9‰、$\delta^{13}C_2$ 值为 -22.9‰、$\delta^{13}C_3$ 值为 -23.7‰（Hosgörmez，2007）；北大西洋 Lost City 洋中脊天然气的 $\delta^{13}C_1$ 值为 -9.9‰、$\delta^{13}C_2$ 值为 -13.3‰、$\delta^{13}C_3$ 值为 -14.2‰、$\delta^{13}C_4$ 值为 -14.3‰（Proskurowski *et al.*，2008）；澳大利亚 Murchison 碳质陨石中天然气的 $\delta^{13}C_1$ 值为 9.2‰、$\delta^{13}C_2$ 值为 3.7‰、$\delta^{13}C_3$ 值为 1.2‰（Yuen *et al.*，1984）。虽然，无机成因气中负碳同位素系列对无机成因气来说是原生型的。但近来在过成熟页岩气中发现较多负碳同位素系列（图 18）（Jenden *et al.*，1993a；Burruss and Laughrey，2010；Zumberge *et al.*，2012；Tilley and Muehlenbachs，2013；Dai *et al.*，2014a）。有机成因页岩气的负碳同位素系列是由正碳同位素系列经次生改造演变而来，具有次生型。

以下讨论页岩气中正碳同位素系列演化为负碳同位素系列和碳同位素系列倒转（以下简称倒转）成因。

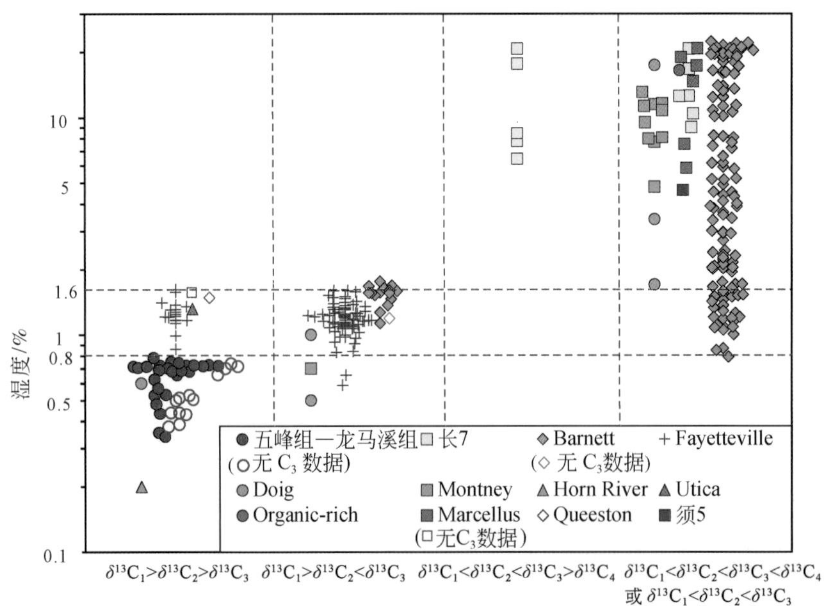

图 18 中国、美国和加拿大页岩气碳同位素系列类型和 Wetness 关系图

1）同源不同期烷烃气的混合

Jenden 等（1993a）发现在 Appalachian 盆地随成熟度增加 $\delta^{13}C_1$ 值变重，湿度变低。这是因早期残留富^{12}C 乙烷，却在很多高成熟阶段的天然气（包括 Marcellus 和 Queenston 页岩气）保留下来。用低熟的湿气和高熟的干气作端元值混源计算获乙烷同位素倒转的模型。多旋回叠合四川盆地五峰组—龙马溪组页岩气是多期烷烃气充注而形成 $\delta^{13}C_1>\delta^{13}C_2$（Guo and Zhang，2013）。

2）二次裂解（Rodriguez and Philp，2010；Tilley *et al.*，2011；Hao and Zou，2013；Xia *et al.*，2013）

在高演化阶段中，页岩系统内的天然气来自干酪根，滞留油和湿气的同时裂解，其中油或凝析物的裂解可以产生轻碳同位素乙烷，此时的乙烷含量已经很少，少量的轻碳同位素乙烷的混入可以造成同位素倒转。Hao 和 Zou（2013）也发现乙烷、丙烷同位素的倒转与 iC_4/nC_4的倒转同步发生，其拐点被认为是二次裂解的开始。

3）地层水参与的特殊氧化还原反应（Burruss and Laughrey，2010；Tang and Xia，2010；Zumberge *et al.*，2012；Gao *et al.*，2014）

甲烷同位素组成，似乎主要是后期富含^{13}C 而贫^2H 甲烷的混合而成的（Burruss and Laughrey，2010）。在经历变质作用的盆地深埋晚期，晚期甲烷的生成可能发生在含碳变质沉积物或石油裂解的残余干酪根（包括焦沥青）中（Burruss and Laughrey，2010）。对比实验也显示加水的热模拟实验可以观察到产物更富 C_{2+}，同位素倒转，而不加水的实验观察不到该现象，显示出水在气体生成和同位素倒转的过程中具有重要的作用（Gao *et al.*，2014）。Burruss 和 Laughrey（2010）把 Appalachian 盆地的深盆气（含部分页岩气）的同位素倒转分为两种：高成熟度阶段同位素倒转是与同位素轻的乙烷混合引起的；而成熟度极高的阶段，同位素倒转可能与富含^{13}C 的晚期甲烷的混合有关。

4）扩散

物质的扩散能力随分子量变大呈指数关系减小，分子的扩散特别是烃类扩散受分子量、分子大小的影响。气体扩散是单分子的流动，在致密岩石中起主要作用。由于甲烷、乙烷和丙烷扩散系数不同，造成扩散速度甲烷>乙烷>丙烷，同时也会引起甲烷同位素在扩散方向上逐渐变轻，形成同位素的分馏（Li，2004）。CH_4、C_2H_6、C_3H_8分别由$^{12}CH_4$和$^{13}CH_4$；$^{12}C^{12}CH_6$、$^{12}C^{13}CH_6$和$^{13}C^{13}CH_6$；$^{12}C^{12}C^{12}CH_8$、$^{12}C^{12}C^{13}CH_8$、$^{12}C^{13}C^{13}CH_8$和$^{13}C^{13}C^{13}CH_8$的轻重碳同位素组成各自分子。由于CH_4、C_2H_6和C_3H_8分子量不同，轻质量如$^{12}CH_4$、$^{12}C^{12}CH_6$和$^{12}C^{12}C^{12}CH_8$先扩散出去。由于分子量$^{12}CH_4<^{12}C^{12}CH_6<^{12}C^{12}C^{12}CH_8$，一方面扩散能力随分子量变大呈指数关系减小，另一方面扩散速度甲烷>乙烷>丙烷，故随扩散进行$\delta^{13}C_1$值变重，$\delta^{13}C_2$值渐轻，$\delta^{13}C_3$值最轻，导致负碳同位素系列形成。根据 Ne 和 Ar 等稀有同位素的研究，Hunt 等（2012）认为是 Appalachian 盆地碳同位素倒转的一种原因是气体大量散失（包括扩散）。

5）高温作用

由图 18 可见：过成熟阶段即湿度小于 0.8% 的五峰组—龙马溪组页岩气全部为负碳同位素系列。而处于成熟阶段即湿度为 6.45%~20.71%（表2）的长 7 页岩气既有正碳同位素系列，也有碳同位素系列倒转，倒转仅表现$\delta^{13}C_3>\delta^{13}C_4$。但在湿度为 6.45%~20.71% 区间美国和加拿大页岩气均为正碳同位素系列，更准确地说湿度约 1.6% 或更大时，除长 7 页岩气外，中国、美国和加拿大页岩气均为正碳同位素系列，只有湿度小于 1.6% 时才出现大量负碳同位素系列和碳同位素系列倒转。因此，页岩气湿度为 1.6%，基本是原生的正碳同位素系列转换为次生的碳同位素倒转和负碳同位素的关键点，可称为碳同位素类型转换点，大于此点页岩气为正碳同位素系列，小于此点即在高熟和过熟的高温阶段，开始大量出现负碳同位素系列和碳同位素系列倒转。因此高成熟度是页岩气正碳同位素系列转换为负碳同位素系列及倒转的主要控制因素。Vinogradov 和 Galimov（1970）指出不同温度下碳同位素交换平衡作用有异：地温高于 150℃，出现了$\delta^{13}C_1>\delta^{13}C_2$；高于 200℃则使正碳同位素系列改变为负碳同位素系列，即$\delta^{13}C_1>\delta^{13}C_2>\delta^{13}C_3$。但从图 18 还可发现 Barnett 页岩气湿度从 0.80%~22.06% 是个几乎呈连续带，显示 Barnett 页岩处于从成熟—高熟—过熟连续完整热演化过程。湿度在 0.80%~1.6% 只有部分页岩气发生碳同位素倒转，没有发现负碳同位素系列，但相当多页岩气还是正碳同位素系列，这可能是反映处于 0.80%~1.6% 高成熟 Barnett 页岩气“年龄”较短，碳同位素平衡效应不完善所致。五峰组—龙马溪组页岩气和 Fayetteville 页岩气湿度分别小于 0.80% 和 1.6%，没有大于 1.6%，反映高-过成熟“年龄”长，碳同位素平衡效应充分而能使原生正碳同位素系列转变为负碳同位素系列或碳同位素系列倒转。

四川盆地五峰组—龙马溪组都是前期深埋藏，焦页 1 井志留系包裹体均一温度为 215.4~223.1℃，古埋深为 7600~10000m（Guo and Zhang，2013），川南地区志留系包裹体均一温度为 140~189℃，古埋深约 6500m，对于五峰组—龙马溪组底部的产气层曾经都应该经历过 150℃以上的高温，达到了高温下因碳同位素交换作用而造成同位素倒转甚至反序的条件。

四、结论

（1）海相五峰组—龙马溪组页岩气以 CH_4 占绝对优势，CH_4 平均含量 98.38%，有世界上页岩气中CH_4含量最高的井（99.59%）。湿度为0.24%~0.78%，等效镜质组反射率（R_o,%）一般为2.4%~3.6%。陆相长7页岩气CH_4平均含量84.90%，重烃气含量高，属湿气。湿度为6.45%~20.71%，镜质组反射率（R_o,%）为0.7%~1.2%。五峰组—龙马溪组页岩气为干气，长7页岩气为湿气的原因是热演化程度不同造成。

（2）五峰组—龙马溪组页岩气$\delta^{13}C_1$值为-26.7‰~-37.3‰，平均为-31.3‰，有世界页岩气$\delta^{13}C_1$值最重的井（-26.7‰）。$\delta^{13}C_1$最重值是由热成熟度高和干酪根$\delta^{13}C$值很重所决定。$\delta^{13}C_2$平均值为-35.6‰、$\delta^{13}C_3$平均值为-47.2‰，具有$\delta^{13}C_1>\delta^{13}C_2>\delta^{13}C_3$负碳同位素系列。长7页岩气$\delta^{13}C_1$平均值为-48.7‰、$\delta^{13}C_2$平均值为-36.4‰、$\delta^{13}C_3$平均值为-31.3‰，具有$\delta^{13}C_1<\delta^{13}C_2<\delta^{13}C_3$正碳同位素系列。由此可见：两组相对组分$\delta^{13}C$平均值及碳同位素系列类型不同，这可能是热成熟度不同导致的。

（3）五峰组—龙马溪组页岩气$\delta^2H_{CH_4}$和$\delta^2H_{C_2H_6}$平均值分别为-148‰和-173‰，具有$\delta^2H_{CH_4}>\delta^2H_{C_2H_6}$负氢同位素系列。长7页岩气$\delta^2H_{CH_4}$、$\delta^2H_{C_2H_6}$和$\delta^2H_{C_3H_8}$平均值分别为-256‰、-244‰和-188‰，具有$\delta^2H_{CH_4}<\delta^2H_{C_2H_6}<\delta^2H_{C_3H_8}$正氢同位素系列。由上可见，两组相对组分$\delta^2H$平均值及氢同位素系列类型不同，这可能是两组页岩沉积环境（水盐度）和成熟度不同导致的。

（4）五峰组—龙马溪组和长7页岩气CO_2含量均低，大部分小于1%。五峰组—龙马溪组$\delta^{13}C_{CO_2}$值为8.9‰~9.2‰，是碳酸岩矿物在高温下裂解的无机成因；长7的$\delta^{13}C_{CO_2}$值为-8.2‰~-22.7‰，是成烃中形成的有机成因。此两组页岩气R/R_a值为0.01~0.08，主要为壳源氦。

（5）碳同位素系列类型有3种：正碳同位素系列、负碳同位素系列和碳同位素系列倒转。正碳同位素系列是有机成因原生天然气。正碳同位素系列经次生改造形成负碳同位素系列和碳同位素系列倒转。页岩气后两类型的形成可由同源不同期烷烃气的混合、二次裂解、地层水参与的特殊氧化还原反应、扩散、高温作用导致。高温作用是主要因素。

（6）根据中国、美国和加拿大主要页岩气编制$\delta^{13}C_2$-湿度图和湿度-碳同位素系列类形图。前一图呈卧“S”形演化，在湿度有两拐点，拐点1.4%为热解气和裂解气转折，拐点6%标志生油窗基本结束。湿度-碳同位素系列类型图，当湿度为1.6%及更大时页岩气基本为正碳同位素系列；当湿度小于1.6%时出现大量负碳同位素系列和碳同位素系列倒转，只有0.8%~1.6%有部分Barnett页岩气还是正碳同位素系列。

参考文献

Andrews J N. 1985. The isotopic composition of radiogenic helium and its use to study groundwater movement in confined aquifers. Chemical Geology, 49: 339~351.

Burruss R C, Laughrey C D. 2010. Carbon and hydrogen isotopic reversals in deep basin gas: evidence for limits to the stability of hydrocarbons. Organic Geochemistry, 41: 1285~1296.

Curtis J. 2002. Fractured shale gas system. AAPG Bulletin, 86 (11): 1921~1938.

Dai J. 1992. Identification and distinction of various alkane gases. Science in China (Series B), 35 (10): 1246~1257.

Dai J, Qi H. 1989. The relationship between $\delta^{13}C$ and Ro in coal-genetic gas. Chinese Science Bulletin, 34 (9): 690~692 (in Chinese).

Dai J, Chen J, Zhong N, *et al.* 2003. Large Gas Fields in China and Their Gas Sources. Beijing: Science Press, 144 ~ 152 (in Chinese).

Dai J, Gong D, Ni Y, *et al.* 2014b. Stable carbon isotopes of coal-derived gases sourced from the Mesozoic coal measures in China. Organic Geochemistry, 74: 123 ~ 142.

Dai J, Ni Y, Huang S. 2010. Discussion on the carbon isotopic reversal of alkane gases from the Huanglong Formation in the Sichuan Basin, China. Acta Petrolei Sinica, 31 (5): 710 ~ 717 (in Chinese).

Dai J, Song Y, Dai C, *et al.* 2000. Conditions Governing the Formation of Abiogenic Gas and Gas Pools Eastern China. Beijing and New York: Science Press, 65 ~ 66.

Dai J, Song Y, Dai C, *et al.* 1996. Geochemistry and accumulation of carbon dioxide gases in China. AAPG Bulletin, 80 (10): 1615 ~ 1626.

Dai J, Xia X, Li Z, *et al.* 2012. Inter-laboratory calibration of natural gas round robins for δ^2H and $\delta^{13}C$ using off-line and on-line techniques. Chemical Geology, 310 ~ 311, 49 ~ 55.

Dai J, Xia X, Qin S, *et al.* 2004. Origins of partially reversed alkane $\delta^{13}C$ values for biogenic gases in China. Organic Geochemistry, 35 (4): 405 ~ 411.

Dai J, Zou C, Liao S, *et al.* 2014a. Geochemistry of the extremely high thermal maturity Longmaxi shale gas, southern Sichuan Basin. Organic Geochemistry, 74: 3 ~ 12.

Dai J, Zou C, Zhang S, *et al.* 2008. Discrimination of abiogenic and biogenic alkane gase. Science in China (Series D) Earth Sciences, 51 (12): 1737 ~ 1749.

EIA. 2013. World Shale Gas Resources: An Initial Assessment of 14 Regions Outside the United States, 262 ~ 286.

Galimov E M. 1973. Izotopy Ugleroda v Neftegazovoy Geologii (Carbon Isotopes in Petroleum Geology). Moscow: Mineral Press.

Galimov E M. 2006. Isotope organic geochemistry. Organic Geochemistry, 37: 1200 ~ 1262.

Gao L, Schimmelmann A, Tang Y, *et al.* 2014. Isotope rollover in shale gas observed in laboratory pyrolysis experiments: insight to the role of water in thermogenesis of mature gas. Organic Geochemstry, 68: 95 ~ 106.

Gould K W, Hart G H, Smith J W. 1981. Carbon dioxide in the southern coalfields—a factor in the evaluation of natural gas potential. Proceedings of the Australasian Institute of Mining and Metallurgy, 279: 41 ~ 42.

Guo T, Zhang H. 2013. Formation and enrichment mode of Jiaoshiba shale gas field, Sichuan Basin. Petroleum Exploration and Development, 41 (1): 31 ~ 40.

Hao F, Zou H. 2013. Cause of shale gas geochemical anomalies and mechanisms for gas enrichment and depletion in high-maturity shales. Marine and Petroleum Geology, 44: 1 ~ 12.

Hill R J, Jarvie D M, Zumberge J, *et al.* 2007. Oil and gas geochemistry and petroleum systems of the Fort Worth Basin. AAPG Bulletin, 91: 445 ~ 473.

Hosgörmez H. 2007. Origin of the natural gas seep of Çirali (Chimera), Turkey: site of the first Olympic fire. Journal of Asian Earth Sciences, 30: 131 ~ 141.

Hu G, Xie Y. 1997. Carboniferous Gas Field in Steep Structure Region of Eastern Sichuan Basin, China. Beijing: Petroleum Industry Press.

Huang B J, Tian H, Huang H, *et al.* 2015. Origin and accumulation of CO_2 and its natural displacement of oils in the continental margin basins, northern South China Sea. AAPG Bull, 99: 1349 ~ 1369.

Huang J, Zou C, Li J, *et al.* 2012. Shale gas accumulation conditions and favorable zones of Silurian Longmaxi Formation in south Sichuan Basin, China. Journal of China Coal Society, 37 (5): 782 ~ 787 (in Chinese).

Hunt A G, Darrah T H, Poreda R J. 2012. Determining the source and genetic fingerprint of natural gases using noble gas geochemistry: a northern Appalachian Basin case study. AAPG Bulletin, 96 (10): 1785 ~ 1811.

Jenden P D, Draza D J, Kaplan I R. 1993a. Mixing of thermogenic natural gas in northern Appalachian Basin. AAPG Bulletin, 77 (6): 980 ~ 998.

Jenden P D, Kaplan I, Hilton D, *et al.* 1993b. Aboiogenic hydrocarbons and mantle helium in oil and gas fields, the future of energy gases. US Geological Survey Professional Paper, 1570: 31 ~ 56.

Li M. 2004. Oil and Gas Migration (Third Edition). Beijing: Petroleum Industry Press, 44 ~ 46 (in Chinese).

Mamyrin B A, Tolstikhin I N. 1984. He Isotopes in Nature. Amsterdam: Elsevier.

Martini A M, Walter L M, Ku T C, *et al.* 2003. Microbial production and modification of gases in sedimentary basins: a geochemical case study from a Devonian shale gas play, Michigan basin. AAPG Bulletin, 87 (8): 1355 ~ 1375.

Martini A M, Walter L M, McIntosh J C. 2008. Identification of microbial and thermogenic gas components from Upper Devonian black shale cores, Illinois and Michigan Basins. AAPG Bulletin, 92 (3): 327 ~ 339.

Moore J G, Batchelder J N, Cunningham C G. 1977. CO_2-filled vesicles in mid- ocean basalt. Journal of Volcanology and Geothermal Research, 2 (4): 309 ~ 327.

Ni Y, Dai J, Tao S, *et al.* 2014. Helium signatures of gases from the Sichuan basin, China. Organic Geochemistry, 74: 33 ~ 43.

Osborn S G, McIntosh J C. 2010. Chemical and isotopic tracers of the contribution of microbial gas in Devonian organic-rich shales and reservoir sandstones, northern Appalachian Basin. Applied Geochemistry, 25: 456 ~ 471.

Proskurowski G, Lilley M D, Seewald J S. 2008. Abiogenic hydrocarbon production at Lost City hydrothermal field. Science, 319 (5863): 604 ~ 607.

Rodriguez N D, Philp R P. 2010. Geochemical characterization of gases from the Mississippian Barnett Shale, Fort Worth Basin, Texas. AAPG Bulletin, 94: 1641 ~ 1656.

Schoell M, Schoellkopf N, Tang Y C. 1996. Formation and occurrence of hydrocarbons and non-hydrocarbon gases in the Yinggehai Basin and the Qiongdongnan Basin, the South China Sea. Chevorn- PTC and CNOOCNWC Research Report, 10 ~ 36.

Selley R C. 2012. UK shale gas: the story so far. Marine and Petroleum Geology, 31 (1): 100 ~ 109.

Shangguan Z, Gao S. 1990. The CO_2 discharges and earthquakes in western Yunnan. Acta Seismologica Sinica, 12: 186 ~ 193.

Stahl W J, Carey Jr B D. 1975. Source-rock identification by isotope analyses of natural gases from fields in the Val Verde and Delaware Basins, west Texas. Chemical Geology, 16: 257 ~ 267.

Strapoć, D, Mastalerz M, Schimmelmann A, *et al.* 2010. Geochemical constraints on the origin and volume of gas in the New Albany Shale (Devonian- Mississippian), eastern Illinois Basin. AAPG Bulletin, 94 (11): 1713 ~ 1740.

Tang Y C, Xia X Y. 2010. Kinetics and mechanism of shale gas formation: a quantitative interpretation of gas isotope "rollover" for shale gas formation. AAPG Hedberg Conference.

Tilley B, McLellan S, Hiebert S, *et al.* 2011. Gas isotope reversals in fractured gas reservoirs of the western Canadian Foothills: mature shale gases in disguise. AAPG Bulletin, 95 (8): 1399 ~ 1422.

Tilley B, Muehlenbachs K. 2013. Isotope reversals and universal stages and trends of gas maturation in sealed, self-contained petroleum systems. Chemical Geology, 339: 194 ~ 204.

Vinogradov A P, Galimov E M. 1970. Isotopism of carbon and the problem of oil origin. Geochemistry, (3): 275 ~ 296.

Wang W. 1996. Geochemical charateristics of hydrogen isotope composition of natural gas, oil and kerogen. Acta Sedimentologica Sinica, 14: 131 ~ 135 (in Chinese).

Wang X. 1989. Geochemistry and Cosmochemistry of Noble Gas Isotope. Beijing: Science Press, 112 (in Chinese).

Wang X. 2014. Lacustrine Shale Gas. Beijing: Oil Industry Press, 224 (in Chinese).

Wang Y, Dong D, Li J, *et al.* 2012. Reservoir characteristics of shale gas in Longmaxi Formation of the Lower Silurian, southern Sichuan. Acta Petrolei Sinica, 33 (4): 551 ~ 561 (in Chinese).

Xia X, Chen J, Braun R, *et al.* 2013. Isotopic reversals with respect to maturity trends due to mixing of primary and secondary products in source rocks. Chemical Geology, 339: 205 ~ 212.

Xu Y. 1997. Helium isotope distribution of natural gases and its structural setting. Earth Science Frontiers, 4 (3-4): 185 ~ 194 (in Chinese).

Yang H, Zhang W. 2005. Leading effect of the Seventh Member high-quality source rock of Yanchang Formation in Ordos Basin during the enrichment of low-penetrating oil-gas accumulation: geology and geochemistry. Geochimica, 34 (2): 147 ~ 154 (in Chinese).

Yang Y, Wang S, Huang L, *et al.* 2009. Features of source rocks in the Xujiahe Formation at the transitional zone of central-southern Sichuan Basin. Natural Gas Industry, 29 (6): 27 ~ 30 (in Chinese).

Yuen G, Blair N, Des Marais D J. 1984. Carbon isotope composition of low molecular weight hydrocarbons and monocarboxylic acids from Murchison meteorite. Nature, 307 (5948): 252 ~ 254.

Zhang D, Li Y, Zhang J, *et al.* 2012. National Wide Shale Gas Resource Potential Survey and Assessment. Beijing: Geological Publishing Press (in Chinese).

Zheng S, Huang F, Jiang C, *et al.* 1987. Oxygen, hydrogen and carbon isotope studies for fangshan granitic intrusion. Acta Petrologica Sinica, (3): 13 ~ 22 (in Chinese).

Zheng Y, Chen J. 2000. Stable Isotope Geochemistry. Beijing: Science Press, 196 ~ 200 (in Chinese).

Zumberge J, Ferworn K, Brown S. 2012. Isotopic reversal ('rollover') in shale gases produced from the Mississippian Barnett and Fayetteville formations. Marine and Petroleum Geology, 31: 43 ~ 52.

Zorikin L M, Starobinets I S, Stadnik E V. 1984. Natural Gas Geochemistry of Oil-gas Bearing Basin. Moscow: Mineral Press.

Zou C. 2013. Unconventional Petroleum Geology (Second Edition). Beijing: Geology Press, 127 ~ 167.

Zou C, Dong D, Wang S, *et al.* 2010. Geological characteristics and resource potential of shale gas in China. Petroleum Exploration and Development, 37 (6): 641 ~ 653.

中国最大的致密砂岩气田（苏里格）和最大的页岩气田（涪陵）天然气地球化学对比研究*

一、地质概况

苏里格气田位于鄂尔多斯盆地伊陕斜坡中北部（图1），是中国天然气探明地质储量最大和年产量最多的气田；2011年年底探明地质储量 $1.272\times10^{12}m^3$（Dai *et al.*，2014a），2014年产气 $209.6\times10^8m^3$。气田的气源岩和产层均在上古生界（图2），气源岩主要是本溪组（C_2b）、太原组（P_1t）和山西组（P_1s）煤系中的煤和暗色泥岩，以Ⅲ型干酪根为主。煤层累计厚度6～12m，TOC>70%；煤层泥岩厚度50～80m，TOC主要为2.0%～3%，高的大于10%（图2），R_o 在1.5%～2.0%，南部高的可达2.5%。主要气层在上石盒子组（P_1h^8），其次为山西组（P_1s^1），均以致密石英砂岩为主。上石盒子组石英砂岩石英含

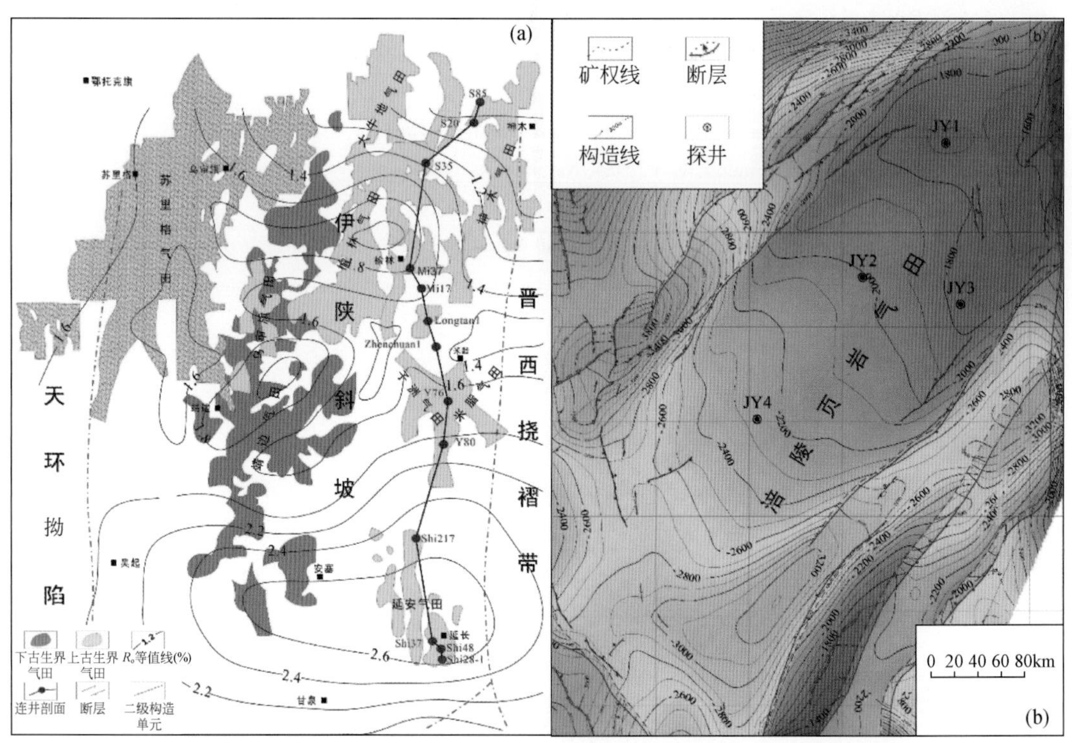

图1　中国最大致密砂岩气田（苏里格）和最大的页岩气田（涪陵）位置图

* 原载于 *Marine and Petroleum Geology*，2017，第79卷，426～438，作者还有倪云燕、龚德瑜、冯子齐、刘丹、彭威龙、韩文学。

量为 85.89%～89.11%，是套致密砂岩（Dai *et al.*，2014a，2012；Zou，2013a，2013b；Yan and Liu，2014；Yan *et al.*，2012）。盒 8 段（P_1h^8）砂岩平均孔隙度为 9.6%，渗透率为 1.01mD；山 1 段（P_1s^1）砂岩平均孔隙度为 7.6%，渗透率为 0.60mD（Zou *et al.*，2009）。气藏区域性盖层为晚二叠世石千峰组（P_3s），厚度达 60～120m 泥岩（图 2）。

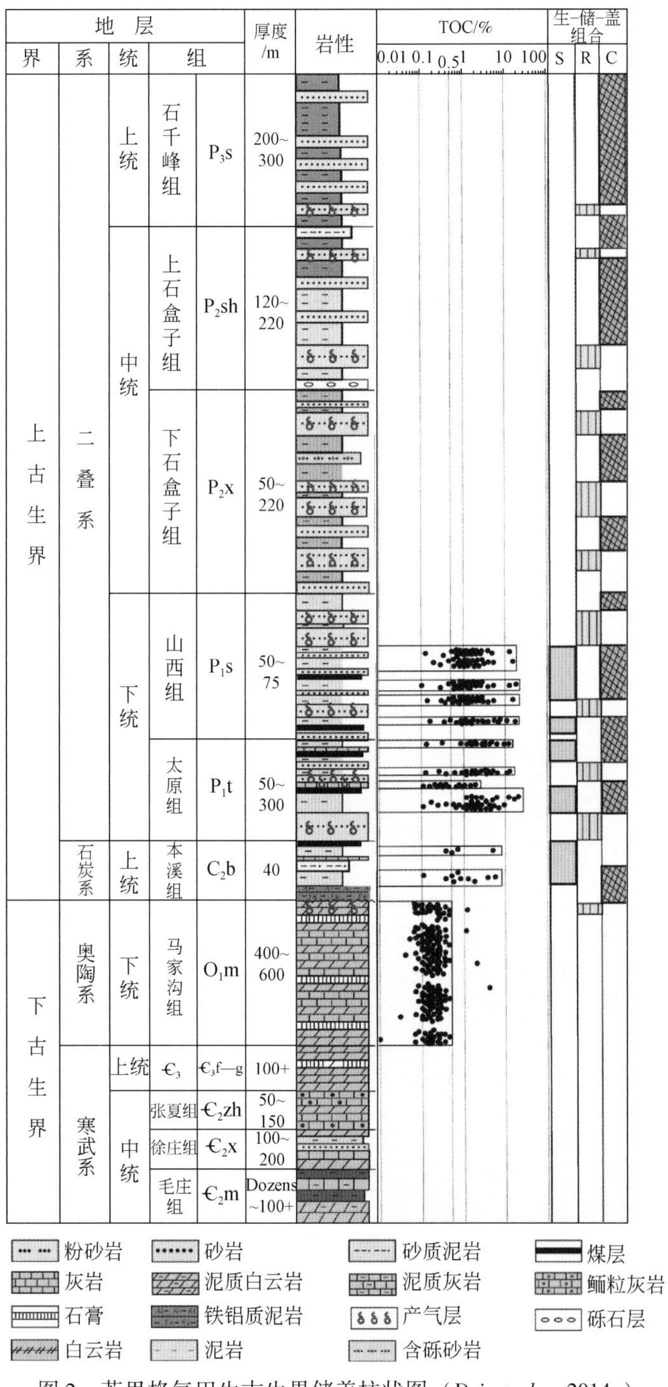

图 2　苏里格气田生古生界储盖柱状图（Dai *et al.*，2014a）

S. 烃源岩；R. 储层；C. 盖层

涪陵（焦石坝）页岩气田位于四川盆地东南部涪陵区焦石坝背斜上（图 1）（Guo and Zeng，2014；Liu，2015），是中国发现的最大页岩气气田，2014 年探明页岩气地质储量为 $1067.5\times10^8m^3$，年产气为 $1.224\times10^8m^3$。页岩气储层与气源岩为上奥陶统五峰组—下志留统龙马溪组一段，主要为灰黑色含放射虫碳质笔石页岩，为 I 型干酪根。TOC 含量大于 2% 的优质页岩厚度为 38m，最高达 5.89%，平均为 3.56%（Liu，2015）。页岩孔隙度为 2.78%~7.08%，平均值为 4.61%；渗透率为（1.06~9.7）$\times10^{-3}$mD，平均值为 4.27×10^{-3}mD。页岩处于高成熟阶段，R_o>2.2%（图 3），并是超压页岩气藏，压力系数为 1.55（Guo and Zeng，2015）。

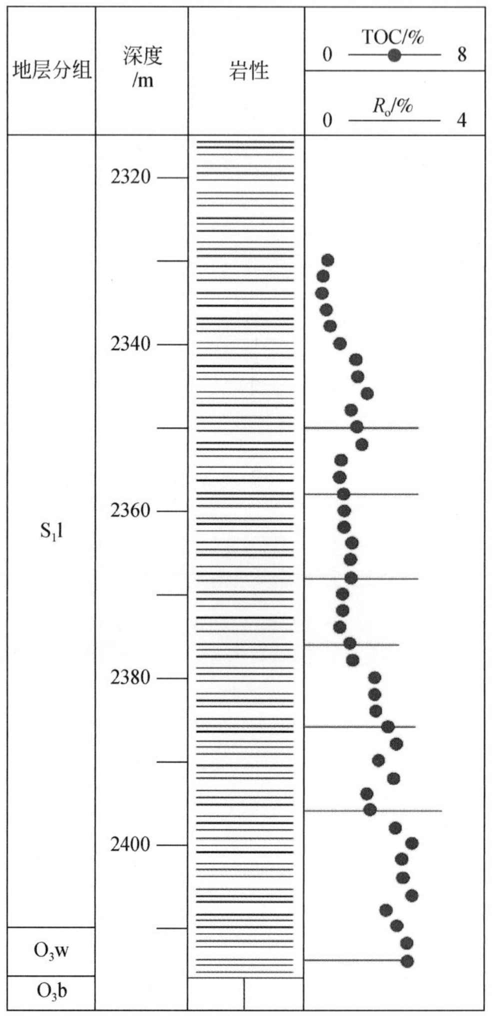

图 3 涪陵页岩气田 TOC 和 R_o 柱状图

二、天然气成因对比研究

根据苏里格致密砂岩气田 34 口井天然气地球化学参数（表 1）与涪陵（焦石坝）页岩气田 28 口井天然气地球化学参数（表 2），对两气田天然气组分特征，天然气烷烃气、二氧化碳、氦同位素各自成因作了对比研究。

表 1　苏里格致密砂岩气田天然气地球化学参数表

井号	层位	天然气组分/%									$\Sigma C_2—C_5/\Sigma C_1—C_5$/%	$\delta^{13}C$/‰（VPDB）					δD/‰（VSMOW）			$^3He/^4He$ /10^{-8}	R/R_a	数据来源
		CH_4	C_2H_6	C_3H_8	iC_4H_{10}	nC_4H_{10}	iC_5H_{12}	nC_5H_{12}	CO_2	N_2		CH_4	C_2H_6	C_3H_8	C_4H_{10}	CO_2	CH_4	C_2H_6	C_3H_8			
苏 21	P_1s,P_2x	92.39	4.48	0.83	0.13	0.14	0.05	0.02	0.99	0.68	5.76	-33.4	-23.4	-23.8	-22.7	-8.9	-178	-154	-148	4.478±0.341	0.03	本文
苏 53	P_1s,P_2x	86.05	8.36	2.17	0.37	0.44	0.15	0.08	1.13	0.72	11.85	-35.6	-25.3	-23.7	-23.9	-9.1	-186	-152	-145	4.963±0.275	0.04	
苏 55	P_2x	88.96	7.07	1.47	0.22	0.27	0.10	0.05	0.68	0.88	9.35	-35.1	-24.6	-24.1	-24.8	-10.4	-186	-151	-158	5.203±0.285		
苏 76	P_1s,P_2x	86.41	8.37	2.33	0.39	0.51	0.19	0.11	0.13	1.21	12.10	-35.1	-24.6	-24.4	-24.4		-187	-152	-146	3.629±0.216	0.03	
苏 95	P_2x	92.24	3.95	0.66	0.11	0.11	0.05	0.02	1.64	1.00	5.04	-32.5	-23.9	-24.0	-22.7	-7.5	-177	-154	-145	5.720±0.270	0.04	
苏 11-18-36	P_2x	90.16	5.50	1.15	0.21	0.21	0.10	0.05	1.47	0.94	7.41	-33.0	-23.3	-22.3	-22.9	-7.7	-180	-152	-152	5.096±0.351	0.036	
苏 14-8-45	P_2x	92.97	3.93	0.74	0.13	0.13	0.06	0.03	1.10	0.77	5.12	-33.2	-24.3	-24.3	-23.0	-9.5	-172	-157	-157			
苏 14-11-09	P_2x	92.52	3.78	0.75	0.16	0.17	0.09	0.04	1.18	1.10	5.12	-31.6	-24.0	-24.2	-22.6	-9.4	-172	-154	-158			
苏 14-18-36	P_1s	93.08	3.92	0.73	0.13	0.14	0.06	0.03	1.13	0.66	5.11	-33.4	-24.0	-24.3	-22.8	-8.2	-174	-157	-157	5.096±0.351	0.036	
苏 53-78-46H	P_1s,P_2x	89.82	6.21	1.24	0.22	0.24	0.10	0.05	0.93	0.87	8.23	-33.9	-23.9	-23.6	-23.2	-18.4	-182	-152	-141			
苏 75-64-5X	P_2x	89.45	6.36	1.26	0.22	0.24	0.08	0.04	0.13	0.93	8.40	-33.5	-24.0	-23.3	-22.8		-183	-154	-144			
苏 75-70-5X		90.70	5.19	1.02	0.18	0.18	0.08	0.04	1.48	0.93	6.87	-32.8	-23.6	-23.1	-22.7	-8.3	-180	-153	-155	4.446±0.252	0.032	
苏 76-15-18	P_1s,P_2x	85.63	8.18	2.56	0.47	0.64	0.26	0.16	0.41	1.29	12.53	-35.7	-25.3	-24.8	-24.8	-13.0	-189	-151	-152			
苏 77-2-5	P_2x	89.90	5.53	1.24	0.24	0.27	0.11	0.05	1.46	0.70	7.64	-30.8	-22.7	-23.3	-22.9	-11.4	-178	-155	-149	4.19±0.270	0.036	
苏 77-4-6	P_2x	90.95	5.10	1.14	0.21	0.24	0.11	0.05	0.21	0.93	7.00	-33.5	-23.7	-24.7	-23.3	-8.8	-182	-148	-151			
苏 77-6-8	P_2x	89.90	5.80	1.24	0.22	0.24	0.09	0.04	0.60	0.79	7.82	-33.6	-23.9	-24.1	-23.5	-13.0	-185	-152	-150	4.687±0.303	0.033	
苏 120-42-84	P_1s,P_2x	91.15	4.19	0.79	0.15	0.14	0.08	0.03	2.25	1.04	5.57	-33.0	-23.3	-22.3	-22.9	-7.4	-180	-152	-152			
苏南 9-61		88.28	5.49	1.16	0.74	0.23	0.26	0.07	1.47	1.73	8.26	-32.3	-20.4	-17.7	-18.5	-4.0	-174	-148	-140			
昭 61	P_1s	88.98	6.83	1.53	0.31	0.37	0.15	0.07	0.55	0.85	9.43	-33.2	-23.5	-23.3	-23.2	-12.6	-178	-146	-139	4.485±0.269	0.032	
苏 1	P_1x	92.24	4.16	0.83	0.18	0.14	0.06	0.03	1.70	0.56	5.53	-34.2	-22.2	-22.1	-21.6					4.4±0.26	0.032	Dai *et al.*, 2005
苏 1	P_1s	92.47	4.26	0.86	0.20	0.16	0.08	0.04	1.25	0.51	5.71	-34.4	-22.1	-21.8	-21.6							
苏 20	P_2x	92.42	4.82	0.87	0.15	0.16	0.06	0.02	0.66	0.78	6.17	-33.0	-24.4	-24.7	-23.5					3.57±0.16	0.026	
苏 36-13	P_1x	90.89	5.26	1.11	0.15	0.20	0.20	0.03	0.47	1.57	7.10	-33.4	-24.7	-24.4	-23.5					3.71±0.22	0.027	
苏 40-14	P_1x	90.65	5.57	1.12	0.18	0.18	0.07	0.03	0.59	1.48	7.31	-34.1	-24.0	-24.5	-23.5					3.84±0.23	0.027	

续表

井号	层位	天然气组分/%									$\sum C_2—C_5/\sum C_1—C_5$/%	$\delta^{13}C$/‰（VPDB）					δD/‰（VSMOW）			$^3He/^4He$ /10^{-8}	R/R_a	数据来源
		CH_4	C_2H_6	C_3H_8	iC_4H_{10}	nC_4H_{10}	iC_5H_{12}	nC_5H_{12}	CO_2	N_2		CH_4	C_2H_6	C_3H_8	C_4H_{10}	CO_2	CH_4	C_2H_6	C_3H_8			
苏 14-22-41	P_1s	91.74	4.81	1.25	0.25	0.25	0.09	0.05			6.81	-32.6	-23.6	-23.4	-23.0		-193.0	-169.0	-171.0			Li *et al.*, 2014
苏 36-10-9	P_1s	92.45	3.52	0.73	0.14	0.14	0.06	0.02			4.75	-34.0	-25.1	-25.7	-24.8		-193.0	-167.0	-179.0			
苏 36-17-20	P_1s	93.27	3.91	0.74	0.14	0.14	0.05	0.02			5.09	-33.2	-24.4	-24.3	-23.6		-194.0	-165.0	-166.0			
苏 36-21-4	P_2h_8	93.05	3.99	0.79	0.14	0.14	0.05	0.03			5.23	-32.7	-24.6	-24.9	-23.5		-193.0	-169.0	-172.0			
苏 36-8-25	P_2h_8	92.57	3.57	0.72	0.16	0.13	0.06	0.02			4.79	-33.2	-24.2	-24.0	-23.6		-191.0	-164.0	-163.0			
苏 6-01-15	P_2h_8	91.35	3.92	0.88	0.20	0.19	0.08	0.04			5.49	-32.3	-23.7	-24.5	-23.3		-194.0	-167.0	-175.0			
桃 2-3-14	P_1s	93.46	4.09	0.69	0.10	0.11	0.03	0.01			5.11	-31.0	-23.5	-23.9	-23.0		-190.0	-162.0	-160.0			
桃 2-6-11	P_1s	93.89	4.62	0.77	0.18	0.14	0.06	0.02			5.81	-31.7	-24.3	-24.5	-22.9		-191.0	-166.0	-167.0			
桃 2-9-18	P_2h_8	93.69	3.76	0.65	0.11	0.11	0.03	0.02			4.76	-31.7	-24.1	-24.5	-23.2		-195.0	-170.0	-167.0			
桃 3-6-10	P_2h_8	94.25	3.31	0.51	0.08	0.09	0.03	0.01			4.10	-31.5	-24.3	-24.9	-23.7		-191.0	-165.0	-169.0			

表 2　涪陵（焦石坝）页岩气田天然气地球化学参数表

井号	层位	天然气气组分/%					$\sum C_2—C_5/\sum C_1—C_5$/%	$\delta^{13}C$/‰（VPDB）			$^3He/^4He/10^{-8}$	R/R_a	数据来源
		CH_4	C_2H_6	C_3H_8	CO_2	N_2		CH_4	C_2H_6	C_3H_8			
焦页 1	O_3l,S_1l	98.52	0.67	0.05	0.32	0.43	0.72	-30.1	-35.5		4.851±0.944	0.03	本文
焦页 1-2	O_3l,S_1l	98.80	0.70	0.02	0.13	0.34	0.73	-29.9	-35.9		6.012±0.992	0.04	
焦页 1-3	O_3l,S_1l	98.67	0.72	0.03	0.17	0.41	0.75	-31.8	-35.3				
焦页 4-1	O_3l,S_1l	97.89	0.62	0.02		1.07	0.65	-31.6	-36.2				
焦页 4-2	O_3l,S_1l	98.06	0.57	0.01		1.36	0.59	-32.2	-36.3				
焦页-2	O_3l,S_1l	98.95	0.63	0.02	0.02	0.39	0.65	-31.1	-35.8		2.870±1.109	0.02	
焦页 7-2	O_3l,S_1l	98.84	0.67	0.03	0.14	0.32	0.70	-30.3	-35.6		5.544±1.035	0.04	
焦页 12-3	O_3l,S_1l	98.87	0.67	0.02	0.00	0.44	0.69	-30.5	-35.1	-38.4			
焦页 12-4	O_3l,S_1l	98.76	0.66	0.02	0.00	0.57	0.68	-30.7	-35.1	-38.7			

续表

井号	层位	天然气气组分/%					$\sum C_2—C_5/\sum C_1—C_5$/%	$\delta^{13}C$/‰（VPDB）			$^3He/^4He/10^{-8}$	R/R_a	数据来源
		CH_4	C_2H_6	C_3H_8	CO_2	N_2		CH_4	C_2H_6	C_3H_8			
焦页 13-1	O_3l,S_1l	98.35	0.60	0.02	0.39	0.64	0.62	-30.2	-35.9	-39.3			本文
焦页 13-3	O_3l,S_1l	98.57	0.66	0.02	0.25	0.51	0.68	-29.5	-34.7	-37.9			
焦页 20-2	O_3l,S_1l	98.38	0.71	0.02	0.00	0.89	0.74	-29.7	-35.9	-39.1			
焦页 42-1	O_3l,S_1l	98.54	0.68	0.02	0.38	0.38	0.71	-31.0	-36.1				
焦页 42-2	O_3l,S_1l	98.89	0.69	0.02	0.00	0.39	0.71	-31.4	-35.8	-39.1			
焦页 1HF	S_1l	97.22	0.55	0.01		2.19	0.56	-30.3	-34.3	-36.4			Liu *et al.*, 2015
	S_1l	98.34	0.68	0.02	0.10	0.84	0.70	-29.6	-34.6	-36.1			
	S_1l	98.34	0.66	0.02	0.12	0.81	0.69	-29.4	-34.4	-36.1			
	S_1l	98.41	0.68	0.02	0.05	0.80	0.71	-30.1	-35.5				
	S_1l	98.34	0.68	0.02	0.10	0.84	0.70	-30.6	-34.1	-36.3			
焦页 1-3HF	S_1l	98.26	0.73	0.02	0.13	0.81	0.77	-29.4	-34.5	-36.3			
	S_1l	98.23	0.71	0.03	0.12	0.86	0.74	-29.6	-34.7	-35.0			
威 201	S_1l	98.32	0.46	0.01	0.36	0.81	0.48	-36.9	-37.9		3.594	0.03	Dai *et al.*, 2014b
威 201-H	S_1l	95.52	0.32	0.01	1.07	2.95	0.34	-35.1	-38.7		3.684	0.03	
威 202	S_1l	99.27	0.68	0.02	0.02	0.01	0.70	-36.9	-42.8	-43.5	2.726	0.02	
宁 201-HI	S_1l	99.12	0.50	0.01	0.04	0.30	0.51	-27.0	-34.3		2.307	0.02	
宁 211	S_1l	98.53	0.32	0.03	0.91	0.17	0.35	-28.4	-33.8	-36.2	1.867	0.03	
召 104	S_1l	99.25	0.52	0.01	0.07	0.15	0.53	-26.7	-31.7	-33.1	1.958	0.01	
YSL1-H1	S_1l	99.45	0.47	0.01	0.01	0.03	0.48	-27.4	-31.6	-33.2	1.556	0.01	

1. 天然气中烷烃气占绝对优势

由图4和表1、表2可见：两个气田气组分以烷烃气为主，含量在96%以上。苏里格致密气田CH_4、C_2H_6、C_3H_8、C_4H_{10}平均含量分别为91.12%、5.05%、1.07%和0.42%［图4（a）］，是湿气；涪陵（焦石坝）气田没有C_4H_{10}，CH_4、C_2H_6、C_3H_8平均含量分别为98.44%、0.66%和0.02%［图4（b）］，是干气。干湿气不同是由各自源岩成熟度不同制约。涪陵气田R_o为2.20%~3.13%（Zhang *et al.*，2015），焦页1井S_1l R_o为2.4%~3.0%（Dai *et al.*，2014b）。两个气田CO_2和N_2含量均低，苏里格气田CO_2和N_2平均含量为0.98%和0.96%，涪陵气田CO_2和N_2平均含量分别为0.12%和0.73%。

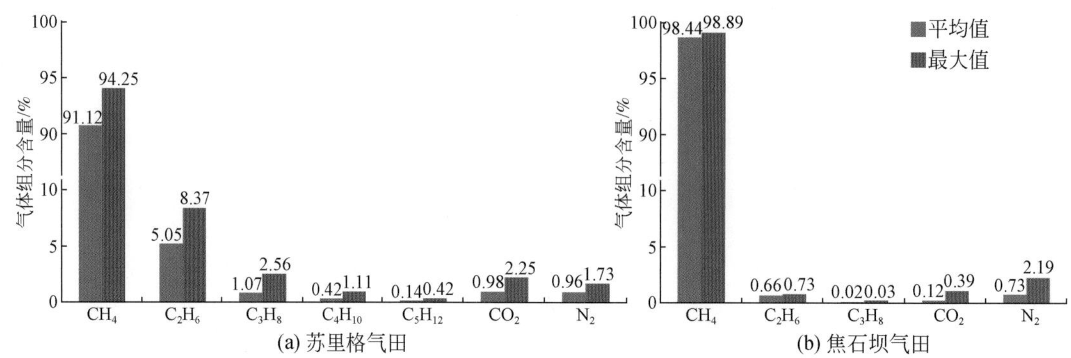

图4 苏里格气田（a）和焦石坝气田（b）天然气组分图

2. 烷烃气碳同位素组成

1）烷烃气碳同位素组合鉴别天然气类型

1992年由戴金星提出了$\delta^{13}C_1-\delta^{13}C_2-\delta^{13}C_3$鉴别图版，2014年戴金星等又将其完善（Dai *et al.*，2014a，2014c），可有效鉴别有机成因各类烷烃气类型。把表1和表2中的各井$\delta^{13}C_1$值、$\delta^{13}C_2$值和$\delta^{13}C_3$值投入该图版中（图5），由图5可见，苏里格气田的烷烃气是煤成气，前人（Dai *et al.*，2005a，2012，2014a，2014c；Zou，2013a，2013b；Yang，2012，2014）从各个角度研究也认为苏里格气田天然气是煤成气。由图5可见，涪陵气田烷烃气在油型气范畴的碳同位素倒转区内，故该气田的烷烃气属油型气。有关研究者（Dai *et al.*，2014b；Guo and Zhang，2014；Guo and Zeng，2015；刘若冰，2015；Gao，2015）也持此观点。

Rooney等（1995）分别研究了Niger Delta和Dclaware-Val Verde盆地Ⅲ型和Ⅱ型干酪根形成甲烷和乙烷碳同位素回归线，Jenden等（1998）研究了Sacrarnento盆地Ⅲ型干酪根形成甲烷和乙烷碳同位素回归线为有$\delta^{13}C_1<\delta^{13}C_2$特征（图6）。把表1和表2的$\delta^{13}C_1$和$\delta^{13}C_2$值投入图6中，可见苏里格气田各相关点是在Niger Delta和Sacrarnento盆地范围内，并且$\delta^{13}C_1<\delta^{13}C_2$，故苏里格气田天然气应是煤成气。涪陵气田各相关点不在Ⅱ型和Ⅲ型干酪根形成气范围内，并有$\delta^{13}C_1>\delta^{13}C_2$特征，因为其天然气是过熟油型气所致。

2）烷烃气碳同位素系列

烷烃气分子随碳数逐增$\delta^{13}C$值渐增（$\delta^{13}C_1<\delta^{13}C_2<\delta^{13}C_3<\delta^{13}C_4$）者称为正碳同位素系

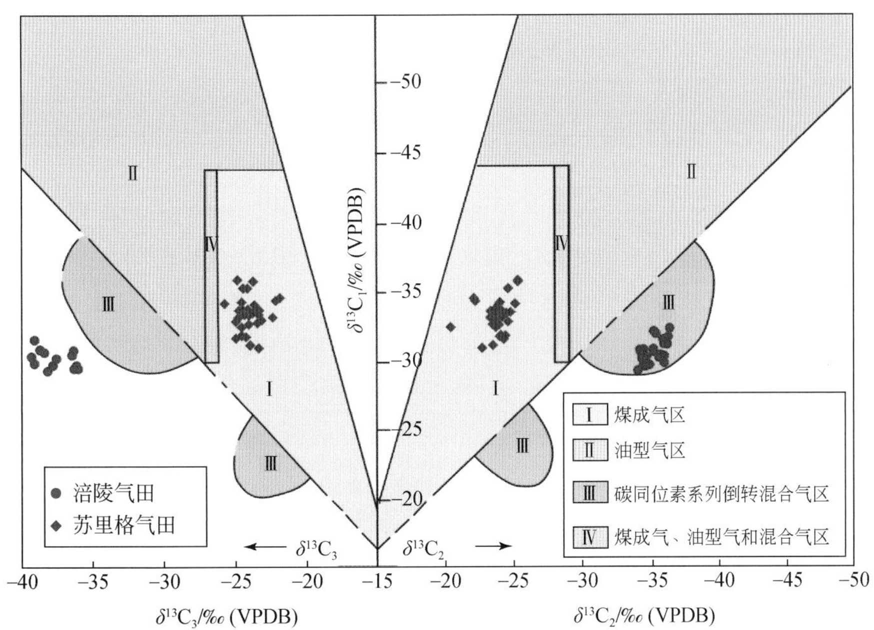

图 5　$\delta^{13}C_1-\delta^{13}C_2-\delta^{13}C_3$图版鉴别苏里格气田和焦石坝气田烷烃气类型

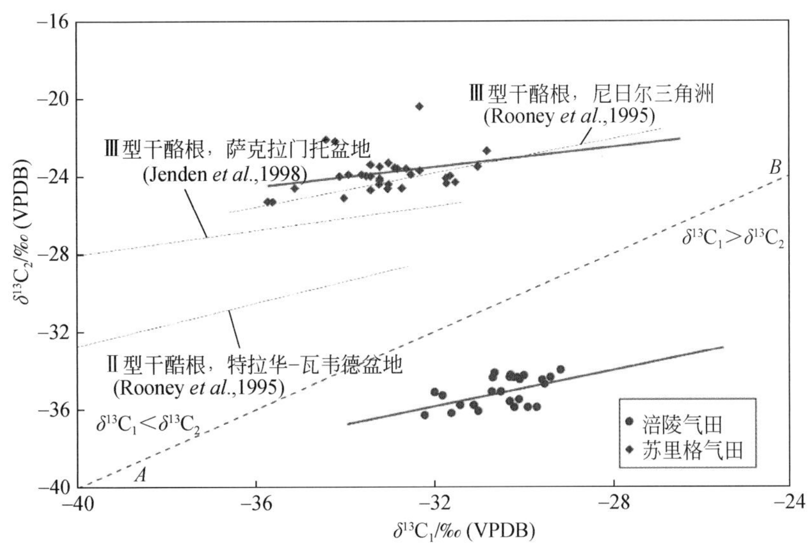

图 6　苏里格气田和涪陵气田 $\delta^{13}C_1-\delta^{13}C_2$ 对比图

列，是原生型有机成因气的特征之一；烷烃气分子随碳素逐增 $\delta^{13}C$ 值递减（$\delta^{13}C_1>\delta^{13}C_2>\delta^{13}C_3>\delta^{13}C_4$）者称为负碳同位素系列；当烷烃气的 $\delta^{13}C$ 值不按正、负碳同位素系列规律，排列出现混乱（$\delta^{13}C_1>\delta^{13}C_2<\delta^{13}C_3<\delta^{13}C_4$，$\delta^{13}C_1<\delta^{13}C_2>\delta^{13}C_3>\delta^{13}C_4$）时，称为碳同位素系列倒转或逆转（Dai，1990a；Dai *et al.*，2004）。图 7 为苏里格气田和涪陵气田烷烃气碳同位素系列类型对比图，由图 7（a）可见，苏里格气田除部分井发生小幅度倒转外，基本

上为正碳同位素系列。Dai 等（2004）和 Dai（1990a）认为引起倒转原有 5 种成因：①有机烷烃气和无机烷烃气相混；②煤成气和油型气的混合；③“同型不同源”气或“同源不同期”气的混合；④某一或某些烷烃气组分被细菌氧化；⑤地温增高 150℃以上。由于苏里格气田 R/R_a 在 0.02 ~0.04，具有壳源氦特征（表 1）；天然气中 C_7 轻烃系统中甲基环己烷占优势，C_{5-7} 轻烃中富含异构烷烃和环烷烃，说明天然气为煤成气（Hu *et al.*, 2008）；倒转变轻组分没有相对减小等说明：苏里格气田碳同位素倒转不是由①、②、④等原因引起的，而主要由至少 K_1—J_3 和 K_2—K_1 两期成藏同源不同期气混合所致（Dai *et al.*, 2014a）。涪陵气田则为负碳同位素系列［图 7（b）］，此负碳同位素系列是次生型，是由正碳同位素系列在地温高于 200℃改造而成，与在俄罗斯科拉半岛岩浆岩包裹体中烷烃气等原生型负碳同位素系列（表 3）有别（关于次生型和原生型负碳同位素成因下文将予讨论）。

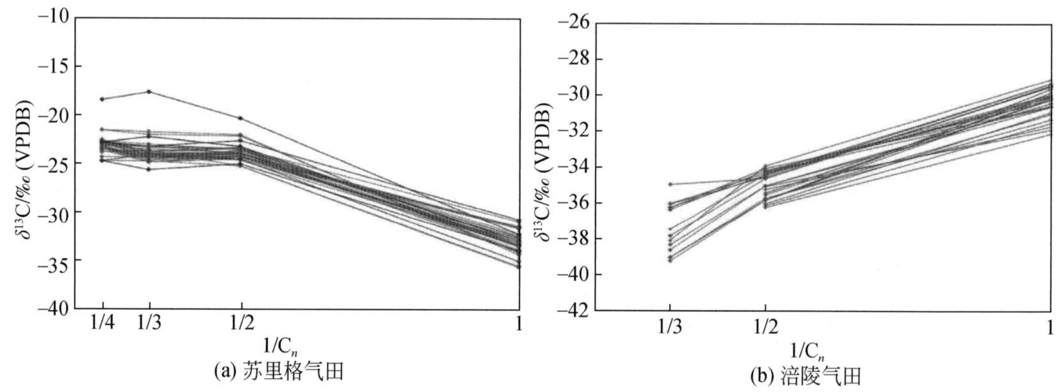

图 7　苏里格气田（a）和涪陵气田（b）正碳同位素系列及次生型负碳同位素系列对比图

表 3　原生型负碳同位素系列

样品位置	$\delta^{13}C$/‰（VPDB）				参考文献
	CH_4	C_2H_6	C_3H_8	C_4H_{10}	
岩浆岩，希比内地块，俄罗斯	-3.2	-9.1	-16.2		Zorikin *et al.*, 1984
泥火山，黄石公园，美国	-21.5	-26.5			Des Marais *et al.*, 1981
Chimera，土耳其	-11.9	-22.9	-23.7		Hosgormez, 2007
Lost City，北大西洋洋中脊	-9.9	-13.3	-14.2	-14.3	Proskurowski *et al.*, 2008
澳大利亚默奇森陨石	9.2	3.7	1.2		Yuen *et al.*, 1984

3. 烷烃气氢同位素系列

烷烃气的氢同位素系列的类型和规律同其碳同位素的相似。烷烃气分子随碳数逐增 δ^2H 值渐增者（$\delta^2H_1<\delta^2H_2<\delta^2H_3$）称为正氢同位素系列；而递减者（$\delta^2H_1>\delta^2H_2>\delta^2H_3$）称为负氢同位素系列；当烷烃气的 δ^2H 值不按正、负氢同位素系列规律，排列出现混乱者，称为负氢同位素系列倒转或逆转，而是次生气或混合气的一个特征（Dai，1990a，1990b）。

由表 1 可知：苏里格气田山西组、下石盒子组（P_2x）和上石盒子组（P_2sh）煤成气

$\delta^2H_{CH_4}$值为−172‰～−195‰；$\delta^2H_{C_2H_6}$值为−146‰～−170‰；$\delta^2H_{C_3H_8}$值为−140‰～−179‰。由表2可见：涪陵页岩气田五峰组—龙马溪组页岩气$\delta^2H_{CH_4}$值为−143‰～−152‰，$\delta^2H_{C_2H_6}$值为−158‰～−224‰。

由表1和表2中相关$\delta^2H_{C_n}$值编的图8可知：苏里格气田［图8（a)］除局部氢同位素系列倒转外，整体上为正氢同位素系列，而涪陵页岩气田为负氢同位素系列［图8（b)］。

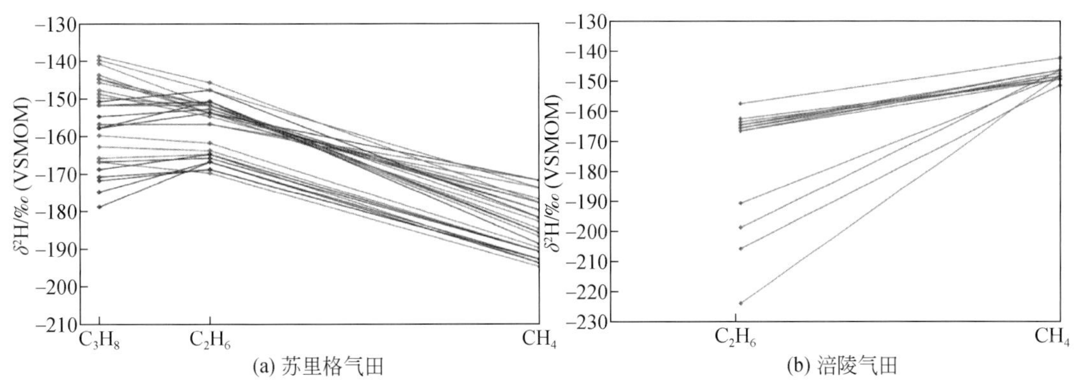

图8　苏里格气田（a）和涪陵页岩气田（b）氢同位素系列类型对比图

4. CO_2的成因

由表1可知：苏里格气田$\delta^{13}C_{CO_2}$值为−4.0‰（苏南9-61）～−18.4‰（苏53-78-46H），一般值小于−8.0‰，平均值为−9.9‰。由表2可知：涪陵气田$\delta^{13}C_{CO_2}$值为−1.4‰（JY1）~8.9‰（JY2），平均值为4.9‰。两气田$\delta^{13}C_{CO_2}$平均值相差14.8‰，说明两者成因不同。

众多学者利用$\delta^{13}C_{CO_2}$值对CO_2成因做了研究：上官志冠和张培仁（1990）指出：变质成因的$\delta^{13}C_{CO_2}$值与沉积硫酸盐岩的$\delta^{13}C$值相近，在1‰～−3‰，而幔源的$\delta^{13}C_{CO_2}$值平均为−5‰～−8.5‰。北京房山下地壳的花岗岩包裹体中CO_2的$\delta^{13}C_{CO_2}$值为−3.84‰～−7.86‰（郑斯成等，1987）。Moore等（1977）指出太平洋中脊玄武岩包裹体中$\delta^{13}C_{CO_2}$值为−4.5‰～−6‰。沈平等（1991）认为无机成因的$\delta^{13}C_{CO_2}$值大于−7‰，而有机质分解和细菌活动形成的有机成因的$\delta^{13}C_{CO_2}$值为−10‰～−20‰。戴金星等（2000）指出：有机成因$\delta^{13}C_{CO_2}$值小于−10‰，主要在−10‰～−30‰；无机成因$\delta^{13}C_{CO_2}$值大于−8‰，主要在−8‰～3‰。无机成因CO_2中，由碳酸盐岩变质成因$\delta^{13}C_{CO_2}$值为0±3‰；火山−岩浆成因和幔源$\delta^{13}C_{CO_2}$值为−6‰±2‰。戴金星等根据中国不同成因212个和澳大利亚等国各种成因100多个$\delta^{13}C_{CO_2}$，编制了不同成因CO_2鉴别图（图9）。

表1、表2中各$\delta^{13}C_{CO_2}$值标入图9，可见苏里格气田$\delta^{13}C_{CO_2}$值与平均值均主要具有有机成因CO_2的特征，而涪陵页岩气的$\delta^{13}C_{CO_2}$均为无机成因的，而基本具有碳酸盐矿物热变质$\delta^{13}C_{CO_2}$值为0±3‰的无机成因CO_2特征，这是因为该气田的页岩层段脆性矿物中白云石和方解石平均分别占5.9%和3.8%（JY1）（Guo and Zhang，2014），这些矿物在过热阶

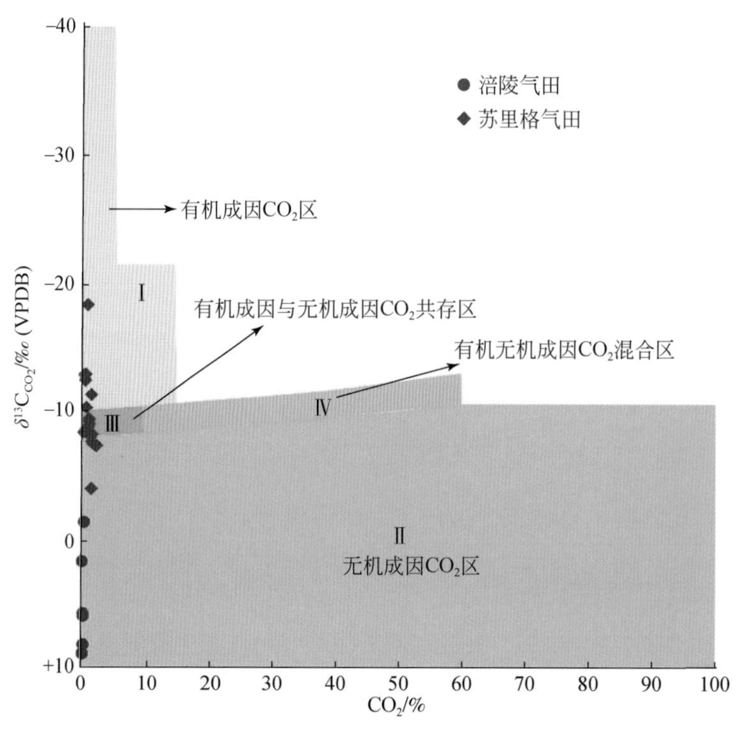

图9 苏里格气田和涪陵气田 $\delta^{13}C_{CO_2}$-CO_2 对比图

段（R_o>2.2%）便产生如下热变质作用而形成无机成因的 CO_2：

$$CaCO_3 \rightarrow CaO + CO_2$$

$$CaMg(CO_3)_2 \rightarrow CaO + MgO + 2CO_2$$

5. 氦的成因

氦都是无机成因，其可分为幔源氦和壳源氦两种。一般认为壳源氦的 R/R_a 值为 0.01～0.1（Wang，1989；Xu *et al.*，1998）。Poreda 等（1986）认为壳源氦 $^3He/^4He$ 平均值为 2×10^{-8}～3×10^{-8}，即 R/R_a 为 0.013～0.021。幔源氦 $^3He/^4He$ 值通常为 1.1×10^{-5}（Lupton，1983），夏威夷橄榄岩捕虏体地幔氦 $^3He/^4He>10^{-5}$（Kaneoka and Takaok，1980），即 $R/R_a>$ 7.86。上地幔氦的 $^3He/^4He$ 正常值为 1.2×10^{-5}，即 R/R_a 为 8.57（王先彬，1989）。White（2015）指出上地幔氦 R/R_a 为 8.8±2.5，下地幔氦 R/R_a 为 5～50。

由表 1 可见：鄂尔多斯盆地苏里格气田 R/R_a 值为 0.026～0.036，戴金星等（2005b）研究了鄂尔多斯盆地 46 个气样 R/R_a 为 0.022～0.085，苏里格气田 R/R_a 值在该盆地 R/R_a 数域值之内。由表 2 可见：四川盆地涪陵页岩气田 R/R_a 值为 0.02～0.04，倪云燕等（2014）研究了四川盆地 78 个气样 R/R_a 值为 0.002～0.050，涪陵页岩气田在四川盆地 R/R_a 数域值之内。从与以上诸学者关于壳源氦 R/R_a 值对比，苏里格气田和涪陵气田的氦是壳源氦。

表 1 和表 2 中各 R/R_a 和 $\delta^{13}C_{CO_2}$ 相关值投入 $^3He/^4He$（R/R_a）-$\delta^{13}C_{CO_2}$ 图（Etiope *et al.*，2011）（图 10），也证明苏里格气田和涪陵气田氦均在壳源氦区内的壳源气，同时佐

证了涪陵气田的 CO_2 与碳酸盐热变质气有关，而苏里格气田 CO_2 是与沉积物相关有机成因气。

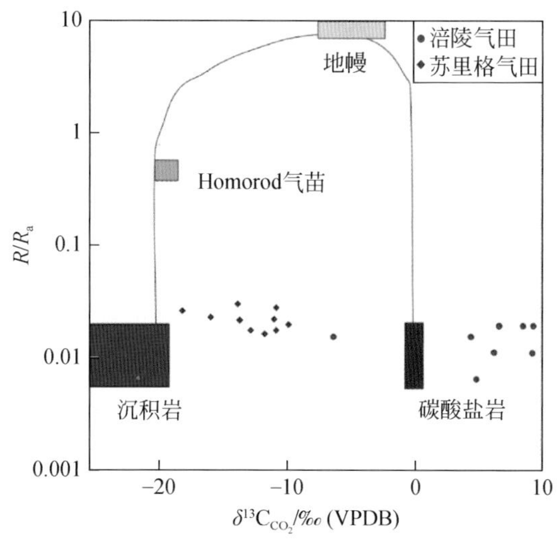

图 10 苏里格气田和涪陵气田 $R/R_a-\delta^{13}C_{CO_2}$ 对比图（据 Etiople *et al.*，2011 修改）

三、次生型负碳同位素系列的成因讨论

表 3 为原生型负碳同位素天然气，这些天然气发现在岩浆岩、现代火山活动区、大洋中脊和陨石中。岩浆岩、大洋中脊和宇宙陨石中烷烃气是通过 C—C 键的形成而产生的连续多聚物。由于 $^{12}C—^{12}C$ 键比 $^{12}C—^{13}C$ 键弱，优先断裂，故 $^{12}CH_4$ 比 $^{13}CH_4$ 更加快速形成烃链，即在聚合反应过程中，^{12}C 将优先进入聚合物形成的长链中，使形成烷烃气的碳同位素随着碳数的增加而更加贫 ^{13}C，从而形成了烷烃气原生型负碳同位素系列。

近年世界页岩气勘探开发中，在沉积盆地高过成熟的或低湿度（$\sum C_2—C_5/\sum C_1—C_5$,%）的页岩中发现大量负碳同位素系列的页岩气，对其成因观点众说纷纭。纵观大部分观点，概括海相页岩气中出现的烷烃气负碳同位素系列是由沉积成因烷烃气正碳同位素系列改造成的，导致次生的关键是高温，依据如下：

1. 高过成熟或低湿度海相页岩气中次生型负碳同位素系列

中国四川盆地南部志留系海相龙马溪组页岩气（湿度低于 0.58%），R_o 为 2.2%～4.2%，均有负碳同位素系列特征（Dai *et al.*，2014）。美国许多页岩气也发现有负碳同位素系列：如 Fayetteville 页岩、Barnett 页岩（Zumberge *et al.*，2012；Rodriguez and Philp，2012）、Queenston 页岩、Marcellus 页岩（Jenden *et al.*，1993）、Utica 页岩（Burruss and Laughery，2010），尤其是 Fayetteville 页岩气有大量次生型负碳同位素系列，这是因为该页岩的 R_o 为 2%～3%，湿度平均为 1.20%。在西加拿大盆地 Montney 页岩、Doig 页岩和 Horn River 页岩也有次生型负碳同位素系列（Tilley and Muehlenbachs，2013）。综合以上北美成果并利用涪陵页岩气田有关数据（表 2），编制了图 11。

由图 11 可知，当湿度大于 1.6%（低熟–成熟），各页岩气具正碳同位素系列，证明较低湿度没有产生次生型负碳同位素系列的条件；当湿度在 0.8%～1.6%，仅有部分

Barnett 页岩出现倒转，这是因为这类页岩进入此演化期“年龄”较短。其余页岩气均为倒转或次生型负碳同位素系列；但当湿度低于 0.8%，各页岩气绝大部分为次生型负碳同位素系列，特别是中国龙马溪页岩气和五峰组—龙马溪组页岩气均为次生型负碳同位素系列。湿度大者表示为湿气，R_o 则小；湿度低者表示为干气，R_o 则大，往往为 2.5%。从图 11 得知 Barnett、Montney 和 Doig 页岩则有湿度从大变低整个系列变化，随其变化碳同位素系列从正碳同位素系列→碳同位素倒转→负碳同位素系列，从而充分说明了正碳同位素系列随着湿度变低出现倒转，而当温度高 200℃时演变为次生型负碳同位素系列，这种次生型负碳同位素系列则是由正碳同位素系列在地温增加后产生而具次生性，也就是说高地温是次生型负碳同位素系列形成的主要控制因素。

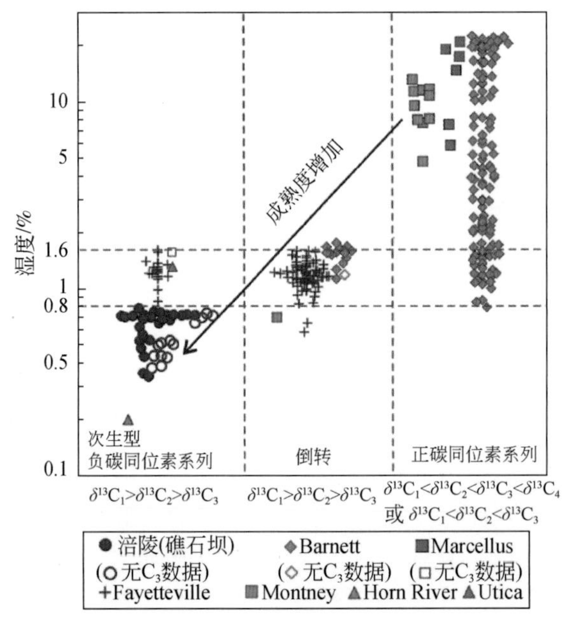

图 11　中国、美国和加拿大页岩气碳同位素系列类型和湿度关系图

高-过成熟“年龄”长，碳同位素平衡效应充分而能使正碳同位素系列转变为次生型负碳同位素或碳同位素倒转。四川盆地五峰组—龙马溪组页岩高过成熟“年龄”长，前期深埋藏，如焦页 1 井志留系包裹体均一温度为 215.4～223.1℃，古埋深为 7600～10000m（Guo and Zhang，2014），导致次生型负碳同位素发生。

2. 高过成熟或低湿度煤成气中次生型负碳同位素系列

不仅海相Ⅰ干酪根源岩页岩气中有从成熟—高熟—过熟使正碳同位素系列演变为次生型负碳同位素系列；而Ⅲ型干酪根形成的煤成气，也有从成熟—高熟—过熟，同样能使正碳同位素系列演变为次生型负碳同位素系列，如鄂尔多斯盆地陕北斜坡东部从北向南发现许多大气田（大牛地、神木、米脂、子洲和延安），其气源均为本溪组、太原组和山西组煤系形成的煤成气（Dai *et al.*，2005，2014a，2014d，2014e；Li *et al.*，2014；Zhao *et al.*，2014；Huang *et al.*，2015）。气源岩从北向南成熟度从成熟—高熟—过熟。从北向南相关井烷烃气碳同位素系列类型演化图上（图 12），显著呈现从北向南成熟度逐渐变大或湿度随之变小，烷烃气从正碳同位素系列演变为次生型负碳同位素系列。北部大牛地气田 D11 井（R_o 为 1.5%，湿度为 4.29%）为起点至南部延安气田试 2 井（R_o 为 2.7%，湿度 0.01%）为终点。明显可见，烷烃气从正碳同位素系列演变为负碳同位素系列（图 12），再次证明高地温是使正碳同位素系列演变为次生型负碳同位素系列的主控因素。

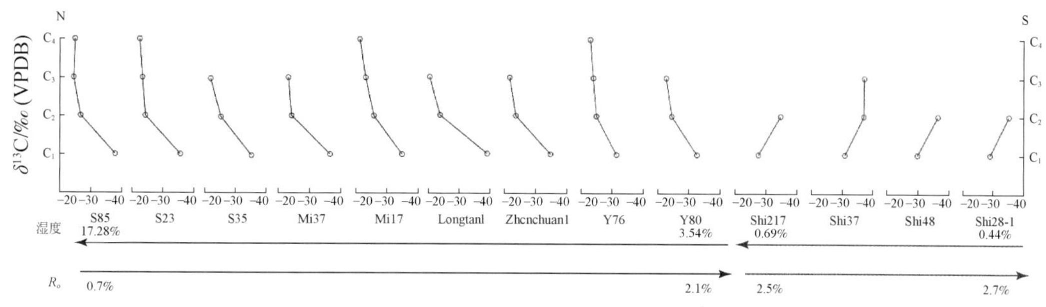

图 12　鄂尔多斯盆地东部诸大气田从北向南随 R_o 增大烷烃气正碳同位素系列演变为次生型负碳同位素系列图

四、结论

苏里格致密砂岩气大气田气源是煤成气，碳氢同位素具有正碳同位素系列和负氢同位素系列，CO_2是有机成因，氦是壳源氦。涪陵页岩气大气田气源是油型气，碳氢同位素为次生型负碳同位素系列和次生型负氢同位素系列，CO_2是碳酸盐矿物热变质的无机成因，氦也是壳源氦。

次生型碳同位素系列是由烷烃气正碳同位素系列在高地温条件下演变的结果，这种烷烃气既可以是页岩气（油型气）也可以是煤成气。

参 考 文 献

Burruss R C, Laughrey C D. Carbon and hydrogen isotopic reversals in deep basin gas: evidence for limits to the stability of hydrocarbons. Org Geochem, 2010, 41: 1285 ~ 1296.

Des Marais D J, Donchin J H, Nehring N L, *et al.* Molecular carbon isotope evidence for the origin of geothermal hydrocarbon. Nature, 1981, 292: 826 ~ 828.

Dai J X. Origins of the carbon isotopic reversals of natural gas. Nat Gas Ind, 1990a, 10: 15 ~ 20 (in Chinese).

Dai J X. The characteristics of hydrogen isotopes of paraffinic gas in China. Petrol Explor Dev, 1990b, 16: 27 ~ 32 (in Chinese).

Dai J X. Identification and distinction of various alkane gases. Sci China Ser B: Earth Sci, 1992, 35: 1246 ~ 1257.

Dai J X, Song Y, Dai C S, *et al.* Conditions Governing the Formation of Abiogenic Gas and Gas Pools in Eastern China. Beijing and New York: Science Press, 2000: 19 ~ 23.

Dai J X, Xia X Y, Qin S F, *et al.* Origins of partially reversed alkane $\delta^{13}C_1$ values for biogenic gases in China. Org Geochem, 2004, 35: 405 ~ 411.

Dai J X, Li J, Luo X, *et al.* Stable carbon isotope compositions and source rock geochemistry of the giant gas accumulations in the Ordos Basin, China. Org Geochem, 2005a, 36: 1617 ~ 1635.

Dai J X, Li J, Hou L. Characteristics of helium isotopes in the Ordos Basin. Geol J China U, 2005b, 11: 473 ~

478 (in Chinese).

Dai J X, Ni Y Y, Wu X Q. Tight gas in China and its significance in exploration and exploitation. Petrol Explor Dev, 2012, 39: 277 ~ 284.

Dai J X, Zou C N, Li W, *et al.* Large Coal-derived Gas Fields in China and Their Gas Sources. Beijing: Science Press, 2014a: 28 ~ 91, 104 ~ 167 (in Chinese).

Dai J X, Zou C N, Liao S M, *et al.* Geochemistry of the extremely high thermal maturity Longmaxi shale gas, southern Sichuan Basin. Org Geochem, 2014b, 74: 3 ~ 12.

Dai J X, Gong D Y, Ni Y Y, *et al.* Genetic types of the alkane gases in giant gas fields with proven reserves over $1000\times10^8m^3$ in China. Energ Explor Exploit, 2014c, 32: 1 ~ 18.

Dai J X, Ni Y Y, Hu G Y, *et al.* Stable carbon and hydrogen isotopes of gases from the large tight gas fields in China. Sci China: Earth Sci, 2014d, 57: 88 ~ 103.

Dai J X, Ni Y Y, Huang S P, *et al.* Significance of coal-derived gas study for the development of natural gas industry in China. Nat Gas Geosci 2014e, 25: 1 ~ 22 (in Chinese).

Etiope G, Baciu C L, Schoell M. Extreme methane deuterium, nitrogen and helium enrichment in natural gas from the Homorod seep (Romania). Chem Geol, 2011, 280: 89 ~ 96.

Guo T L, Zhang H R. Formation and enrichment mode of Jiaoshiba shale gas field, Sichuan Basin. Petrol Explor Dev, 2014, 41: 31 ~ 40.

Guo T L, Zeng P. The structural and preservation conditions for shale gas enrichment and high productivity in the Wufeng-Longmaxi Formation, Southeastern Sichuan Basin. Energ Explor Exploit, 2015, 33: 259 ~ 276.

Gao B. Geochemical characteristics of shale gas from lower Silurian Longmaxi Formation in the Sichuan Basin and its geological significance. Nat Gas Geosci, 2015, 25: 1173 ~ 1882 (in Chinese).

Hosgörmez H. Origin of the natural gas seep of Cirali (Chimera), Turkey: site of the first Olympic fire. J Asian Earth Sci, 2007, 30: 131 ~ 141.

Hu G Y, Li J, Li J, *et al.* Preliminary study on the origin identification of natural gas by the parameters of light hydrocarbon. Sci China: Earth Sci, 2008, 51 (suppl): 131 ~ 139.

Huang S, Fang X, Liu D, *et al.* Natural gas genesis and sources in the Zizhou gas field, Ordos Basin, China. International Journal of Coal Geology, 2015, 152 (Part A): 132 ~ 143.

Jenden P D, Kaplan I R, Poreda R, *et al.* Origin of nitrogen-rich natural gases in the California Great Valley: evidence from helium, carbon and nitrogen isotope ratios. Geochim Cosmochim Acta, 1988, 52: 851 ~ 861.

Jenden P D, Draza D J, Kaplan I R. Mixing of thermogenic natural gas in northern Appalachian Basin. AAPG Bull, 1993, 77: 980 ~ 998.

Kaneoka I, Takaoka N. Rare gas isotopes in Hawaiian ultramafic nodules and volcanic rocks, constraint on genetic relationships. Science, 1980, 208: 1266 ~ 1268.

Lupton J E. Terrestrial inert gases isotopic trace studies and clubs to primordial components. Annual Review Earth Plants. Science, 1983, 11: 371 ~ 414.

Li J, Li J, Li Z, *et al.* The hydrogen isotopic characteristics of the Upper Paleozoic natural gas in Ordos Basin. Org. Geochem, 2014, 74: 66 ~ 75.

Liu R B. Typical features of the first giant shale gas field in China. Nat Gas Geosci, 2015, 26: 1488 ~ 1498 (in Chinese).

Moore J G, Bachelder N, Cunningham C G. CO_2-filled vesicles in mid-ocean basalt. J Valcano Geotherm Res, 1977, 2: 309.

Ni Y Y, Dai J X, Tao S Z, *et al.* Helium signatures of gases from the Sichuan Basin, China. Org Geochem, 2014, 74: 33 ~ 43.

Poreda R J, Jenden P D, Kaplan E R. Mantle helium in Sacramento Basin natural gas wells. Geochim et Cosmochitm Acta, 1986, 65: 2847 ~ 2853.

Proskurowski G, Lilley M D, Seewald J S, *et al.* Abiogenic hydrocarbon production at lost city hydrothermal field. Science, 2008, 319: 604 ~ 607.

Rooney M A, Claypool G E, Chung H M. Modeling thermogenic gas generation using carbon isotope ratios of natural gas hydrocarbons. Chem. Geol, 1995, 126: 219 ~ 232.

Rodriguez N D, Philp R P. Geochemical characterization of gases from the Mississippian Barnett Shale, Fort Worth Basin, Texas. AAPG Bull, 2010, 94: 1641 ~ 1656.

Shangguan Z G, Zhang P R. Active Faults in Northwestern Yunnan Province, China. Beijing: Seismic Press, 1990: 162 ~ 164 (in Chinese).

Shen P, Xu Y, Wang X, *et al.* Studies on Geochemical Characteristics of Gas Source Rocks and Natural Gas and Mechanism of Genesis of Gas. Lanzhou: Gansu Science and Technology Press, 1991: 120 ~ 121 (in Chinese).

Tilley B, Muehlenbachs K. Isotope reversals and universal stages and trends of gas maturation in sealed, self-contained petroleum systems. Chem. Geol, 2013, 339: 194 ~ 204.

Wang X B. Geochemistry and Cosmochemistry of Noble Gas Isotope. Beijing: Science Press, 1989 (in Chinese).

Xu Y C, Shen P, Liu W H. Noble Gas Geochemistry. Beijing: Science Press, 1998 (in Chinese).

Yuen G, Blair N, Des Marais D J. Carbon isotope of low molecular weight hydrocarbon and monocarboxylic acids from Murchison meteorite. Nature, 1984, 307: 252 ~ 254.

Yang H, Liu X S. Progress in Paleozoic coal-derived gas exploration in the Ordos Basin, West China. Petrol Explor Dev, 2014, 41: 144 ~ 152.

Yang H, Fu J H, Liu X S, *et al.* Accumulation conditions and exploration and development of tight gas in the Upper Paleozoic of the Ordos Basin. Petrol Explor Dev, 2012, 39: 315 ~ 324.

Zorikin L M, Starobinets I S, Stadnik E V. Natural Gas Geochemistry of Oil-gas Bearing Basin. Moscow: Mineral Press, 1984.

Zheng S C, Huang F S, Jiang C Y, *et al.* Oxygen, hydrogen and carbon isotope studies for Fangshan granitic intrusion. Acta Petrol Sin, 1987, (3): 13 ~ 22 (in Chinese).

Zou C N, Tao S Z, Yuan X J, *et al.* Global importance of "continuous" petroleum reservoirs: accumulation, distribution and evaluation. Petrol Explor Dev, 2009, 36: 669 ~ 682.

Zou C N, Yang Z, Tao S Z, *et al.* Continuous hydrocarbon accumulation over a large area as a distinguishing characteristic of unconventional petroleum: the Ordos Basin, North-Central China. Earth-Sci Rev, 2013a, 126: 358 ~ 369.

Zou C N, Zhu R K, Tao S Z, *et al.* Unconventional Petroleum Geology. Amsterdam: Elsevier, 2013b.

Zumberge J, Ferworn K, Brown S. Isotopic reversal ('rollover') in shale gases produced from the Mississippian Barnett and Fayetteville Formations. Mar Petrol Geol, 2012, 31: 43 ~ 52.

Zhao J, Zhang W, Li J, *et al.* Genesis of tight sand gas in the Ordos Basin, China. Org Geochem, 2014, 74: 76 ~ 84.

Zhang X M, Shi W Z, Xu Q H, *et al.* Reservoir characteristics and controlling factors of shale gas in Jiaoshiba area, Sichuan Basin. Acta Petrol Sin, 2015, 36: 926 ~ 939.

中国鄂尔多斯盆地（克拉通型）和渤海湾盆地（裂谷型）He 与 CO_2 地球化学特征及其应用*

一、引言

He 主要有大气氦、壳源氦、幔源氦 3 种，还有后两型派生的壳-幔混合氦，这可通过 R/R_a 值进行鉴别。$^3He/^4He$ 为 1.4×10^{-6}，即 R_a，为大气氦（Mamyrin *et al.*，1970）；关于壳源氦各学者虽提出不同 R/R_a 值，但基本在相近范围内：0.013～0.021（Poreda *et al.*，1986），一般小于 0.05（Mamyrin and Tolstikhin，1984）；幔源氦 R/R_a 通常大于 5：$^3He/^4He$ 为 1.1×10^{-6}，即 $7.9R_a$（Lupton，1983），上地幔氦为 $8.8\pm2.5R_a$，下地幔（deep mantle）氦为 5～$50R_a$（White，2015）。美国黄石公园热点 R/R_a 值达 16（Craig *et al.*，1978），太平洋上毛伊岛超基性岩包裹体中 R/R_a 值为 34～37（Kaneoka and Takaoka，1986），世界上具有最大 R/R_a 值的氦来源于南非金刚石热释气，一个为 168，另一个为 226（Ozima and Zashu，1983）。中国东海裂谷盆地 WZ13-1-1 井 R/R_a 值 8.8，是中国沉积盆地中最大 R/R_a 值（Dai *et al.*，2008；Huang *et al.*，2003a），这些 R/R_a 值都很大，为幔源氦。壳-幔混合氦往往出现在裂谷型含油气盆地中，如渤海湾盆地、松辽盆地和苏北盆地（Xu *et al.*，1994，1996；Dai *et al.*，2000；Zhang *et al.*，2008，2011；Zheng *et al.*，1995，1997；Ni *et al.*，2014）。壳源氦出现在克拉通型含油气盆地中，如北美克拉通沉积盆地上 Hugoton-Panhandle 许多气（油）田（Jenden and Kaplan，1989；Jenden *et al.*，1993），以及四川盆地和鄂尔多斯盆地（Ni *et al.*，2014；Dai *et al.*，2000；Xu *et al.*，1996）。Jenden 和 Kaplan（1989）对美国北加利福尼亚州、南加利福尼亚州、Hugoton-Panhandle、堪萨斯中东部及 New York 地区大量气（油）田 He 含量进行分析。中国鄂尔多斯盆地、四川盆地和渤海湾盆地 He 含量也做过许多分析（Ni *et al.*，2014；Dai *et al.*，2000；Xu *et al.*，1996）。

CO_2 有无机成因和有机成因两种。$\delta^{13}C_{CO_2}$ 值是鉴别两种成因 CO_2 的有效手段。上地幔脱气成因的 CO_2，其 $\delta^{13}C_{CO_2}$ 值为-5‰～-7‰（Hoefs，1978）或-4‰～-8‰（Jaroy *et al.*，1978），岩浆来源的 CO_2 具有 $\delta^{13}C_{CO_2}$ 值为-4.9‰～-9.1‰（Pankina *et al.*，1978）或-7‰±2‰（Gonlg *et al.*，1981）。北京房山闪长岩包裹体中 $\delta^{13}C_{CO_2}$ 值为-3.8‰～-7.9‰（Zheng *et al.*，1987）。太平洋中脊玄武岩包裹体中 $\delta^{13}C_{CO_2}$ 值为-4.5‰～-6.0‰（Moore *et al.*，1977）。在沉积盆地地层中也发现与其地层相关的无机成因 CO_2，它往往是碳酸盐岩（矿物）热分解形成，CO_2 中碳极大继承了其母源碳酸盐的碳同位素组成，故 $\delta^{13}C_{CO_2}$ 值一般为

---

* 原载于 *Chemical Geology*，2017，第 469 卷，192～213，作者还有倪云燕、秦胜飞、黄士鹏、龚德瑜、刘丹、冯子齐、彭威龙、韩文学、房忱琛。

-3.5‰～3.5‰（Pankina *et al.*，1978）或-3‰～1‰（Shangguan and Zhang，1990）。显然这类 CO_2 是壳源无机成因，并在中国有所发现：南海莺歌海盆地黄流组和莺歌海组，由碳酸盐矿物在高地温梯度下热分解产生 CO_2，其 $\delta^{13}C$ 值为-2.7‰～-8.0‰（Schoell *et al.*，1996；Huang *et al.*，2003a，2003b；Dai *et al.*，2016）；四川盆地元坝气田须家河组泥岩压实排出有机酸，对钙屑砂岩中碳酸盐岩碎屑溶解形成 CO_2，其 $\delta^{13}C$ 值为-2.5‰～-6.6‰（Dai *et al.*，2013）。沉积盆地中 CO_2 绝大部分是烃源岩在成烃中，有机质热解形成的有机成因 CO_2，$\delta^{13}C_{CO_2}$ 值在-15‰～-25‰（Hunt，1979）。Dai 等（1996）综合各学者有关 $\delta^{13}C_{CO_2}$ 值指出：有机成因 $\delta^{13}C_{CO_2}$ 值小于-10‰，主要在-10‰～-30‰；无机成因 $\delta^{13}C_{CO_2}$ 值大于-8‰，主要在-8‰～3‰。无机成因 CO_2 中，由碳酸盐岩（矿物）变质成因或有机酸水溶形成的 CO_2，其 $\delta^{13}C$ 值接近于碳酸盐岩的 $\delta^{13}C$ 值，在 0±3‰，而火山-岩浆成因和幔源成因的 CO_2，其 $\delta^{13}C$ 值为-6‰±2‰。许多学者对中国东部裂谷型渤海湾盆地、松辽盆地和苏北盆地 CO_2 组分和 $\delta^{13}C_{CO_2}$ 值进行了研究（Dai *et al.*，1996，2000，2009；Zhang *et al.*，2008，2011；Zheng *et al.*，1995，1997）。克拉通型四川盆地和鄂尔多斯盆地 CO_2 组分和 $\delta^{13}C_{CO_2}$ 值研究也受到重视（Dai *et al.*，2016；Ni *et al.*，2014；Wu *et al.*，2013）。

CO_2 含量高的天然气中往往 R/R_a 值大，这些气出现在裂谷型渤海湾盆地、松辽盆地和苏北盆地（Dai *et al.*，1996，2000，2016；Zhang *et al.*，2008，2011；Zheng *et al.*，1995，1997），还出现在火山活动区和温泉区（Dai *et al.*，1994；Barry *et al.*，2013；Giggenbach，1995）。但这两种类型盆地的氦和二氧化碳尚缺乏系统研究。本文对克拉通型鄂尔多斯盆地和裂谷型渤海湾盆地的氦和二氧化碳开展了详细研究，探讨这两种类型盆地氦和二氧化碳地球化学性质的差异，研究成果还与世界上其他类似盆地进行了比较。

二、地质概况

1. 鄂尔多斯盆地

位于中国中部，构造类型属于克拉通内部凹陷盆地（Li，1995；Li and Li，2003），古生界分布面积为 $25\times10^4km^2$，是中国第二大沉积盆地，也是中国构造最稳定的盆地（Yang and Pei，1996）。盆地发育 6 个次级构造：伊陕斜坡、天环拗陷、伊盟隆起、渭北隆起、晋西挠褶带和西缘冲断带。盆地主体为大型西倾平缓伊陕斜坡［图 1（a）］，虽然经历多次构造运动，但是均以整体升降为主，内部构造稳定，断层不发育［图 1（b）］（Yang and Liu，2014）。盆地油气分布格局：古生界聚气，气田主要分布在北部；中生界聚油，油田主要分布在南部（图 1、图 2）。鄂尔多斯盆地是目前中国天然气探明储量最多，年产气量最大的盆地，截止到 2014 年探明天然气地质储量为 $33198.6\times10^8m^3$，当年产气为 $419.76\times10^8m^3$，占中国当年产气量的 33.6%。鄂尔多斯盆地石炭-二叠系为一套煤系，泥岩 TOC 含量为 0.1%～23%，大部分在 2%～3%（图 2），是一套优质气源岩。古生界天然气主要为煤成气，烃源岩为石炭-二叠系煤系（Dai *et al.*，2005，2016；Hu *et al.*，2010；Hu and Zhang，2011；Li *et al.*，2014；Huang *et al.*，2014，2015；Liu *et al.*，2015）。最近在下古生界奥陶系发现了一定规模的 TOC>0.4% 的碳酸盐岩烃源岩，可以作为下古生界的气源岩（Liu *et al.*，2016）。三叠系湖相延长组长 7 段泥岩 TOC 含量为 0.5%～20%

(图 2)，是中生界含油气系统中最主要的一套烃源岩，延长组和延安组产的油来自延长组烃源岩（图 2）（Zou，2013；Yang *et al.*，2016）。

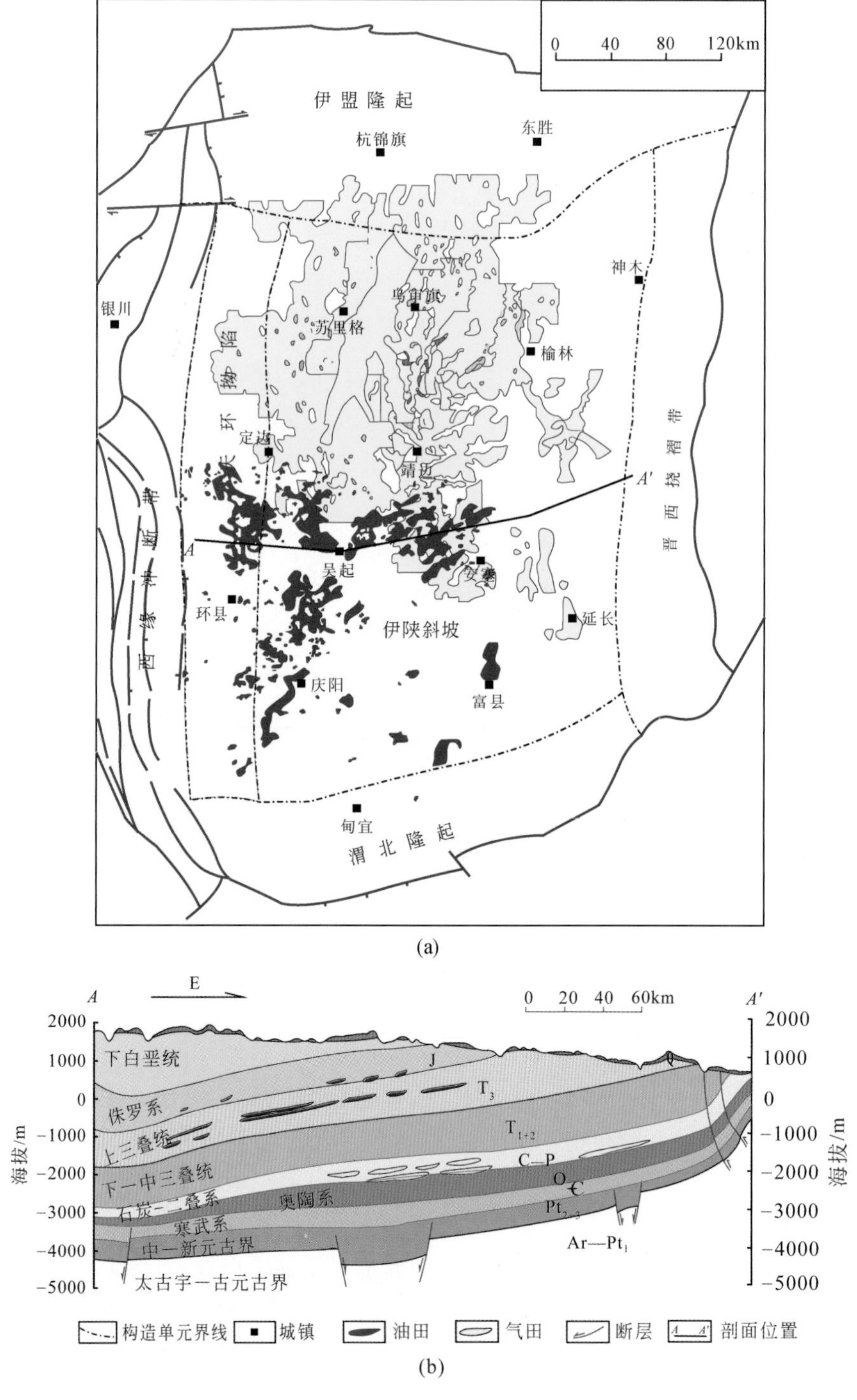

图 1 鄂尔多斯盆地构造分区、油气田平面分布（a）及东西向剖面图（b）

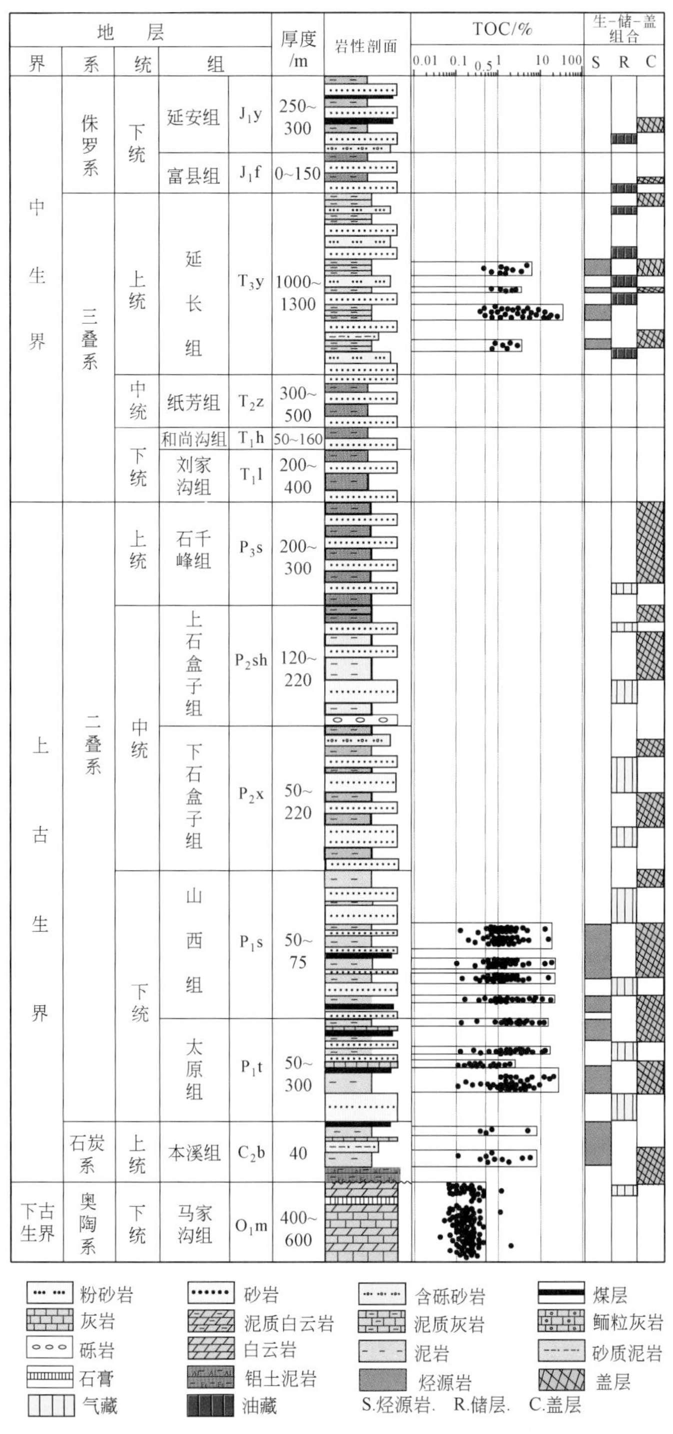

图2 鄂尔多斯盆地古生界—中生界地层综合柱状图

总体而言，鄂尔多斯盆地古生界烃源岩以石炭-二叠系煤系为主，下古生界海相碳酸盐岩的贡献存在争议。虽然下古生界发育了浅水陆海沉积的寒武系和奥陶系碳酸盐岩，但TOC较低。石炭-二叠系烃源岩主要由煤层、暗色泥岩和泥质生物灰岩组成，主要发育于本溪组、太原组和山西组。鄂尔多斯盆地主要发育两套古生代气藏。一个是下古生界（奥陶系）海相碳酸盐岩，另一个是上古生界石炭–二叠系海陆交互相和陆相碎屑岩气藏。

2. 渤海湾盆地

位于中国东部，是中国重要的含油气盆地之一，总面积为$20\times10^4km^2$。其中陆地为$13.3\times10^4km^2$，滩海为$1.7\times10^4km^2$，海域为$5\times10^4km^2$。盆地是在中—新元古界至古生界克拉通基底上，是由石炭–二叠系残留含煤盆地与中、新生界叠合而成的裂谷盆地，主要经历了印支、燕山和喜马拉雅3期的构造运动。盆地构造运动活跃，断裂发育（图3），火山活动

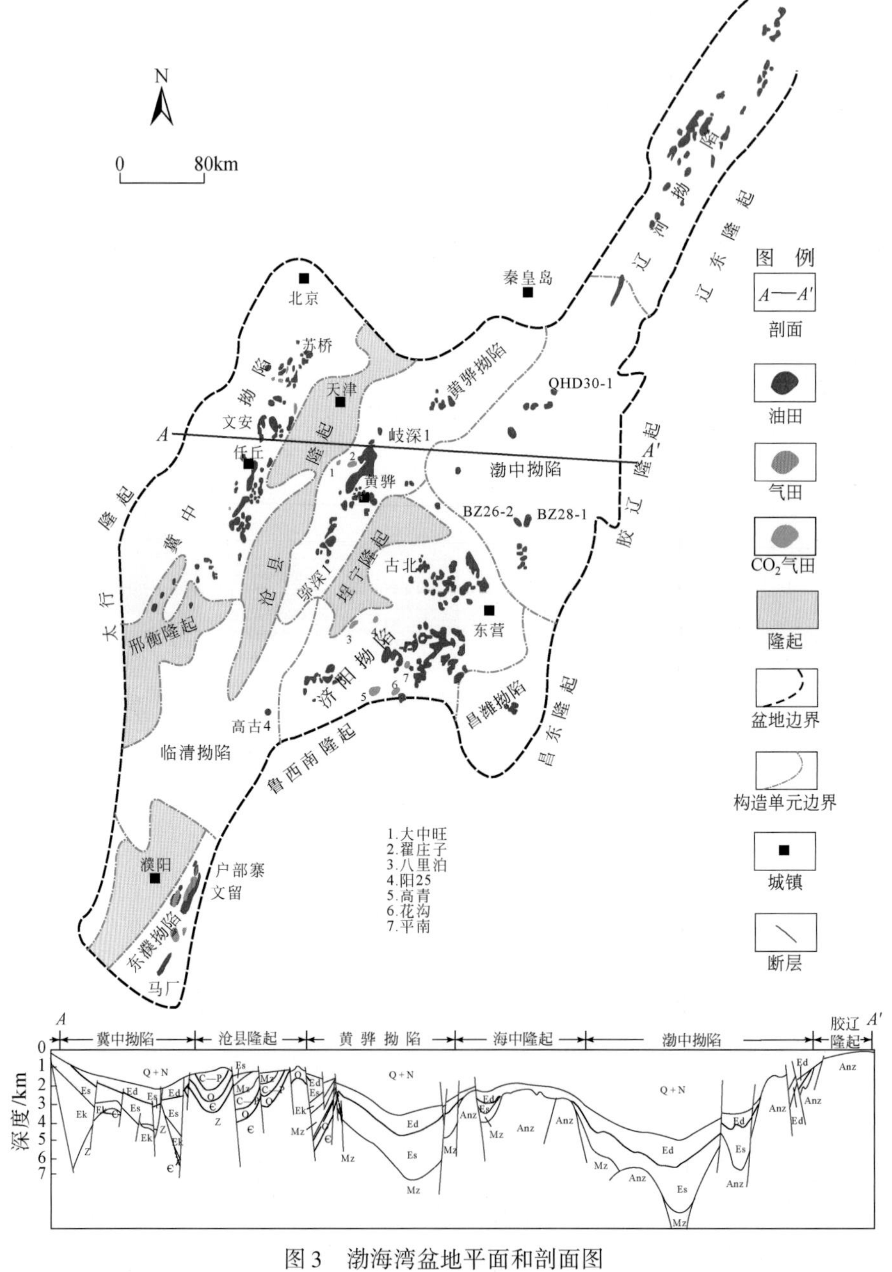

图3 渤海湾盆地平面和剖面图

强烈（Allen *et al.*, 1997；Gong and Wang, 2001；Gong *et al.*, 2010；Jin *et al.*, 1999, 2009；Li, 1980；Mercier *et al.*, 2013）。沿着盆地内的裂谷带，共发育59个古近系、新近系断陷。盆地发育冀中、黄骅、渤中、辽河、济阳、临清6个成油拗陷，以及邢蘅、沧县和埕宁三大隆起（图3）。六大拗陷分别形成了6个相对独立、具较高油气产能的油气区，每个拗陷内又发育若干个生烃凹陷。围绕着这些凹陷，分布着众多的油气田。截至2013年年底，已在27个凹陷和8个凸起内发现油气田240个，累计探明石油地质储量为133.2×10^8t，探明率为38.6%，天然气地质储量为6627×10^8m^3，探明率为16.3%。渤海湾盆地主力烃源岩是古近系湖相沙河街组（Cheng *et al.*, 2013；Jia *et al.*, 2013；Lu *et al.*, 2016；Wang *et al.*, 2009, 2015）和石炭–二叠系煤系次要烃源岩（Jin *et al*, 2009；Ye *et al.*, 2014），前者以生油为主，后者以生气为主（图4）。沙河街组自上而下分为沙一——沙四段，每段都有烃源岩发育，其中沙三段烃源岩最为发育。另外，在有些地区，孔店组（Ek）和东营组（Ed）也发育有烃源岩。

三、方法

本文在克拉通型鄂尔多斯盆地采集95个天然气样品、裂谷型渤海湾盆地采集76个天然气样品。鄂尔多斯盆地样品主要来源于奥陶系和二叠系储层，三叠系储层样品较少，而渤海湾盆地的样品主要来自古近系储层，部分来自新近系储层。

样品是直接从井口或现场分离器中采集的纯气体，先冲洗管线15～20min以去除空气污染。采用配有最高压力22.5MPa截止阀的双端口不锈钢气瓶（直径10cm，容积约10000cm^3）来收集气体。钢瓶内压力保持在大气压以上。收集气体样品后，将瓶子浸泡在水浴中，检查是否有泄漏。

气体组分由中国石油勘探开发研究院廊坊分院配备火焰离子化检测器和热导检测器的安捷伦6890N气相色谱仪（GC）检测完成。烃类气体单组分（C_1—C_4）采用毛细管柱（PLOT Al_2O_3 50m×0.53mm）进行分离，惰性气体采用两根毛细管柱（PLOT Molsieve 5 Å 30m×0.53mm，PLOT Q 30m×0.53mm）进行分离。气相色谱仪烘箱温度最初设定为30℃，持续10min，然后以10℃/min的速度调至180℃。检出限约为5ppm，精度为3%。

稳定碳同位素比值由配备HP 5890II气相色谱仪的Finnigan Mat Delta S质谱仪测定，分析主要在中国石油勘探开发研究院廊坊分院完成。气体组分经气相色谱分离，转化为CO_2后注入质谱仪。采用熔融石英毛细管柱（PLOT Q 30m×0.32mm）分离单个烃类气体组分（C_1—C_4）和CO_2。气相色谱仪炉温以8℃/min的速度从35℃增加80℃，然后以5℃/min的速度上升到260℃，炉温维持在最后的温度10min。所有气样分析3次，碳同位素测试精度±0.5‰（VPDB）。氦同位素在中国石油勘探开发研究院廊坊分院用VG5400质谱仪进行测试。在引入VG5400装置之前，需要先对一定量的气体样品进行惰性气体与其他气体之间的分离和纯化。采用兰州空气氦为绝对标准（$R_a=1.4\times10^{-6}$），测试精度±3%。

四、结果

由表1和表2及由此两表编的图5可知，鄂尔多斯盆地94个气样中氦含量是低的，从0.0002%（Yanye5、Yanye13）～0.091%（Su75），平均含量为0.0329%。氦含量最高频率峰分布在0.02%～0.04%。渤海湾盆地115井次分析气中氦含量是从0.0008%

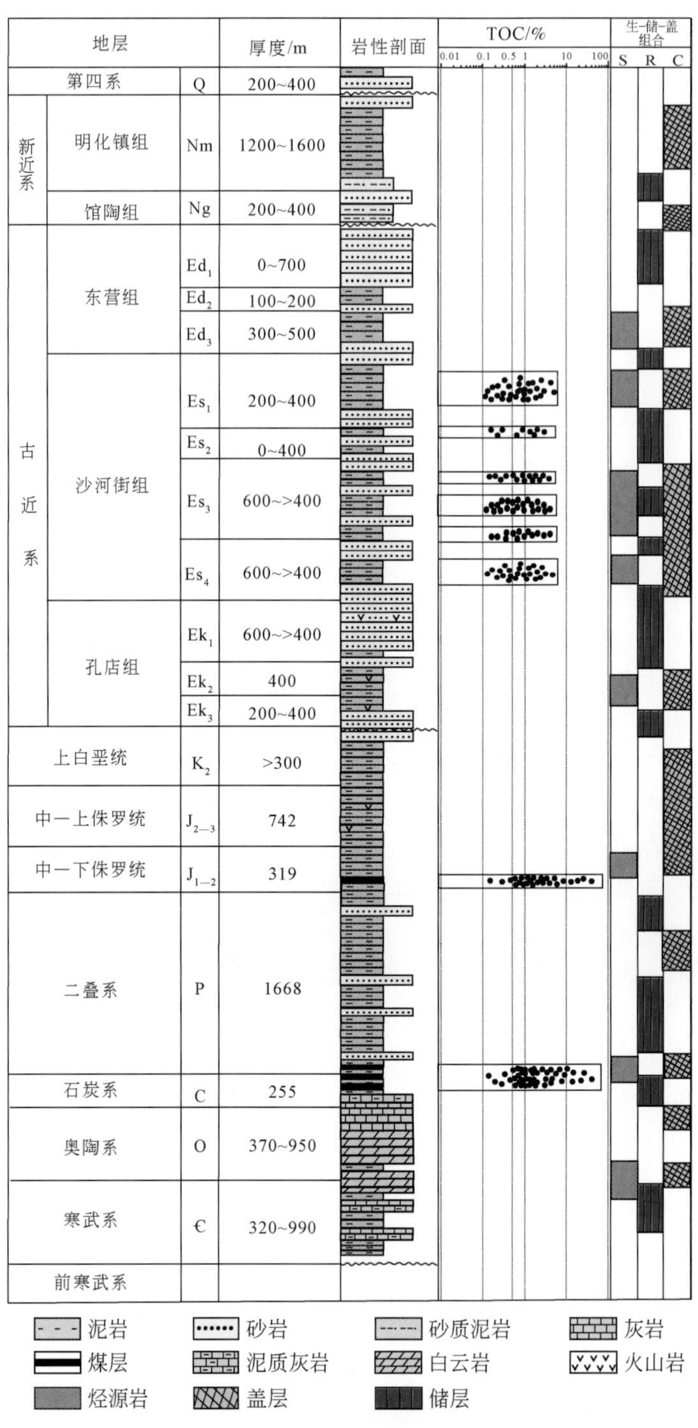

图4 渤海湾盆地综合柱状图

S. 烃源岩；R. 储层；C. 盖层

（Gangxi49-52）~0.26%（Lu27-16），平均含量为0.0306%，氦含量最高频率峰分布在0%~0.02%（图5，表1~表4）。渤海湾盆地比鄂尔多斯盆地氦含量数字域大，最高含量大，表明两盆地氦组分的差异性（图5，表1～表5）。

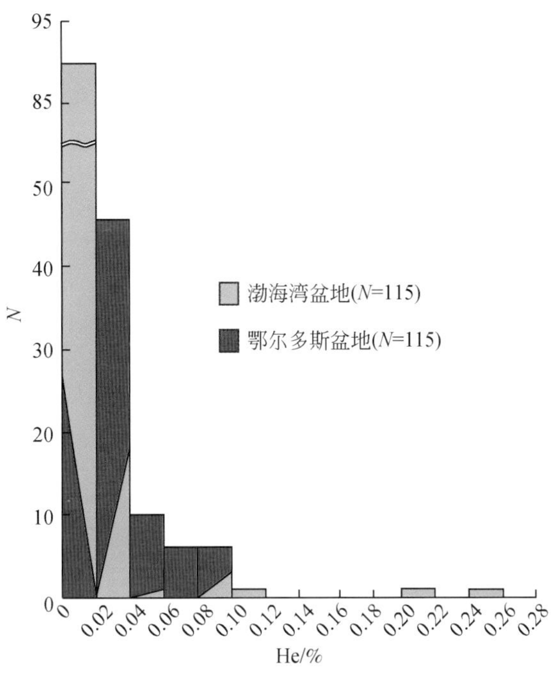

图5　鄂尔多斯盆地和渤海湾盆地天然气中氦含量频率分布图

鄂尔多斯盆地129个气样 CO_2 含量是低的，从0.02%（Yanye5）～8.87%（Tong51），含量数字域小（8.80%），平均含量为1.86%，最高频率峰分布在1.0%～2.0%（图6，表1、表2）。

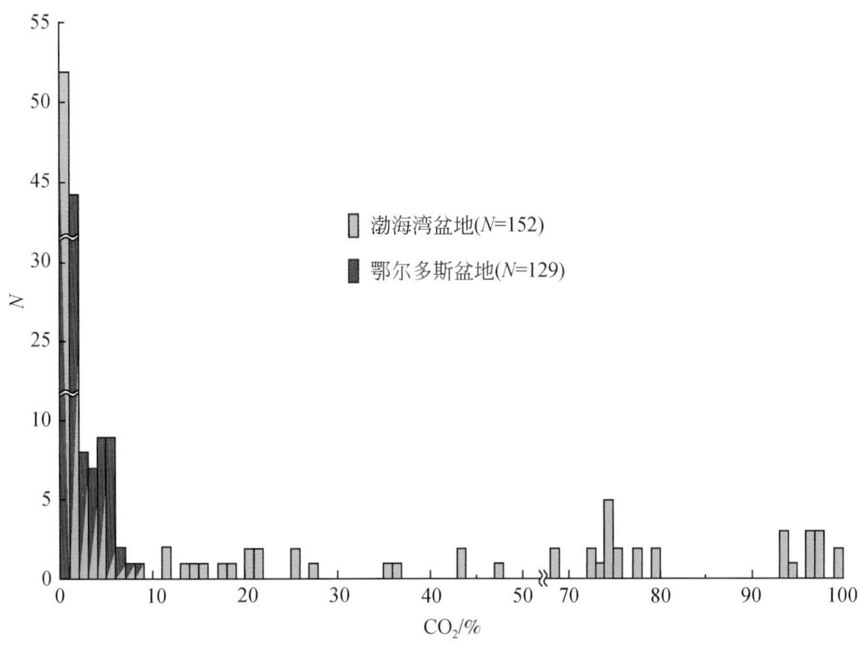

图6　鄂尔多斯盆地和渤海湾盆地天然气中 CO_2 含量频率分布图

表 1 鄂尔多斯盆地天然气地球化学数据

井名	地层	天然气组分/%								氦同位素			碳同位素/‰（VPDB）					
		CH_4	C_2H_6	C_3H_8	iC_4H_{10}	nC_4H_{10}	N_2	CO_2	He	$^3He/^4He$ $/10^{-8}$	R/R_a	$CH_4/^3He$ $/10^9$	CH_4	C_2H_6	C_3H_8	iC_4H_{10}	nC_4H_{10}	CO_2
Tong51	O_1m_4	87.57	2.36	0.61	0.27	0.13		8.87					-42.1	-26.1				-11.6
Tao45	O_1m_5	73.87	0.34	0.31	0.06	0.15	21.37	3.66					-39.1	-35.6	-26.65	-22.9	-24.7	-17.3
Lian12	O_1m_5	93.08	0.45	0.13	0.02	0.03	3.33	2.93					-35.1	-28.7				-21.7
Shan310	O_1m_5	94.71	0.19	0.01	0.00	0.00	1.50	3.58					-35.2	-34.3	-27.89			-16.1
Su345	O_1m_5	91.04	0.35	0.08	0.02	0.02	2.74	5.70	0.03	6.89±0.88	0.063	30.4	-33.4	-29.4				-18.5
Shan311	O_1m_5	93.29	0.51	0.06	0.00	0.01	1.68	4.45					-34.0	-30.1				-8.6
Tao50	O_1m_5	94.46	0.56	0.07	0.01	0.01	1.48	3.41					-34.9	-29.9				-18.1
Su112	O_1m_5	92.34	0.79	0.11	0.01	0.01	3.02	3.70					-32.0	-26.1				-20.2
Lian12	O_1m_5	93.00	0.27	0.03	0.00	0.00	1.32	5.38					-32.3	-32.9				-17.2
Lian12	O_1m_5	93.08	0.45	0.13	0.02	0.03	3.33	2.93					-35.1	-28.7				-21.7
Lian45	O_1m_5												-31.3	-36.7				-15.6
Tao41	P_2s、P_2x	94.57	1.48	0.20	0.03	0.03	2.32	1.34					-28.0	-24.4	-26.46			-22.8
Su349	P_2s	90.99	1.10	0.13	0.01	0.01	5.76	1.99					-27.6	-22.5				-23.2
Su353	P_2s、P_2x	93.12	1.11	0.17	0.02	0.02	3.69	1.86					-24.1	-25.6	-28.7			-23.2
Shan367	P_2x	94.76	1.34	0.19	0.02	0.02	2.54	1.10					-30.3	-27.3	-28.195	-22.7	-25.5	-20.5
Lian29	P_2s、P_2x	88.67	1.17	0.26	0.02	0.03	9.05	0.78					-30.3	-22.5	-25.69	-17.0	-22.3	-17.6
Shan371	P_2s、P_2x	93.33	0.22	0.02	0.00	0.00	1.82	4.61					-32.5	-34.3	-30.1			-21.1
Lian31	P_2x	88.50	1.00	0.18	0.01	0.02	8.02	2.26					-27.7	-27.7				-24.3
Su127	P_2x	94.46	0.63	0.10	0.01	0.01	3.59	1.20					-29.0	-33.7	-34.1			-25.3
Su127	P_2s	90.15	0.95	0.18	0.02	0.02	7.83	0.83					-27.6	-26.8	-29.4	-27.8	-26.3	-15.4
Su12	P_2s	94.17	0.99	0.12	0.01	0.01	2.66	2.04					-29.7	-25.7	-28.3	-21.3	-24.2	-19.4

续表

井名	地层	天然气组分/%								氦同位素			碳同位素/‰（VPDB）					
		CH_4	C_2H_6	C_3H_8	iC_4H_{10}	nC_4H_{10}	N_2	CO_2	He	$^3He/^4He$ $/10^{-8}$	R/R_a	$CH_4/^3He$ $/10^9$	CH_4	C_2H_6	C_3H_8	iC_4H_{10}	nC_4H_{10}	CO_2
Mi37-13	P_1s	94. 19	3. 77	0. 53	0. 11	0. 09	0. 39	0. 71					-33. 7	-24. 3	-22. 1	-20. 6	-22. 1	-6. 3
Su53		86. 05	8. 36	2. 17	0. 37	0. 44	0. 72	1. 13	0. 08	4. 96±0. 28	0. 035	20. 9	-33. 9	-25. 0	-23. 1	-23. 3	-22. 5	-7. 9
Su53-78-46H	P_2s，P_2x	89. 82	6. 21	1. 24	0. 22	0. 24	0. 87	0. 93					-33. 5	-23. 6	-22. 8	-22. 6	-22. 4	-9. 8
Su95	P_2x	92. 24	3. 95	0. 66	0. 23		1. 08	1. 64	0. 09	5. 72±0. 27	0. 041	18. 1	-32. 6	-23. 3	-23. 4	-21. 8	-22. 4	-7. 5
Su75	P_2x	92. 47	3. 92	0. 66	0. 22		1. 10	1. 30	0. 09	4. 94±0. 26	0. 035	20. 7	-31. 8	-23. 6	-23. 2	-21. 8	-22. 3	-8. 0
Su76-1-4	P_2s	90. 38	6. 03	1. 18	0. 21	0. 22	0. 71	0. 82					-33. 9	-23. 2	-22. 0	-22. 2	-22. 5	-8. 1
Zhao61	P_2x	64. 46	4. 41	1. 03	0. 25	0. 28	28. 10	0. 16	0. 09	4. 49±0. 27	0. 032	16. 5	-33. 9	-23. 6	-23. 2	-22. 6	-23. 1	-12. 6
Su77-2-5	P_2x	89. 90	5. 53	1. 24	0. 51		0. 70	1. 46	0. 06	4. 19±0. 28	0. 032	32. 4	-33. 5	-23. 6	-23. 9	-22. 8	-23. 3	-11. 4
Su21	P_2s，P_2x	92. 79	4. 48	0. 83	0. 13	0. 14	0. 68	0. 99	0. 05	4. 48±0. 34	0. 032	45. 0	-33. 6	-23. 6	-23. 7	-22. 1	-23. 2	-8. 9
Su14-0-31	P_2s，P_2x	93. 00	4. 05	0. 65	0. 11	0. 10	0. 59	1. 20	0. 05	6. 32±0. 39	0. 045	32. 1	-33. 5	-23. 6	-24. 7	-21. 9	-23. 1	-7. 1
Su48-2-86	P_2s	92. 88	4. 00	0. 63	0. 11	0. 10	0. 57	1. 45	0. 06	5. 65±0. 36	0. 045	26. 3	-31. 7	-23. 6	-24. 4	-21. 6	-22. 8	-6. 3
Su48-14-76	P_2s，P_2x	92. 73	3. 48	0. 65	0. 13	0. 11	1. 14	1. 47	0. 06	7. 04±0. 05	0. 050	20. 7	-30. 3	-23. 2	-23. 7	-21. 6	-22. 9	-9. 3
Yu69	P_1s_2，P_1s，P_1x	94. 93	2. 85	0. 40	0. 06	0. 06	0. 35	1. 27	0. 03	3. 57±0. 33	0. 025	90. 4	-32. 8	-26. 3	-24. 1	-21. 7		-5. 7
Su48-15-68	P_2x	92. 79	3. 28	0. 61	0. 11	0. 12	1. 07	1. 70	0. 05	7. 16±0. 39	0. 051	24. 1	-30. 0	-23. 9	-24. 8	-21. 6	-23. 3	-8. 8
Su139	P_2s，P_2x	93. 16	3. 05	0. 51	0. 07	0. 07	1. 45	1. 31	0. 06	9. 17±0. 48	0. 066	16. 3	-30. 9	-30. 9	-24. 6	-26. 3	-21. 9	-9. 0
Su120-52-82	P_1s，P_2x	91. 64	3. 69	0. 68	0. 11	0. 10	0. 93	2. 58	0. 08	13. 64±0. 53	0. 097	8. 1	-31. 5	-23. 8	-25. 5	-21. 2	-23. 3	-6. 9
Ren11	P_2x	93. 78	3. 36	1. 07	0. 14	0. 29	1. 19	0. 09	0. 04	4. 90±0. 30	0. 035	44. 5	-35. 1	-26. 7	-24. 8			-20. 6
Ren13	P_2s	94. 20	2. 49	1. 84	0. 12	0. 15	1. 06	0. 14					-35. 7	-24. 6	-23. 4			-18. 5
Se1	P_2s	94. 32	2. 49	0. 84	0. 12	0. 15	2. 01	0. 14					-32. 0	-25. 6	-24. 2	. 23. 1		-17. 6
Zhou1	O	94. 92	2. 69	0. 38	0. 05	0. 06	0. 31	1. 52	0. 03	3. 42±0. 22	0. 024	108. 7	-32. 2	-25. 2	-23. 9	-23. 1		-16. 7
Mianxi2	P_2s	92. 58	3. 25	1. 47	0. 22	0. 39	1. 42	0. 27	0. 02	4. 30±0. 37	0. 031	118. 5	-33. 9	-27. 4	-26. 3	-25. 5		-15. 7

续表

井名	地层	天然气组分/%								氦同位素			碳同位素/‰（VPDB）					
		CH_4	C_2H_6	C_3H_8	iC_4H_{10}	nC_4H_{10}	N_2	CO_2	He	$^3He/^4He$ $/10^{-8}$	R/R_a	$CH_4/^3He$ $/10^9$	CH_4	C_2H_6	C_3H_8	iC_4H_{10}	nC_4H_{10}	CO_2
Tudong4		90. 39	2. 88	0. 86	0. 12	0. 16	5. 14	0. 37					-33. 6	-26. 6	-26. 1	-25. 8		-14. 6
Zhenchuan2	P_2s	95. 85	1. 54	0. 19	0. 04	0. 05	0. 92	1. 40					-34. 4	-36. 3	-32. 5	-26. 3		-14. 2
Pu1	O?	94. 25	0. 86	0. 06	0. 01	0. 01	0. 49	4. 32	0. 02	3. 62±0. 17	0. 026	136. 3	-31. 9	-28. 2	-27. 2			-6. 4
Zhenchuan6	P_2x	89. 97	4. 48	0. 63	0. 14	0. 15	3. 48	0. 85	0. 04				-33. 8	-23. 0	-22. 6	-22. 6		-17. 9
Zhou4	P_1t												-32. 9	-23. 6	-24. 7	-23. 3		-15. 5
Shen1	P_2x	92. 86	4. 69	1. 23	0. 16	0. 18	0. 73						-37. 1	-24. 7	-24. 5	-23. 9		-14. 0
Tian1	P_1t	94. 10	1. 58	0. 14	0. 05	0. 03	2. 69	1. 36	0. 02	7. 70±0. 30	0. 055	81. 5	-35. 1	-25. 1	-21. 7			-10. 1
Niu1	O	96. 09	1. 81	0. 28	0. 03	0. 03	1. 28	0. 46	0. 02	4. 06±0. 18	0. 029	112. 7	-36. 7	-29. 3	-27. 3			-15. 1
Sai18	T_3x_6	33. 82	13. 07	27. 65	3. 64	10. 71	8. 79	0. 19	0. 03				-46. 7	-37. 7	-33. 4	-32. 9		-21. 0
Cheng54	T_3x_6	30. 32	0. 8	0. 27	0. 12	0. 12	67. 66	0. 32						-34. 5	-30. 5	-30. 1		-16. 4
Hua37-9	T_3x_8	47. 87	19. 93	11. 1	0. 91	1. 52	16. 37	1. 80	0. 02	4. 50±0. 20	0. 032	53. 4	-53. 9	-38. 6	-33. 7	-33. 5		-24. 2
Cheng55	T_3x_9	76. 07	8. 41	4. 48	0. 44	0. 67	7. 77	1. 85	0. 04	5. 88±0. 23	0. 042	30. 8	-47. 3	-35. 2	-31. 6	-31. 4		-21. 6
Cheng9-28	T_3x_9	65. 21	12. 75	10. 28	1. 31	2. 24	5. 85	1. 43	0. 02	4. 50±0. 20	0. 032	72. 8	-47. 5	-36. 7	-32. 2	-31. 0		-21. 2
Quan36	T_3x_9	92. 50	2. 34	0. 32	0. 15	0. 05	4. 49	0. 10					-59. 7	-30. 3	-25. 6	-31. 9		-14. 0
Sai18	T_3x_6	37. 02	13. 7	27. 2	2. 69	4. 54	13. 2	0. 20	0. 03				-46. 7	-37. 7	-33. 4	-32. 9		-21. 9
Sai1-9	T_3x_2	45. 44	7. 91	10. 01	1. 80	2. 46	31. 31	0. 28					-49. 9	-33. 7	-32. 0	-32. 6		-18. 6
Shan3	P_1S	95. 24	1. 36	0. 27	0. 11	0. 17	1. 46	0. 07					-34. 4	-24. 1	-28. 4	-27. 3		-15. 9
E1	O_1	90. 70	7. 05	1. 5	0. 47	0. 17							-34. 2	-37. 9				-23. 3
E5	O_1m_5	93. 45	5. 71	0. 72	0. 09	0. 01			0. 01				-41. 7	-28. 8				-17. 6
Futan1	O_1m_5	91. 58	0. 39	0. 06			2. 81	5. 59	0. 00	6. 52±0. 24	0. 042	1198. 1	-33. 7	-37. 5	-18. 2			
Hu20	T_3y_1	97. 56	0. 92	0. 31	0. 31		0. 58	0. 13	0. 04	6. 00±0. 30	0. 043	42. 6	-48. 1	-32	-27. 5			

续表

井名	地层	天然气组分/%								氦同位素			碳同位素/‰（VPDB）					
		CH_4	C_2H_6	C_3H_8	iC_4H_{10}	nC_4H_{10}	N_2	CO_2	He	$^3He/^4He$ $/10^{-8}$	R/R_a	$CH_4/^3He$ $/10^9$	CH_4	C_2H_6	C_3H_8	iC_4H_{10}	nC_4H_{10}	CO_2
Ren4	P_2x	92.52	5.62	1.11	0.2	0.25	0.25			5.00±0.20	0.036		-34.8	-26.4	-24.1			
Mu16-10	Jy	29.58	7.45	17.54	6.73	5.60	11.33	3.40	0.07	3.10±0.40	0.022	14.1	-44.7	-36.1	-33.1	-32.5		
Ma9-1	Jy	95.47	0.80	0.60	0.24	0.44	1.63	0.12	0.02	4.10±0.20	0.029	106.9	-47.2	-33.7	-28.8	-30.7		
Shan130		90.28	0.3	0.02			2.42	6.39	0.03	5.47±0.28	0.039	59.1						
Shan98		93.59	0.46	0.07	0.07		0.59	5.15	0.04	4.00±0.20	0.029	65.9						
Su1	P_2sh_1	92.24	4.16	0.81	0.18	0.14	1.70		0.05	4.48±0.26	0.032	43.8	-34.2	-22.2	-22.1	-21.6		
Su20	P_2sh_1	92.42	4.82	0.87	0.15	0.16	0.78	0.66	0.03	3.57±0.16	0.026	81.9	-33.0					
Su6	P_2x	95.15	2.20	0.42	0.07	0.08	0.08	2.02	0.03	3.55±0.23	0.025	80.0	-33.9	-23.7	-24.2	-22.6		-26.4
Tao5	P_2x	91.00	4.81	0.92	0.16	0.15	1.92	0.62	0.03	3.83±0.22	0.027	70.8	-33.1	-23.6	-23.7	-22.0		-7.6
Tao6	P_2x	93.40	2.76	0.36	0.04	0.46	2.27	0.57		3.18±0.20	0.023		-29.0	-25.0	-27.0	-25.6		-11.4
Tao8										3.18±0.20	0.023							
Xi31-42	T_3y	53.85	12.92	10.83	2.03	4.93	9.86	0.65	0.01	5.00±0.30	0.036	76.3	-49.6	-39.8	-34.5	-33.0		
Xi34	T_3y	69.20	9.30	7.78	1.77	1.46	5.98	0.37	0.04	4.70±0.30	0.034	37.3	-45.8	-39.8	-35.0	-33.3		
Zhuang22-21	T_3y	56.21	12.85	11.30	3.42	2.63	4.18	0.21	0.03	5.20±0.30	0.037	43.4	-49.4	-38.4	-34.0	-33.2		
Fang25-20	T_3y_{10}	50.19	13.67	16.16	2.34	3.44	6.48	1.89	0.00	4.90±0.30	0.035	2560.7						
Hu43-10	T_3y	57.51	3.88	6.01	2.33	1.86	20.38	0.32	0.08	2.80±0.30	0.020	24.7	-45.1	-35.6	-33.2	-32.8		
Xin59	T_3y_7	82.33	6.95	2.78	0.82	1.78	0.49	0.38	0.00	10.85±1.92	0.080	2450.3	-49.1	-36.9	-32.1	-32.0		
Yanye5	T_3y_7	81.81	9.94	5.72	0.54	1.35	0.32	0.02	0.00	9.77±1.73	0.030	9739.3	-51.0	-37.9	-33.2	-33.1		-19.6
Yanye13	T_3y_7	88.95	6.95	2.78	0.21	0.43	0.27	0.23	0.00	7.65±1.42	0.050	6353.6	-51.0	-38.3	-33.3	-32.6		-20.1
Yan61-31	T_3y	49.38	12.26	14.56	4.14	3.05	4.49	0.32	0.02	5.00±0.30	0.036	51.6	-47.1	-38.5	-34.3	-33.5		
Luo35-34	T_3y	38.14	10.76	15.56	3.37	10.18	10.80	0.18	0.01	3.70±0.30	0.026	163.7	-48.0	-38.5	-31.7	-32.4		

续表

井名	地层	天然气组分/%								氦同位素			碳同位素/‰（VPDB）					
		CH_4	C_2H_6	C_3H_8	iC_4H_{10}	nC_4H_{10}	N_2	CO_2	He	$^3He/^4He$ $/10^{-8}$	R/R_a	$CH_4/^3He$ $/10^9$	CH_4	C_2H_6	C_3H_8	iC_4H_{10}	nC_4H_{10}	CO_2
Liang16-7	T_3y	59. 69	7. 69	8. 28	2. 58	1. 91	9. 98	0. 43	0. 03	5. 20±0. 20	0. 037	46. 1	−49. 5	−37. 4	−32. 4	−31. 5		
DK30	P_2x	85. 73	2. 83	0. 50	0. 08	0. 10	0. 10	1. 83	0. 04	3. 18±0. 22	0. 023	76. 1	−34. 3	−25. 9	−25. 3	−25. 4		
DK25	P_1s	89. 14	5. 72	1. 35	0. 20	0. 24	1. 11	2. 00	0. 02	3. 83±0. 19	0. 027	98. 3	−38. 5	−26. 5	−24. 4	−22. 8		−4. 0
DK13	P_1s	94. 49	1. 71	0. 31	0. 07		2. 55	0. 28	0. 04	3. 40±0. 20	0. 024	74. 0	−36. 6	−25. 7	−24. 5	−22. 6		−6. 4
Pu1	P_1s	97. 14	0. 21	0. 07	0. 01	0. 01	0. 69	1. 28	0. 02	3. 62±0. 17	0. 026	140. 5	−31. 8	−26. 0				
Zitan1	P_1s	92. 85	0. 44	0. 05	0. 00	0. 00	3. 24	3. 42	0. 06	7. 78±0. 75	0. 071	15. 6	−28. 9	−31. 8	−26. 6			
D16	P_1s	94. 37	2. 25	0. 26	0. 06	0. 09	1. 96	0. 37	0. 04	3. 90±0. 30	0. 028	54. 7	−35. 1	−27. 1	−26. 0	−23. 9		−15. 1
DP1	P_2sh_1	86. 65	7. 22	1. 48	0. 21	0. 22	0. 46	2. 01	0. 02	3. 77±0. 17	0. 027	99. 7	−36. 2	−24. 8	−23. 0	−21. 7		−7. 0
Lincan1	P_2x	91. 29	5. 61	0. 97	0. 13	0. 11		0. 57	0. 04	6. 40±0. 40	0. 046	35. 4	−29. 2	−22. 4	−23. 0			
Shan117	P_1s	92. 64	3. 99	0. 54	0. 10	0. 11	0. 51	1. 51	0. 03	2. 92±1. 18	0. 021	92. 7	−32. 2	−26. 0	−24. 9	−23. 2	−23. 8	−6. 4
Shan193	P_2x	94. 66	0. 58	0. 15	0. 01		0. 39	4. 15	0. 03	3. 56±0. 19	0. 025	90. 2	−31. 7	−32. 4	−29. 4			−5. 3

表 2　鄂尔多斯盆地天然气地球化学数据（公开发表）

井名	地层	天然气组分/%								氦同位素			碳同位素/‰（VPDB）						参考文献
		CH_4	C_2H_6	C_3H_8	iC_4H_{10}	nC_4H_{10}	N_2	CO_2	He	$^3He/^4He$ $/10^{-8}$	R/R_a	$CH_4/^3He$ $/10^9$	CH_4	C_2H_6	C_3H_8	iC_4H_{10}	nC_4H_{10}	CO_2	
Shan57	O_1m_5									4. 40±0. 17	0. 031								Liu *et al.*, 2001
Shan184	O_1m_5									3. 80±0. 15	0. 027								
Shan181	O_1m_5									4. 70±0. 18	0. 034								
Yu32-15	P_1s	92. 22	4. 20	1. 09	0. 23	0. 20	0. 18	1. 72					−33. 0	−25. 6	−23. 3	−22. 3		−4. 8	Dai *et al.*, 2016
Yu44-01	P_1s	94. 41	3. 81	0. 19	0. 12	0. 12	0. 75	0. 50					−31. 2	−24. 4	−25. 2	−23. 4		−9. 1	

续表

井名	地层	天然气组分/%								氦同位素			碳同位素/‰（VPDB）						参考文献
		CH_4	C_2H_6	C_3H_8	iC_4H_{10}	nC_4H_{10}	N_2	CO_2	He	$^3He/^4He$ $/10^{-8}$	R/R_a	$CH_4/^3He$ $/10^9$	CH_4	C_2H_6	C_3H_8	iC_4H_{10}	nC_4H_{10}	CO_2	
Yu42-6	P_1s	92.75	3.69	0.85	0.18	0.16	0.24	2.00					-31.3	-25.5	-23.7	-22.4		-4.1	
Yu50-8	P_1s	92.68	4.31	0.93	0.17	0.16	0.26	1.32					-33.6	-24.4	-22.3	-21.2		-4.8	
Shan217	P_1s	93.36	3.75	0.64	0.10	0.10	0.25	1.73	0.02	3.10±0.14	0.022	159.5	-32.5	-23.8	-24.4	-22.3		-1.1	
Shan211	P_1s	93.36	4.05	0.79	0.14	0.13	0.27	1.14	0.03	3.64±0.18	0.026	80.2	-33	-25.2	-23.4	-21.4		-6.6	
Yu26-12	P_1s	92.74	3.80	0.91	0.19	0.17	0.19	1.83	0.02	3.91±0.21	0.028	107.5	-32.5	-25.9	-24	-22.5		-4.7	
Shan118	P_1s	92.60	4.32	0.93	0.16	0.16	0.22	1.46	0.03	3.72±0.20	0.027	84.5	-30.4	-24.8	-22.5	-22.4		-4.7	
Shan193	$O_1m_5^{1-2}$	94.15	0.71	0.10	0.01	0.01	0.21	4.76	0.03	4.40±0.20	0.031	72.3	-32.8	-31.9	-29.3	-24.4		-2.1	
Jingping05—8	$O_1m_5^1$	91.87	0.62	0.07	0.01	0.01	0.43	6.68					-32.3	-31.2	-28.7	-23.5		-0.8	
Shan155	$O_1m_5^1$	92.88	0.69	0.09	0.01	0.01	0.22	5.95					-32.7	-30.2	-27.8	—		-2.1	
Shan190	$O_1m_5^1$	92.90	0.64	0.07	0.01	0.01	0.20	5.40					-33.0	-29.6	-27.1	-23.3		-1.3	
Shan45	$O_1m_5^{1-4}$	94.92	0.16	0.04	0.00	0.00	0.25	4.44	0.02	4.20	0.030	98.3	-33.5	-30.6	-22.9	-22.5			Dai *et al.*, 2016
Shan3	$O_1m_5^{1-6}$	96.75	0.06	0.02	0.00	0.00	3.08	0.08	0.02	3.88±0.15	0.028	118.7	-33.6	-29.9	-27.3	-25.6			
Shan84	O_1m_5	92.40	0.81	0.12	0.01	0.01	0.99	5.09	0.03	5.00	0.036	73.9	-31.8	-28.5	-24.2	-20.9			
Shan8	O_1m	94.96	0.94	0.12	0.02	0.01	0.40	3.42		4.33±0.17	0.031		-35.0	-28.3	-26	—			
Shan74	$O_1m_5^{1-2}$	94.27	0.99	0.13	0.02	0.01	0.10	4.43		3.60±0.14	0.026		-33.4	-27.4	-25.9	-22.1		-2.4	
Shan58	$O_1m_5^1$	94.13	1.09	0.13	0.02	0.02	0.12	4.43	0.01	4.20	0.030	160.1	-33.9	-26.9	-27.3	-23.0		-2.8	
Shan227	$O_1m_5^{1-2}$	93.58	1.27	0.14	0.02	0.02	0.13	4.70	0.01	6.71±0.26	0.048	107.3	-33.8	-26.5	-26.5	-22.7		-2.3	
Shan2	O_1m	96.19	0.82	—	0.03	0.01	—		0.01	3.49	0.025	275.6	-35.9	-26.5	—	—			
Shan62	O_1m_5	96.55	0.55	0.07	0.01	0.01	—		0.02	4.10	0.029	102.4	-32.7	-33.1	-30	—			
Shan89	$O_1m_5^{1-2}$	93.35	0.74	0.09	0.01	0.01	0.13	5.64	0.02	6.08±0.24	0.043	73.1	-32.5	-32.8	-28.8	-24.6		-2.3	
G6-11B	$O_1m_5^1$	93.29	0.79	0.12	0.02	0.01	0.09	5.64	0.02	3.63±0.14	0.026	171.3	-32.3	-30.7	-27.7	-23.3		-1.9	

续表

井名	地层	天然气组分/%								氦同位素			碳同位素/‰（VPDB）						参考文献
		CH_4	C_2H_6	C_3H_8	iC_4H_{10}	nC_4H_{10}	N_2	CO_2	He	${}^3He/{}^4He/10^{-8}$	R/R_a	$CH_4/{}^3He/10^9$	CH_4	C_2H_6	C_3H_8	iC_4H_{10}	nC_4H_{10}	CO_2	
Su77-2-5	P_2x	89.90	5.53	1.24	0.24	0.27	0.70	1.46	0.02	4.19	0.030	112.9	-30.8	-22.7	-23.3	-23.9			Dai *et al.*, 2014
Su77-6-8	P_2x^8	89.90	5.80	1.24	0.22	0.24	0.79	0.60	0.06	4.69±0.8	0.033	31.4	-33.6	-23.9	-24.1	-23.5			
Shancan1	O_1m_5	96.76	1.17	0.10	0.02		0.36	1.47	0.07	3.78	0.027	36.6	-33.9	-27.6	-26	-22.9		-21.8	Dai *et al.*, 2008
Shan142	P_1s	94.24	3.37	0.49	0.06	0.07	0.55	1.13	0.04	3.50	0.025	74.8	-32.4	-26.1	-24.9	-23.4			
Shan217	P_1s	94.90	2.65	0.35	0.05	0.05	0.68	1.19	0.02	3.08	0.022	162.2	-31.6	-26.0	-24.1	-22.6			
Su33-18	P_1x	93.83	4.09	0.84	0.13	0.15	0.00	0.82	0.05	4.34	0.031	48.0	-32.3	-25.2	-23.8	-22.7			
Su36-13	P_1x	90.89	5.26	1.11	0.18	0.20	1.57	0.47	0.03	3.78	0.027	72.9	-33.4	-24.7	-24.4	-22.6			
D10	P_1s^2	81.15	4.01	0.85	0.27	0.32	9.71	1.12	0.04	3.64	0.026	63.7	-36.0	-24.0	-23.5	-23.1			
D11	P_2sh	93.84	3.38	0.52	0.08	0.11			0.03	3.50	0.025	89.4	-34.5	-26.3	-24.7	-22.9		-8.6	
D24	P_2sh	89.12	6.20	1.89	0.25	0.34	0.86	0.39	0.04	3.36	0.024	66.3	-37.1	-26.1	-25.3	-23.8		-5.7	
DK9	P_2sh	96.31	2.21	0.18	0.03	0.04	0.42	0.26	0.03	3.36	0.024	89.6	-35.0	-26.0	-23.4	-21.8		-8.6	
DK19		96.46	1.85	0.27	0.08	0.59	0.07	0.03	3.50	0.025	102.1	-34.4	-25.7	-24.3	-22.4				
Su38-16	P_2x	89.96	4.64	0.96	0.16	0.17	1.27	2.01	0.02	3.34	0.024	168.3	-35.6	-25.8	-25.5	-24.7	-23.9	-13.5	Liu *et al.*, 2007
Su35-17	P_2x	90.44	4.60	0.79	0.11	0.15	1.94	1.14	0.02	3.65	0.026	118.0	-35.1	-24.2	-25.2		-25.0	-17.5	
Su33-18	P_2x	72.72	3.11	0.50	0.07	0.12	16.94	0.75	0.02	3.62	0.026	111.6	-34.9	-24.5	-25.9				
Su22-15	P_2x	82.66	3.12	0.72	0.12	0.15	5.04	1.03	0.03				-32.5	-24.5	-26.4			-16.1	
Su16	P_2x	90.61	5.28	1.03	0.17	0.18	0.92	0.86	0.02	2.94	0.021	181.3	-34.7	-24.7	-23.9				
Su19-18	P_2x	89.16	3.82	0.82	0.12	0.17	3.89	1.13	0.03				-32.8	-24.7	-26.6			-15.9	
Su38-14	P_2x	89.33	5.87	1.23	0.19	0.21	1.18	1.03	0.02				-35.6	-25.2	-25.3	-23.6	-23.9	-8.4	
Su13-16	P_2x	89.90	4.67	0.87	0.14	0.15	1.92	1.43	0.04				-32.6	-25.6	-23.5	-22.4	-22.7	-14.0	
Su41-8	P_2x	89.84	5.31	1.10	0.19	0.22	1.29	1.18	0.02				-34.7	-25.1	-24.6	-21.6	-23.7	-17.8	
Su40-16	P_2x	90.31	5.29	1.17	0.21	0.25	1.88	0.65	0.03	2.07	0.015	167.8	-35.9	-24.7	-24.9	-24.3	-24.2		

表 3　渤海湾盆地天然气地球化学数据

井名	地层	天然气组分/%								氦同位素			碳同位素/‰（VPDB）					
		CH_4	C_2H_6	C_3H_8	iC_4H_{10}	nC_4H_{10}	N_2	CO_2	He	$^3He/^4He$ $/10^{-8}$	R/R_a	$CH_4/^3He$ $/10^9$	CH_4	C_2H_6	C_3H_8	iC_4H_{10}	nC_4H_{10}	CO_2
Banshen20	Es_2	78.28	12.09	3.48	0.81	0.64	1.72	2.38		1.18±0.06	0.08		-41.6	-27.3				
Bai1		80.57	8.60	4.82	4.13		1.33	0.50		2.05±0.06	0.15		-37.4	-36.5	-25.1			
Gang151	Es_1	2.08	0.05	0.02	0.02		1.49	96.49	0.040	5.07±0.16*	3.62	0.0	-35.9					-3.8
Gang365-1	Es_1	90.30	6.55	2.24	0.30	0.26	0.19	0.16		6.53±0.19	0.47		-41.6	-28.0	-25.3			
Qi81	Es_1	76.03	4.12	7.36	9.14		2.49	0.68		2.36±0.06*	1.69		-54.9	-46.2	-29.3	-27.1		-6.8
Gangxixin8-8	Nm	71.59	4.99	0.76	0.19	0.09	0.98	21.36		3.04±0.08*	2.17		-45.8					
Kou38-18	Ng	93.51	0.28		0.38	0.05	4.55	0.95		2.30±0.03*	1.64		-24.6		-22.79			-18.2
Gangxi10-7	Ng	67.12	7.15	3.99	1.05	1.64	1.34	21.88		3.81±0.11*	2.72		-51.0	-25.1	-18.83	-23.3		-7.4
Xi19-2	Nm	81.23	0.63	0.25			0.47	17.42		2.85±0.08*	2.04		-50.3	-23.4	-22.94			6.1
Xi46-6	Nm	70.62	6.96	0.90	0.60	0.21		20.33		1.48±0.04*	1.06		-31.2					
Guan144	Mz									4.32±0.12	0.31		-33.9	-27.6	-29.46	-28.8		
Gang49	Es_1	90.72	4.49	1.67	0.30	0.32	1.27	1.07		6.96±0.20	0.50		-38.3	-26.7	-25.1	-25.6		-2.8
Gang259	Nm	81.44	6.64	5.19	5.61		0.12	0.25		7.11±0.22	0.51		-42.6	-27.2	-20.56			
Gang3-64	Nm	93.43	4.48	0.49	0.21	0.20	0.11	1.09		9.07±0.25	0.65		-43.8	-25.8	-18.34	-21.8		-13.9
Gangshen7	Es_1	85.75	7.48	2.74	0.37	0.62	0.61	1.44		4.85±0.15	0.35		-38.4	-26.7	-25.73	-26.1		-17.3
365-1	Es_1	81.28	9.59	4.87	0.94	1.24	0.39	0.99		6.53±0.19	0.47		-42.2	-27.3	-25.02	-25.1		-18.6
834-2	Es_1	95.59	1.27	0.22	0.18	0.09	1.97	0.61		1.68±0.06	0.12		-58.1	-42.3	-30.65	-30.0		-14.4
Zhong9-72	Es_1	86.72	8.12	2.47	0.40	0.57	0.85	0.49		5.03±0.14	0.36		-38.2	-26.2	-24.48	-24.7		-14.7
Gang138		66.86	8.23	3.35	0.49	0.71		18.93	0.008	2.89±0.08*	2.06		-43.9	-27.0	-25.53	-25.1		-7.1

续表

井名	地层	天然气组分/%								氦同位素			碳同位素/‰（VPDB）					
		CH_4	C_2H_6	C_3H_8	iC_4H_{10}	nC_4H_{10}	N_2	CO_2	He	$^3He/^4He$ /10^{-8}	R/R_a	$CH_4/^3He$ /10^9	CH_4	C_2H_6	C_3H_8	iC_4H_{10}	nC_4H_{10}	CO_2
Gangxi6-1-1		83.97	3.32	0.30	0.16	0.05	0.86	11.21		2.47±0.07*	1.76		-44.5	-25.1	-16.78	-24.0		-0.6
Gangxi15-7-2		91.01	2.07	0.27	0.27	0.07	1.62	4.85	0.016	3.92±0.11*	2.80	1.5	-50.7	-24.8	-21.43	-24.1		-11.7
Gangxi47-4		m,	4.39	0.52	0.20	0.06	1.25	11.22		1.34±0.04*	0.96		-43.3	-26.7	-15.85	-24.0		1.7
Gangxi13-6-2		91.98	2.85	0.28	0.07	0.05		4.72		3.83±0.12*	2.74		-49.6	-25.1	-20.35	-24.0		-8.9
Gang138		83.18	9.90	3.73	0.55	0.89		1.28		1.28±0.04*	0.91		-39.7	-26.7	-25.13	-25.3		-10.9
Gangshen8-11		84.84	7.37	3.33	0.39	0.81	1.09	2.00		3.30±0.17	0.24		-45.2	-29.5	-28.71	-27.8		-10.3
Gang138		63.37	7.78	4.18	1.04	1.44	0.79	20.86	0.019	3.13±0.10*	2.24	1.1	-44.3	-27.4	-25.97	-24.5		-7.7
Gangxi18-14		96.22	1.79	0.17	0.05	0.04	1.19	0.51	0.005	2.64±0.08*	1.89	6.7	-52.6	-25.5	-20.69	-24.5		-14.0
Gang136		98.37	0.14	0.08			1.12	0.28		1.67±0.06*	1.19		-58.0	-35.4	-25.21			-18.7
Gang139		97.58	0.17	0.04	0.00	0.02	1.91	0.26	0.009	1.35±0.05*	0.96	8.2	-58.9	-42.4	-23.52			-20.4
Wu13		82.33	8.36	2.77	0.45	0.73	3.52	1.55	0.009	1.99±0.06	0.14	53.2	-40.1	-21.6	-20.54	-19.6		-21.7
Guan66		76.44	8.98	6.19	0.81	1.94	2.94	1.76	0.0045	1.75±0.05	0.12	101.1	-43.8	-29.4	-28.26	-29.1		
Ban832		84.71	7.02	3.95	0.89	1.04	0.49	1.28		2.10±0.07	0.15		-51.0	-28.8	-24.03	-25.0		
Qi609-1		84.59	9.33	3.38	0.47	0.95		0.71		5.92±0.17	0.42		-42.0	-26.7	-24.73	-24.5		
Guan28		81.24	9.84	3.71	0.59	1.09	1.42	1.78	0.0084	2.52±0.07	0.18	38.4	-42.3	-28.4	-27.56	-27.2		
Tang10		82.48	7.60	4.34	1.39	1.75		1.22		3.01±0.09	0.21		-44.9	-24.3	-22.38	-22.5		
Guan5-14		84.27	5.82	2.94	0.29	0.72	4.85	0.75	0.0160	2.51±0.07	0.18	20.9	-47.7	-32.2	-30.63	-29.5		
Ban842		46.02	27.10	16.81	2.82	3.75		0.63		3.42±0.43	0.24		-46.6	-28.0	-24.48	-25.1		
Zao42-20		85.60	4.65	2.70	0.27	0.59	4.30	1.42	0.0220	6.33±0.18	0.45	6.2	-43.4	-30.0	-29.88	-27.2		

续表

井名	地层	天然气组分/%								氦同位素			碳同位素/‰（VPDB）					
		CH_4	C_2H_6	C_3H_8	iC_4H_{10}	nC_4H_{10}	N_2	CO_2	He	$^3He/^4He$ $/10^{-8}$	R/R_a	$CH_4/^3He$ $/10^9$	CH_4	C_2H_6	C_3H_8	iC_4H_{10}	nC_4H_{10}	CO_2
Ninggu1	Zw	41.26	4.49	2.60	1.12	1.24	2.29	43.82		2.01±0.06 *	1.44		-39.1	-27.0	-24.7	-23.8		7.0
Liu58（2）	Zw	45.71	7.05	5.46	0.79	1.73	2.61	35.55	0.0400	2.69±0.08 *	1.86	0.4	-44.8	-29.5	-27.8	-27.3		-6.1
Liu58（1）		36.71	4.83	3.88	0.62	1.57	3.81	47.34	0.0380	2.33±0.08 *	1.66	0.4	-43.5	-30.3	-27.07	-26.8		-3.0
Lu27-15		51.57	1.54	2.30	0.62	1.19	37.46	3.79	0.2100	5.08±0.16	0.36	0.5	-43.9	-28.6	-29.94	-28.2		-13.0
Lu27-16		52.59	1.61	1.55	0.55	0.94	38.25	3.05	0.2600	5.20±0.15	0.37	0.4	-43.8	-28.1	-29.16	-27.8		-13.5
Ma21		82.30	1.47	1.17	0.33	0.60	11.24	2.19	0.0500	4.19±0.13	0.30	3.9	-58.1	-28.6	-26.96	-26.9		-17.8
Ning3	Ed_3	65.78	14.67	11.97	1.35	2.68	0.59	2.07		3.06±0.20	0.22		-52.9	-32.4	-29.11	-28.2		-17.6
Liu25		62.83	3.21	2.11	0.44	0.82	14.31	15.37	0.1200	6.73±0.22	0.48	0.8	-44.2	-29.6	-29.28	-28.1		-9.6
Liu28		51.07	3.44	3.17	0.77	1.60	11.14	27.37	0.0840	5.26±0.24	0.38	1.1	-43.2	-25.2	-28.11	-27.5		-13.1
Liu70-93		81.71	4.01	3.70	0.62	1.24	2.31	5.71	0.0160	1.09±0.03 *	0.78	4.7	-54.3	-34.1	-30.95	-28.7		-14.2
Yong21-1	Es_3	96.96	0.51	0.66	0.18	0.37	0.63	0.33		3.71±0.04	0.27		-52.6	-38.8	-32.49	-30.6		
Xia8	Ed	97.99	0.27	0.06			1.27	0.27		2.03±0.05 *	1.45		-47.0	-36.5	-22.05	-22.8		-10.1
Zhuanggu4	An	76.00	11.12	7.41	0.65	2.23		2.58		1.63±0.05	0.12		-46.1	-32.5	-29.7			
Ning3	Es_1	96.98	0.95	0.46	0.38		0.89	0.40		4.45±0.18	0.32		-46.8	-34.6	-32.3	-30.5		-12.5
Cheng3	Nm_3	97.85					2.07	0.08		4.51±0.12	0.32		-41.8					
Dan124	Ng	98.41	0.47	0.08		0.01	0.16	0.86		5.97±0.19	0.43		-48.6	-30.5				-7.1
Chang2	Ek_1	76.48	9.63	3.38	0.07	1.24	2.56	8.05		8.26±0.25	0.59		-41.2					
Gao42	Es_4	92.80	2.08	0.04	0.01	0.01	1.68	4.17		2.73±0.08 *	1.95		-43.0	-32.0	-14.49	-23.1		-7.7
Chenqi8		96.08	0.08				0.04	3.80		3.72±0.15	0.27		-53.4	-37.4	-35.34			

续表

井名	地层	天然气组分/%								氦同位素			碳同位素/‰（VPDB）					
		CH_4	C_2H_6	C_3H_8	iC_4H_{10}	nC_4H_{10}	N_2	CO_2	He	$^3He/^4He$ $/10^{-8}$	R/R_a	$CH_4/^3He$ $/10^9$	CH_4	C_2H_6	C_3H_8	iC_4H_{10}	nC_4H_{10}	CO_2
Chenqi11		95.53	0.11	0.01			4.30	0.06		4.43±0.17	0.32		−52.7					
Chenqi53		96.70	0.09				3.16	0.04		4.29±0.15	0.31		−50.5					
Hua17	Es_3	3.89		0.27	0.30		1.60	93.78	0.0008	4.49±0.12*	3.21	1.0	−54.0					−3.4
Hua17	Es_3	3.86	0.10	0.34	0.02	0.06	2.06	93.54		4.45±0.12*	3.18		−54.0					−3.4
Gao41-10										1.46±0.05*	1.04		−42.5	−26.8	−18.71	−23.0		−9.5
Gao14	Ng	95.01	1.05	0.03	0.02	0.03				2.10±0.08*	1.50		−44.3	−30.6				
Gaoqi42-35	Es_4	97.91	0.62	0.13	0.02	0.06	0.37	0.62		2.41±0.07*	1.72							−6.5
Gao41	Mz	96.78	1.61	0.30	0.06	0.06	0.03	1.14		2.39±0.10*	1.71							−5.4
Pingqi4	Es_4	20.89	1.25	1.12	0.16	0.46	0.46	75.33		2.85±0.11*	2.75		−51.7	−33.0	−30.07	−29.0		−6.8
Ping9-4	Es_1	78.08	2.33	1.49	0.20	0.44	2.75	14.44	0.0006	3.00±0.09*	2.14	43.1	−54.6	−33.0	−28.95	−28.2		
Ping12-61	Es_4	17.13	1.24	1.10	0.15	0.44	0.38	79.17		3.61±0.10*	2.58		−51.8	−33.1	−29.2	−29.0		−4.5
Ping13-2	Es_4	24.43	1.38	1.16	0.18	0.50	1.07	68.85		3.59±0.11*	2.56		−52.7	−33.2	−29.8	−29.0		−4.7
Ping13-4	Es_4	19.04	1.20	2.18	0.16	0.54	1.21	74.92		3.55±0.19*	2.54		−51.7	−33.2	−29.8	−28.6		−4.4
Ping14-3	Es_4	18.17	1.15	1.08	0.16	0.46	0.61	77.93		4.47±0.14*	3.19		−51.8	−33.2	−29.89	−29.1		−4.3
Binggu14		1.16	0.27	0.55	0.43		0.46	96.99		2.80±0.08*	2.00							−4.8
Binggu24	Es_4	17.11	3.25	2.36	1.28		0.88	74.66		5.22±0.13*	3.73							−4.6
Yong66-3	Es_2	97.64	0.55	0.79	0.10	0.22	0.51	0.07		4.05±0.16	0.29		−51.5	−36.5	−31.45			
Yong12-21	Es_2	98.55	0.28	0.48	0.10	0.25	0.04	0.10		3.38±0.15	0.24		−56.2	−36.5	−32.85	−29.4		
Qidong9	Nm	95.8	0.06				4.09	0.04	0.0005	4.70±0.14	0.36	364.1						

注：*为10^{-6}。

表 4　渤海湾盆地天然气地球化学数据（公开发表）

井名	地层	天然气组分/%						氦同位素	碳同位素/‰（VPDB）							参考文献
		CH_4	C_2H_6	C_3H_8	C_4H_{10}	CO_2	He	$^3He/^4He$ $/10^{-7}$	R/R_a	$CH_4/^3He$ $/10^9$	CO_2	CH_4	C_2H_6	C_3H_8	C_4H_{10}	
Bansheng20	Es_2	77.80	19.50			2.60	0.0027	1.25±0.04	0.09	228.69	-2.5	-42.9				Zhang *et al*., 2008
Bansheng17-5	Es_2	73.80	24.00			1.80	0.0025	0.83±0.04	0.06	351.43	-4.0	-44.5				
Bansheng16-22	Es_2	85.60	12.60			1.30	0.0102	1.08±0.03	0.08	74.93	3.1	-43.5				
Bansheng17	Es_1	88.10	8.90			0.30	0.0058				-15.9	-47.5				
Ban821	Es_1	94.30	4.20			0.50	0.0043	2.28±0.07	0.16	97.90		-46.2				
Ban837	Es_1	79.20	16.10			1.40	0.0051				-12.6	-43.2				
Ban19-4	Es_1	87.60	8.80			1.90	0.0053	3.65±0.10	0.26	45.41	-1.1	-43.5				
BanG5	Es_2	68.10	30.30			1.50	0.0024	4.45±0.12	0.32	63.34	-1.0	-37.6				
Gan95-2	Es_2	90.90	8.90			0.00	0.0025	4.18±0.12	0.30	86.57		-37.3				
Bai21-3	Es_2	84.00	13.90			1.80	0.0044	8.74±0.23	0.62	21.99	-3.1	-37.7				
Bai14-2	Ed_3	84.80	10.20			0.50	0.0053	4.81±0.16	0.34	33.61	-5.3	-39.9				
Gansheng3	Es_{1-2}	79.90	17.30			2.60	0.0015	3.24±0.10	0.23	165.42	0.3	-36.7				
Gansheng5	Es_3	85.60	13.40			1.10	0.0016	9.53±0.28	0.68	56.20	-2.6	-38.4				
Gang28	Es_1	80.30	18.40			1.10	0.0038	9.48±0.28	0.680	22.20	-4.1	-44.4				
Gangzhong8-33	Es_1	85.30	13.40			0.60	0.0019				-3.8	-42.2				
Gang2025	Es_3	85.20	11.20			3.20	0.0073	9.13±0.25	0.65	12.83	1.4	-47.8				
Hong7-1	Es_3	96.10	1.80			0.00	0.0110	8.59±0.24	0.61	10.23		-45.3				
Gang139	Ng	97.90	0.10			0.20	0.0081	10.5±0.30	0.75	11.51	-11.2	-58.2				
Gangxi38-1	Ng	92.30	5.20			0.40	0.0009	12.5±0.30	0.89	82.31		-47.0				
Gangxi14-25		96.20	0.90			0.10	0.0089	8.48±0.23	0.60	12.87		-59.3				
Gangxi6-5-2		96.80	0.10			0.70	0.0054	23.1±0.60	1.65	7.76		-45.8				

续表

井名	地层	天然气组分/%						氦同位素	碳同位素/‰（VPDB）							参考文献
		CH_4	C_2H_6	C_3H_8	C_4H_{10}	CO_2	He	$^3He/^4He$ $/10^{-7}$	R/R_a	$CH_4/^3He$ $/10^9$	CO_2	CH_4	C_2H_6	C_3H_8	C_4H_{10}	
Gang137	Nm	52. 90	9. 50			37. 00	0. 0100	30. 3±0. 80	2. 16	1. 75	-4. 6	-43. 9				
Gangxi49-52	Nm_2	81. 00	3. 10			13. 10	0. 0008	13. 8±0. 40	0. 99	73. 05	-3. 9	-44. 0				
Gangxi15-7-2	Nm_2	88. 30	2. 90			6. 20	0. 0079	41. 9±1. 10	2. 99	2. 67	-1. 3	-49. 5				
Gang151	Es_1	0. 40				99. 60	0. 0020	52. 4±1. 40	3. 74	0. 04	-3. 5	-28. 3				
Fan18-1	Es_1	85. 40	9. 70			0. 90	0. 0057	19. 1±0. 50	1. 36	7. 87	-7. 1	-45. 4				
Qi452	Es_1	88. 30	10. 20			0. 80	0. 0100	19. 0±0. 50	1. 36	4. 64	-3. 4	-47. 5				
Qi416	Es_1	73. 40	24. 10			2. 00	0. 0046	7. 39±0. 20	0. 53	21. 50	-0. 9	-42. 2				
Qi15	Es_{1-2}	83. 90	11. 40			2. 20	0. 0210	10. 8±0. 30	0. 77	3. 71	-0. 7	-43. 4				
Qi123-5	Es_1	79. 80	15. 50			3. 40	0. 0066	9. 13±0. 28	0. 65	13. 29	-2. 5	-42. 8				
Qi50-6	Es_1	84. 70	13. 40			0. 00	0. 0014	3. 94±0. 12	0. 28	154. 34		-41. 3				
Yangcun26	Ng	98. 20	0. 30			0. 10	0. 0220	7. 39±0. 19	0. 53	6. 02	-12. 7	-42. 7				Zhang *et al.*, 2008
Kou11	P	66. 80	5. 80			25. 40	0. 0290	25. 3±0. 60	1. 81	0. 91	-5. 6	-42. 6				
Kou38-15	Ng	96. 80	0. 90			0. 30	0. 0240	8. 71±0. 24	0. 62	4. 65	2. 3	-43. 3				
Kou29	Ng	98. 60	0. 50			0. 20	0. 0150	12. 1±0. 30	0. 86	5. 46		-42. 0				
Kong1095	Ng	96. 00	1. 30			0. 30	0. 0270	17. 3±0. 40	1. 24	2. 05		-44. 6				
Zhuang1612-1	Es_3	79. 70	11. 50			5. 00	0. 0130	5. 96±0. 15	0. 43	10. 18	-3. 7	-46. 5				
Zhunag8-15-2	Ng	94. 00	4. 70			0. 30	0. 0086	5. 98±0. 16	0. 44	17. 91		-42. 1				
Zhuang7-17	Nm_2	96. 00	3. 10			0. 00	0. 0028	4. 87±0. 13	0. 35	69. 97		-43. 3				
Zao1539	Mz	83. 60	11. 40			0. 10	0. 0400	6. 38±0. 17	0. 46	3. 25		-35. 6				
Feng37-21	Ek_2	81. 40	11. 90			0. 80	0. 0120	6. 25±0. 18	0. 45	10. 77	-4. 3	-44. 7				
Cang1	Es_1	98. 60	0. 40			0. 30	0. 0073	5. 30±0. 14	0. 38	25. 39	-10. 3	-59. 5				

续表

井名	地层	天然气组分/%						氦同位素	碳同位素/‰（VPDB）							参考文献
		CH_4	C_2H_6	C_3H_8	C_4H_{10}	CO_2	He	$^3He/^4He$ $/10^{-7}$	R/R_a	$CH_4/^3He$ $/10^9$	CO_2	CH_4	C_2H_6	C_3H_8	C_4H_{10}	
Guan144-2	Mz	87. 40	8. 60			0. 90	0. 0160	4. 22±0. 11	0. 30	13. 01	-11. 9	-32. 8				Zhang *et al.*, 2008
Guan969	Es_1	93. 70	4. 10			0. 70	0. 0150				-13. 7	-40. 7				
Wang14	Es_1	94. 00	2. 40			1. 90	0. 0100	4. 43±0. 11	0. 32	20. 98	-13. 7	-49. 7				
Ni44-14	Es_1	97. 90	0. 40			0. 20	0. 0059	7. 14±0. 19	0. 51	23. 24	-13. 2	-48. 1				
B166	O	39. 49	8. 19	8. 52		25. 41	0. 0150	0. 468±0. 016*	0. 33	5. 70	-9. 9	-47. 5	-31. 4	-28. 5	-28. 2	Zhang *et al.*, 2011
B338-13	Es_3	95. 15	0. 31	0. 36		1. 13	0. 0230	1. 05±0. 03*	0. 75	3. 94		-58. 9	-43. 9	-29. 7	-27. 4	
B4-6-41	Es_4	52. 95	1. 16	0. 38	0. 09	43. 8	0. 0180	4. 25±0. 13*	3. 04	0. 69	-9. 4	-48. 9	-34. 0	-27. 1		
Bg24	O	1. 33	0. 28	0. 3		97. 73	0. 0060	4. 82±0. 14*	3. 44	0. 05	-6. 2	-47. 8	-28. 8	-28. 8		
H6	Ng	97. 21	0. 49	0. 044		0. 056	0. 0150	2. 52±0. 07*	1. 80	2. 57	-21. 5	-46. 3	-30. 0			
Gq3	Ng	0. 012	0. 036			99. 42	0. 0060	9. 03±0. 26*	6. 45	0. 00	-4. 3	-53. 1	-36. 0	-29. 6		
Cg100-p1	O	97. 83	0. 059	0. 035		1. 45	0. 0040	0. 633±0. 023*	0. 45	38. 82	-27. 4	-46. 1				
Cn93-4	Ng	97. 79	0. 074	0. 051		1. 44	0. 0020	1. 69±0. 05*	1. 21	28. 86	-15. 7	-48. 4	-36. 2			
H159	Es_3	80. 7	4. 38	6. 63	2. 59	4. 16	0. 0040	0. 123±0. 004*	0. 09	160. 12	-14. 3	-55. 8	-33. 3	-29. 0	-29. 9	
L61-x10	Es_3	70. 26	8. 17	9. 67	3. 35	7. 43	0. 0020	0. 193±0. 008*	0. 14	179. 23	-7. 5	-53. 7	-33. 7	-29. 4	-28. 1	
C26-21	Es_4	78. 13	5. 49	8. 14	3. 27	1. 98	0. 0060	0. 483±0. 016*	0. 35	26. 57	-17. 9	-56. 0	-35. 3	-29. 4	-30. 0	
S3-2-8	Es_3	77. 49	7. 78	9. 05		5. 2	0. 0020	0. 299±0. 019*	0. 21	131. 79	-10. 7	-52. 5	-33. 2	-28. 6		
N25-35	Es_3	82. 45	4. 87	4. 9	1. 75	4. 84	0. 0040	0. 106±0. 003*	0. 08	184. 04	-8. 5	-55. 0	-34. 8	-29. 5	-28. 3	
B4-6-6	Es_4	23. 52	1. 28	1. 33	0. 62	72. 5	0. 0280	3. 87±0. 11*	2. 76	0. 22	-4. 6	-51. 7				Zheng *et al.*, 1995，1997
B4-13-1	Es_4	22. 71	1. 28	1. 26	0. 85	72. 68					-5. 1	-52. 7				
Bg11	Es_4	1. 31	0. 34	0. 37	0. 35	97. 32			2. 76		-6. 3	-47. 6				
Bg14	Es_4	1. 16	0. 27	0. 55	0. 43	96. 99		2. 80±0. 08*	2. 00		-4. 8					

续表

井名	地层	天然气组分/%						氦同位素	碳同位素/‰（VPDB）							参考文献
		CH_4	C_2H_6	C_3H_8	C_4H_{10}	CO_2	He	$^3He/^4He$ $/10^{-7}$	R/R_a	$CH_4/^3He$ $/10^9$	CO_2	CH_4	C_2H_6	C_3H_8	C_4H_{10}	
Bg24	Es_4	17.11	3.25	2.36	1.28	74.66		5.22±0.13*	3.73		-4.6					
H17	Es_3	3.86	1	0.34	0.08	93.54	0.0850	4.49±0.12*	3.18	0.01	-3.4	-54.0				
Pq4	Es_4	20.89	1.25	1.12		75.33	0.0240	3.85±0.11*	2.75	0.23	-5.4	-51.7				
P9-3	Es_4	22.46	1.29	1.12	0.62	73.87	0.0280	3.87±0.11*	2.76	0.21	-4.5	-51.6				
Pq12	Es_4	21.63	1.33	1.12	0.64	74.2	0.0220	3.85±0.11*	2.75	0.26	-4.4	-51.9				Zheng *et al.*, 1995, 1997
Pq12-61	Es_4	17.13	1.24	1.1	0.59	79.17	0.0080	3.61±0.10*	2.58	0.59	-4.5	-51.8				
P13-2	Es_4	26.43	1.38	1.16	0.68	68.85	0.0240	3.59±0.11*	2.56	0.31	-4.7	-52.7				
P13-3	Es_4	19.04	1.2	2.18	0.7	74.92	0.0280	3.55±0.19*	2.54	0.19	-4.4	-51.7				
P13-4	Es_4	18.17	1.15	1.08	0.62	77.93	0.0220	4.47±0.14*	3.19	0.18	-4.3	-51.8				
An76	Es_3							8.98	0.64							
Shen12	Es_3							1.96	0.14							
Ci38-86	Es_3							3.58*	2.56							
Niu23-19	Es_3							5.56	0.40							
Jie3	J	>80					0.1000	5.46*	3.90			-29.9				
Re36	Es_1							1.24*	0.89							Xu *et al.*, 1994
Huangyou11-9	Es_1	82.41	7.87	4.07	2.54	0.39		2.42*	1.73			-43.4	-27.5	-26.4	-25.4	
Huang17	Es_1							2.94*	2.10							
Hong5	Ed							4.76*	3.40							
Rong6	Ed							2.40	0.17							
Gaoqi1	Es_3							9.67	0.69							

续表

井名	地层	天然气组分/%						氦同位素	碳同位素/‰（VPDB）							参考文献
		CH_4	C_2H_6	C_3H_8	C_4H_{10}	CO_2	He	$^3He/^4He$ $/10^{-7}$	R/R_a	$CH_4/^3He$ $/10^9$	CO_2	CH_4	C_2H_6	C_3H_8	C_4H_{10}	
Shu4-8-3	Es_4							4.50	0.32							Xu *et al.*, 1994
Xing213	Es_4	73.92	5.96	5.29	6.21	0.76		1.47 *	1.05			-35.3	-25.4	-24.4	-24.8	
Xinma215	Es_1							2.78	0.20							
Qi2-20-8	Ar							6.04	0.43							
Wen109	Es_4	89.41						3.18	0.23							
Wen31	Es_4	96.59	1.71	0.30	0.13	0.41		3.03	0.22			-28.0	-25.7	-25.7		
Wen108	Es_4	94.07						3.28	0.23			-27.8	-24.3	-24.6		
Wen23	Es_4	97.13	1.56	0.19	0.11	0.33		3.23	0.23			-28.2	-26.1	-25.2		
Wen105	Es_4	95.31	3.21	0.27	0.18	0.66		2.68	0.19							
Bai10	Es_3	81.70						8.48	0.61							
Bai20	Es_2							1.12 *	0.80			-38.6				
Bai28	Es_3							8.62	0.62							
Bai8	Es_1	79.76						1.09 *	0.78			-34.3	-24.4	-22.5		
Bai3	Es_2	88.24	6.65	1.48	0.77			1.1 *	0.78			-35.7	-26.3	-25.1		

* 为 10^{-6}。

渤海湾盆地 152 井次分析天然气中 CO_2 含量从 0（Gan95-2、Hong7-1）到 99.60%（Gang151），含量数字域大（99.60%）。平均含量为 19.66%，最高频率峰分布在 0～1.0%（图 6，表 3、表 4）。

渤海湾盆地比鄂尔多斯盆地 CO_2 含量数字域大，最高含量大，平均含量大，CO_2 含量大于 10% 均在渤海湾盆地，表明两盆地二氧化碳组分的差异性，这种差异性是由两盆地的类型不同所致，在渤海湾盆地一些 CO_2 含量很高气井区形成了 CO_2 气藏（田）（图6，表1～表4）。关于 CO_2 气藏划定往往以其含量多少为准：Tang（1983）把气藏中 CO_2 含量超过 80% 至近 100% 的称为 CO_2 气藏；沈平等将气藏中 CO_2 含量大于 85% 的称为 CO_2 气藏（Shen *et al.*，1991）；Dai 等（2000）认为含量多少应结合 CO_2 成因类型和工业利用因素：含量在 90% 以上，很多往往在 95% 以上至近 100% 为二氧化碳气藏，此类气藏 CO_2 是岩浆-幔源成因，工业上可直接利用；CO_2 含量在 60%～90% 的称为亚二氧化碳气藏，是无机成因 CO_2，一般不能直接利用，经处理可利用。根据戴金星划分标准，渤海湾盆地发现 7 个 CO_2 气藏（田），分布在济阳坳陷和黄骅坳陷（图 3），其中探明 CO_2 地质储量的有 3 个气田（表 5）。

表 5 渤海湾盆地二氧化碳气藏探明储量及地球化学组成

名称	地层	组分 /%				$\delta^{13}C$/‰（VPDB）				R/R_a	储量
		CO_2	CH_4	C_2H_6	C_3H_8	CO_2	CH_4	C_2H_6	C_3H_8		$/10^8 m^3$
花沟	Es_3	93.78	3.89	1.00	0.27	-3.4	-53.4	-33.2	-31.3	3.18	24.24
八里泊	O	98.59	1.35			-4.2				2.60	15.16
平南	O	96.88	1.16	0.27	0.55	-4.8	-47.5	-32.1	-29.6	2.00	6.95

五、讨论

1. 氦和 CO_2 的同位素特征和成因

$^3He/^4He$ 值或 R/R_a 值可以鉴别各种成因氦，有关学者划分各种氦 R/R_a 值见表 6。

表 6 不同成因 He 的 R/R_a 划分标准

类型	氦同位素		文献
	$^3He/^4He$	R/R_a	
大气氦	1.4×10^{-6}	1	Mamyrin *et al.*, 1970
壳源氦	$(2\sim3)\times10^{-8}$	0.013～0.021	Rerode *et al.*, 1986
		<0.05	Mamyrin and Tolstikhin，1984
		<0.05	Andrews，1985
	2×10^{-8}		Xu *et al.*, 1996
幔源氦	1.1×10^{-5}	7.9*	Lupton，1983
	1.1×10^{-5}	7.9*	Xu *et al.*, 1996
上地幔氦		8.8±2.5	White，2015
下地幔氦		5～50	

*作者换算值。

鄂尔多斯盆地 93 个氦的 R/R_a 值从 0.015（Su40-16）~0.097（Su120-52-82），平均值为 0.033，最大频率峰分布在 0.02%~0.03% ［图 7（a），表 1、表 2］。根据表 6 的 3 种类型氦 R/R_a 值衡量，鄂尔多斯盆地氦均为壳源氦，这与 Dai 等（2005b）研究结论一致。盆地的 R/R_a 数字域小，即仅为 0.082Ra；R/R_a 等值线图变化平缓（图 8）。低 R/R_a 值意味着来自 U 和 Th 衰变导致的 ^4He 的加入（Xu *et al.*，1996）。

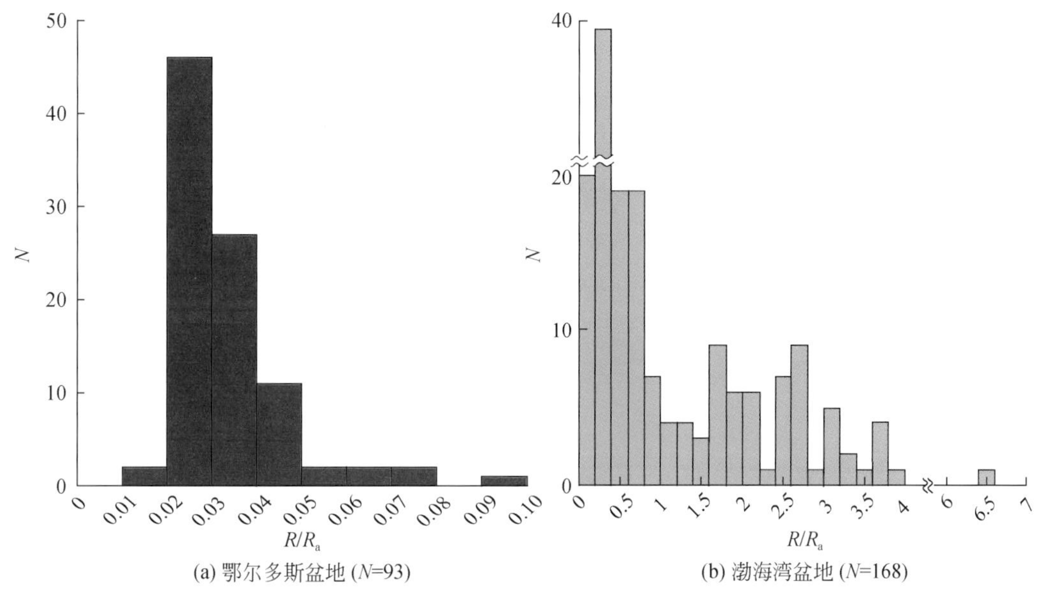

(a) 鄂尔多斯盆地 (*N*=93)　　(b) 渤海湾盆地 (*N*=168)

图 7　鄂尔多斯盆地（a）和渤海湾盆地（b）天然气中 R_a 频率分布图

来自其他克拉通型盆地和区域的气样，与鄂尔多斯盆地的气样具有类似的 R/R_a 值和较小的 R/R_a 数字域，这是由于其构造稳定，断裂不发育，缺少幔源 ^3He 加入等原因所致，如中国四川盆地（Ni *et al.*，2014；Dai *et al.*，2000；Xu *et al.*，1996）、美国 Hugoton-Panhandle 区域等（Jenden and Kaplan，1989）（表 7）。

渤海湾盆地 168 井次氦的 R/R_a 值从 0.06（Bansheng 17-5）到 6.45（Gq3），平均值为 1.16，最大频率峰分布在 0.02%~0.04% ［图 7（b），表 3、表 4］。渤海湾盆地氦的 R/R_a 值数字域为 6.39，比鄂尔多斯盆地的大得多。渤海湾盆地氦的 R/R_a 等值线图变化幅度大，梯度变化大而方向性明显，出现高异常 R/R_a 圈闭（图 9）。

渤海湾盆地 R/R_a 值比鄂尔多斯盆地壳源氦的 R/R_a 值大，最大达 6.45，是中国大陆上沉积盆地中最大的，但比中国大陆架上东海裂谷盆地 R/R_a 值 8.80（WZ13-1-1 井）逊色（Dai *et al.*，2008）。中国此两裂谷盆地 R/R_a 最大值与亚非洲间红海裂谷盆地东缘陆上，即西沙特阿拉伯红海沿岸 Harrat Hutaymah 地区火山口天然气中 R/R_a 值 6.28~10.38 相近，这些氦和幔源流体（mantle flow vector）有关（Konrad *et al.*，2016）。以上 3 个裂谷盆地 R/R_a 值与上地幔氦 R/R_a 值 8.8±2.5 接近（White，2015），说明裂谷盆地部分氦气是幔源氦。但目前渤海湾盆地仅发现一个 R/R_a 为 6.45 幔源氦，其余 167 个 R/R_a 值在 0.06~3.74（表 3、表 4），其中属于壳源氦 R/R_a 平均值 0.013~0.021（Poreda *et al.*，1986）的只有 4 个 R/R_a 值，即占总数 0.23% 基本属于壳源氦。Jenden 等（1993）指出当 R/R_a>0.1 时就指示有幔源氦的存在，由此可见渤海湾盆地大部分氦是壳源氦和幔源氦的混合型，Xu 等（1996）

和 Dai 等（2000）研究渤海湾盆地氦气得出相同结论。例如，CO_2气田中的氦具有幔源^{3}He和 Th 和 U 衰变^{4}He 的混合特性，但 Gq3 井中的氦具有 6.45 的 R/R_a 值，表明氦为幔源。

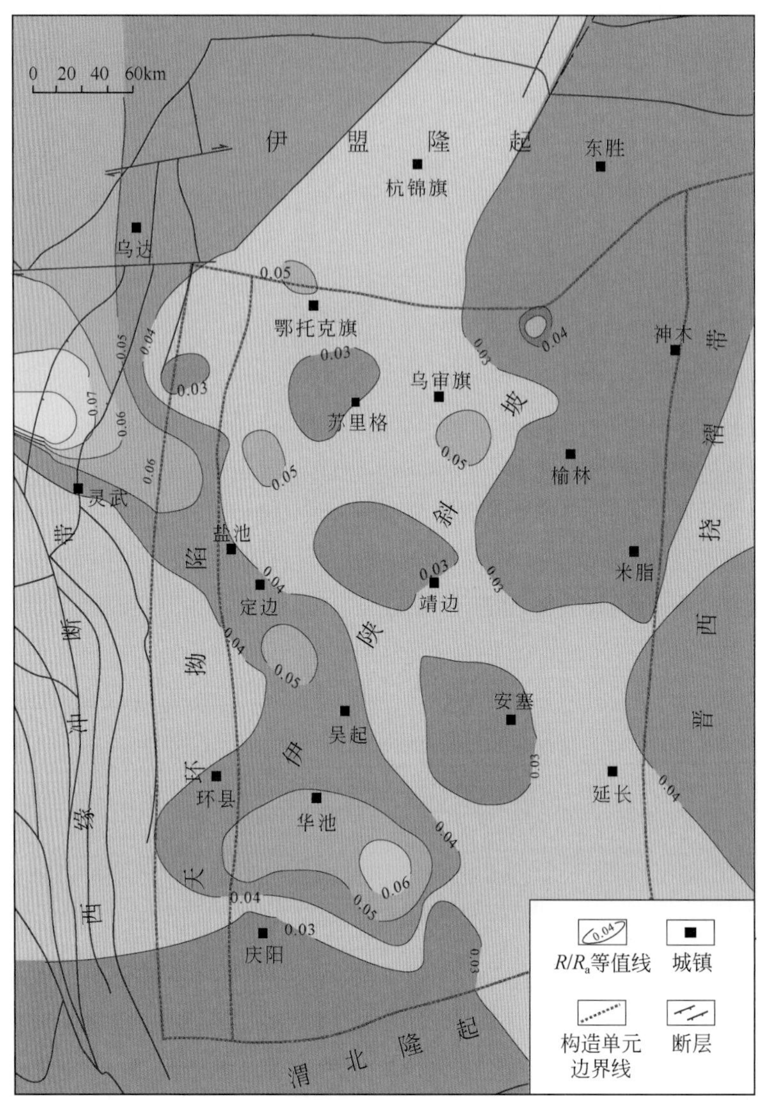

图 8 鄂尔多斯盆地 R/R_a 等值线图

表 7 中国和美国克拉通盆地 R/R_a 值比较

国家	盆地或地区	$^3He/^4He/10^{-8}$	R/R_a	R/R_a 范围	参考文献
中国	四川盆地		0.002～0.050	0.048	Ni *et al.*，2014
			0.016（78）		
		（0.40～4.86）			Dai *et al.*，2000
		1.89（57）			
		（0.0056～0.0362）	0.004～0.030	0.026	Xu *et al.*，1996
		2.18（19）	0.015（19）		

续表

国家	盆地或地区	$^3He/^4He/10^{-8}$	R/R_a	R/R_a 范围	参考文献
美国	Hugoton-Panhandle		0.031～0.244	0.213	Jenden and Kaplan，1989
			0.135（37）		
	堪萨斯中东部		0.070～0.100	0.030	
			0.090（8）		

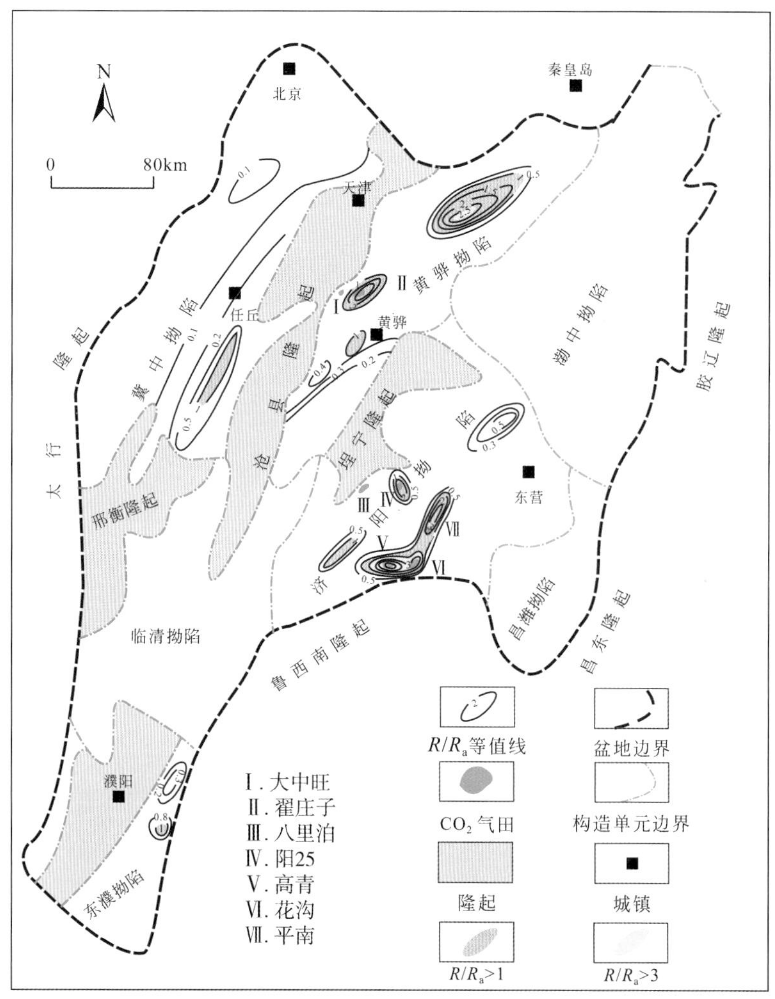

图9 渤海湾盆地 R/R_a 等值线图

2. 二氧化碳碳同位素（$\delta^{13}C_{CO_2}$）和成因

$\delta^{13}C_{CO_2}$ 值有很大数字域：中国 $\delta^{13}C_{CO_2}$ 值为 7‰～−39‰（Dai *et al.*，1992），中国有机成因 $\delta^{13}C_{CO_2}$ 值主要在−10‰～−39.1‰（Dai，1986，1992）。Galimov（1973）指出天然气中 $\delta^{13}C_{CO_2}$ 值变化范围为 12‰～−42‰，伴生气中 $\delta^{13}C_{CO_2}$ 值为 0～−20‰；世界的值为 27‰～

-42‰（Barker，1983），澳大利亚 Amadeus 盆地 Dingo3 井中 $\delta^{13}C_{CO_2}$值为-41.6‰（Boreham and Edwards，2008）。

$\delta^{13}C_{CO_2}$值是鉴别有机成因和无机成因二氧化碳的有效手段。许多学者对此做过较多研究，提出划分各类 CO_2的 $\delta^{13}C_{CO_2}$指标（表 8）。渤海湾盆地 CO_2同位素特征将在下文中详细讨论。此处主要探讨 CO_2聚集成因与主控因素。渤海湾盆地 CO_2聚集的主控因素与中国东部的无机气相似，即高温构造带、伸展盆地带、北西西向构造和晚古近纪至第四纪火山活动区等都是释放和聚集无机气的有利区域（Dai *et al*.，2000）。渤海湾盆地 CO_2气藏主要分布在蓬莱-武地-张北-济宁地区的古近系玄武岩带和北北向郯庐断裂带（伸展断裂）。交接区域为无机气运移的有利通道。玄武岩中广泛分布富含 CO_2的流体包裹体（Liu *et al*.，1992），CO_2气藏中气体的 R/R_a 值为 2.00～3.18（表 5），表明幔源成分的加入和郯庐断裂作为氦和 CO_2运移路径的重要作用。迁移路径上如果存在有利圈闭，则可能形成 CO_2气藏。然而，断裂也是一个重要的破坏因素。到目前为止，郯庐断裂带尚未发现 CO_2气藏，但在郯庐断裂带以西的次生断裂带中发现了几个气藏，如花沟、平南和高青（图 9；Dai *et al*.，2000）。

表 8　不同成因二氧化碳的碳同位素组成

无机成因 $\delta^{13}C_{CO_2}$			有机成因 $\delta^{13}C_{CO_2}$			文献
上地幔脱气	火山-岩浆来源	碳酸盐岩矿物热变质或者有机酸溶解	气藏中生物成因	有机质热降解	有机质降解或生物活动	
-5‰～-7‰						Hoefs，1978
-4‰～-8‰						Jaroy *et al*.，1978
-4.6‰～-5.3‰						Cornides，1993
	-4.9‰～-9.1‰	-3.5‰～3.5‰	-10‰～-15‰			Pankina *et al*.，1978
	-7‰±2‰					Gonlg *et al*.，1981
		-3‰～1‰				Shangguan and Zhang，1990
	-7‰					Sano *et al*.，1993
				-15‰～-25‰		Hunt，1979
					-10‰～-20‰	Shen *et al*.，1991
-6‰±2‰	0±3‰					Dai *et al*.，1996
>-8‰，主要位于-8‰～3‰			<-10‰，主要位于-10‰～-30‰			

3. He、CO_2组分和 R/R_a、$\delta^{13}C_{CO_2}$相互关系研究

Dai 等（1996）根据中国 390 个样品和澳大利亚、新西兰及菲律宾等国 100 多样品的 CO_2含量及相应 $\delta^{13}C_{CO_2}$值，编制有机成因和无机成因 CO_2鉴别图（图 9）。把鄂尔多斯盆地

（表 1、表 2）和渤海湾盆地（表 3、表 4）CO_2 含量和对应 $\delta^{13}C_{CO_2}$ 投入图 9 中可见：两盆地都有有机成因和无机成因 CO_2。两盆地有机成因 CO_2 中，鄂尔多斯盆地的由太原组和山西组煤及泥岩气源岩、延长组湖相烃源岩热裂解、热降解作用形成（图 2），而渤海湾盆地的则由古新统沙河街组湖相烃源岩热降解形成（图 4）（Dai *et al.*，1992，1996）。这些有机成因 CO_2 有两个特点：一是含量少于 10%；二是有壳源型氦伴生。这种有机成因 CO_2 在四川盆地（克拉通型）和松辽盆地（裂谷型）同样存在（Ni *et al.*，2014；Dai *et al.*，2016）（图 10，Ⅰ区）。由图 10 可知，在鄂尔多斯盆地和渤海湾盆地都存在无机成因 CO_2（图 10，Ⅱ区），但鄂尔多斯盆地无机成因 CO_2 含量均小于 6.68%，$\delta^{13}C_{CO_2}$ 值 0.8‰ ~ −8.4‰（表 1、表 2），此类无机成因 CO_2 是与太原组夹的薄层灰岩或马家沟组白云岩（图 2），受水解或有机酸溶解形成的（Dai *et al.*，1992）。四川盆地元坝气田也有此成因无机成因 CO_2（Dai *et al.*，2013；Wu *et al.*，2013）。渤海湾盆地比鄂尔多斯盆地无机成因 CO_2 气在组分上含量更高、$\delta^{13}C_{CO_2}$ 值更重，这显然是由两盆地类型和构造活动差异所决定，说明裂谷型盆地有幔源型或岩浆型高浓度无机成因 CO_2 来源，如中国裂谷型松辽盆地长岭 1 号气田长深 6 井 CO_2 含量为 98.70%，$\delta^{13}C_{CO_2}$ 值为−6.9‰，R_a 值为 5.46（Dai *et al.*，2016）；东海裂谷盆地 WZ13-1-1 井 CO_2 含量为 98.59%，$\delta^{13}C_{CO_2}$ 值为−4.2‰（Dai *et al.*，2008；Huang *et al.*，2003a，2003b）。

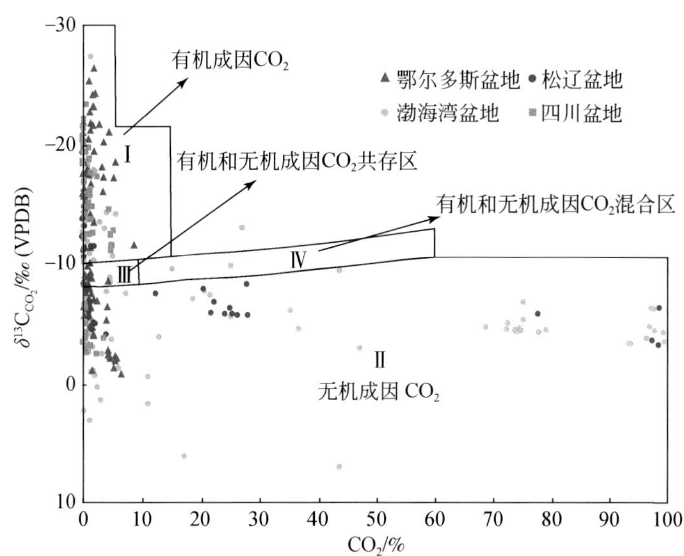

图 10 克拉通型盆地（鄂尔多斯和四川盆地）及裂谷型盆地（渤海湾和松辽盆地）CO_2−$\delta^{13}C_{CO_2}$ 鉴别图（鉴别图版据 Dai *et al.*，1996）

根据表 1 ~ 表 4 中 CO_2 和 R/R_a 对应数据编制了 CO_2−R/R_a 图（图 11）。同时把克拉通型四川盆地（Ni *et al.*，2014）、阿纳达科盆地 Hugoton-Panhandle 地区（Jenden and Kaplan，1989）、裂谷型松辽盆地（Dai *et al.*，2016）的 CO_2 和 R/R_a 对应数据标入图 11。从图 11 中明显可见：克拉通型盆地和裂谷型盆地 CO_2−R/R_a 具有不同特征：①克拉通型盆地（鄂尔多斯盆地、四川盆地和阿纳达科盆地）CO_2 含量均低于 5%，主体 R/R_a 值小于 0.24。但不同克拉通型盆地又各具特征，鄂尔多斯盆地主体 R/R_a 值在0.02～0.05（图11中 C_1），四川盆地主体 R/R_a 值小于0.02（图11中 C_2），阿纳达科盆地主体 R/R_a 值在0.05～0.24（图11中 C_3）。在主体 R/R_a 值内，各盆地有少量 R/R_a 值超越边界值。②裂谷型盆地（渤海湾盆地和松辽盆地）（图11中 R_1、R_2）的特点，一是 CO_2 含量比克拉通型盆地高得多，最大近100%；二是 R/R_a 值比克拉通型盆地大得多，最大值6.45（G3）。

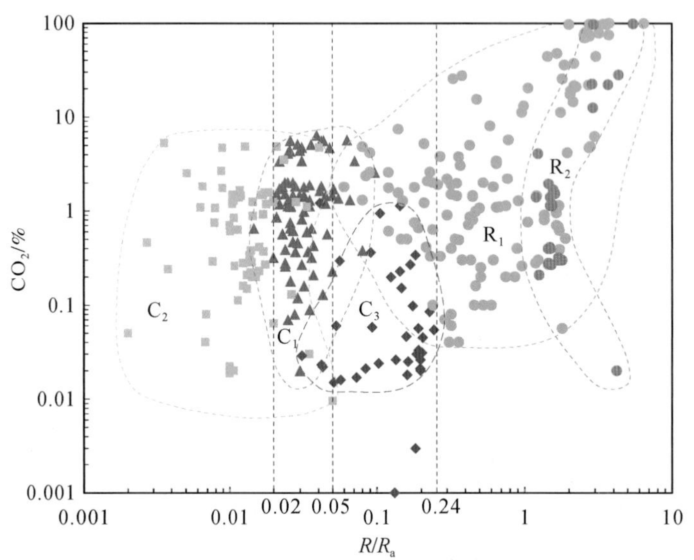

图11 克拉通型盆地和裂谷型盆地 CO_2-R/R_a 对比图

根据表1、表2（克拉通型鄂尔多斯盆地）和表3、表4（裂谷型渤海湾盆地）中 $\delta^{13}C_{CO_2}$ 和Ra对应数据编制了 $\delta^{13}C_{CO_2}$-R/R_a 图（图12），同时把克拉通型四川盆地（Ni *et al.*，2016；Dai *et al.*，2016）、裂谷型松辽盆地（Dai *et al.*，2016）的 $\delta^{13}C_{CO_2}$ 和 R/R_a 对应数据标入图12。从图12可见：克拉通型盆地和裂谷型盆地 $\delta^{13}C_{CO_2}$-R/R_a 具不同特征：①克拉通型盆地主体 R/R_a 值小于0.07，鄂尔多斯盆地主体 R/R_a 值为0.02～0.07（图12中 C_1），四川盆地主体 R/R_a 值均小于0.02（图12中 C_2）；裂谷型盆地主体 R/R_a 值大于0.07，渤海湾盆地 R/R_a 值范畴大（图12中 R_1），松辽盆地 R/R_a 值在渤海湾盆地范畴之内（图12中 R_2）；②裂谷型盆地 $\delta^{13}C_{CO_2}$ 值数值域大，即 $\delta^{13}C_{CO_2}$ 值为7.0‰（Ninggu1）～-27.0‰（Cg100-P1），数值域为34.0‰；克拉通型盆地 $\delta^{13}C_{CO_2}$ 值数值域相对小，即从-0.8‰（Jingping05-8）～-26.4‰（Su6），数值域为25.6‰。R/R_a 数值域大者的裂谷型盆地显示构造活动性强烈，不利于大量天然气聚集；R/R_a 数值域小者的克拉通型盆地则显示构造稳定，利于天然气聚集和发现大中型气田。

许多学者利用 $CH_4/^3He$ 值与 R/R_a 值等关系研究烷烃气的成因。实际上 $CH_4/^3He$ 值并不能直接判断烃类气体是有机的或无机的。有证据显示，即使出现在同一地点的氦和烃类气体也有可能不是耦合的，即它们有不同来源（一种来自地壳，另一种来自地幔）（Jenden *et al.*，1988）。因此，这类研究必须引起高度重视。根据 $CH_4/^3He$ 和 $\delta^{13}C_1$ 及 R/R_a 关系研究，中国、新西兰、冰岛和东太平洋北纬21°中脊热液、地热区和温泉气 $CH_4/^3He$

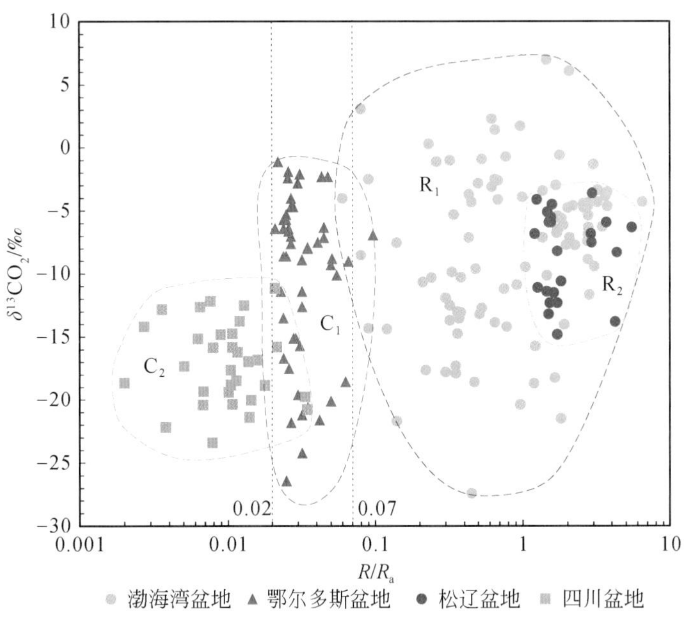

图 12 克拉通型盆地和裂谷型盆地 $\delta^{13}C_{CO_2}$-R/R_a 对比图

值从 10^{-4} ~ 10^9 的甲烷是无机成因（Dai *et al.*，1994，2008；Welham and Craig，1979；Sano *et al.*，1985；Giggenbach，1995）；中国、泰国湾和新西兰 $CH_4/^3He$ 值 10^8 ~ 10^{12} 的甲烷是有机成因（Dai *et al.*，2008；Lyon and Giggenbach，1996；Giggenbach，1995）。

本文研究克拉通型盆地和裂谷型盆地 $CH_4/^3He$-R/R_a 差异性及特征。根据表 1、表 2（克拉通型鄂尔多斯盆地）及表 3、表 4（裂谷型渤海湾盆地）$CH_4/^3He$ 和 R/R_a 对应数据编制了 $CH_4/^3He$-R/R_a 图（图 13），同时把克拉通型四川盆地（Ni *et al.*，2014）、塔里木盆地（Dai *et al.*，2008）、阿纳达科盆地（Jenden and Kaplan，1989）$CH_4/^3He$ 和 R/R_a 对应数据，裂谷型松辽盆地（Dai *et al.*，2008）$CH_4/^3He$ 和 R/R_a 对应数据标入图 13。还把新西兰（Giggenbach，1995）、冰岛（Sano *et al.*，1985）和中国（Dai *et al.*，2008）火山地热区温泉气的 $CH_4/^3He$ 和 R/R_a 对应数据也标入图 13。从图 13 可见：克拉通型盆地和裂谷型盆地 $CH_4/^3He$-R/R_a 具有不同特征：①中国克拉通型盆地（鄂尔多斯、四川和塔里木盆地）$CH_4/^3He$ 处于 10^9 ~ 10^{12}，$R/R_a<0.1$；裂谷型盆地（渤海湾和松辽盆地）$CH_4/^3He$ 处于 10^5 ~ 10^{13}，主体 $R/R_a>0.1$，甚至高达 6.45。Dai 等（2008）综合世界许多地区 $CH_4/^3He$、$\delta^{13}C_1$ 和 R/R_a 关系后指出：$CH_4/^3He\leqslant10^6$ 的甲烷是无机成因，$CH_4/^3He\geqslant10^{11}$ 的甲烷是有机成因，$CH_4/^3He$ 值在 10^7 ~ 10^{10} 的甲烷可是有机或无机成因。据此可见，中国克拉通型盆地甲烷是有机成因，裂谷型盆地甲烷既有有机成因也有无机成因。②克拉通型盆地（鄂尔多斯、四川、塔里木和阿纳达科盆地）指数拟合方程：$y=3E+11e^{-46.28x}$；裂谷型盆地和火山地热区温泉气指数拟合方程：$y=4E+10e^{-1.791x}$。

六、应用

He 主要作为制冷剂用于大型强子对撞机（LHC）、气冷式核反应堆的工作流体，以及

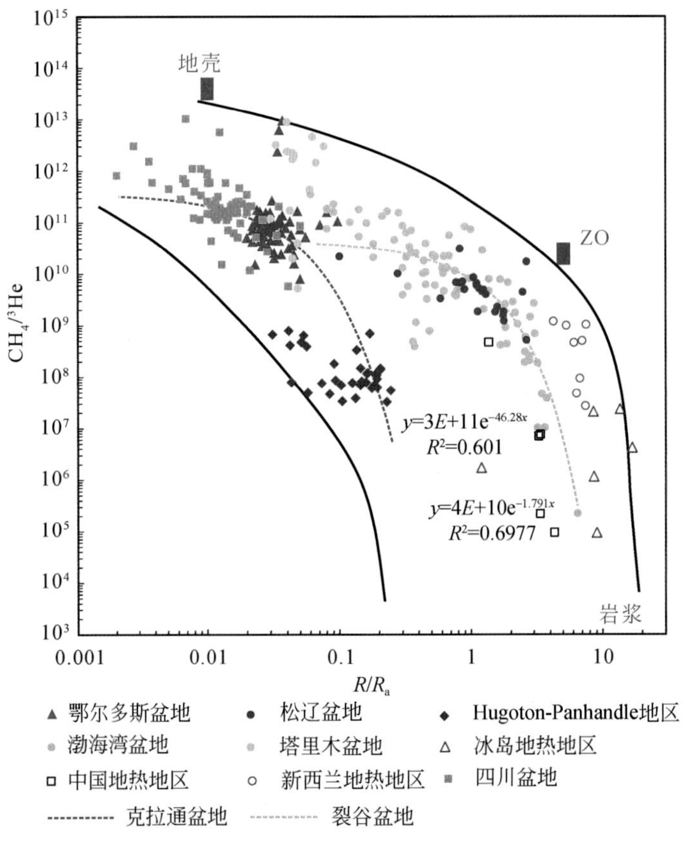

图 13 克拉通型盆地和裂谷型盆地 $CH_4/^3He$-R/R_a 对比图

对制造核磁共振（MRI）扫描仪有重要意义；He 可用于原子反应堆和加速器、激光器、火箭、冶炼和焊接时的保卫气体；在超导研究中用作超流体，制作超导材料；由于氦很轻不易燃可用于填充飞艇、气球、电子管、潜水服等；由于氦在血液中溶解性很低，故可加到氧气中防止减压病，作为潜水员的呼吸用气，或用于治疗气喘，也用于氩氦刀以治疗癌症。所以氦是一种重要但稀缺的资源，因为世界没有发现单一氦聚集，聚集主要在天然气中。

He 在天然气中含量微乎其微，世界上一般含量为 0.0037%～10%（Zartman *et al.*, 1961）。Xu 等（1996）认为中国含油气区的天然气氦浓度为 0.0005%～1.3%，实际上上限浓度在松辽盆地芳深 9 井高达 2.743%（Feng *et al.*, 2001）。以天然气中含氦多少判分氦气田的分类，对氦的应用十分重要。美国最大气田 Hugoton-Panhandle 气田，根据 37 个分析数据平均氦含量为 0.508%（Jenden and Kaplan，1989）。阿尔及利亚最大气田哈西勒曼尔气田（Hassi R'mel）氦含量为 0.19%（Dai *et al.*, 1989）。中国威远气田，根据 215 井次分析，含氦平均值为 0.251%，最大值 1.604%，最小值 0.029%。根据 Якученц（1984）的分类（表 9），以上 3 个气田的氦含量均已达到工业开发级别，属于富氦或者极富氦气田。在世界大量气田中发现有商业价值富氦气田是凤毛麟角，如中国至 2014 年发现气田 258 个，其中只有威远气田是属含富氦气田。中国规定氦含量 0.05% 就达到了工业化利用标准，鄂尔多斯盆地 94 气样中（表 1、表 2），只有 14 个气样氦含量在 0.05%~0.1%，其中 12 个来自中国最大气田苏里格气田，含量为 0.054%~0.091%，为进一步落实该气田能否成为商业性氦开发气田提供线索。渤海湾盆地 93 个气样中（表 3、表 4），冀中拗陷（河北）Lu27-5 井氦含量 0.21%，Lu27-6 井氦含量 0.26%，达到富氦级别（表 9），这为今后发现富氦气田提供了线索。

表 9　氦气田的工业标准

储量级别		氦气的定量	
氦气储量/Mm^3	气田名称	氦气含量（体积）/%	气田名称
≥100	超大气田	≥0.500	极富氦气田
50~100	大气田	0.150~0.500	富氦气田
25~50	中型气田	0.050~0.150	一般含氦气田
5~25	小气田	0.005~0.050	贫氦气田
<5	非常小气田	<0.005	极贫氦气田

鄂尔多斯盆地 R/R_a 等值线图（图 8）中没有发现 R/R_a 值大于 0.1 的，所以该盆地至今没有发现 CO_2 气田。渤海湾盆地 R/R_a 等值线图（图 9）则发现多处 R/R_a 值大于 2 的圈闭，并在这些圈闭中发现 CO_2 气田，在济阳拗陷（图 3）二者共生共存特征清楚（图 14），这是因为 CO_2 和 He 均来自幔源，因此决定了二者具有共生共存特征。故可用 R/R_a 值大于 2 的圈闭作为勘探发现 CO_2 气田的指标。

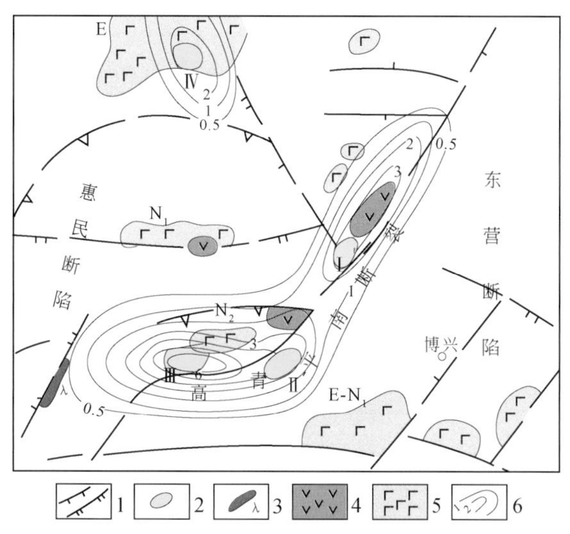

图 14　济阳拗陷 R/R_a 值大于 2 圈闭和 CO_2 气田关系图

二氧化碳气藏名称：Ⅰ. 平南；Ⅱ. 花沟；Ⅲ. 高 53-高青；Ⅳ. 阳 25 井；
1. 断裂；2 二氧化碳气藏；3 中生代侵入岩；4 喷出岩建造；5 碱性玄武岩；6. R/R_a 等值线

在天然气中 CO_2 含量绝大部分是低的并无商业价值，是有害的温室气体。只有极少数天然气 CO_2 含量达 90% 以上至近 100% 并聚集成 CO_2 气田时，这种极高浓度 CO_2 就成为宝贵的资源，在如下领域有重要商业价值。

在石油工业上，CO_2是一种很好的强化采油剂。美国阿纳达科盆地注入由液态 CO_2 和含有乳胶的表面活性剂混合而成的乳化液（C-O-Two），使油气井产量增加 3 ~ 5 倍；在钢铁工业上，在转炉顶底复合吹炼中，中国南京炼钢厂利用苏北盆地黄桥 CO_2气田的 CO_2取代氩吹炼，缩短了冶炼时间，降低了成本，提高了经济效益（Dai *et al.*，2000）；在化学工业上，CO_2用于制造苏打、化肥、人造纤维和油漆等化工原料；在农业上，CO_2是一种效果显著的“气肥”，能促进植物生长，增加产量，如在塑料棚中对蔬菜施放 CO_2，增产在 40% 以上；在食品和储存上，CO_2 制造干冰可作相关饮料的增加剂，对食品、水果、花卉的储存能延长保存期和保鲜期；在医疗工艺上，可用作灭菌剂及反应剂和制造有关药品。

渤海湾盆地发现 7 个 CO_2气田（图 3），并有 3 个已探明地质储量共计超过 $46\times10^8 m^3$（表5），但还没有进行系统开发利用，仅开发花沟 CO_2气田，液化 CO_2注采致密油，使油井产量提高 5 ~6 倍。中国开发利用 CO_2最好的是苏北盆地探明地质储量 $142\times10^8 m^3$的黄桥 CO_2气田，至 2014 年年底已累采 CO_2 $17.18\times10^8 m^3$，被用于加强致密油注采和回收、钢铁生产和化工原料。

七、结论

本文比较了我国克拉通型盆地和裂谷型盆地氦和 CO_2的地球化学特征及其应用。克拉通型鄂尔多斯盆地比裂谷型渤海湾盆地 CO_2 含量和 R/R_a 值都小。前者 $CO_2<5\%$，$R/R_a<0.1$，为壳源氦。不同盆地 R/R_a 值也不同，如鄂尔多斯盆地 R/R_a 值变化范围为 0.02 ~ 0.07，四川盆地 R/R_a 值则小于 0.02。裂谷型盆地一般 CO_2 含量和 R/R_a 值比克拉通的均高，CO_2含量最大近 100%，R/R_a 值大于 0.06，主要范围 0.1 ~6.45。

裂谷型盆地气样 $\delta^{13}C_{CO_2}$值数值域大，即 7.0‰ ~ −27‰，数值域为 34‰；克拉通型盆地 $\delta^{13}C_{CO_2}$值数值域相对小，从−0.8‰ ~ −26.4‰，数值域为 25.6‰。数值域大显示构造活动性强，不利于天然气聚集，数值域小显示构造稳定，利于发现大中型气田。在 CO_2含量少于 10% 时，克拉通型盆地（鄂尔多斯和四川）及裂谷型盆地（渤海湾和松辽）两类盆地都含有与有机质生烃过程有关的有机成因 CO_2和由碳酸盐岩（矿物）热解或有机酸溶蚀作用形成的无机成因 CO_2；裂谷型盆地独有 CO_2 含量一般大于 20%，$\delta^{13}C_{CO_2}$值在−6‰±2‰或−4‰ ~ −9‰，火山−岩浆成因和幔源成因 CO_2，而克拉通型盆地则没有。

中国克拉通型盆地 $CH_4/^3He$ 处于 10^9 ~ 10^{12}，$R/R_a<0.1$；裂谷型盆地 $CH_4/^3He$ 处于 10^5 ~ 10^{13}，主体 R/R_a 值为 0.1 ~6.45。$CH_4/^3He\leqslant10^8$ 的甲烷是无机成因，$CH_4/^3He\geqslant10^{11}$ 的甲烷是有机成因。克拉通型盆地 $CH_4/^3He-R/R_a$ 指数拟合方程：$y=3E+11e^{-46.28x}$，裂谷型盆地指数拟合方程：$y=4E+10e^{-1.791x}$。

鄂尔多斯盆地苏里格气田发现 He 含量达工业品位 0.05% 以上一些气井（0.054% ~ 0.091%），渤海湾盆地发现含 He 为 0.4% ~ 0.26% 气井，为勘探富氦气田提供线索；$R/R_a>2$ 圈闭是勘探发现 CO_2气田的指标；在渤海湾盆地发现 7 个 CO_2气田中，未系统开发利用，仅有花沟 CO_2气田曾开发，其液态 CO_2注采致密油。

参考文献

Abrajano T A, Sturchio N C, Bohlke J K, *et al.* Methane-hydrogen gas seeps, Zambales ophiolite, Philippines: deep or shallow origin. Chemical Geology, 1988, 71: 211 ~ 222.

Allen M B, Macdonald D I M, Zhao X, *et al.* Early Cenozoic two-phase extension and late Cenozoic thermal subsidence and inversion of the Bohai Basin, northern China. Marine and Petroleum Geology, 1997, 14 (7-8): 951 ~ 972.

Andrews J N. The isotopic composition of radiogenic helium and its use to study groundwater movement in confined aquifers. Chemical Geology, 1985, 49: 339 ~ 351.

Barker C. Petroleum generation and occurrence for exploration geologist. Teat Book of OGCI, 1983.

Barry P, Hilton D, Fischer T, *et al.* Helium and carbon isotope systematic of cord "mazuku" CO_2 vents and hydrothermal gases and fluids from Rungwe Volcanic Province, southern Tanzania. Chemical Geology, 2013, 339: 141 ~ 156.

Boreham C J, Edwards D S. Abundance and carbon isotopic composition of neo-pentane in Australian natural gases. Organic Geochemistry, 2008, 39 (5): 550 ~ 566.

Cheng Y, Wu Z, Li W, *et al.* Thermal history of paleogene source rocks in the Qingdong Sag, Bohai Bay Basin. Geological Journal of China Universities, 2013, 19 (1): 141 ~ 147 (in Chinese).

Cornides I. Magmatic carbon divide at the crust's surface in the Carpathian Basin. Geochemical Journal, 1993, 27: 241 ~ 249.

Craig H, Lupton J E, Welhan J A, *et al.* Helium isotope ratios in Yellowstone and Lassen park volcanic gases. Geophysical Reserch Letters, 1978, 5: 879 ~ 900.

Dai J X. Discussion on gas pools of mixed origins and the controlling factors. Experimental Petroleum Geology, 1986, 8 (4): 325 ~ 334 (in Chinese).

Dai J X. Identification of various genetic natural gases. China Offshore Oil and Gas (Geology), 1992, 6 (1): 11 ~ 19 (in Chinese).

Dai J X, Dai C, Song Y. Geochemcal characteristics, carbon and helium istopic compositions of natural gas from hot springs of some areas in China. Science in China (Series B), 1994, 37 (6): 758 ~ 768.

Dai J X, Hu G, Ni Y, *et al.* Distribution characteristeristics of natural gas in eastern China. Natural Gas Geoscience, 2009, 20 (4): 471 ~ 487 (in Chinese).

Dai J X, Li J, Hou L. Characteristics of helium isotopes in the Ordos Basin. Geological Journal of China Universities, 2005b, 11: 473 ~ 478 (in Chinese).

Dai J X, Li J, Luo X, *et al.* Stable carbon isotope compositions and source rock geochemistry of the giant gas accumulations in the Ordos Basin, China. Organic Geochemistry, 2005a, 36: 1617 ~ 1635.

Dai J X, Liao F, Ni Y. Discussions on the gas source of the Triassic Xujiahe Formation tight sandstone gas reservoirs in Yuanba and Tongnanba, Sichuan Basin: an answer to Yinfeng *et al.* Petroleum Exploration and Development, 2013, 40 (2): 250 ~ 256.

Dai J X, Ni Y, Hu G, *et al.* Stable carbon and hydrogen isotopes of gases from the large tight gas fields in China. Science China: Earth Sciences, 2014, 57: 88 ~ 103.

Dai J X, Pei X, Qi H. Natural Gas Geology of China, vol. 1. Beijing: Petroleum Industry Press, 1992: 46 ~ 50 (in Chinese).

Dai J X, Qi H, Hao S. Introduction of Natural Gas Geology. Beijing: Petroleum Industry Press, 1989: 27 ~ 29 (in Chinese).

Dai J X, Song Y, Dai C, *et al.* Geochemistry and accumulation of carbon dioxide gases in China. AAPG Bulltin,

1996, 80 (10): 1615 ~ 1626.

Dai J X, Song Y, Dai C, *et al.* Conditions Governing the Formation of Abiogenic Gas and Gas Pools in Eastern China. New York, Beijing: Science Press, 2000, 19 ~ 22, 65 ~ 72, 75 ~ 78, 98 ~ 154.

Dai J X, Zou C N, Li W, *et al.* Giant Coal-derived Gas Fields and Their Gas Sources in China. New York: Academic Press, 2016: 37 ~ 150, 321 ~ 325, 383 ~ 385.

Dai J X, Zou C N, Zhang S. *et al.* Discrimination of abiogenic and biogenic alkane gases. Science in China Series D, 2008, 51: 1737 ~ 1749.

Feng Z, Huo Q, Wang X. A study of helium reservoir formation characteristic in the north part of Songliao Basin. Natural Gas Industry, 2001, 21: 27 ~ 30 (in Chinese).

Galimov E M. Carbon Isotopes in Petroleum Geology. Moscow: Mineral Press, 1973 (in Russian).

Giggenbach W F. Variations in the chemical and isotopic composition of fluids discharged from the Taupo Volcanic Zone, New-Zealand. J Volcanol Geotherm Res, 1995, 68 (1-3): 89 ~ 116.

Gong Z, Wang G. Neotectonism and late hydrocarbon accumulation in Bohai Sea. Acta Petrolei Sinica, 2001, 22 (2): 1 ~ 7 (in Chinese).

Gong Z, Zhu W, Chen P P. Revitalization of a mature oil-bearing basin by a paradigm shift in the exploration concept: a case history of Bohai Bay, Offshore China. Marine and Petroleum Geology, 2010, 27: 1011 ~ 1027.

Hoefs J. Some peculiarities in the carbon isotope composition of "juvenile carbon": stable isotopes in the earth science. DSIR Bull, 1978, 200: 181 ~ 184.

Hu G Y, Zhang S. Characterization of low molecular weight hydrocarbons in Jingbian gas field and its application to gas sources identification. Energy Exploration & Exploitation, 2011, 6: 777 ~ 796.

Hu G Y, Li J, Shan X Q, *et al.* The origin of natural gas and the hydrocarbon charging history of the Yulin Gas field in the Ordos Basin, China. International Journal of Coal Geology, 2010, 81: 381 ~ 391.

Huang B J, Xiao X M, Li X X. Geochemistry and origins of natural gases in the Yinggehai and Qingdongnan Basins, Offshore South China Sea. Organic Geochemistry, 2003, 34: 1009 ~ 1025.

Huang S, Fang X, Liu D, *et al.* Natural gas genesis and sources in the Zizhou gas field, Ordos Basin, China. International Journal of Coal Geology, 2015, 152: 132 ~ 143.

Huang S, Yu C, Gong D, *et al.* 2014. Stable carbon isotopic characteristics of alkane gases in tight sandstone gas fields and the gas source in China. Energy Exploration & Exploitation, 2014, 32: 75 ~ 92.

Huang Z, Jiang L, Hao S. Classification of gas genesis in Lishui sag of East Sea Basin. Natural Gas Industry, 2003, 23: 29 ~ 31 (in Chinese).

Hunt J M. Petroleum Geochemistry and Geology. San Francisco: W H Freeman and Co, 1979.

Javoy M, Pineau F, Iiyama I. Experimontal determination of the isotopes fractionation between gaseous CO_2 and carbon dissolved in tholeitic magma. Contrib. Mineral. Petrol, 1978, 67: 35 ~ 39.

Jenden P D, Kaplan I R. Analysis of gases in the Earth's crust. Final Report to the Gas Research Institute, Chicago, Contract No. 5081-360-0533, National Technical Information Service, Accession Number, 1989, PB91-104273/XAB.

Jenden P D, Hilton D R, Kaplan I R, *et al.* Abiogenic hydrocarbons and mantle helium in oil and gas fields. In: Howell D G (ed) . The Future of Energy Gases. US Geol Surv Professional Paper, 1993, 1570: 31 ~ 56.

Jia N, Liu C, Zhang D. Study on hydrocarbon source rock characteristics and oil-source correlation in Miaoxi Depression, Bohaiwan Basin. Journal of Northwest University (Natural Science Edition), 2013, 43 (3): 461 ~ 465 (in Chinese).

Jin Q, Song G, Liang H, *et al.* Characteristics of Carboniferous-Permian coal-derived gas in the Bohai Bay Basin and their implication to exploration potential. Acta Geologica Sinica, 2009, 83 (6): 861 ~ 867.

Jin Q, Xion S, Lu P. Catalysis and hydrogenation: volcanic activity and hydrocarbon generation in rift basins, eastern China. Applied Geochemistry, 1999, 14 (5): 547.

Kaneoka I, Takaoka N. Rare gas isotopes in Hawaiian ultramafic nodules and volcanic rocks, constraint on genetic relationships. Science, 1980, 208: 1366 ~ 1368.

Konrad K, Graham D M, Thornher C R, *et al.* Asthenosphere-lithosphere interactions in Western Saudi Arabia: Inferences from $^3He/^4He$ in xenoliths and lava flows from Harrat Hutaymah. Lithos, 2016, 248 ~ 251, 339 ~ 352.

Li D. Geology and structural characteristics of Bohai Bay, China. Acta Petrolei Sinica, 1980, 1 (1): 1 ~ 20 (in Chinese).

Li D. Theory and practice of petroleum geology in China. Earth Science Frontiers, 1995, 2: 15 ~ 19 (in Chinese with English abstract).

Li D, Li D. Tectonic Types of Oil and Gas Basins in China (2nd Edition). Beijing: Petroleum Industry Press, 2003: 4 ~ 37, 89 ~ 104.

Li J, Li J, Li Z, *et al.* The hydrogen isotopic characteristics of the Upper Paleozoic natural gas in Ordos Basin. Organic Geochemistry, 2014, 74: 66 ~ 75.

Liu D, Zhang W, Kong Q, *et al.* Lower Paleozoic source rocks and natural gas origins in Ordos Basin, NW China. Petroleum Exploration & Development, 2016, 43: 1 ~ 10.

Liu Q, Jin Z, Meng Q, *et al.* Genetic types of natural gas and filling patterns in Da'niudi gas field, Ordos Basin, China. Journal of Asian Earth Sciences, 2015, 107: 1 ~ 11.

Liu Q, Liu W, Xu Y, *et al.* Geochemistry of natural gas and crude computation of gas-generated contribution for various source rocks in Sulige gas field, Ordos Basin. Natural Gas Geoscience, 2007, 18: 697 ~ 702.

Liu W, Sun M, Xu Y. Rare gas isotopic characteristics of natural gas in the Ordos Basin and its gas source tracing. Chinese Science Bulletin, 2001, 46: 1902 ~ 1903.

Lu S, Chen G, Wang M, *et al.* Potential evaluation of enriched shale oil resource of Member 4 of the Shahejie Formation in the Damintun Sag, Liaohe Depression. Oil & Gas Geology, 2016, 37 (1): 8 ~ 14 (in Chinese).

Lupton J E. Terrestrial inert gases-isotopic trace studies and clubs to primordial components. Annual Review Earth Plant. Science, 1983, 11: 371 ~ 414.

Lyon G L, Giggenbach W F. Variations in the chemical and isotopic composition of Taranaki gases and their possible causes. New Zealand Petrol Conference, 1996, 1: 171 ~ 174.

Mamyrin B A, Tolstikhin I N. He Isotopes in Nature. Amsterdam: Elsevier, 1984.

Mamyrin B A, Anufriev G S, Kamenskii I L, *et al.* Determination of the isotopic composition of atmospheric helium. Geochemistry International, 1970, 7: 498 ~ 505.

Mercier J L, Vergely P, Zhang Y, *et al.* Structural records of the Late Cretaceous-Cenozoic extension in Eastern China and the kinematics of the Southern Tan-Lu and Qinling Fault Zone (Anhui and Shaanxi provinces, PR China). Tectonophysics, 2013, 582: 50 ~ 75

Moore J G, Bachelder N, Cunningham C G. CO_2-fillled vesicles in mid-ocean basalt. J Valcano Geotherm Res, 1977, (2): 309.

Ni Y, Dai J, Tao S, *et al.* Helium signatures of gases from the Sichuan Basin, China. Organic Geochemistry, 2014, 74: 33 ~ 34.

Ozima M, Zashu S. Primitive He in diamonds. Science, 1983, 219: 1067 ~ 1068.

Pankina R G, Mekhtiyeva V L, Guriyeva S M, *et al.* Origin of CO_2 in petroleum gases (from the isotopic composition of carbon). International Geology Review, 1978, 21 (5): 535 ~ 539.

Poreda R J, Jenden P D, Kaplan E R. Mantle helium in Sacramento basin natural gas wells. Geochimca et Cosmochimica Acta, 1986, 65: 2847 ~ 2853.

Sano Y, Urabe A, Wakita H, *et al.* Chemical and isotopic compositions of gases in geothermal fluids in Iceland. Geochem J, 1985, 19: 135 ~ 148.

Schoell M N, Schoellkopf Y C, Tang R. Formation and occurrence of hydrocarbons and non-hydrocarbon gases in the Yinggehai Basin and the Qiongdongnan Basin, the South China Sea. Chevorn-PTC and CNOOC-NWC Research Report, 1996, 10 ~ 36.

Shangguan Z G, Zhang P R. Active Faults in Northwestern Yunnan. Seismological Press, 1990: 162 ~ 164 (in Chinese).

Shen P, Xu Y, Wang X, *et al.* Studies on Geochemical Characteristics of Gas source Rocks and Natural Gas and Mechanism of Genesis of Gas. Gansu: Gansu Science and Technology Press, 1991: 120 ~ 121 (in Chinese).

Tang Z. Geologic characteristics of natural carbon dioxide gas pool and its utilization. Natural Gas Industry, 1983: 3: 22 ~ 26 (in Chinese).

Wang H, Wang F, Zhou R, *et al.* Fine evaluation of Es_3 source kitchen in Raoyang Sag, Bohai Bay Basin. Xinjiang Petroleum Geology, 2015, 36 (4): 423 ~ 429 (in Chinese).

Wang J, Ma S, Luo Q, *et al.* Recognition and resource potential of source rocks in Raoyang Sag of Bohai Bay Basin. Acta Petrolei Sinica, 2009, 30 (1): 51 ~ 55 (in Chinese).

Welhan J A, Craig H. Methane in hydrogen in East Pacific rise hydrothermal fluids. Geophys Res LETT, 1979, 6 (11): 829 ~ 823.

White W M. Isotopic Geochemistry. Chichester: John Wiley & Sons Ltd, 2015: 436 ~ 438.

Wu X, Dai J, Liao F, *et al.* Origin and source of CO_2 in natural gas from the eastern Sichuan Basin. Science China: Earth Science, 2013, 43 (4): 503 ~ 512.

Xu Y, Shen P, Liu W, *et al.* Origin Theory of Natural Gas and its Application. Beijing: Science Press, 1994: 270 ~ 724.

Xu Y, Shen P, Liu W, *et al.* Geochemistry of Noble Gases in Natural Gases. Beijing: Science Press, 1996: 17 ~ 25, 64 ~ 70.

Yang H, Liu X. Progress of Paleozoic coal-derived gas exploration in Ordos Basin, West China. Petroleum Exploration & Development, 2014, 41: 129 ~ 137.

Yang H, Zhang W, Peng P, *et al.* Oil detailed classification and oil-source correlation of Mesozoic lacustrine oil in Ordos Basin. Journal of Earth Science and Environment, 2016, 38: 196 ~ 205 (in Chinese with English Abstract).

Yang J, Pei X. Natural Gas Geology in China (Vol. 4 Ordos Basin). Beijing: Petroleum Industry Press, 1996: 1 ~ 4 (in Chinese).

Ye X, Wu X, Bian R, *et al.* Distribution characters of Carboniferous- Permian shale gas in Bohai Bay Basin. China Ming Magazine, 2014, 23 (11): 79 ~ 85, 119 (in Chinese).

Zartman R E, Wasserburg G J, Reynolds J H. Helium, argon and carbon in some natural. J Geophs Res, 1961, 66: 277 ~ 306.

Zhang L, Wang A, Jin Z. Origins and fates of CO_2 in the Dongying Depression of the Bohai Bay Basin. Energy Exploration & Exploitation, 2011, 29 (3): 291 ~ 314.

Zhang T, Zhang M, Bai B, *et al.* Origin and accumulation of carbon dioxide in the Huanghua depression, Bohai Bay Basin, China. AAPG Bulletin, 2008, 92: 3341 ~ 3358.

Zhen S, Huang F, Jiang C, *et al.* Oxygen, hydrogen and carbon isotope studies for Fangshan granitic intrusion. Acta Petrologica Sinica, 1987, 3 (3): 13 ~ 21 (in Chinese).

Zheng L，Feng Z，Xu S，*et al.* CO_2 gas pools originated from the earth interior in Jiyang Depression. Chinese Science Bulletin，1995，40：2264～2266（in Chinese）.

Zheng L，Feng Z，Xu S，*et al.* Genesis of the non-hydrocarbon gas reservoir（CO_2-He）in the Jiyang Depression. Journal of Nanjing University，1997，33（1）：76～81（in Chinese）.

Zou C N. Unconventional Petroleum Geology. Waltham，San Diego：Elservier Inc，2013：96～98.

ЯКУЧЕНИ В П. Интенсивное газонакопление в недрах. М Наука，1984.

综　合　篇

科 普 组

大陆架——海底油库*

一、广阔的油区

打开世界海底地貌图，可以看到，在陆地外缘，有一条逶迤曲折、时宽时窄的水下平台带，就像一条绵延不断的花边，与陆地唇齿相依，这就是陆地向海洋伸长部分，人们称它为大陆架或陆棚。大陆架水深一般在200m以内，缓缓地向海洋倾斜。在地壳运动的作用下，大陆架表面也有幅度不大的凹凸。大陆架的外侧是深达几千米的洋底，二者以陡度较大的大陆坡相接（图1）。

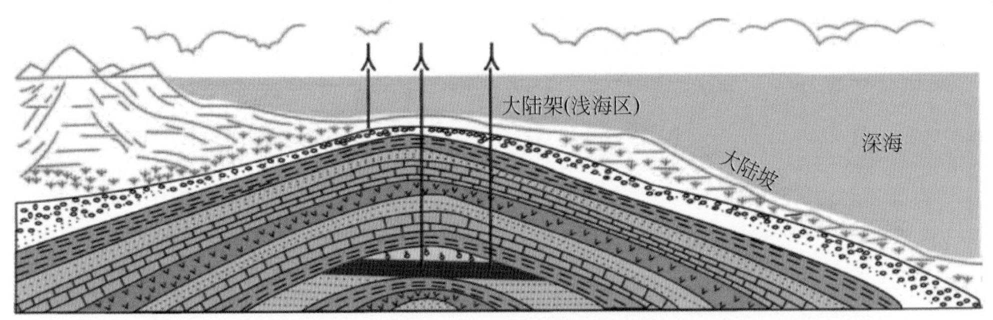

图1　大陆架示意图

世界大陆架的总面积约为$2600\times10^4km^2$（包括极少部分水深300m以内的大陆坡），其中沉积盆地所占的面积为$1500\times10^4km^2$，比较有希望的含油、气面积为$501\times10^4km^2$。估计石油储量为2500×10^8t（包括天然气折算为石油的储量），约为1971年年底世界已探明石油储量的两倍。

近年来海上（主要在大陆架区域）石油勘探的结果是：石油产量激增，储量加翻。1971年海上生产油井有15608口，产量达4.57×10^8t，为当年国外石油总产量的18.7%，是1950年海上总产量的11.5倍，而同期内陆上石油产量仅增加4倍。截至1972年年初，世界有关国家已从海上采出石油共48.7×10^8t。有人预计，到1980年时，海上石油产量将占世界总产量的30%～40%。

1971年，国外有76个国家和地区开展了海上油、气勘探。目前，总共有37个国家和地区在海上发现了石油和天然气，其中投入开采的就有25个。主要产油区有7个：中东波斯湾、委内瑞拉的马拉开波湖、美国的墨西哥湾和加利福尼亚沿海、西非的几内亚湾、澳大利亚东南的巴斯海峡、西欧北海和苏联里海。其他不少地区的沿海也都相继发现或已

* 原载于《科学实验》，1973，第4期。

经开始开采大陆架的油、气田。特别值得注意的是东南亚大陆架区，在1970年以来，相继发现了不少油田。

我国有着漫长的海岸线，北起鸭绿江口，南到北仑河口，长达14000多千米，这还没有把岛屿岸线计算在内呢！我国的大陆架区占世界大陆架总面积的1/20，渤海、黄海、东海、南海的大陆架都很宽，不难想象，我国的海底石油资源是非常丰富的。

二、海底石油的来历

为什么海底会有石油呢？让我们先看看石油是怎样形成的。它是由水中生物形成的。提到水生生物，人们会想起穿梭来往的鱼虾和软体动物，栖居在海底的各种螺、贝，繁茂的水藻，艳丽的珊瑚等。然而，这众多的生物只是海中“居民”的一小部分。如果你把1mL小滴海水放在显微镜下观看，会惊奇地看到，有大量各种微小的生物，形状都很奇特。在海水中，这种微小的生物可以多到几千个（图2）。它们都是些微小的动物和植物（藻类）。由于它们只能浮在海水里，不能独立地运动，所以统称为浮游生物。如果显微镜的倍数再大些，还能看到为数更多的各种细菌。这些微小的生物是在海洋中占比例最大的生物，它们才是海洋的真正“主人”。在海湾、湖泊等一些浅水区域内，水流比较平静，浮游生物聚集得特别多。它们不断繁殖，也不断死亡。浮游生物死后的尸体和泥沙一起，渐渐下沉到水底。由于和空气隔绝，它们不被氧化而保存在淤泥中。年复一年，沉积物越来越多，浮游生物尸体的有机物质在细菌活动的作用，以及上覆地层的压力和温度的作用下，不断发生着化学变化，终于变成极其复杂的碳氢化合物——石油。

图2　生成石油的原始材料——浮游生物

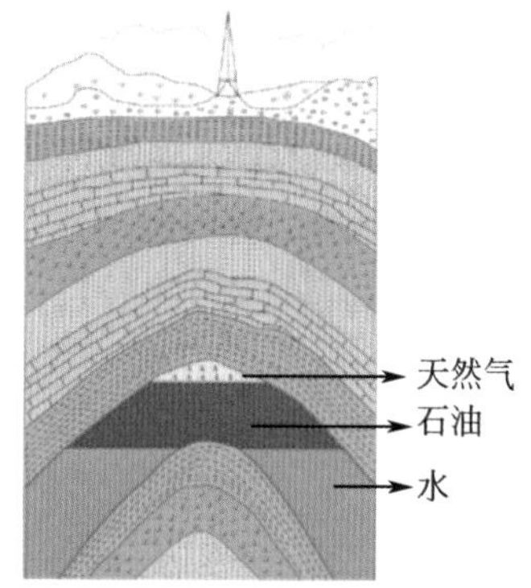

图3　穹窿背斜——最常见的储油构造

在千百万年的漫长地质时期里，地壳不断发生着变化，含石油的岩层几历沧桑，有的上升为陆地。人们在陆上找到的石油，很大部分是这样来的。由此可见，海洋和陆上的湖泊本来就是石油的“故乡”，我们今天在海底找到大量油藏，是丝毫不足为奇的。

三、巨大的地下库房

前面谈过，石油是在富含生物遗体的沉积岩里生成的。生成石油的岩层叫生油层，这通常是泥（页）岩或石灰岩。生油层一般都是致密的，不可能储存大量的石油。在地层的压力和毛细管力作用下，生油层中的石油逐渐沿着微细的裂缝孔道向有孔隙的岩层移动，最后聚集在有孔隙的岩层中。这种有足够孔隙可以聚集石油的岩层就叫储油层。储油层的好坏决定于岩层的孔隙性和渗透性。砂岩和石灰岩富于孔隙或裂缝，被认为是理想的储油层。

石油迁入储油层之后，仍然是分散的，需要把这些分散的油、气富集起来，才能形成巨大的油、气藏。幸而大自然的“匠师”作了精心的安排，把石油封藏在可靠的地下油库里，等待着勤劳、勇敢而又富有智慧的劳动人民去开发利用。原来，地层不是水平的，也不是处在简单的倾斜状态。在漫长的地质年代中，由于地壳的运动，成层的岩石有的隆起，有的下陷，有的断开。隆起形状像屋顶的叫背斜，像馒头形状的叫穹窿，被断开而有升降的岩块叫断块。如果有一个穹窿背斜，其顶部是致密的不透水层，其下是充满水的砂层，那么，石油会随地下水不断流入背斜之中。由于石油比水轻，“油往高处浮，水向低处流”，油就越来越多地聚集在这个储油构造中。和油伴生的天然气比油更轻，它就聚集在背斜的最顶部。如果单单只有储油构造的话，还不能形成油、气藏，因为聚集在储油构造中的油、气，由于地层的巨大压力会慢慢向上逸散，升到地表面，与空气接触而被氧化，轻质油挥发而剩下沥青。因此，储油层上部一定要有一层致密的不透水层盖起来，才能把油、气封闭在储油构造中，这一地层叫盖油层。理想的盖油层为页岩、泥岩和泥灰岩。致密的砂岩和石灰岩有时也可以成为盖油层。

因此对一个沉积盆地来说，要有生油层、储油层、储油构造和盖油层等几个条件，才有可能形成巨大的油、气藏。

上面讲的穹窿背斜（图3），就是石油工作者所说的储油构造。自然界中能储存石油的构造有好几种，背斜是其中的一种，也是最主要的一种。世界油田中约有60%是属于这一类型的。如果断块内有储油层，它的一端处在断层面上，为不透水层所封闭，也可形成油藏（图4）。这种断块油藏在现有的油田中也占有重要的地位。穹窿油藏、背斜油藏和断块油藏通称构造油藏。如果在地壳运动过程中，较老的地层遭到剥蚀之后，上面又沉积了新地层，新老地层之间的接触面叫不整合面，当不整合面上具有储油层和盖油层因而形成油藏，这叫地层油藏（图5）。同一时期沉积的岩层，由于岩石的性质（主要是渗透性）的差异，造成聚集和圈闭油、气的条件，从而形成的油藏，叫岩性油藏（图6）。构造的上部是气，中部为油，下部为水，或只有油和水的，叫油田；上部为气，下部为水的，叫气田。

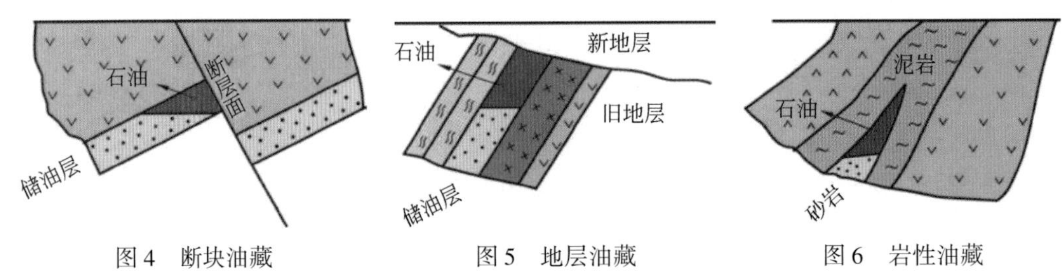

图4 断块油藏　　图5 地层油藏　　图6 岩性油藏

四、得天独厚的大陆架

为什么在偌大的海洋里，只有在大陆架区域才有丰富的油、气藏呢？前面谈过，石油的原始材料是海洋中的生物，特别是浮游生物和各种细菌。在浩瀚的海洋中，生物的分布不是千篇一律的。在大陆架区域，由于海浪、海流、潮汐等作用，上下搅动着整个水层，使它有充足的空气，上下水层水温相差较小，加上水较浅，阳光几乎能穿透全水层，又有从陆上河流不断送来的大量有机物，为水生生物提供了丰富的食物，因此这里繁殖着大量的海洋生物，其数量远比深海区多得多。有人做过调查，越往深海，水中细菌含量就越少。据估计，大陆架区域的生物为开阔深海生物总数的 15 倍。对海洋现代沉积物中有机物成分的研究表明，大陆架沉积物中有机物含量一般为 2% ~3%，而深海中仅为 1%。在千百万年的地质时期里，大陆架的有机物质越积越多，为油、气大量生成提供了优越条件。

读者不禁要问，上面所谈的都是“以今论古”，在远古的地质年代中，情况和今天一样吗？答案是：这方面的情况，古今基本相同。如果你到过北京火车站的大厅，一定会被有着各种花纹的光滑、美丽的石板所吸引。其实这些岩石大部分是亿万年前大陆架的浅海沉积物，其中绿色的、红色的、灰色的岩石，很多是过去微小藻类的遗体——化石。这证明，自远古以来，大陆架区域就同今天一样，有着巨量的微小生物，而且它们的残骸不断沉积。

大陆架保存生物遗体的条件比较好，这也是生成油、气的条件之一。一方面，在深海大洋里，生物死亡后，由海面沉到海底，路程漫长，在下沉过程中被氧化而破坏或被别的生物所吞食，能沉到海底的所余无几。大陆架区域就不同，它的水深一般只有数米至 200m，只及深海水深的 1/100 ~1/50，生物遗体很快沉到海底。另一方面，由于大陆架紧靠大陆，由河流、风、冰川等的携带作用，不断送入泥砂，把生物遗体埋起来。特别是河流，不但送来大量泥砂，而且还带来大量有机物，为大陆架区域生成石油的原始材料锦上添花。例如，我国的渤海，有黄河、海河、辽河三条主要河流注入，它们每年运进的泥砂量高达 16.6×10^8t。又如长江，每年送入东海的泥砂量达 5×10^8t 左右。从我国东海大陆架前缘的钓鱼岛至大陆间的一些盆地内，由于大小河川在地质历史过程中源源不断运来大量泥砂，在这里沉积了很厚的沉积物，为生成石油创造了有利条件，无疑将会发现星罗棋布的油、气田。

大陆架的储油条件也同样优越。大陆架上的沉积物不是杂乱无章，而是井然有序。海浪和潮汐把河流搬运来的泥砂加以洗淘和分选，粗的砂在近岸的较高处堆积，细的泥土则被运到较低凹的盆地中聚集。经过这些作用，泥土中有机物相对更为集中，更有利于油、气的生成，而高处砂层将为油、气储存准备了库房。

由此可见，大陆架在油、气的生、储条件方面都得天独厚，它之所以成为储量丰富的油、气区不是偶然的。

化石之丛生物礁 蕴藏油气真富饶*

热洋暖海生物礁，抵波抗涛呈英豪；
海下长城筑千里，洋底崛柱千仞高。
化石之丛生物礁，深埋地腹是珍宝；
浑身多孔渗透好，蕴藏油气真富饶。

一、生物礁及其“家族”成员

一说生物礁，人们就自然地浮现出一幅美丽的景象：在我们伟大的祖国，不论在广阔无垠南海中的南沙群岛、西沙群岛、中沙群岛、东沙群岛，或在“海疆二目”的台湾岛与海南岛滨海，都点缀着无数迎浪击涛的珊瑚岛屿和暗礁。珊瑚形繁状奇，有的似鹿角，有的如芦笙，有的像灵芝，有的若半球……，把海底世界装饰得格外妖娆。一个个礁岛，簇簇暗礁，屹立在万丈深渊的浩瀚无际的海域里，像无数坚贞、顽强的战士，守卫着祖国南东海疆。其实，珊瑚只不过是生物礁“家族”中常见的一员罢了。在漫长的地质历史长河中，广阔无际的海洋里，生息着千百万种生物，但有资格成为生物礁“家族”成员者，仅只有极少数经得起惊涛骇浪“考验”岿然不动的造礁生物：珊瑚、藻类、层孔虫、苔藓虫和古杯类。这些钢筋铁骨的造礁生物，分泌出碳酸钙骨架与壳体，精巧、顽强、坚固地在海洋中建造起万顷波涛推不倒，千重骇浪摧不垮的千姿百态的生物礁。

根据生物礁在地质历史中的生活时代、成岩程度等因素，可分出古生物礁与今生物礁(泛指第四纪以来的生物礁)。

造礁生物“家庭”中的“大哥”——藻类，早在6.2×10^8年以前新元古代就诞生了，它是礁类的“开国元勋”，其造礁规模往往较小。生物礁家族“人丁兴旺”极盛时期，要算在（2.27～4.4）$\times10^8$年的大部分古生代时期，在那时，藻类、古杯类、珊瑚、层孔虫、苔藓虫都是造礁“积极分子”，从2.27×10^8年起，古杯类、层孔虫等便退出造礁舞台，只有藻类与珊瑚还是“老将不减当年勇”坚持着造礁。生物礁既可由一种造礁生物为主构成，也可是几种造礁生物“共聚一堂”的大家庭。一般除造礁生物为主体外，尚有一定数量的喜礁生物——海百合、有孔虫等掺和共居。由此可见，把古生物礁理解为化石之丛是恰如其分的。

---

* 原载于《石油知识》，1986，第3期。

一般认为：生物礁是指由造礁生物组成的、原地埋藏的、具有抗浪结构的海相碳酸盐地质体。在地史上，它只存在一定的地质、构造、气候、水文等条件下。在岩性上，礁体的分布一般与浅、深水相过渡带、岩性变化带、厚度变化带有关；在构造上，往往发育在稳定持续下沉的碳酸盐岩与蒸发岩盆地的陡缘、陆棚或地台边缘水下隆起带、水下高断块带、挠褶带和构造台阶上；在气候上，要求热带与亚热带海域；在水文上，喜生长在清洁干净，透明度好的水域，通常要求水不深于 80m，以 50m 为最宜。我国西沙群岛气候炎热，海水碧绿，透明如镜，海底又有一些持续下沉的高断块，为今天星罗棋布的珊瑚岛与暗礁形成提供了优越的条件。

根据整个礁体的形态及其与陆地的配置关系，礁可分为：①岸礁，在海岸边缘；②堤礁，呈堤坝状长条，与陆地间常隔狭长潟湖；③环礁，圆形或椭圆形的连续堤礁，有时围绕一个小岛，中间隔着潟湖；④马蹄形礁，是个缺段的环礁；⑤弧礁，体积较小，零星分布。在各类生物礁中，一般以堤礁最为巨大，其不愧为海下“伏龙”、洋底“长城”。现代世界上最大的堤礁在澳大利亚东北海岸外面，其与海岸之间有长条状潟湖，堤礁长达 1800km。

二、油气丰富的古生物礁

人们或许要问：世界上哪口油井日产量最高？哪口气井日产气最多？世界油气开采史给出了答案：墨西哥塞罗·阿苏耳油田 4 号井，日产石油 37140t；加拿大阿尔伯达省纳尔孙堡地区一口气井，日产天然气 $2200\times10^4m^3$（相当于 22000t 石油），分别成为世界日产油、气的“冠军井”，其油气产层正是生物礁岩层。

在古生物礁中，油气显示丰富，已从奥陶系至上第三系的礁中发现了相当普遍的油气田。在今生物礁中，由于成岩程度较差、封闭条件不佳，故现还很少发现工业性的油气。目前世界上礁型大油田（可采储量在 0.67×10^8t 以上）有 12 个以上。迄今国外共发现日产 1×10^4t 以上油井 8 口（表 1），其中生物礁中就有四口。加拿大的油气储量 60% 以上赋存于礁型油气田中。加拿大 1973 年产油量为 10012×10^4t，其中约 75% 来自礁型油田。世界最大的礁型油田——基尔库克油田，1976 年的产量为 4795×10^4t，约占当年伊拉克产油量的 46%，油田投产 43 年后，即到 1976 年单井平均日产还高达 2919t，至 1976 年年底累计产油 10.5×10^8t。世界著名的波扎·里卡礁型油田，1940 年的产量占墨西哥总产油量的 65%。墨西哥东海岸与海上的黄金巷环礁带上有许多油田，单井产量都较高，这里曾有 3 个油田的三口井日产都在 1×10^4t 以上（表 1）。1967 年在利比亚锡尔特盆地发现茵蒂萨尔 A、C、D3 个礁型油田，早第三纪和早白垩世的礁生长在上升高断块上，礁相对面积不大，但储量大，产量高，孔隙度大（15% ~26%），主要产层是上新统的礁灰岩，它是世界上最高产礁型油田之一，D 油田发现井日产油 10050t。

表1 国外日产 1×10^4t 油以上高产井一览表

国家	油田名称	发现年份	井号	初产量/(t/d)	生产层	
					时代	岩性
墨西哥	圣地亚·特·拉玛	1908	多斯波卡斯井	11000~20000	白垩纪	礁灰岩
	彼特雷罗·德·拉诺	1910	4井	14000~15700		
	塞罗·阿苏耳	1913	4井	37140		
利比亚	菌蒂萨尔D	1967	D-1井	10050	第三纪	
伊朗	阿加贾里	1936	AJ59井	8000~11000		石灰岩
	加奇萨兰	1928	GS35井	13000		
			GS45井	11000		
	阿尔包尔兹	1956	5井	10000~11000		
美国	斯宾徒	1901	发现井	14000		

20世纪70年代以来，我国也发现了一些生物礁型油气藏。四川盆地东部的建南、石宝寨和双龙发现了长兴组生物礁型气藏，这些生物礁中气井获得了高产。在胜利油田的下第三系中发现生物礁型油藏。这说明我国生物礁中油气也是丰富的，勘探前景良好。

正因为生物礁受一定的地质、构造、气候、水文等因素控制，而这些因素出现往往有一定规律性与分带性。所以石油地质工作者就利用这些因素的规律性，分析和揭开地史上各个时期可能出现生物礁的地带、地区，进而开展综合地质研究、地震勘探和重力勘探，把沉睡在地覆亿万年的古生物礁的“容貌”、长短、深浅、方向搞得水落石出，之后上钻机钻探，向隐藏的生物礁索油取气。当然，由于各种地质因素的影响，不是所有隐藏的生物礁都有油气，不过多数是有油气的。当一个地区发现一个礁型油气田后，绝不是孤立的，它往往是将要发现一系列礁型油气田的先声，因此，必须在勘探上进行“跟踪追击”，这样往往能获得大量“战利品”——一群礁型油气田。目前，从地理分布上看，除南极洲外，世界各洲都发现了礁型油气田：加拿大阿尔伯达盆地，美国二叠盆地，墨西哥黄金巷油区，利比亚锡尔特盆地，苏联乌拉尔山前拗陷、滨里海盆地北部和西部，中东的美索不达美亚前缘拗陷，印度尼西亚一带等都发现了成群成带的礁型油气田。

古生物礁中油气之所以丰富，是由其许多有利因素所决定的：其一，生物礁往往是“千疮百孔”，常有很大的渗透率和孔隙度（可达50%），即礁体本身留有相当多“房间”让油气“居住”，并有四通八达的孔隙通道，当人们开采时，油气能畅通无阻地向油气井集中。现代珊瑚孔隙繁多是一目了然的；苏联乌尔达布拉克气田的礁灰岩，孔隙度高达24%~26%，所以1号气井日产天然气达 $1300\times10^4\mathrm{m}^3$；其次，生物礁的圈闭早而类型多，是其油气多原因之一。在日常生活中，我们有这样的经验，要去买汽油或灌液化气，必须准备好封闭瓶或桶，否则，放在敞口容器中，再多油气也会因无法长期保存而蒸发掉。生物礁就是一个天生的储油气“封闭瓶”——圈闭体。礁向周围往往变为相对不渗透的岩类，所以形成普遍的岩性圈闭的油气藏；礁在形成过程中，其堆积速度比四周沉积物沉积速度要快，故形成水下地形隆起，这种同期沉积隆起（古构造）是自然界“不打无准备之仗”先准备好的“封闭瓶”，使礁比同期沉积具有圈闭形成早，有更多机会获得油气聚集；此外，地层由于地壳运动，常形成隆起形状像拱桥或馒头的背斜和穹窿，而礁有时居其核心部分，而成礁背斜。具有岩性圈闭和古构造特征，有时兼备构造圈闭的“封闭瓶”古生物礁，当油气水向其运移时，由于油气比水轻，“油往高处浮，水向低处流”，油气被获捕集中而成油气田；其三，生物礁的油源繁多。一般认为石油和天然气是由被埋藏的生物遗体，在还原环境下，由细菌作用，以及上覆地层压力和地温作用下，不断发生化学变化而形成的。关于生物礁的油气来源，有两种看法：①自生说（原生说），礁中的油气是造礁生物及喜礁生物的自生产物。当然，似乎此说颇有理由，因为生物礁往往是数种或更多种生物的密居“城区”，生油问题不大。但一般认为，虽然礁中生物繁多，然而，因其在波浪作用带中，处于氧化条件下，一般有机物难以保存，所以礁本身作生油层条件不利。当然不排除可能生成部分油气。②它生说（次生说），礁中的油气来自礁外的生油岩。就以现代澳大利亚东堤礁来说，堤礁长达1800km，珊瑚成长又迅速（每年长高1cm），不难想象只有堤礁附近（主要在东面）有丰富的食饵，才能使珊瑚虫饱食终日得以成长。所以，不论古今，在生物礁周围海域，总是有动植物供应丰富的广阔“市场”。我国科学工作者考察西沙群岛结果也是如此。辽阔丰富的动植物“市场”海域的水下，常埋藏大量动植物尸体，有较深水域还原环境，成为良好的生油区。

滇西程海气苗调查记*

2月的一个早晨，春光明媚，我们从洱海之滨下关出发，驱车去程海考察气苗。滇西群山巍峨，汽车越山穿峡奔驰着，祖国西南边陲的大好风光映入我们眼帘：仰眺苍山峰巅积雪皑皑，俯视山麓谷原碧绿成茵；春风掀起河谷地上千重麦浪，像翠碧碧无垠的绸缎，起舞滚动着，嵌镶在麦地中的块块油菜田，怒放着金黄花朵，飘散着阵阵芳香……下午，被滇西之东缘群山怀抱蓝绿色的程海便展示在眼前。

据《永北府志》载：程海俗传本为陆地，有姓程者居于此，一夕忽成海，故此得名。程海位于云南省永胜县城西南约7km，呈南北延伸的淡水湖，面积约70km^2。浩瀚的海面，激动时，波滚涛涌；平静时，漪涟粼粼。叶叶渔舟，穿梭海面，水上空中，群鸟鸣翔，令人赞叹陶醉。

海色美、峰谷秀，星罗棋布在程海上及其滨岸的气苗更诱人。我们对程海气苗进行了两天的调查考察。形似梭子的程海水域，在南、北端水面上各有一个大气苗，几乎呈对称状。北端气苗位于青草湾和小杨堡之间略偏西的海中，气流直径约有一筷之长，影响水面达1m^2，致使渔船难以靠拢。20世纪60年代中以前渔民们传说其是海底大出水口，后经永胜县水利局调查，此处水质与程海它处无异，主要是受气苗上冒影响水面而被误认为出水口。集其气可燃，气苗出于水深39m呈漏斗状的海底，其为程海最深处，喷气之海底展布着卵石，渐远则分布砂子，这无疑是上升的气流分选沉积物的结果。南端气苗位于支阳村和金兰村之间水面上，为程海最大气苗，在15m^{2}范围内气泡不断冒出水面，水面像开放着一朵多瓣的巨大银花。由于气流的冲喷力使水面高出正常水面8cm，使船无法接近。程海东、西两侧气苗更多，尤以东侧为甚（图1）。气苗既发现在水域中，也出现在陆地上。气苗冒气范围，大的波及十多平方米，小的如豌豆，有的气泡连续不断地嗞嗞上冒，像从水下抛出串串晶莹的珍珠；有的气泡如银丸有节奏地抛散在碧蓝的水里，像节日的礼花。据民间查询，大的气苗至少有100年历史。

为了寻找更多的能源和探索程海天然气的来踪，我们对一些气苗进行了详细的考察和取样。在支阳村之西海湾浅滩上，距岸15m有两个相距1m、冒气面积各达0.4m^{2}的主冒气口（Ⅲ号气苗）。以15cm直径漏斗反扣水里，用排水取气法，对一个主冒气口30s取气550ml；用同直径漏斗盖住冒气口上，水柱最大喷高达10cm。在此，离岸1m左右还有15个以上直径约2cm的冒气口。在刘家湾西南约500m距海岩100m左右干蚕豆地中，一个直径0.5m左右的小泥浆水坑把我们吸引住了。小坑像一口烧沸的大锅，许多气泡嘟嘟作响而出（一个直径10cm主冒气口10s发出14次嘟嘟响声），似乎向人们发出研究它和利

* 原载于《石油知识》，1987，第4期。

用它的恳求声。我们用上述直径的漏斗盖住主冒气口用排泥浆取气法，100s 取气 700mL（Ⅰ号气苗）。据在场一位60多岁老人说，在他童年时此小坑就冒气了，不过那时比现在冒气厉害些，当时村童常以泥巴封住冒气孔口，再在泥巴上开一小孔点火可燃，借此作乐。

根据Ⅰ、Ⅱ、Ⅲ、Ⅳ号气苗取样所获得的各自的面积和产气率数据计算，这4个气苗日产气量共约 $259m^3$；以民间查询它们已有100年历史计算，这些气苗总出气量达 $948\times10^4m^3$；程海南端中心的最大气苗的面积为Ⅳ号气苗的38倍，若以Ⅳ号气苗产气率系数计算，日产气量为 $6737m^3$（按100年累计已出气为 $2.46\times10^8m^3$）。可见，程海气苗出气量是非常可观的。因此，研究这些气苗的产层及成因是十分有意义的。

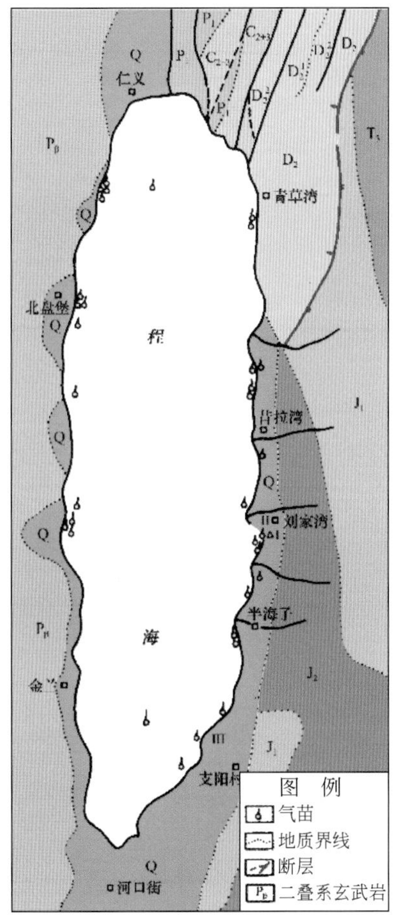

图1　程海气苗分布图

关于程海气苗的成因，前人认为主要可能有：①程海处于上三叠统—平浪群和祥云煤系发育的楚雄盆地西北缘，气苗可能是煤成气；②程海附近阳新统、泥盆系顶部有深灰色、黑色灰岩夹油页岩，具有一定的生气能力，故气苗可能是油型气；③程海位于近南北向程海大断裂北部，据地震资料发现大小断层35条，二叠系喷发岩最大厚度达2500m，燕山期有酸碱性侵入岩，喜马拉雅期又有基性喷发岩。由于断裂发育时间长，岩浆活动频繁，气苗也可能是从地壳深处来的无机成因气。

根据气样分析成果：天然气组分以甲烷为主，一般为94%～99.5%，没有重烃气的干气，氮的含量一般为0.5%～6%。甲烷碳同位素为-62.9‰～-68.7‰。从天然气组分与甲烷碳同位素资料，可以肯定气苗不是无机成因的，因为无机成因天然气的甲烷碳同位素一般大于-30‰。由于气苗组分为干气，甲烷碳同位素一般均小于-55‰，具有典型生物成因气的特征，也就是说气苗来自较新的沉积物。根据浅井资料，程海是晚第三纪至第四纪连续发育的湖盆地，上第三系与第四系以杂色沉积为主，生油条件一般不好，但在东岸昔拉湾第四系下部出现10多层腐殖层，并向西，即向湖盆中央加厚，向东尖灭，尖灭线以西气苗多，说明这些腐殖层是主要产气层之一。程海与非洲的乍得湖及墨西哥坦克斯可可湖为目前世界上3个盛产天然藻类蛋白的湖泊，每年清明以后，水面上被厚厚的一层拟鱼腥藻覆盖，最厚时可达十几厘米。拟鱼腥藻是获取藻类蛋白的重要资源，其蛋白质平均含量在50%以上。经估算，程海每年可获得拟鱼腥藻干粉1×10^4t。可见程海拟鱼腥藻资源量巨大，其遗体理当是现代湖底沉积的一个重要有机组成部分，推之也是气苗生物气的主要母质之一。

程海地区气苗多、分布广、出气时间长、出气量大，说明气源较丰富。但基于它是产于第四系的生物成因气，又在盖层、圈闭极不佳的新沉积物中，故要找到较大气藏可能性不大。不过可能会形成长江式浅而小的生物气藏，可因地制宜加以开发利用，具有一定的经济效益。1958年前后，当地曾利用一些大气苗的天然气发电、煮饭就是例证。今后应充分利用这种生物气，特别适用于家庭作燃料。

黑油山——油苗博物馆*

黑油山顶3m多高三角锥体形的花岗岩石碑，在7月朝阳下显得挺拔俊秀，碑的一面刻着苍劲有力的黑油山3个大字；碑的另两面分别用维文与汉文刻着“黑油山位于成吉思汗山麓，是克拉玛依油田的露头，因原油长年外溢凝结成沥青丘，高13m，面积0.2km^2，1906年发现并载册，油质为珍贵低凝油，中华人民共和国成立后经勘探开发建成当时我国的一个大油田而闻名中外”（图1）。

图1　笔者2019年10月13日重返黑油山观察积油坑时在石碑前留影

黑油山坐落在克拉玛依市东北约1.5km，出露的地层为三叠系克拉玛依组，该组是克拉玛依油田目前的主力油层。在黑油山克拉玛依组中有种类繁多的油苗：既有沥青脉和沥青砂岩或沥青砂砾岩的死油苗，又有正在不断渗出和冒出原油的含油砂岩或含油砂砾岩活

---

* 原载于《石油知识》，1988，第2期。

油苗，还有蠕流着原油的石油溪。可见，黑油山作为油苗博物馆是当之无愧的。

黑油山出露的克拉玛依组砂岩和砂砾岩大部分是含油的，由于表面受到风化现多数呈灰色、浅灰蓝色和灰褐色，用地质锤击开，可见褐色含油砂岩或含油砂砾岩本色，并有油味。克拉玛依组有的还贯穿着宽窄不一，长短不同的沥青脉，是原油沿着不同成因裂缝运移、渗透充填而失去轻组分形成的。其中轻组分挥失殆尽的原油产物，谓硬沥青脉，而挥发了大部分轻组分的原油演化物称软沥青脉。

站在黑油山石碑基座上，四顾黑油山丘，最引人注目的是大小不一、星罗棋布黑黝黝的积油坑。小的积油坑有碗口大，通常是含油砂岩在低凹处渗油而成，其量较多；大的积油坑可达 $1m^2$ 以上，粗略统计不下 16 个。这些大的积油坑有的由较大面积含油砂岩或含油砂砾岩渗油在低凹处汇集而成；有的由数个较小积油坑间断的或不断的供油汇集而成；还有的由一个强烈活油苗冒油而成，或由浅钻套管冒油构成。例如，在黑油山石碑西北 16.5m 处的一个 1.2m×0.9m 的积油坑，在居中处有个 23cm×25cm 冒油口，不断冒油气泡，油气泡直径小的为 0.2cm，大的达 7cm。大的油气泡每隔 20～30s 连续冒 3～4s，冒出大的油气泡高出积油坑油面 4cm。油气泡在朝阳照耀下犹如向地表抛撒的五颜六色的珍珠，传送着克拉玛依地区地下石油资源丰富的信息，呼唤着人们去勘探开发。

图 2　笔者在黑油山观察积油坑

在黑油山石碑西北约50m处，一个直径8m的圆形积油坑，油从一缺口向外溢出，沿着山坡朝北流，沿途与其他积油坑油源及山坡含油砂岩或含油砂砾岩渗出的原油汇合后，形成一条蜿蜒长约80m的黑色带状石油溪。石油溪有双层结构：石油溪的主体油流铺盖在山坡岩石低凹处，由于黏度大，以难以察觉的速度蠕流着，形成底层的基层结构；上层结构则为水流，由于水少，在油流层上往往只见间断性水的线状流，有时甚至是水珠流，亮晶晶的水珠，在油流层上快速地向下滚流，像晶莹珠宝散落在石油溪中。造成石油溪水上油下反常的双层结构，是由这里石油多，黏度大而水少等因素所致。石油溪的地质景观令人陶醉，黑油山的油苗使人饱赏眼福。黑油山不愧为“克拉玛依油田和克拉玛依市之母”（图2）。

踏破山河探气源*

我是“六五”煤成气的开发研究和“七五”天然气（含煤成气）资源评价与勘探测试技术研究国家重点科技攻关项目的参加者。参加攻关的科技人员，为了取得丰硕成果和显著效益，精心调研，不畏艰难，出现了许多平凡而又动人的事迹。今摘录日记三则，以见一斑。

1984 年 3 月 29 日，天气晴朗，云南怒江猛古渡口。滇西的大地绿山碧水，风光旖旎。千峰万峦，巉崖峭壁的横断山脉，以豪迈气势贯穿南北。斩隔高黎贡山与怒山的怒江，从北向南奔流着。

在怒江流经保山县境内多处发现气苗。斯日云南石油地质研究所桂明义、黄自林带领我们去调查。在猛古渡口下游 50 ~ 70m 的怒江中，发现了较多的气苗。在江中有相距约 15m 的两处较集中的冒气区，南面的面积约 3m×4m，北面的约 20m×20m，内有 50 余个冒气点，多数是间断冒气，也有少数连续冒气。冒出气泡直径大小不等，从 2 ~ 0. 2cm，一些气泡冒至水面破裂时还发出吱吱声。

此外，在江西边的浅水沙滩上，还分布有星点状冒气点，多属间断性冒气。在这里，我们选择了较固定的冒气点，以 1. 7cm 口径玻璃瓶口对准冒气点排水采一瓶 550mL 气样，需 25 ~ 37min。在这儿取气样真不易。因为怒江是雪山融化的水，水凉刺骨，人只要站在江中 2 ~ 3min，脚就被冰得酸麻。这时只能到干沙滩上跳跃或按摩，使冻紫的脚暖和一下。我和桂明义、黄自林、关德师四人，轮流着下水，约花了 1h，才取了 2 瓶气样。为了战胜这种冷祸冻灾，我们拣来树枝搭成三脚架撑在水中，再把取样瓶用塑料绳系好倒悬在三脚架下，瓶口对准冒气点取样（图 1）。这样用搭架法自动取样，我们就可不下水了，蹲在干沙滩上，凝视着水如明镜的怒江，银白色气泡从水底沙中蹦跳出来，像晶莹的珍珠，窜进取样瓶。当晚霞染红天际之时，我们又顺利地取了 2 瓶气样（以后气样分析结果：甲烷占 90. 30% ~94. 04%，氮为 5. 31% ~8. 84%，二氧化碳为 0. 65% ~0. 86%；甲烷碳同位素为-53. 1‰ ~ -53. 3‰，为生物成因气，并受氧化变重）。

1987 年 7 月 26 日，天气晴朗，新疆克拉玛依市。7 月的克拉玛依是领略炎热的好季节，我一来此，嘴唇就干裂开了。昨天气温达 42℃，据说柏油路面温度达 63 ~65℃。

在这热浪袭人，骄阳似火的日子里，参加“七·五”国家天然气科技攻关小组的新疆石油管理局石油勘探开发研究院和中国科学院兰州地质研究所的科技人员，为了及时系统进行气源对比，找到更多的天然气，人们轮流着到戈壁沙漠里的油气井上取气样。

---

* 原载于《石油知识》，1989，第 2 期。原文名“三次现场采气样纪实”。

图1　在怒江冰水中树枝搭架系瓶取气样

火辣辣的太阳照射在没有一棵树木的古尔班通古特戈壁沙漠上，把沙子晒得滚烫；把采油树烤得炙手，戈壁沙漠犹如火海。取气样的同志们，穿火海奔井场，有时为了取油井的伴生气，还得把汽车上200多千克分离器抬下抬上，真是热累交加。

高温下取气样真是一件辛苦事。我向年过五旬的范光华建议说："可否停几天，等气温低点再取。"他答："要取一个多月样，停下来影响任务，还是继续取好。"青年技术人员许万飞插嘴说："采油树热得虽可烫坏手皮，但戴着手套干就没事了。"

他们的言行使我深受感动，我和同来出差的同事说："他们这种工作态度多么值得我们学习啊!"

1988年3月17日，天气由晴转阴，海南岛兴隆农场。我们取到了海南岛上第一口工业气井金凤1井气样后，还想在岛上多取一些气样。按照张腊昌总地质师的介绍，今天，我们决定前往有气苗的万宁县兴隆农场。

兴隆农场宾馆内有两处较大的温泉，一处为流量较大同时出气泡的泉水。由于在宾馆旁打了深井，装泵抽热水用于淋浴等，我们去观察时，已见不到这个温泉露头了。另一处的温泉较大，是一个用水泥墙围成的2.5m×2.5m方池，水深约2m，池壁高出温泉水面约1.5m。在离池10m多远，便可见到池子上空升腾的热气。池中水温达80～83℃。泉水从池底出，还伴出间断性气泡。冒气泡点不下10个，气泡直径3～0.5cm。由于温泉被高的墙壁围住，所以无法用手拿瓶直接取样。我们利用池壁上3个比水面稍高的出水洞，以木棍搭成丁字架，由陈学亮站在丁字架交汇处准备取样（图2）。但由于冒气点大部分远离人手可及范围之外，为防止取样瓶掉入池中，我们只好把取样瓶用塑料绳系好倒垂在马口铁桶中，把玻璃漏斗倒缚在一小竹竿上，再用橡皮管使漏斗管与取样瓶联结起来，最后由石宝珩紧靠池墙操作竹竿上漏斗，并在池中紧张地移动以捕捉各点冒出的气泡。经过2h5min，终于取到了约200mL气样，此时，石宝珩已累得满头大汗了，再看从池内丁字架上出来的陈学亮，已汗流浃背，裤衩湿透，脸色绯红。

图 2 陈学亮等在兴隆农场 80 ~ 83℃温泉池中取气样

五大连池天然气探源*

五大连池以火山名扬遐迩，14 座从准平原上拔地而起的火山构成了五大连池火山群（图 1）。火山活动结果，塑造出千姿百态的地貌景观，贡献出丰富多彩的火山资源，流溢出“医效神奇的药泉”，导引出地宫深部的气体，由此，获得了“火山博物馆”的美称。

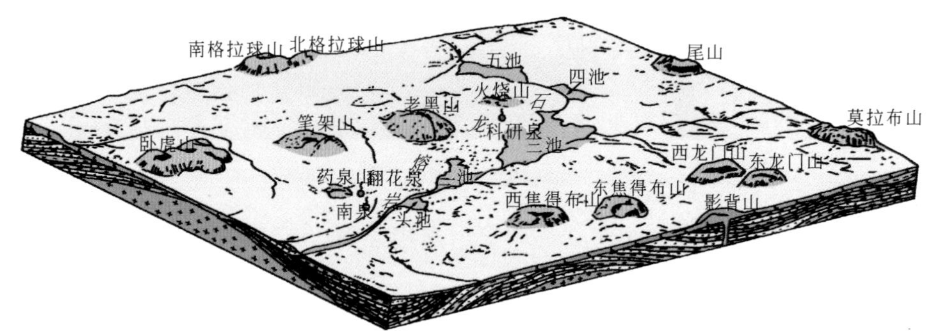

图 1　五大连池火山群示意图

1988 年 10 月上中旬，文亨范高级工程师、宋岩工程师和我，为了进行气源对比，获取一些典型无机气的参数，对五大连池天然气进行了调查研究，并观赏了千奇百怪的火山地貌。

一、地幔来气的信息口——科研泉

科研泉位于 1719 ~ 1721 年还在喷发的火山，即如今火烧山之东南麓，处于白垩纪地层与石龙熔岩的边缘，其西分布有森林，泉在低洼长有芦苇的沼泽地上。泉的周围散布着大小不一、棱角显著的黑黝黝的玄武岩质火山砾。主泉由一个八边形的低矮木框围着，面积约 $3.0m^2$。据有关文献，泉的整个面积约 $6m^2$。木框内的主泉约有 7% 面积（$0.21m^2$）在冒气，大量气体从泉水中不断逸出，呈银白色串珠状的气泡。泉水像开锅似的滚滚沸腾，发出刺刺声响，在 2 ~ 3m 外便可听见。同时在木框外各火山砾缝隙间有水处，也可看到有连续冒出的气泡（图 2）。

我曾在西南边陲洱海、程海，著名腾冲火山区硫磺塘，西北边疆克拉玛依的黑油山，“海疆二目”之一的海南岛，东海之滨长江三角洲和钱塘江畔，中华腹地四川盆地、江汉平原等许多地方，调查观察过各种各样的气苗，但与科研泉比起来就大为逊

* 原载于《石油知识》，1990，第 4 期，2 ~ 4。

图2 文亨范高工在科研泉取气样

色。科研泉气苗冒气强度大，出气式样繁多，凝视泉面，是一种难得的高雅的地质观察享受。大的气泡直径可达3cm，一般在1cm左右。耐人寻味的是，有时水面上浮出高达3cm左右由上小下大两个或一簇气泡组合成葫芦状或葡萄状气泡的奇特现象，这是在别处的气苗中不多见的。葫芦状或葡萄状气泡的形成可能有两个原因：一是泉水表面张力较大，故其形成气泡保存时间相对要长一点；二是气源充足，冒气强度大，一个出气点往往一起冒出一簇紧邻气泡。当上面气泡由于泉水表面张力大形成后还来不及消散，下面气泡已快速形成冒出水面，下者顶上者而组成葫芦状；或后生成一簇气泡托拱较先生成气泡而成葡萄状。

科研泉不仅以其映丽多姿的气泡吸引着我们，同时由于泉水面比地面稍低，木框不高和众多连续冒出的气泡给取气样大开方便之门。我蹲下来跪地，拿着瓶口内径为1.7cm（瓶口进气面积为2.27cm^2）的玻璃瓶，对准一个直径大于瓶口的连续冒气点，以排水取气法取样。取一瓶550mL气样需时157s，以同样方法换另两个连续冒气点又取两瓶550mL气样，分别需时155s和159s。若以取550mL气样平均为157s，以瓶口进气面积为2.27cm^{2}计算，一天1cm^{2}面积可出气0.133m^3。已知主泉水出气部分面积为0.21cm^2，以此换算，主泉一天出气量为279.3m^3。如果以火烧山最后停喷于1721年作为科研泉冒气的开始，则至今已出气268年，该主泉此时期内共计出气2732×10^{4}m^3。

除科研泉外，我们还在翻花泉、南泉取了气样。这些泉水中天然气组分和同位素组成见表1。

表1　泉水中天然气组分和同位素组成

取样地点		气体主要组分/%			$\delta^{13}C_{CO_2}$ /‰（PDB）
		N_2	CO_2	CH_4	
黑龙江省五大连池	科研泉	2.14	97.86		-3.96
	翻花泉	0.07	99.90	0.03	-4.93
	南泉	16.79	83.06	0.15	-6.84

二、令君神怡的火山景观　广泛用途的火山产物

取完科研泉气样，攀登火烧山观察火山口。我们从山的东坡向上，没有上山的路。东山坡和东山麓是漆黑色和暗灰色大小不一的玄武质火山砾、火山弹与蜂窝状浮石。这些石头大部分不是露头而是活动的，我滑滚倒数次，费劲地才爬上火山口东缘的山巅。站在火山口外缘，环视火山口内，一个垂陡的深渊陷坑（据文献资料，火山口内径450m，深63m）展示在眼前，坑壁被一些巨大裂缝撕开，显出火山口雄风险态。火烧山西北部有缺口，是玄武质熔岩向外流泻的通道。从山巅东眺，从南向北依次镶着头池、二池、三池、四池和五池碧绿绿的湖水。这五个池是由于火山喷发的熔岩流堵塞了白龙河河道而形成的火山堰塞湖，五大连池由此得名。五大连池点缀在14座火山之间形成的旖旎风貌，曾有诗咏曰："五池浩瀚环翠山，好似明镜照九天。轻舟缓缓碧波远，十四名山眼底悬。"从山巅四顾，在火烧山南西约2km的老黑山火山地貌清晰。火烧山和老黑山是一对活动相似、性质相仿、寿命相近的姊妹火山。根据有关野外调查和航片解释，火烧山和老黑山喷发次数分别为4次和3次。清代西清在《黑龙江外记》一书中曾明确记载了它们最近一次喷发的情况："墨尔根（今嫩江县）东南，一日地中忽出火，石块飞腾声震四野，越数日火熄，其地燧成池沼。此康熙五十八年（1719年）事，至今传以为异。"据说，在火山喷发时，清廷曾派官巡视，但离此百里就被热浪逼回了，可见当时火山喷发之强烈。以老黑山与火烧山为中心，展布着一望无际的暗灰色熔岩（文献资料记载面积达65km^2），张爱萍将军赞称并手书为"石海"。它是由1719～1721年老黑山和火烧山喷发的熔岩形成，因其沿白龙河南泻延伸约13km，如巨龙展躯，形状奇异，气势壮观，故地质学家又形象称之"石龙熔岩"。

我们驱车从西向东穿过整个熔岩"石海"，观赏到了千姿百态的火山景貌：熔岩瀑布、熔岩堆，像面包、麻花、绳索、车辙的熔岩；同时还有栩栩如生的石人、石猴、石熊、石猪、石狗、石牛、石鹅。这些被拟物化、拟人化的熔岩景观，是老黑山和火烧山喷发的熔岩流奔腾澎湃流泻四方时，受熔岩流各部分密度不同、含气体量不一、岩流各部分流速不均、岩流下部地形等影响所创造的。

在火山喷发强烈时，不仅密度相当大的熔岩沿地面奔流倾泻，而且把部分熔岩喷向高空，天空出现红艳艳的大小不一的炽热熔岩"灯"。含气很少或几乎不含气的熔岩"灯"，在空中受空气动力的影响迅速冷却，形成纺锤形、球形、梨形、麻花形的火山弹回落到地面。火山喷发时还把无数尘埃状火山灰抛散到天空。这种微粒很细，有的可飘离火山口几十千米。火山灰往往含有多种植物需要的元素，给其周缘本已有很好肥力的黑土，增添了更大肥力。火山灰还含有一些神奇医疗效能的微量元素，给人们健康带来福音。我们在翻

花泉附近一处有水土坑取气样时，一位老乡告诉我们，这个坑在夏天旅游旺季时是矿泥浴池。这里所谓的矿泥，实际上是火山灰。腰痛者用它糊腰、腿痛者用它糊腿、秃发者用它糊头，每年夏天有成千上万人来此矿浴疗，多数康复而归。药泉山附近的药泉，以及南泉和北泉的泉水，因含有大量微量元素，喝之和用以沐浴，能治 34 种疾病，多数疗效十分显著，为世界珍贵矿泉水之一。由于与火山活动有关的这些泉水具有卓著的医疗效能，故五大连池被一位日本专家称为“起死回生恢复健康的圣城”。由于我们深秋来此，塞外的五大连池已是飒飒秋风，寒意袭人，失去沐浴的良机。在南泉调查取气样前，我品尝了一口南泉的矿泉水。这水带有氧化铁腥气和涩味，难以下咽。但见到旁边一人津津有味喝了一大杯，也许这位是求医者，早有良药苦口利于病的思想准备，故能坦然饮之。

在老黑山和火烧山一带有 $4700\times10^4\mathrm{m}^3$ 浮石，是火山“吹泡”作用的杰作。当含有高度分散气体的岩浆从地腹深处向上溢出地表后，一方面由于围压大大降低，熔岩中分散的气体膨胀而产生“吹泡”作用；另一方面由于温度降低，熔岩表层黏度增大又阻止气泡逸出，于是就形成了多孔的蜂窝结构的浮石。浮石的孔隙率高达 75%，每立方米的浮石重约 620kg，比同体积的水轻 380kg。浮石以其能悠然自得漂浮在水面上的秉性而得名。浮石有广泛的用途：在美化环境上是盆景假山石材，洗澡塘里是使人称心的搓脚石，石油工业上可作分子筛，纺织工业上能做低硬度磨料，在建筑工业上是天然轻骨料和无熟料水泥原料之一，而在钢铁工业上则可做轧钢表面的保护层。

宝塔状和圆锥状喷气锥，其顶部中央有大小约 20cm 或更小的圆形喷气孔，是一种罕见的火山景观，一些地质学家称其为“国宝”。目前这种稀世之宝在五大连池已不多见，仅在人迹罕至的四池、五池中间约有 300 个未遭破坏。可惜由于时间关系，我们未见尊容。关于喷气锥的成因曾有许多理论说，近来有人认为是熔岩在融熔状态时，地表水因高温沸腾，产生大量水气不断外逸吹鼓而成。笔者则认为喷气锥形成是由于聚集于熔岩中以 CO_2 为主的气包或气囊，当其随熔岩从地下溢流或喷溢出地表时，由于压力减少，聚集的气包或气囊的气体很快从熔岩中喷出，于是就创造了一个熔岩顶有圆形孔的喷气锥。不难想象，地表水因受熔岩影响沸腾，造成水蒸气，立即会散发到空气中去，不会向下进入熔岩，作为塑造喷气锥的动力。

三、五大连池矿泉中天然气的成因

由表 1 可见，五大连池天然气有两个主要特征：其一，组分上是高含 CO_2，即从 83% 至近 100%，烃气量少，即使有烃气，也只有痕量甲烷，未发现重烃气；其二，二氧化碳的碳同位素组成（$\delta^{13}C_{CO_2}$）重，即 $\delta^{13}C_{CO_2}$ 值为 -3.96‰～-6.84‰。这两个特征与我国一些地区无机成因的天然气，在组分上与碳同位素组成上十分相似。在二氧化碳的碳同位素组成上，也和北京房山花岗岩体里的石英二长闪长岩的石英气液包裹体中 $\delta^{13}C_{CO_2}$ 值 -3.84‰、墨西哥世界上最大的无机二氧化碳气田的 $\delta^{13}C_{CO_2}$ 值 -5.7‰、美国加利福尼亚州帝国谷无机气 $\delta^{13}C_{CO_2}$ 值 -2.3‰一样，均较重，而与有机二氧化碳的 $\delta^{13}C_{CO_2}$ 值一般为轻于 -10‰的迥然有别。综上所述，五大连池的天然气，更准确地说二氧化碳气属无机成因是无疑的。

无机的二氧化碳有两种类型：①幔源-岩浆成因，这种气或者来自地幔，或者来自岩浆，由岩浆侵入、火山喷发和火山期后活动携出；②岩石化学成因，又可分碳酸盐岩（包括泥灰岩）在高温作用下热分解或变质作用形成；碳酸盐岩或碳酸盐矿物水解或被地下水中酸类溶解生成。化学成因的 CO_2，往往在天然气中的含量较低。根据五大连池地区缺乏碳酸盐岩地层，以及天然气中 CO_2 含量高的特征，可认为该处的天然气主要是幔源-岩浆成因的。

由于科研泉天然气中 $^3He/^4He$ 为（4.17±0.12）$\times10^{-6}$，R/R_a 为 2.98，说明这种天然气相当一部分是来自地幔的。这是根据与 CO_2 共生的 $^3He/^4He$ 关系对比得出的。因为大气中 $^3He/^4He$ 为 1.40×10^{-6}，$R/R_a=1$；地幔 $^3He/^4He$ 为（1.1～1.4）$\times10^{-5}$，R/R_a 大于 3.5；与岩浆及其有关放射性成因的 $^3He/^4He$ 为 $n\times10^{-7}$ 至 $n\times10^{-8}$，R/R_a 小于 1。综上所述，五大连池天然气既有来自地幔的无机气，也有来自玄武质岩浆本身的无机气。

在鄂尔多斯盆地的一次风浴
——我国第一大气田发现井定井位的追忆*

一、“绿色长城”中选井位

三北防护林带像绿色万里长城，通过鄂尔多斯盆地腹地，抵御着毛乌素沙漠南侵；它又似翠碧亿丈的绸带，结扎在鄂尔多斯盆地中部的荒芜沙丘间，给贫瘠的黄土地增添了生机和希望。

1987 年 5 月 20 日午后，天煦日丽，我们在陕西省靖边城东 8km 左右三北防护林带中的林家湾构造进行踏勘，选择我国第一口天然气科学探索井——陕参 1 井（原称林参 1 井）井位，最后在靖边-榆林公路旁选定井位。张传淦总地质师、长庆油田副总地质师宋四山和我，分别铲土堆成一个土堆以示井位标志，待正式测定。这是长庆油田勘探开发研究院和北京石油勘探开发研究院，在“七五”天然气科技攻关中共同研究合作选定的井位。在多次研究与讨论井位中，以长庆油田开发研究院副院长裴锡古为首的一批天然气攻关者，对在林家湾构造定井位提供了大量科学数据，并对获气充满信心，给了我难忘的印象。定好井位后，我们往目的地马家滩油田返回。

丰田越野吉普沿着三北防护林带中间的公路朝西风驰电掣。在车上，我想起上午靖边县一位副县长介绍该县概况：这是一个相当贫困的县，工业基础薄弱，一年工业收入主要靠编织业创值一百多万元；农业是县里的基础，但由于黄土、黄沙等地理环境也相当艰辛。副县长欢迎我们，并期望将来天然气能给该县带来繁荣。我沉思着这位副县长的期望，并时而南望光秃秃的黄土，时而北视黄沉沉的沙地，深感到一个天然气地质工作者的责任和压力，切盼着我国第一口天然气科学探索井能获工业气流，成为这片黄土地走向富裕的一种资源。

嘭！喳！强烈的声响，瞬间打断了我的思绪，抬头张望，只见车前面的挡风钢化玻璃，整个裂成珠网状。与此同时司机吴师傅紧急刹车，下车观察、分析。原来挡风玻璃的破裂是由于前边一辆同向而行的大车轮胎甩起一个石子打击所致。为了安全，吴师傅只好把整个挡风玻璃打掉，敞开着的车继续西行。

二、栉风沐沙前进

天不作美，起风了。公路北侧的流沙，乘风向南形成飞沙流。飞沙流横穿东西向的黑色柏油路面，黄黑两色差异的对比度，令人欣赏飞沙流的风姿：股股强风推掀着浅黄飞沙

---

* 原载于《石油知识》，1991，第 3 期。

流横穿路面，真似固体浪潮汹涌澎湃。细看，飞沙流重力分选明显：下层粗沙在路面上慢速爬流；上层细、粉沙快速在空中飞飘。股股阵风推搂着沙尘涓流横淌路面，如乳黄绢带串飘着；偶尔的旋风卷着飞沙旋涡，真像盘旋的黄龙在遨游太空。

车在盐池附近转向西南，行驶在半沙漠区的石子公路上。风越刮越大。公路的一些地段出现小沙堆，有的手扶拖拉机受阻不能前进了。吉普车蹦跳着前进。沙土不断向车内无情袭来，粗鲁地冲吻着我们的脸额，使人难以睁眼，鼻子和口中都进了沙土。我们栉风淋沙前进，处在黄色世界里：昏黄的天空、黄土、黄沙、披挂“沙装”的黄人、落满沙尘的黄车。在飞沙流中行进，对我是个空前的经历，我感叹地说：“今天真是领略飞沙的良机！可惜未见走石的壮观”。张总接着说在新疆野外，可遇飞沙走石。大风不仅能造成漫天飞沙，还可刮起石块打破汽车玻璃。宋总则说在野外调查不仅可见飞沙走石，大风还能刮翻汽车。他们的言谈使我沉思良久。我凝视着耄耋高龄的张总、皱纹满脸的宋总。为了我国的油气工业，他们一定经历多次飞沙走石、电闪雨淋、风餐露宿。张总一生献给油气工业，是鄂尔多斯盆地油气工业的见证人、石油地质奠基者之一。宋总青年时代离开了富饶的湖北故乡，来到生活条件艰苦的鄂尔多斯盆地，在我国石油地质先辈张更教授领导下当地质工，由于先辈关怀和熏陶，更主要通过自己不倦奋进而成为副总地质师。今天，他们像年轻时代一样，为鄂尔多斯盆地油气工业大发展，不辞辛苦，多么令人虔敬。

吱的一响，车在一个高地上停下。吴师傅叫我们把车门都打开，要大家出来拍打衣服。风仍呼啸着，把积落在车上和我们衣服上的沙土洗扫卷走，使我们脱下“沙装”。这时我才恍然大悟，吴师傅停车的意图——风浴人和车。无疑，风浴的经验，是他长年累月驾车赶路，屡受风沙袭击的总结。我拍拍和蔼的吴师傅说：“谢谢！”这时他指着前方对我说马家滩马上就到了。

三、喜悦的丰收

1989 年陕参 1 井在奥陶系获得日产 $28\times10^4\,m^3$ 高产天然气，以该井为发现井，至 1990 年年底在其周围几百平方千米内连续获得 8 口工业气井。其中有鄂尔多斯盆地最高产量即日产百万立方米以上的气老虎井。一个大面积含气区初露端倪。诞生中的大中型气田将唤醒这片沉睡的黄土地。愿一个新兴的天然气基地在华夏腹地崛起！

陕参 1 井及其周围 8 口工业气井均产自奥陶系碳酸盐岩古风化壳，盖层为石炭-二叠纪煤系。这些气井天然气是来自奥陶系（包括更老地层）的油型气？或来自上覆煤系的煤成气？根据鄂尔多斯盆地 84 个气样 $\delta^{13}C$ 成果综合分析和烷烃气碳同位素系列对比，可以认为，从总体来说，陕参 1 井等天然气是混合气，混合气中煤成气成分大于油型气。丰富的气源展示着鄂尔多斯盆地大面积含气区的光辉前景。

还我青山碧水*

我国高速发展的国民经济在为国力增长及提高人民生活水平的同时，也带来日益严重的环境污染。环境污染特别是空气污染成为我国可持续发展的重要制约因素，也是目前和21世纪上叶我国焦点问题之一。

我国空气污染主要是煤型污染，因为我国能源结构中煤约占75%。空气中90%的二氧化硫、85%的二氧化碳和67%的二氧化氮来自燃煤。

我国城市空气污染严重，据1998年国际卫生组织公布一项报告表明，全球空气污染严重的城市依次是太原、米兰、北京、乌鲁木齐、墨西哥城、兰州、重庆、济南、石家庄和德黑兰。世界十大污染严重的城市中，我国占了7个，说明我国空气污染的严重性。空气污染给人的健康带来极严重的威胁，并阻碍着经济继续发展。有关专家指出，空气污染指数每增高50μg/m^3，导致死亡的危险性上升3%～4%。世界上有许多因空气污染严重而发生的重大危及人类安全事件。国外曾发生过五次震惊世界的空气污染大事故，所以，我们必须严肃对待我国空气污染的严重性。

确保我国国民经济可持续发展，保障我国人民的健康，就必须治理和改善我国空气污染，要寻求一种清洁的绿色能源，这就是天然气。用天然气发电、烧锅炉、炊饭菜和开汽车，是净化空气还我蓝天的极重要途径。

因此，要治理我国空气污染必须要加速发展天然气工业，尤其首先要特别注意天然气的上游产业即天然气勘探开发，因为天然气的上游产业是发现探明天然气储量和开发天然气的，是加速发展天然气工业的基础。新中国成立前没有天然气工业，当时探明气层气储量只有3.85×10^8m^3（未包括台湾省，下同），仅有2个小气田，年产天然气仅1000×10^4m^3，新中国成立后我国天然气工业逐步形成，并有了很大发展，至1997年年底，探明气层气储量16978×10^8m^3，共发现气田155个，年产天然气223.1×10^8m^3，分别是新中国成立前的4410倍、77.5倍和2231倍，但还不能满足国民经济发展的需要。天然气在能源结构中仅占2%，而世界上平均为23%。正因如此，我国十大污染最严重的城市中6个（太原、兰州、济南、石家庄、青岛和广州）使用不上管道天然气，北京、乌鲁木齐和沈阳也只是近年开始规模性利用天然气，故造就了这些城市空气严重污染。

尽管我国天然气工业起步较晚，但有加速发展的地质基础：我国天然气最终可采资源量为11.46×10^{12}m^3，目前探明率仅14.8%。世界上3个年产1000×10^8m^{3}以上的产气大国俄罗斯、美国和加拿大，天然气可采资源量的探明率分别为69%、76%和37%。由此可见，我国天然气勘探潜力还很大，还可发现更多天然气储量、更多气田，年产更多天然

---

* 原载于《中国科技月报》，1999，第12期。

气。实践证明：只要我们重视天然气勘探，重视天然气研究，我国天然气勘探形势就会越来越好。从目前我国天然气勘探大形势分析出发，并根据国外主要产气国可采储量的基础参数，当一个国家天然气剩余可采储量达 $15000\times10^8m^3$ 和 $27500\times10^8m^3$ 时，就有分别年产气 $500\times10^8m^3$ 和 $1000\times10^8m^3$ 的基本条件。据此，推测我国 2005 年天然气年产量可达 $500\times10^8m^3$（大致相当 5000×10^4t 石油）、2015 年年产可达 $1000\times10^8m^3$，天然气在我国能源结构中占 7%～8%，那时将成为世界产气大国，并为改善我国空气污染做出重要贡献。

当然，加速发展我国天然气工业和有效治理空气污染是个系统工程，除了抓好上游产业外，还要有下游产业配合。绿色能源天然气是空气污染的克星，为了尽快更好地改善我国空气污染，我们必须十分重视以下问题，做好五个“加强”。

一、加强天然气应用基础研究

“十五”国家要继续设立天然气科技攻关项目。我国“六五”开始天然气科技攻关，至“九五”每个五年都有天然气攻关项目，通过攻关形成了中国天然气地质理论，有力地指导了天然气勘探，故“七五”探明天然气储量比“六五”翻一番，“八五”又比“七五”翻一番。天然气成因理论是项基础研究，“六五”之前传统的油气地质学者长期认为天然气主要由地质时代海中或部分陆地上低等生物演变而来，这种气叫油型气，根据这种观点，只能在地质上海洋和深湖中形成的地层中找气，而认为煤系不能形成工业性油气，不去勘探。但“六五”和其后天然气攻关为煤成气理论建立和完善作了重大贡献，煤成气理论认为地史上的高等植物不仅能形成煤并且能形成天然气和油，并以形成气为主，故可以寻找与煤系有关的天然气田，从而开辟了天然气勘探的一个新领域，扩大了天然气勘探范围。

二、加强大气田形成规律研究和勘探

掌握大气田形成规律是快速发现大气田的重要一环，国内外实践说明，大气田的发现和开发是迅速发展一个国家天然气工业的最主要途径。

三、加强长输气管线与城市管网建设

我国天然气区和大气田一般远离大城市或处偏僻地区（塔里木盆地、柴达木盆地、鄂尔多斯盆地北部），或处海洋大陆架上（南海西部）。因此要把已发现气区与大气田尽快开发出来，必须要建造长输气管线，最好能建成环状长输管线，这样可互相调节气量。最近西北气区塔里木盆地北部天然气有重大发现，找到我国丰度最高的克拉 2 大气田，还有许多大中型气田。要开发这些大气田，必须要建设远距离长输气管线，把气输送到我国东部人口稠密、城市密度大的华东地区。在建长输气管线同时或之前必须要加强大城市气管网铺设，否则不配套，也有碍天然气年产提高与迟缓了城市空气污染的治理，这种情况在长庆大气田至北京和西安管线通气后一段时间都出现过。

四、加强大城市供气，改善大城市的空气污染

世界最终天然气可采资源量为 $328\times10^{12}m^3$，平均每人拥有 $54667m^3$，天然气可采资源量大的目前城乡已普遍气化的产气大国，美国和加拿大平均每人分别拥有 $154489m^3$ 和

471844m^3，而我国平均每人分别拥有最终天然气可采资源量仅有9550m^3，为世界平均值的17.5%，只有美国和加拿大的6.2%和2.0%。因此，从我国人均拥有最终天然气可采资源量出发，不具备全国城乡全面供气的条件，将来天然气供气应首先保证人口稠密，国民经济产值高，易受污染的高精设备多、污染源多和产生污染物总量大的大城市，广大小城镇和农村以洁净煤或液化气为主（考虑部分进口）。当然，将来可进口适量的天然气，如从天然气资源丰富的西西伯利亚盆地和东西伯利亚盆地修长输气管线至我国，但由于各种条件（国防的、资源的和经济的等）制约，进口天然气与国产天然气相比只能起配角作用。

五、加强大城市汽车燃料的气化，发展更多的天然气汽车

随着我国经济不断发展，汽车量不断增加，特别是大城市汽车量迅猛上升。据有关资料显示，1983年全国城市机动车保有量不足200×10^4辆，而今北京市的机动车总量已达140×10^4辆。据专家介绍，由于汽车保养维修和车检系统不完善，目前我国一辆汽车的尾气排放量，相当于国外10～15辆车。在非采暖期，北京城近郊区空气中碳氧化合物的79%、一氧化碳的80%，氮氧化物的55%来自汽车尾气。汽车尾气是大城市空气污染的重要源。机动车燃料若改汽油为天然气，尾气排放污染物将大幅度下降：一氧化碳降低90%多，碳氧化合物降低20%左右，氮氧化物降低40%，二氧化碳降低30%，而且不含铅、苯和多环芳香烃等有害成分，可以大大改善空气污染。近年来在北京、上海和广州等大城市已开始有天然气汽车和液化气汽车了，但必须要加强汽车燃料的气化力度。在意大利和俄罗斯天然气汽车的保有量均超过100×10^4辆，这有力地改善了城市的空气，保障了人民的身体健康。

能源骄子天然气*

天然气之所以是能源骄子，是因为它是化石燃料中最清洁的绿色能源，是多成因、多相态和多气藏类型、勘探领域大的能源，是资源和储量潜力很大的能源。

一、绿色能源天然气

环境污染特别是空气污染，是21世纪上叶重大的威胁世界人民健康和阻碍可持续发展的焦点问题之一。从2000年5月中旬开始，全球气温与历年相比明显升高，这与燃烧燃料每年向大气排放219×10^8t二氧化碳，引起温室效应密切相关。我国空气污染主要是煤型污染，因为我国能源结构中煤约占75%。空气中90%的二氧化硫、85%的二氧化碳和67%的二氧化氮来自燃煤。此外，燃油汽车的尾气也是城市空气污染源。据1998年国际卫生组织资料，全球空气污染严重的10个城市中我国就占了7个，可见我国城市空气污染十分严重。有关专家指出：空气污染指数每增高$50\mu g/m^3$，导致死亡的危险性将上升3%～4%。因此，消除污染，改善我国城市生态环境是刻不容缓的一件大事。天然气是空气污染的克星，是燃料中的绿色能源。因为获得同样能量，天然气产生的二氧化硫仅分别是煤和石油的0.14%和0.25%；产生的灰分分别是煤和石油的0.68%和7.14%；产生的一氧化碳分别是煤和石油的3.45%和6.25%。机动车燃料若改汽油为天然气，一氧化碳、碳氧化合物和二氧化碳将分别降低90%多、20%和30%。为了改善空气状况，陕京管线已向北京、天津、西安和银川输气。目前正在建设的涩宁兰管线，将向西宁和兰州供气。21世纪初启动的“西气东输”工程，将向长江三角洲供气。近年来，北京、上海和广州等大城市已开始推广天然气和液化气汽车。因此，21世纪绿色能源天然气将促使我国大气洁净湛蓝。

二、多成因、多相态和多气藏类型的天然气

目前绝大多数人认为煤、石油和天然气由地史上生物演变生成即是有机成因。煤由地史上植物形成是有机成因没有疑问。200多年前关于油气形成出现有机成因和无机成因两种假说。由于99.9%的油气田发现在沉积岩中，因此油气有机成因占绝对优势。因石油一般在150℃以上要裂解为天然气，没有在高温热液中生存的条件，故难于与无机成因有缘。天然气的主要组分甲烷与二氧化碳分别在600℃和2000℃才裂解，即相当于在地下20km和下地幔以上有存在和形成的条件，故有无机形成的可能。同位素地球化学证明天然气有无机成因。我国东部裂谷盆地和大陆架上发现29个无机成因二氧化

* 原载于《中国石油报》，2001年3月29日。

碳气田（藏），同时在松辽盆地发现昌德无机成因烃气藏，但无机成因的气田目前还是凤毛麟角。21 世纪，无机成因天然气将会得到重视，届时会发现更多的和开发较多的无机成因气田。

煤是固态，石油是液态，但天然气决非仅为气态，它还在液态的石油和水中存在，还可在类似冰块的固体气（可燃冰、气水合物）中大量蕴藏。因此，从相态上说，天然气比煤和石油勘探领域更广。以往人类以勘探开发气态天然气为主，并在开发石油中利用伴生气。在能源贫乏的日本，已开始开发利用地下水中的溶解气。气水合物在低温高压下才能存在，因此只形成于永久冰土带和水深 300m 至更深的海底地质条件下。$1m^3$气水合物溶解后可获得 $164m^3$气和 $0.8m^3$水。20 世纪 60 年代第一个气水合物气田在俄罗斯西西伯利亚发现，于 1969 年投入开发，也是世界上唯一开发的气水合物气田。迄今世界上发现 116 处气水合物气，其中包括我国西沙海槽、台湾西南和东南海区 3 处。这些已经发现的气水合物资源至今除麦索雅哈气田外均未开发。日本计划 2010 年、美国计划 2015 年开发海洋气水合物气。可以预料，21 世纪初叶将大量勘探和开始规模开发气水合物气田。

根据气油水比重差异原理，19 世纪中叶出现“背斜说”型油气藏，至今其一直是勘探开发的主要油气藏。气在上、油居中、水在下，这种油气分布规律一直指导着油气勘探集中于构造的“高”部位，不在“低”部位的向斜或盆地底部去勘探。20 世纪 70 年代出现与背斜说背道而驰的深盆气理论，也可称之为“向斜说”气藏。深盆气藏形成的先决条件是储层低孔低渗。这种气藏主要特点一是水在上气在下，形成气–水倒置，气藏（田）在构造低部位；二是含气面积大、储量大等。例如，加拿大阿尔伯达盆地深盆气含气面积为 $6.2\times10^4km^2$，资源量为 $100\times10^{12}m^3$，可采储量为 $1.2\times10^{12}m^3$。我国鄂尔多斯盆地石炭–二叠系气藏有人认为是深盆气藏，是大面积、大储量的气田。20 世纪中叶发现了深盆气藏，下叶开始规模开发深盆气，但目前发现与开发深盆气仅限于北美洲。21 世纪初、中叶，世界各地将勘探并会发现深盆气藏，扩大天然气藏勘探领域。

三、资源和储量潜力很大的天然气

天然气比石油的资源和储量潜力更为巨大。这是因为：一是常规和非常规天然气比常规和非常规石油还有更多探明率和资源量。据 1994 年世界 14 届石油大会资料，全球最终可采资源量气、油分别为 $328\times10^{12}m^3$ 和 3113×10^8t，至 2000 年年底其探明率分别为 65% 和 82%。至今天然气和石油剩余可采储量分别可开采 60 年和 42 年。二是非常规天然气和石油资源量分别为 $849\times10^{12}m^3$ 和（4000 ~ 7000）$\times10^8t$，从热当量折算也是气比油大。这还未包括近年来研究确定属非常规天然气范畴的气水合物的巨大潜在资源，其最大地质储量是常规化石燃料资源的 2.8 倍。所以，根据资源和储量的潜力及前景预测，21 世纪将是天然气的世纪。1980 年石油占能源构成 40% 而成为主要能源。预计 2015 ~ 2020 年在能源构成上天然气将超过石油，2025 年左右世界能源构成中天然气将占 1/3，从此进入天然气时代。那时，气水合物也将开始规模开发，因而天然气时代将比煤炭和石油时代更长。

20 世纪最后 10 年，我国天然气勘探出现大好形势，21 世纪初叶我国还处在天然气大发现储量大增长期。根据最新各盆地天然气资源研究综合，我国天然气资源量为

$50.6\times10^{12}m^3$，可采资源量为 $13.3\times10^{12}m^3$。1999 年年底我国探明天然气可采储量为 $1.3\times10^{12}m^3$，仅占可采资源量探明率的 9.8%，潜力还很大。因此，21 世纪中国天然气工业将会大力发展，预测 2005 年和 2015 年我国天然气年产量将分别达到 $500\times10^8m^3$ 和 $1000\times10^8m^3$，成为天然气大国，天然气在能源构成中将上升至 10% 左右。

固体气——可燃冰*

无影无踪的天然气，怎能成固体气？还不是天方夜谭吗！玲珑剔透的冰怎能燃烧？岂不是神话戏说！不是夜谭也不是戏说，在冻结千万年的北半球永久冰土带下；在冰雪皑皑的南极洲冰盖下部；在万里波涛下的海洋底部与大陆架斜坡就蕴藏着资源巨大的固体气或可燃冰，其名字叫天然气水合物。请看！固体气的冰块在熊熊燃烧（图 1、图 2）。

图 1　天然的可燃冰在燃烧

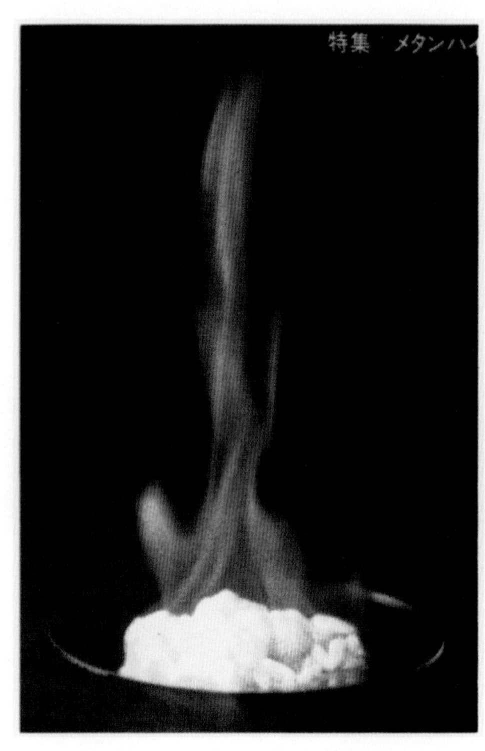

图 2　人造的可燃冰在燃烧

天然气水合物，顾名思义其由天然气和水为基础构组而成，即是由小小的直径只有几个埃的天然气分子，被水捕存在晶体笼架中形成的冰状物。天然气水合物形成一是需要低温（一般 0 ~ 10℃）；二是高压（>10MPa 或水深 300m 及更深）；三是气源。天然气水合物中天然气 90% 以上是甲烷，因此也叫甲烷水合物。1m^3 甲烷水合物融化后释放出 164m^3 甲烷和 0.8m^3 水，故其是种能量密度高的能源，其能量密度是煤和黑色页岩的 10 倍左右，

* 原载于《石油知识》，2001，第 2 期。

所以人类对这种新型能源特别青睐。尽管天然气水合物形成和赋存条件苛刻，但分布还相当广泛。大约27%的陆地（冻结岩和极地冰川）和90%大洋水域是天然气水合物的潜在区，其中30%是天然气水合物气藏发育区。

近年来气水合物引起人们极大的注意和兴趣，因它是极巨大的超级潜在能源，故西方有人称其是“21 世纪能源”或“未来能源”。所以在常规油气资源日益减少、油价攀升之际，天然气水合物倍受宠爱。各家对世界上天然气水合物资源量的评算相当悬殊，目前对甲烷水合物资源量较为一致的估计在（2.0～2.1）$\times10^{16}m^3$，相当于现在已探明化石燃料（煤、石油和天然气）总含碳量的两倍。一些国家在海上发现天然气水合物巨大得惊人，如美国东面大西洋中布莱克海岭2600km^2内天然气水合物和游离气资源量为$4\times10^{16}g$，按1996 年美国耗气量计算可满足该国使用105 年。墨西哥湾的天然气水合物估计为（6～60）$\times10^{12}m^3$。日本地质调查局估计日本海及其周围有$6\times10^{12}m^3$甲烷水合物，按1995 年日本耗气量测算可供日本100 年使用。陆上天然气水合物资源量也十分丰富。美国阿拉斯加普拉德霍湾-库帕勒克河地区第三系砂岩和砾岩里天然气水合物中天然气为$1.2\times10^{12}m^3$。俄罗斯北部广阔的永久冻土带面积约$1700\times10^4km^2$，厚度300～1000m 是天然气水合物有利发育带，虽未系统评估资源量，但无疑是十分巨大的，因为目前世界上唯一一个已开发的天然气水合物气藏（麦索雅哈）就发现在西西伯利亚北部，同时维柳伊盆地也发现了一个天然气水合物气藏。但现在发现的天然气水合物气田（藏）仅是凤毛麟角。所以，天然气水合物是名副其实未开发的超级潜在能源，将会成为21 世纪能源的主力。一些能源匮乏的国家，如日本，拟在2010 年商业性开发其周边海域的天然气水合物；美国也将拟在2015 年开发布莱克海岭的天然气水合物。

目前陆地上发现的天然气水合物主要分布在北半球永久冻土带的俄罗斯、美国和加拿大极区地带，同时几乎均是蕴藏在成岩的地层中，天然气水合物中的气源，主要来自下伏常规油气层中的热解气，如俄罗斯极区目前发现的天然气水合物主要分布在西西伯利亚盆地、伯朝拉盆地和维柳伊盆地常规油气田的上覆地层赛诺曼阶和土仑阶等砂岩中；同样美国阿拉斯加极区天然气水合物也是位于阿拉斯加北极斜坡含油气盆地常规油气田上覆第三系砂岩和砾岩中。显然，这些天然气水合物的气是由下部油气田中的天然气运移来的，具有下生上储的特征，甲烷的碳同位素组成特征充分说明了这一点。

海底天然气水合物有3 个聚集域：①西太平洋天然气水合物聚集域，主要包括白令海、鄂霍茨克海、日本海、东海、南海和苏拉威西海等；②东太平洋天然气水合物聚集域，包括中美海槽、北加利福尼亚-俄勒冈滨外、秘鲁海槽等；③大西洋天然气水合物聚集域，包括布莱克海岭、墨西哥湾、加勒比海、南美东海岸滨外。海底天然气水合物主要赋存于未成岩或成岩欠佳的沉积中而与陆上明显有别，常与沉积物构成片麻状和团块状结构。根据甲烷碳同位素组成主要轻于-60‰，故是未成熟生物成因气，仅在墨西哥湾和墨海的天然气水合物中见有热解气特征。

目前有30 多个国家和地区对天然气水合物进行调查和研究，据不完全统计，世界上发现至少116 处天然气水合物，其中陆地38 处，海洋78 处。以美国和日本为最多，各12处，次之为俄罗斯8 处，再次为加拿大5 处。我国实质性天然气水合物调查只有几年，仅投入星点的工作，但还在台湾东南和西南近海海底及西沙海槽发现天然气水合物或地震标志，显示我国海洋天然气水合物资源前景较好，只要加强研究和调查就会有大的发现，是我国天然气的后备超级资源库，会对我国21世纪能源产生重大的影响。

虽然天然气水合物的资源量巨大得惊人和诱人，但至今几乎未开发。因为在开发前必须解决开发过程中甲烷逃逸形成环境污染，及与其同生的海底沉积物工程力学强度大降低造成海底滑坡和浊流作用，致使海底输电通信电缆、输油气管道，以及海洋石油钻井平台毁坏等一系列问题。现已查明由于海底天然气水合物的自然分解，导致世界著名最大滑坡之一——挪威大陆边缘体积5600km^{3}斯托里格滑坡体的形成，西非南部大陆斜坡和海底高原、英属哥伦比亚湾、美国东海岸及地中海沙丁岛与柯西嘉岛西南侧海底等海域的滑塌、滑坡和浊流作用，以及里海和巴拿马北部近海的海底泥火山出现。

如何把海底大面积主要处于未成岩沉积中的，同时一单位体积（1m^3）能放出高达164m^{3}的甲烷水合物万无一失都有效地控制开采出来，而不遗逸污染大气，是个复杂的系统工程问题。因为甲烷的温室效应比二氧化碳大20倍，所以在天然气水合物开采中若有不慎，造成甲烷逃逸到大气中将会产生灾难性后果。因此，只要攻克天然气水合物有效的无污染的有经济效益的开发技术问题，人类就进入大规模利用天然气水合物的时代。

在浩瀚的大西洋西部神秘的百慕大三角区，被称为“魔鬼海区”和“死亡禁区”，因为在此海域莫名其妙地接连发生了一桩桩空难和海难事件，使该海域披上凶险怪异而神奇的色彩。光是20世纪以来，就有100多条船、30多架飞机，连同1000名左右的船员、乘客和飞机驾驶员在此神秘地失踪了。1945年12月5日，天朗气清，惠风和畅，美国海军第19航空中队5架“复仇者”强击机，由技术精良人员驾驶，当飞临该三角区时突然飞机的方位仪发生故障，中队长紧急呼号“我们偏离了航向，没法辨方向……海洋好像跟往常不一样”而遇难。第二天美国海军出动大批机舰搜索，但不见飞机丝毫踪影。20年后，令人不解的是，在墨西哥索诺拉沙漠中，在距失事地点3000km之处的陆地上，竟发现了这五架飞机完好无缺，各种仪表也都正常，只是机上14名乘员不见了。1973年3月一个天气晴朗、海况平静之日，一艘载32人的摩托艇飞快地驶进该三角区，突然转旋下沉，永远销声匿迹。发生在百慕大三角区系列奇特灾难有各种解释，但目前圆满答案是天然气水合物所致。因为该三角区是生物繁茂的热带海洋，众多生物遗体沉到海底在适当条件下形成可燃冰。同时该区又处于地球板块交界区构造活动性强而不稳定，当遇地震散发热量或断裂强烈错动可产生2000℃机械热时，自然会使可燃冰飞速融化发生爆炸般分解，形成密度仅为0.1几乎都是气的天然气水合物，使其上覆及附近水体和空气密度大大下降，使海区出现异常海流、巨大旋涡，空气中出现龙卷风等各种奇特气象。船和飞机处在此环境，就像一块石头掉到水里一直沉到海底或被抛挪出千里外地域，由此，导演出稀奇怪离的空难海难。

悬崖泻油奇观*

1991年6月8日，在新疆石油管理局勘探开发研究院范光华高级工程师带领下，宋岩、戴鸿鸣、陈世佳、洪峰和笔者一行，去石河子市紫泥泉镇东南的石油沟进行考察。

一、石油沟景观

吉普车在石油沟口停下，大家一下车就被沟北侧秀丽多姿的峭壁吸引住了。当车在奔驰前进时，范光华就指着像宏伟长城高耸绵延的山岗说，它是三叠纪末的喀拉扎组砾岩。石油沟口的喀拉扎组砾岩，由于风侵水蚀，像众多硕大的紧密相依的石柱，巍巍陡立争雄冲天，试比英姿，是铜墙铁壁，是天嶂神峭，是大自然美的化身（图1）。

图1　准噶尔盆地南缘石油沟口的巍巍柱壁

* 原载于《石油知识》，2001，第5期。

石油沟出露的地层是以紫红色为基调的杂色上三叠统齐古组的泥砂岩，沟两侧山坡和山包上草木葱茏，点缀着小朵的黄花和白花，随风飘着清淡的芳香。小巧玲珑的彩蝶、翩舞在黄花和白花上空，憩息在花瓣上，悠闲自得，偶尔还向我们脸颊摸来，敬个友好的见面礼。涓涓的黄色流水在沟底流淌着，随沟逶迤弯曲，宛如一条无限延伸微微飘起的黄绸带落在石油沟谷底上。要不是在沟中处处可见黑豆样的羊粪、盘卷般的牛粪、时散时聚的白色羊群，就会忘却是居身祖国西部边陲准噶尔盆地南缘的天山北麓，以为自己正漫步在江南水乡的丘陵中呢。

我们边欣赏着石油沟风貌，边赶路寻找油苗。突然发现在沟的北侧一个支沟中耸立的喀拉扎组悬崖上，醒目悬挂着一条很长的黑带，范光华说这就是油苗。

二、陡壁倾油

高高屹立的陡崖上有许多油苗，较集中明显的主要有四处。在西部三处呈条带状，一处呈向下凸出的油弧。当中一条带状油苗和油弧高悬砾岩壁上，未到地面，东西对称的两条带状油苗直舔地面。砾岩走向 84°，倾向 6°，倾角 46°。砾岩分选较差，砾石最大直径可达 50cm，小的不及 5cm，一般小于 10cm。砾石多呈扁平状平行层理分布。砾石主要是变质岩和燧石。油苗斜切层理沿崖壁向下流。四个主要油苗大概出现时间早晚不一，油源丰度不同，致使出现早的与油源较少的油苗在陡壁上隐约呈灰色或淡灰色。其中以西部一条带状油苗最醒目（图 2），从约 30m 高的陡崖上的一个洞中以倾泻之势下来。由于陡壁与地面几乎呈直角，故我们只能对离地面高 3m 内进行观察，条状油苗

图 2 石油沟的悬崖倾油

宽 13～20cm，基调为黑色，中间为灰黑色。据范光华高级工程师说，油苗的油源来自侏罗系含煤地层。

面朝陡崖壁，凝视油苗群，追思地质史。准噶尔盆地啊！您裸露的油苗仅是沧海一粟，在地宫深闺您还含羞地蕴藏着丰硕的油气，呼唤着要我们请您“出宫”！

我的地质梦　我的地质路*

我的一生有三个决定性选择，其对我的事业有关键性的作用。

第一个选择是从事地质工作，我的一生在事业上可以说是地质梦和地质路。小学五年级时地理教师要求我们用石膏刻作一个全国主要煤、铁等矿产分布图，虽然我制作的石膏模型是极粗糙的，但却得到教师高度赞扬，这启发了我为祖国找矿的萌芽想法。半个世纪前，当我刚进入高中就开始梦想自己的前途和大学的专业了。当时，杰出的地质学家李四光、伟大的文豪鲁迅、卓绝的考古大师夏鼐和著名的化学家唐敖庆都是我心中的偶像。我的专业兴趣比较广泛，也是重点中学的高才生，均有考取上述专业的可能。20 世纪 50 年代的青年人都有一股为祖国献身的激情，为科学拼搏的精神和为理想吃苦的毅力。在选择大学专业时，重于专业的爱好、理想和意义，轻于专业的冷热、功利和劳逸。在李四光从事地质业绩的鼓舞下，在“勘探队之歌”和“是那山谷的风吹动了我们的红旗，是那狂暴的雨洗刷了我们的帐篷……”的强烈感染下，我最终选择了探索地球奥秘，寻找祖国宝藏的地质专业。1956 年我有幸以第一志愿第一学校进入南京大学地质系，并师从郭令智院士，成为大地构造专业的学生。在高中我还热心宣扬地质专业对国家建设的重要性和具有很大的趣味性，结果我班 56 人中有 7 人分别考上南京大学、北京地质学院和长春地质学院的地质专业。

我以“山岳为书本，化石是文字，惟为神州好，立意读天书”的信念学习地质，野外考察。坚强的地质事业心，给了我克服困难，热爱专业的力量。1958 年我还只是学了普通地质学、矿物学专业课的学生，为了支持大炼钢铁，我们地质系学生去闽北进行区测和找铁矿，我一个人被分配到建瓯云龙山勘探铁矿点，由于专业课学得太少，只好一边读矿床学，一边工作；之后从事区测，在建阳穿过参天盖日的原始森林；有时还得跳压大片的比人高的茅草，辟出区测地质观察线，脸和手被茅草割伤流血；在武夷山东麓检查矿点险遇恶狼；1959 年在皖南繁昌，宣城一带进行勤工俭学区测，在地质路线遭遇竹叶青毒蛇；在繁昌桃冲一带调查石榴子石夕卡岩时由于陡滑受伤等系列学生时代的地质考察。这两次历时约一年的野外地质工作，虽艰险但乐乎，因为这是我实现地质梦的序幕，是给了我认识地球，接触地质，掌握探索地球方法，铸造打开地质大门钥匙，也是与地质建立忘年交的情感开端。

第二个选择是从事天然气地质及其地球化学研究和勘探，1961 年我从南京大学地质系大地构造专业毕业后，被分配到北京石油部石油科学研究院。按石油部传统，刚到的大学生要到油田锻炼，所以在北京我只工作了半年，就与一些同事到江汉（五七）油田工作了

---

* 原应编入路甬祥主编《科学的道路》下卷（上海教育出版社，2005），由于编辑遗漏未入该书。

十年。在大学五年中我没有学过一点石油专业课程，故摆在我面前的专业负担极其沉重。学习的专业和工作的专业矛盾着，做好工作很困难。面对现实，我发奋阅读油气专业文献和资料。在江汉油田的十年中，不大的油田图书馆中有关油气地质和地球化学的书，我几乎都读了，故同事说我是“第一科技读者”。在油田的十年工作实践中，在十年的自学油气地质和地球化学专业中，我了解到中国和世界其他一些国家存在石油与天然气的生产和研究的不平衡性，后者产量高研究深入，研究人才济济；后者产量低研究薄弱，研究人员匮乏，几乎没有系统的全身心投入研究探索天然气的人。经过十年的对比调查，我决定选择天然气地质和地球化学专业作为自己专业目标和方向，因为这样才在同一起跑线上与人竞争，才有跻身专业前列的条件和可能。

1972 年我从江汉油田回到中国石油勘探开发研究院（前身是石油科学研究院）工作。工作条件变好了，使我能废寝忘食读到更丰富的天然气地学专业文献，进一步锁定以煤成气地质和地球化学为主攻重点。研究和勘探天然气，首先要和气打交道做朋友，要了解各种气的特征、性质、成因与富集成藏规律，而这方面资料和文献当时不多。因此，从 1975 年开始至 1995 年我有规划地在全国系统地取气样，迈出我坚定走地质路的步伐。从华北到华南，从东北至西南，从东部沿海到西部边陲，除西藏和台湾外，我与同事及学生们到各省（市、区）油气田，从高压的气（油）井，几百米深高瓦斯阳泉煤矿，怒江雪山融化刺骨的冰水中，腾冲烫人的热泉里，取油气田气、瓦斯气、生物气、火山气和幔源气样 1600 多个，从而积累了 3 万多个气组分及碳、氢、氦同位素数据，为探索天然气成因和来龙去脉，气源对比，气藏（田）富集规律提供了雄厚扎实的第一手资料，创造了敲开并走进了天然气地球化学之门的基础。我喜欢爬山进行地质考察。地质考察是获得第一性地质资料与欣赏祖国大好河山一举两得的事。四川盆地东部陡峻山脉，鄂尔多斯盆地西缘六盘山和桌子山、塔里木盆地北枕天山的库车拗陷山区、准噶尔盆地西北缘成吉思汗山麓，以及我国其他许多盆地边缘山地都有我地质观察的足迹。我在山脉的足迹是向激励我走向地质路的“勘探队之歌”的酬谢，圆我地质梦为国争气的进程。

20 世纪 50 年代在大学时，我曾与部分同学说过有机会出国留学的想法，当时受到“只专不红”的批评。“文革”结束后，科学的春天到来了，个人可自由申请出国留学了，并有许多科技人员留学去了，这个留学思潮也影响着我。但我又详细分析了出国的利弊。利在于可以学习世界前沿性科学知识、有好的科技设施、熟练掌握一门外语和生活水平较高等。弊在于我从事的地质专业，有很大地域性，国外地质研究比我国早 1 世纪左右，先进工业国对地质体研究深度与精度远比我国深入，在地质研究程度高的异国他乡，比在地质研究还不深的自己国家而取得研究成果难度要大得多，而且熟悉和初步掌握他国地质背景，过语言关要 2 年。同时了解到不少出国留学人员学非所用，为了生活往往放弃专业，做与自己专业毫无相关的事不乏其列。经过近一年的留学利弊权衡对比，觉得能在祖国大地上从事天然气研究和勘探，为中华争气，比出国留学更有意义，并以对联“喜气思气欣作赤县探气人，爱气索气甘为神州争气者，横批是：气壮山河”自勉。因此，第三次选择决定不出国留学，在国内继续从事天然气研究和勘探。

回顾我人生 70 个春秋的岁月中，自己有幸做出三次正确的选择，这三次把自己的命运、兴趣和国家利益紧密结合在一起的选择，继续走宽阔的地质路，实现了我的地质梦。

评彩色科教片《石油生成与勘探》*

彩色科教片《石油生成与勘探》一开始，就把我国石油工业的大好形势，映入观众的眼帘：一座座钻塔在辽阔的平原拔地而起，马达轰隆，油流迸喷；一艘艘油轮在蓝湛湛的海洋上劈波斩浪，乘风前进；一列列满载油罐的火车，宛似油龙，鸣号奔驰……在毛主席革命路线的指引下，我国石油工人高举大庆红旗，奋勇前进。

这部科教片表现了我国石油战线广大工人、干部和科技人员，在毛主席哲学思想的指导下，坚持辩证唯物主义认识论，批判“地下不可知论”。他们通过实践、认识、再实践，终于认识了断层作用的两重性，掌握了断陷盆地里石油和天然气运移、聚积的客观规律，从而在地质复杂的断裂带上获得了重要勘探成果，打出了高产油、气井，为我国石油地质勘探开辟了新的前景。中华人民共和国成立前，帝国主义用“洋油”榨取中国人民的血汗，掠夺中国人民财富。那些所谓“专家”“学者”还著书立说，编造“中国贫油”的谬论。在他们臆造的一大堆废书中，说什么中国大部分是陆相地层，陆相是不能生成大量石油的，从而把中国划入没有石油的国家，破坏我国石油勘探。中华人民共和国成立前，由于国民党的反动统治，石油工业是极其落后的。那时，地下藏着丰富的石油，可是，“洋油”到处泛滥。中华人民共和国成立后，我国石油工业获得了新生。中国有没有石油？石油工人“铁人”王进喜回答：“我们就不相信，石油光埋在他们地底下，我们这么大的地方就没有大油田！”中国工人阶级以气吞山河的英雄气概，给“中国贫油论”和“陆相无油论”以有力的批判。

影片以动画的形式，重演地质历史的发展进程，揭示了陆相沉积盆地里石油生成与油田形成的客观规律，并用辩证唯物主义的观点解释了这些自然现象。通过介绍在一个沉积盆地里进行石油勘探的过程和方法，影片以我国大量石油勘探实践与科学研究成果为根据，摄制了从钻井中取出记录地史变迁的无字石碑——岩心、冒油珠连串的岩样、地层中的鱼化石等镜头，说明石油形成的过程。影片还用特写镜头，把生活在亿万年前湖泊中宛如花卷的轮藻和形似黄豆的介形虫等微体生物化石放大，使观众看到了地史演变的真实性与科学性，很有说服力。

影片所拍摄的石油勘探过程，是我国目前石油勘探现场的纪实，它不仅向观众传授和普及了石油勘探知识，而且表现了我国石油勘探队伍的革命精神。他们高度的路线斗争觉悟、冲天的革命干劲、艰苦奋斗的工作作风、严格的科学态度和实行“三结合”的科研路线，都给我们留下深刻的印象。例如，野外工地上，勘探队员如饥似渴地学习毛主席的《实践论》和《矛盾论》；钻井平台上，工人紧张地工作；地质工作者不辞劳

---

* 原载于《光明日报》，1974 年 12 月 29 日第三版，发表时笔名王霞川。

苦，翻山越岭；我国最大电子计算机正在处理地震记录；“三结合”的石油勘探技术座谈会在热烈进行……这些都是很好的写实镜头。地质情况是错综复杂的，要准确地认识、掌握、利用地下的规律，靠什么？勘探人员说：“不怕断层再复杂，只怕缺少辩证法。”进行石油勘探的锐利武器是马克思列宁主义、毛泽东思想，掌握了这个武器，就能多快好省地找出石油。

影片以我国自己制造的“渤海一号”钻井船进行海洋钻探为结尾，既显示了我国石油工业发展走“独立自主、自力更生”的道路，揭示了我国石油勘探向大陆架新的领域迈开可喜的一步；又给观众以“海阔凭鱼跃，天高任鸟飞”的感受。的确，我国有辽阔的沿海大陆架，在陆地上，也还有许多含油盆地未进行勘探，我国石油勘探前程似锦，石油工业的更大跃进时期，即将到来。

在“世界温籍院士风采展”开展大会上讲话*

各位领导、温州父老乡亲们：

上午好！

首先衷心祝贺世界温籍院士风采展隆重开展！

我们全体温州籍院士十分感谢温州市委统战部、世界温州人联谊总会、市人才办、市科技局等部门联合主办的“温州为您骄傲——世界温籍院士风采展”。这次展览使我们这些远离故乡的人倍增了对故乡的热情、亲情、深情，对故土的接近、亲近、贴近。

这次世界温籍院士风采展的成功开展，充分展现了温州领导层非凡的领导才能和艺术，以及780万父老乡亲敢为人先的智慧和胆略。在改革开放的大潮中，乡亲们独树一帜，创立了温州模式，使温州成为社会主义市场经济冠军地区。改革开放30年来，温州生产总值、财政收入、农村居民人均纯收入和城镇居民人均可支配收入，年均增速分别达15.1%、20.4%、16.1%和16.3%，出口总额年均增速更是高达58.1%。随着经济与社会的不断发展，温州人昂首走向了世界，这才有了首届世界温州人大会、第二届世界温州人大会，才有了今天世界温籍院士风采展。我曾到过30多个国家，看到不分世界南北总有温州人，凡是市场内外总有温州货，使我感觉到温州人强物盛，已经成为世界市场的一个活跃因素。这次世界温籍院士风采展的成功开展，也充分说明了温州领导层对邓小平同志“科学技术是第一生产力”论断的充分领悟和坚定执行，坚持弘扬科学精神和贯彻科学发展观，重视科技，尊重人才，为进一步发展寻求不竭的科学动力，眼光深远，目标宏大。为此，我们相信故乡的明天一定会更加美好！

这次世界温籍院士风采展，充分显露了金瓯大地人才辈出，人杰地灵。在历史上，南宋时期温州产生了世界第一部柑橘专著《永嘉橘录》，14世纪高明的《琵琶记》奠定了温州南戏故乡的地位，近现代温州出版了中国第一份数学杂志《算学报》，涌现出“一代学术大师”孙诒让、考古泰斗夏鼐、一代词宗夏承焘、“东方第一几何学家”苏步青院士等著名人物。从两院院士来看，到2008年6月，中国科学院和中国工程院院士总数1895人，其中有30位双院士，实际院士1865人，健在两院院士1404人，其中有19位双院士。按全国人口13亿计算，全国每69.5万人中有一位院士。我们温州地区780万人，有32位院士，平均近24.4万人出一位院士，比全国水平高近两倍，充分表明了温州文风鼎盛、科技导先，是孕育人才的热土、沃土、圣土，故被誉为“东南邹鲁”。我们为出生、生活在这片温暖之州而感到庆幸和自傲。我们相信，温州的将来定能出现长江后浪追前浪、世人后人超前人而群贤辈出的局面。

---

* 2008年11月6日，应温州市委统战部和世界温州人联谊总会邀请，在“世界温籍院士风采展”开展大会上讲话。

这次世界温籍院士风采展，为神州国土上大陆地区、宝岛台湾，以及远在大洋彼岸美国的22位健在院士和10名已故院士，提供了向故乡父老和青年朋友们，汇报在外科技工作和研究成果，奉献科学研究和科技创造精品著作的机会，真诚期望能对故乡建设、经济发展和人才培养有所启迪和参考。这个风采展为我们这些长期在外的学子提供了与故乡增强联系、交流、商议及倾听求索的平台，我们愿为把故乡建设得更加文明、富强而增砖添瓦，鼎力而行。

在座的有许多青年人和中小学学子们，大家都盼望成为在科学、技术和商业上的俊才。成才的道路是没有捷径的，要成为成功者，必须付出毕生的不懈奋斗，正如杰出数学家、中国科学院院士华罗庚指出的那样，“科学上没有平坦的大道，真理长河中有无数礁石险滩。只有不畏攀登的采药者，只有不怕巨浪的弄潮儿，才能登上高峰采得仙草，深入水底觅得骊珠。”

你们盼望取得成功、变得勇敢和成为天才，不妨先听听一些伟大科学家的教导。近代伟大物理学家爱因斯坦指出：“学习知识要善于思考，思考，再思考。我就是靠这个方法成为科学家的。”进化论创立者达尔文说：“我之所以能在科学上成功，最重要的一点就是对科学的热爱，坚持长期探索。”杰出天文学家布鲁诺说：“科学是使人的精神变得勇敢的最好途径。”化学元素周期律发现者门捷列夫说：“天才就是这样，终生劳动，便成天才！”美国著名发明家企业家爱迪生也说：“天才是百分之一的灵感，百分之九十九的血汗”。如果大家能够以这些国内外科学家、发明家和企业家的诸多教导作为行动指南，就一定会迈入成功之路、勇敢殿堂和天才之门，成为科学家、发明家和企业家，成为建设祖国的俊才，成为辉煌事业和幸福生活的创造者！

谢谢大家！

漫谈中国天然气资源及发展
——戴金星院士访谈录*

郭桐兴：各位观众，大家上午好！欢迎大家来到院士访谈。我们今天非常荣幸地请到了中国科学院院士、中国石油勘探开发研究院教授、浙江大学地球科学系主任，《石油勘探与开发》和《天然气地球科学》杂志主编，我国著名的天然气地质学和地球化学专家戴金星院士。戴老师，您好！欢迎您！

今天我们想请戴老师就中国天然气资源及发展这个话题，谈一谈您的一些观点和看法。首先我想请您给我们大家介绍一下，天然气的用途究竟有哪些？因为我们普通老百姓对天然气的了解只是一个表面，认为我们在生活当中生火煮饭的一个用途，除此以外，还有其他的什么用途？

戴金星：天然气实际上有这么几种：第一种天然气当中几乎全是甲烷、乙烷、丙烷等能够燃烧的烷烃气，这是最普遍见到的；第二种天然气以二氧化碳为主，90%或以上都是二氧化碳，这种气也有用途；第三种天然气硫化氢含量很高，硫化氢出安全事故是很多的，但这种气也是有用的；第四种天然气含有很少的氦气。首先讲讲甲烷、乙烷、丙烷、丁烷这种气，这是大家最熟悉的，现在我们使用为生活燃气，以外还用为发电，作化工和化肥的原料气。

郭桐兴：这种天然气可以发电。

戴金星：代替煤发电，还有我们北京比较熟悉的天然气汽车，以气代油。

郭桐兴：就是罐装的那种？装在我们出租车后备厢里？

戴金星：在所有的化石燃料里，天然气是绿色能源，为什么叫绿色能源呢？因为天然气与同等热值的煤或者是石油燃烧以后，所产生的污染的物质比较少，像排出的二氧化碳大概只有煤的一半。排出二氧化硫更少了，它只有石油的0.14%，煤的0.25%，就是说它是很少的，是比较洁净的能源；天然气燃烧产生的灰分，只有煤的0.68%，油的7.14%，是一个非常洁净的能源，所以大家都喜欢争着用天然气，这样对保护我们的环境，改善我们的环境有很大的用途。就发电来讲，我们国家2004年发电21870亿度电，当中用天然气发电的量相对比较少，只有9亿度，这说明我们国家天然气民用的还不够。一些国家大量用天然气发电。

郭桐兴：像西气东输？

戴金星：西气东输主要从塔里木盆地输至上海和华东；北京气从陕甘宁盆地来，并大部分作居民用的燃气。第二种用途可作化肥。

---

* 2008年11月25日腾讯网科技频道《院士访谈》栏目，由郭桐兴顾问主持以“漫谈中国天然气资源及发展”为题，由戴金星作答访谈。

郭桐兴：化肥是用天然气做的？

戴金星：就是合成氨，因为合成氨是生产尿素，硫酸铵、氯化铵等是化肥的基础原料，全球大概97%的氮肥都是由合成氨制得，所以它在农业上有非常大的用途。我们举一个例子，2004年我们国家生产了合成氨4222万t，当中消耗了天然气131.8亿m^3，大概占当年天然气产量的1/3。

郭桐兴：这个比重相当大！

戴金星：所以天然气对农业有非常重要的作用。第三是制造甲醇，甲醇是重要的基本有机化工原料之一。在天然气化工中，甲醇是仅次于合成氨的大宗产品，全球90%以上的甲醇是天然气做原料生产的，青海最近正在建一个中浩天然气化工有限公司，它主要用柴达木的天然气来生产甲醇，可年产60万t合成甲醇。第四个用途，我们穿的衣服好多是化纤的，化纤的衣服很多也是和天然气有关系的。

郭桐兴：我们穿的衣服和天然气也有关系？

戴金星：有关系，天然气可制很多的用品，如维尼龙，在四川有一个很大的维尼龙厂，其化纤的产品出来以后，和棉、麻混纺，可以制成了很多化纤的衣服。它用在纺织品上，对人的日常生活方面有很大的作用。

当然天然气当中的烷烃气还有很多的用途，可以制造氢，天然气可以合成油。

郭桐兴：合成什么油？

戴金星：就是石油。但是现在相对成本还没有达到工业价值，生产的投入的成本比现在的油要贵。

郭桐兴：相对来讲成本比较高？

戴金星：假如以后工艺改造了，便宜了，可能那个时候天然气可以大量生产油。

郭桐兴：听您这么一介绍，让我们大开眼界，平常我们老百姓一般知道管道中输送的是天然气作燃气。对其他的我们就了解得非常少。

戴金星：下面还讲一个用途，刚才讲了烷烃气为主的气，但是有一种天然气是以二氧化碳为主，大家对于二氧化碳印象都不好，认为二氧化碳是一个有害气体。但是储藏在地下、含量很高、90%以上都是二氧化碳、甲烷很少的天然气也有用途。这些二氧化碳天然气在中国从松辽盆地到渤海湾盆地至苏北盆地到三水盆地，大概有30多个二氧化碳气田，过去我们没有好好的应用它，觉得它是有害的气体，所以就不用它，其实二氧化碳有非常大的用途，在石油行业中可应用到二次采油和三次采油中。石油采至后期，产量比较低了，我们可以注二氧化碳，注到井里。因为二氧化碳溶解到油里面，使油的黏度变小，油的产量就能提高。

郭桐兴：二氧化碳回注油井里面以后，可以提高石油的产量？

戴金星：像大庆油田和胜利油田都有二氧化碳的气田，它开采了以后，把二氧化碳液化，然后灌到井里面。

郭桐兴：把二氧化碳变成液态，重新再回到油井里面去？

戴金星：根据胜利油田的同志的一些资料，1t的液体二氧化碳灌进油井后可增产几吨到上百吨的油。这是采油非常好的一个手段、一种原料。在采油上有很大的作用。第二个在化工上，二氧化碳也有很大的作用。化工上最大的用途是和氨合成生产尿素及生产碳酸氢铵。第三个用途用于焊接和冶金工艺，用二氧化碳进行焊接的时候可增加焊接部位的机械强度至 7 ~ 8 倍。

郭桐兴：可以加强它的强度？

戴金星：对。我们松辽盆地南面万金塔二氧化碳气田生产二氧化碳，有些运到长春汽车制造厂，听说用以焊接。焊接以后，本来用普通方法焊接的地方容易起泡，用二氧化碳焊接得比较光洁、光滑。另外一个用途是用在钢铁厂转炉顶底复合吹炼中，利用它可以节省钱，南京钢铁厂利用了二氧化碳气体代替了氩气，这样一年能够节省大概 150 万元。第三在食品行业，汽水里面充入二氧化碳，它口感比较好。还有一种可以制作干冰，过去我们广州三水盆地有一个二氧化碳气田，和香港比较近，二氧化碳制为干冰在食品上有用，它的价值比前面我们讲的甲烷值钱得多，价值要提高几十倍。

郭桐兴：干冰是很值钱的？

戴金星：另外还有在农业上有很大的用途，人家叫气肥。这种气肥是非常有用的。

郭桐兴：这个有什么作用呢？比方说我们在大棚里面？

戴金星：可以放二氧化碳至蔬菜大棚，能够增产 40% 以上。这是充分利用二氧化碳来光合作用。1997 年三水盆地有一个井畅喷两个多月二氧化碳，当年附近早稻亩产达 500 ~ 600kg，比正常年景增产 23% 。

还有，现在好多冷藏库用来保鲜苹果、水果、蔬菜。冷藏库如果用空气的话，空气里有氧，氧化作用容易使这些水果早一点变质，假如把空气换为二氧化碳，二氧化碳就不产生氧化作用，能够延长寿命保鲜 1 ~ 2 个月。

郭桐兴：我们平常吃的那些新鲜的水果，放进二氧化碳环境里面去，可以长时间的保存，延长它的保存期。

戴金星：还有一种是天然气当中的硫化氢，硫化氢是一个很毒的气体，如果在钻井中突然喷出来，没有一两分钟就能把人毒死。但是它也是非常有用的，是制造硫黄的重要原料，全球 90% 的硫黄是从含硫的油气当中提炼。世界产的硫黄 80% 以上是用于制造硫酸，而硫酸主要用它生产磷肥。中国硫酸的总产量 60% 以上用于生产磷肥。我们国家是硫资源比较缺少的国家，2007 年，我们国家消费的硫黄是 1085 万 t，进口 965 万 t。最近我们发现一个比较大的气田，天然气的硫化氢含量高达 17% ，当然有的达 12% 、13% 、16% 、19% ，我们在那边要造一个大的厂，这个厂每年大概能够生产 400 万 t 硫黄，将成为亚洲最大的生产硫黄的基地，缓解我们国家硫黄进口问题。因此硫化氢也非常有用。

还有一种气体是天然气中的氦气。氦气有很多用途，它是稀有气体，含量非常低，这个气体我们国家唯一一个能够提炼的是四川威远气田，从天然气中提取。我们每年需要大量进口氦气。

郭桐兴：氦气能做什么用呢？

戴金星：氦气有很多用途，航天上作燃烧系统的吹扫气和压送燃料及氧化剂，因为氦是惰性的，和别的东西不起作用。它沸点很低，故可作封闭循环低温制冷机的工作介质，用于超导技术、卫星通信及低温实验物理研究等方面。

以上我们讲了 4 种类型的天然气的用途。

郭桐兴：下面请您介绍一下，我国天然气资源及研究的情况。

戴金星：讲天然气资源以前，我要解释几个名词，一个叫远景资源量。远景资源量，它是什么概念呢？是根据地质、地球物理、地球化学这些数据统计或类比的方法来估算我们将来能够发现的资源量。可能相差比较大。第二叫地质资源量，在现有的经济技术条件下，最终可以探明的油气资源量。远景资源量大概可探明储量30%，地质资源量可探明储量是40%～50%。最后是可采资源量，现在世界上普遍使用可采资源量，在给定的一个经济技术条件和政府的法规下，从地下最终能够采出来气的数量。我国最早的时候用远景资源量，然后用了地质资源量，我们现在也开始用可采资源量。我国的天然气资源量到底有多少？我国天然气最早的评价是在1981年，也就是27年以前。但是石油开始资源评价的时间，大概是1952年，两者相差了将近30年的时间。天然气在世界上也是这样的，美国、俄罗斯、加拿大这些产气大国，油气发展的规律：石油首先发展，天然气以后发展，这是什么原因呢？石油一采出来，没有管道挖一个坑可以放在那儿，天然气如果没有管线只能烧掉，不烧就污染空气，所以有好多技术的因素要求天然气经济上投入大，故先搞石油。所以我国油气评价也是先搞石油，然后搞天然气。石油发展早一点，天然气晚一点。我们最初的天然气资源量非常少，大概是5万多亿立方米。之后我国对天然气资源做了很多研究，现在基本上认为远景资源量是56万亿 m^3。

郭桐兴：从宏观的角度看？

戴金星：地质资源量是35万亿 m^3，可采资源量是22万亿 m^3，随着年代的推延，对地下研究的情况不断的认识，有新的资料取得，这个数字是逐渐增加的，当然增加不是无限制，在世界上，有一些国家的资源量就比较大了。

郭桐兴：您能给我们介绍介绍，哪些国家是产气的大国？

戴金星：现在产气的大国，最大的是俄罗斯（苏联），是世界上第一产气大国，年产量最高的是苏联时代，在1990年的时候，当时产气是8150亿 m^3，大概相当7亿t油。第二个产气历史上最高的国家是美国，1972年产气6208亿 m^3，第三个国家是加拿大，2002年的产量2074亿 m^3。

郭桐兴：这是世界产气大国的前三位，我们中国处于一个什么水平呢？

戴金星：我国去年2007年产气693.1亿 m^3。

郭桐兴：您说我们中国的资源在世界各国排名应该大概排在什么位置？

戴金星：现在从产气量来说排在世界第十四左右，因为每一年有变化，大概是13～15位。我国以后产多少气？可采资源量最大的是俄罗斯，为107.24万亿 m^3，第二个国家是伊朗，为64.8万亿 m^3，卡塔尔是中东非常小的国家，但是发现了世界上最大的气田。这个气田叫北方气田，北方气田包括两部分，一部分是在卡塔尔，另外一部分在波斯湾海上，是在伊朗。这个大气田可采储量约35万亿 m^3。

郭桐兴：这是一个什么概念呢？

戴金星：我国现在探明储量只有6万亿 m^3 左右，是北方气田的1/6，所以它非常大，就是前几年发现的一个气田。在卡塔尔该气田有25万亿 m^3 储量，它的可采资源量估计大概70万亿 m^3，这个国家非常小，大概1/3的国土在气田里头。

郭桐兴：那天然气资源给它这么小的一个国家会带来非常大的一笔财富？

戴金星：卡塔尔又有油又有气，今年亚运会在卡塔尔举办，花了20几亿美元，因为有钱。

郭桐兴：九牛一毛。

戴金星：对。目前它的气田基本上没有开发，现在是生产液化气，生产规模还很小。

郭桐兴：由此看来，天然气资源的储藏量也是在不断地发生变化，因为随着我们研究深入，这些新的气田的发现，排名可能随时会发生一些变化。

戴金星：石油能够用多久，很快用完了吗，我和一些同志开玩笑，我说我们这一代不要怕，你下一代不要怕，你孙子这一代就不知道了，但还是乐观的。

郭桐兴：您的观点应该是很乐观的。现在很多有关的专家都说我们的石油、天然气顶多50年就要枯竭了。

戴金星：天然气肯定比石油用的时间长得多，因为我刚才讲了，世界上天然气勘探与开发比石油普遍晚30～40年，所以它的资源正在上升。大概在21世纪30年代或40年代，天然气要成为世界能源里头比例最大的，超过石油。

郭桐兴：天然气完全可以替代石油，成为人类社会的主要能源之一吗？

戴金星：并且成为第一能源。因天然气开发比石油晚了几十年。

郭桐兴：被我们人类认知得比较晚？

戴金星：因为人类认识地球是一个非常不容易的过程，现在可放卫星到月球去了，但是地下你打井下10km都非常复杂，因为空气的介质比较简单，地下的变化多端，所以我们人类对地球本身的好多认识还不怎么完善。

郭桐兴：可以说了解得比较少，深不可测，究竟它内部大致是一个什么情况，对它了解的还不是很多。

戴金星：目前我国最大的气田是克拉2气田，现在一年生产100多亿立方米天然气，是我国年产量最高的。它大概是3500～4000m深，现在该气田附近7000m深左右又发现了天然气，所以你井打深了，技术好了，往深处天然气就出来。特别是油，往地下越深，温度越高油就裂解成气了，往深部气有很大的空间，会有很多的发现。

郭桐兴：天然气资源的未来发展的趋势要超过石油？

戴金星：对。所以资源量的估算很重要。1981年，开始首先预测我国天然气资源量5万多亿立方米，然后到了1983年估计资源量是19万亿m^3，有些人就说，有这么多吗？

郭桐兴：表示怀疑？

戴金星：初始估计天然气资源量为5万亿m^3，过了几年，就搞到十几万亿立方米了，翻了三番左右，有人就怀疑。已故的叶连俊院士当时就非常支持，他说肯定有，可能比这些还要多。现在的确是这样的，刚才说地质资源量35万亿m^3，远景资源量是56万亿m^3，随着人的认识不断地深入，钻井越来越深，本来是5000m，现在7000m已经可以找到天然气了，资源量肯定要上升，但是这个有一个界限，我们慢慢接近它，不能说比地下总量要大。可以增加，但是增加的幅度要放低。

郭桐兴：通过您的介绍，给我们整个人类带来一个非常好的信息，让我们对地球的能源有一个新的认知，新的了解。

戴金星：不会像一些人讲的那么悲观，过一二十年就完了，油气一二十年用不完。

郭桐兴：一般来说从一元论到二元论是中国天然气工业飞速发展的一个重要的转折，请您介绍一下，我们是如何从一元论发展到二元论的？

戴金星：首先介绍一下什么叫一元论？过去比较传统的认识，认为所有石油和天然气都是比较低等的动植物生成的，在海洋里头特别是外国人说海洋，我们中国人认为大的湖泊里也可以。这种低等生物不是像大的动植物，它的数量有限，生长的年代也很长，低等生物即很小的细菌、微生物繁殖很快，一天能够繁殖好几倍。这些东西死了以后，和泥巴在海里头还有大湖里头沉积，到了一定深度，温度高了，它慢慢演变成石油或者是天然气，所有的油气都是由低等的动植物生成的，称之为油气成因的一元论。

郭桐兴：比如说海藻？

戴金星：刚才您说的细菌，微生物很多，很多并且都是很小的东西，这些东西深埋后生成油气。大家都知道农村的沼气，一些牛、猪的粪便放在沼气池里头发酵，它就生成沼气。石油到了地下深处，大概到162℃以上，石油要裂解，就变成气。刚才讲的甲烷、乙烷、丙烷和所有的油都是这么来的，这叫有机成油，所以勘探油气的时候都是在有低等生物的地层找，不在煤系里找，煤是大的植物遗体，它形成在沼泽地区。以往人类也认识到瓦斯事故，并认为高等植物形成煤的时候，只能形成比较少的存在煤层里头的瓦斯气体。所以打井的时候，不去煤矿和煤层打，认为这些地层是油气的一个禁区，因为它不能生油生气。20 世纪 40 年代，第二次世界大战的时候，德国一些学者认为不但煤能够形成瓦斯，这种瓦斯还能跑出来，再到别的岩石里，像砂岩。我们都知道磨刀石一般是砂岩，砂岩里有孔，还有海绵一样的珊瑚灰岩有孔，它可以跑进去。这样重要的一个理论是德国在 40 年代产生的，煤不但本身能够形成天然气，并能跑出来形成气田，当时是第二次世界大战，希特勒在发动战争的时候，他顾不上这些。之后首先是在荷兰发现一个由煤形成的大气田。从此以后，大家认识到，高等植物不但能够形成可以燃烧的煤，它还能够作为一个生气的母岩形成气跑到煤系之外形成气田。俄罗斯在西西伯利亚盆地中也有由煤系形成的大量大气田，现在我们西气东输和第二条西气东输管线利用中亚来的天然气也是含煤地层生成的气。高等植物形成的煤系能生气，使人家对煤系地层开始勘探，这就是勘探天然气指导思想从一元论变成二元论，即从纯粹由低等的动植物形成油气转变到高等植物埋藏的地层去找气。中国的煤成气观点比较晚一点，当然我们也有创新，认为煤成烃以气为主以油为辅。中国一直用一元论指导找天然气大概到了 1978 年。最明显的一个例子，陕甘宁地区，现在供给北京的天然气全是煤成气。1907 年开始机械化石油勘探，一直指导思想是找低等生物的油气，到了 1983 年，我们中国国家第一次天然气重点攻关，那个时候我们主张，应该把煤地层作为天然气勘探目标，从此天然气勘探有了重大进展，现在发现了 6 个 1000 亿 m^3 以上的气田，全是和煤有关系的。所以这种思想改变是中国的天然气勘探，1978 年的时候，全国探明的天然气储量是非常少的，只有 2264.33 亿 m^3，这里我们讲的是地质储量，而现在全国探明约 6 万亿 m^3，大概是那时近三十倍。当时因为找石油，有的时候打井到煤系，当时我们全国的天然气 2264 亿 m^3，只有 9% 是煤成气，那是碰到的。我们 1979 年以后认为煤可生气也可生油，到了去年年底，全国天然气 66.6% 是煤成气，大概 2/3 的天然气是从煤里面形成的。所以中国天然气的储量实际上是煤成气的储量不断地增加，推动着我国天然气的发展。现在大家从一元论，认为低等的动植物也能够形成油气，到煤也能形成油气，从一元论变为二元论。

郭桐兴：实际上煤成气成了现在天然气工业的主力军？

戴金星：对。现在西气东输的管线就是从新疆塔里木盆地煤成气来的，那个管线的天然气主要是克拉 2 气田供给，克拉 2 气田去年的产量是 117 亿 m^3，刚才讲陕甘宁送北京的气也是煤成气。我们全国有 12 个储量大于 1000 亿 m^3 的气田，当中有 9 个是煤成气气田，只有一个是和低等生物有关，还有两个是混合气。最大的气田也是煤成气，即陕甘宁的苏里格气田。

郭桐兴：所以由低等生物形成的气逐渐的退到第二位的位置了？

戴金星：它只占了1/3。

郭桐兴：最后想请您介绍一下，中国天然气每年的产量以后最高的可以达到多少亿立方米？

戴金星：大家知道现在能源非常紧张，我们搞石油的，搞天然气的人都希望为国家多找一点油，多找一点气，这是大家一致的愿望，但是人的愿望必须服从地下的地质条件。

郭桐兴：还要尊重客观事实。

戴金星：有人说，你们找气最好离消费地越近越好，我说我们还巴不得越近越好，我想在我的故乡温州地区找一个气田，但是这个不是以我的意志为转移，要以地下的地质情况决定了你这里有没有气，有没有油。所以我们必须要分析一下，虽然我们天然气有很大的增长，这几年来，天然气发展是非常快的，我们举一个例子，我们国家产量从100亿～700亿m^3天然气的发展速度，从100亿～200亿m^3，增加100亿m^3，第一次用了20年时间，从200亿～300亿m^3，只用了5年时间。从300亿～400亿m^3，只用了3年时间，400亿～500亿m^3，只用了1.11年时间，从500亿～600亿m^3，用了1.06年，比前面稍微快一点，现在600亿～700亿m^3，仅用了0.997年，所以我们天然气发展的速度是非常快的。

郭桐兴：是相当惊人的。

戴金星：但是这种惊人，我们一定要探明储量来保证，我们分析了一下世界天然气产量与储量的情况，好多人在这方面都做了研究了。我们研究了世界上的情况，世界上什么情况呢？现在我们想很快搞到年产1000亿m^3。现在也估计了，大概2010年，我们国家可以达到年产1000亿m^3左右，还有两年时间。

郭桐兴：2010年就可以达到年产1000亿m^3？

戴金星：1000亿m^3左右，可能高一点或低一点，几年要增加100亿m^3。我们刚才讲的，越到后面增加的速度越来越快了。

郭桐兴：成了一种加速度状态？

戴金星：这个是我们的估计2010年产1000亿m^3左右，2015年能够达到多少呢？我们好多同志都做了研究，一般来讲，2015年，过去认为不超过1200亿m^3，到2020年的时候，最近有院士认为能够达到2000亿m^3，一般的人认为能达到1500亿m^3左右。前石油部长王涛估计1200亿～1400亿m^3。到底能够达到多少呢？我们看看国外的情况，对我们有借鉴作用。在世界上目前只有3个国家年产能够达到2000亿m^3。

郭桐兴：美国、俄罗斯和加拿大。

戴金星：美国达到年产1000亿m^3的时候，它的可采储量是31000亿m^3左右。俄罗斯年产1000亿m^3的时候可采储量是27000亿m^3，加拿大年产1000亿m^3的时候可采储量是28000亿m^3，要达到年产1000亿m^3这个水平，最低可采储量是27000亿m^3，最高是31000亿m^3。我国目前可采剩余储量24000多亿立方米。到今年9月为止产气556亿m^3，大概今年产气800亿m^3左右，还有两年就到2010年，我们要达到1000亿m^3，完全有可采储量的基础。

郭桐兴：有实实在在的保障。

戴金星：也有一些超支的国家，比如说英国，英国达到年产1000亿m^3的时候，可采储量只有0.7544亿m^3，很少，它为什么储量少能产千亿立方米天然气？英国的气田全在北海上，海上的产油和产气，要很快的速度产出。拖延越久，海洋的费用非常大，所以英国上年产1000亿m^3，只保持4年就不行了，这是没有储量保证。而我们到2010年年产1000亿m^3完全是有可能的，已经有可采储量基础了，可以打保票。我们国家已经进入了天然气工业高峰时期，现在一年发现3000亿～4000亿m^3，它的可采储量大概有2000多亿m^3，因为采了1000亿m^3，还有1000亿m^3多未出来。再过12年左右，我们假如能够增加2.4万亿m^3左右的可采储量，加上现有的2.4万亿m^3共有近5万亿m^3，但是还要开采用10年，就开了1万亿m^3。故到2020年，我们国家可采储量大概是4万亿m^3左右，按照美国5万亿m^3能够年采1500亿m^3，而在俄罗斯4万亿m^3，1967年能年采1500亿m^3了，按照这个推算，到2020年，我们国家年采1500亿m^3完全有把握。

郭桐兴：到2020年我们可以年采1500亿m^3？

戴金星：当然有一些学者认为能够产2000亿m^3，2000亿m^3除非有重大的发现，否则有一定难度。比如有像卡塔尔这样的发现就有了可能。

郭桐兴：有把握的可以达到1500亿m^3？

戴金星：如果有再大的发现在2020年可能年产2000亿m^3。

郭桐兴：要视发展情况而定，1500亿m^3是有把握的。

戴金星：如果勘探有更大的发现，可能2020年达到年产2000亿m^3。

郭桐兴：谢谢您戴老师，今天就中国天然气资源及发展这样一个话题给我们做了这么精彩的谈话，向你表示感谢，同时也感谢大家收看院士访谈，我们在下一期院士访谈再见，谢谢！

在温州市科协第十次代表大会开幕式上的致辞*

各位领导、各位家乡科技界的同仁们、朋友们：早上好！

应温州市科协的邀请出席温州市科协第十次代表大会，十分感谢，并有幸作为荣誉顾问代表在这里向家乡的科技界同仁们讲几句话，我感到十分荣幸。

过去几年，由于工作或其他原因，我回过温州几次。每次回来，家乡的山更青水更秀了、道路更洋气了、交通更便捷了、工厂更整齐了、城市更有品质了，这几年发生了巨大的变化。过去靠劳动密集型和低小散产业支撑的经济逐渐转型，向金融旅游文化创意产业要动力，向科技创新要动力。这几年，我也越来越感觉到温州在科技创新方面的思想越来越统一、发展思路越来越清晰、工作越来越务实、发展信心越来越坚定，取得了明显的成效。作为在外的温州游子，我倍感欣慰。

十九大报告指出，创新是引领发展的第一动力，是建设现代化经济体系的战略支撑。科技是国之利器，国家赖之以强，企业赖之以赢，人民生活赖之以好。中国要强，中国人民生活要好，必须有强大科技。20 世纪 40 年代，我求学温州，每次回瑞安，跋山涉水要花一天时间。50 年代，我去南京念大学，舟车劳顿要花了三四天。当年的我，怎么能预料到如今这个日新月异、飞速发展的时代！这一切全有赖科学技术，社会进步、财富创造的原动力来自科学技术，科学技术是最终的话语权。如今的温州，生逢这么一个激动人心和充满挑战的时代，要实现新的飞跃，还是要靠科技创新，希望在座的各位科技工作者代表和科协工作者代表，能团结带领全市广大科技工作者奋力扛起这一使命和责任。

借此机会，我希望：

（1）要为科技工作创设更好条件。科技创新已经摆在了发展的核心位置，社会发展、人民需要对科技创新也提出了更高要求，作为奋斗在一线的科技工作者们，是机遇，也是挑战，科技创新需要投入大量的人力物力，更需要科研人员的全身心投入，科技创新周期很长，不要希望一蹴而就，科技工作者要耐得住寂寞，守得住清贫。党委、政府和社会各界要理解和支持科技工作，对科技工作者多一分宽容包容，多一些关心关爱，解决科技工作者的后顾之忧，使他们能专注科研、专注创新。特别是要为广大青年科技工作者优化创新生态环境，使更多青年才俊施展才华，脱颖而出。

（2）要十分注重科技人才队伍建设。综合国力竞争归根到底是人才竞争，未来城市实力的竞争归根结底也是人才的竞争。党委、政府要健全集聚人才、发挥人才作用的体制机制，创造人尽其才的政策环境。揽四方之才，择天下英才而用之。加强科研院所和高等院

---

* 2017 年 11 月 3 日，应温州市科学技术协会邀请，在温州市科协第十次代表大会开幕式上的致辞。

校创新条件建设，完善知识产权运用和保护机制，激发科研人员创新活力，让各类人才的创新智慧竞相迸发，把更多的优秀科技人才吸引到我们的科技工作队伍中，打造出高水平、高素质的科技人才队伍，只有这样，我们事业的发展才可以持续。

（3）科技工作者要多与外界交流。科技创新不是在象牙塔里面闭门造车。科技工作者之间要多交流，同行之间的对话，同业者之间的思想碰撞，能开阔创新的思路，从思想的火花中，感知发展的方向。有了巨大势能的积累、释放，才有厚积薄发，实现科技突破和进步。科技工作者还要与社会各界多交流，走进企业园区生产一线，促进科技创新技术研究成果向生产实际转化，为科技转化成生产力、转化成社会现实价值构建桥梁。科技工作者还要善于与社会公众多交流，走进学校、走进农村，传播科学知识，教授科学方法，弘扬科学精神。

各位同仁，各位朋友，吾意殷殷，吾情切切。正是家乡的殷切期望和关怀支持，激励着我不断自我突破，我将履行一个科研工作者的应尽之责，用实际行动回报家乡、回报社会。期盼温州广大科技工作者在党的十九大精神指引下，能够向着更高发展目标再迈进，为实现中华民族的伟大复兴做出新的更大的贡献！

最后，预祝此次大会取得圆满成功！谢谢大家！

科学研究要学会钻空子*

中华人民共和国成立后，国家从煤矿安全角度出发，曾对地面钻井预排煤层气技术开展了初步的试验研究，但进展缓慢，并没有产生实质性利用。例如，1952 年在辽宁抚顺煤矿龙凤矿建立瓦斯抽放站，开创了中华人民共和国开发利用煤层气的先河。尽管我国学者很早开始注意到煤系中的油气显示和煤、油的共存现象，但未深入进行研究，主要是因为传统的石油地质学观念长期以来片面认为：含煤地层虽能形成气体，但由于煤的强烈吸附性，气体难于运移出来而主要留存在成气母体中，所以不把含煤地层作为有效生气源岩和天然气的勘探对象。改革开放以前，煤炭和石油作为国家的主要能源供给，作为重要能源的天然气仍被大多数人所忽视，天然气的勘探和科研都被排斥在议事日程之外。一方面，国家不重视，要油不要气；另一方面，绝大多数学者，尤其是地球化学学者认为天然气无非是甲烷、乙烷、丙烷、丁烷，比较简单，不像石油那样复杂，没有什么文章可做，国内对天然气的研究资料则少之又少。直到 1978 年我国科学家提出“煤成气”概念，才彻底改变“煤系不是生油气岩系”的观点。当时，我从国外研究资料中提出中国自己的“煤成气”理论，一开始并不被大家认可，之所以能从世界能源冷门研究中找到研究兴趣点并能坚持下来，这与年轻时受到的老一辈科学家的影响是分不开的。

从小我就受到李四光等地质学家的影响，那时候阅读李四光关于地质方面的书籍，对书里面提到的沉积岩、褶皱等特别感兴趣，当时就开始萌发学习地质的想法。1956 年，我考入南京大学地质系，并选择地质构造作为自己的研究专业，实现了儿时的梦想（图 1）。然而，真正选择天然气作为自己的毕生职业，与张文佑院士的一句话分不开。我在南京大学就读时，就受到断块学说创始人张文佑院士“科学研究要学会钻空子”的观点影响，张文佑院士建议科学研究要钻空子，并不是说科研要走捷径，而是告诫不要追逐热点，要另辟蹊径，寻找科学研究中的科研贫瘠“凹地”。

1961 年，我从南京大学地质系毕业，毕业论文“宁镇山脉地层中缝合线构造”获学校年度优秀论文。毕业后，我被分配到当时的石油工业部北京石油科学院，石油部门一直有让新参加工作的大学生先去基层油田锻炼的传统，因此次年我被分配至江汉石油勘探处的生产一线。在江汉油田一待就是 10 年，多半时间处于“文化大革命”中。这期间我几乎读完了江汉油田图书馆石油专业和地质专业的书，从中了解到当时世界和中国存在石油与天然气生产、研究的不平衡，前者产量高、研究相对深入，后者产量低、研究相对薄弱。当时中国的石油勘探开发搞得很不错，但是几乎没有人重视天然气，也没有列在国家

* 原载于《学部通讯》，2018，第 12 期，60～65，戴金星口述，龚剑明整理成文。

图 1　1956 年 9 月 27 日，戴金星在南京大学北草坪阅读书籍

科研和勘探开发的议程中。受到张文佑院士“科学研究要学会钻空子”的启发，我没有选择石油研究热点，而是萌发了研究天然气的想法，这是当时国内研究的“冷板凳”，但此时对从何下手开展天然气研究还没有成熟的想法（图 2、图 3）。

图 2　1961 年 7 月 25 日，戴金星在南京大学东南大楼作“宁镇山脉地层中缝合线构造”毕业论文报告

图 3　1971 年 4 月，戴金星从江汉油田乘船沿三峡经万县前往建南气田

1972 年，我调回北京中国石油勘探开发科学研究院，开始接触到并在油气田、煤矿采集气样，阅读了国外众多的书籍文献，我从书籍中读到 20 世纪 40 年代德国学者对煤成气方面的研究，他们的研究强调了煤系成气，但对成油未予注意。通过阅读大量文献和对江汉油田 10 年间积累资料的对比调查，在解读了中国天然气的诸多成因后，更加坚信张文佑院士所说的“科学研究要学会钻空子”，于是我最终决定将煤成气地质专业作为自己一生的主攻方向。正是这一决定，让我一辈子跟煤成气打上了交道。

在大量煤热模拟实验和针对煤系中发现气（油）显示野外调查基础上，我对国内沉积盆地中含煤地层进行了深入分析，并结合我国石油勘探中已发现的少数煤成气藏的解剖结论，我于1978年率先提出了“煤成气”概念，指出我国沉积盆地中埋藏的含煤地层是天然气的良好源岩，是勘探天然气的有利目的层；同时指出中国煤成气不仅可以形成工业规模的气藏，而且可以形成大气藏，四川盆地、鄂尔多斯盆地、华北地区和楚雄盆地是我国煤成气极有利的勘探地区。

1979年，我在《石油勘探与开发》杂志上发表了“成煤作用中形成的天然气和石油”一文，文章肯定了煤系是良好的工业气（油）源岩，打破了煤系不能形成工业性气（油）的旧观念，开辟了我国煤成气勘探新领域，被同行认为“是中国开始系统研究煤成烃的标志”。在此之前，传统理论认为所有石油和天然气都是比较低等的动植物生成的“一元论”理论，在这种学说的指导下，我国油气地质工作者以天然气只能由海相碳酸盐岩和泥页岩及湖相泥页岩生成，即以油型气观点指导天然气勘探，而不去含煤地层打井勘探油气，认为这些地层是油气勘探的禁区。

文章发表之初，国内许多石油地质学者对腐泥成油论加腐殖成气油论的“二元论”观点还很不统一。1981年4月，国家计委和国家科委分别召开有著名地质学家和石油地质学家黄汲清、张文佑、叶连俊、关士聪和岳希新等一批学者参加的煤成气座谈会。5月下旬，由中国地质学会石油地质专业委员会在扬州召开了“全国煤成气学术讨论会”。这两次会议唤起了国内石油地质学者对煤成气的重视，煤成气理论及其研究的重要性逐渐被大家接受。1981年11月，我和戚厚发撰写了《煤成气概况》的报告，呈送时任中共中央总书记的胡耀邦。1982年1月2日，胡耀邦同志给报告做出了重要批示，有关部门高度重视，积极开展工作部署。原石油工业部分别于1981年7月和1982年4月召开两次煤成气座谈会，国家计划委员会和能源委员会在1982年2月3～11日召开了“加快天然气勘探开发座谈会”，参加会议的有黄汲清、张文佑、叶连俊、翁文波、关士聪、岳希新学部委员（院士），以及石油工业部、地质矿产部、煤炭工业部和中国科学院的相关人员，会议提出要加强以突破煤成气为主要目标的地质、地球化学研究和围绕天然气开发技术及手段的科学研究。经过多次会议和征求专家意见，国家科委于1982年决定把煤成气列入国家首批重点研究项目。1983年，“煤成气的开发研究”作为我国第一批重点科技攻关项目正式立项，从此开始了天然气科技攻关研究，拉开了中国煤成气理论体系研发和建立的序幕。1987年，“中国煤成气的开发研究”获国家科技进步奖一等奖（图4）。

在此期间，国内学者对煤成气的研究取得了显著成果。“我国煤系地层含气性的初步研究”“煤成气涵义及其划分”“我国天然气藏类型的划分”和“鉴别煤成气和油型气若干指标的初步探讨”等多篇论文发表，总结了煤系成烃的特征：一般以成气为主、成油为辅；煤成油大多数是轻质油和凝析油；在特殊的地质条件下，煤系偶尔形成以煤成油田（藏）为主等，完善和发展了煤成气（烃）模式。煤的物质构成特点，是生气为主、生油为辅的煤系生烃特征最根本的因素，从而进一步完善了中国煤成气理论（图5、图6）。

图 4　1985 年底召开“六五”国家攻关项目“（中国）煤成气的开发研究”成果鉴定会

图 5　1984 年 3 月 29 日，戴金星在云南保山县猛古怒江畔取气苗样

图 6　1991 年 6 月 5 日，戴金星在准噶尔盆地南缘北阿尔钦沟泥火山口考察气苗

1992 年，在国家重点科技攻关项目持续支持下，我和国内同行根据各项参数建立了天然气成因类型综合鉴别体系。该体系突破了传统仅以单一的气组分鉴别天然气类型，提出综合发展利用气液（轻烃、油）固（干酪根）三相中相关科学信息，论证并建立了综合性判别煤成气、油型气和无机气系列指标、图版和公式的鉴别理论，为复杂地质条件下天然气成因鉴别提供了一套可信度大、精度高的方法，并在我国得到广泛应用，为气源对比追踪、天然气目的层确定提供了重要的手段和科学依据，发展了煤成气鉴别理论和方法。这套鉴别体系全面、系统、方便实用，评价准确性较高，对指导天然气勘探选区发挥了重要作用，受到国内外学者普遍认同和高度评价。

世界煤成气理论的发展经历了漫长的历史，虽然西方学者对该理论的创立发挥了重要的作用，但对理论内涵的丰富和发展，尤其是与中国的实际相结合，创造性地提出适合中国沉积盆地特点的煤成气理论，则是中国学者发挥了重要作用。从 20 世纪 70 年代后期开始，中国学者对丰富和发展煤成气理论起了主导作用。在过去的 40 年间，中国的煤成气研究从提出煤成气存在、研究煤成气运聚过程与探讨总结煤成气成藏特征与规律等阶段，不断完善了中国煤成气理论，推动煤成气勘探获得重大进展（图 7）。

图 7　2018 年 5 月 30 日，在中国科学院第十九次院士大会期间，戴金星荣获 2018 年度陈嘉庚地球科学奖

中国煤成气理论不仅发展了天然气成因新理论，而且使中国指导勘探天然气的理论从油型气的“一元论”进入油型气和煤成气的“二元论”时代，为我国从贫气国走向产气大国迈出了关键的一步，为推动中国天然气事业的快速发展做出了重要贡献，勘探指导成效十分显著。自 20 世纪 90 年代起，中国天然气储量增长有了质的飞跃，在塔里木盆地白垩系、鄂尔多斯盆地上古生界、准噶尔和四川盆地的侏罗系、东海盆地和莺琼盆地第三系相继发现一批大中型天然气田，中国天然气勘探也因而出现了以煤成气为主的多成因天然气勘探的广阔前景。这可以说是中国煤成气理论建立以后，有效推动天然气工业发展最直观的证明。据统计，1978 年煤成气理论之前，全国累计探明天然气储量仅为 $2264\times10^8m^3$（其中煤成气为 $203\times10^8m^3$），年产气为 $137\times10^8m^3$（其中煤成气为 $3.43\times10^8m^3$），至 2016 年全国天然气总储量为 $118951.2\times10^8m^3$（其中煤成气为 $82889.32\times10^8m^3$），年产气为

$1384\times10^8\mathrm{m}^3$（其中煤成气为 $742.91\times10^8\mathrm{m}^3$），天然气储量、煤成气储量、天然气产量和煤成气产量分别是1978年的52倍、408倍、10倍和216.6倍，使我国从贫气国迈向世界第六大产气国。据国土资源部统计数据，2006～2017年我国共生产煤成气 $6620.53\times10^8\mathrm{m}^3$，相当于抵减用煤 $16.76\times10^8\mathrm{t}$，减排 CO_2 达 $28.46\times10^8\mathrm{t}$，对改善环境起了重大作用。已发现的59个大气田中，43个是煤成气田，规模最大的苏里格气田储量达 $16447.51\times10^8\mathrm{m}^3$，总规模有可能超过 $2.0\times10^{12}\mathrm{m}^3$。

为国争“气”壮山河*

作者戴金星肖像画，“科技名家笔谈”栏目画家张武昌绘

我的地质梦始于小学五年级。记得在一节地理劳作课上，我用石膏板制作的全国煤矿和铁矿分布图赢得老师的称赞，兴奋、自豪之情油然而生，“为国找矿”的梦想的种子也开始在心中萌芽生长。1950～1956年，我正值中学时期，中华人民共和国刚刚诞生，百废待兴，大规模建设急需矿产资源。彼时，李四光地质事业取得丰硕成果并在社会上产生广泛影响，彰显地质工作者风采的《勘探队员之歌》响彻中华大地。“是那山谷的风，吹动

* 原载于《人民日报海外版》“科技名家笔谈”栏目，2020年7月13日，第9版。

了我们的红旗，是那狂暴的雨，洗刷了我们的帐篷……”歌词中的豪迈气概给我深刻启迪和激励，我开始广泛涉猎地质科普读物，熟悉火山岩、沉积岩、矿物、化石、褶皱等术语，思考地质领域的问题，并时常向就读地质学院的学长请教。后来，学长赠我金闪闪立方晶体的黄铁矿、玲珑剔透柱状石英和鱼化石。我如获珍宝、爱不释手，投身地质的理想更明确、更坚定。

高中阶段，同学之间时常聊将来选大学专业的话题，我就鼓动大家学地质，为国家找矿。班级活动时，我有意组织大家唱《勘探队员之歌》。记得有一次，我把学长送我的金闪闪的立方晶体矿物拿到班级，请同学们猜是什么矿物？大家都说是金矿，当我揭示正确答案时，他们都很诧异、好奇，有感于地质奥秘无穷。或许是受我鼓动影响，全班 49 名同学中有 8 名考上大学地质专业。

1956 年，我以第一志愿考入南京大学地质系。一入学，我就如鱼得水，狂学勤读。大学期间，我修了普通地质学等 18 门地质课程，其中 16 门成绩为优，2 门为良，毕业论文也获优。大二期间，我响应国家年产 1070×10^4t 钢号召，去福建建瓯、邵武山区，做找矿和地质填图方面的工作。期间，我真切感受到地质工作艰苦异常，不仅要直线穿行高过人的连片茅草地，脸手被草叶割得伤痕累累，而且还会遭遇野兽。记得有一次，我与同伴在武夷山东麓遇到豺，其他同事在野外曾与华南虎对峙。我们苦中作乐，笑对人生。对那段经历，我曾作一首打油诗：“山岳为书本，化石是文字。惟为神州好，立意读天书。”

1961 年 8 月，我大学毕业后分配到石油工业部科学研究院。几个月后，我被安排到江汉油田锻炼。由于本科专业是大地构造，没学过石油领域课程，工作难度很大。勤能补拙，面对困难，我向书籍求教。7 年间，我几乎把油田小图书馆里油气专业书籍看了一遍。对这段勤学时光，我曾以《读赞》为题作了首打油诗：“书刊为粮，钢笔为筷，读好书，三天三；摘记似林，资料如山，好读书，永无闲。”通过阅读分析，我逐渐认识到，无论是中国，还是世界其他国家，都是先重视石油勘探开发，石油产量高，研究人员多；天然气则滞后，产量低，研究人员少；只有选择天然气专业，与别人站上同一起跑线，才能实现超越。

1972 年年初，我奉命调回北京，到新建的中国石油勘探开发研究院工作，有了专攻天然气研究的好条件。当时石油界“重油轻气”，为了扭转在勘探和研究上“油旺气弱”的局面，我决定系统调研国内气田、系统取气源岩样、系统取气样、系统掌握产气大国天然气地质、系统熟悉国外大气田成藏条件和系统精读世界著名天然气学者代表作。

经过 8 年拼搏，我基本完成了上述六大任务，获得了海量一手数据和资料，实现研究跨越和突破。1979 ~ 1980 年，我发表了以“成煤作用中形成的天然气和石油”“我国煤系含气性初步研究”为代表的中国煤成气理论论文，指出煤系成烃以气为主以油为辅，是好气源岩，能生成大量煤成气。含煤地层是天然气勘探新领域，突破了传统认识，即油气均由含大量低等生物地层形成，称油型气，仅以油型气理论指导勘探找气，不去勘探煤成气。这些重大创新成果推动中国天然气勘探理论从“一元论”（油型气）发展为“二元论”（油型气和煤成气）。

1978 ~ 1980 年，在我的建议下，当时的国家计委和国家科委召开了煤成气座谈会并启动煤成气研究，成为推动该领域发展的重要标志性事件。1981 年 11 月，我主笔的《煤成气概论》报告得到时任中共中央总书记胡耀邦批示。由此，国家决定把“煤成气的开发研究”确定为“六五”国家重点科技攻关项目，我有幸担任“六五”至“九五”国家天然气和大气田4次项目的主要技术负责人，获得大量第一手数据，继续研究建立了“中亚煤成气聚集域”“亚洲东缘煤成气聚集域”“天然气鉴别”和“大气田富集6个主控因素”理论。这些理论为中国加速天然气勘探和开发提供了战略支撑。

1978年，中国探明的天然气储量仅为$2200\times10^8m^3$，年产气约$130\times10^8m^3$。2018年，中国探明的天然气储量超$15\times10^{12}m^3$，年产气约$1600\times10^8m^3$。40年间，中国探明的天然气储量、产量、人均享储量和用国产气量，分别提高了66.5倍、12倍、40.6倍和7.3倍。中国从贫气国跃升为世界第六大产气大国。

中国天然气资源丰富，探明的天然气储量和天然气产量将持续提升。“十四五”期间，中国天然气工业继续迎来重要发展期，预计天然气气产当量将超石油。2025年，中国天然气产量预计将达$2400\times10^8m^3$，2035年，预估产气量将达$3400\times10^8m^3$。

怀　念　组

老师们的教诲永记心间*

1950～1956年我在母校（温州第二中学）完成了中学学业。母校的一切使人怀念、珍惜和发奋。其中，老师们无微不至的教诲，对我的成长起了重大的作用。

叶曼济先生是我上初中时的班主任之一。他消瘦文雅，诲人不倦。我初中一年级时淘气，为此事他到我家乡瑞安霞川村访问我父母和乡亲。当叶先生了解到我家境困难，事后对我说："一个贫困的孩子，不仅要学习好，而且一切要作表率。"在叶先生"话药"的医治下，我的淘气渐渐克服了。时间流淌将近半个世纪，我还铭记着叶先生的教诲，它激励我拼搏上进和成才。

陈德煊先生是我上高中时的班主任之一与俄文老师。他和蔼可亲，平易近人。陈先生认真教学，善于引导，使我对俄文产生兴趣并从而打好了基础。今天我可利用俄文作为了解世界科学发展方向、洋为中用的重要钥匙，同陈先生为我在中学时代打好俄文基础是分不开的。

颜友松先生留学日本，在数学上很有造诣。他孜孜不倦，精于教学。针对一些同学作业粗心的毛病，一次他讲了一个小故事，说一个建筑设计师在设计门高度时，把2m错写为$\sqrt{2}$m，据此造成的房子，人只能低头弯腰进出。这个小故事给同学们留下深刻的印象，粗心的同学由此细心了。颜先生培养了我们认真踏实的精神。

……

在母校建校65周年之际，我衷心祝贺教育过我们的老师心情舒畅，健康长寿；祝贺正在培养学弟学妹茁壮成长的老师们愉快幸福，事业有成；祝愿母校在科教兴国中人才辈出，越办越好！

* 原载于"温州二中六十五周年校庆纪念册"，1931～1996，33。

“古植物学”课老师李星学院士二三事*

李星学老师于半个世纪前的1957年在南京大学地质学系给我们讲授古植物学。他谦虚恭谨、诲人不倦的治学态度，深入浅出、旁征博引的课堂讲学和英俊帅气才华横溢的音容笑貌给我留下了深刻的印象，至今新鲜如初，仿佛昨天才刚刚下课。

如今南京街道宽阔齐整，公共汽车、出租汽车、私家车穿梭如流，我的母校南京大学群楼栉比、雪松挺拔；可是在1957年李老师给我们上古植物课时，是在现在南大高耸入云的蒙民伟科技大楼原址上的南草房教室。那时的教室是极其简陋的，稻草为房顶，毛竹为房梁和房柱。一天下午上古植物课时，风雨交加，雷鸣地颤，我们等着李老师来上课。看这样倾盆大雨，同学们纷纷议论，家在校外的李老师恐怕难来上课了，因为那时南京交通落后，公共汽车少，没有出租汽车，更谈不上私家车。令我们惊讶的是，只比上课时间晚了几分钟，李老师撑着黑布伞进来了，雨水湿透至他膝盖之上的裤子，他却毫不在意地开始给我们讲课。我看着精神抖擞，声音洪亮，湿漉至膝的李老师，倍增了对他的敬爱之情，崇仰他的敬业和爱业的高尚品质。

一次讲授古银杏树，他说，外国人都以为世界上再没有野生的银杏树了，只有在中国古庙里才可以见到。但在抗战期间，中国人在四川发现了野生银杏树林，于是一位美国植物学家专程坐飞机来华采集树果，后来美国有的城市，以中国银杏作为街道绿化的观赏树种。李老师以此说明中国和中国人对世界的贡献，启迪学生爱国情怀，壮华夏之气。

他陪同一位来华的波兰古植物学家去野外考察，见到一种不好辨认的化石，波兰专家很快根据其特征，确定种名。李老师以这一事例教导学生，知识要靠长年累月的积累，运用时才能识别关键，抓住决定性标志。这充分体现了李老师“学贵有恒，业精于勤”的治学精神。

光阴似箭，日月如梭，转眼已经过去了半个世纪。遥想当年李老师风华正茂，尽管只有四十岁，却已是中国古植物界学术新星。他那谦虚谨慎以求深刻的为学之道，他那质朴坦诚以求进取的为人之道，给了我无穷的榜样力量，默化了我的努力之路。真乃名师恩予，一生难忘，一生难逢，一生受励，一生得益。

李星学老师在华夏植物群、大羽羊齿类植物、中国华北石炭-二叠纪地层划分与对比、东亚晚古生代煤系，以及中国东北白垩纪植物群诸多领域研究，均有杰出的建树和贡献，是享誉中外古植物界的一代宗师。在李老师90华诞之际，敬祝他寿如南山，身强体健，万事如意。

---

* 原载于《华夏之子根深叶茂——祝贺古植物学家李星学院士90华诞》，长春：吉林大学出版社，2007，22。

南京大学校友在杭州祝贺老师李星学院士（右三）80 寿辰

（自右至左为周志炎院士、孙枢院士、李星学院士、戴金星院士、孙革研究员等）

甘做人梯的孙鼐老师*

孙鼐老师已经离开我们三年了，但他的音容笑貌仍然时常浮现在我的眼前。他为人处世谦和勤恳，对学生关爱有加，工作认真负责，科研上讲究方法和启发，让我们难以忘怀。

中华人民共和国成立前我国是个半封建半殖民地社会，相对封闭落后，在知识阶层普遍存在崇洋媚外的心态。知识渊博且创新能力很强的学者，可能会因未曾出国游学“吃过洋面包”而失去提职和重用的机会。孙鼐老师淡泊名利，并未因此而影响工作的热情。日本人快打到南京了，是他和李学清老师在紧张地整理岩矿标本，装箱打包，以忘我工作效忠多难的祖国。

记得1956年在南京大学西平房大教室，孙鼐老师替代郭令智先生给我们讲授普通地质学课程，他精彩的授课方式深受大家的喜欢，他渊博的知识和深入浅出、循循善诱的讲解令我们印象深刻。他指出，大学生要具备广阔的基础科学知识，要多去其他系科听听不同学科的知识讲座，注重多学科的广博性和多方面知识内在的联系及知识的迁移整合，以为今后多方面工作拓展空间和增添后劲。这是很有远见的教学启迪，与现今教育界倡导的整体型思维和包容性思考不谋而合。

孙鼐老师强调地质观测的理论意义，他曾在课堂上指出，第二次世界大战期间美国在太平洋和大西洋底进行了广泛的勘测，所获得的大量实测资料必将具有深刻的理论价值。果不其然，到20世纪60年代，板块构造学说得以兴起所凭借的三大支柱之一的大洋地壳磁异常条带，其几何图案（俗称“斑马纹”）就是基于第二次世界大战期间洋底地貌和地球物理调查的结果。

孙鼎老师在国内较早地论述了花岗岩化作用。1957年，他就在图书馆给我们做过有关花岗岩化的报告，当时这方面的工作才刚刚兴起，我们也正是从那时起开始树立花岗岩化的概念。1958年，孙鼐老师作为南京大学具有丰富教学和科研实践经验的老教授参与组织建立了南京地质学院，全身心地投入到了组织和领导教学的工作中。

1959年，孙鼐老师负责组织领导南京大学地质系大批师生前往福建西部武夷山区进行地质踏勘、地质剖面实测和地质填图工作。在数月的野外地质实践中，他四处奔波、不辞辛劳；对于晚古生代标准化石䗴类的发现，有关下古生界“槽相”沉积和上古生界“台相”沉积的进一步确认等一系列新成果的取得，他非常兴奋。在资料分析综合过程中，他总能以内动力地质作用与外动力剥蚀作用相结合加以合理解释和总结，往往能达到触类旁通的效果，并能就师生们的新知识予以肯定和拓展。

---

* 原载于《孙鼐纪念文集》，南京：南京大学出版社，2010，25～26。

1961 年 8 月初，在我将毕业离校前，我依依不舍地分别拜望在我心中有崇高威望的地质系著名教授徐克勤、李学清、郭令智、肖楠森、张祖还和孙鼐等。在一天下午我去向孙鼐老师话别时，谢谢他对我们的多年培养，并聆听他对我今后的教导。孙老师对我说了好多鼓励话，至今我记忆犹新。他说："听同学们与老师说，你的毕业论文"宁镇山脉地层中的缝合线构造"写得好，望你离开学校后在研究和工作中要有高要求和雄心，在建业、创业和立业上有所作为。"当时使我吃惊的是我学大地构造专业，与孙老师从事的专业相距甚远，同时平时我们接触不多，他竟知道我毕业论文情况，可见他十分关心学生的事，使我更敬仰孙老师。

离开学校已半个世纪，但我始终铭记孙老师"建业、创业和立业"的教导，以此鞭策自己。我想只有遵循师言，才是对孙鼐老师最大的崇敬和怀念。

感谢恩师郭令智院士对煤成气攻关和研究的支持*

首先热烈祝贺郭老师百年华诞，祝他福如东海，寿比南山。

虽然离开母校半个多世纪了，但无论在学校还是工作以来，郭老师那种诚恳宽容、和蔼亲切、平易近人、循循善诱、严守信誉、治学严谨和学风高尚的优秀品质，永远铭刻在我心中，是我学习的榜样和方向，也赋予我们学生治学精神和无限的科技财富。

郭老师从20世纪50年代后期以来，致力于华南大地构造研究，特别精心从事华南板块构造的科学研究，并取得丰硕成果，是中国著名的大地构造和板块构造学者。我在母校学的是大地构造专业，所以在专业上特别崇敬郭老师，觉得他是我学术上的榜样。

1961年我从大地构造专业毕业，被分配到石油工业部北京石油科学院，同分配来的有李泽松、宗关祥、戈亚生、徐寿根同学。徐寿根与我一样为大地构造专业毕业生，我们在母校没有学过一门有关石油的专业课，所以来石油部门在业务上压力很大。1961年正值国家粮食困难时期，石油部门又有新来大学生先去基层油田锻炼的传统。所以我们五位同学分别到了胜利油田、江汉油田勘探处（现今江汉油田）等生产一线。我于1962年3月开始在江汉油田工作十年多，1972年5月才回到北京。

在江汉油田初期，摆在我面前的专业负担是沉重的，因为我学的专业和工作专业差异很大，缺乏工作的专业“底气”。面对现实，我想起在母校多次请教郭老师有关大地构造问题时，他总是在目不转睛地阅读文献。这种学无止境的精神，鼓励我成为当时江汉油田勘探处小小图书馆的常去读者。尤其在“文化大革命”时期，我作为逍遥派，几乎读完了图书馆石油专业和地质专业的书，从中了解到中国与世界其他一些国家存在石油与天然气生产和研究的不平衡，后者产量高、研究深入，前者产量低、研究薄弱。经过在江汉油田十年的对比调查，我决定选择天然气地质专业作为自己的主攻方向。1972年我回到北京后，各方面条件大有改善，我将天然气地质专业作为自己的主攻方向，我的天然气研究成果也逐渐增多起来，并把煤成气研究作为主攻对象。使人想不到的是20世纪70年代末，我的“成煤作用中形成的天然气和石油”“我国煤系含气性的初步研究”两篇论文竟对中国天然气工业的发展起了重要的作用，但事业和学术发展总是波浪式的，可以说中国煤成气学术发展形势一直很好，但发展初期也有杂音和不解。

1984年年底，中国石油学会地质委员会和四川省石油学会联合在四川省温江召开首届“全国天然气（包括煤成气）资源座谈会”。我在会上宣读了“我国煤成气藏的类型和有利的煤成气远景区”论文，受到了与会代表的热烈欢迎。但意想不到的是，在会议期间，

---

* 原载于王德滋主编的《大地求索谱华章》，南京：南京大学出版社，2014，202～203。

我单位一位行政领导把我叫去严厉批评，“现在煤成气在全国学术活动上热热闹闹的，但在勘探上冷冷清清，没有大突破，你是有责任的……”受批评后，我觉得很委屈，因为从1979年我在国内倡导“煤成气”之后，一直得到党政和业内著名专家的关怀与支持。1982年1月2日，时任中共中央总书记的胡耀邦同志批示了1981年11月由我和戚厚发同志执笔的《煤成气概况》报告；1981年4月，国家计委和国家科委分别召开我国著名地质学家和石油地质学家黄汲青、张文佑、叶连俊、关士聪和岳希新学部委员（院士）等一批学者参加的煤成气座谈会；1982年2月3～11日，由国家计委和能源委员会发起召开的“加快天然气勘探开发座谈会”，参加会议的有黄汲青、张文佑、叶连俊、翁文波、关士聪和岳希新学部委员，以及石油工业部、地质矿产部、煤炭工业部和中国科学院的相关人员，会议提出要加强以突破煤成气为主要目标的天然气研究与勘探开发，从而推动了我国第一批科技攻关项目，即“煤成气的开发研究”在1983年立项。让我觉得不解的是，“煤成气的开发研究”立项仅一年多，怎样就要求在勘探上要有大突破呢？选好选准煤成气探井，要先作地震，后上钻机，至完钻试井，就得1～2年。怎样把一种学术观点和生产进展推在我一个人身上?!（若干年后，一位主管石油科研的领导对我说，是一位不同意煤成气观点的谋士，向批评我的行政领导片面反映情况而导致我受批评）。时后一段时间，我心情不快而有情绪。

1985年春天，我在一次回母校时去探访郭老师，向他汇报了离校后取得的一点小小成绩，同时也说了工作中遇到的困难，其中包括上述不久前有关煤成气研究和勘探受批评一事。郭老师对此事循循善诱，并开出了宝贵的话药：“一个人在学术上和生活中不免有曲折，此事不能气馁，在学术上，只要认定自己的观点有客观事实作根据，个别人不理解乃至反对，你要做更细致深入的研究，提出更多科学依据论证，证明自己学术观点的正确性和可行性，在生活中有时被曲解，甚至受到不公正批评，首先要有虚心听取意见的态度。学术界和生活中的反对观点，非悦耳之见，多数是善意，要宽容相待。”听了郭老师这些教导，我的委屈得以解脱，情绪走向安定。同时我对郭老师学术上的高贵品质，生活上循循善诱的精神无比崇敬。

根据郭老师的教导，我对温江会议上的报告论文作了更细致深入的研究和补充，为我国重要盆地勘探煤成气在选区上提出了更多科学依据。这些补充研究在《天然气勘探》（石油工业出版社，1986）一书我的论文中就指出，鄂尔多斯盆地“北部和中部，特别是中部古隆起及两翼是古风化壳气藏为主的发育区”，“在奥陶系中勘探上生下储煤成气藏不能轻视”。这些预测为1989年中国第一个千亿立方米以上的靖边大气田的发现所证实。如今，鄂尔多斯盆地成为中国最大的产气盆地，在盆地的中、北部共发现$1000\times10^8m^3$以上的大气田6个，几乎全是煤成气田。这里有全国储量最大和产量最高的苏里格气田，该气田2013年产量达$211\times10^8m^3$，占全国年产气量约1/5。

煤成气的研究和勘探开发，使中国从贫气国一跃变为产气大国。2012年，中国产天然气$1077\times10^8m^3$，其中煤成气$720.7\times10^8m^3$，占全国产气量的66.9%。2012年，全国天然气探明总地质储量中煤成气占69.1%。由此可见，在中国天然气储量和产量中，煤成气起重大作用，这其中就有郭令智院士对煤成气研究支持的一份功劳！

师　承*

名校和名师，是学生、家长和社会关注和向往的。名师是名校之本，名师是学生之魂。

南京大学地球科学与工程学院名师的首批代表为李学清、朱森、徐克勤、陈旭、姚文光、张祖还、孙鼐、郭令智、肖楠森、王德滋和薛禹群。我和刘德良在南京大学地质系受教五年（1956～1961年），在诸位名师中印象最深的首推徐克勤、郭令智和王德滋三位地球科学宗师。本书①是我们对三位宗师的业绩、精神、学风的忆述，也是学子们继承名师伟绩、秉承名师精神和传承名师学风的表征。

我从小学高年级时就有为国家找矿的启蒙雏思，中学时已确立了报考地质专业的目标。我报考南京大学地质系、攻读大地构造专业、完成毕业论文这三步骤中皆受益于三位名师。

徐克勤院士为世界钨矿地质泰斗，又在“花岗岩研究”方面功业非凡，他的早年学生王德滋院士赞誉他是“华南地区花岗岩类研究的开拓者”。1956年我拟报考地质专业，在选择学校时，就是得知南京大学徐克勤教授从1947～1956年中华人民共和国成立前后连续任国立中央大学（简称中央大学，1927年创立，1949年更名为南京大学）和南京大学地质系（1986年，南京大学地质系更名为地球科学系，2008年，在原地球科学系的基础上成立了地球科学与工程学院）主任，并于1942年和1943年分别在*Geological Memoirs*（Series A）和国际矿床学最权威刊物*Economic Geology*上发表“Geology and tungsten deposits of Southern Kiangsi”和“Tungsten deposits of Southern Kiangsi，China”两篇国际钨矿地质领域权威性论文，使我决定将南京大学地质系作为高考第一志愿，并被录取，因此，徐克勤教授是我迈向地质之门的领路人。

1994年我写信给徐老师问可否推荐我申报1995年院士，他欣然同意。1995年年初我回母校向他汇报研究成果，汇报完后他说：“现在拔尖创新人才多，院士选举竞争大，若第一次选不上院士要加倍努力。当选院士不是个人科学高峰的终结而是开始。”我回答老师：“我以小学生报考大学的心态申报院士，若第一次选不上，会终身勤奋从事科学研究。”非常幸运的是，当年就被选上院士了。1995年中国科学院地学部有效候选人93名，当选的十名院士中有三名为南京大学校友，第一名为学兄刘振兴，学兄周志炎和我并列第二名。徐克勤院士、李德生院士和傅家谟院士是我的推荐人，他们是我走向科学大道的引航人。

郭令智院士毕生从事大地构造研究，特别以华南大地构造研究著称于世。王鸿祯院士

---

* 原载于《南京大学学报》，2017年9月20日。

①“本书”系指《师承》（南京大学出版社，2017），本文为《师承》的前言。

称赞他“功推板块，学称地体”“泽被华夏，誉满海疆”。一次上课，郭老师绘声绘色地讲述魏格曼深入洞察大西洋两岸地貌，特别是非洲西岸和南美洲东岸形状高度衔接性，而提出大陆漂移说。他接着评论说：“一个成功的地质学家，要反复研究各种地质现象，从中找出规律，提出理论。”这次讲述和评点，启发了我选定攻读具有宏观性、考量思维力、高度综合性的大地构造专业。故郭老师是我选择专业的引导人。

1979 年我提出煤系成烃以气为主、以油为辅的煤成气理论，就得到黄汲青、张文佑、叶连俊、关士聪和翁文波等大批专家支持。我主笔的《煤成气概况》报告，1982 年年初获得胡耀邦总书记批示，1983 年“中国煤成气研究”获得国家重点科技攻关立项，促成煤成气勘探大力开展。但当时也有个别人对煤成气持有异议。在 1984 年“全国天然气（包括煤成气）资源座谈会”上，我单位的一位行政领导偏听一位同志对煤成气的意见，批评目前“煤成气勘探上冷冷清清，没有大突破”。对此不合实际的批评我想不通，有情绪。1985 年春我回母校向郭令智老师汇报工作时提及此事，他循循善诱地说：“一个人在学术上和生活中不免有曲折，不能气馁。在学术上，只要认定自己观点有客观事实做依据，即使个别人不理解乃至反对，你都要做更细致深入的工作，提出更多科学依据论证。”郭老师一席话化解了我的委屈，安定了情绪，使我更加全心全意地投入到煤成气研究中。至今在煤成气理论的推动下，中国从贫气国迈向了产气大国。因此，郭令智院士是我走好学术之路的支持人。

王德滋院士以花岗岩、火山岩及其成矿关系研究著称，他开创性地提出了“次火山花岗岩”的理念；并在我国首次发现 S 型火山岩。莫宣学院士高度评价他的工作：“对我国岩石学的发展做出了重大的贡献，在国内外有重要影响。”在他当选中国科学院院士时，他的学生张以诚（1963 届毕业，颇有才华）写了四首“十六字令”表示祝贺，现将其中一首转载于此：“岩，山石磊落自成岩，苦钻研，快马更国鞭。”赞美了王老师对岩石学的钻研精神和重大贡献。

南京大学地质系学生都十分崇敬中共党员王德滋、俞剑华和刘元常三位老师，因为他们觉悟高，方向正，是学子们的学习榜样。在我大学五年，以及离母校半个多世纪中获得的有关王德滋老师的信息，处处表现出一个共产党员在学术上的精益求精。他撰写了《光性矿物学》教材初版后接着再版，八十岁时又出了第三版；他讲课时座无虚席，学生听课如沐春风。当我申报院士时，他总是十分关切；我赠送著作给他，他总是表扬和鼓励。但涉及自己的事则严于律己。2016 年孙岩、刘德良和我一起商议，想为王老师庆祝九十大寿，但王老师说现在党中央不提倡搞祝寿会活动，我们应该自觉遵守，说明王德滋老师有很强的党性，是贯彻党的纪律的楷模，是引导学生前进的举旗人。王老师年轻时做科研，自带水壶和干粮独自翻山越岭不怕劳累的精神，也曾激励我克服困难，完成了被评为优秀的“宁镇山脉地层中缝合线构造”的毕业论文。

南京大学地质学科的办学史源于前身东南大学，当时包括地质门和地理气象门的地学系，这是目前中国科学院地学部涵盖的主要学科。南京大学地学系名师辈出，在名师教导、培育和熏陶下大批学子成为中国地质事业的俊才帅才。2016 年中国科学院地学部院士总数 231 位，其中 37 位来自南京大学。许靖华、周忠和及安芷生成为美国科学院外籍院士；谢先德和郭华东成为俄罗斯科学院外籍院士。足见南京大学地质系学风淳朴，育人有方。

陈骏院士（右）和戴金星在徐克勤院士塑像旁

缅怀师兄孙枢院士*

我认识孙枢院士整整55年了，1962年在中国科学院地质研究所听张文佑先生作有关构造报告时我第一次见到他，由于我们是南京大学校友，我主动找他并由此认识。其实60年前，1958年郭令智老师在一次讲课中提及我系毕业的优秀生孙枢在北京从事地质研究，成果显著，由此，孙枢大名就给我留下深刻印象。

一甲子间，不仅我深感，同时众人一致认为孙枢院士诚恳和蔼，平易近人，乐于助人，严于律己，学风高尚，学术高深，尤其在沉积学上造诣高超，他是“中国沉积学的主要奠基人和重要推动者之一”，是“中国地球科学界的楷模”。故在地质界荣任众多职位。

乐于助人

1995年11月，我当选为中国科学院院士，1996年2月2日中国科学院新春茶话会时，是我第一次见到地学部众多院士，十分感谢各位院士支持，使我成为地学部的一员。在座院士纷纷祝贺我，其中包括孙枢院士，我和孙枢院士进行了交谈，至今我还深深铭记着他对我一个新院士期盼之言：“有幸当选为院士不仅是荣誉，更是肩负着推动科学、发展科学的重担，为科学做贡献是一个院士终身责任。您是由于在天然气学科研究和实践上取得重要贡献而当选的院士，对发展中国天然气来说担子不轻，天然气地质学在中国发展时间短，还有很多理论待发展，规律待发现，气田待开发。现在中国年产气仅$200\times10^8m^3$左右，希望您为国多争‘气’，使中国年产气上$500\times10^8m^3$、$1000\times10^8m^3$或更多。”回过头来看看现在，可以欣慰地遥告在天之灵的孙枢院士了，中国天然气地质理论已经取得了长足的发展并指导勘探取得大发现，2018年我国年产气量将超过$1500\times10^8m^3$。缅怀孙枢院士，今后要把中国天然气年产量上$2000\times10^8m^3$、$3000\times10^8m^3$或更多。

1997年6月中旬中国科学院地学部于杭州举行常委会后，在杭城史称“万山之祖”道教主流全真派圣地玉皇山参观时，孙枢院士关切地对我说：“您牵头的大中型气田项目申请今年国家科技进步奖，祝好运能评上”。我感谢他的关心和鼓励。1997年在公布“大中型气田形成条件、分布规律和勘探技术研究”获国家科技进步一等奖后，孙枢院士及时来电庆祝我们获奖。此事我深深感悟：孙枢院士是位记忆力非凡的人，他事务繁忙，时隔近半年，竟还记得我项目获奖的事，孙枢院士是一位无微不至关心他人的人，他总是把别人的事先于自己的事来对待。

---

* 原载于《孙枢追思文集》，北京：科学出版社，2019，76～77。

中国科学院院士新春团拜会（2008 年），左起戴金星、夏映荷（戴金星夫人）、孙枢

关怀石油　支持石油

沉积学是油气研究、勘探和开发最需要的学科之一，由于孙枢院士在沉积学上造诣高深，是中国沉积学主要奠基者之一地位，同时长期关怀油气科研，支持油气科研，因此，他在中国石油界具有广泛而重大影响力。1989 ~ 2003 年连续荣任中国石油学会第三、第四、第五届副理事长，对中国石油科研、勘探和开发做出重要贡献。即使他卸任副理事长后，仍然继续长期支持石油事业，在石油界有深远的影响，如中国石油勘探开发研究院 2007 年度勘探技术交流会，他是唯一一位受邀的石油界外院士，可见他在石油界的威望和学术地位。孙枢院士对石油科研的关怀和支持是长期的和系统的。他支持国家油气重大科技项目、基金重点项目等的立项和评审、院士的推荐和遴选、重要专著的评价作序……他曾应邀为我两部专著作序，即《中国天然气地质学》和《我国煤系的气油地球化学特征、煤成气藏形成条件及资源评价》，他写序时不仅认真阅读专著的打印本，还打电话来咨询一些问题，使我深感有幸请到德高望重的一位科学家作序。在《中国天然气地质学》序中，他根据四川自流井气田是世界上开发最早的气田，我国古代书籍中常称天然气为“火井”“井火”“煤气”“火池”“地火”“火龙”和“火泉”，反映了中国古代对天然气已相当注意，并有一定的调查研究，说明我国是发现、勘探和开发利用天然气最早的国家之一。20 世纪 80 年代后期，由包茨、陈荣书和戴金星等分别主编和编著的《天然气地质学》和《天然气地质学概论》两部专著问世，标志着我国天然气地质学研究开始稳步、坚定地向世界先进行列前进。《中国天然气地质学》是世界上第一部大区域性的天然气地质学专著，是一部系统性很强具有国际先进水平的科学专著。孙枢院士在这部专著所做的序，尽管不足 1500 字，却如此全面、系统评论中国古今在天然气方面的贡献，如果没有雄厚的科学涵养和天然气科学精深的基础，是难于有如此精品好序的。我深切感激孙枢院士对我们的鼓励，更深切体验到他对中国天然

气工业的期待和鞭策，同时深忱敬佩他一丝不苟的科学精神。

孙枢院士（左四）应邀出席中国石油勘探开发研究院 2007 年度勘探技术交流会

孙枢院士仙逝是中国沉积学的一个重大损失，他忠心耿耿从事科学研究的精神、气质纯朴学风正直的学者风范、任劳任怨为人民服务的高尚品质、平易近人乐于助人的领导艺术，永远铭记在人们心中，是广大科研工作者学习的楷模。

安息吧，孙枢院士！

“序”　　组

《阿尔伯达深盆气研究》序*

阿尔伯达盆地探明的稠油资源量达 $0.48\times10^{12}m^3$，超过了世界其他地区总探明石油储量的三倍；已探明天然气储量 $1.9\times10^{12}m^3$，预测的深盆气资源量达 $100\times10^{12}m^3$，而且这仅仅是原生油气藏遭破坏后的残余部分。如此巨大的油气资源量简直不可思议！它迫使我们不得不重新考虑一些石油地质的基本概念，重新认识那些被我们认为勘探程度已很高的盆地的资源潜力；重新评价那些已被我们废弃的区带和层系。

更引人注目的是，这些巨大的油气资源大多储集在“隐蔽圈闭”中。巨大的稠油资源分布在地层和不整合圈闭中，油气运移距离达400km；天然气圈闭在地层下倾方向的深盆地中，上倾方向是含水带，下倾方向是饱含天然气的巨大气库。正如 J. A. Masters 先生所说“能在北美大陆发现一个大型油气田就是一种很有意义的事件。但是，找到特大型隐蔽圈闭油气田则是更加重要的事件。它成全了勘探家的最大夙愿，证实了他们关于地下深处隐蔽有大量资源的信念”。

受“深盆气”的启迪，在北美的洛基山盆地、阿科马盆地、阿巴拉契亚盆地、丹佛盆地、圣胡安和绿河盆地中都已找到了类似的深盆气田。那么，在它的启迪下，我们能做些什么？当然，我们不能生搬硬套西加盆地的勘探模式，那里有许多优越的、不可比拟的地质条件。但是，有关深盆中大量生成的（或正在生成的）烃类的运移聚集模式，它的开发经验，必然地会启发我们开发深层油气资源的新思维。

感谢袁政文先生等为我们编译了这本论文集。尽管它是由不同的篇幅组成的，但它自然而然地组成了从烃类生成、盆地评价、沉积成岩、油气成藏、油气层识别、钻井工程、煤层气开发的完整序列，提供了国外盆地油气藏研究的最完整实例，内容丰富生动，富有启发性。从书中还可以看出我们的国外同行严谨的工作态度，具开拓性的思维方式，循序渐进的工作程序，负责的合乎逻辑的推理，以及精美的语言都使本书具有很高的权威性。

论文集涉及以下内容：下白垩统油气地质研究；深盆天然气生成和运移；下白垩统岩相古地理；沉积和成岩作用；天然气相控条件；深盆气储量和产能特征；煤层气资源的评价和开发；盆地压力系统研究；电测井和岩石校正技术；钻井和完井；相似气田–Hoadley气田地质特征。

全书编译论文13篇，约 40×10^4 字，附图307幅。我拜读译著后，受益匪浅，并热诚向广大读者推荐，相信它将对我国深层油气勘探开发起推动作用，丰富我国的天然气地质理论。

---

* 原载于袁政文、许化政、王百顺等著，《阿尔伯达深盆气研究》，北京：石油工业出版社，1996。

《液态烃分子系列碳同位素地球化学》序*

单体分子碳同位素分析技术的建立和分子系列碳同位素的研究，是高科技的结晶，为人类进一步认识自然，掌握自然规律做出了贡献，并可用之为生产服务，理论和实践意义很大。

在单体分子碳同位素分析技术未建立之前，人们只能测定总液体烃（原油）的碳同位素（$\delta^{13}C_{油}$）。尽管原油中含有类型众多的烃分子，但在技术水平欠成熟的时代，只能从原油中获得$\delta^{13}C_{油}$一个信息数值，把复杂问题简单化了。因此，在信息数值有限的条件下，就难于认识自然固有的特征和规律，就难于如意地把自然规律应用于生产。单体分子碳同位素分析技术建立后，使人类从原油中获得烃分子系列碳同位素信息，即可以得到各种类型烃的碳同位素数值，利用所得到的各类烃分子及其组合的碳同位素数值，使认识原油的特征、进行油气源对比的途径大大扩大了，可信度大大提高了，在《液态烃分子系列碳同位素地球化学》专著中，可以看到这样的大量实例。

《液态烃分子系列碳同位素地球化学》是我国该领域的第一部专著。书中除简述GC/C/MS在线碳同位素分析技术外，主要研究中国鄂尔多斯盆地、渤海湾盆地、四川盆地、吐哈盆地、琼东南盆地、塔里木盆地、柴达木盆地和苏北盆地原油（煤成油、湖相油、海相油、热解油和混源油）、残留烃、姥鲛烷、植烷和天然气中C_{5+}单体烃分子碳同位素特征，并在此基础上建立了油气源对比的液态烃分子系列碳同位素指标和方法，使油气源对比的准确度大大提高了。无论从所研究的地域跨度上或原油类型上，所获得烃分子系列碳同位素地球化学的特征及规律性，都是国内外同类研究所不及的，《液态烃分子系列碳同位素地球化学》显然具有前沿地位。1994年著名油气地球化学家Martin Schoell博士访问北京石油勘探开发科学研究院时，我们在讨论油气分子系列碳同位素测试和研究时，Schoell博士特别指出该项测试要有严格的要求。目前，我国有Mat252等七台测试油气分子系列碳同位素仪器，为了获得高精度的系列信息数值，“九五”国家重点科技攻关“96-110”天然气项目专设了有关专题，提出统一标准要求，使我国烃分子系列碳同位素测试和研究从起始就有一个扎实的基础，取得高水平的研究成果。

《液态烃分子系列碳同位素地球化学》的作者张文正和关德师是年轻人，从大学毕业后，就与我共同参加了“六五”“七五”和“八五”3次国家天然气科技攻关。在攻关队伍中他俩是佼佼者群体中的代表，攻关给了他们机遇和用武之地，更重要的是他们能利用这些良好条件，锲而不舍地进取，在科技兴国中拼搏向前，并不为个人“创收”而下海，坚持科学研究，并有所作为，这种精神是可贵的。我们需要有一群精力充沛、生龙活虎的

---

* 原载于张文正、关德师著，《液态烃分子系列碳同位素地球化学》，北京：石油工业出版社，1997。

科研生产结合好的年轻人；我们需要有一群不畏艰难、坚韧不拔向科学殿堂进发的年轻人。成功的征途，是千百块奋斗的基石铺筑的，盼望成功的年轻人，首先要甘作一块奋斗的基石。

《液态烃分子系列碳同位素地球化学》专著出版前夜，我有幸首先读到贵专著并受益匪浅，这是一本优秀的科学专著，推荐有关同志好好一读，也必有益。

《中国煤层气资源》序*

煤层气作为一种资源量巨大的非常规性天然气资源，已经从研究逐渐走向开发利用。

1996 年，我考察了美国煤层气产量极高的圣胡安盆地 ARCO 公司辖区，有 110 口煤层气井，日产气 660 多万立方米，说明煤层气井可以相当高产。因此，世界上对煤层气研究日益加深，开发的地域日益扩大，煤层气在能源中的地位日益提高。近年来，煤层气亦受到我国政府和有关工业部门的高度重视，预示着我国煤层气工业在不久的将来定会有大的发展。煤层气资源的开发利用，对于充分利用这一宝贵的矿产资源、改善我国的能源结构、促进我国以煤为主的能源系统逐步向环境无害的可持续发展模式的转变并形成新的能源产业、从根本上防治瓦斯事故以改善煤矿安全生产条件，均具有战略性意义。

鉴于国家经济建设的上述需求，中国煤田地质总局和中国矿业大学基于我国 40 多年来丰富的煤田地质勘探成果和近 10 年来我国煤层气勘探开发试验所积累的大量资料，就原煤炭工业部计划项目“全国煤层气资源评价”进行深入研究，取得了我国煤层气地质界近年来的一项重大科研成果。该著作正是在该项目研究成果的基础上撰写而成的。其正式出版，不仅对于我国方兴未艾的煤层气资源勘探开发具有现实的指导作用并提供科学的依据，而且对于形成符合我国地质条件的煤层气地质理论具有重要的价值。

该书作者科学地揭示了我国煤层气资源的自然分布状况。获得甲烷含量 $4m^3/t$ 以上、埋藏 2000m 以浅的全国煤层气资源总量 $14.34\times10^{12}m^3$，包括远景资源量 $13.37\times10^{12}m^3$，预测储量 $0.97\times10^{12}m^3$。其中：含气量大于 $8m^3/t$ 的富甲烷煤层气资源量 $12.44\times10^{12}m^3$，含气量为 $4\sim8m^3/t$ 的含甲烷资源量 $1.90\times10^{12}m^3$；埋藏深度小于 1500m 的浅层煤层气资源量 $9.26\times10^{12}m^3$，深度为 1500～2000m 的较深层煤层气资源量 $5.08\times10^{12}m^3$。作者创造性地建立起我国五大聚气区、30 个聚气带、115 个目标区的煤层气聚气区带的区划体系，进而从煤层含气性要素、资源级别、资源品级、埋藏深度、聚气区带规模等方面系统地探讨了我国煤层气资源的地域和层域分布特征，指出我国煤层气资源总量的 90% 以上赋存在华北聚气区和华南聚气区，科学地展示出我国富气目标区带的分布规律。这些研究成果，为清醒地认识我国煤层气资源状况、开展有利区带优选和进行勘探开发战略部署奠定了坚实的基础。

该书作者根据我国的地质条件，从煤层气成因、煤储层物性、构造作用、沉积作用、水文地质条件等角度深入系统地探讨了煤层气赋存和分布的地质控制规律，获得了多方面的发现和创新性认识。例如，建立起干燥煤样与平衡水煤样之间吸附特性的换算关系，就含水煤样朗格缪尔体积的演化规律得出了新的认识；从理论和实践上指出构造应力是影响

---

* 原载于中国煤田地质总局著，《中国煤层气资源》，徐州：中国矿业大学出版社，1998。

我国煤储层渗透性的重要地质因素，首次总结出我国煤储层物性试井参数的分布规律，揭示出煤储层渗透率与煤层厚度和煤体结构之间的相互关系，发现了煤岩显微组分组成对于煤储层吸附性具有的临界控制作用；指出我国地台基底型含煤盆地和地台与褶皱带过渡区含煤盆地具有良好的煤层气资源条件和开发前景，将我国煤层气赋气构造归纳为 4 类 10 型，认为燕山期构造运动和地热场性质对我国东部晚古生代煤的煤层气生成保存条件具有深刻影响，揭示出我国煤级控气的阶段性特征并深入论证了其机理；创造性地将我国水文地质控气特征总结为水力运移逸散作用、水力封闭作用和水力封堵作用 3 种类型；认为我国上古生界浅层煤层气的解吸—扩散—运移效应十分显著，指出其根本原因在于煤层是一种“有机”储层，提出了这种效应越强烈则常规控气地质因素的重要性将会越显著的新观点。该书作者在煤层气控气地质因素方面的可贵探索，在我国煤层气地质选区中具有良好的应用前景，有力地推动了我国煤层气地质理论的深化和发展。

该书的一个显著特色，还在于突破了“综合评价标准”方法的传统思路和局限性，以新颖的技术思路和严谨的方法流程首次建立起“递阶优选+定量排序”的我国煤层气有利区带优选理论和方法体系，为我国煤层气区带前景提供了一种科学性较强、可信性较高和可比性较大的统一评价和决策的工具。在该方法体系中，作者充分考虑到煤层气地质条件确定性和模糊性并存的双重属性，将几何、储层、盖层和资源四大因素 14 个要素予以量化，认为含气量、面积、资源丰度、渗透率和临储压力比 5 个要素是具有“一票否决”作用的关键要素，并将水文、构造、沉积等暂时难以量化的控气地质因素分析贯穿于优选的全过程，由此得出的全国煤层气有利区带优选成果是有科学依据的，必将为我国煤层气勘探开发战略部署和决策提供有力的技术支持。

我国煤层气地质背景复杂、类型多样，煤层气赋存和开采地质条件明显不同于国外某些煤层气资源开发较为成功的国家和地区。该书是我国煤层气资源科学测评和地质理论系统研究的第一部学术专著，它科学地展示出我国煤层气资源开发利用道路曲折但前途光明的前景，也昭示出适合于中国地质条件的煤层气基础地质理论体系正在逐步形成，真乃可喜可贺！在该项研究成果正式出版之际，我衷心地期望我国煤层气工业在不久的将来会有新的突破，取得更大发展。

《油气稳定同位素地球化学》序*

稳定同位素地球化学是研究元素的稳定同位素在不同地质体中变化规律并用这些规律来解决各种地质问题的一门发展很快的新兴学科，现已进入地球科学的许多领域并发挥着越来越重要的作用。

稳定同位素地球化学是在质谱学、物理学、核物理学、同位素化学与超纯分析，以及地球科学的基础上发展起来的，尤其是近年来诞生发展的单体分子碳同位素分析与分子系列碳同位素的研究，更是现代高科技的结晶，它们的发展为人类深入客观地认识自然，了解、掌握自然规律做出了贡献，不但直接服务于科研生产实践，而且具有很大的理论探索意义。

在近20年的油气勘探与开发实践中，国内外的石油地质和地球化学专家们都在积极地探讨将同位素资料应用于油气的探查、成因判断、油气源对比，乃至成烃先质的推断等方面的研究之中；储层研究工作者们也在成岩水源分析、成岩阶段划分、成岩碳酸盐物质来源等研究领域大量应用了同位素资料，获得了十分满意的结果；地层学工作者们在进行不同沉积相带间地层划分与对比，尤其是缺少化石的钻井地层学研究，乃至全球性、大区域识别重大地质事件等方面探索中，建立了同位素地层学；在McCrea于1950年建立磷酸法分析碳酸盐中的氧、碳同位素组成的基础上，同位素分馏理论日趋完善，同位素分析技术水平也不断提高，这都极大地丰富和发展了同位素地球化学。

《油气稳定同位素地球化学》是该领域的第一部专著。书中对当今石油天然气勘探与开发中的同位素资料解释进行了系统的介绍和理论阐述，同时还列举了大量国内外研究成果。该书的系统性与内容涉及领域的广泛性都是国内外同类研究所不及的，它不但具有前沿性，也可成为我国科研、教学与生产部门有关人员重要的参考资料与工具性书籍。

毕业于北京大学的王大锐博士受过良好而系统的地质科学素质教育而具学术胚胎基础，是一位精力充沛、思路开阔、善于开拓的年轻人。在石油勘探开发科学研究院工作的近20年中，锲而不舍地进取，笔耕不止，已发表数十篇学术论文，并与他人合作出版了多部专业著作与译著。同时，与我共同参加过国家自然科学基金等研究项目，在国际上最有影响的石油地质刊物上发表过研究论文。《油气稳定同位素地球化学》是他爱业、勤业和创业的结晶和硕果。一年前，王大锐博士提出撰写此书的想法和书的内容结构时，我便欣然答应为其作序，今天特向广大读者推荐这本优秀的科学专著。

---

* 原载于王大锐著，《油气稳定同位素地球化学》，北京：石油工业出版，2000。

《煤成烃国际学术研讨会论文集》序*

1998 年“煤成烃国际学术研讨会”在代表们的积极参与下即将圆满结束，会议开得紧凑热烈，会上代表们交流了新成果，提出了新认识，展示了新思路，是一次促成煤成烃学术研究、为有效勘探煤成烃提供科学依据，并有重要学术和实用意义的国际煤成烃会议。

一、会议收获

1. 煤成烃是油气能源的重要组成部分

将世界主要含煤气盆地与含油气盆地对比，发现两者在地域与层位上关系十分密切。世界超大型气田西西伯利亚盆地北部的乌连戈伊气田、亚姆堡气田和麦得维热气田同上白垩统的赛诺曼阶波库尔组煤系源岩有关，并形成众多大型聚气带，成为世界最大的气区，其占全球商业气储量35%以上。随着对煤成烃的深入研究和勘探，煤成烃在油气能源中的重要性日益增大，如在中国煤成烃理论未形成之前，基本没有发现煤成油田，而煤成气探明储量也仅占气层气的9%，但有了煤成烃理论并用之指导勘探后，煤成气储量则上升为40%，并在中国发现了世界著名的以煤成油为主的吐哈盆地，在中欧盆地西部的荷兰、英国同样有这种情况。

2. 煤成油的理论进一步发展

煤及煤系能生成液态烃，但形成以煤系为源岩的工业性煤成油需要特定的地化、地质条件，成煤作用中期是煤系源岩生成液态烃的最佳时期。几乎所有煤系都可以作为气源岩，在整个成煤作用过程中均能成气，但煤成油的形成又局限于成煤作用中期阶段（主要是长焰煤、气煤和肥煤阶段）的一些特殊的煤系，即煤的有机显微组分中壳质组含量较高的煤系，或者荧光基质镜质组含量高的煤系（中国吐哈盆地，有利煤成油形成和排烃期在 R_o 为0.7% ~0.9%时）。当成煤作用中期的煤系其壳质组或荧光基质镜质组含量不太高时，往往形成凝析气田，但有时也出现小规模的个别的煤成油田，其原因：①由于气的散失量大于油，这些煤成油具“残余油”性质，这类煤成油田往往储层浅，位于盆地边缘（塔里木盆地北缘依奇克里克油田、准噶尔盆地南缘古牧地油田、英吉利盆地西缘陆上维士法煤系里小油田和新西兰塔纳拉基盆地东缘塔纳拉基半岛上个别小油田）；②断层作用油气重力分异聚集油藏（冀中拗陷苏桥气田奥陶系峰峰组和上

---

* 原载于戴金星、傅诚德、夏新宇主编，《煤成烃国际学术研讨会论文集》，北京：石油工业出版，2000。

马家沟组气藏)。虽然对于煤成油是否主要形成于煤或煤系泥岩还有争论，但两者兼生是较客观可信的。

3. 煤成气田分布规律

煤成气田主要分布在：①自生自储型和下生上储型；②煤成生气中心及其周缘；③低气势区；④断裂圈闭中；⑤煤成气区古构造中。

4. 苯、甲苯和甲基环己烷是煤成气及油型气鉴别新指标

中国在利用煤烃气碳同位素及氢、氩诸同位素及其组合等鉴别煤成气、油型气和无机成因气上取得了可信度高的世界高水平的成果。近期石油勘探开发科学研究院廊坊分院又筛选出受热成熟度和运移分馏效应影响较小的笨、甲苯及甲基环已烷碳同位素来鉴别煤成气和油型气的新方法，在琼东南盆地、塔里木盆地、鄂尔多斯盆地和渤海湾盆地取得了好效果。

5. 煤系成烃的多期性

根据吐哈盆地的研究，煤成油形成最佳期是 R_o 为 0.7% ~0.9% 时，也就是煤系成油可能主要只有一期。但煤系和亚煤系成气显然具有多期性，可以说贯穿成煤作用绝大部分阶段：中国柴达木盆地第四系七个泉组沉积最厚达 3200m，是套夹有泥炭的Ⅲ型泥质岩，R_o 最大达 0.42%，一般在 0.25% ~0.35%，这里发现了煤型生物气，已探明储量达 $1500\times10^8\ m^3$；西西伯利亚盆地北部赛诺曼阶中波库尔组（Pokur）煤系 R_o 为 0.55% ~0.64%，形成的世界最大气田则属于低成熟煤成气；中亚煤成气聚集域从卡拉库姆盆地至塔里木盆地 R_o 为 0.6% ~1.2% 中—下侏罗统煤系形成大量煤成凝析气田，同时在塔里木盆地库车拗陷克拉 2 井发现同位素很重（$\delta^{13}C_1$ 为 -27‰，$\delta^{13}C_2$ 为 -19.4‰）的天然气，这与中欧盆地德国雷登气田碳同位素值十分相似，是高至过成熟的天然气。中欧盆地和渤海湾盆地的石炭-二叠系均存在二次成气，以上说明煤系成气作用是多期的。

6. 多学科交叉研究煤成烃已展开序幕

以往中国煤成烃研究偏重地球化学和成藏分布规律研究，在这次“煤成烃国际学术研讨会”上出现多学科交叉研究煤成烃的好现象：如对含煤地层的沉积环境、有机相、含煤盆地的构造类型及形成等的研究，这些研究势必进一步推动煤成烃研究，为勘探更多的煤成油气田提供更多手段。

二、期望和建议

1. 更深入更广泛地开展煤成烃研究

与油型烃相比，煤成烃研究历史短得多，特别是煤成油研究历史更短。因此煤成烃研究的深度和广度均不深，刻不容缓地要深化煤成烃研究，以便为能源日益紧张的世界提供更多的煤成烃资源。因此，若干时间后有必要再次召开国际煤成烃会议。

2. 加强国际合作研究煤成烃

由于各国地质条件，特别是煤系成烃条件不同，研究偏重不同，故互相借鉴研究成果，互为提高是十分必要的。例如，在西伯利亚盆地的波库尔组煤系 R_o 在 0.55% ~ 0.64% 形成超大型大气田，而在塔里木盆地英吉苏拗陷有大片中—下侏罗统煤系 R_o 在 0.45% ~0.55%，但未见好的油气苗头，原因何在？故进行中俄煤成烃对比研究是十分有好处的。

《碳酸盐岩生烃与长庆气田气源》序*

在中国油气事业史上鄂尔多斯盆地是个“功勋卓著”的含油气盆地，这是由于：其一，我国石油一词首先源于该盆地。宋朝沈括 1080 ~ 1082 年担任陕北军政首长时，就观察研究这里的石油，在《梦溪笔谈》中指出“挪（今富县一带）延（今延安一带）境内有石油，旧说高奴县出脂水，即此也。”石油一词袭用至今；其二，我国最早记述的气苗是在鄂尔多斯盆地。公元初班固在《汉书》中记载在鸿门（今陕西省神木县西南）有“火井”，“火从地中出”。张抗总工程师研究认为鸿门气苗是我国最早发现的煤成气；其三，我国目前最大的气田——长庆气田地处鄂尔多斯盆地，该气田已经建成陕京、陕宁和靖西三条长输气管线，成为我国跨省区最多的输气盆地。

《碳酸盐岩生烃与长庆气田气源》一书重点研究了长庆大气田的主要储层奥陶系马家沟组碳酸盐岩和主要烃源岩石炭-二叠系煤系的有机地球化学特征、奥陶系及石炭-二叠系气藏的天然气地球化学特征，在此基础上进行了气源对比并论述了天然气的成藏作用。长庆气田自其发现的十余年来，由于是全国最大的气田，倍受研究者重视。其中气源及成藏尤受油气界瞩目，特别是奥陶系的气源历来有两种观点：一种认为主要储层奥陶系碳酸盐岩是烃源岩，气源是自生自储的油型气，但也有上覆石炭-二叠系煤系的煤成气混入，即以下古生界油型气为主、上古生界煤成气为辅的混合气；另一种认为过成熟、低有机碳丰度的台地相奥陶系碳酸盐岩难以成为烃源岩，即使成烃数量也有限，也只能生成少量油型气，奥陶系马家沟组碳酸盐岩风化壳气藏的气源主要是由上覆石炭-二叠系煤系来的煤成气，即以上古生界煤成气为主、下古生界油型气为辅的混合气。《碳酸盐岩生烃与长庆气田气源》在充分利用、深入分析历来两种观点理论依据的基础上，提出了长庆大气田奥陶系气藏的主要气源是上古生界煤成气，同时也聚集了石炭系中偏腐泥型烃源岩（石灰岩和少量泥岩）生成的油型气这一新颖观点。如果读者细读琢磨该书，会发现作者立论有据、阐述精辟，感到不虚一读并有所收益。

《碳酸盐岩生烃与长庆气田气源》一书是鄂尔多斯盆地有关天然气地质和地球化学的一部力著。它是在 1999 年夏新宇博士后出站报告的基础上，经修改、补充而升华的专著。作者以往并不熟悉鄂尔多斯盆地的油气地质和地球化学，在他两年博士后工作期间，大量地阅读资料和文献，消化前人的成果和观点，纳优吐疑、酝酿推敲；同时几次去现场，请教有关人员，并得到支持和指导。前人研究成果和自己第一手素材结合、爱业与勤业结合、探索与开拓结合，孕育了创新因子，这是《碳酸盐岩生烃与长庆气田气源》成书的重要特色。

---

* 原载于夏新宇著，《碳酸盐岩生烃与长庆气田气源》，北京：石油工业出版社，2000。

《特提斯北缘盆地群构造地质与天然气》序*

如果说数学是自然科学的哲学，那么，大地构造学则是地质科学的哲学。《特提斯北缘盆地群构造地质与天然气》一书，从大地构造入手，探索特提斯北缘盆地群的富气性缘由，阐述富气的控制因素，综合富气的规律，指出富气的区域。因此，该书由高起点切入，故不仅具有很强的理论性，而且有重要的实用性，是天然气地质学中难得的一部力著。

横贯欧亚大陆南部的巨型东西向特提斯带，有许多经典的大地构造论著，为油气地质学研究提供了很好的基础。特提斯带南部的特提斯前陆盆地群富油，有以石油雄称于世的波斯湾盆地，石油地质论著丰硕；特提斯带北部的特提斯北缘盆地群富气，有以气富甲一方的卡拉库姆盆地，天然气地质论著颇丰。特提斯带的南油北气的油气分布规律十分明显；在油气研究程度和深度上，特提斯带油强气弱也十分清楚；在油气勘探程度和发现率上，特提斯带西（波斯湾盆地、卡拉库姆盆地）高、东（印度河-恒河盆地、塔里木盆地）低亦十分显著。《特提斯北缘盆地群构造地质与天然气》的问世，对加强特提斯带北缘盆地群天然气的研究，加速其东部天然气的勘探和提高发现率起着推动作用。特别对我国西部天然气勘探提供了理论依据，促使西部能寻找出更多的气田，对西部大开发有重要意义。

本书是在“九五”国家重点科技攻关项目“塔里木盆地石油与天然气勘探”的下设专题“特提斯东段天然气富集区构造特征与塔里木盆地天然气前景”研究的基础上，经升华成书。实际上概括了作者“八五”国家重点科技攻关项目的专题成果并使其延伸和发展，是长期攻关、实践和研究的结晶。

本书前两位主要作者是我国最早一批地质构造专业的博士，是我国最著名的大地构造学家之一郭令智院士的学生；后两位主要作者也是地质专业的博士。所以，作者们有雄厚的大地构造知识和研究才干。贾承造博士毕业后十几年来一直在塔里木盆地从事现场构造地质和油气地质工作和研究，积聚了丰硕的宝贵的第一性资料和数据。扎实的理论知识和丰硕的实践结合，孕育而诞生了开拓性的《特提斯北缘盆地群构造地质与天然气》专著的问世，十分值得一读。

科技工作者有期望创新成果，盼望得国际一流评价，渴望得国家级奖励，这是可以理解的，也是应该鼓励的。但获得“三望”后，在实践中若成果不能促进生产提高，创造不出与“三望”相应的高效益，那么“三望”的作用就大为逊色，这样的事在科技界中不

* 原载于贾承造、杨树锋、陈汉林、魏国齐等著，《特提斯北缘盆地群构造地质与天然气》，北京：石油工业出版社，2001。

是没有，《特提斯北缘盆地群构造地质与天然气》在怀孕和诞生过程中，塔里木盆地天然气勘探有了新突破，发现了克拉 2 大气田等，促使了“西气东输”工程的实施；柴达木盆地天然气勘探出现新的曙光。故该书有“三望”相应的高效益，这是十分可贵之处、可嘉之处、可贺之处。

《准噶尔盆地油气形成与分布论文集》序*

准噶尔盆地是我国的明星含油气盆地之一，获此殊荣不仅是因它是我国最大含油气盆地的一员，有先天形成的含油气潜力大的地质基础，而且它在油气工业的过去和现在均有过赫赫战功。例如，20 世纪 50 年代，它是我国产油主力盆地，发现了我国第一个大油田克拉玛依油田，为中华人民共和国成立初期的石油工业做出了大贡献；近年来，准噶尔盆地油气勘探与生产捷报频传，2002 年原油产量可望突破 1000×10^4t，天然气产量可达 $20\times10^8\,m^3$，成为中国西部地区第一个千万吨级的大油区，是西部石油的骄子，为西部大开发作出重要贡献。准噶尔盆地成为明星含油气盆地虽有众多原因，但老中青石油工作者忘我地在艰苦环境中不懈奋斗是其中的一个重要原因。在石油队伍的千万人员中，年轻的王屿涛就是其中的一员，他扎根准噶尔盆地从事油气地质现场勘探和研究，为该盆地油气勘探和研究贡献力量，为准噶尔盆地成为明星含油气盆地添砖加瓦。

《准噶尔盆地油气形成与分布论文集》是王屿涛从事该盆地油气勘探和研究的结晶，是为盆地油气争储上产的奉献，是一位年轻的油气工作者勤岗敬业的表白。《准噶尔盆地油气形成与分布论文集》有 42 篇论文，包括天然气勘探研究、油气成藏研究、稠油成因与分布研究、模拟实验研究、生油和油气成因研究五个方面的内容，是一部深入研究、内容丰富、怀育新意的有关准噶尔盆地油气地质的科学著作。在西部大开发启动不久，此书的问世具有特殊意义，是可喜可贺的。值得读者一读，相信读后定会获益匪浅。

记得 20 世纪 80 年代我几次去准噶尔盆地进行野外天然气调查、取样和搜集有关资料，得到与我同辈的范光华和伍致中等同志和年轻一代人的指导和热情支持，至今我还深深地感激他们无私的帮助。那时在准噶尔盆地从事油气勘探和研究的年轻一代中，有好些刚露头角的佼佼者，在当时接触中我觉得王屿涛就是其中一员。事隔 10 多年，当我读到他的《准噶尔盆地油气形成与分布论文集》时，倍感高兴，表明我国年轻一代油气工作者成才了，成为进一步发展和提高我国油气工业的骨干。我祝贺他们为祖国的油气工业做出比前辈更大的贡献，并希望在今后能读到他们更多的专著，为油气科学发展勤于耕耘，默于钻研，善于创新。

---

* 原载于王屿涛著，《准噶尔盆地油气形成与分布论文集》，北京：石油工业出版社，2003。

《柴达木盆地北缘石油地质》序*

柴达木盆地是世界上海拔最高的大型含油气盆地，这里自然环境恶劣、地质条件复杂，勘探工作艰辛。但从1954年柴达木盆地石油天然气勘探拉开帷幕以来，几代柴达木石油人，面对复杂的地质景况，战胜艰苦的生活，发扬“爱国、创业、奉献”为精髓的柴达木石油精神，为国家寻找大油气田。在拼搏中为神州奉献油气，终于在2002年实现了油气产量突破300×10^4t大关；在勘探中为赤县争荣争气，探明了世界上第四系中最大的气田，建成了西北第一条跨省长输气管线，把气送向西宁、兰州、格尔木……，送给了这些城市更多的蓝天，给人们增添了健康。

柴达木盆地目前研究、勘探、开发层系主要是第三系和第四系，在地区上主要是柴西和柴中东。开辟新地区和新领域，研究新层系的含油气状况，是一个盆地探明和开发新大油气田的必经途径。在柴达木盆地油气勘探和研究中成长起来的年轻一代石油人中，党玉琪、胡勇、余辉龙、宋岩、杨福忠，选中了虽曾一度勘探而未突破的侏罗系新领域和新层系，选中了柴北新区，在前人有限研究的基础上，用大量新近的第一性实践与研究的成果，基于前人，力超前人，撰写了《柴达木盆地北缘石油地质》专著，为柴达木盆地油气勘探和研究注入了新活力、新思维和新方向。

《柴达木盆地北缘石油地质》专著阐述、研究和综合了该区的沉积地层、构造变形特征与构造演化史，以地质、测井和地震相结合的手段，识别出侏罗系有六种沉积体系；侏罗系和第三系各有两类储层；侏罗系有下统和中统两套烃源岩，并分别发育于南北两个带中；根据冷湖、南八仙等油气藏解剖，发现油气藏有两大成藏期，深浅两套油气藏和两种油气藏类型的共同规律，最后总结出油气富集的控制因素，提出了勘探的有利方向。读完全书，可以捕捉到该专著以侏罗系为核心，畅述其沉积中心迁移、烃源岩以Ⅲ_1有机质为主，近期以生气为主生油为辅，柴北缘天然气为典型的煤成气，编制了能定量预测气田的生气强度图和气势图。全书立论有据，有新资料、新认识和新观点，不乏闪光点。此专著是该区侏罗系油气研究精华之作，创新之作，是作者们善于开拓、勤于实践、潜力综合的硕果，其将对侏罗系的油气勘探和研究起促进作用。正因如此，《柴达木盆地北缘石油地质》专著问世是可喜可贺的，建议读者一读，定会受益匪浅。

近年来我国西北油气勘探开发捷报频传，相应论著频频问世。在西北几个大盆地与侏罗系有关的油气勘探屡屡获得大突破，而柴达木盆地相关侏罗系油气尚待突破。《柴达木盆地北缘石油地质》专著出版，是年轻一代石油人向该盆地侏罗系有关油气索取大

---

* 原载于党玉琪、胡勇、余辉龙等著，《柴达木盆地北缘石油地质》，北京：地质出版社，2003。

油气田的宣言书。19 世纪法国一位著名科学家有这样一句名言“工作随着志向走，成功随着工作走”。《柴达木盆地北缘石油地质》是工作随着志向走之花，我们深信他们会随着勘探工作进行而发现大油气田结出成功之果，并为西部油气勘探开发高潮的到来锦上添花。

《库车前陆盆地天然气生烃动力学》序*

库车前陆盆地是西气东输的圣地和摇篮，由于怀孕西气东输主力气田克拉 2 气田扬名全国，它从东至西分布着阳霞凹陷、拜城凹陷和乌什凹陷，各自发现了迪那 2 大气田、克拉 2 大气田和依拉克大气田，成为我国天然气丰度最大的宝地。该区丰富的油气资源而显露的油气苗，早被古人记载：欧阳修《新唐书》中“伊罗卢城（今库车县治），北倚阿羯田山，亦日白山，常有火”。李延寿《北史》中“龟兹”（今库车县一带）“西北大山（今哈尔克山）中有如膏者（像油脂）流出成川，行数里人地”。库车前陆盆地北枕横亘中亚的巍巍天山，南临浩瀚无垠我国最干燥的塔克拉玛干沙漠，其内地形崎岖，地质调查困难，物探工作艰辛，钻井工程复杂，气候环境恶劣。1998 年 4 月中旬我随塔里木油田的同志们曾在此地质考察几天。一天上午还阳光灿烂，但下午骤然彤云密布，急风疾驰，沙尘扑面。当时我们正在一陡崖下观察剖面。此时油田的一位同事要大家赶快撤离陡崖下，因风太大时可能把陡崖上石头吹落伤人。此话令我即刻萌生对在此从事争气的勘探者的敬意。

库车前陆盆地是我国含气丰度最高、天然气地质和地球化学素材极富的地域，故给成书提供了得天独厚的优越性和扎实的基础；《库车前陆盆地天然气生烃动力学》是由塔里木油田分公司、中国科学院广州地球化学研究所、中国石油勘探开发研究院三个单位的作者，经收集翔实的丰富的第一手资料和周密的实验分析、精心的综合研究结出的硕果，是我国首部有关天然气生烃动力学的专著。故无论从该专著所研究地域的重要性、内容的新颖性、还是学科的前沿性，都是吸引读者先读为快的。因此，她的出版是可喜可贺的。

天然气生烃动力学是 20 世纪末才发展起来的前沿学科。最新发展起来的前沿学科可予以研究者更多创新的机遇，《库车前陆盆地天然气生烃动力学》力作就是极好的例证。该专著从库车前陆盆地成气基础、煤系烃源岩生气动力学特征、聚集效率、生烃与圈闭形成的匹配关系等角度，论述了两大气田形成条件，指出库车前陆盆地还有发现大型、特大型气田的潜力。同时根据对克拉 2 大气田和依南 2 气藏天然气的运聚特征和成藏特点的典型解剖分析，为有利勘探地区的预测提供了理论依据。本书的一大特色是融天然气理论与勘探于一体，并为之提供了一种新的研究思路和技术方法。书中一些成果被塔里木盆地，特别在库车地区油气勘探所采用而有成效。故该专著在理论和实践上均有重要意义，将对我国天然气生烃动力学理论和学科的发展起推进作用，丰富和发展了我国天然气地球化学研究。

近年来，我国天然气工业发展迅速，天然气储量不断增长，大气田发现数不断增加，

* 原载于王招明、王国林、肖中尧等著，《库车前陆盆地天然气生烃动力学》，北京：科学出版社，2005。

天然气年产量不断增多。我国从贫气国正迈向年产 $500\times10^8\,m^3$ 产气大国。在天然气生产大好形势的同时，可喜地出现从事天然气勘探与研究的一批年富力强的年轻人，本专著的主要作者王招明博士等人就是其中的佼佼者。本书的主要作者，一出校门就长期在塔里木盆地艰苦环境中从事现场勘探至今，更可贵的是他们的实践与研究结合得很好，在奉献出克拉 2 大气田、迪那 2 大气田……的同时，奉献给读者《库车前陆盆地天然气生烃动力学》力著，这是值得衷心庆嘉的，祝愿作者们今后取得更多的成果。

《中国海域油气地质学》序*

中国是世界海洋大国之一，拥有 $300\times10^4km^2$ 的管辖海域，在这浩瀚辽阔的蓝色国土里，蕴藏有丰富的石油与天然气资源和巨量的天然气水合物新型能源，具有十分美好的勘探开发前景。

近半个世纪以来，我国在管辖海域通过地质、地球物理、地球化学和工程钻探等多种手段开展油气勘探，发现并圈定了一系列含油气盆地，实现了油气连续突破；尤其是改革开放的25年来，伴随着国民经济的飞速发展和对油气资源的迫切需求，我国通过不断加快海上油气勘探开发的进程，已在近海海域先后发现了9个亿吨级大型油田和2个大型气田。我国持续不断地多学科联合攻关，在取得丰硕油气勘探成果的同时，油气地质理论也迅速地得到发展，为本专著编写提供了有利条件。据估算，我国海域油气资源量达到 400×10^8t，将为我国建立东部新兴油气工业基地，增加油气储、产量和促进国民经济发展做出重大贡献！

《中国海域油气地质学》的问世，凝聚了中国海洋石油总公司、国土资源部、中国科学院、石油地质院校和青岛海洋地质研究所等诸多单位、众多科技者劳动的硕果、科研的结晶。法国石油地质学家 Perrodon 有句名言：“没有盆地就没有石油”，充分说明了盆地是油气的摇篮，对油气形成、存在和聚集起着非常关键的作用。本专著的特点是从全海域整体出发，以中国海域含油气盆地为中心，以中国海域大陆边缘构造演化为背景，全面系统地阐述了其中成盆、成烃、成藏的基本地质特征，强调了盆地地球动力学不同演化过程对不同类型沉积盆地的控制作用，并对主要盆地含油气系统进行了详述和研究。全书充分体现出创新的理念，着力于国内外油气地质科学理论前沿与现代高新技术发展的方向，汇集和精选了大量海域油气勘探与研究方面的最新信息，并收录名家名作包括数位院士的研究实例，可有效拓宽读者思维空间使之获得实际启示。

本专著紧密结合我国海域油气地质实际，如第八章专门阐述了《中国海域天然气地质学》，客观地反映出东海陆架盆地、琼东南盆地和莺歌海盆地所蕴藏丰富天然气资源及其良好的勘探前景。专著还把《中国海域天然气水合物》单独列为一章加以叙述，反映出对这种具有巨大潜力的未来新能源的高度重视，以及对开发我国深水陆坡和海槽等能源新领域之希望。这在以往油气地质学专著中是极少涉及的。

《中国海域油气地质学》另一特点是编著者有针对性地将“盆地模拟系统”“海域地球化学勘探技术”以及“海域油气资源地理信息系统技术”等有关章节作为新技术新方法编辑入书，将有助于应用现代高新技术对含油气盆地的认识，较准确的进行油气

* 原载于蔡乾忠主编，《中国海域油气地质学》，北京：海洋出版社，2005。

勘探评价。

本专著主编蔡乾忠研究员诞生于被誉为“东南小邹鲁”的浙江省瑞安，20 世纪 50 年代毕业于南京大学地质系，我们是同乡又是校友，他是我的学长。半个多世纪以来，他一直兢兢业业从事油气地质勘查与研究工作，足迹遍及我国陆上与海域的诸多含油气盆地。天道酬勤，人间奖勤，《中国海域油气地质学》是蔡乾忠研究员长期从事油气勘探与研究工作的升华、智慧的结晶。我深信，她的出版将对中国海域油气地质学理论的发展颇多裨益，对国内外同行进一步了解我国海域油气勘探情况和取得的重大成就，定能发挥积极的作用。故该专著出版是可喜可贺的，并推荐大家值得一读，读后会受益匪浅。

借此机会，我谨向参加专著编撰的专家们表示诚挚的祝愿和敬意！

《天然气水合物资源概论》序*

天然气水合物，也称可燃冰或固体甲烷。

天然气水合物具有能量密度高、分布广、规模大、埋藏浅等特点，故引起许多国家、有关组织及科学家的高度关注。按理论计算，在标准条件下，$1m^3$饱和天然气水合物可释放出$164m^3$的甲烷气体，是其他非常规气源岩（诸如煤层、黑色页岩）能量密度的10倍，是常规天然气能量密度的2～5倍。因此。天然气水合物是迄今所知的最具有价值的海底能源矿产资源，其巨大的资源量和诱人的开发利用前景使它很有可能在21世纪成为煤、石油和天然气之后的替代能源。

天然气水合物的分解是海底地质灾害的重要诱发因素，现已查明，世界各大陆边缘许多海底滑塌、滑坡和浊流作用，都与海底天然气水合物分解有关。另外，天然气水合物释放出的甲烷还是一种重要的温室效应气体，甲烷的温室效应问题已成为国际上的一个前沿课题而受到人们的高度重视。因此，无论从寻找战略后备能源的角度出发，还是从灾害防治和维护人类生存环境的方面考虑，天然气水合物研究具有重要意义。

近30年来，西方各国已开展了大量针对天然气水合物的调查与研究，对天然气水合物的成矿条件、分布规律、形成机理、勘查技术、经济评价、环境效应与环境保护等方面进行了较为系统的研究。相比之下，我国在这一领域的研究和调查起步较晚，大约落后西方30年。20世纪80～90年代，国土资源部、中国科学院、教育部等有关单位的科学家陆续开展了有关天然气水合物的国外情报调研。1999年，在国土资源部中国地质调查局部署下，广州海洋地质调查局利用高分辨率多道地震调查手段，率先在南海北部大陆坡西沙海槽区发现了天然气水合物存在的重要地球物理证据——似海底反射波（BSR），拉开了我国天然气水合物资源调查的序幕。2002年年初，国务院正式批准设立了“我国海域天然气水合物资源调查与评价”专项，旨在利用地质、地球物理、地球化学和钻探等多学科的先进技术手段，调查与评价我国海域的天然气水合物资源状况。

为系统了解国际上有关天然气水合物先进的调查研究与评价的技术方法及研究成果，2001年5月，中国地质调查局设立院士科研基金项目“海域水合物地质找矿方法及成矿远景前期研究”（编号：2001-YSJJ-G/H）。近20名年轻科技人员在金庆焕院士的带领下，从天然气水合物形成条件与成矿机理，天然气水合物分布区的海底浅表层地质与地球化学异常特征，天然气水合物资源量评估及资源前景等方面，开展全面、系统、深入、细致的调研与分析，并及时应用到南海北部大陆坡天然气水合物资源调查与研究工作中，为顺利实施和出色完成国家水合物专项任务提供先进理论、方法参考与指导，取得明显的效果。

---

* 原载于金庆焕等著，《天然气水合物资源概论》，北京：科学出版社，2006。

《天然气水合物资源概论》是上述院士基金项目研究成果的升华和结出的硕果，主要内容包括天然气水合物形成的地质背景、天然气水合物稳定域及其温压条件、天然气水合物喷溢口的生物群落和自生碳酸盐岩、天然气水合物的地球化学研究、天然气水合物成矿条件与成矿机理、天然气水合物甲烷资源量评估方法及全球水合物资源前景等。

《天然气水合物资源概论》是我国目前不可多得的、系统的关于天然气水合物地质找矿理论与方法研究的文献，可贵之处还在于该专著中有研究我国天然气水合物的首批系列成果，是研究我国天然气水合物的首部专著。相信该专著的出版，对推动我国海洋天然气水合物的调查研究，寻找战略储备能源，丰富天然气水合物的地质成矿理论，具有重要的科学意义。该力著的出版是可喜可贺的，值得一读，故推荐给大家，读后定会获益匪浅。

天然气水合物研究与勘探是一项朝阳事业，其因有二：一是目前世界能源，尤其是油气紧缺，而据估算天然气水合物资源是现在已探明化石燃料（煤、石油和天然气）总含碳量的2倍，故其潜力是朝阳般地诱人；二是无论是国内还是国外，天然气水合物研究和勘探均处于起始阶段，有众多问题待解决，众多规律待发现，更多的天然气水合物矿藏待探明，故从事此项研究和勘探，有取得朝阳般成果的机遇。

《高效天然气藏形成分布与凝析、低效气藏经济开发的基础研究》序*

我国在天然气地质理论研究上取得多方面的重大进展，从而推动和促进了我国天然气工业的迅速发展，使中国天然气工业进入了黄金岁月。天然气产量从 1949 年的 $0.11\times10^8m^3$ 增至 2006 年的 $585.5\times10^8m^3$，增长了 5323 倍，成为世界重要的产气国。其中几项突出成果对指导大气田的发现、增加天然气探明储量作用尤为突出，如煤成气理论的建立使天然气勘探理论从一元论发展为多元论，大大拓展了勘探领域，煤成气在探明储量中的比例从 1978 年的 9% 增至 2005 年的 70%。大气田发育在生气中心及其周缘、天然气晚期成藏等大天然气田形成与分布主控因素研究成果，有力地指导了我国大气田的发现。由于我国天然气地质条件复杂，成因与成藏类型多样，控制成藏的因素千差万别，为保证天然气工业在未来 20 年来的快速大发展，仍需要在天然气成因、成藏、分布规律等地质基础研究方面持续不断的加强研究，以新的认识指导复杂地质条件下的天然气勘探，争取发现更多的大气田、建成更多的大气区。

以赵文智教授和刘文汇研究员为首席科学家的国家 973 “高效天然气藏形成分布与凝析、低效气藏经济开发的基础研究” 项目自 2001 年正式启动，汇集了一支国内从事天然气地质基础研究的核心力量，经过五年的攻关，不仅在天然气成因、成藏方面提出了新的认识和一系列定量评价指标，而且紧密结合勘探实践，总结提出了我国高效天然气藏形成的基本条件，预测了高效天然气资源总量与分布，指出未来勘探高效大气田的方向和主要领域，是一项基础理论的创新，指导勘探见实效的优秀研究成果。

在气源灶评价方面，将生烃动力学引入气源灶评价，提出高效气源灶的新概念和熟化速率、主生气作用时间、主生气期生气速率等五项定量评价新指标，指出高效气源灶是一定规模的优质气源岩在热力或生物化学营力作用下，于较短时期内生成并排出大量天然气，从而在大、中型气藏形成中高效发挥作用的一类优质气源灶，是形成高效天然气资源的基础，推动了气源灶定量评价的发展。

在天然气的成因方面，提出有机质 “接力” 成气模式，指出在烃源岩演化的高-过成熟阶段，滞留于烃源岩内部的分散可溶有机质是重要的成气母质；探索了高阶成气的新来源；细化了 Tissot 模式在高-过成熟阶段成气物质来源，丰富和发展了天然气成因理论，回答了海相成因天然气藏晚期成藏的机理问题，已有效指导了塔里木盆地、四川盆地海相天然气勘探。

在天然气成藏机理研究方面，提出天然气高效成藏过程受成藏阶段较大的源储剩余压

---

* 原载于赵文智、刘文汇著，《高效天然气藏形成分布与凝析、低效气藏经济开发的基础研究》，北京：科学出版社，2008。

力差、较高的输导效率及良好的封闭三个关键因素控制，并建立了定量评价的标准；提出地质要素、作用过程及能量场环境三要素耦合是控制天然气高效成藏的重要机制，从而推动了油气成藏地质理论的发展，为勘探领域的优选提供了依据。

在高效天然气藏形成条件研究方面，提出中国叠合盆地深层在早成藏、晚埋藏、构造托举、溶蚀改造与火山作用等条件下可以形成优质储层；改变了传统石油地质中有效储层埋深下限在 3500m 左右的认识，成为指导塔里木盆地、四川盆地、松辽盆地深层油气勘探的重要地质依据之一。

以这些新的地质研究成果为基础，在常规天然气资源评价中，增加高效气源灶、过程有效性等定量评价参数及关键时刻三要素耦合程度的评价，实现了对全国高效天然气资源的评价和分布预测；指出我国高效天然气资源总量及主要分布的盆地、区带，在重点探区应用已获得良好的应用效果，对于加快天然气勘探有重要的现实意义。

赵文智教授等撰写的这部专著从我国天然气勘探面临的科学问题出发，以大量试验和地质解剖为基础，系统阐述了我国高效天然气藏形成与分布的地质理论，是一部创新性佳、学术价值高、实用性强的专著。该专著不仅有我国天然气地质基础理论研究方面的最新进展，而且对其继续发展有所启示，在我国天然气工业处于高潮时期，该书的问世是可喜可贺的。向广大读者推荐此专著，读后必将受益匪浅。

《松辽盆地陆相石油地质学》序*

在世界科技史上，中国四大发明为全球人民所赞誉，为人类进步作出了杰出的贡献；在近代，中国的陆相石油地质理论已成为被世人称誉的原创性理论，是油气理论上的一座丰碑。松辽大型陆相湖盆沉积、演化过程，以及陆相大油田的生成、聚集过程是陆相石油地质理论一本天然的经典“教科书”和丰盛的博物馆。自20世纪50年代末大庆油田发现以来，几代石油勘探者发扬“三老四严”的求实精神，在不断发现油气储量的同时，也不断地深入探索、丰富、完善我国陆相石油地质理论，为陆相生油理论的发展和“源控论”的创立做出了突出贡献。80年代初，大庆人系统地总结了松辽盆地油气生成、运移和聚集规律，指导了大庆油田以构造为主的油气勘探发现；随后在90年代末，应用层序地层学和含油气系统理论，进一步发展了松辽盆地油气成藏理论，为盆地构造-岩性油藏的发现提供了重要的依据。

进入21世纪以来，以侯启军和冯志强为代表的松辽盆地石油勘探人充分吸收前人的研究精华，以3000多口探井的钻探结果为基础，以高分辨率三维地震资料和准确的地质、地球化学分析资料为依据，在对盆地的演化过程、沉积过程、油气生成过程等综合分析的基础上，应用高分辨率层序地层学方法、含油气系统方法、沉积坡折带控砂技术、储层包裹体测年技术、油气成藏运移示踪技术等，提出了反转构造油藏的“泵吸”成藏机理、大型三角洲和大面积河道沉积砂体分布控制油藏类型的“三个成藏带”认识和向斜区低-特低渗透砂岩储层中“深盆油藏”的形成机理，这些认识不但丰富了松辽盆地这本陆相石油地质“教科书”，而且对我国陆相石油地质理论也具有重要的意义。近年来，在“三个成藏带”认识和“深盆油藏”理论指导下，松辽盆地岩性油藏勘探取得可喜的进展。其中2004～2007年岩性油藏勘探成效显著，大庆油田连续4年探明石油储量超亿吨，同时准备了多个亿吨级的储量目标区，为大庆油田的持续发展和百年油田的实现做出了应有的贡献。

2009年是大庆油田发现50周年，在将庆贺这个具有历史意义时刻的前夜，侯启军，冯志强和冯子辉等所著的《松辽盆地陆相石油地质学》的出版，既是大庆几代石油人勤于耕耘克难聚果、善于探索凡事揭秘创新的科学研究成果的结晶，也是对几代石油勘探人扎实工作，无私奉献的最好的纪念。相信该书的出版，不但对未来松辽盆地石油勘探将会发挥重要的指导作用，同时对我国乃至世界陆相盆地的石油勘探也会起到有效的借鉴作用。该专著的问世是可喜可贺的，十分值得一读，读后定受益匪浅。

---

* 原载于侯启军、冯志强、冯子辉等著，《松辽盆地陆相石油地质学》，北京：石油工业出版社，2009。

《中国近海新生代陆相烃源岩与油气生成》序*

随着我国国民经济的快速发展，石油消费也在快速增长，油气供需矛盾则日益突出。加强国内油气勘探，增强油气资源对国民经济持续发展的保障能力已十分迫切。我国油气勘探陆海相比，海域勘探程度低，加快海域油气勘探步伐，实现油气资源海陆接替已成必然。

为了促进海域石油勘探更快发展，深化海域各盆地的石油地质研究显得尤为重要。油气勘探，烃源岩研究是基础。《中国近海新生代陆相烃源岩与油气生成》对中国近海渤海(海域)、东海、珠江口、琼东南和北部湾5个盆地22个凹陷中分布的新生代陆相烃源岩与油气生成进行了研究和论述，纵观全书，有两个显著的特点：

其一，从宏观到微观，有条理，有依据，有科学价值。

专著从盆地研究入手，探索了盆地类型、演化与烃源岩形成的内在联系；论述了各盆地各类烃源岩的形成发育、成烃演化历史及油气成因、油气源追踪、某些油田的油气成藏；选点研究了烃源岩沉积有机相，探讨了烃源岩的分布规律；理出了纵向上在盆地裂陷发育期找湖相烃源岩，在盆地裂陷衰退期找煤系烃源岩，横向上在好的有机相分布区圈定烃源岩的平面分布的思路。

其二，烃源岩评价从定性到定量，方法合理，依据充分，评价结果有较高可信度。

在烃源岩定性评价的基础上，采用优选的产烃模拟实验技术研究了4个盆地代表性烃源岩的石油生成过程，探讨了成油规律，评价了烃源岩产油能力，编制了各类烃源岩的产油率曲线，建立了相应烃源岩的生排烃模式。湖相烃源岩的产油能力普遍高于煤系烃源岩；湖相烃源岩的母质类型越好产油能力越强。采用天然气源岩定量评价技术研究了近海海域各类烃源岩的生气过程，探讨了生气规律，评价了烃源岩产气能力。实验结果说明，煤系烃源岩是海域最具潜力的气源岩。

中国海洋石油工业的发展经历了从无到有，从小到大的发展历程。从1967年海上原油产量203t起步至2007年4046×10^4t油当量，这突飞猛进的发展得益于国家的改革开放、正确的石油勘探战略和全体海洋石油人的努力拼搏。

本专著的主要作者黄正吉高级工程师是海洋石油人中的普通一员，他所学专业是石油及天然气地质，前期在长庆油田，后期从事中国海域石油地质与石油地球化学研究工作。他是一位石油勘探和油气地球化学的痴迷者和探索者，在平凡岗位上，积累素材，总结规律，在他退休之时，奉献给读者《中国近海新生代陆相烃源岩与油气生成》专著，这是可

---

* 原载于黄正吉、龚再升、孙玉梅等著，《中国近海新生代陆相烃源岩与油气生成》，北京：石油工业出版社，2011。

喜可贺的！可贵可敬的是，一位普通科技工作者孜孜不倦的追求科学精神，结出硕果。专著中有十分珍贵的海域基础信息，值得从事油气勘探研究的读者一读。

本专著的出版将会对加速海域油气勘探有所裨益。借此机会，衷心祝愿海洋石油勘探更快发展，为国家找到更多的油气资源，为祖国石油工业的发展做出更大贡献！

《中国多旋回叠合含油气盆地构造学》序*

李德生是世界级杰出石油地质学家。他与李四光、黄汲清等因发现世界上最大陆相油田——大庆油田，并研究大庆长垣二级构造带整体含油及其北部勘探等卓越成果而获得国家自然科学奖一等奖。积极倡导切割分区块开发大庆油田的科学开发方案，使油田年产5000×10^4t，稳产27年，因此获得国家科技进步特等奖。在渤海湾盆地发现胜坨大油田，参与提出复式油气模式，并制订滚动开发方案，为该盆地日后年产（5000～6000）$\times10^4$t原油奠定了基础，再次获得国家科技进步特等奖。由于他对含油气盆地构造学研究的重要贡献，2010年获得被誉为中国诺贝尔奖的陈嘉庚地球科学奖。李德生的学术论著获得国际同行的承认和赞许，世界最大的石油地质学家协会（AAPG）于1994年授予李德生杰出成就奖，这是亚洲地区获此奖项的第一人。李德生先生不仅对中国石油地质和工业发展有创造性贡献，其学术在国际上有重要影响，而且在学风上有多方面值得我们学习。

我自1961年毕业于南京大学地质系，分配到原石油工业部石油科学研究院工作，与李德生先生共事半个世纪以来，感佩他热爱科学、热爱家庭、热爱生活、自强不息的一生。他重视第一性资料，重视实践，足迹遍历全国主要含油气盆地和油气田，积累了大量科学数据和资料。他坚持真理，敢讲真话，受到不公正待遇后，仍继续研究，用事实证实真理，他的理论终于得到领导和业界的承认。他一生勤奋，博闻强记，善于综合研究，推陈出新；习惯亲自动手，撰写论文或讲稿。历年来发表论文140余篇，出版中文专著7部、英文专著2部，并为国家培养了数十名硕士、博士研究生和博士后。当前虽然90高龄，仍每天来办公室上班半天，指导助手工作，并亲自为即将出版的《中国多旋回叠合含油气盆地构造学》撰写论文。他还参与中科院资深院士的各种学术活动，出差到油气田现场进行考察指导，为各石油大学的研究生做学术报告。“老骥伏枥，志在千里”，他的一生是勤于耕耘、默于钻研、善于创新；他这一生总甘做一块块奋斗基石，铺筑成功的征途；他把一生都奉献给了石油事业。我对该书的出版表示衷心祝贺，并祝李德生院士健康长寿！

---

* 原载于李德生等著，《中国多旋回叠合含油气盆地构造学》，北京：科学出版社，2012。

《银额盆地及邻区石炭系—二叠系油气地质条件与资源前景》序*

石油天然气是人类社会发展的主要天然能源，并已成为现今世界经济、政治、军事角力的热点核心问题。随着我国国民经济的快速发展，油气资源供需矛盾越来越突出。如何寻找油气战略接替区，提高我国油气资源保障能力，是保障我国国民经济可持续发展的重大战略任务。因此，开展新区、新层系油气战略调查，尤其是开展地质条件复杂的沉积盆地或叠合盆地深层油气地质条件研究具有十分重要的意义。

银额盆地是我国陆地少有的油气地质工作程度极低的大中型沉积盆地，是一个古生代与中生代叠合盆地。之前银额盆地的油气勘探几乎未涉及石炭系—二叠系，主要原因有三：其一，对石炭纪—二叠纪盆地性质、盆地演化认识存在争议；其二，认为银额盆地石炭系—二叠系可能发生过区域变质；其三，认为银额盆地石炭系—二叠系缺乏良好烃源岩。

《银额盆地及邻区石炭系—二叠系油气地质条件与资源前景》一书以探索新区、新层系油气资源为目的，首次以石炭系—二叠系油气地质条件评价为目的，以大量第一手资料为依据，系统研究了影响石炭系—二叠系油气地质条件评价的基础地质问题。明确了银额盆地石炭纪—二叠纪为典型裂谷盆地；恢复了石炭纪—二叠纪原型盆地沉积体系与沉积相展布；发现了多套厚度大、有机质丰度中等-较高、以Ⅱ型干酪根为主的烃源岩，并计算了石炭系—二叠系油气资源量；明确了银额盆地石炭系—二叠系不存在区域变质，烃源岩演化以成熟-高成熟为主；结合额1井、祥探8井前中生界油气藏油气地球化学特征研究，认为银额盆地石炭系—二叠系具有油气藏存在的例证，指示了良好的油气资源前景。

《银额盆地及邻区石炭系—二叠系油气地质条件与资源前景》一书弥补了银额盆地及邻区石炭系-二叠系基础地质及油气地质条件研究的空白，为进一步研究与勘探奠定了坚实基础和学术思想。相信该书的出版，对银额盆地今后的油气勘探具有重要的指导意义，期待能为我国新盆地、新层系的油气勘探做出贡献。

本书作者是一群长期在西北地区从事油气勘探和研究的中青年人，在艰苦环境中取得了丰富的一手资料，并撰写出该书，是有新资料、新发现和新观点的重要成果，可喜可贺。这是一部值得一读的著作，油气地质工作者读后定会受益匪浅。

---

* 原载于卢进才等著，《银额盆地及邻区石炭系—二叠系油气地质条件与资源前景》，北京：地质出版社，2012。

《陆相页岩气》序*

页岩气是主要以吸附或游离相态赋存于富有机质泥页岩中的一种非常规天然气，被认为是常规油气资源最重要的接替资源。21 世纪以来随着全球油气勘探和能源供应形势的巨大变化，页岩气不但受到油气理论研究和勘探界的普遍重视，而且也成为社会各界共同关注的对象。以美国为代表的西方发达国家在页岩气理论研究和勘探领域获得了巨大成功，在国际上掀起了页岩气勘探热潮。我国页岩气勘探起步较晚，2004 年开始跟踪国外页岩气理论研究和勘探进展，2005 年我国开始页岩气资源调查工作，2009 年国家不失时机地启动了我国重点地区页岩气资源潜力评价工作，其中以川渝黔鄂四大页岩气先导试验区为重点，开展页岩气勘探研究和开发试验工作，2012 年年底，国家发展与改革委员会批准在鄂尔多斯盆地东南部设立了“延长石油延安国家级陆相页岩气示范区”。据不完全统计，截至 2013 年年底，我国页岩气累计钻井 200 余口，页岩气产量接近 $2.0\times10^8m^3$。目前页岩气勘探遍布全国各大盆地区，页岩气已经成为我国油气勘探和研究领域的热点和重点。

与常规油气资源特征一样，国外页岩气资源勘探主要以海相泥页岩为主。而我国沉积盆地广泛发育陆相泥页岩，《陆相页岩气》一书就是在理论研究和勘探实践的基础上，对陆相页岩气形成和勘探理论进行了系统论述。本书从陆相页岩气勘探实际资料出发，突出陆相泥页岩特殊的沉积环境和形成条件，以鄂尔多斯盆地三叠系延长组长 7 厚层富有机质黑色泥页岩为典型代表，深入解剖了陆相泥页岩地质特征，在陆相泥页岩烃源岩和地球化学、泥页岩储集性和含气性、成藏特征和资源评价等方面进行了详细分析，并取得了许多创新性认识。不但丰富和发展了国外页岩气形成和勘探理论体系，而且还开拓了页岩气勘探新领域，即陆相页岩气勘探。

本书在对陆相页岩气研究中应用了大量的分析测试数据和勘探第一手资料，这种客观的科学态度和研究方法值得肯定。作者王香增博士思路开阔、勇于创新，多年来全身心投入于陆相页岩气事业，《陆相页岩气》作为他多年来刻苦钻研的成果，集中反映了我国近年来在陆相页岩气勘探方面的理论成果，代表了陆相页岩气创新的勘探理论和先进的勘探评价技术，也是一本具有中国特色的陆相页岩气勘探研究的专著，我很高兴为本书作序。我相信，这本书的出版，不仅对发展我国陆相页岩气勘探理论和技术具有重要的促进作用，更重要的是，其对我国当前和今后页岩气勘探开发具有非常重要的指导意义。

---

* 原载于王香增著，《陆相页岩气》，北京：石油工业出版社，2014。

《非常规油气》发刊词*

伴随全球常规油气产量稳产，随着需求的增长，以页岩气为代表的非常规油气勘探开发异军突起，世界石油工业在经历了长达一个半世纪的常规油气阶段之后，开始迈入常规与非常规油气开发并重的转折点，非常规油气资源正悄然改变着世界能源乃至经济、政治的格局。为了促进非常规油气技术发展，抢占国际非常规油气技术的制高点，同时加快非常规油气技术的理论研究和实践运用，给广大石油地质工作者搭建一个学术交流的平台，《非常规油气》杂志诞生了，其创办发行是中国非常规油气勘探开发业界的喜事，本刊在创办中得到了国内外石油地质工程专家的大力支持。

《非常规油气》由陕西延长石油（集团）有限责任公司主管和主办，是面向国内外公开发行、全面报道非常规油气勘探开发新技术、新理论、新进展和实践活动的科技期刊。本刊以推进我国非常规油气学术交流、促进科技成果转化、提高勘探开发技术水平为办刊宗旨，以创办国内外一流学术科技期刊为目标。期刊开设“油气勘探”“油气开发”“油气工程”和“专论综述”4个栏目，注重理论创新、技术研发和实践运用，全面反映中国非常规油气领域最新研究成果及最高科技水平，并紧密跟踪世界非常规油气研究领域科技动态。读者对象是石油地质工程行业的广大科研人员、高等院校师生和从事非常规油气工作的爱好者。

本刊将客观记录中国非常规油气的勘探开发技术进展，荟萃非常规油气理论和实践认识，把握世界油气工业发展的方向，推动中国非常规油气工业的超常规跨越，占领行业科学技术的制高点，为中国油气能源可持续发展打下技术基础。

欢迎热爱非常规油气勘探开发事业的专家、学者及广大科技工作者踊跃投稿，共享油气勘探开发技术，共谋非常规油气发展战略，同创我国非常规油气蓬勃发展的未来。

衷心祝愿《非常规油气》越办越好，成为油气勘探开发领域中的学术精品。

---

* 原载于《非常规油气》，2014，第1卷，第1期。

《油气成藏理论与实践》序*

目前，油气勘探难度越来越大，勘探对象也越来越复杂，因此探索油气勘探的新理论、新技术和新方法，提高油气勘探成功率，成为油气地质工作的当务之急。成藏研究是油气地质研究的重中之重，成藏理论的发展和创新是推动油气工业发展的核心因素之一。

石油地质学从最初考察油气苗至今，先后出现背斜理论、圈闭理论、干酪根晚期生烃理论、“定凹选带”源控论、复式油气聚集带理论、煤成气理论、含油气系统理论及非常规油气富集理论等油气成藏理论，实践证明这些理论对油气工业的发展起到了巨大的推动作用。但相对于这些宏观理论而言，在勘探实践中，任何一种理论都会面临难以解释的困惑。目前有关油气成藏方面的论著很多，多数是从构造、沉积储层等方面研究油气成藏，而从地质与油气地球化学结合、注重油气运移证据的成藏研究专著则少。

陈世加等人编著的《油气成藏理论与实践》一书，特点在于注重油气运移成藏的证据，在确定圈闭（储层）捕获油气阶段性的基础上，紧密结合构造和储层演化，根据各期油气的运移方向及次生变化，用油气“分段捕获”原理从历史和动态的角度去研究并恢复油气藏的成藏过程。

该书主要包括两大部分：第一部分主要介绍油气勘探理论的一些进展，包括油气生烃理论，特别是原油菌解气和原油裂解气的成因、油气分段捕获、油气再分配、油运移相态变化对油气组成及油气藏类型的影响、沥青对储层物性及油气富集的影响等；第二部分主要是勘探实践分析，包括油气演化与构造时空匹配关系，如何来判断它们之间时空是否匹配，分析一些明显晚于生排烃高峰期形成的构造为何能形成大中型油气田的原因；油气演化与储层演化的关系，如何确定成藏顺序；解释一些所谓“高孔高渗”的优质储层为何无产液量；油气运移路径追踪、断裂封闭性地球化学研究，以及油气相态如何控制油气藏类型变化。

野外地质考察是地学研究的基础和获取第一性素材的基地。凡是卓越的地学人，总是登山涉水的勤奋者、观岩睹石的探索人。1991 年春夏之交，我与陈世加一伙青年人，在天山北麓准噶尔盆地南缘对阿尔钦沟一带系列泥火山考察和取气样。陈世加不顾泥火山泥浆染手污衣，聚精会神取气样给我留下深刻印象。二十多年来，陈世加在准噶尔、塔里木、柴达木、鄂尔多斯、渤海湾及四川等多个含油气盆地进行了大量的研究工作，并有许多论文问世，在石油地质和地球化学结合研究上，取得丰硕成果，成为佼佼者。特别是他提出的“油气分段捕获”原理对油气成藏研究具有重要意义，强调油气源的对比不仅包括油气

* 原载于陈世加、路俊刚、王绪龙、张道伟、支东明著，《油气成藏理论与实践》，北京：科学出版社，2014。

来自哪套源岩，而且油气捕获具阶段性。陈世加集精华研究而问世《油气成藏理论与实践》专著，是多年研究的结晶，丰富了油气地质及成藏理论，对我国油气成藏研究做出了重要贡献。

《油气成藏理论与实践》是实践与研究紧密结合，有新认识、新观点和新进展的好书，她的出版值得祝贺和推荐，读后会受益匪浅！

《中国陆上天然气地质与勘探》序*

近30多年来中国天然气地质和地球化学理论不断发展和日臻完善，是研究黄金时期，其主要标志之一是1979年创立煤系成烃以气为主以油为辅的煤成气理论；标志之二是大气田形成主控因素和富集规律研究有效指导大气田发现。实践是检验理论的唯一标准。煤成气理论形成之前，中国是个贫气国，1978年中国探明天然气储量、产量分别为$2264\times10^8m^3$和$137.3\times10^8m^3$，而当年煤成气储量和产量分别只占全国的9%和2.5%；而2013年年底全国天然气储量、产量分别为$9.8\times10^{12}m^3$和$1078.7\times10^8m^3$，而煤成气储量和产量比例大大提高至65.3%和61.2%，中国成为世界第六产气大国。1987年之前中国仅发现卧龙河和威远二个大气田，但1987~2013年则发现了49个大气田，这些大气田成为中国天然气工业迅速发展的支柱，2013年大气田总储量为$8.17\times10^{12}m^3$，年总产量为$922.72\times10^8m^3$，分别占全国总储量和年产量的83.4%和85.5%。

近30多年来也是中国天然气工业，从艰难起步而进入迅速发展的黄金时期，其主要标志之一，探明天然气储量陡增。“六五”是中国开始第一个国家重点天然气科技攻关“煤成气的开发研究”项目，“六五”末的1985年中国天然气探明总储量为$3962.6\times10^8m^3$，而至2013年年底则高达$98006\times10^8m^3$，此间增加了23.7倍；标志之二，年产天然气猛升。1985年中国产气$128.3\times10^8m^3$，而至2013年则高达$1078.7\times10^8m^3$，此间增长了7.4倍。

中国天然气地质和地球化学研究黄金期和天然气工业迅速发展的黄金期在时间上几乎重叠，说明中国天然气理论研究与勘探开发实践有着紧密联系，互相推进的特点。这两个黄金期产生和“六五”国家开始天然气科技攻关，及之后连续长期至“十二五”国家和中国石油天然气科技攻关研究功不可没。《中国陆上天然气地质与勘探》主要作者大多参加了“八五”至“十二五”，特别是主持了“十五”至“十二五”天然气攻关研究，对天然气两个黄金期形成和发展做出重要贡献。该专著是“十一五”以来中国陆上天然气攻关研究的精华凝结，涵论了以下主要问题。

天然气生成方面：在煤成气、原油裂解气和生物气的生成下限研究上，有新参数、新思维、新论点，拓展了高演化地区煤系天然气、原油裂解天然气的勘探潜力和生物气的勘探空间。

天然气封盖层方面：提出了大型气田盖层多因素综合评价新方法，建立了不同类型气田盖层定量评价参数体系，使盖层评价走向了定量化。

---

* 原载于魏国齐等著，《中国陆上天然气地质与勘探》，北京：科学出版社，2014。

大气田成藏富集规律方面：针对古老碳酸盐岩、台缘礁滩和火山岩等勘探领域开展了系统研究，取得了一系列创新性认识和重要进展；提出近源大面积低渗砂岩运聚系数可达3%～5%，在生气强度大于$10\times10^8 m^3/km^2$区域可以形成致密砂岩大气田认识；创新了大型长期继承性古隆起原油裂解原位成藏的古老碳酸盐岩大气田成藏地质认识，有效指导了大气田勘探领域的拓展。

天然气地球物理和实验技术方面：开发了以连续无损耗天然气生成模拟技术、天然气中非烃气体（H_2S、CO_2，N_2）的硫、氧、氮同位素在线分析技术为代表的天然气地质特色实验系列新技术，以及建立了低渗砂岩、碳酸盐岩缝洞、礁滩以及疏松砂岩等地球物理评价与预测技术，有效支持了相关天然气的理论创新与勘探实践。

天然气勘探实践方面：长期深入研究了四川盆地高石梯–磨溪长期继承性古隆起构造，自主评价了以高石1井为代表的风险勘探目标，为我国最大碳酸盐岩气田龙王庙气藏的发现发挥了重要作用，成为研究和实践紧密结合而取得硕果的典范。

总之，本书是近年来中国陆上天然气地质理论、勘探技术和勘探实践攻关研究最新进展，创新论点聚萃的好专著，丰富和发展了我国天然气地质理论；是以魏国齐教授为代表的既扎根于现场实践，又立足精心研究的一批优秀中青年天然气科技学者智慧的结晶。专著是我国天然气两个黄金期中培育的艳硕花朵，她的怒放和问世是可喜可贺的，值得大家一读并能受益匪浅！

《无机成因天然气》序*

世界油气资源日益紧张，而目前发现的油气田按照地球化学指标分类几乎都是有机成因的，随着有机成因油气资源勘探难度加大、油气供需矛盾不断加深，寻找无机成因油气资源势必成为未来油气勘探的战略方向之一。无机成因气勘探领域的新探索，将具有重要的科学意义和潜在的经济社会意义。

18 世纪中叶，俄罗斯学者 Ломоносов 就注意到油气与火山活动有关并因此产生了无机成因构想，以后有关油气无机成因出现五种假说，即宇宙说、碳化说、岩浆说、变质说和核变说。20 世纪下半叶以来，虽然无争议的无机成因油田尚无一个，但有确切地球化学证据的无机成因二氧化碳、甲烷及烷烃气的报道却在不断增加，如在中国、俄罗斯、加拿大、美国、菲律宾、新西兰、希腊、土耳其、瑞典、冰岛、丹麦（格陵兰）和东太平洋中脊均发现有无机成因的甲烷等烷烃气。我国对无机成因油气理论的研究走在世界前沿，80 年代就开始研究并确定了鉴别有机成因和无机成因二氧化碳及烷烃气的各项指标，从而肯定在中国东部裂谷带含油气盆地中有大批无机成因的二氧化碳气藏（田），在松辽盆地存在无机成因烷烃气田，对世界无机成因气田研究和勘探做出了重要贡献。

本书突出了无机成因天然气产生的物理化学条件，重点阐述无机成因天然气成藏地质构造的体系结构和成藏地质构造的动力学，以及成藏地质构造的地球化学和地球物理。书中涵盖四部分内容：一是无机成因天然气地球化学标志和特征；二是无机成因天然气成藏地质构造类别；三是无机成因天然气动力学机制；四是无机成因天然气成藏地质构造预测。本书内容丰富，涉及面广，对无机成因天然气产生的构造环境、储存的构造组合、运移的动力学机制、成藏的时空分布等进行了系统深入的阐述。

随着宇宙星际及地球演化，核幔和壳幔交代引发的构造岩浆活动相伴的深部排气作用在持续不断地进行，因而无机成因的油气资源是可再生的，相反有机成因的油气资源则是有限而不可再生的。随着社会经济发展，能源消耗加剧，化石能源资源的枯竭势趋必然，因此从重视有机成因气转向兼顾无机成因气是未来天然气勘探的必然趋势。本书的出版，不仅丰富和完善了我国无机成因天然气地质理论，而且对未来无机成因天然气资源的勘探、开发和利用具有一定的指导意义。

陶士振教授和刘德良教授等作者们，多年从事无机成因天然气研究。好探索、善创见、论点新是本书的显著特征，故本书是一部有关无机成因天然气的好专著，可供我国石油天然气地球科学工作者、石油院校师生及相关研究人员参考，它的问世是可喜可贺的。

---

* 原载于陶士振等著，《无机成因天然气》，合肥：中国科学技术大学出版社，2014。

《中国含煤–含气（油）盆地》序*

《中国含煤–含气（油）盆地》一书的出版是我国天然气地质研究中一件值得祝贺的事。中国第一次天然气科技攻关始于“六五”期间的“煤成气的开发研究”，这项研究开辟了中国煤成气勘探的新领域，为中国加速发展天然气工业提供了科学依据，推进了中国天然气勘探与开发进入快速发展时期。

20 世纪 80 年代以前，中国仅以油型气地质理论为指导（一元论），没有把煤成气作为主要气源进行勘探，导致天然气勘探避开了具有良好含气远景的含煤盆地和含煤地层，天然气勘探效果不佳。“煤成气的开发研究”成果，明确指出腐殖型煤系是好的气源岩，含煤盆地（地层）是中国天然气勘探的重要方向，中国天然气勘探理论从“一元论”发展为“二元论”（油型气和煤成气）。自此，中国天然气研究由弱变强，中国天然气勘探和开发规模由小变大，中国天然工业发展速度由慢变快。

煤成气理论在中国出现并应用于天然气勘探，是近期中国天然气工业迅速发展的重要因素之一。30 年来对煤成气的研究不断加强加深，先后有许多研究者发表了代表性、综合性的论著，这些研究对中国天然气工业获得高速发展起着重大的作用，特别是对中国开拓煤成气勘探新领域具有重要意义，使煤成气储量在天然气储量中所占比例随着时间不断提高。目前煤成气储量占全国气层气储量的 2/3，天然气产量中煤成气占近 2/3，为中国天然气工业的迅速发展提供了资源保证，证明煤成气研究、勘探与开发对中国天然气工业发展具有重大意义。

该专著以“盆、热、烃”思路为基础，把传统的含煤盆地深化拓展成为含煤–含气（油）盆地，丰富和发展了盆地的内涵，并以地质条件为主线，对多年来煤成气地质研究成果及勘探成果作了高度概括总结和综合。特别值得指出的是，该专著系统地总结了中国主要源自含煤岩系的大型和特大型气田分布、特征及其主控因素，对一些重要的含煤–含气（油）盆地的地质特征及所含大型煤成气田形成的地质条件作了剖析和研究；并专列一章，结合最新的煤成气勘探成果，阐明了中国煤成气的勘探前景，明确指出在未来相当一段时间内，煤成气仍将是中国天然气储产量增长的主力。它充分反映了中国煤成气地质学科的最新研究成果，是近 10 年来内容最为丰富的关于煤成气的著作，必将对未来煤成气地质研究与勘探起到重要的促进作用，特在此对作者表示诚挚的祝贺和敬意。

该书作者前期在被称为中国天然气工业摇篮的四川盆地从事天然气地质和勘探工作，积累了宝贵的实践经验和大量的第一手原始数据；后期在北京主要从事天然气地质研究，将实践与研究紧密地结合起来。我有幸从 1983 年开始实施“煤成气的开发研究”国家天

---

* 原载于王庭斌著，《中国含煤–含气（油）盆地》，北京：地质出版社，2014。

然气攻关项目，至今30年来与该书作者长期合作，从事多次天然气攻关项目的组织与研究。该书作者对天然气，特别是煤成气地质与勘探的虔心、诚心、用心和专心精神令我敬佩。现奉献给读者的《中国含煤-含气（油）盆地》专著，是作者毕生从事煤成气地质理论及勘探前景研究的结晶，是对含煤盆地发展演化成为含煤-含气（油）盆地研究的典范，是我国煤成气系列研究成果的总结、提高和升华。

该书作者和我在30年来合作从事天然气的研究和勘探中，看到我国天然气工业储量和产量从落后而跃为天然气大国之列，欣慰万分。但是我们也从精力充沛的中年而迈入老年了。作者虽已退休，然而年老志更长，研究更盛，完成了我国近期煤成气研究的重要专著，天道酬勤曰。该专著是30年煤成气研究之大成，亦是未来勘探启示录，它的问世值得庆贺，值得大家一读，阅后定获益匪浅。

《含硫天然气的形成与分布——以四川盆地为例》序*

硫化氢作为一种酸性非烃类气体主要分布在海相碳酸盐和白云岩气藏中，偶然在碎屑岩中也有低含量分布。含硫化氢天然气是天然气资源的重要组成部分，也是硫黄的重要来源之一。关于硫化氢的成因机制，国外许多学者从硫酸盐热化学还原作用（TSR）、微生物硫酸盐还原作用（BSR）、硫同位素分布特征和成岩体系等方面进行实验分析和研究，认为高含硫化氢天然气主要是硫酸盐热化学还原作用的结果。

随着我国对能源，特别是对绿色能源天然气的需求日益增长，对高硫化氢气田的勘探开发逐渐提到日程上，安全高效勘探开发硫化氢气藏成为我国海相层系含硫天然气勘探开发的当务之急。我国对硫化氢天然气地质研究已获得了一些重要认识，如我国高含硫化氢天然气均在碳酸盐储集层中，碎屑岩天然气硫化氢含量绝大部分在民用标准之下；我国高含硫化氢气田一般分布于碳酸盐岩-硫酸盐岩地层组合中，此规律与世界含硫化氢气藏的分布规律（大约有400个，其中360个以上分布在硫酸盐岩-碳酸盐岩地层组合中）一致；膏盐的存在只是硫化氢形成的一个基本条件，储集层孔隙的发育情况、地层水中硫酸根离子的含量、储集层经历的温度条件、油气-水界面的存在、烃类组成、储集层岩石组合等，都对硫酸盐热化学还原作用的发生有重要的控制作用。

尽管对硫化氢的研究已取得一定的成果，但仍存在许多亟待解决的问题，如硫化氢的成因机理、分布规律、地质-地球化学特征，以及硫化氢形成的主控因素等。硫化氢天然气地球化学特征及其成因研究是预测硫化氢天然气及其气田分布的重要手段，也是进行气源对比和确定含硫化氢天然气对人及设备伤害级别的重要环节，但我国目前这些研究薄弱且不规范。硫化氢气组分及其硫同位素是气源对比和成因研究的主要指标，但至今我国硫同位素研究成果不多且缺乏系统性，难以将其作为气源对比和成因鉴定的指标。目前国内外对硫化氢的形成机制、分布规律、成藏控制因素还缺乏系统的研究，还不能有效地预测地层中的硫化氢。

针对上述问题，刘文汇等研究团队在全面调研国内外学者对硫化氢天然气研究的基础上，以我国四川盆地为典型研究对象，系统研究了天然气中硫化氢成因和高含硫天然气成藏的过程及其主控因素。

四川盆地是我国构造相对稳定、富含天然气的大型海、陆相叠合盆地。该地区油气地质条件复杂，天然气热演化程度高、多源多期成藏、经历了TSR改造等，是高含硫化氢天然气形成演化、聚集成藏研究的最有利地区。该书针对四川盆地高含硫化氢天然气形成机

---

* 原载于刘文汇等著，《含硫天然气的形成与分布——以四川盆地为例》，北京：科学出版社，2015。

理、高含硫化氢气藏的关键地质条件等科学问题，将油气地球化学和沉积岩石学相结合，应用宏观与微观、有机与无机、地质与地球化学等相结合的方法，对高含硫天然气进行常规地球化学、硫化氢和硫酸盐矿物的硫同位素、稀有气体同位素，以及 C_6—C_8 轻烃的较为系统分析，建立了高含硫化氢天然气成因判识模式。作者注重烃源岩、碳酸盐岩储集层和储集层上下硫酸盐岩地层组合三者之间相互联系的综合研究，通过硫酸盐热化学反应（TSR）的模拟实验和沉积层中硫酸盐矿物与硫化氢气体的硫同位素组成对比分析，研究硫化氢形成的地质条件及其控制因素。通过对川东北及其邻区高含硫化氢气藏的解剖及其与低含硫化氢气藏成藏条件的对比，揭示高含硫化氢气藏的成藏机理。结合区域地质、模拟实验研究及油气藏解剖，总结高含硫化氢天然气的空间分布规律，提出普光气田“优源优储，早期聚集；藏内成硫，裂解成气；抬升运聚，调整成藏”的成藏过程，为高含 H_2S 天然气的勘探开发提供科学依据。

该书是我国首部系统研究含硫天然气藏形成与分布的专著。以刘文汇为首的中青年作者群，年富力强，创新盈盈，长期致力于天然气地质学、地球化学的研究，其中刘文汇、秦建中和郑建京还与我一起参加过多次天然气科技攻关项目，在油气成因理论和油气成烃成藏地球化学示踪体系等方面取得多项重要成果，为中国近期天然气工业快速发展做出了贡献。该专著是他们研究高硫化氢天然气形成与成藏的结晶，不仅对我国含硫化氢天然气勘探开发有重要指导作用，而且对认识和防范高含硫化氢天然气具有积极作用。因此，该专著理论和实践并重，对高含硫化氢天然气勘探与安全生产都有好处，值得大家一读，读后定受益匪浅。

《中国煤层气产业进展与思考》序*

我国煤层气产业探索始于1987年，但我国先人对煤层出气描述在南宋鲁应龙《闲窗括异志》早有记载。湖南省“嘉禾（今县）志：颐亭林庵中，有忠烈公祠，近岁忽地裂数尺，中有风涛声。以物探之，应手火起，至今尚然”。王嘉阴教授在《中国地质史料》一书中指出：“现嘉禾是出煤的地方，可能煤里放出一些天然气来”。近年来采煤证明嘉禾县至娄底市一带湘南地区，龙潭煤系VI煤层1972年2月在红卫煤矿坦家冲井发生一次瓦斯突出 $138.5\times10^4m^3$，足以说明煤层气存在，说明我国对煤层气早有认识。

新一轮资源评价计算的我国2000m以浅的煤层气地质资源量约为 $30.00\times10^{12}m^3$，占我国非常规天然气（致密气、页岩气、煤层气）地质资源量的23%左右。煤层气地质资源量大，物理性质与常规天然气基本一致，目前的开发利用技术基本成熟。开发利用煤层气可一举三得，一得是增加了我国天然气的供给，二得是减少了煤矿瓦斯事故，三得是减少了对大气的污染。因此开发利用煤层气是我国能源战略的一个重要选择。经过近15年的努力，我国煤层气产业从2001年开始起步，至2015年年底探明地质储量约 $6300\times10^8m^3$，地面产量接近 $45\times10^8m^3$，已经基本探明了沁水盆地和鄂尔多斯盆地东缘两个千亿立方米大气田，初步形成了沁水盆地和鄂尔多斯盆地东缘两大产业基地，我国的煤层气产业步入了快车道。目前我国煤层气探明储量仅为地质资源量的1/50，说明我国煤层气产业具有十分良好的资源基础，将有大发展的前景。我衷心期望我国煤层气产业在不久的将来会有新的突破，取得更大发展。

我国煤层气产业目前开始快速发展是国家和各煤层气企业对煤层气科技攻关的支持，国家先后在973、863和重大科技专项予以立项。以中石油科技工作者穆福元和原国土资源部勘察司司长仲伟志为首老中青团队，在“十二五”期间承担了国家科技重大专项“大型油气田及煤层气开发”中“我国煤层气发展战略与政策研究”课题，开展了大量的科学研究，取得了丰硕的科技成果，是本著作成书的基础。

本书在充分吸纳了国家科技重大专项成果的基础上，系统阐述了我国煤层气的资源与开发可动用资源，勘探理论与勘探进展，开发理论、开发技术、开发模式与开发进展，产供形势与预测，和我国煤层气的政策，思考了煤层气发展战略与政策改革建议等。相信通过本书，读者能够对我国煤层气产业的发展形势、产业发展中存在的问题、产业发展远景和产业政策建议有一个全面的了解，能够起到抛砖引玉的目的，促进我国煤层气产业的有效勘探、科学开发和健康有序发展；促进我国煤层气产的更多、利用更好、效益更佳。故贵书的问世是可喜可贺，值得大家一读。

---

* 原载于穆福元等编著，《中国煤层气产业进展与思考》，北京：石油工业出版社，2016。

《科技成果鉴定与评估知识问答》第二版序*

古今世界均在不停地变化着，变得进步、变得文明、变得富有。世界的变化是科学技术作基础、是科学技术的促进、是科学技术的支撑。“科学技术是生产力，而且是第一生产力”，这是邓小平对科学技术重大意义的论断。随着我国社会主义建设不断前进，科技成果也不断增加。故鉴定和评估科技成果的创新性和在生产中作用的贡献大小，是科技进步的一个重要部分，也是衡量科技人员对科学和生产做出贡献大小的重要依据。我国涌现的大量科技成果绝大部分对科学和社会均有积极意义，但也存在一少部分糟粕，如数据造假、窃盗结论、抄袭文章。对此类成果的鉴定应坚持予以揭露与否定。所以科技成果鉴定和评估是项扬佳揭劣的工作，参与者应是公正、公道的学风正派的人。

齐敬思教授几十年来从事科技管理工作，掌握和积累了大量科技成果鉴定和评估实例，并有着丰富的组织管理经验，在此基础上撰写的《科技成果鉴定与评估知识问答》一书，是科技管理实践的结晶。该书从我国科技成果鉴定历程，相关法律、法规和规章制度入手，对鉴定过程中出现的事宜及问题做了周到的阐述，可谓是科技成果鉴定与评估的小百科全书，因此，该书经补充再版是可喜可贺的，值得科技工作者和科技管理者一读，定会受益匪浅。

* 原载于齐敬思著，《科技成果鉴定与评估知识问答》，北京：石油工业出版社，2016。

《致密油气成藏理论与评价技术》序*

近 25 年以来，世界油气研究、勘探和开发正从常规向非常规转化，其是能源一个重大热点。美国是该转化的领先者，并取得重大的经济硕果，在非常规油气勘探和开发效果上，致密油气则为之冠。1990 年美国页岩气产量几乎为零，煤层气产量也很低，但致密砂岩气占全国产气量约 20%，直至 2010 年其产量还是非常规气之魁，但 2016 年下降仅占 16%，页岩气占 59.4%，而领居首位。美国致密油在近 20 年来一直领先，2016 年占石油产量的 42.4%。中国在此转化时期，启动较晚，故同在 2016 年，我国致密气和致密油分别占全国产量的 31.3% 和 0.7%。我国致密油气资源量丰富，故未来具有提高产量的大空间。在此大转变中问世，由赵靖舟教授等完成的《致密油气成藏理论与评价技术》力著，是油气常规向非常规转化中的著作奇葩，将会对我国非常规油气研究、勘探和开发起积极推进作用，具有重要理论和实践意义。

专著对致密油气成藏与勘探评价的若干热点关键问题，作了许多有意义的探索和研究。该书具有以下显著的特点：首先，阐述了世界学者对致密油和致密气认识的沿革，使人有基于前人，发展前人，走创新超越之感。其次，涵盖度广，系统性强，论述了致密油气成藏物性上下限确定方法、致密砂岩储层形成机理与成岩-成藏耦合关系、异常压力成因与成藏动力、致密油气成藏机理、富集规律与成藏模式、油气藏从连续到不连续的形成过程，以及致密油气评价技术和方法。再次，理论性和实践性并重，尤其是在致密油气成藏问题的研讨上面，形成了一些重要的理论认识。最后，创新性和独特性并举。主要的创新点包括：提出致密油气存在准连续型聚集和不连续型（常规圈闭型）聚集两种成藏模式，并认为准连续型聚集是致密大油气田形成的主要模式；论证了致密气的扩散运移；系统提出了超压成因判别方法，深化了超压成因认识；提出了油气藏新概念，油气藏和含油气系统分类认识等。

《致密油气成藏理论与评价技术》专著主要由赵靖舟教授领衔的西安石油大学青年教师完成的，他们年富力强，不仅是教育战线上的一支生力军，科研队伍里的中坚人才，也是我国致密油气勘探的佼佼参与人，在教育和生产密切结合上取得双丰收。专著问世不仅体现年轻一代巨大的活力和潜力、科研广度和深度、创新才干与才能，并对我国致密油气科研事业与勘探开发事业的发展无疑具有重要意义，而且具有重要的油气地质理论意义，是对油气地质学理论的重要补充和丰富。因此，专著出版是可嘉可贺的，值得读者一阅，读后定会受益匪浅。

---

* 原载于赵靖舟等，《致密油气成藏理论与评价技术》，北京：石油工业出版社，2017。

《江浙沿海平原晚第四纪地层沉积与天然气地质学》序*

天然气是清洁的绿色能源，在世界环境污染严峻的情况下，天然气的研究、勘探开发日益得到加强。非常规生物成因气在当今天然气资源量中占有相当分量，亟待开发的非常规天然气水合物资源量97%分布在陆坡和大洋中，其主要是生物成因气。因此，生物成因气无疑是天然气中的最多者，在未来能源研究、勘探开发中将逐渐突显其越来越重要的地位以及在能源结构上的重大意义。

《江浙沿海平原晚第四纪地层沉积与天然气地质学》著者主要从事沉积岩石学、沉积学、第四纪地质学和石油地质学等相关领域教学和科研工作，其学风严谨，善于实践，勇于探索，富于创新，在江浙沿海平原晚第四纪地层沉积与浅层生物气研究领域耕耘二十余年，主持多个国家科学研究项目，取得了丰硕成果，该书正是这些成果的升华和结晶。

该书的学术精华体现在以下两个方面：一是对江浙沿海平原和河口三角洲晚第四纪地层格架进行了深入解剖，特别是对业已埋藏的下切河谷形成过程与演化机制做了系统研究，推动了中国晚第四纪地层研究的向前发展，提供了典型河口三角洲晚第四纪地层沉积学、层序地层学和微体古生物学等科学素材；二是对晚第四纪下切河谷内浅层生物气成藏地质条件进行了系统研究，揭开了浅层生物气富集成藏的谜底，对浅层生物气勘探方法有了新认识，有助于其勘探开发取得更大突破，补齐了经济发达江浙沿海地区能源匮乏的短板，惠及当地百姓民生。该书的最大特点是将地层沉积和环境演化研究与浅层生物气成藏研究有机结合起来，完善了世界生物成因气成藏理论体系。

“将今论古”是地质科学基本指导思想，“古今结合”也同样重要，该书虽然是针对河口三角洲晚第四纪地层及其资源的研究，但对国内外古代河口湾、三角洲研究也有重要的借鉴意义。

《江浙沿海平原晚第四纪地层沉积与天然气地质学》展示了我国在晚第四纪沉积学和浅层生物气勘探领域的新进展、新观点和新水平，是该领域内一部系统的学术专著。该书出版必将丰富中国乃至世界河口三角洲地层沉积和浅层生物气地质学，推动这一领域的研究更加广泛深入，故该书的出版是可喜可贺的，值得大家一读，阅后定受益匪浅。

---

* 原载于林春明、张霞著，《江浙沿海平原晚第四纪地层沉积与天然气地质学》，北京：科学出版社，2018。

《渭河盆地氦气成藏条件及资源前景》序*

氦气是壳幔物质交换信息的重要载体，更是一种关系国家安全的紧缺型战略资源，广泛应用于地质研究、航天工业、核工业、科研、石化、制冷、医疗、半导体、捡漏、超导、金属制造、深海潜水、高精度焊接和光电子产品生产等领域。全球氦气资源供应长期紧缺。我国氦气需求量越来越大，但受制于资源匮乏，一直依赖进口。

我国西部大型叠合盆地及东部郯庐断裂带已发现广泛的含氦天然气显示，含氦层位众多，但研究程度低（作为资源研究更少），认识不够，家底不清。近年来，中国地质调查局组织开展了渭河盆地氦气资源调查工作，取得了丰硕新成果：一是创新了壳源氦气弱源成藏概念，探索了其机理，揭示了有效氦源岩、高效运移通道、载体气藏是氦气成藏的基本条件；二是确定了渭河盆地不仅有水溶氦气，还有便于利用的游离态富氦气天然气；三是发现了渭河盆地深部存在晚古生代煤系烃源岩的线索和证据，为氦载体气成藏提供了物质基础，也具有重要的油气地质意义；四是探索了“地质指方向，地震、重力、电法探结构，磁法识别磁性岩体，化探圈定异常，气测录井标定富集层段”的氦气资源调查技术方法；五是指出了地热井氦气显示和成藏条件研究表明，渭河盆地资源前景良好，并圈定了远景区，渭河盆地有望取得氦气资源勘查突破，可构建我国氦气资源基地。

本书创新了壳源氦弱源成藏理念、探索了找矿方法、丰富了我国氦气资源调查实践，集理论性、信息性和探索性于一体，对渭河盆地乃至我国取得氦气资源勘查突破，具有重要指导意义。该书是我国氦气综合性研究的第一本专著，将推进我国氦气资源调查、研究的开展。本书的出版可喜可贺，值得一读，阅后必将获益匪浅。

---

* 原载于李玉宏等著，《渭河盆地氦气成藏条件及资源前景》，北京：地质出版社，2018。

《中国天然气形成与分布》序*

能源是国民经济和社会现代化的重要基础，能源消费结构则是度量一个国家环境净污的指标。2017 年世界和中国能源结构中，化石能源占比分别为 85.05% 和 85.9%，可见迄今世界能源消耗以化石能源占绝对优势。根据 EIA、IEEJ、CNPC 等预测至 2050 年，化石能源占能源消费份额为 72%～78.7%，这种势态可持续至 22 世纪初。化石能源中固态煤、液态石油和气态天然气，近 140 年来随着时间进展各自所占能源消费皇冠，明显表现出高碳煤让位于中碳石油，未来低碳天然气将摘取皇冠，这估计将出现在 21 世纪 60 年代前后。绿色天然气是众所望众之盼的能源之星，《中国天然气形成与分布》专著为天然气勘探、开发和研究提供了理论支持，为冉冉上升的能源之星添力增气。

1949 年中华人民共和国成立时，年产天然气 $0.117\times10^8m^3$，探明天然气总储量仅 $3.85\times10^8m^3$，是个贫气的国家。在中华人民共和国成立之前，中国没有天然气地质和地球化学人才。王鸿祯和翟裕生院士等指出“1979 年发表的论文《成煤作用中形成的天然气和石油》，一般作为中国天然气地质学的开端”。20 世纪 80 年代初立项的国家科技攻关重点项目“煤成气的开发研究”，拉开了中国天然气地质勘探开发和研究的序幕。历经“六五”至“十五”的国家天然气科技攻关，“十一五”至“十三五”的国家油气重大专项天然气的研究，中国已经形成了涵盖常规气和非常规气的天然气成因、同位素组成、鉴别、成藏要素、大气田主控因素及其预测、资源评价和有利区预测等诸多规律和论点，这些创新成果表征在以下主要著作中：80 年代后期陈荣书（1986）等、包茨（1988）《天然气地质学》、戴金星（1989）等《天然气地质学概论》、傅家谟（1990）等《煤成烃地球化学》、戴金星（1992）等、冯福闿（1995）等《中国天然气地质学》、徐永昌（1994）等《天然气成因理论及应用》、戴金星（1995）等《中国东部无机成因气及其气藏形成条件》、程克明（1995）等《烃源岩地球化学》、戴金星（1997）等《中国大中型气田形成条件与分布规律》、《中国天然气的聚集区带》、王涛主编（1989）《中国天然气地质理论基础与实践》、龚再升（1997）等《中国近海大油气田》、贾承造（2001）等《特提斯北缘盆地群构造地质与天然气》、戴金星（2003）等《中国大气田及其气源》、何自新（2003）《鄂尔多斯盆地演化与油气》、张水昌（2004）等《塔里木盆地油气的生成》、秦建中（2005）等《中国烃源岩》、朱伟林（2007）等《南海北部大陆边缘盆地天然气地质》、郭旭升、郭彤楼（2012）《普光、元坝碳酸盐岩台地边缘大气田勘探理论与实践》、赵文智（2013）等《中国低丰度天然气资源大型化成藏理论与勘探技术》、邓运华（2013）等《中国近海两个油气带地质理论与勘探实践》、邹才能（2014）等《非常规油气地质学》、王庭斌

---

* 原载于张水昌、胡国艺、柳少波等著，《中国天然气形成与分布》，北京：石油工业出版社，2019。

(2014)《中国含煤-含气（油）盆地》、戴金星（2014）等《中国煤成大气田及气源》、杜金虎（2015）等《古老碳酸盐岩大气田地质理论和勘探实践》、蔡希源（2016）等《四川盆地天然气动态成藏》。以上诸多学者近30年来大量发表中国天然气地质和地球化学专著，使中国指导天然气勘探理论从油型气的一元论，发展为煤成气和油型气的二元论；使从常规气的研究、勘探和开发开始走向非常规气的研究、勘探和开发；使人认知勘探开发大气田是成为产气大国的核心环节，由此，推进了中国从贫气国迈向世界产气大国。

《中国天然气形成与分布》一书系统总结了近十年来中国天然气地质和地球化学研究的主要成果，从天然气“源、储、藏”入手，综合研究了天然气地球化学特征和天然气生成及成藏机理；以典型实例深入剖析了天然气成藏控制因素和富集模式，并对中国天然气资源潜力与分布做了科学预测。该书资料翔实，信息性强、内容丰富，是对中国天然气地质学的丰富、完善和发展。

《中国天然气形成与分布》集理论性、机理性和探索性于一体，是新时代中国天然气地质和地球化学第一部力作。值得欣慰，该专著是以张水昌教授为代表的中青年科技工作者撰写的，这是一批年富力强的佼佼者，他们在国家油气重大专项天然气项目的支持下，坚持实验室研究与地质解剖相结合，多学科交叉融合，在天然气地质学和地球化学等方面取得了许多创新成果。本专著的出版，为我国实现年产$2000\times10^8m^3$天然气提供了有力的理论支持，是可喜可贺的，故值得大家一阅，阅后必将获益匪浅。

《含油气系统铼-锇同位素年代学》序*

如何精确、定量的确定油气的成藏年龄一直是国际石油地质界面临的重大难题，也是认识潜在油气运移路径和成藏富集规律必须要解决的一个关键基础科学问题。铼-锇（Re-Os）同位素年代学技术自2005年国际上首次应用于油气成藏研究以来，国内外开始了进一步的探索与实践。目前，Re-Os同位素年代学技术已成为含油气系统乃至地质学和同位素地球化学研究领域中一项重要的前沿和关键技术。

《含油气系统铼-锇同位素年代学》一书是作者们近十余年来在国家自然科学基金项目、中国石油科技创新基金、国家科技重大专项子课题等的持续支持下，取得的阶段性研究成果的总结和升华。该书系统介绍了Re-Os同位素技术在含油气系统中应用的基本原理、实验方法和技术流程；论述了烃源岩、原油和沥青Re-Os同位素定年和示踪研究中对样品的要求、等时线年龄的获取及其成藏意义的解释；并以典型的实例探讨了原油和沥青Re-Os同位素年代学技术在我国复杂盆地多源多期成藏改造过程研究中的适用性和可行性；又成功地将该技术拓展到碳酸盐岩油气成藏年代和天然气生成时间的精确厘定上的创新之举，为Re-Os同位素年代学技术在油气地质中的应用注入了新活力，提供了新途径，展示了广阔的应用前景。

该书集系统性、创新性和探索性为一体，有新技术、新方法、新思维，是研究和实践结合、应用和开拓结合、克难和勤奋结合的一部力作。沈传波、葛翔、梅廉夫、朱光有等作者是活跃于教学一线和油气地质领域学术有成的佼佼者，奉献出版一部探索油气成藏年龄难题的力作，值得可喜可贺。

该书的出版将让更多的研究人员了解、关注和推广Re-Os同位素年代学技术，推动Re-Os同位素技术在油气成藏研究中更多和更广泛的应用，从而促进油气成藏年代学理论与技术的进步，推动油气成藏学科的发展。

---

* 原载于沈传波等著，《含油气系统铼-锇同位素年代学》，北京：科学出版社，2020。

“诗” 组

松　　颂

南京大学校园耸立着许多高大的雪松，1956 年入学后，笔者常喜欢依松干或在松下读书复课。

雪松挺拔迎天立，
倚干温书忘几时。
香绕红裙尘意闹，
苦读勤勉志难移。

国庆十周年于南京大学

读　　赞

书刊为粮，钢笔为筷，
读好书，三天三；
摘记似林，资料如山，
好读书，永无闲。

1962 年 10 月 13 日于武昌

读 天 书

山岳为书本，
化石是字符；
惟为华夏好，
立意读天书。

1963 年 3 月 9 日于江陵

云雾贵昆线上

峰作浪尖白日曛，
巅围霍霸雾氤氲；
夜郎①天无三日晴，
万顷峦坳总驻云。

①汉时古国名，约在今贵州西北、云南东北及四川南部地区。

1977 年 9 月 9 日于贵昆铁路贵州境内

横断山脉咏

千峰万岭贯南北，
一路①百车越东西。
双江②亿流劈峭壁，
兆花千树笑云霓。

①大理–腾冲公路；②怒江和澜沧江

1984 年 3 月 30 日于腾冲

长山岛游

八仙八脚八岛蹴
一岛一湾一日游
千蟹千鱼千宝至
万波万浪万歌悠

一九八四年七月十二日，随烟台胜利油田疗养院组织游览长山岛，据当地老乡说，长岛周围有八岛，是八仙过海时，由八位仙人用八只脚在海上踩出来的。一日内游了南岛，又在北岛半月湾捡拾了千姿百态、图纹绚丽的砾石。欣观众多轮船满装鱼虾归岛，凝视海上碧蓝波涛前推后拥，传来和谐涛声，似唱丰庆之歌。

1984 年 7 月 12 日，长岛饭店

生物礁

暖海热洋生物礁，
抵波抗浪展英豪；
长城海下延千里，
洋底礁墙万仞高。

化石之丛生物礁，
深埋地腹是珍宝；
浑身多孔渗透好，
蕴藏油气真富饶。

1986 年 3 月 19 日于北京石油勘探开发研究院

赞长庆大气田向北京和西安输气

“八五”国家重点科技攻关“大中型天然气田形成条件、分布规律和勘探技术研究”项目，获 1997 年度国家科技进步一等奖。9 月上旬，国家科技奖励办公室组织赵文津、陆燕荪、朱尔明、俞忠钰、姚福生、张铁铮评委去由该攻关项目探明的我国最大气田长庆气田现场考察，我作为项目负责人陪同前往和进行汇报。评委们在气田中部的靖边县听取了汇报，现场考察了气井放喷和靖边至北京（陕京）、靖边至西安（靖西）输气管道和正在铺设的陕宁（靖边至银川）及将铺设的陕蒙（靖边至包头）的输气管道的首站等。记得正好十年前，在靖边县城东郊，我参与选定长庆大气田发现井陕参 1 井时，靖边一带工农业不景气，而今天却是一派兴旺发达、蒸蒸日上情景，我感叹万分，拙作小诗。

群龙地下腾飞气，
沉睡亿年犹倦慵。
钻井龙宫寻隐迹，
喜擒黑白紫黄龙。

今日黄龙抵北京，
昨日紫龙达西京。
日前白龙游银川，
未来黑龙遨内蒙。

东家炊饭弃煤火，
西厂发电气火红。
环宇澄清蓝天碧，
功归“靖西”和“陕京”。

人生能有无数乐，
莫过漫步气田中。
借问还有何所求？
生为中华牵气龙。

气壮山河（横批）

喜气思气欣作赤县探气者，
爱气索气毅为神州争气人。

1988 年 9 月 28 日于北京石油勘探开发研究院

致 班 友

海坦山[1]边聚奋读　梅雨潭[2]畔苦用功
鹰翔寰宇云霄上　花艳神州南北中
岁月如梭四十载　流年似水喜相逢
祈遥祷近祝康乐　敬酒举杯笑满容

①海坦山位于温州市瓯江畔，我母校温州第二中学在其西麓，此诗为庆祝高中毕业40周年班友相聚而作。

②梅雨潭在温州市南郊仙岩镇，朱自清散文《绿》表述的一潭绿水，即为梅雨潭。

1996年8月22日于北京

钓鱼台京瑞人士座谈会有感

富甲东南吾故土，
地灵人杰谱华章。
飞云江[1]涌科技浪，
大厦高楼满罗阳[2]。

①飞云江是瑞安市的母亲河

②罗阳为瑞安市一古称

1999年1月24日于北京

克拉2大气田有感

仰望天山巅覆雪，
俯观盆地[1]绿无踪。
天边旭日偎高塔，
地底深渊腾气龙。

①塔里木盆地

2001年9月5日于库尔勒